应用型本科电子信息类“十二五”规划教材

电 路 分 析

——基础理论与实用技术

（第二版）

张永瑞　周永金　张双琦　编著
高　敏　马艳阳　参　编

西安电子科技大学出版社

内 容 简 介

本书是为培养应用型本科人才而编写的工科电类专业通用教材，由电路的基本概念和基本定律、电路的基本分析方法、电路分析中的常用定理、正弦交流电路分析、三相交流电路分析、非正弦周期性电路分析、互感电路分析、动态电路的时域分析、电路分析实验等9章内容组成。

全书取材恰当，基本概念准确、浅显易懂，分析方法步骤明确、易于掌握，举例联系工程实际，阅读材料内容丰富、实用，对提高学生的实践技能非常有益。

本书可作为应用型本科电类专业电路分析课程的教材，对相关专业的工程技术人员也有一定的参考价值。

★本书配有电子教案，需要者可登录出版社网站，免费下载。

图书在版编目(CIP)数据

电路分析：基础理论与实用技术/张永瑞，周永金，张双琦编著．—2版．—西安：西安电子科技大学出版社，20011.12（2022.1重印）
应用型本科电子信息类“十二五”规划教材
ISBN 978-7-5606-2621-5

Ⅰ．① 电…　Ⅱ．① 张…　② 周…　③ 张…　Ⅲ．① 电路分析-高等学校-教材
Ⅳ．① TM133

中国版本图书馆CIP数据核字(2011)第126199号

策　　划　马乐惠
责任编辑　马武装　马乐惠
出版发行　西安电子科技大学出版社(西安市太白南路2号)
电　　话　(029)88242885　88201467　　邮　　编　710071
网　　址　www.xduph.com　　电子邮箱　xdupfxb001@163.com
经　　销　新华书店
印刷单位　广东虎彩云印刷有限公司
版　　次　2011年12月第2版　2022年1月第6次印刷
开　　本　787毫米×1092毫米　1/16　　印　　张　21
字　　数　496千字
定　　价　32.00元
ISBN 978-7-5606-2621-5/TM・0076

XDUP 2913002-6

前　　言

2004年6月，《电路分析——基础理论与实用技术》第一版顺利出版，先后印刷多次，取得了良好的社会效益。然而，随着电子信息技术的发展，“电路分析”类基础课程的教材发生了很大的变化，越来越重视工程实际能力的培养。为此，我们结合电路分析课程的发展趋势和应用型本科院校的实际情况——教材建设要体现理论知识与实践知识的有机融合，使应用型人才既具备扎实的理论基础又具有较强的动手能力，根据“电路分析”基础课程教学的变化及教学改革的需要，对《电路分析——基础理论与实用技术》一书进行了修订。本书经修订后内容更为合理，适用面更广，不仅有利于理论与实践的更好结合，同时具有很强的实用性和可操作性。

本次修订坚持第一版的基本原则，为使教材使用更加方便，以浙江天煌科技实业有限公司的电工技术实验装置为基础增加了第9章实验内容，并对书中的错误做了全面的修正。

本书由张永瑞、周永金、张双琦、高敏和马艳阳编写，其中马艳阳同志编写了第9章电路分析实验，高敏同志对书中的错误做了全面修订。西安电子科技大学的张永瑞教授审阅了全稿。

本书适合应用型本科教学使用，也可作为相关专业学生、教师及工程技术人员的参考书。

由于作者水平有限，书中疏漏与不妥之处在所难免，敬请各位读者批评指正。

编　者

2011年4月

第一版前言

本书是为进入 21 世纪，培养本科应用型人才而编写的工科电类专业通用教材。

作者在编写本书时，充分研究了应用型学生培养的特点、知识结构以及教学规律、培养目标等内容。本着理论知识够用、加强实践环节、注重实际动手能力培养的精神，认真组织教材内容，注重教学方法，努力使该教材符合理论教学的实际需要。

本教材具有以下特点：

(1) 理论分析难易适中，注重结果的应用，而对分析方法仅作定性阐述，不作理论证明。

(2) 每节后有节后小结和思考与练习，以利于学生的复习。

(3) 选编了较多的例题和习题，以利于教学过程中的灵活选用。

(4) 注意了该课程与相关基础课的衔接。如因高等数学中微分方程的讲授一般比较靠后，本书便把动态电路的时域分析放在了最后一章，并且没有完全使用解微分方程的公式解方程。

(5) 注意了电类专业趋向于强弱不分的特点，使该教材既适用于强电专业，又适用于弱电专业。

(6) 选编了四篇阅读材料，以使理论与工程实际结合更为紧密。

本书的第 1～3 章和第 6、7 章由周永金副教授编写，第 4、5 章由张双琦同志编写，第 8 章由王增学同志编写，四篇阅读材料由白忠良同志编写，王向宇同志对全书的思考与练习及每章后的习题作了参考答案，西安电子科技大学的张永瑞教授对全书进行了认真审阅、修改和统稿。

本书在使用过程中可以根据各个专业的不同需要，适当删减有关章节。

作者殷切欢迎各校教师使用该教材。由于作者水平有限，书中定有不妥和错误之处，恳请使用该书的师生批评指正。

编　者

2004 年 2 月

目　　录

第 1 章　电路的基本概念和基本定律

电路是电路分析的主要研究对象。本章主要讲述电路的组成，电路模型，电路中的各种物理量及其关系，电路的基本定律——欧姆定律(Ohm's law，简称 OL)和基尔霍夫定律(Kirchhoff's law)，电源及其特性等。

1.1　电路和电路模型

近代电气工程(electrical engineering)包括电力工程、通信工程和控制工程三大部分，各部分又包含有许多分支，例如通信工程包括计算机通信、无线通信、电视通信等多个分支。电路分析基础是为学生进一步学习后续课程及具体工程技术而奠定理论基础的一门重要课程。

1.1.1　电路

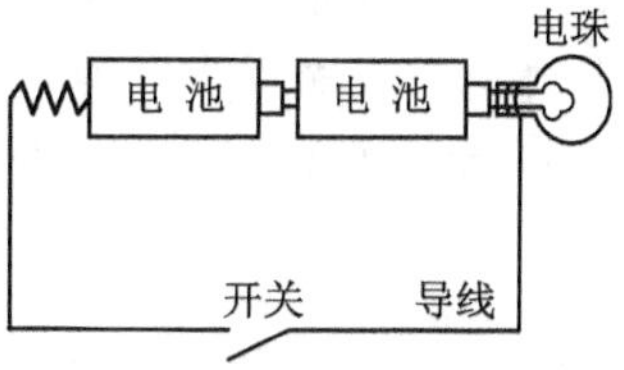

图 1-1-1

先看一个例子。图 1-1-1 是一个大家都熟悉的手电筒的实际电路结构示意图，图中，电池是产生电能的元件(设备)，它将化学能转变成电能，称为电源(electric source)；电珠是消耗电能的电路元件，它将电能转变成光能，称为负载(load)；开关是控制元件，控制电路的接通与断开；导线起传输电能的作用。

这里给电路下一个定义：电路(electric circuit)(又称网络)是各种电路元件和设备按一定方式连接起来为人们生产、生活提供某种功能的整体，或通俗地说，是提供电流流通路径的"路"。任何实际电路必须包含电源、负载和中间环节。

电路按其功能可分为两大类：第一类是能量的产生、传输、分配电路，其典型例子是电力系统的输电线路。在电力电路中，发电厂将各种不同形式的能量(热能或水的势能或原子能或光能等)转变成电能；负载将电能转变为机械能或光能或热能等；中间环节(如变压器、高低压输电线路)起控制、传输和分配电能以及保护电路中的电器设备的作用。第二类是信息的传递与处理电路，在这一类电路中，起电源作用的常称信号源(signal source)，又称激励(excitation)；起负载作用的是各种终端设备(如计算机的打印机、收音机的扬声器、电话系统的电话机等)。在这类电路中，传递的是各种信息，而不特别强调传输系统中的能量大小。信息的传递与处理电路的输出信号又称响应(response)，它的能量只要能够满足负载设备的正常工作即可。电路的中间环节由电子设备组成，是相当复杂的，主要起信号的处理、放大、传输和控制等作用。

1.1.2 电路模型

不同电路和电路元件的几何尺寸有大有小，各种电器设备的结构有繁有简。为了对复杂的实际问题进行研究，在理论分析中常常把工程实际中的各种设备和电路元件用有限的几个理想化的电路元件(circuit element)来表示。例如，电阻只具有消耗电能的特性，我们便将具有这一特性的电灯、电炉等器件都用电阻来代替。这种替代会带来一定的误差，但在一定的条件下可以忽略这一微小的误差，待研究清楚基本规律后，在实际工程问题中需要地更精密的研究时，再考虑由于这种替代所带来的误差。

用理想电路元件构成的电路称做电路模型(circuit model)，用特定的符号表示实际电路元件而连接成的图形称做电路图(circuit diagram)。

一般的理想元件具有两个端钮，称做二端电路元件(two-terminal circuit element)。没有说明具体性质的二端电路元件用方框符号表示，如图 1-1-2(a)所示，它只表示抽象的一般二端电路元件，其具体性质可根据该元件上物理量的关系来确定。

图 1-1-2(b)所示符号表示电池，长线代表正极，短线代表负极(短线也可画粗些)。

图 1-1-2(c)为表示理想电压源的符号，其正、负极标在圆圈的外面。

图 1-1-2(d)为表示理想电阻元件的一般符号，它在满足允许的工程误差的条件下可表示如白炽灯、电炉、电烙铁等有耗能的电路元件。

图 1-1-3 是一个最简单的电路模型(也是图 1-1-1 的电路模型)。图中 U_s 是一个理想电压源，给电路提供电能；R 是理想电阻元件，只消耗电能；S 是开关元件，控制电路的接通与断开；连接这三个元件的细实线是理想导线，起传输电能的作用。

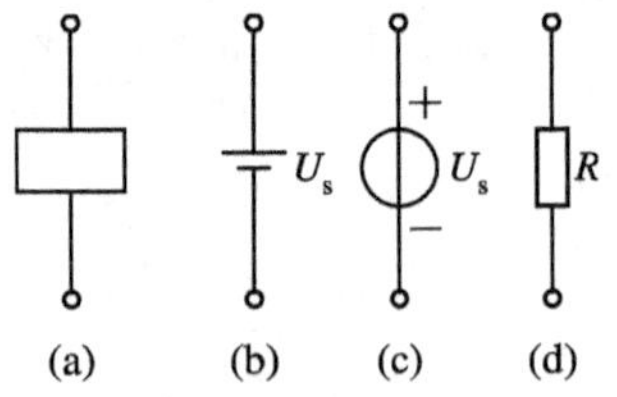

图 1-1-2

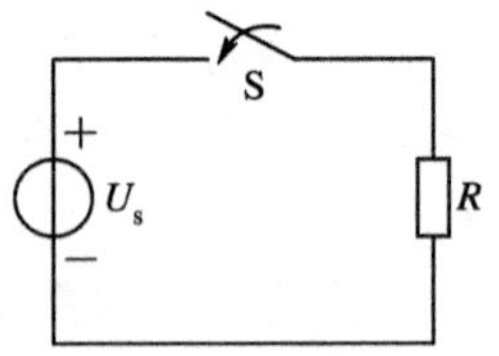

图 1-1-3

其他类型电路元件(如电容元件、电感元件、晶体管等)的电路模型符号将在相关章节和课程中介绍。

这里说明一点，用图 1-1-3 形式的电路模型来描述的电路称为集总参数电路(contration parameter circuit)。这种电路模型中的各元件被认为没有几何尺寸的大小，就像在运动学中研究物体运动时，在一定条件下将某物体看做质点一样。以后我们还要定义线性电路、非线性电路、时变电路、时不变电路，等等。

1.2 电路中的基本物理量

在电路问题中，分析和研究的物理量很多，但主要的是电流、电压和电功率，其中电流、电压是电路中的基本物理量。

关于单位制，我国于 1984 年 2 月规定使用统一国际单位制(Le Système International

d'Unités，简称 SI)。在国际单位制中，电磁学采用四个基本单位，即长度单位米(m)、质量单位千克(kg)、时间单位秒(s)、电流单位安培(A)。

除了 SI 单位之外，根据实际情况，需要使用较大单位和较小单位时，则在 SI 单位上加词头，例如大的长度单位用千米(km)表示，小的长度单位用毫米(mm)表示，等等。常用的词头见表 1-1，以后讨论电路物理量的单位时，均按 SI 单位制执行，若需要采用较小单位，可在 SI 单位前加上词头。

表 1-1　SI 常用词头

词头	代号		因数	词头	代号		因数
	中文	英文			中文	英文	
兆(mega)	兆	M	10^{6}	厘(centi)	厘	c	10^{-2}
千(kilo)	千	k	10^{3}	毫(milli)	毫	m	10^{-3}
百(hecto)	百	h	10^{2}	微(micro)	微	μ	10^{-6}
十(deca)	十	Da	10^{1}	皮(pico)	皮	p	10^{-12}

下面分别讲述电流、电压、电功率等几个物理量的基本概念。

1.2.1　电流

电荷或带电质点有规则的定向运动，形成电流(electric current)。我们知道，在金属导体中有大量的带负电荷的自由电子，在常态下，这些自由电子在金属内部作无规则的热运动，不能形成电流。若给导体两端加上电源，即施加电场力，如图 1-2-1 所示，在电场力的作用下自由电子逆电场力方向运动而形成电流，更确切地讲，这种电流称为传导电流(conduction current)。

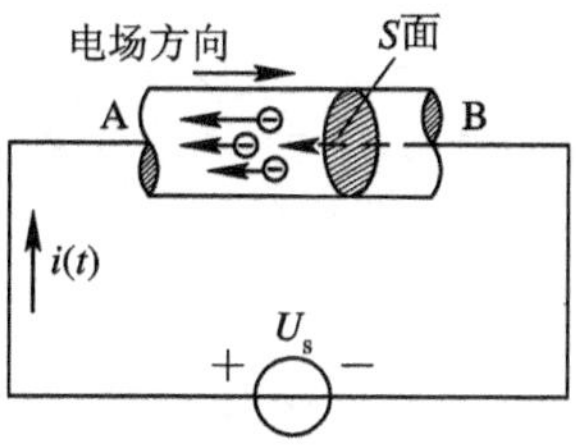

图 1-2-1

表示电流强弱的物理量称电流强度(current intensity)，用字母 i 或 $i(t)$ 表示。电流仅仅是一种物理现象，在电路分析和工程实际中常把电流强度简称为电流。

电流强度在数值上等于单位时间内通过导体横截面的电荷量。在图 1-2-1 中，若在 Δt 时间内通过横截面 S 的电荷量为 Δq，则

$$i(t)=\frac{\Delta q}{\Delta t} \qquad (1-2-1)$$

在极限情况下有

$$i(t)=\lim_{\Delta t\to 0}\frac{\Delta q}{\Delta t}=\frac{\mathrm{d}q(t)}{\mathrm{d}t} \qquad (1-2-2)$$

式中，$q(t)$表示 q 的大小随时间变化；$\mathrm{d}q(t)$表示 $\mathrm{d}t$ 时间内通过导体横截面的电荷量；$i(t)$表示电流强度的大小随时间变化。

电流的方向规定为正电荷运动的方向，这一方向称为真实方向。简单电路中，电流的真实方向是显而易见的，即从电源的正极流出，再从电源的负极流入。在一些复杂的电路中，真实方向不易看出，如图 1-2-2 中 R_6 上的电流。但真实方向无非有三种情况：其一，

从 A 流向 B；其二，从 B 流向 A；其三，电流为零。所以说，电流可以用代数量描述，即用箭头标定一个正方向，假定为正电荷的运动方向(称做参考方向)。若真实方向与参考方向相同，则电流为正值；若真实方向与参考方向相反，则电流为负值。后面章节若无特殊说明，电路图中所标的箭头认为是电流的参考方向。电流的单位是安培(ampere)，简称安(A)，计算大电流时用千安(kA)作单位，计算小电流时用毫安(mA)或微安(μA)作单位。从电流的定义式(1-2-1)和式(1-2-2)来看，安培与电荷量的单位库仑(C)和时间的单位秒(s)的关系为

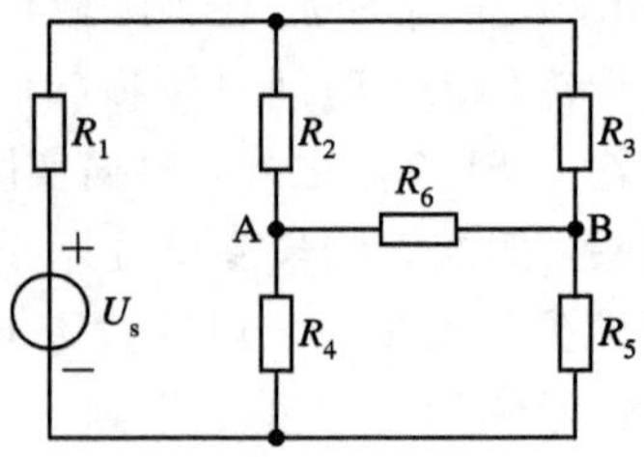

图 1-2-2

$$安培(A)=\frac{库仑(C)}{秒(s)} \qquad (1-2-3)$$

即 1 秒钟通过导体横截面的电荷量为 1 库仑，则电流强度为 1 安培。

电流可能随时间以不同的规律变化或无规律变化，图 1-2-3 给出了一些例子。图 1-2-3(a)是按正弦规律变化的电流；图 1-2-3(b)是无规律变化的电流；图 1-2-3(c)是恒定不变的电流。图 1-2-3(a)所示的有正、负变化的电流称为交流电流(alternate current)，简称交流(ac 或 AC)，用小写字母 i 或 $i(t)$ 表示；恒定不变的电流称为直流电流(direct current)，简称直流(dc 或 DC)，用大写字母 I 表示。

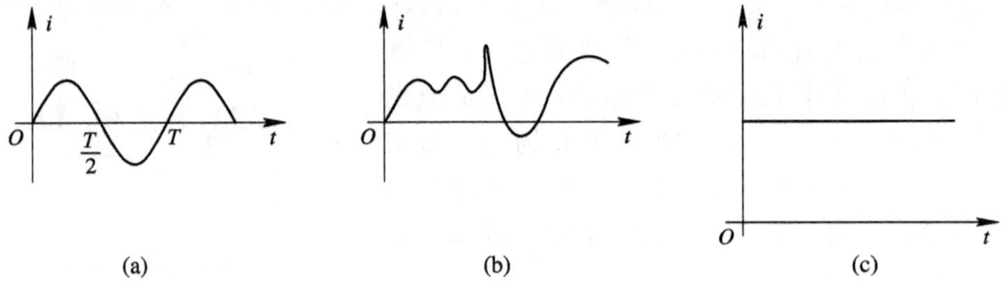

图 1-2-3

1.2.2 电压、电位和电动势

1. 电压

在电源的外部电路中要使电荷运动形成电流，电荷上必须有电场力的作用。如图 1-2-4 所示，电源的 A 极板带正电荷，B 极板带负电荷，因而两极板间形成电场，其方向由 A 指向 B。当用导线将负载与电源的正、负极板连接成一个闭合电路时，正电荷将在电场力作用下由正极板 A 经导线和负载向负极板 B(实际上是自由电子由负极板 B 经导线和负载向正极板 A)运动而形成电流，这时电场力对正电荷做功，我们把电场力做功的这种本领用电压(voltage)来衡量。

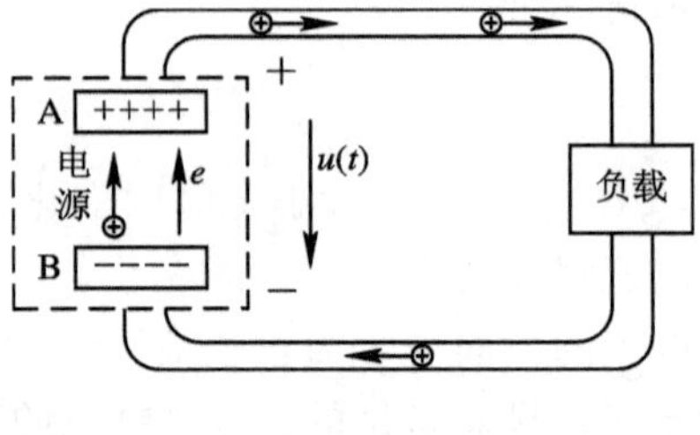

图 1-2-4

A、B两点的电压用$u(t)$或u_{AB}表示，在数值上等于单位正电荷在电场力的作用下，由A点经外电路移动到B点电场力所做的功。若电场力移动电荷为$dq(t)$，所做的功为$dw(t)$，则A、B两点的电压$u(t)$为

$$u(t)=\frac{dw(t)}{dq(t)} \tag{1-2-4}$$

在国际单位制(SI)中，电压的单位为伏特(volt)，简称伏(V)，它与功和电荷量单位的关系为

$$伏特(V)=\frac{焦尔(J)}{库仑(C)} \tag{1-2-5}$$

式(1-2-5)的含义是：1库仑的正电荷在电场力的作用下从A运动到B做了1焦尔的功，则A、B间的电压为1伏特。

在理论计算和工程实际中，较大的电压用千伏(kV)作单位，较小的电压用毫伏(mV)或微伏(μV)作单位。

对外电路，电压的真实方向规定为正电荷的运动方向。如图1-2-4所示，正电荷经负载由A点向B点运动，若用箭头表示A、B间的电压方向，则箭头由A指向B；若用"+"、"−"表示，则A为"+"，B为"−"。

如果两点间的电压大小随时间发生变化，则为交流电压，用小写字母$u(t)$表示。如果两点间的电压大小不随时间变化，则为直流电压，用大写字母U表示，这种不变的电压也称恒定电压。

2. 电位

在电气设备的调试和检修中，经常要测量各点的电位，看其是否符合设计要求。电位(potential)是衡量电路中各点所具有的电位能大小的物理量。电位在数值上被定义为：电场力将单位正电荷从给定点移动到参考点(又称零电位点或接地点)所做的功。在电路分析中用小写字母v或$v(t)$表示变化的电位，用大写字母V表示恒定电位。

电位与电压有着内在的联系，若以B点为参考点(即$v_B=0$)，如图1-2-5(b)所示，设A点电位为v_A，由于A、B间的电压为$u(t)$，根据电压和电位的定义，则有

$$u(t)=v_A-v_B=v_A-0=v_A \tag{1-2-6}$$

若以A为参考点(即$v_A=0$)，如图1-2-5(c)所示，设B点电位为v_B，同理有

$$u(t)=v_A-v_B=0-v_B=-v_B \tag{1-2-7}$$

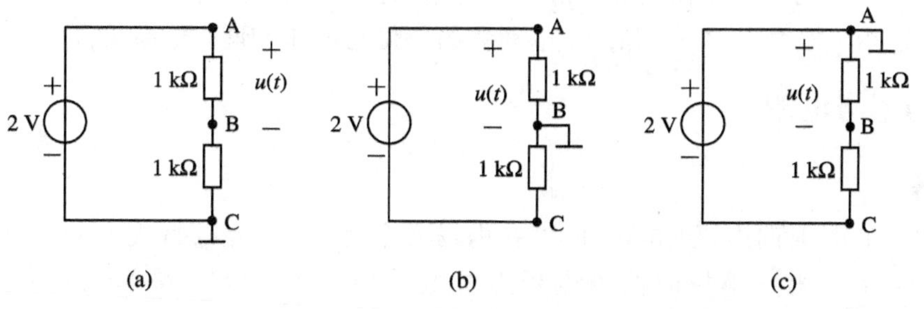

图1-2-5

在电路中以图形符号“⊥”表示参考点，如图 1-2-5 所示。在图(a)中，以 C 点为参考点，A 点电位为 $v_A=2$ V，B 点电位为 $v_B=1$ V，C 点电位为 $v_C=0$ V；在图(b)中，以 B 点为参考点，则 $v_A=1$ V，$v_B=0$ V，$v_C=-1$ V；在图(c)中以 A 点为参考点，则 $v_A=0$ V，$v_B=-1$ V，$v_C=-2$ V。由此可见电位的数值与参考点有关。

但是，任一确定的电路，无论参考点如何变化，任意两点间的电压数值均不变化。如图 1-2-5(a)中，A、C 间的电压为

$$u(t)=v_A-v_C=2-0=2\text{ V} \tag{1-2-8}$$

在图 1-2-5(b)中，A、C 间的电压为

$$u(t)=v_A-v_C=1-(-1)=2\text{ V} \tag{1-2-9}$$

为了对电压的表示更为清楚，在电路分析中我们也常用 u_{AB} 表示 A、B 两点之间的电压，用 u_{BC} 表示 B、C 两点之间的电压等等。下标字母，如 A、B，表示 A 点为电压的正极性，B 点为电压的负极性。由式(1-2-9)可知，两点间的电压等于两点间的电位之差(无论参考点如何选择)，即电压的数值与参考点无关。因此，电压也称电位差(potential difference)，因为电压与电位都是以电场力移动正电荷做功来定义的，所以，电位的单位与电压的单位相同，也为伏特(V)。

3. 电动势

电动势(electromotive force，简称 e·m·f)是对电源而言的。在图 1-2-4 所示的电路中，正电荷在电场力的作用下不断从 A 极板流向 B 极板，如果没有外力的作用，A 极板因正电荷的减少会使电位逐渐降低，而 B 极板则因正电荷的增多会使电位逐渐升高，故 A、B 两点之间的电位差就会减小，最后为零。为了维持导线中的电流，必须使 A、B 两极板间保持一定的电压，这就要借助外力使移动到 B 极板的正电荷经过另一路径回到 A 极板，在这个过程中，外力克服电场力做功，这种外力是非电场力，我们称其为电源力。为了衡量电源力对正电荷做功的能力，我们引入电动势这个物理量。电动势定义为：电源力将单位正电荷从电源负极(B 极板)移动到正极(A 极板)所做的功。对于变化的电动势用小写字母 e 或 $e(t)$ 表示，恒定电动势用大写字母 E 表示，即

$$e(t)=\frac{\mathrm{d}w(t)}{\mathrm{d}q(t)} \tag{1-2-10}$$

式(1-2-10)与式(1-2-4)在表示形式上相同，但一定要区分清楚 $e(t)$ 是对电源内部而言的，$u(t)$ 是对电源以外的电路而言的。

电动势的真实方向规定为在电源内部正电荷运动的方向。若用箭头表示其方向，则由电源负极指向正极，如图 1-2-4 所示。电动势的单位与电压相同，也为伏特(V)。

1.2.3 电功率与电能

1. 电功率

如前所述，在 $\mathrm{d}t$ 时间内，正电荷 $\mathrm{d}q(t)$ 在电场力作用下，经外电路从 A 点移动到 B 点所做的功为 $\mathrm{d}w(t)$，则在单位时间内电场力所做的功记为 $p(t)$，称为电功率(electric power)，即

$$p(t)=\frac{\mathrm{d}w(t)}{\mathrm{d}t} \tag{1-2-11}$$

根据电流和电压的定义，则有

$$p(t) = u(t)i(t) \tag{1-2-12}$$

对直流电流和直流电压而言，电功率记为 P，则

$$P = UI \tag{1-2-13}$$

功率的 SI 单位是瓦特(watt)，简称为瓦(W)，即

$$\text{瓦特(W)} = \text{伏特(V)} \cdot \text{安培(A)} = \frac{\text{焦尔(J)}}{\text{库仑(C)}} \cdot \frac{\text{库仑(C)}}{\text{秒(s)}} = \frac{\text{焦尔(J)}}{\text{秒(s)}} \tag{1-2-14}$$

式(1-2-14)表明，当电路中流过的电流为 1 A，电路两端的电压为 1 V 时，该电路的电功率为 1 W。

对大功率，采用千瓦(kW)或兆瓦(MW)作单位；对小功率，采用毫瓦(mW)或微瓦(μW)作单位。

2. 电能

在一段时间 dt 内，电场力移动正电荷所做的功 dw 称为电场能，简称电能(electric capacity)，其与电功率的关系为

$$dw = p(t)\ dt \tag{1-2-15}$$

电能的 SI 单位为焦尔，简称焦(J)，即

$$\text{焦尔(J)} = \text{瓦特(W)} \cdot \text{秒(s)} \tag{1-2-16}$$

日常生活中常用“度”衡量所使用电能的多少，功率为 1 kW 的设备用电 1 小时所消耗的电能为 1 度，即

$$\text{度} = \text{千瓦} \times \text{小时} \tag{1-2-17}$$

1.2.4 参考方向

根据定义，电流、电压、电动势都有方向问题，其真实方向都是正电荷的运动方向。电流、电压、电动势之间的方向必然存在一定的联系：在外电路中，正电荷受电场力的作用，从高电位流向低电位，即从电压的正极流向负极，此时，外电路消耗电能；在电源中，正电荷受外力的作用，从低电位流向高电位，即从电源负极流向正极，正是这一过程，将非电能转换成电能。以上讨论的方向是电压、电动势的真实方向。类似前面提到的电流参考方向，电压、电动势也存在参考方向的问题。

电路分析就是通过分析电路的连接关系，利用各元件上的电流与电压的关系(大小与方向的关系)，计算出元件上的电流或电压，再去计算其他物理量。但是，在分析复杂电路(如图 1-2-2)之前，有些元件上的电流或电压的真实方向很难判定，只有通过计算才能知道。因此，我们在分析计算之前，对电流或电压先假设一个方向，这个方向称做参考方向。在参考方向下，通过计算，若计算的值大于零，则真实方向与参考方向相同；若计算的值小于零，则真实方向与参考方向相反。

一段电路，如图 1-2-6(a)所示，若假设电流 i 的参考方向由 a 流向 b，又假设电压 u 的参考方向 a 为“+”极性端，b 为“−”极性端，则称这段电路上电流、电压参考方向关联。否则，如图 1-2-6(b)所示的电流、电压参考方向，为非关联的参考方向。稍后就会知道，判别一段电路上的电流、电压参考方向是否关联是非常重要的。

(a) (b)

图 1-2-6

例 1-2-1 图 1-2-7 所示电路，设负载上电流、电压参考方向关联，根据给定的电流或电压和电动势的参考方向，标出其他量的参考方向。

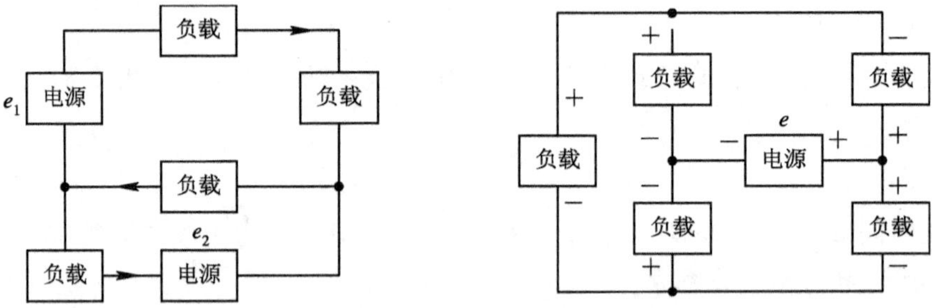

(a) (b)

图 1-2-7

解 图 1-2-7(a)给出了电流参考方向，其各元件的电压、电动势参考方向如图 1-2-8(a)所示。

图 1-2-7(b)给出了各元件上的电压和电动势的参考方向，其电流参考方向如图 1-2-8(b) 所示。

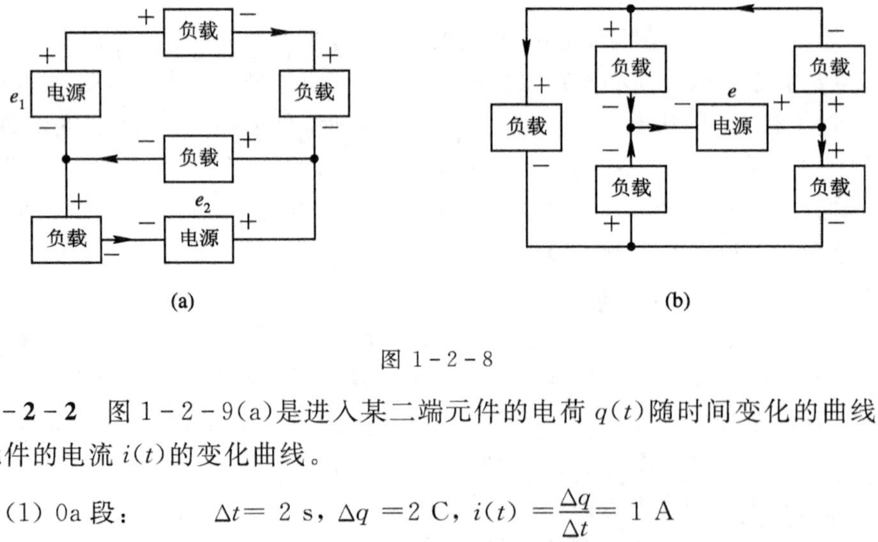

(a) (b)

图 1-2-8

例 1-2-2 图 1-2-9(a)是进入某二端元件的电荷 $q(t)$随时间变化的曲线，求通过该二端元件的电流 $i(t)$的变化曲线。

解 （1）0a 段： $\Delta t = 2\ \text{s}$，$\Delta q = 2\ \text{C}$，$i(t) = \dfrac{\Delta q}{\Delta t} = 1\ \text{A}$

（2）ab 段： $\Delta t = 2\ \text{s}$，$\Delta q = 0\ \text{C}$，$i(t) = \dfrac{\Delta q}{\Delta t} = 0\ \text{A}$

（3）bc 段： $\Delta t = 2\ \text{s}$，$\Delta q = 4\ \text{C}$，$i(t) = \dfrac{\Delta q}{\Delta t} = 2\ \text{A}$

(4) cd 段：　　$\Delta t = 2$ s，$\Delta q = -2$ C，$i(t) = \dfrac{\Delta q}{\Delta t} = -1$ A

(5) de 段：　　$\Delta t = 1$ s，$\Delta q = -2$ C，$i(t) = \dfrac{\Delta q}{\Delta t} = -2$ A

(6) ef 段：　　$\Delta t = 1$ s，$\Delta q = 0$ C，$i(t) = \dfrac{\Delta q}{\Delta t} = 0$ A

(7) fg 段：　　$\Delta t = 2$ s，$\Delta q = -2$ C，$i(t) = \dfrac{\Delta q}{\Delta t} = -1$ A

(8) gh 段：　　$\Delta t = 1$ s，$\Delta q = 0$ C，$i(t) = \dfrac{\Delta q}{\Delta t} = 0$ A

因此，电流 $i(t)$的曲线如图 1-2-9(b)所示。

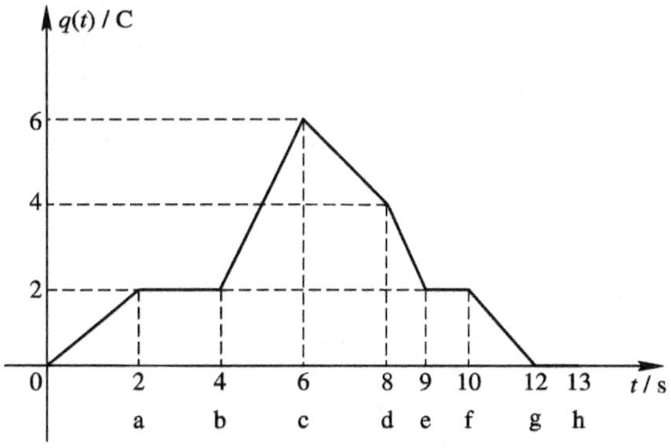

(a)

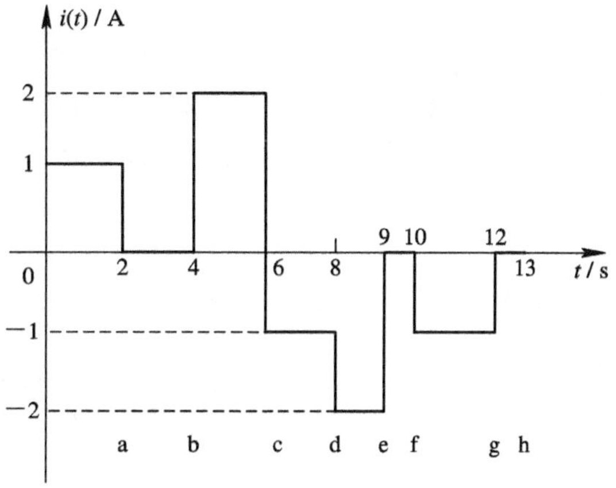

(b)

图 1-2-9

小结

1. 电流、电压、电功率是电路分析的三个主要物理量，其中电流、电压是基本物理量。

2. 随时间作规律性变化的电压、电流称为交流电压、电流，恒定不变的电压、电流称为直流电压、电流。

3. 电压、电流、电动势都是有方向的物理量，其真实方向均规定为正电荷的运动方向。在电路分析中，任意假设正电荷运动的方向为电流的参考方向，负载上的电压和电流的真实方向相关联时，负载消耗功率；电源上电压和电流的真实方向非关联时，电源产生功率。

4. 在任一确定的电路中，各点电位的数值与参考点有关，电压的数值与参考点无关。电压等于电位差，而某点电位即是该点到参考点的电压。

思考与练习

1-2-1　已知流过电路中的电荷 $q = (100t + 10)$ C，求电流 i，画出 q 和 i 随 t 变化的曲线。

1-2-2 题1-2-2图所示的各元件均为负载(消耗电能)，其电压、电流的参考方向如图中所示。已知各元件端电压的绝对值为5 V，通过的电流绝对值为4 A。要求：

(1) 若电压参考方向与真实方向相同，判断电流的正负；

(2) 若电流的参考方向与真实方向相同，判断电压的正负。

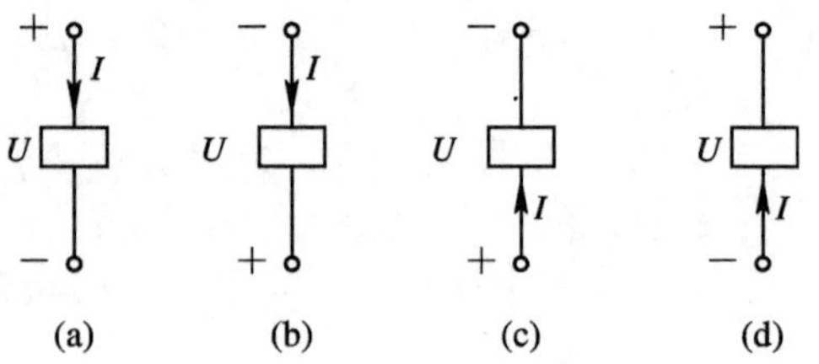

题1-2-2图

1-2-3 若题1-2-2图中各元件电压、电流为参考方向，已知(a) $U=10$ V，$I=2$ A；(b) $U=-10$ V，$I=-2$ A；(c) $U=-10$ V，$I=2$ A；(d) $U=10$ V，$I=-2$ A。求各元件的功率，并判断它们分别是电源还是负载。

1-2-4 题1-2-4图示电路，要求：

(1) 取 $v_G=0$，求各点电位和电压 U_{AF}、U_{CE}、U_{BE}、U_{BF}、U_{CA}；

(2) 取 $v_D=0$，重解此题。

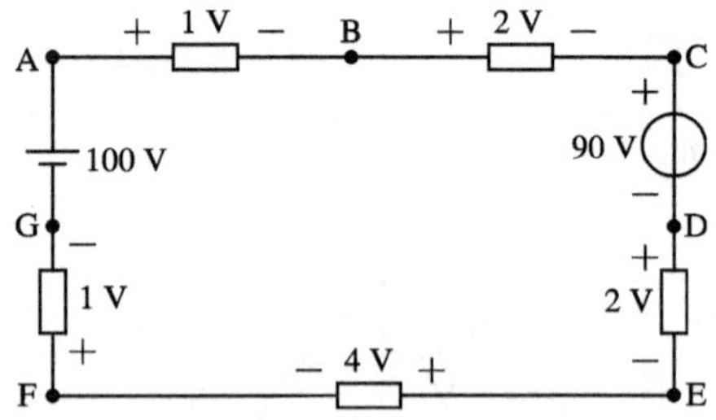

题1-2-4图

1.3 欧姆定律、电阻与电导

1.3.1 欧姆定律

对于任何元件，加在元件上的电压和流过元件的电流必然存在一定的函数关系。1826年，德国科学家欧姆(George Simon Ohm)通过科学实验总结出：二端耗能元件(如电炉、白炽灯)上的电压 $u(t)$ 与电流 $i(t)$ 成正比。即

$$u(t)=Ri(t) \tag{1-3-1}$$

式中 R 是比例常数。这一规律称为欧姆定律(ohm's law)。

式(1-3-1)是在图1-3-1电压与电流关联参考方向下(即电压和电流的参考方向一致的条件下)欧姆定律的表达式。若电阻元件上电压、电流参考方向非关联，则欧姆定律的表达式为

$$u(t)=-Ri(t) \tag{1-3-2}$$

在电路分析中，正电阻元件上电压与电流的真实方向必然关联。

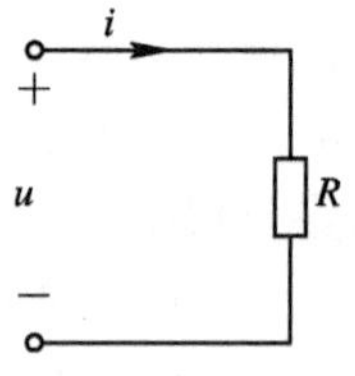

图1-3-1

在金属导体中，自由电子受电场力作用作定向运动，但在前进的路径上，电子要与原子及正离子发生碰撞，使电子的运动受到阻碍，式(1-3-1)中的比例常数就是表征导体对电流呈现阻碍作用的电路参数，称为电阻(resistance)。具有电阻性质的二端元件称为电阻元件，简称电阻。因此，“电阻”这一名词有时指元件，有时指元件的参数。

电阻的SI单位是欧姆(ohm)，简称欧，其国际标准符号为Ω。

$$欧姆(\Omega) = \frac{伏特(V)}{安培(A)}$$

上式说明：当电阻元件上的电压为 1 V，通过电阻的电流为 1 A 时，该电阻元件的电阻值便是 1 Ω。对大电阻常用千欧(kΩ)或兆欧(MΩ)作单位。

式(1-3-1)说明，当电流流过电阻时，必然产生电压的下降，称为电压降(voltage-drop)。对同样的电流，电阻越大，电压降越大。改写式(1-3-1)，得

$$i(t) = \frac{u(t)}{R} \tag{1-3-3}$$

式(1-3-3)说明：流过电阻的电流与加在电阻上的电压成正比，与电阻的阻值成反比。上式中电阻的倒数称做电导(conductance)，是表征元件导电能力强弱的电路参数，用符号 G 表示，即

$$G = \frac{1}{R} \tag{1-3-4}$$

电导的 SI 单位是西门子(siemens)，简称西，用符号 S 表示。

对于直流电流 I 和直流电压 U。在 U、I 参考方向关联的条件下，欧姆定律的表示式为

$$U = RI \tag{1-3-5}$$

或

$$I = \frac{U}{R} = GU \tag{1-3-6}$$

若电阻上电压、电流参考方向非关联，则式(1-3-5)和(1-3-6)中冠以"－"号。

1.3.2 电阻元件

1. 电阻元件的伏安关系

在电路分析中，我们往往通过元件(或部件)上的电压 $u(t)$ 与电流 $i(t)$ 的函数关系来描述元件的特性，这一关系称为伏安特性(volt-ampere characteristics)，简称伏安关系，用 VAR 表示。

对于电阻元件，如果其阻值大小与所加的电压大小和流过的电流大小无关，其伏安关系必然符合欧姆定律，这种电阻称线性电阻(linear resistance)。线性电阻的伏安关系曲线如图 1-3-2 所示。图中直线的斜率就等于电阻值，即

$$\tan\alpha = R = \frac{u(t)}{i(t)} \tag{1-3-7}$$

我们也可以用式(1-3-6)来描述电阻上的电流与电压之间的关系，其关系曲线如图 1-3-3 所示。图中直线的斜率等于电导值，即

$$\tan\theta = G = \frac{i(t)}{u(t)} \tag{1-3-8}$$

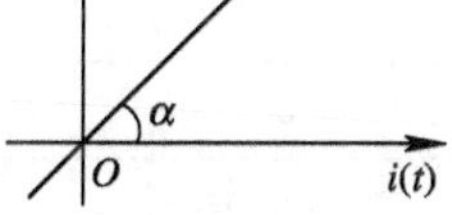

图 1-3-2

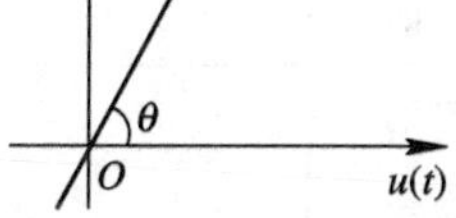

图 1-3-3

有一些电阻元件的伏安关系不是线性关系，如图 1-3-4 所示二极管的伏安特性曲线就是非线性的，其电压与电流的比值是变化的，这种元件的电阻值是电压或电流的函数，称做非线性电阻(no-linear resistance)。但是，在电压或电流的一定范围内，电压变化量与电流变化量的比值为常数，因此，可在该范围内把非线性电阻用线性电阻来代替，使问题的分析得到简化。非线性电阻的这一替代方法称为非线性电阻的局部线性化法，这一方法对电子电路的分析非常重要。本教材不分析由非线性电阻构成的电路。

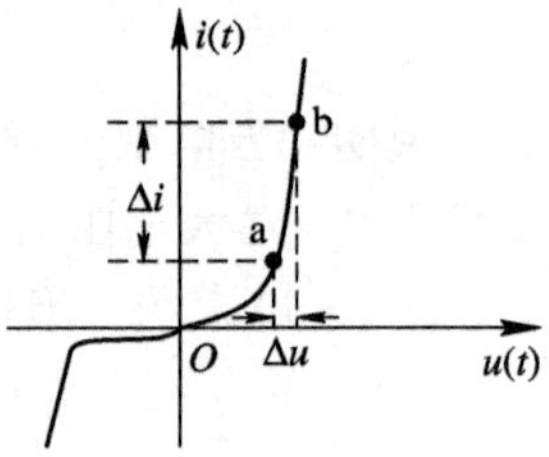

图 1-3-4

2. 金属导体的电阻

欧姆的实验还指出：对于均匀截面的金属导体，它的电阻与导体的长度成正比，与截面积成反比，还与材料的导电能力有关。即

$$R = \rho \frac{l}{S} \qquad (1-3-9)$$

式中：l 是导体长度，单位为米(m)；S 是导体横截面积，单位为平方米(m^2)；ρ 是导体的电阻率(resistivity)，单位为欧米(Ωm)，也可用 $\Omega \cdot mm^2/m$(面积单位用 mm^2)。

电阻率的倒数称做电导率(conductivity)，用符号 γ 表示，单位为西门子每米(S/m)。即

$$\gamma = \frac{1}{\rho} \qquad (1-3-10)$$

不同的材料有不同的电阻率，表 1-2 列出了常用电工材料在 20℃时的电阻率。由表 1-2 可知，银的电阻率最小，是最好的导电材料，铜次之，再次者是铝，由于银的储藏量很少，价格昂贵，因此其作为导体仅用在特殊的地方，如某些开关接触器的触点，某些半导体元件的引线等。在输配电系统中，大量使用的导电材料是铜和铝，电子线路中使用的导电材料是铜，在一些特殊的高频电子设备中还使用镀银导线。

表 1-2 几种常用材料的电阻率与温度系数

材料	电阻率 $\rho/(\Omega \cdot mm^2/m)$(20℃)	电阻率的温度系数 α(20℃)
银	0.159	0.003 80
铜	0.0175	0.003 93
铝	0.0283	0.004 10
铁	0.0978	0.0050
钨	0.0578	0.0051
康铜	0.48	0.000 008
锰铜	0.47	
黄铜	0.07	0.002
镍铬合金	1.09	0.000 16
铁铬合金	1.26	0.000 28

3. 温度对电阻的影响

实践证明，金属导体的电阻率 ρ 与温度有关，一般金属材料的电阻率 ρ 随着温度的升高而增加。这是因为当温度升高时，原子和正离子在原地的振动以及自由电子的不规则的热运动加剧，它们对在电场力作用下运动的电荷的阻碍也增加的缘故。

设温度为 t_1℃时电阻率为 ρ_1，温度为 t_2℃时电阻率为 ρ_2，电阻率的变化与温度的变化关系为

$$\Delta\rho = \alpha\rho_1 \cdot \Delta t \qquad (1-3-11)$$

式中，$\Delta\rho=\rho_2-\rho_1$，$\Delta t=t_2-t_1$；α 叫做电阻率的温度系数(temperature coefficient of resistivity)，单位为 1/℃。表 1-2 给出了常用电工材料在温度为 20℃时的电阻率温度系数 α。

设温度为 t_1℃时电阻为 R_1，温度为 t_2℃时电阻为 R_2，根据电阻率与温度的关系，不难推导出电阻与温度的关系式为

$$\begin{aligned} \Delta R &= \alpha R_1 \Delta t \\ R_2 &= R_1[1+\alpha(t_2-t_1)] \end{aligned} \qquad (1-3-12)$$

式中，$\Delta R=R_2-R_1$，$\Delta t=t_2-t_1$。

小结

1. 在导体中，电荷运动会受到一定的阻碍作用，电阻是表征这一性质的参数，欧姆定律描述了线性电阻上电压、电流、电阻三者之间的相互关系，在 u、i 参考方向关联条件下，有 $u=Ri$。这是本节的重点。

2. 金属导体的电阻与导体的长度和电阻率成正比，与横截面积成反比。电阻的倒数称为电导；电阻率的倒数称为电导率。

3. 描述二端元件电压、电流的关系称做伏安关系，用 VAR 表示。电阻分为线性和非线性电阻。

4. 导体的电阻率与温度有关，大多数金属导体的电阻率随温度升高而升高。

5. 二端耗能元件上电压、电流的真实方向必然一致。

思考与练习

1-3-1　有一只 220 V、45 W 的灯泡，求其电阻值和在 220 V 电压作用下通过的电流。

1-3-2　有一段长度为 15 m，横截面积为 2.5 mm² 的铝导线，求其在 20℃时的电阻值和 40℃时的电阻值。

1-3-3　求题 1-3-3 图所示电路中各元件的未知量。

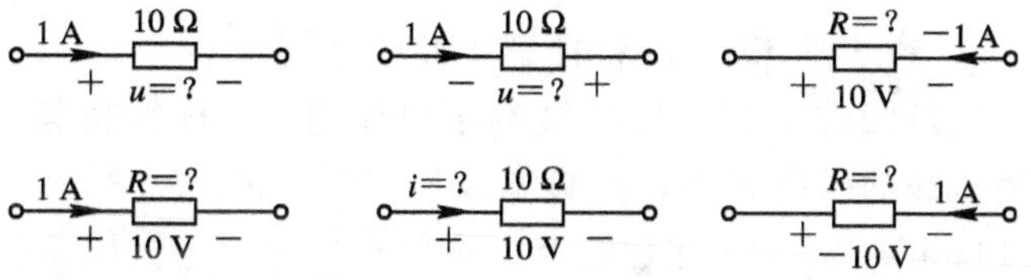

题 1-3-3 图

1.4 电气设备的额定值

任何电气设备都有一个标准规格问题，在电工术语中称为额定值(rated value)。例如，一盏日光灯的规格为 220 V，40 W；一台电动机的规格有 380 V，50 Hz，10 kW 等等。

所谓电设备的额定值，就是为了使电气设备安全、正常运行，生产厂家对电气设备使用的电压、电流、频率、消耗或输出功率等所提出的限定数值。电气设备额定值的多少是根据设备的工作要求和特殊性能而规定的，例如白炽灯的额定值一般只有电压和功率两项；而电动机的额定值除了电压、功率、频率外，往往还有电流、功率因数、绝缘等级等等。下面对常见的额定值和它们之间的关系作以简单介绍。

1.4.1 额定电压

保证电气设备正常工作，而绝缘材料又不被损坏所规定的电压值，称为额定电压(rated voltage)，用字母 U_N 表示。在供电方面，尤其是交流电，制定了一系列电压等级标准，如 110 kV 、220 kV、380 V、220 V、110 V、63 V、36 V、12 V、6.3 V 等等；在直流用电方面如 600 V、220 V、110 V、6 V 等；干电池的电压等级有 1.5 V、3 V、9 V 等。制作电器设备时，根据这些电压等级设计设备的参数和选择绝缘材料，额定电压也由此而来。

1.4.2 额定电流

任何设备在正常工作中都要消耗一定的电能，设备消耗的电能大部分转变成其他形式的能量而输出，一部分由设备自身消耗而转变成热能，使设备温度升高，设备的温度升高会使绝缘材料的性能下降，甚至损坏。因此，为了保证电气设备安全运行，不致因过热而烧毁，都规定了允许温升，由此而规定的最大工作电流称为额定电流(rated current)，用字母 I_N 表示。

1.4.3 额定功率

电气设备在额定电压和额定电流下正常工作所消耗的电功率或因消耗电功率而转换输出的其他功率称为额定功率(rated power)，用字母 P_N 表示。例如，家用电子产品(电视机、冰箱、空调等)和电热设备所标出的 P_N 指的是消耗的电功率，而动力设备(如电动机、变压器等)所标出的 P_N 一般指的是输出功率。

额定功率与额定电压、额定电流之间的关系为

对直流电
$$P_N = U_N I_N \tag{1-4-1}$$

对交流电
$$P_N = U_N I_N \cos\varphi_N \tag{1-4-2}$$

式(1-4-2)中的 $\cos\varphi_N$ 称为功率因数(将在第 4 章中介绍)。

在额定电压下，当负载的工作电流超过额定电流值时，称做超载或过载(over-load)。当负载超载时，将使负载的温度升高，长期过载是不允许的。反之，工作电流低于额定值时，称为欠载或轻载(under-load)，这种情况下不能充分发挥电气设备的利用率，使设备的功率损耗增大，效率降低。当工作电流等于额定电流时，为满载(full-load)，这种情况是最佳工作状态，设备的利用率和效率最高。

根据电气设备消耗电能而产生的其他能量的形式，可以把设备分为三大类：第一类是动力设备，如电动机、变压器等，它们将电能转变成机械能；第二类是电阻设备，如白炽灯，电阻器等，它们将电能转变成光能或热能；第三类是电热设备，如电炉，电烙铁等，它们将电能转变成热能。第一、二类设备一般要求设备的温升越低越好，第三类设备要求温升越高越好。各种设备规定的额定值有所不同，使用时可参考说明书或查阅《电工手册》。任何电气设备在使用时，都应注意不要超过它的额定值。还要注意，额定值的大小随工作条件和环境温度的改变而变化，同样的电气设备在高温环境下工作时，应适当减小工作电压、电流。

金属导线虽不是电气设备，但在输送电能时也要发热。因此，对各种规格的导线也规定了安全载流量(见表 1-3)。由表 1-3 可知，导线截面越大，安全载流量越大；明线敷设，散热条件好，安全载流量较大。我国规定的导线规格简称线规(wire gage)，用标称截面表示，例如 1 mm^2 是直径为 1.13 mm 的导线。英美制线规用号码表示，号码越大，直径越小，如 18 号导线相当于我国截面为 1 mm^2 的导线。

表 1-3　部分 500 V 铜绝缘导线长期连续工作允许载流量表

导线截面积/mm^2	线心结构			明线敷设允许负荷电流/A		橡皮绝缘导线多根同穿在一根管内时的允许负荷电流/A						塑料绝缘导线多根同穿在一根管内时的允许负荷电流/A					
	股数	单心直径/mm	成品直径/mm	25℃		25℃						25℃					
				橡皮	塑料	穿金属管			穿塑料管			穿金属管			穿塑料管		
						2 根	3 根	4 根	2 根	3 根	4 根	2 根	3 根	4 根	2 根	3 根	4 根
1.0	1	1.13	4.4	21	19	15	14	12	13	12	11	14	13	11	12	11	10
1.5	1	1.37	4.6	27	24	20	18	17	17	16	14	19	17	16	16	15	13
2.5	1	1.76	5.0	35	32	28	25	23	25	22	20	26	24	22	24	21	19
4	1	2.24	5.5	45	42	37	33	30	33	30	26	35	31	28	31	28	25
6	1	2.73	6.2	58	55	49	43	39	43	38	34	47	41	37	41	36	32
10	7	1.33	7.8	85	75	68	60	53	59	52	46	65	57	50	56	49	44
16	7	1.68	8.8	110	105	86	77	69	76	68	60	82	73	65	72	65	57
25	19	1.28	10.6	145	138	113	100	90	100	90	80	107	95	85	95	85	75
35	19	1.51	11.8	180	170	140	122	110	125	110	98	133	115	105	120	105	93
50	19	1.81	13.8	230	215	175	154	137	160	140	123	165	146	130	150	132	117
70	49	1.33	17.3	285	265	215	193	173	195	175	155	205	183	165	185	167	148
95	84	1.20	20.8	345	325	260	235	210	240	215	195	250	225	200	230	205	185
120	133	1.08	21.7	400	—	300	270	245	278	250	227	—	—	—	—	—	—
150	37	2.24	22.0	470	—	345	310	280	320	290	265	—	—	—	—	—	—

小结

1. 电气设备的额定值是为了确保设备安全高效工作而规定的一系列电气参数值。一般包括额定电压、额定电流、额定功率等。

2. 额定值之间存在一定的计算关系，对直流电气设备有 $P_N = U_N I_N$。

3. 金属导体在不同的工作环境下允许通过的电流不同。

思考与练习

1-4-1 有一电炉的额定值为 $U_N=220$ V，$P_N=20$ kW，计算其额定电流。若用塑料绝缘铜导线供电，应选用哪种型号的铜导线？

1-4-2 下列设备的额定功率指的是消耗的电功率，还是输出的其他功率？

(1) 电动机 $P_N=3$ kW (2) 音响 $P_N=62$ W (3) 电灯 $P_N=100$ W

(4) 日光灯 $P_N=40$ W (5) 电炉 $P_N=2$ kW (6) 电阻 $P_N=1/4$ W

1.5 基尔霍夫定律

欧姆定律确定了线性电阻元件上电压和电流的约束关系。电路中还有另一类约束关系，即电路中各个元件上的电压约束关系和各段电路中的电流约束关系。这类约束关系由基尔霍夫定律描述，本节介绍这一定律。

1.5.1 电路中几个常用名词

1874 年，德国物理学家基尔霍夫(K. Kirchhoff)首先阐明了复杂电路中电流与电压的两条定律。在介绍这两条定律之前，先解释电路中几个常用名词。

1. 支路

电路中流过同一电流的一段电路称为支路(branch)。如图 1-5-1 所示电路，R_1 和 U_{s1} 构成的 BAIHG 一段电路，其流过的是同一电流，为一条支路；R_2 构成的 BG 一段电路，也是一条支路；GF 之间是一条导线，从广义上讲也是一条支路。但是，本书分析的是集总参数电路，这段导线的长度为零，因此，GF 不看做支路。

2. 节点

电路中三个或三个以上支路的公共连接点称为节点(node)。如图 1-5-1 电路中，B、C、F、G 均属节点。在集总参数电路中，我们把 G、F 两点看做一个节点。

3. 回路

电路中任一闭合路径称为回路(loop)。如图1-5-1所示，ABCDEFGHIA、ABGHIA 等等都是回路。

4. 网孔

对于平面电路[①]，其内部不包含其他支路的回路称为网孔(mesh)。在图 1-5-1 所示电路中，ABGHIA、BCJFGB 和 CDEFJC 是该电路仅有的三个网孔。网孔一定是回路，但回路不一定是网孔。如果把电路比作一张渔

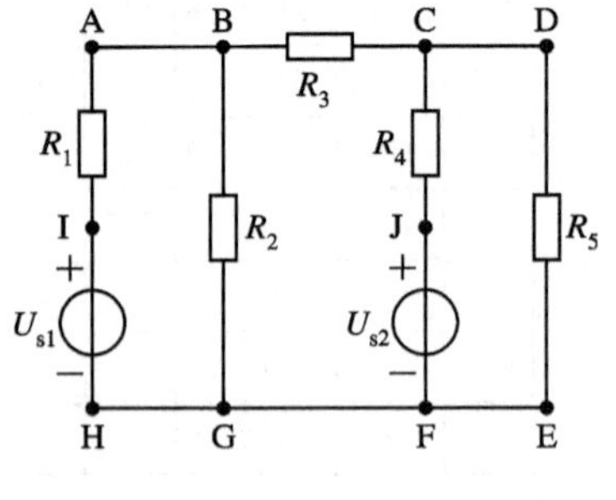

图 1-5-1

① 任意扭动电路的支路，将之铺在一个平面上，若可以避免相交叉而又不连接的现象发生，则称该电路为平面电路。

网，则网孔相当渔网中的一个个孔。

1.5.2 基尔霍夫电流定律

基尔霍夫电流定律(Kirchhoff's current law，简称 KCL)描述的是同一节点相连接的各支路中电流之间的约束关系。对于电路中的任一个节点，单位时间内流入该节点的电荷必然等于流出该节点的电荷，否则，就会发生电荷的"堆积"，在集总参数电路中，这显然是不可能的，这一原理称为电流的连续性原理。KCL 就是这一原理的具体表述。

定律：在任意时刻，流入某一节点电流之和等于流出该节点的电流之和。即

$$\sum i_{\mathrm{i}} = \sum i_{\mathrm{o}} \qquad (1-5-1)$$

如图 1-5-2 所示，i_1、i_4 流入节点 A，i_2、i_3、i_5 流出节点 A，即

$$i_1 + i_4 = i_2 + i_3 + i_5$$

改写上式为

$$i_1 + i_4 - i_2 - i_3 - i_5 = 0 \qquad (1-5-2)$$

或

$$-i_1 - i_4 + i_2 + i_3 + i_5 = 0 \qquad (1-5-3)$$

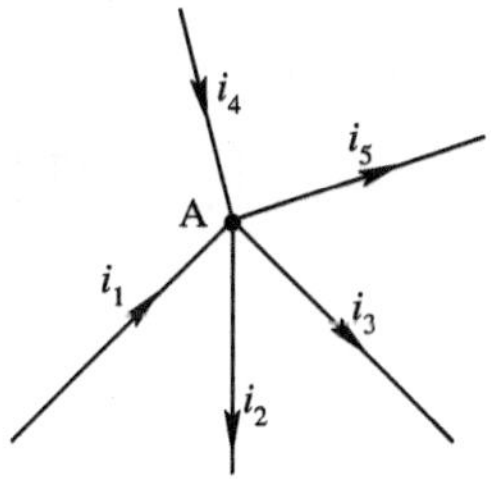

图 1-5-2

综合式(1-5-2)和式(1-5-3)，将 KCL 写为

$$\sum_{k=1}^{n} i_k = 0 \qquad (1-5-4)$$

式中，i_k 为与节点相连接的第 k 个支路上的电流，n 为与该节点相连接的支路个数。

式(1-5-4)表明：对集总参数电路中任意一个节点，在任意时刻流入或流出该节点电流的代数和恒等于零。常称式(1-5-4)为 KCL 方程。

KCL 也可推广到更广义的范围，如图 1-5-3 共有四个节点，六条支路，设各支路的电流参考方向如图所示，根据 KCL：

对节点 A　　$i_1 - i_4 + i_6 = 0$

对节点 B　　$i_2 + i_5 - i_6 = 0$

对节点 C　　$i_3 + i_4 - i_5 = 0$

将三式相加可得

$$i_1 + i_2 + i_3 = 0$$

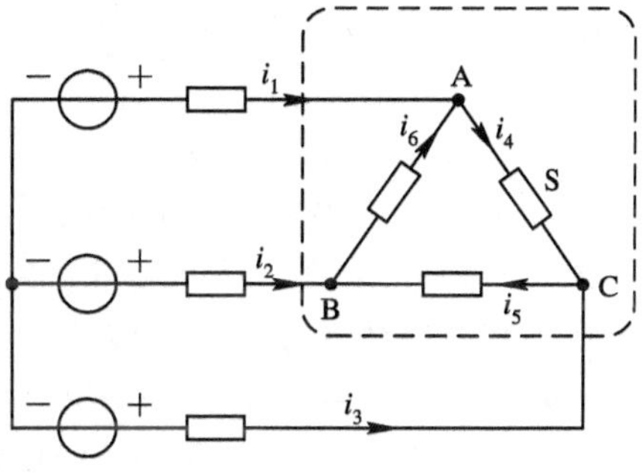

图 1-5-3

此式表明，对任意的封闭面 S，流入(或流出)封闭面的电流代数和等于零。

例 1-5-1　已知图 1-5-4 所示电路中，$I_{\mathrm{B}}=40\ \mu\mathrm{A}$，$\beta=100$，$I_{\mathrm{C}}$ 是 I_{B} 的 β 倍，I_2 是 I_{B} 的 2 倍，求 I_1、I_{E} 和 I_{s}。

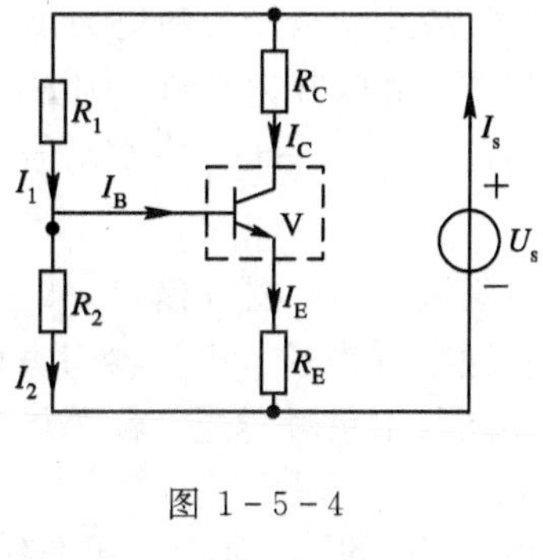

图 1-5-4

解　$I_1 - I_2 - I_{\mathrm{B}} = 0$

$$I_1 = I_2 + I_{\mathrm{B}} = 3I_{\mathrm{B}} = 120\ \mu\mathrm{A}$$

$I_B + I_C - I_E = 0$

$I_E = I_B + I_C = I_B + \beta I_B = 101 I_B = 4040\ \mu A$

$I_s - I_1 - I_C = 0$

$I_s = I_1 + I_C = I_1 + \beta I_B = 120 + 4000 = 4120\ \mu A$

图 1-5-4 中的元件 V 是一个晶体三极管，虽然其内部结构较复杂，但对各支路电流来说，仍然符合基尔霍夫电流定律，即元件 V 可以看做一个广义上的节点。

1.5.3 基尔霍夫电压定律

基尔霍夫电压定律(Kirchhoff's voltage law，简称 KVL)描述的是任一回路中各个元件(或各段电路)上的电压之间的约束关系。

定律：在任意时刻，沿电路任一回路绕行一周，回路中各个元件上的电压升之和等于电压降之和。即

$$\sum u_r = \sum u_f \qquad (1-5-5)$$

式中，u_r 表示电路中的电压升，u_f 表示电路中的电压降。如图 1-5-5 所示电路中的ABCDA 回路，顺时针绕一周，u_1、u_3、u_4 是电压降，u_2 是电压升，则

$$u_2 = u_1 + u_3 + u_4$$

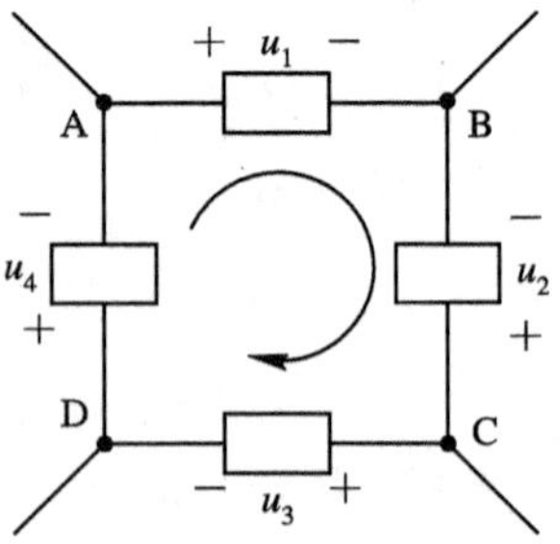

图 1-5-5

对上式作数学变换，有

$$-u_2 + u_1 + u_3 + u_4 = 0 \qquad (1-5-6)$$

式(1-5-6)表示把电压降记为正，电压升记为负，则回路中各段电路电压的代数和等于零。KVL 也可以叙述为：回路中各个元件上的电压降代数和等于零。即

$$\sum_{k=1}^{m} u_k = 0 \qquad (1-5-7)$$

式中，u_k 为回路中第 k 元件上的电压，m 为回路中的元件个数。

式(1-5-7)表明：对电路中任何一个回路，在任意时刻沿回路巡行一周，沿途各段电路电压的代数和恒等于零。常称式(1-5-7)为 KVL 方程。

KVL 不但适用于电路中真实存在的回路，也适用于电路中任何假想的回路。如图 1-5-6 中的 ABCDA，虽然没有构成电流流通路径，但逆时针绕行一周，根据电位平衡原理，各段电路的电压代数和仍为零，这里把电压降记为正，电压升记为负，则方程为

$$U_{AB} - U_{CB} - U_{DC} + U_{DA} = 0 \qquad (1-5-8)$$

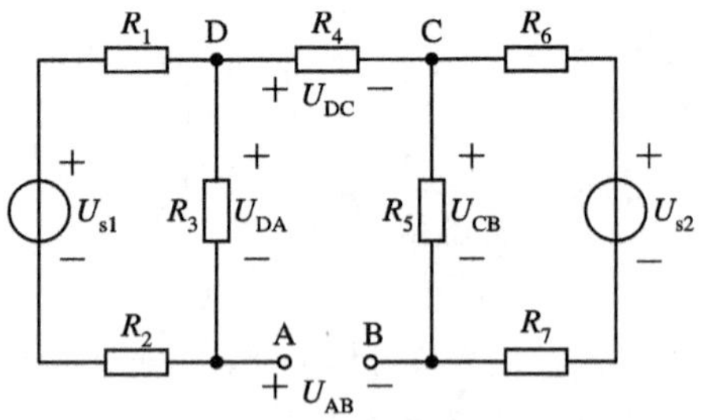

图 1-5-6

这里强调一点，在方程(1-5-8)中的各电压用脚注字母表示了电压参考方向，如 U_{AB}表示 A 正 B 负，U_{CB}表示 C 正 B 负等等，字母顺序必须与正负号对应。若字母顺序变化，负号也相应变化，如 $U_{CB} = -U_{BC}$，$U_{DA} = -U_{AD}$等等。

依据 KVL 的推广形式，可总结得到求电路中任意两点间电压的常用方法，如求 A 点

至 B 点的电压，自 A 点始，沿着任何一条路径巡行至 B 点，沿途各段电路电压的代数和即为电压 U_{AB}。

由式(1-5-8)易得

$$U_{AB}=U_{AD}+U_{DC}+U_{CB} \tag{1-5-9}$$

例 1-5-2 图 1-5-7 所示电路，各电流参考方向如图中所示。已知 $I_1=-2$ A，$I_2=2$ A，$I_5=-6$ A，$I_6=1$ A，$U_{s2}=6$ V，$U_{s4}=10$ V，$R_1=5\ \Omega$，$R_2=1\ \Omega$，$R_4=1\ \Omega$。求 R_3 和各段电路电压 U_{AB}、U_{BC}、U_{CD}、U_{DA}。

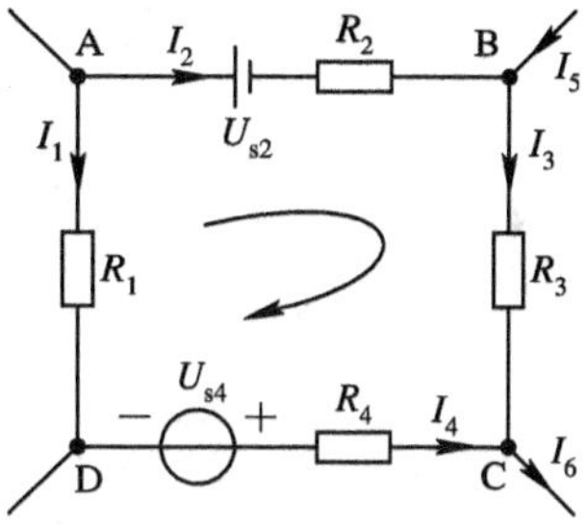

图 1-5-7

解 图中虽然没有标出各个电阻上的电压参考方向，但实际中常认定电流参考方向与电压参考方向关联。根据 KVL，沿回路 ABCDA 绕行一周，把电压降记为正，电压升记为负，则

$$U_{s2}+I_2R_2+I_3R_3-I_4R_4+U_{s4}-I_1R_1=0$$

$$I_3R_3-I_4R_4=I_1R_1-U_{s2}-I_2R_2-U_{s4}$$

代入数据求得

$$I_3R_3-I_4R_4=-28\ \text{V}$$

对节点 B、C 分别列写 KCL 方程为

$$I_2+I_5-I_3=0\rightarrow I_3=I_2+I_5=-4\ \text{A}$$

$$I_3+I_4-I_6=0\rightarrow I_4=I_6-I_3=5\ \text{A}$$

故

$$-4\times R_3-5\times 1=-28\ \text{V}$$

$$R_3=5.75\ \Omega$$

$$U_{AB}=U_s+I_2R_2=6+2\times 1=8\ \text{V}$$

$$U_{BC}=I_3R_3=-4\times 5.75=-23\ \text{V}$$

$$U_{CD}=U_{s4}-I_4R_4=10-5\times 1=5\ \text{V}$$

$$U_{DA}=-I_1R_1=-(-2)\times 5=10\ \text{V}$$

验证：

$$U_{AB}+U_{BC}+U_{CD}+U_{DA}=8-23+5+10=0$$

例 1-5-3 图 1-5-8 所示电路，以网孔为回路，列出该电路的 KCL 和 KVL 方程。

解 该电路共有三个节点，五条支路，三个节点用 A、B、C 表示，各支路电流参考方向和各回路绕行方向的规定如图所示。

对节点 A　　$I_1+I_2-I_3=0$

对节点 B　　$I_3-I_4+I_5=0$

回路①　　$U_{s1}-I_1R_1+I_2R_2-U_{s2}=0$

回路②　　$U_{s2}-I_2R_2-I_3R_3-I_4R_4=0$

回路③　　$U_{s5}-I_5R_5-I_4R_4=0$

图 1-5-8 中 D、E、F 各点到 C 点的电压分别为 U_{s1}、U_{s2}、U_{s5}，若以 C 点为参考点，

则 $V_D = U_{s1}$，$V_E = U_{s2}$，$V_F = U_{s5}$。该电路可以改画成图 1-5-9 的形式，称为电路的节点电位表示形式，虽然画法上发生了变化，但是连接关系并没有发生变化。这种画法常常用于电子电路，必须熟练掌握。

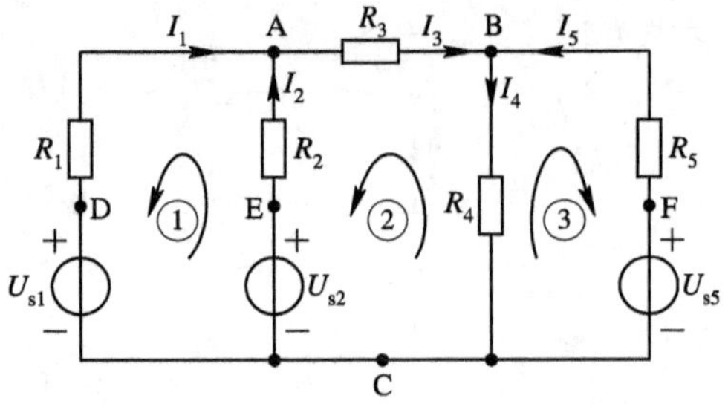

图 1-5-8

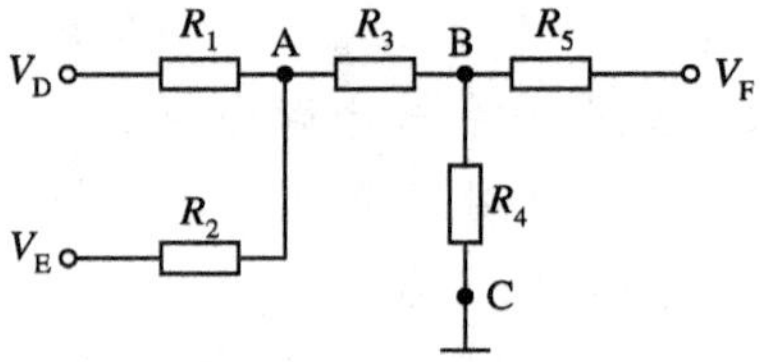

图 1-5-9

小结

1. 基尔霍夫定律分为电流定律(KCL)和电压定律(KVL)，它们是电路中的两个基本定律，适用于任何集总参数电路。

2. 应用 KCL 和 KVL 列方程时必须注意电压、电流的参考方向。电阻元件上一般只假设电流参考方向，其电压参考方向习惯上不假设，此时认为其与电流的参考方向相关联。

3. 应用 KVL 列回路方程时取一个绕行方向，取顺时针或逆时针方向均可，但方程中各段电压取正号、取负号必须与绕行方向相联系。

思考与练习

1-5-1　求题 1-5-1 图(a)、(b)所示电路中的未知电流。

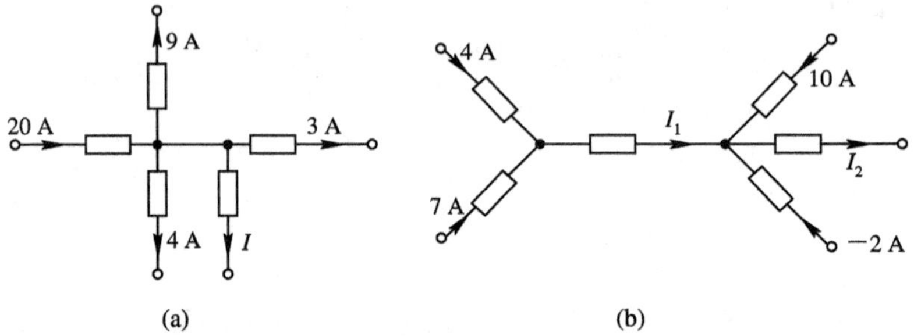

题 1-5-1 图

1-5-2　题 1-5-2 图所示电路中有几个节点？几条支路？几个回路？几个网孔？

1-5-3　在题 1-5-3 图所示电路中，要求：

(1) 已知 $i_1 = 2$ A，$i_2 = 1$ A，求 i_6。

(2) 已知 $u_1 = 1$ V，$u_2 = 3$ V，$u_3 = 8$ V，$u_5 = 7$ V，求 u_4 和 u_6。

(3) 求各元件上的功率，判别哪几个元件消耗电能，哪几个元件产生电能，并用电阻和电源符号画出该电路模型。

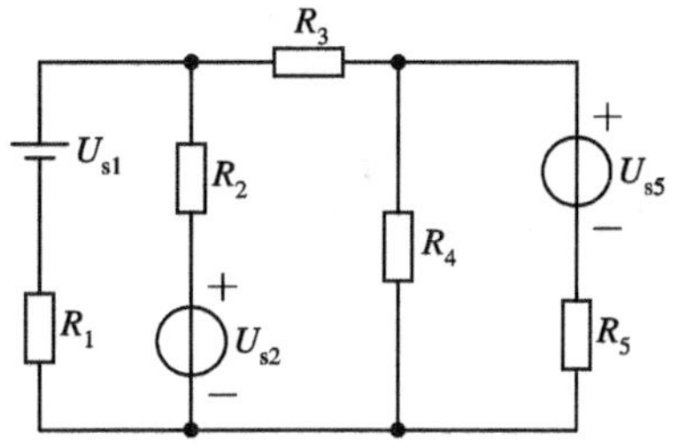

题 1－5－2 图

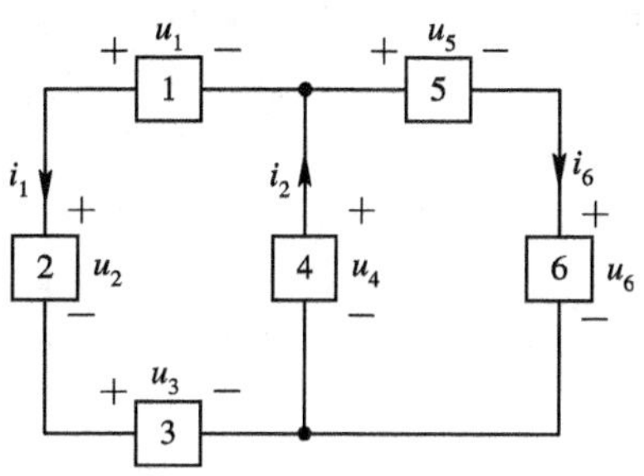

题 1－5－3 图

1－5－4　请在题 1－5－2 图中设出各支路电流参考方向，试列写节点电流方程和网孔电压方程。

1－5－5　求题 1－5－5 图中各段电路的未知量。

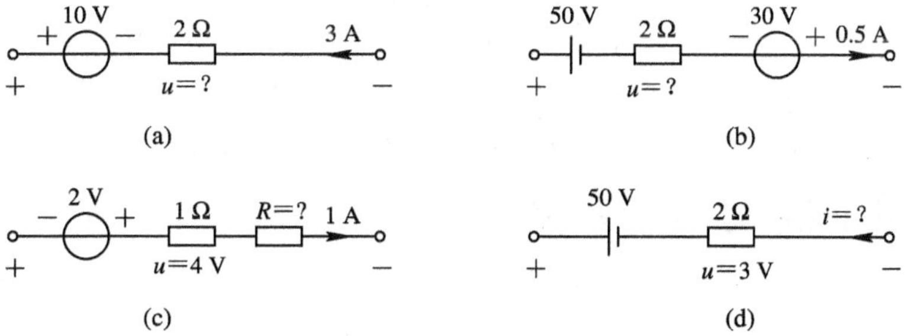

题 1－5－5 图

1.6　电路的等效

“等效”是电路分析中极为重要的概念之一，电路的等效变换分析方法是电路问题分析中常用的一种方法。本节首先阐述等效的一般概念，即等效的定义、等效的条件、等效的适用对象，然后介绍电路中常见的三种一端口电路和两种二端口电路的等效方法。

1.6.1　电路等效的一般概念

如果有两个结构和元件参数完全不同的电路 B 和 C，如图 1－6－1 所示，若 B 与 C 有完全相同的电压、电流关系(即给 B 加电压 u，产生电流 i，给 C 加电压 u，产生的电流 i 与 B 的电流 i 相等)，则称 B 与 C 是互为等效的。这就是电路等效的一般定义。

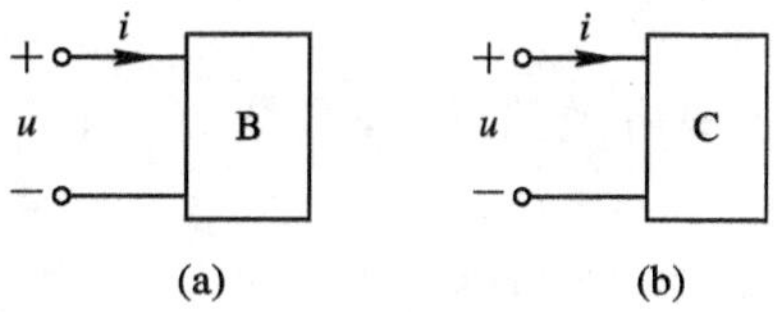

图 1－6－1

相互等效的两个电路在电路分析中可以相互代换，代换前后对 B 和 C 以外的电路中的电压、电流等电量不产生任何影响，如图 1－6－2 所示，若 B 与 C 等效，则对 A 电路来说，用图 1－6－2(a)与用图 1－6－2(b)求 A 中的各电量效果相同。这种等效在实际中可以经常见到。例如，额定值为 220 V、1 kW 的白炽灯和额定值为 220 V、1 kW 的电炉，虽然其结构和性能完全不同，但是，对 220 V 电源来说，从电源取用的电流和功率完全相等；再如，用干电池和稳压电源给收音机供电，所起到的效果相同，对收音机来说，干电池和稳压电源是等效的，等等。

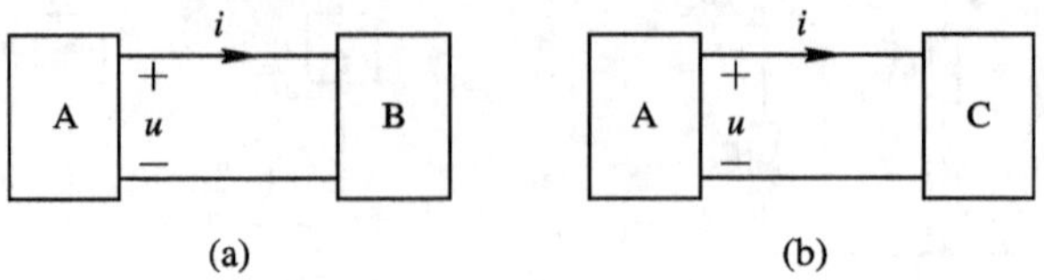

图 1-6-2

根据以上的定义和分析，我们可以得出以下结论：电路等效变换的条件是：相互等效的两个电路具有完全相同的电压、电流关系；电路等效变换的对象是：外电路中的电压、电流及功率；电路等效变换的目的是：使对电路的分析计算更加简单。

这里特别强调一点，求等效变换的两个电路中的电压、电流等电量时，必须回到原电路中去计算，即在图 1-6-2(a)的 B 电路中求不出图 1-6-2(b)中 C 电路中的电压、电流，反之亦然。但是，可以这样做：先用 B 电路代替 C 电路，求出图 1-6-2(a)中的电压 u 和电流 i 之后，以此为已知，再回到图 1-6-2(b)计算 C 电路中的电压、电流。

1.6.2 电阻串联和并联的等效变换

1. 电阻的串联

图 1-6-3(a)所示是三个电阻串联(series connection)的电路模型，它可等效成图 1-6-3(b) 所示的电路模型。由图 1-6-3(a)知：串联就是几个元件依次按顺序首尾相接，中间没有分岔的一种连接形式。

电阻串联电路有以下几个特点(参考图 1-6-3)：

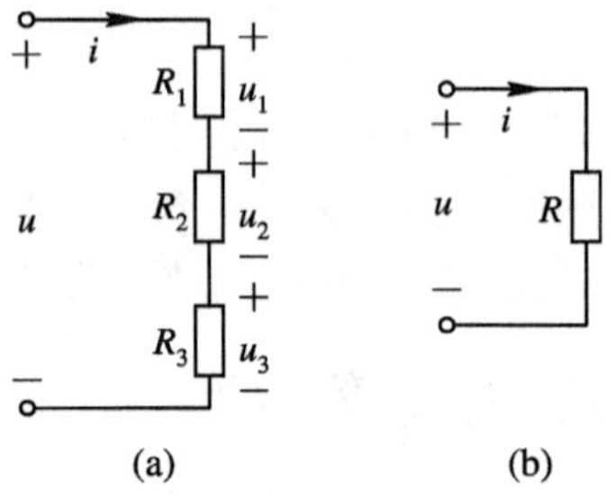

图 1-6-3

(1) 由 KCL 可知，通过各电阻的电流为同一电流。

(2) 由 KVL 可知，外加电压等于各个电阻上电压之和，即

$$u = u_1 + u_2 + u_3 = iR_1 + iR_2 + iR_3 \tag{1-6-1}$$

(3) 电源供给的功率等于各个电阻所消耗的功率之和，即

$$p = iu_1 + iu_2 + iu_3 = iu \tag{1-6-2}$$

根据等效的定义，对图 1-6-3(a)有

$$u = i(R_1 + R_2 + R_3) \tag{1-6-3}$$

对图 1-6-3(b)有

$$u = iR \tag{1-6-4}$$

对比式(1-6-3)和式(1-6-4)，知

$$R = R_1 + R_2 + R_3 \tag{1-6-5}$$

式(1-6-5)指出：电阻串联，其等效电阻等于各串联电阻之和。

电阻串联后各电阻上的电压与总电压之间的关系称做分压关系。由图 1-6-3 知

$$\left.\begin{aligned} u_1 &= \frac{R_1}{R_1+R_2+R_3}u \\ u_2 &= \frac{R_2}{R_1+R_2+R_3}u \\ u_3 &= \frac{R_3}{R_1+R_2+R_3}u \end{aligned}\right\} \tag{1-6-7}$$

由式(1-6-7)不难得到

$$\left.\begin{aligned} \frac{u_1}{u_2} &= \frac{R_1}{R_2} \\ \frac{u_2}{u_3} &= \frac{R_2}{R_3} \\ \frac{u_1}{u_3} &= \frac{R_1}{R_3} \end{aligned}\right\} \tag{1-6-8}$$

式(1-6-8)表明，电阻串联分压与电阻值成正比，即电阻值大，分得电压大。同理也可推导出：电阻串联时电阻值大消耗的功率大。这一点读者可自行推导，这里不再叙述。

例 1-6-1 图 1-6-4 所示电路是实际中常用的一种可调串联分压电路。R_P 是一个可变电阻，滑动端上部为 R_{P1}，下部为 R_{P2}。已知 $R_1=R_2=100\ \Omega$，$R_P=200\ \Omega$，$U_i=12\ V$，问 U_o 的可调范围为多大。

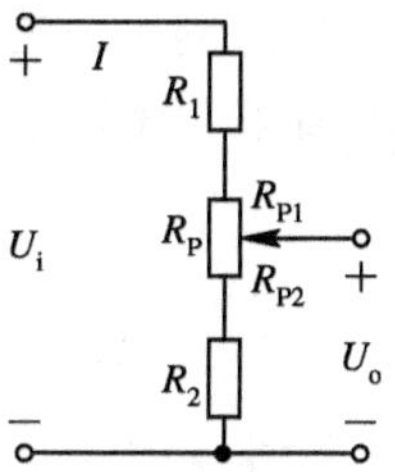

图 1-6-4

解 当 $R_{P2}=0$ 时，U_o 最小，有

$$U_{omin}=\frac{R_2}{R_1+R_P+R_2}U_i=\frac{100}{100+200+100}\times 12=3\ V$$

当 $R_{P2}=R_P$ 时，U_o 最大，有

$$U_{omax}=\frac{R_2+R_P}{R_1+R_P+R_2}U_i=\frac{100+200}{100+200+100}\times 12=9\ V$$

2. 电阻的并联

图 1-6-5(a)所示是三个电阻并联(parallel connection)的电路模型，其等效电路为图 1-6-5(b)。由图 1-6-5(a)知：并联就是几个元件首首相接，尾尾相接，各电阻分别构成一条支路的连接方式。

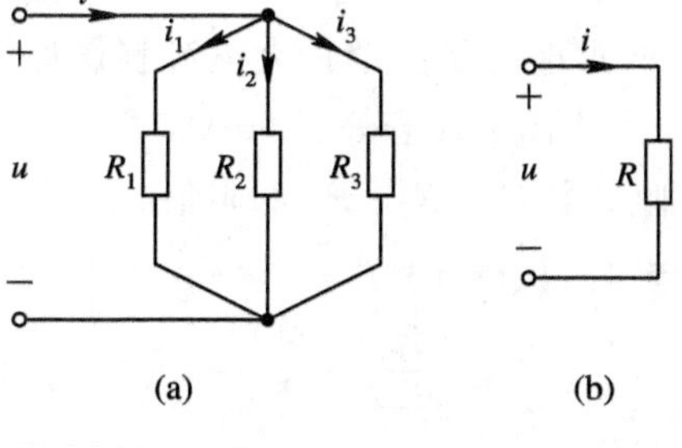

图 1-6-5

电阻并联有如下几个特点：

(1) 由图 1-6-5(a)可知，各电阻上的电压相等。

(2) 根据 KCL，总电流等于各支路电流之和，即

$$i = i_1 + i_2 + i_3 = \frac{u}{R_1} + \frac{u}{R_2} + \frac{u}{R_3} \tag{1-6-9}$$

(3) 电阻并联时总的消耗功率等于各电阻上消耗的功率之和，即

$$p = iu = i_1 u + i_2 u + i_3 u = p_1 + p_2 + p_3 \tag{1-6-10}$$

根据等效的定义，由图 1-6-5(a)，根据式(1-6-9)得

$$i = \left(\frac{1}{R_1} + \frac{1}{R_2} + \frac{1}{R_3}\right)u \tag{1-6-11}$$

由图 1-6-5(b)，根据欧姆定律(OL)得

$$i = \frac{u}{R} \tag{1-6-12}$$

比较式(1-6-11)和式(1-6-12)得

$$\frac{1}{R} = \frac{1}{R_1} + \frac{1}{R_2} + \frac{1}{R_3} \tag{1-6-13}$$

或

$$G = G_1 + G_2 + G_3 \tag{1-6-14}$$

若推广到一般情况：n 个电阻并联，等效电阻的倒数等于各个电阻的倒数之和。即 n 个电导并联，等效电导等于各个电导之和。即

$$\frac{1}{R} = \sum_{k=1}^{n} \frac{1}{R_k} \quad 或 \quad G = \sum_{k=1}^{n} G_k \tag{1-6-15}$$

式中：R_k、G_k 分别为相并联的第 k 个电阻、电导，n 为相并联电阻、电导的个数。电阻并联等效，计算等效电阻的表示式常用 $R = R_1 /\!/ R_2 /\!/ R_3 \cdots$ 表示。

电阻并联后，各电阻上分得的电流与总电流的关系称做分流关系。由式(1-6-12)得 $u=Ri$，由图 1-6-5 知

$$i_1 = \frac{u}{R_1} = \frac{i}{R_1}R,\ i_2 = \frac{i}{R_2}R,\ i_3 = \frac{i}{R_3}R \tag{1-6-16}$$

由式(1-6-16)不难得出

$$\frac{i_1}{i_2} = \frac{R_2}{R_1},\ \frac{i_2}{i_3} = \frac{R_3}{R_2},\ \frac{i_1}{i_3} = \frac{R_3}{R_1} \tag{1-6-17}$$

式(1-6-17)表明，电阻并联分流与电阻值成反比，即电阻值越大，分得的电流越小。同理也可推导出电阻并联时，电阻值越大消耗功率越小，请读者自行推导。

例 1-6-2 图 1-6-6 所示电路是一个扩大电流表量程的电路，图中 R_g 是一只最大量程为 5 mA 的基本电流表头的内阻，其值等于 50 Ω，R_1、R_2、R_3 分别是电流表 10 mA、50 mA、100 mA 挡的分流电阻，求 R_1、R_2、R_3 的阻值。

解 $I = 10$ mA 时，$I_R = I - I_g = 5$ mA，

$$\frac{I_R}{I_g} = \frac{R_g}{R_1}$$

$$R_1 = \frac{R_g}{I_R} I_g = \frac{50}{5} \times 5 = 50\ \Omega$$

$I = 50$ mA 时，$I_R = I - I_g = 45$ mA，

$$R_2 = \frac{R_g}{I_R} I_g = \frac{50}{45} \times 5 = \frac{50}{9}\ \Omega$$

$I = 100$ mA 时，$I_R = I - I_g = 95$ mA，

$$R_3 = \frac{R_g}{I_R} I_g = \frac{50}{95} \times 5 = \frac{50}{19}\ \Omega$$

电阻的串联与并联存在一定的对应关系，见表 1-4。串联电路容易分析，可以借助对应关系得出并联电路的计算表示式，使并联电路的分析计算更为简洁明了。

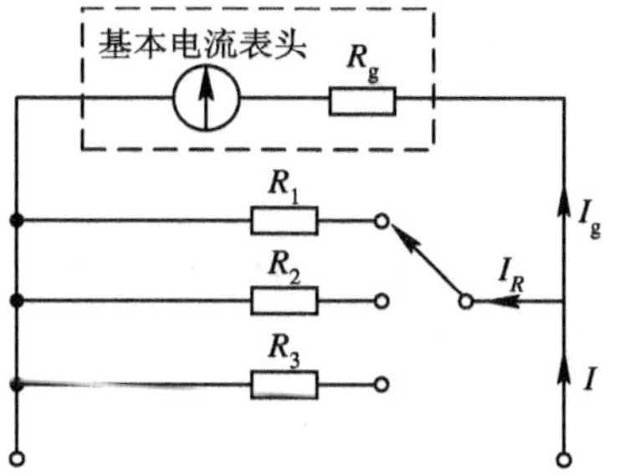

图 1-6-6

表 1-4 电阻串联与并联的对应关系

电路	串联	并联
对应的各量	i	u
	u	i
	R	G
	分压关系	分流关系

3. 电阻的混联电路

电阻的混联电路是串联与并联的组合。实际电路中更多见的是混联，单独的串联和并联并不多见，例如照明系统中各照明灯从表面上看是并联关系，但如果考虑到传输导线自身的损耗电阻，则应是混联。图 1-6-7 给出了该电路的结构连接图和它的等效电路，从等效电路看，两个端子的等效电阻为

$$R = (R_1 \mathbin{/\!/} R_2 \mathbin{/\!/} R_3) + R_l + R_l$$

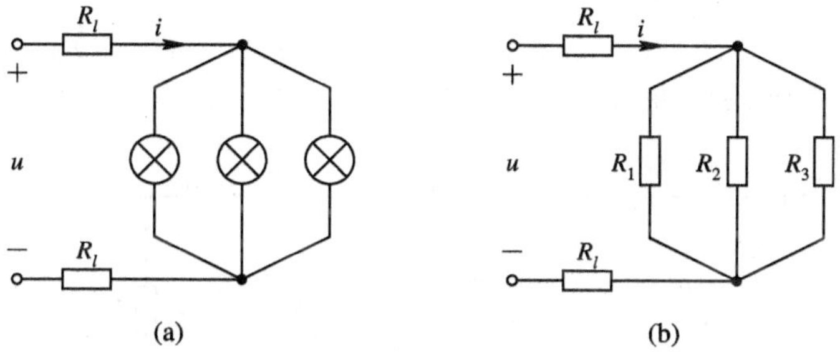

图 1-6-7

对于电阻混联电路的等效电阻计算方法，要仔细观察，寻找窍门。判别出各电阻之间的连接关系是至关重要的，因为在电路分析中，往往给出的电路不能完全直观地看出各个元件之间的连接关系。下面通过例题给读者示范对这类问题的分析方法。

例 1-6-3 求图 1-6-8(a)所示电路中 A、B 之间的等效电阻。

解 分析这样的电路，可以按照如下步骤进行：

(1) 将电路中有分支的连接点依次用字母或数字编排顺序，如图中 A、B、C、D。

(2) 把短路线两端的点画在同一点上，即把短路线无穷缩短或伸长，若有多个接地点，可用短路线相连。

（3）依次把电路元件画在各点之间，再观察元件之间的连接关系。

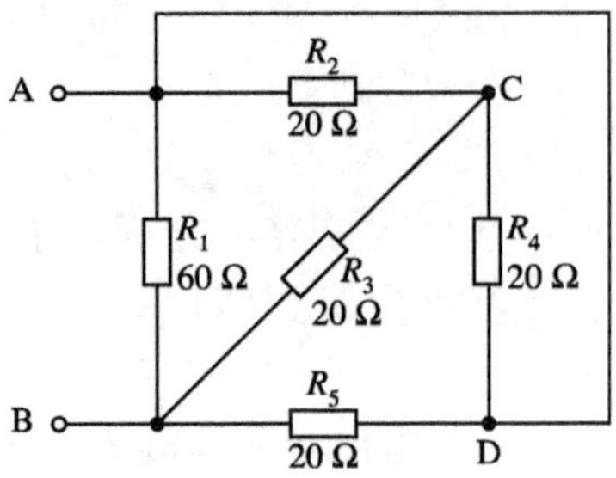

图 1-6-8

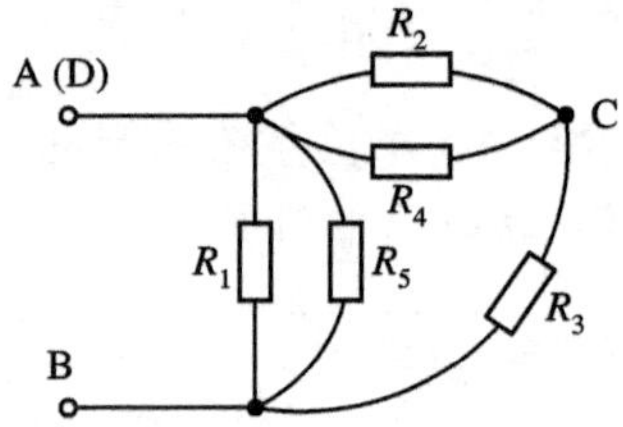

图 1-6-9

图 1-6-8 的电路改画后如图 1-6-9 所示，由此可直观地看出 R_{AB}的值为

$$R_{AB} = (R_2 \mathbin{/\!/} R_4 + R_3) \mathbin{/\!/} R_1 \mathbin{/\!/} R_5$$

而

$$R_2 \mathbin{/\!/} R_4 + R_3 = \frac{20 \times 20}{20 + 20} + 20 = 30\ \Omega$$

故

$$R_{AB} = 30 \mathbin{/\!/} R_1 \mathbin{/\!/} R_2 = \frac{30 \times 60}{30 + 60} \mathbin{/\!/} 20 = 10\ \Omega$$

1.6.3 Π 形与 T 形电路的等效互换

Π 形电路和 T 形电路是电子线路中可能会遇到的两种电路，它们之间的等效互换可以使电路分析的过程简化。

1. Π 形电路变换为 T 形电路

T 形电路也称星形电路(或 Y 形电路)，Π 形电路也称三角形电路(或 D 形电路)，其电路结构如图 1-6-10 所示，在这里我们把各端点用数字标记。

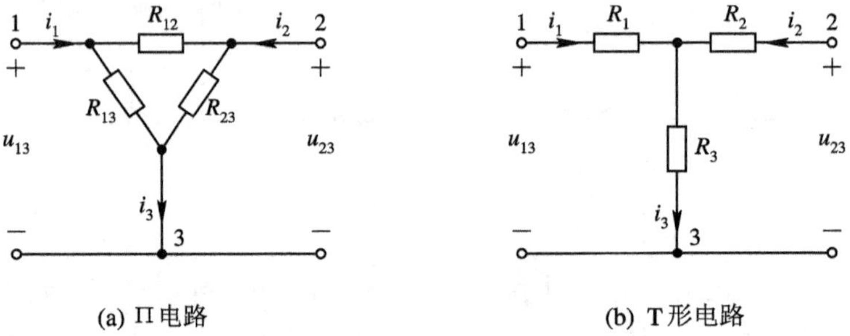

图 1-6-10

要使两个电路等效，应满足等效条件，两电路应有相同的 VAR。根据 KCL 和 KVL，对两个电路均有

$$i_3 = i_1 + i_2 \tag{1-6-18}$$

$$u_{12} = u_{13} + u_{32} = u_{13} - u_{23} \tag{1-6-19}$$

由图 1-6-10(b)知

$$u_{13} = i_1 R_1 + i_3 R_3$$

$$u_{23} = i_2 R_2 + i_3 R_3$$

将式(1-6-18)代入以上两式整理得

$$u_{13} = i_1 (R_1 + R_3) + i_2 R_3 \tag{1-6-20}$$

$$u_{23} = i_1 R_3 + i_2 (R_2 + R_3) \tag{1-6-21}$$

式(1-6-20)和式(1-6-21)即是图 1-6-10(b)三端子电路的 VAR。

根据欧姆定律，由图 1-6-10(a)知

$$i_1 = \frac{u_{12}}{R_{12}} + \frac{u_{13}}{R_{13}}$$

$$i_2 = \frac{u_{23}}{R_{23}} - \frac{u_{12}}{R_{12}}$$

将式(1-6-19)代入以上两式，整理得

$$i_1 = \frac{R_{12} + R_{13}}{R_{12} R_{13}} u_{13} - \frac{u_{23}}{R_{12}} \tag{1-6-22}$$

$$i_2 = \frac{R_{12} + R_{23}}{R_{12} R_{23}} u_{23} - \frac{u_{13}}{R_{12}} \tag{1-6-23}$$

式(1-6-22)与式(1-6-23)联立求解得

$$u_{13} = \frac{R_{13}(R_{12} + R_{23})}{R_{12} + R_{13} + R_{23}} i_1 + \frac{R_{13} R_{23}}{R_{12} + R_{13} + R_{23}} i_2 \tag{1-6-24}$$

$$u_{23} = \frac{R_{13} R_{23}}{R_{12} + R_{13} + R_{23}} i_1 + \frac{R_{23}(R_{12} + R_{13})}{R_{12} + R_{13} + R_{23}} i_2 \tag{1-6-25}$$

式(1-6-24)和式(1-6-25)即是图 1-6-10(a)三端子电路的 VAR。

比较式(1-6-20)与(1-6-24)及式(1-6-21)与(1-6-25)，得

$$\left.\begin{aligned} R_1 + R_3 &= \frac{R_{13}(R_{12} + R_{23})}{R_{12} + R_{13} + R_{23}} \\ R_3 &= \frac{R_{13} R_{23}}{R_{12} + R_{13} + R_{23}} \\ R_2 + R_3 &= \frac{R_{23}(R_{12} + R_{13})}{R_{12} + R_{13} + R_{23}} \end{aligned}\right\} \tag{1-6-26}$$

求解方程组(1-6-26)，得

$$\left.\begin{aligned} R_1 &= \frac{R_{12} R_{13}}{R_{12} + R_{13} + R_{23}} \\ R_2 &= \frac{R_{12} R_{23}}{R_{12} + R_{13} + R_{23}} \\ R_3 &= \frac{R_{13} R_{23}}{R_{12} + R_{13} + R_{23}} \end{aligned}\right\} \tag{1-6-27}$$

由式(1-6-27)可以看出，当 $R_{12} = R_{13} = R_{23} = R_{\Pi}$ 时，有

$$R_{\mathrm{T}} = R_1 = R_2 = R_3 = \frac{R_{\Pi}}{3}$$

2. T 形电路变换为 Π 形电路

若将图 1-6-10(b)所示 T 形电路变换成图 1-6-10(a)所示 Π 形电路，则令式(1-6-20)等于式(1-6-24)，式(1-6-21)等于式(1-6-25)，解得

$$\left.\begin{aligned}R_{12} &= \frac{R_1R_2 + R_1R_3 + R_2R_3}{R_3}\\ R_{13} &= \frac{R_1R_2 + R_1R_3 + R_2R_3}{R_2}\\ R_{23} &= \frac{R_1R_2 + R_1R_3 + R_2R_3}{R_1}\end{aligned}\right\} \tag{1-6-28}$$

观察式(1-6-28)，当 $R_1 = R_2 = R_3 = R_T$ 时，有

$$R_\Pi = R_{12} = R_{13} = R_{23} = 3R_T$$

例 1-6-4 已知图 1-6-11(a)所示电路中 $R_1 = 3\ \Omega$，$R_2 = 1\ \Omega$，$R_3 = 2\ \Omega$，$R_4 = 5\ \Omega$，$R_5 = 4\ \Omega$，求 AB 端的等效电阻 R_{AB}。

解 把 R_1、R_2、R_3 看做一个 T 形电路，将其等效成图 1-6-11(b)虚线框内的电路，则

$$R_{12} = \frac{R_1R_2 + R_1R_3 + R_2R_3}{R_3} = 5.5\ \Omega$$

$$R_{13} = \frac{R_1R_2 + R_1R_3 + R_2R_3}{R_2} = 11\ \Omega$$

$$R_{23} = \frac{R_1R_2 + R_1R_3 + R_2R_3}{R_1} = 3.67\ \Omega$$

由图 1-6-11(b)得 R_{12} 与 R_4 并联、R_{23} 与 R_5 并联，然后二者再串联，最后与 R_{13} 并联，即

$$R_{AB} = (R_{12} /\!/ R_4 + R_{23} /\!/ R_5) /\!/ R_{13} = 3.21\ \Omega$$

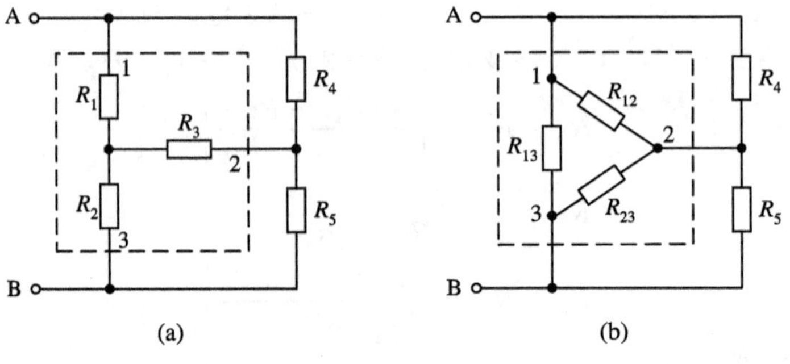

图 1-6-11

在电路分析中，应用 Π 形电路与 T 形电路的等效互换的目的是为了简化电路的分析。选择电路中的元件构成 Π 形还是 T 形电路时，要仔细观察电路的连接关系，否则变换后可能会使下一步的分析更复杂。

小结

1. 电路等效的基本概念；等效变换的定义、条件、对象和目的。

2. 电阻串联、并联、混联电路等效电阻的计算方法；串联的分压关系；并联的分流关系。

3. Π形电路与T形电路等效互换属多端子电路等效，Π形电路等效为T形电路即是已知R_{12}、R_{13}、R_{23}通过等效变换公式(1-6-27)求得R_1、R_2、R_3，接成T形去代替Π形中的三个电阻，完成等效。T形等效为Π形电路即是已知R_1、R_2、R_3通过等效变换公式(1-6-28)求得R_{12}、R_{13}、R_{23}，接成Π形去代替T形中的三个电阻，完成等效。

思考与练习

1-6-1　求题1-6-1图所示电路中的I_1、I_2、I_3、I_4和等效电阻R_{AB}。

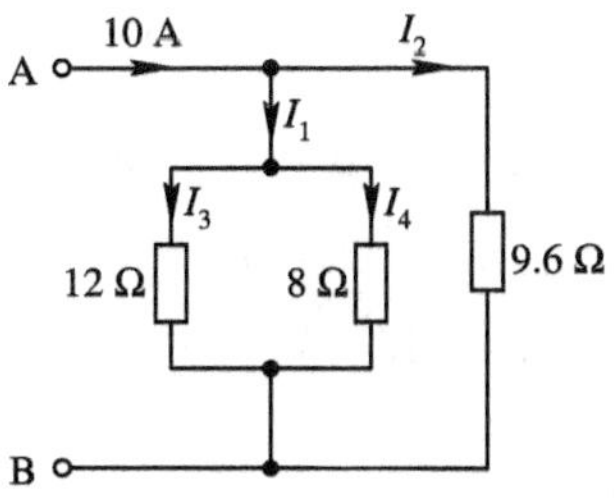

题1-6-1图

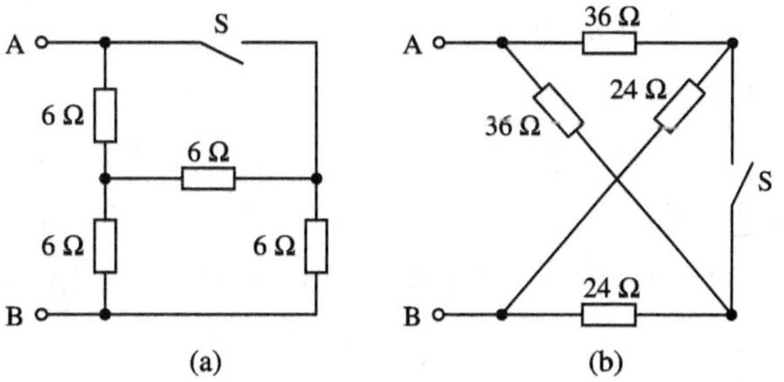

题1-6-2图

1-6-2　求题1-6-2图各电路中S闭合前后AB端的等效电阻。

1-6-3　某收音机采用串联分压电路给各级放大器供电，电路如题1-6-3图所示，图中标出了各级所需电压和电流，试计算各电阻值。

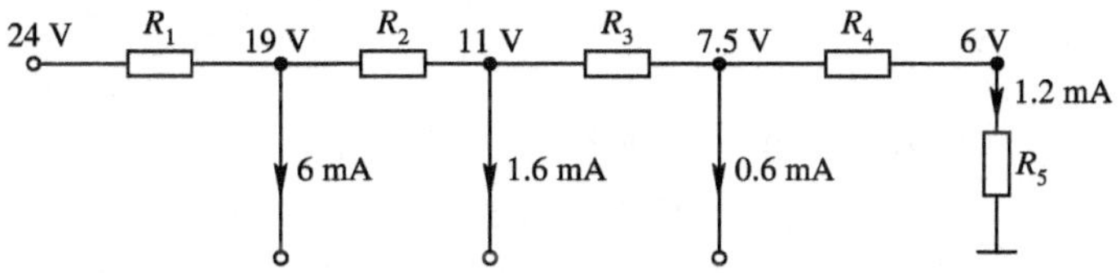

题1-6-3图

1-6-4　求题1-6-4图所示电路(a)、(b)的等效电阻。

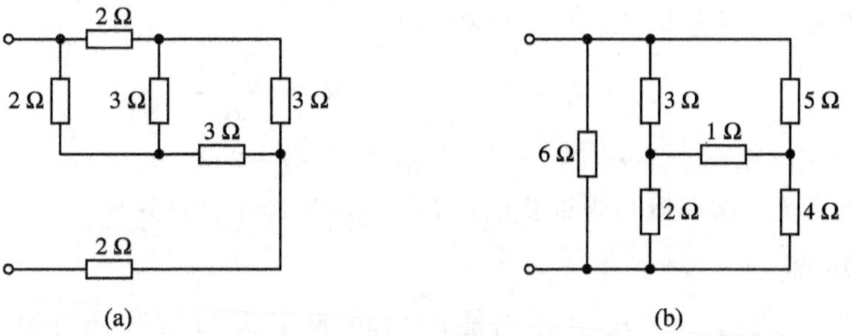

题1-6-4图

1.7 电压源与电流源及其等效变换

任何实际电路正常工作时必须有电源提供电能，工程实际中的电源各种各样，但从其工作特性和提供电能的方式上可以分为两大类：电压源和电流源。本节介绍这两种电源的电路模型、特性以及两种电源的关系。

1.7.1 电压源(voltage source)

电源在产生电能的同时，也有能量的消耗，例如干电池有电流输出时电池本身发热，这时电池的端电压小于输出电流为零时的端电压，这种电源称做实际电源。在理想状态下电源产生电能时不消耗电能，这种电源称做理想电源。理想电源是不存在的，只是在理论分析中抽象化的电源。

1. 理想电压源

不管外部电路如何，其两端电压总能保持一恒定值或一定的时间函数关系的电源定义为理想电压源(ideal voltage source)，其电路模型如图 1-7-1 所示。如果电源端电压恒定不变则为直流理想电压源，设 $t=t_1$，其外特性曲线(电压与电流的关系曲线)如图 1-7-2 所示。

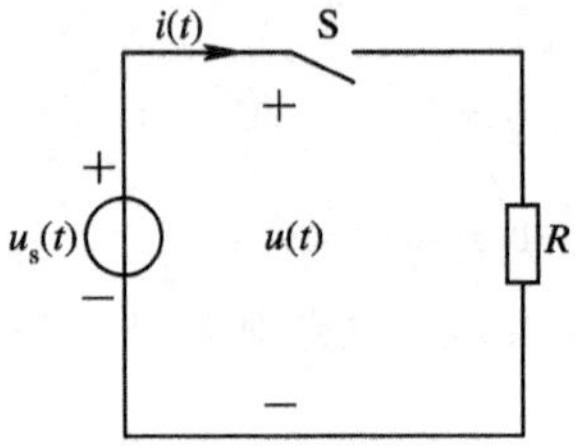

图 1-7-1

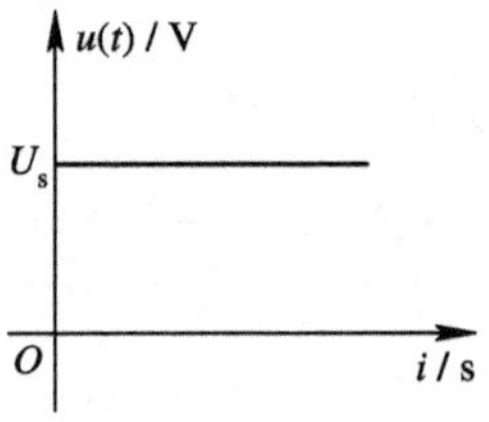

图 1-7-2

在图 1-7-1 中，无论开关 S 断开还是接通，均有

$$u(t) = u_s(t) \tag{1-7-1}$$

即电源端电压 $u(t)$的大小与流经电源的电流大小无关，进一步分析可以证明，$u(t)$的方向也与 $i(t)$的方向无关。反过来说，理想电压源输出电流 $i(t)$的大小由电源及电源以外的电路共同决定。

从能量观点考虑，理想电压源产生的功率为

$$p = u_s(t)i(t) = i^2(t)R = \frac{u_s^2(t)}{R} \tag{1-7-2}$$

由图(1-7-1)应用 OL 知：$R\to 0$ 时，$i\to\infty$，由式(1-7-2)知 $p\to\infty$，即理想电压源可以产生的功率为无穷大，这一概念告诉我们：实际中电压源不允许短路。

2. 实际电压源

我们把产生电能的同时还消耗电能的电压源定义为实际电压源(truth voltage source)，简称电压源。其电路模型如图 1-7-3 所示，图中 R_0 是人为地把电源消耗的电能视为一个称做内阻的电阻所消耗的电能。这时电源的端电压为

$$u(t) = u_s(t) - i(t)R_o \qquad (1-7-3)$$

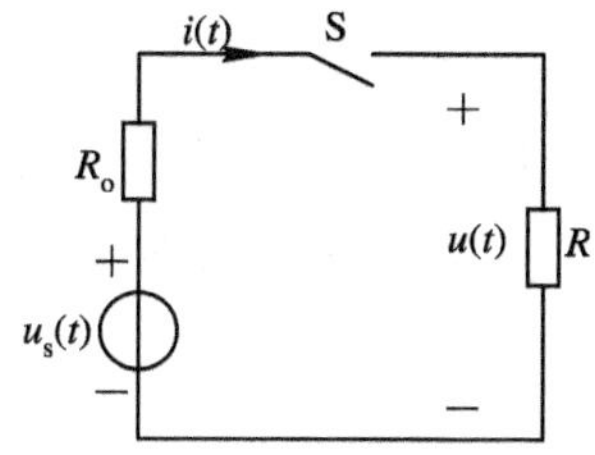

图 1-7-3

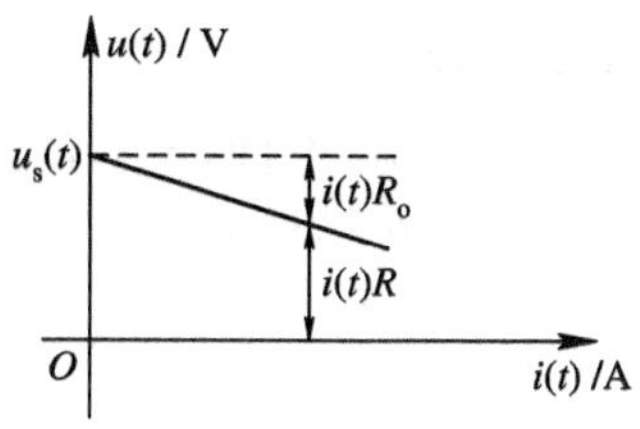

图 1-7-4

图 1-7-4 给出了直流实际电压源的外特性曲线。由图可知，当 S 断开时，$i(t)=0$，电源端电压 $u(t)=u_s(t)$；当开关闭合时，$i(t)\neq 0$，电源端电压 $u(t) < u_s(t)$。实际电压源产生的功率为

$$p = u_s(t)i(t) = i^2(t)(R_o + R) \qquad (1-7-4)$$

式(1-7-4)表明，当 $R=0$ 时，电源产生的功率全部消耗在电源内阻 R_o 上，这一点告诉我们：工程实际中的电压源一旦出现短路，电源发热量将会急剧上升，造成电源的绝缘材料烧毁，电源损坏。我们一定要倍加小心。

1.7.2 电流源(current source)

与电压源一样，电流源也分为理想电流源和实际电流源。

1. 理想电流源

不管外部电路如何，其输出电流总能保持一恒定值或一定的时间函数关系的电源定义为理想电流源(ideal current source)，其电路模型如图 1-7-5 所示。如果电源输出电流恒定不变，则为直流理想电流源，直流理想电流源的外特性曲线如图 1-7-6 所示。

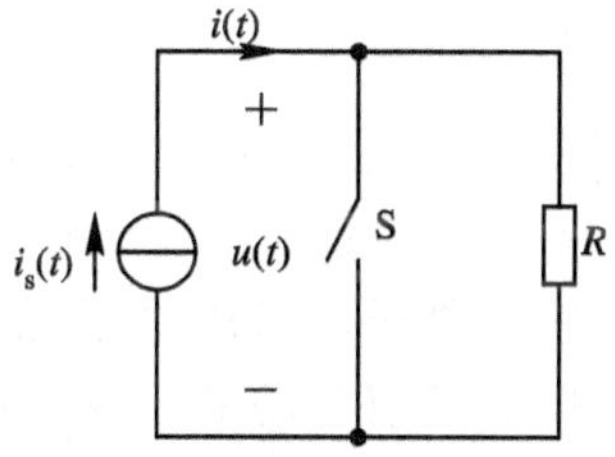

图 1-7-5

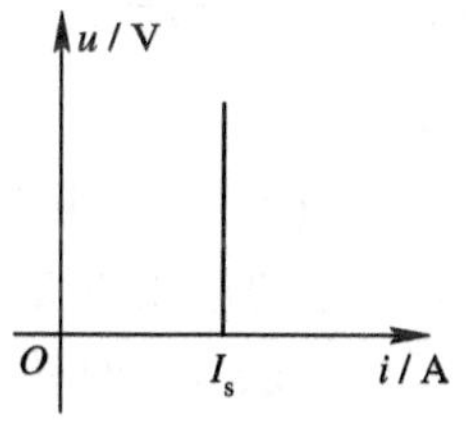

图 1-7-6

在图 1-7-5 中，无论开关断开还是闭合，均有

$$i(t) = i_s(t) \qquad (1-7-5)$$

即电流源输出电流 $i(t)$ 的大小与电源端电压 $u(t)$ 的大小和方向无关。反言之，电流源端电压的大小由电流源及外电路共同决定。

电流源产生的功率为

$$p(t) = i(t)u(t) = i^2(t)R = \frac{u^2(t)}{R} \qquad (1-7-6)$$

由图 1-7-5 应用 OL 知：$u=Ri=Ri_s$，显然，当 $R\to\infty$ 时，$u\to\infty$，再由式(1-7-6)

知：$p \to \infty$，即理想电流源产生的功率为无穷大。这一概念告诉我们：在工程实际中电流源不允许断路。

2. 实际电流源

我们把产生电能的同时还消耗电能的电流源定义为实际电流源(truth current source)，简称电流源，其电路模型如图 1-7-7 所示，图中 R_o 亦视为实际电流源的内阻。实际电流源输出电流为

$$i(t) = i_s(t) - \frac{u(t)}{R_o} \tag{1-7-7}$$

图 1-7-8 给出了直流实际电流源的外特性曲线。由图 1-7-7 知，当 S 闭合时，$i(t)=i_s(t)$，$u(t)=0$；当 S 断开时，$i(t)<i_s(t)$，$u(t)\neq 0$。

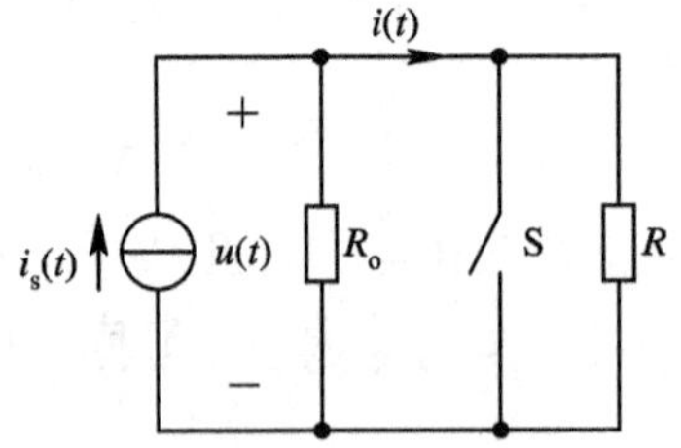

图 1-7-7

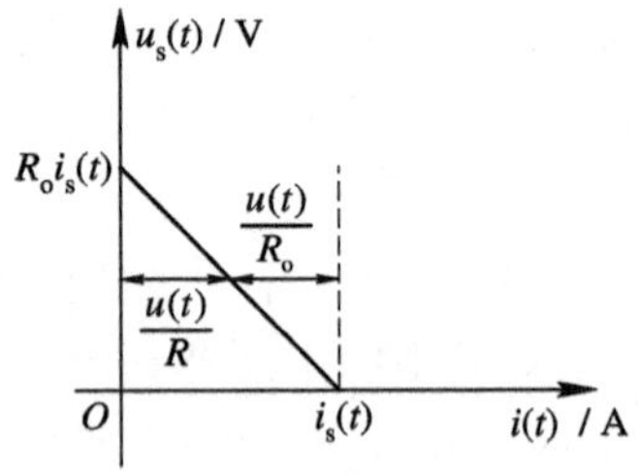

图 1-7-8

实际电流源产生的功率为

$$p = i_s(t)u(t) = \frac{u^2(t)}{R_o} + \frac{u^2(t)}{R} \tag{1-7-8}$$

式(1-7-8)表明，当 $R=\infty$ 时，电源产生的功率全部消耗在内阻 R_o 上，这一点告诉我们：实际中电流源一旦出现断路，电源发热量将急剧上升，造成电源绝缘材料烧毁，电源损坏。

1.7.3 电压源与电流源的等效变换

我们已经知道，在某些情况下，实际电源适宜用实际电压源的模型表示，另一些情况下则适宜用实际电流源的模型表示。对于外电路来说，只要电源的外特性一样，则用哪一种模型来表示，所起的作用都是一样的。这就是说，实际电源既可以用电压源模型表示，也可以用电流源模型表示。两种模型具有相同的 VAR，即满足前述的等效条件，所以二者可以等效互换。

图 1-7-9(a)是一个电压源与外电路 R 连接的电路模型，图 1-7-9(b)是电流源与外电路 R 连接的电路模型。若外电路电阻 R 为阻值相等的电阻，则要使两个电源对 R 起到的作用相同，两个电源的电压 $u_s(t)$ 和 R_o 及电流 $i_s(t)$ 和 R_o' 必须满足以下关系：

对电压源而言

$$u(t) = u_s(t) - i(t)R_o$$

$$i(t) = \frac{u_s(t)}{R_o} - \frac{u(t)}{R_o} \tag{1-7-9}$$

对电流源而言

$$u(t) = i_s(t)R_o' - i(t)R_o'$$

$$i(t) = i_s(t) - \frac{u(t)}{R_o'} \tag{1-7-10}$$

比较以上两式，显然应满足以下关系：

$$\left.\begin{aligned} &R_o = R_o' \\ &u_s(t) = i_s(t)R_o' \text{ 或 } i_s(t) = \frac{u_s(t)}{R_o} \end{aligned}\right\} \tag{1-7-11}$$

在某些情况下，应用电源的等效互换分析电路可以使电路的分析简化，比如在图1-7-9(a)中计算电压 $u(t)$，用电阻串联的分压关系较方便，在图1-7-9(b)中计算电流 $i(t)$，用电阻并联的分流关系则较方便。

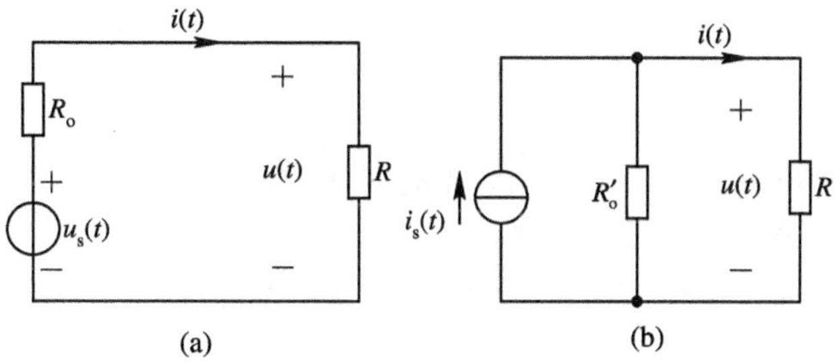

图 1-7-9

两种理想电源之间是不能等效互换的。这是因为两种理想电源的定义是矛盾的，或者说理想电压源提供电流的能力是无穷的，理想电流源提供电压的能力是无穷的。在实际中，对电压源来说，若外电路电阻 $R \gg R_o$，则该电压源可以近似看做理想电压源；对电流源来说，若外电路电阻 $R \ll R_o'$，该电流源可以近似看做理想电流源。

例 1-7-1 求图 1-7-10(a)所示电路的电压源模型与电流源模型。

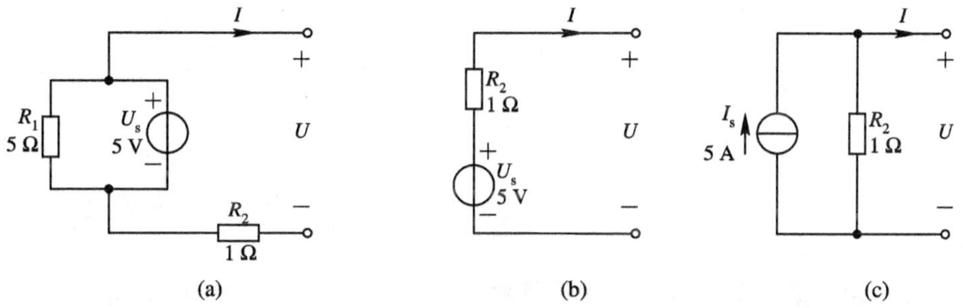

图 1-7-10

解 在图 1-7-10(a)中，R_1 与 U_s 并联，将 R_1 去掉后对 U 和 I 不产生任何影响，故图 1-7-10(a)所示电路可以等效成图 1-7-10(b)所示的电压源模型。

将图 1-7-10(b)变换成图 1-7-10(c)的电流源模型，则

$$I_s = \frac{U_s}{R_o} = \frac{U_s}{R_2} = \frac{5}{1} = 5 \text{ A}$$

$$R_o' = R_o = R_2 = 1 \ \Omega$$

这里再次强调，电源等效变换仅对电源以外的电路等效，对电源内部并不等效。例如，图 1-7-10(b)和(c)的电源模型，当 $I=0$ 时，U 相等，但 R_2 上流过的电流和承受的电压

以及消耗的功率均不相等。

小结

1. 实际中的电源可以采用两种模型表示，即电压源模型和电流源模型表示。

2. 理想电压源的端电压与流经电源的电流大小和方向无关；理想电流源的输出电流与电源两端的电压大小和方向无关。

3. 实际电源产生电能的同时还要消耗电能。实际电压源常用内阻 R_o 和理想电压源串联的电路模型表示；实际电流源常用内阻 R_o 和理想电流源并联的电路模型表示。

4. 实际电压源与实际电流源对外电路可以等效互换，但对内电路不等效。

思考与练习

1-7-1　有一蓄电池，当输出电流为零时两端电压为 6 V，输出电流为 1 A 时两端电压为 5.8 V，求其电压源与电流源电路模型。

1-7-2　某实际电源的伏安特性曲线如题 1-7-2 图所示，求其电压源模型，并变换成电流源模型。

1-7-3　某实际电源的伏安特性曲线如题 1-7-3 图所示，求其电流源模型，并变换成电压源模型。

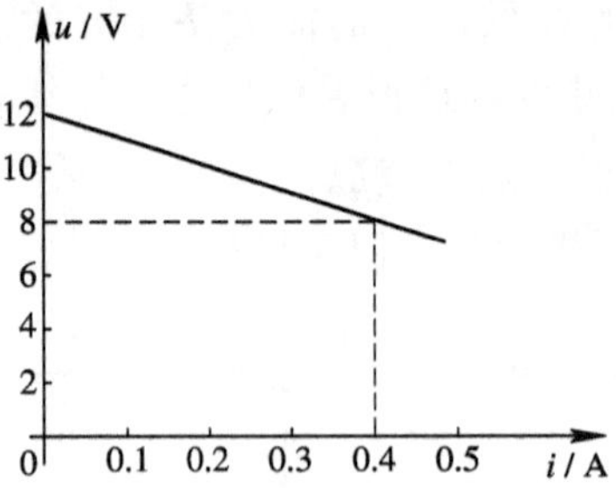

题 1-7-2 图

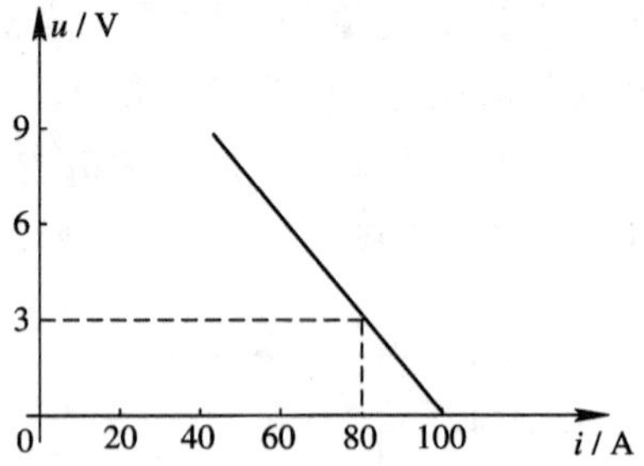

题 1-7-3 图

1-7-4　求流经题 1-7-4 图所示电路中电压源的电流和电流源两端的电压，两个电源产生的功率分别为多少？

1-7-5　用电源等效变换的方法计算题 1-7-5 图所示电路中的电流 I。

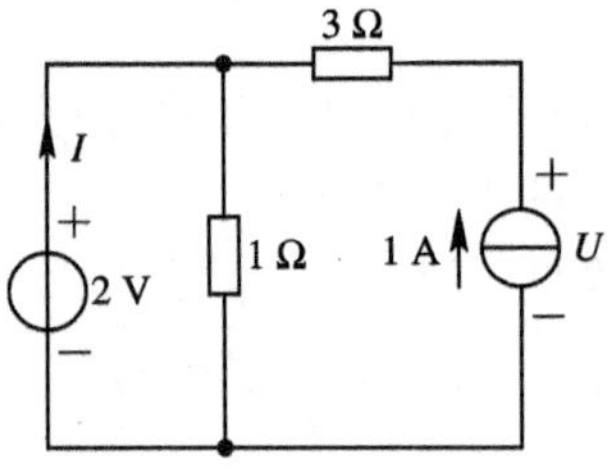

题 1-7-4 图

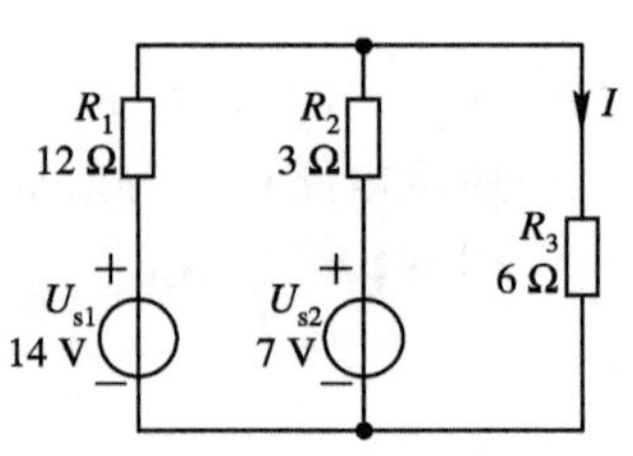

题 1-7-5 图

1.8 受 控 源

前面介绍的电压源和电流源是一种独立的电源，在电路分析中，为了描述一些器件的实际工作性能，电路模型中常常等效出另外一种电源——受控源(controlled source)。受控源与独立电源相比在某些方面具有相同的特性，在另一些方面又有它自身的特性。

受控源的电压、电流等电量不是独立的，其大小和方向受电路中其他部分的电量的控制。例如图 1-8-1 所示的工程实际中使用的变压器，有四个端钮，其中两个端钮的电压大小受另外两个端钮电压大小的控制，即 $u_2=\mu u_1$。为了描述该器件的工作特性，可以将其等效成图 1-8-2 所示的电路模型。这种受控源的输出为电压量 u_2，而控制 u_2 的量也是电压量 u_1，若 $u_1=0$，则 $\mu u_1=0$；若 u_1 增大，μu_1 也增大；若 u_1 改变极性，μu_1 也改变极性。因此，这种电源称做电压控制电压源(voltage controlled voltage source，简称 VCVS)。以此类推，除了 VCVS 外，还有电流控制电压源(current controlled voltage source，简称 CCVS)、电压控制电流源(voltage controlled current source，简称 VCCS)和电流控制电流源(current controlled current source，简称 CCCS)三种受控源。四种受控源的电路模型如图 1-8-3 所示。

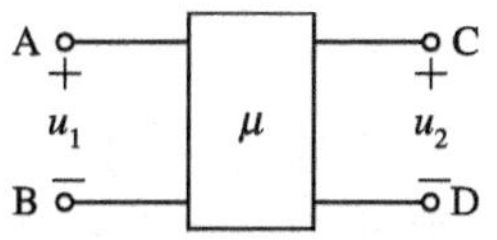

图 1-8-1

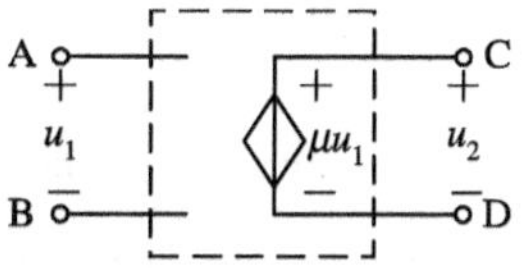

图 1-8-2

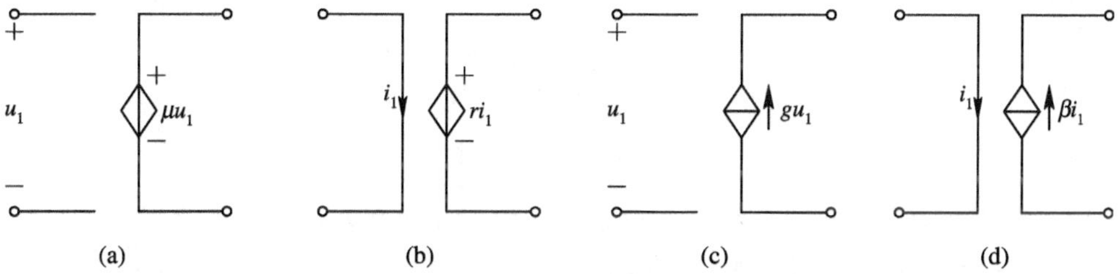

图 1-8-3

在图 1-8-3 中，μ、r、g、β 称为控制系数。其中，μ 和 β 是无量纲的系数，μ 称做电压放大系数，β 称做电流放大系数；r 和 g 有量纲，r 称做转移电阻，其单位为电阻的单位欧姆(Ω)，g 称做转移电导，其单位为电导的单位西门子(S)。

上面介绍的是理想受控源，与电压源、电流源一样，受控源也有实际受控源。图 1-8-4 给出了四种实际受控源的电路模型。实际受控源简称受控源。

在电路分析中，实际受控源和实际电压源、电流源一样可以进行等效变换，其变换方法与实际电压源、电流源完全相同。

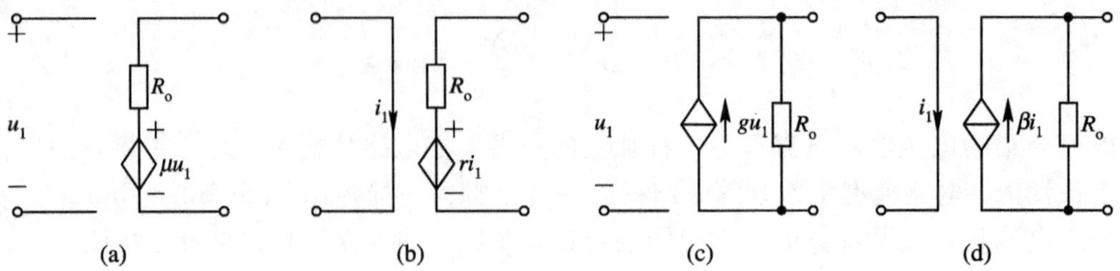

图 1－8－4

例 1－8－1 将图 1－8－5(a)所示电路分别等效成一个受控电压源和受控电流源，并计算 A、B 端的等效电阻 R_{AB}。

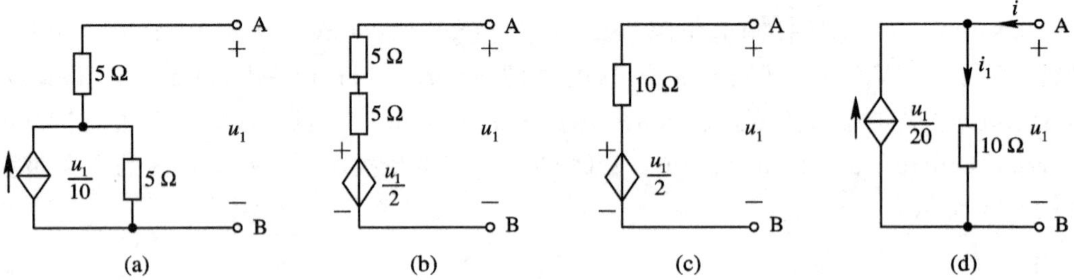

图 1－8－5

解 在图 1－8－5(a)中，理想受控电流源 $u_1/10$ 与 5 Ω 电阻并联构成实际受控电流源，可以等效成图 1－8－5(b)所示电路。图 1－8－5(b)中的两个电阻合并后等效成图 1－8－5(c)所示实际受控电压源，应用电源互换等效，将图 1－8－5(c)等效成图 1－8－5(d)所示实际受控电流源。在图 1－8－5(d)中给 A、B 间加电压源 u_1，求电流 i，i 与 u_1 的比值即为 R_AB。

$$i = i_1 - \frac{u_1}{20} = \frac{u_1}{10} - \frac{u_1}{20} = \frac{u_1}{20}$$

$$R_{AB} = \frac{u_1}{i} = 20\ \Omega$$

根据以上介绍可以看出，受控源与独立源有如下共同之处：

(1) 具有电源的特性，即有能量的输出；

(2) 都分为理想电源和实际电源；

(3) 实际受控电压源和实际受控电流源也可以等效互换。

受控源与独立源有如下不同之处：

(1) 受控源输出的能量是将其他独立电源的能量转移而输出的，即受控源本身并不产生电能；

(2) 电路分析中受控源不能单独作为电源使用；

(3) 含有受控源的电路的等效电阻有可能出现负电阻(这一点将在以后的电路分析中看到)。

小结

1. 受控源的电压、电流不是独立的，其大小和方向受电路中其他部分的电流或电压控制。

2. 受控源有四种电路模型，分别是电压控制电压源、电流控制电压源、电压控制电流源和电流控制电流源。

3. 受控源与独立电源在某些方面具有相同的电性能；受控源分为理想受控源和实际受控源，实际受控源可以等效互换。

4. 受控源并不产生电能，其输出的电能由独立源提供。

思考与练习

1-8-1　何谓受控源？它与独立电源有哪些相同和不同之处？

1-8-2　求题1-8-2图所示电路中的电流 I_1。

1-8-3　求题1-8-3图所示电路中的电压 U_{oc}。

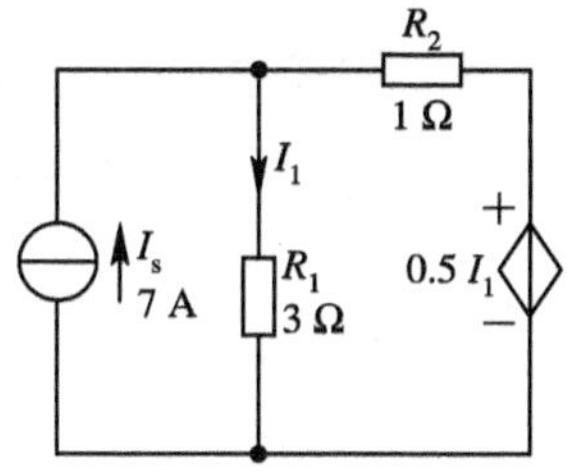

题1-8-2图

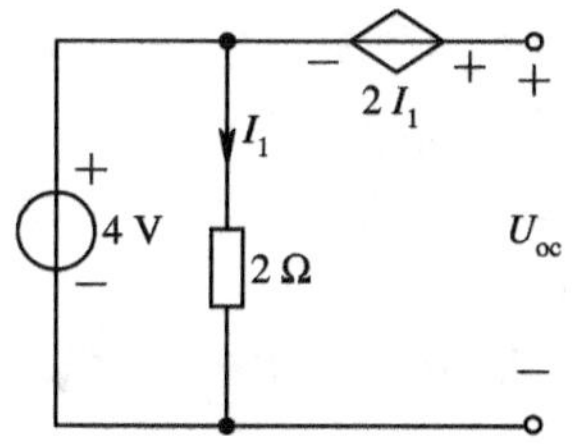

题1-8-3图

阅读材料(一)　电工识图知识

本文介绍工程上所用的电气图的一般读图知识。

一、电气图的基本构成

工程上的电气图由电路图(电气接线图)、技术说明、主要电气设备(或元件)明细表和标题栏四部分组成。

1. 电路图

用国家统一规定的电气图形符号表示电路中电气设备(或元件)相互连接情况的图形，称为电路图，又称电气原理图或原理接线图。

电路通常分为两类：主电路(一次电路)和副电路(二次电路)。主电路是电源向负载输送电能的电路，即发、输、变、配、用电能的电路；副电路是保证主电路安全、正常、合理运行的电路，一般是指控制、保护、测量、监视电路。所以，电路图也分为主电路图和副电路图。

2. 技术说明

技术说明又称技术要求，用以说明电路图中有关要点、安装要求及其他注意事项等。一般书写在图面的右下方(主电路图)和右上方(副电路图)。

3. 主要电气设备(或元件)明细表

主要电气设备(或元件)明细表用来注明电气接线图中主要电气设备(或元件)的代号、名称、型号、数量和说明等。书写时，在主电路图中书写在图面的右上方，由上而下逐项列出；在副电路图中书写在图面的右下方，自下而上逐项列出。

4. 标题栏

标题栏位于图面的右下角，标注电气工程名称、设计类别、设计单位、图名、图号、比例、尺寸单位及设计人、制图人、审核人、批准人和日期等。识图时首先要看标题栏。

二、电气图的分类

用来表示某项电气工程或某一电气装置、设备、元器件的功能、用途、工作原理、安装和使用方法的电气图很多，按表示对象分为电力系统(发输变配电)用图、工矿企业生产用图、船用图、邮电通信用图、广播电视用图、建筑电气用图等；按表示相数分为单线图、三线图；按表示方式分为系统框图、电路图和接线图；按电路性质分为主电路图和副电路图；按负载性质分为动力用电图和照明用电图等。

三、绘制电气图的一般规则

电气图与机械图、建筑图等其他专业技术图相比，具有明显不同的特点：

(1) 大量的电气图都是简图，它仅表示电路中设备、装置、元器件等的功能及连接关系，而不具体表示其外形、结构、尺寸等特征，没有投影关系，不标注尺寸；

(2) 元件和连接线是电气图的主要表达内容；

(3) 图形符号和文字符号是电气图的主要组成要素；

(4) 电气图中的元件都是按正常状态绘制的，即电气元件、设备的可动部分表示为非通电或不工作的状态或位置，如开关是按断开位置来绘制的。

由于电气图的上述特点，绘制电气图时要注意以下几点。

1. 图形布局原则

通常的布局是从总体到局部，从一次到二次，从主到次，从左到右，从上到下，从图形到文字。

2. 连接线的表示方法

(1) 导线的根数：可用多线法或单线法表示，如图(一)-1所示是用多线法表示三相四线制供电线路，三根相线，一根中性线。图(一)-2所示是用单线法表示，也可用图(一)-3表示。

图（一）-1

图（一）-2

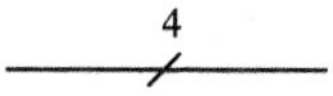

图（一）-3

（2）导线的特征：导线旁标注的字母、数字是导线的特定的技术参数，如图（一）-1、图（一）-2中表示导线为BV型，额定电压为500 V，三根相线截面为16 mm^2，一根中性线截面为10 mm^2。

（3）导线的分支连接：导线分支连接有“T”形、“+”字形两种。“T”形连接点可加实心圆点，也可以不加实心圆点，如图（一）-4所示。“+”字形连接点必须加实心圆点，如图（一）-5所示。当不加实心圆点时表示不连接，如图（一）-6所示。

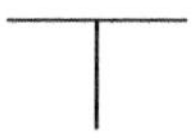

图（一）-4

图（一）-5

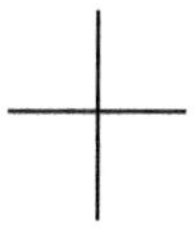

图（一）-6

四、电气图常用图形符号

电气图常用图形符号是用来绘制电路图的。常用图形符号有：

（1）基本符号：用来说明电路某些特征，而不表示独立的电器或元件。例如：“—”、“～”分别表示直流、交流，“+”、“—”表示直流电的正、负极，“N”表示中性线。

（2）一般符号：用来表示直流电气器件的一种简单图形。如“○”为电机，“□”为线圈。

（3）限定符号：是提供附加信息的一种加在其他符号上的符号，如“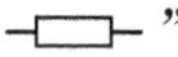”表示电阻器的一般符号，“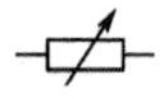”表示可变电阻器，“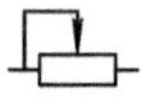”表示滑线变阻器。有关电气图的图形符号请参看国家标准GB4728。

电气图中常用的基本文字符号用来标明电气设备、装置和元器件的名称、功能、状态和特征，一般标注在设备或元器件的附近，如“R”表示电阻。而“R_P”表示电位器，“R_T”表示热敏电阻，“C”表示电容，“L”表示电感，“M”表示电动机等。详细文字符号可参看GB7159。

五、电气图的识读知识

要看懂电气图，除了要知道电气图的基本构成、分类、特点、电气制图的规则，熟悉电气图中常用的图形与文字符号外，还要具备相应的专业知识，即要有一定的电工基础知识，要了解电器元件的结构与工作原理，要了解常见、常用的典形电路或基本电路。具备这些专业知识，对看懂电气图是十分重要的。

电气图种类甚多，各类图在识读时，其内容与步骤有所差别，这里只能介绍一些共同的识图步骤，而各种类形电气图的识读，要待学了有关专业知识后，才能进一步了解。

(1) 看标题栏：通过标题栏，能了解电气项目、名称、图名，对该图的类形、作用、表达内容有一个初步认识。

(2) 看技术说明或技术要求：了解该图设计要点、安装要求及图中未表达而需要说明的事项。

(3) 看电气图形：这是识图的最主要的内容，包括看懂该图的组成，各组成部分的功能、元件、工作原理、能量流或信息流的方向及各元件的连接关系等。根据不同情况，对电气图可采用不同方法拆开来读。可以按能量流、信息流的流向分析，如从电源开始分析到负载，或从信号输入分析到信号输出，这种方法适用于供配电和电子电路图。也可以按布局从主到次、从上到下、从左到右逐步分析。还可以按主电路、副电路分开进行分析，这种方法适用于工厂供配电、电力拖动、自动控制方面的电气图。当整个电气图拆分为若干个单元电路后，就可以深入了解各单元电路内部以及各单元电路相互之间的连接关系，进而了解各元器件在电路中的作用，分析各单元电路的功能、工作原理，综合出整个电路的功能、工作原理。

(4) 看安装接线图：安装接线图是由原理图绘制而来的，因此，看图时要与原理图对照识读。看安装接线图时，一般先看主电路，后看副电路。看主电路时，从电源引入端开始，经开关、设备、线路到负载(所用电路设备)；看副电路时，从电源一端到另一端，按元件连接顺序依次对回路进行分析。

有些类形的电气图还有展开接线图(即将电路分开来绘制)，平面、剖面布置图(如建筑电气图)等，识读这些图时，除了要具备本专业基础知识外，还需具备相关专业的知识。

阅读材料(二)　电阻及应用

一、电阻器的形号及参数

电阻器的形号分为四个部分，如图(二)-1所示。

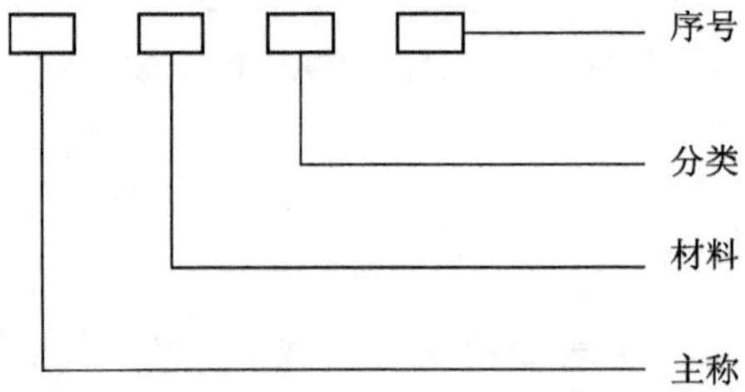

图(二)-1

表(二)-1列出了电阻器的形号、组成部分的代号及意义。

表(二)-1

第一部分：主称	第二部分：材料	第三部分：特征分类	第四部分：序号
R：电阻器 W：电位器	T：碳膜 H：合成膜 S：有机实心 N：无机实心 J：金属膜 Y：氧化膜 C：沉积膜 I：玻璃釉膜 P：硼碳膜 U：硅碳膜 X：线绕 M：压敏 G：光敏 R：热敏	1：普通 2：普通 3：超高频 4：高阻 5：高湿 6：— 7：精密 8：高压 9：特殊 G：高功率 T：可调 W：— B：温度补偿 C：温度测量 P：旁热式 W：稳压式 Z：正温度系数	对主称、材料、特征分类相同，仅尺寸性能指标有差别，但基本上不影响互换的产品给统一序号，若尺寸性能、指标的差别已明显影响互换，则在序号后面用大写字母予以区别

例如：RJ71 表示精密金属膜电阻器。

电阻器最重要的参数是标称值，共有三个系列：E_{24}、E_{12}、E_6，如 E_6 系列的电阻标称值为 1.0、1.5、2.2、3.3、4.7、6.8，将这些数值乘以 10^n 就是该系列的所有电阻标称值；E_{24} 系列标称值稍多，从 1.0 到 9.1，共有 24 挡。如果在标称值中查不到所需的电阻值，就只能通过电阻串并联来获得。标称值在电阻器表面上有两种标注方式：一种是用数字直接标注；一种是用色码标注：不同颜色代表不同的数字，如表(二)-2 所示，用几个色环(或色点)的组合分别表示标称值的第一位、第二位、第三位以及倍率和偏差的数值，使用时可查表对照读出。

表(二)-2

符号	A	B	C	D	E	符号	A	B	C	D	E
颜色	第一位数	第二位数	第三位数	应乘倍数	允许偏差	颜色	第一位数	第二位数	第三位数	应乘倍数	允许偏差
黑	—	0	0	$\times 10^0$	—	紫	7	7	7	$\times 10^7$	—
棕	1	1	1	$\times 10^1$	—	灰	8	8	8	$\times 10^8$	—
红	2	2	2	$\times 10^2$	—	白	9	9	9	$\times 10^9$	—
橙	3	3	3	$\times 10^3$	—	金	—	—	—	$\times 10^{-1}$	±5%
黄	4	4	4	$\times 10^4$	—	银	—	—	—	$\times 10^{-2}$	±10%
绿	5	5	5	$\times 10^5$	—	无色	—	—	—		±20%
蓝	6	6	6	$\times 10^6$							

电阻器参数除了标称值外，还有额定功率与精度。所谓额定功率，是指电阻器在一定环境温度下，长期连续工作不改变其性能所允许消耗的功率。若超过额定环境温度使用，需按规定降低功率使用。所谓精度，是指标称值与实际值之间的误差，精度分为三级，用Ⅰ、Ⅱ、Ⅲ表示。如 RJ－0.125－200－Ⅰ表示 200 Ω、0.125 W 的金属膜电阻，误差为±5%。

二、各种敏感电阻及应用

1. 热敏电阻

热敏电阻是利用半导体的电阻随温度有显著变化这一特征而制成的。

热敏电阻有三类：负温度系数热敏电阻(NTC)，正温度系数热敏电阻(PTC)和临界温度热敏电阻(CTR)。NTC 有较宽的测温范围，常作为测温、控温以及补偿电阻；PTC 形常作为补偿电阻，也可用作温度传感器(从常温到 150℃)；CTR 形在某一特定温度时，阻值会发生剧烈变化，常用作检测特定温度或制作温度开关。

国产 NTC 的形号为 MF 系列，PTC 形号为 MZ 系列。

2. 电阻应变片

电阻应变片是电阻式传感器的敏感元件，按材料可分为金属和半导体两类。金属应变片在用玻璃纤维等材料制成的基底上，用直径为 0.01～0.05 mm 的高电阻率金属丝弯绕成敏感栅，金属丝一般采用康铜、镍铬、铂等材料。在外力作用下，金属丝产生机械变形，其电阻值也相应发生变化，这种效应称为电阻应变效应。压阻式应变片是在 N 形(或 P 形)半导体硅片上的特定区域扩散 P 形(或 N 形)杂质，当力作用在半导体单晶上时，半导体单晶的电阻率发生变化，这种效应称为压阻效应。这两种应变片使用时，都是用粘结剂将其粘贴在被测元件上。

采用电阻应变片作为敏感元件的传感器，被测件的应力变化通过敏感元件的微小电阻变化而被检测出来，再通过专门电路转换成电压或电流信号输出。测量时采用不同的布片方式，以及与电路不同的连接方式，就可以测量拉压、弯曲、剪切等应力。

3. 气敏电阻

气敏电阻是利用半导体表面吸收某些气体后，发生氧化或还原反应产生离子而使电阻率改变的敏感元件。它适用于气体的微量检漏、浓度检测或超限报警，如煤气报警器、酒精检测仪等。

4. 湿敏电阻

湿敏电阻是利用某些介质对湿度变化比较敏感的特性制成的，它主要由感湿层、电极以及绝缘基片组成。当感湿层吸附环境中的水分后，会引起两极间电阻的变化。用湿敏电阻可做成各种湿度计，用于在储物仓库、家庭居室、工厂车间、育苗温室、水果保鲜等场所检测或控制空气中的湿度。

三、各种电阻器的外形、特点及应用

各种电阻器的外形、特点及应用见表(二)－3。

表(二)-3

名　　称	外　形　图	特点及应用
炭膜电阻器 RT 形	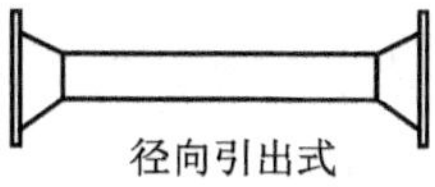	稳定性好，受电压与频率影响小，廉价，应用广泛。 阻值：1 Ω～10 MΩ
金属膜电阻器 RJ 形	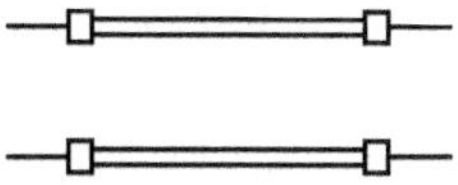	耐热性好，温度系数小，精度高，噪声小，可用于高频。 阻值：1 Ω～620 MΩ
线绕电阻器 RX 形	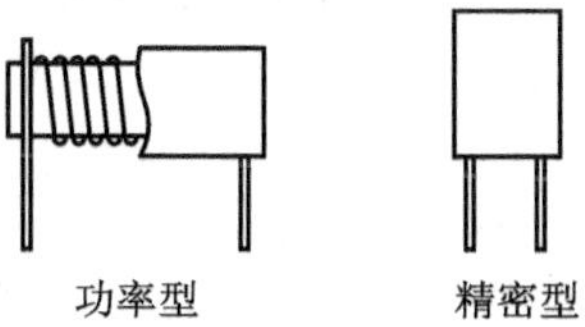	噪声小，稳定性好，精度高，耐热性好，功率大。 阻值：0.1 Ω～5 MΩ
金属氧化膜 电阻器 RY 形	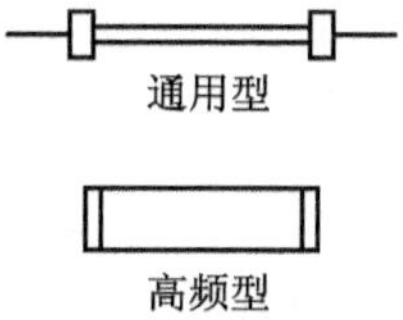	热氧化性和热稳定性好。 阻值：1 Ω～200 MΩ
合成实心 电阻器 RS 形		机械强度高，有较强的过负载能力，可靠性较高，体积小，廉价。 阻值：1 Ω～22 MΩ
合成炭膜 电阻器 RH 形	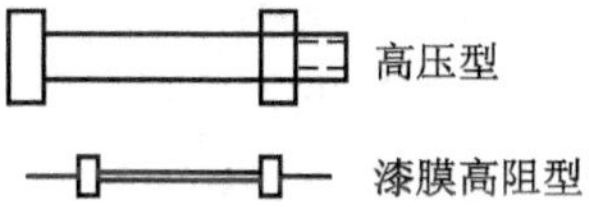	主要用于高压高阻电阻器，最高工作电压达千伏。 阻值：4.7 Ω～10 MΩ
玻璃釉电阻器 RI 形	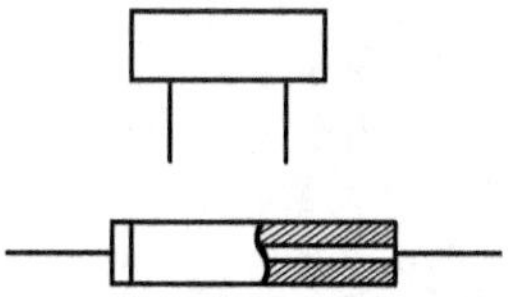	又称厚膜电阻器，耐高温，功率大，阻值范围大，温度系数小，廉价。 阻值：5.1 Ω～200 MΩ
块金属膜 电阻器 （合金箔电阻器） RJ711 形	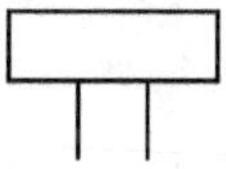	稳定性好，精度高，分布电感小，可用于高速脉冲电路。 阻值：5 Ω～20 MΩ

阅读材料(三)　小截面导线的连接方法

工程实际中使用的输电导线，大量的是小截面导线，本阅读材料简略介绍小截面导线之间的几种接线方法和小截面导线与接线桩的连接方法。

一、单股小截面导线的连接方法

1. 绝缘层的削法

导线连接前，必须把导线端部的绝缘层剥去，剥去的尺度依接线方法和导线截面大小的不同而不同。剥削的方法通常有单层削法、分段削法和斜削法 3 种，如图(三)-1 所示，其中图(三)-1(a)不适用于多层绝缘的导线。

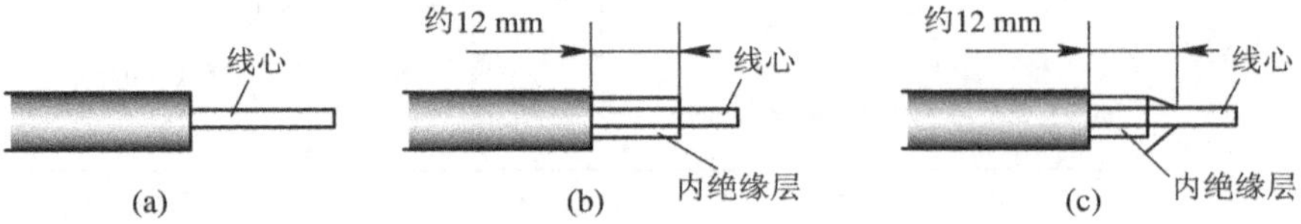

图(三)-1

2. 导线的连接

(1) 直线连接：将两根连接的导线用分段削法削好后，再把两根导线交叉旋在一起，两导线同时相绞打结，两边缠绕的圈数在 5 圈以上，并要求紧密，如图(三)-2 所示。

(2) 分线连接：分线连接法有两种。其一是直接缠绕法：将干线剥削一定长度，再将分支线剥削，把分支线放在干线上，线头向前绕向分支线左侧(或右侧)，将分支线在干线上紧密缠绕 6 圈，余线剪掉，如图(三)-3 所示。其二是打结连接法：剥削方法与直接缠绕法相同，剥削好后，将分支线放在干线上，线头向前从分支线右侧绕一圈，接着绕向分支线左侧，从干线左下方向前绕，在干线上紧密缠绕 6 圈，余线剪掉，如图(三)-4 所示。

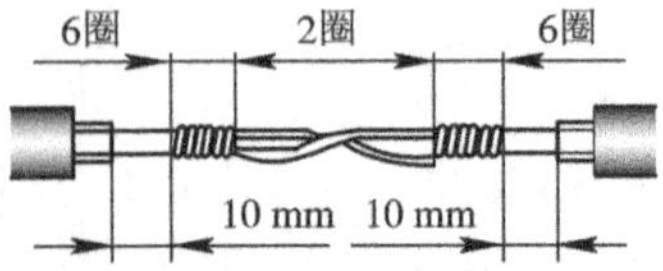

图(三)-2

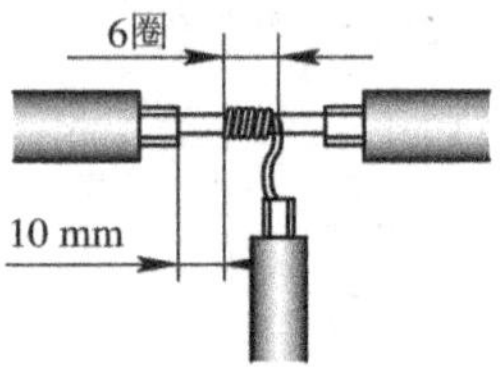

图(三)-3

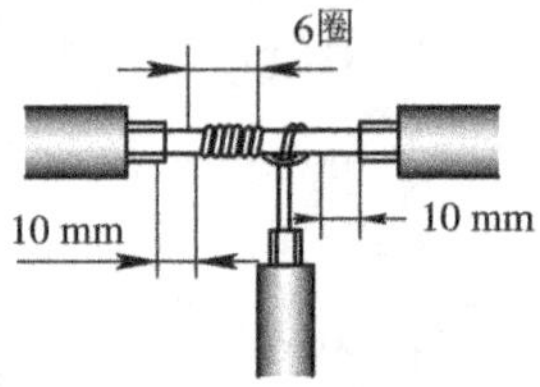

图(三)-4

(3) 十字分支连接：十字分支连接法分为两种。其一是分支线并绕：将干线剥削一长度，再将两根分支线削去一定长度，先将第一根分支线在距离绝缘层 10 mm 处折回，使其搭在干线上，再将第二根分支线和第一根分支线并行放好后，然后两根分支线一起同方向紧密缠绕 10 圈，余线剪掉，如图(三)-5(a)所示。其二是分别缠绕法：具体缠绕方法和分线连接法的直接缠绕法相同，如图(三)-5(b)所示。

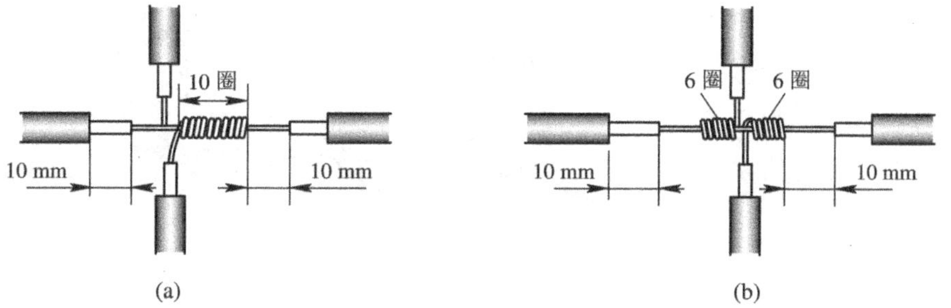

图(三)-5

二、单股双芯线的连接

双芯线的连接也分为直线连接、分线连接和十字连接，其连接方法与单芯线的连接方法相同，主要是绝缘层的剥削方法略有区别，这里以直线连接法为例作以简略介绍。

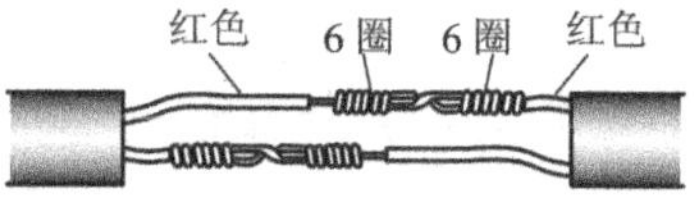

图(三)-6

将两根双芯线线头剥削成图(三)-6所示的形式，连接时两根连接的线头中颜色一致的芯线按单芯直线连接方法的要求分别连接即可。

三、导线与接线桩的连接

导线与接线桩的连接视接线桩的不同而不同，图(三)-7是单股线与螺栓接线桩的连接方法，图(三)-8是单股线与瓦形接线桩的连接方法，图(三)-9是多股线与针孔接线桩的连接方法。

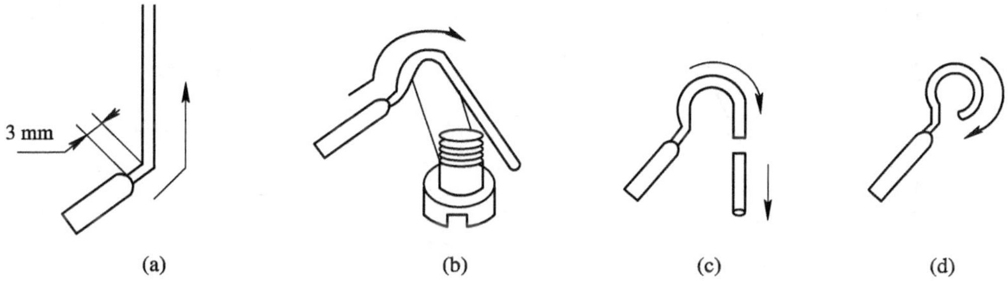

图(三)-7

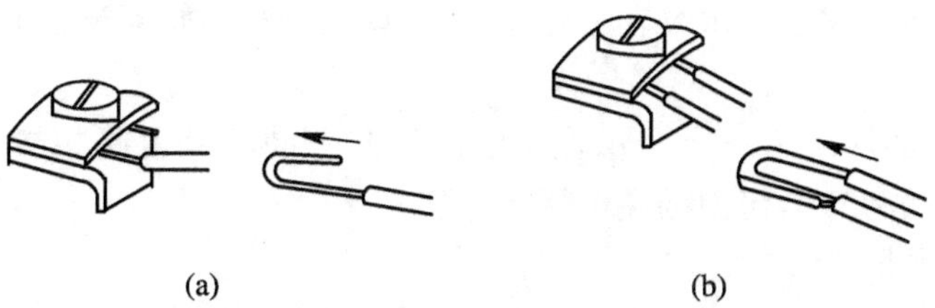

图(三)-8

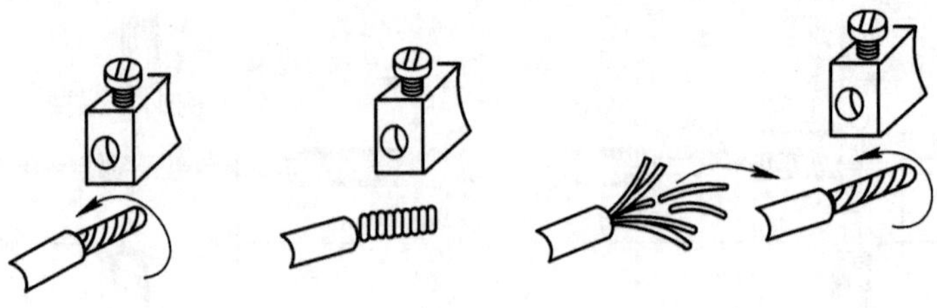

图(三)-9

工程实际中导线的连接方法很多，对于不同的导线有不同的连接方法，需要时可参阅电力内线安装工艺方面的有关书籍。

习 题 一

1-1 通过某导体横截面的电荷随时间变化的曲线如题 1-1 图所示，求电流变化曲线。

1-2 由 4 个元件构成的电路如题 1-2 图所示，已知 1 是电源，产生功率 500 W，3、4 是消耗电能的负载，功率分别为 400 W 和 150 W，电流 I=2 A，求元件 2 的功率和各元件上的电压，并标出电压的真实极性，用电源符号和电阻符号画出电路模形，求出各电阻值。

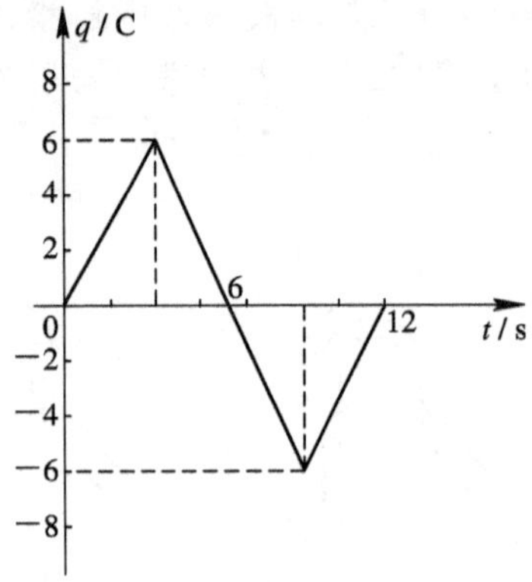

题 1-1 图

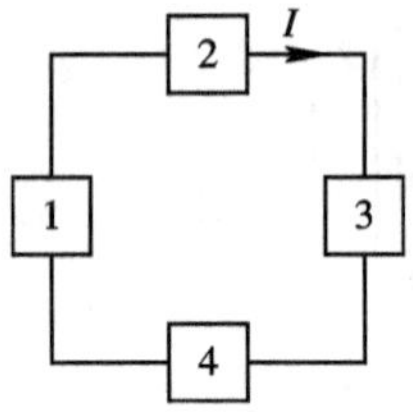

题 1-2 图

1-3 两根输电铜线总长为 2 km，已知 20℃时电阻为 4.9 Ω，求 80℃时电阻为多少？此铜线的横截面积 S 为多少？试由表 1-3 查出此线的规格。如果没有，应选用多大截面积的铜线？

1-4 题 1-4 图所示为一个 3 A 理想电流源与不同的外电路相接，求 3 A 电流源在三种情况下产生的功率和电流源的端电压。

1-5 解下列各题：

(1) 一个 6 V、0.15 A 的小电珠的额定功率是多少？若加上 12 V 电压，结果如何？

(2) 一个 1 kΩ、1/8 W 的金属膜电阻，其额定电流是多少？若加上 15 V 电压，结果如何？

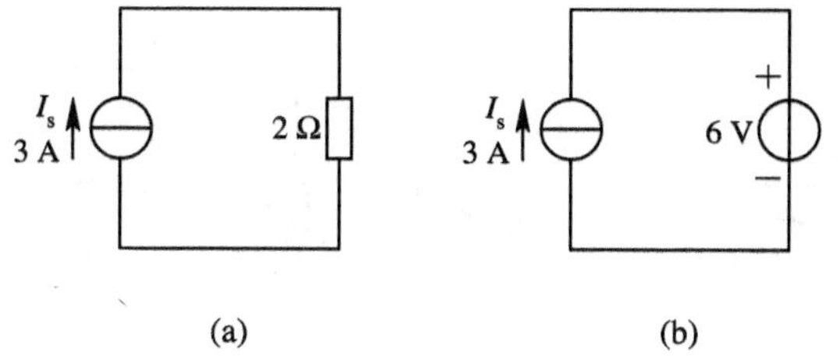

题 1-4 图

(3) 求一台 100 kW、220 V 的直流发电机的额定电流。该发电机是否在所有负载下都输出 100 kW 功率?

1-6　在题 1-6 图所示电路中，已知 $U_{s1}=30$ V，$U_{s2}=6$ V，$U_{s3}=12$ V，$R_1=2.5$ Ω，$R_2=2$ Ω，$R_3=0.5$ Ω，$R_4=7$ Ω，电流参考方向如图中所标，以 n 点为参考点，求各点电位和电压 U_{AB}、U_{BC}、U_{DA}。

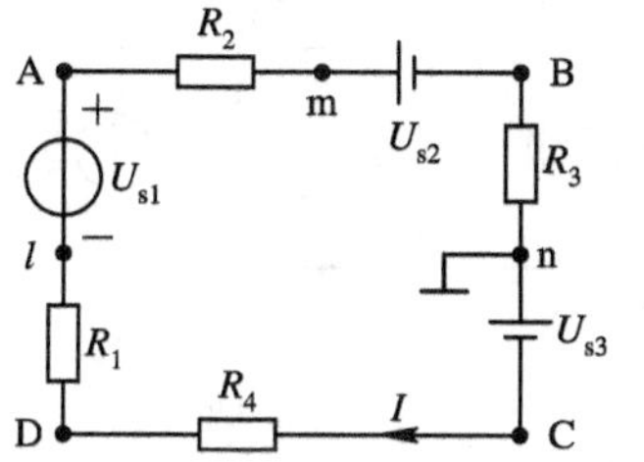

题 1-6 图

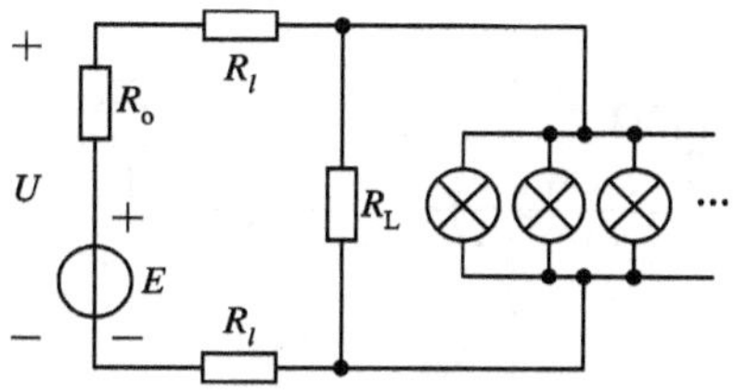

题 1-7 图

1-7　题 1-7 图所示电路中，直流电源电动势为 E，其内阻 $R_o=0.1$ Ω，负载是一组电灯和一只电阻炉 R_L。设负载的端电压为 200 V，电阻炉取用的功率为 600 W，电灯组共有 14 盏电灯并联，每盏电灯的电阻为 400 Ω，连接导线的电阻 $R_l=0.2$ Ω，求电源的端电压 U 和电源的电动势 E。

1-8　题 1-8 图所示的三个电路，已知 $E=12$ V，$R_o=1$ Ω，$R_1=4$ Ω，$R_2=5$ Ω，试求 I、U_1 和 U_2。

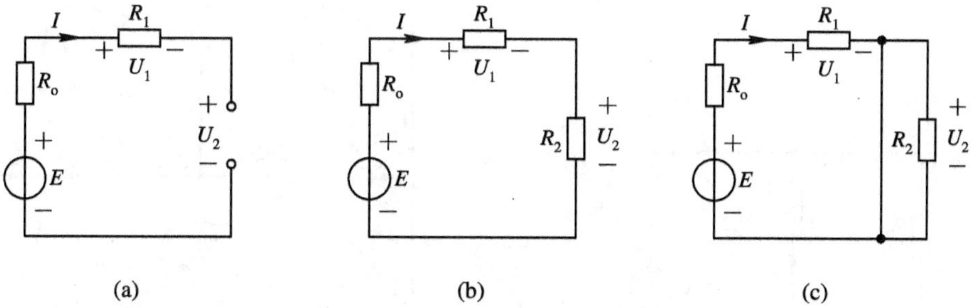

题 1-8 图

1-9　求题 1-9 图所示电路中的 I、U_s 和 R。

1-10　已知题 1-10 图所示电路中 $U=28$ V，求电阻 R。

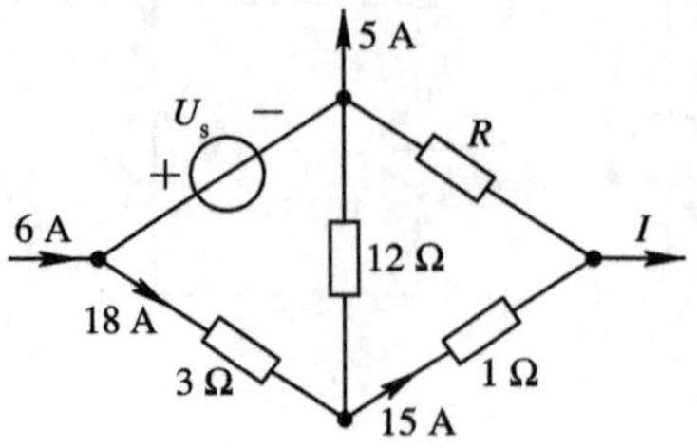

题 1-9 图

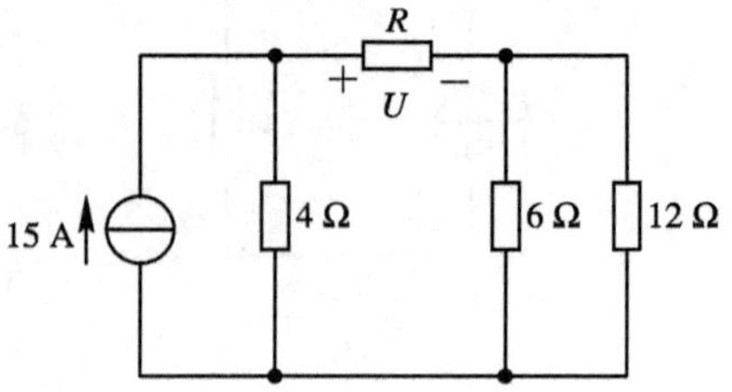

题 1-10 图

1-11　求题 1-11 图中的电压 U_{AB} 和 U_{AC}。

1-12　分别求题 1-12 图所示电路在开关打开和闭合时的 U_{AB}、U_{AO} 和 U_{BO}。

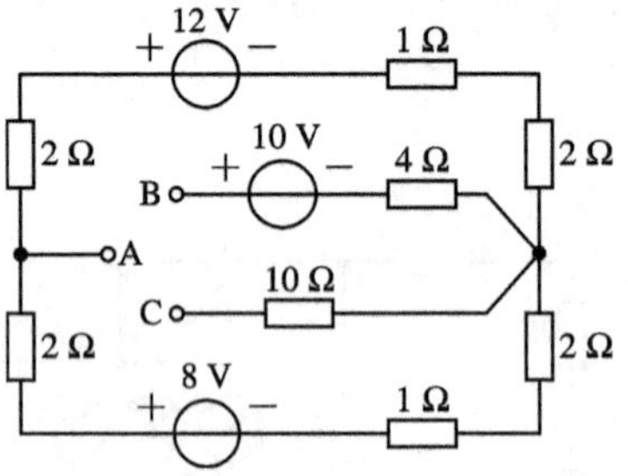

题 1-11 图

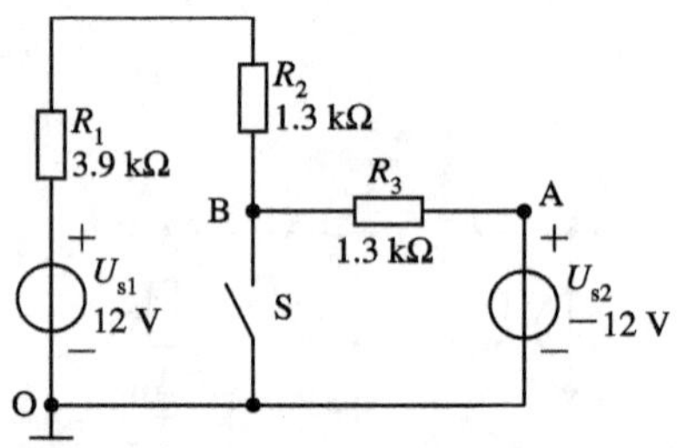

题 1-12 图

1-13　已知题 1-13 图所示三极管放大电路中，$I_C=\beta I_B$，$U_{BE}=0.5$ V，求 I_C 和 U_{CE}($\beta=50$)。

1-14　对题 1-14 图所示电路，根据给定的支路电流参考方向和回路绕行方向，列写节点 A、B、C 的电流方程和各回路的电压方程。

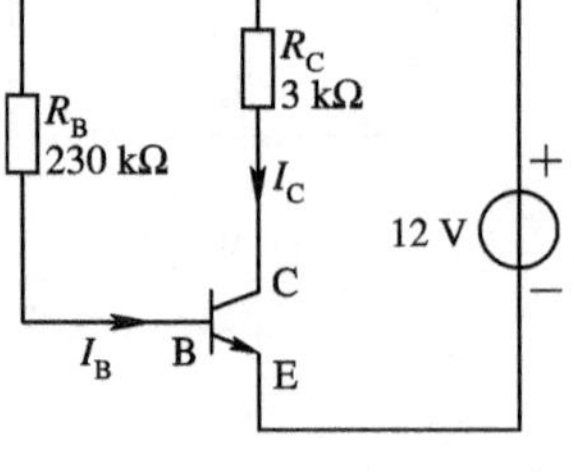

题 1-13 图

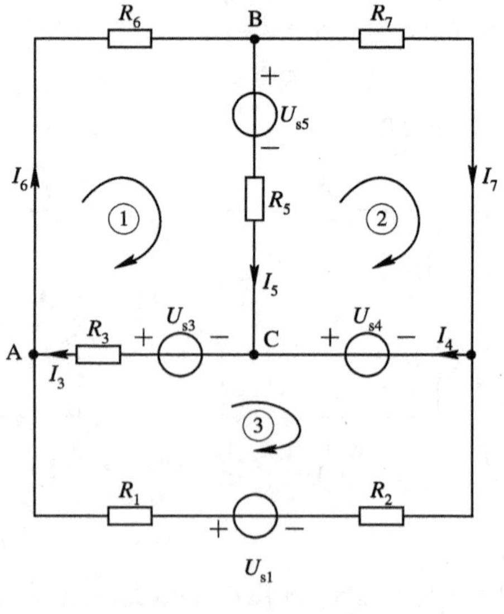

题 1-14 图

1-15　求题 1-15 图所示电路中的 U_{AB}、I_2、I_3 和 R_3。

1-16　对题 1-16 图所示电路，自行规定支路电流参考方向，分别计算 S 断开和闭合时流经 R_1 和 R_2 上的电流，由此可以得出什么结论？

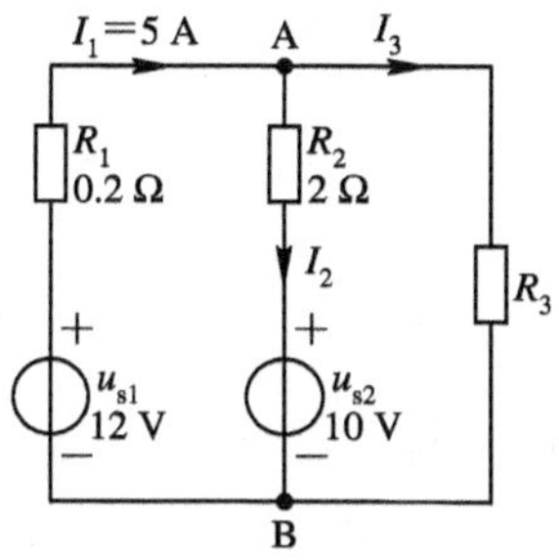

题 1-15 图

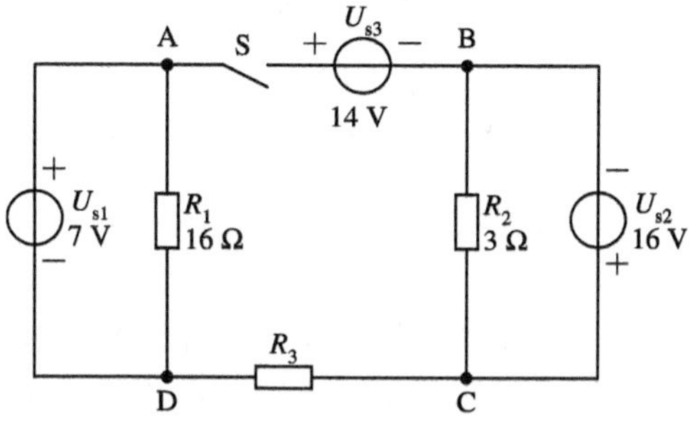

题 1-16 图

1-17　在题 1-17 图所示电路中，假定支路电流参考方向和电流源电压参考方向，列写节点 A、B、C 的电流方程和回路 ABCDA、BFCB、ADEA 的电压方程。

1-18　在题 1-18 图所示电路中，假定支路电流和电流源电压参考方向，列写节点 B、C、D 的电流方程和回路 ABCDA、ABFCDA、BCDEAB 的电压方程。

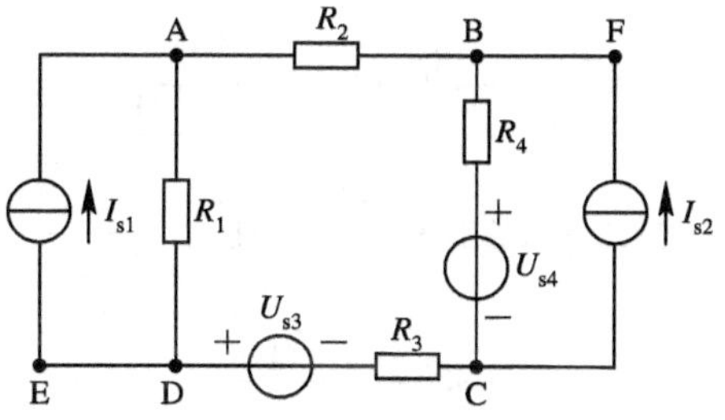

题 1-17 图

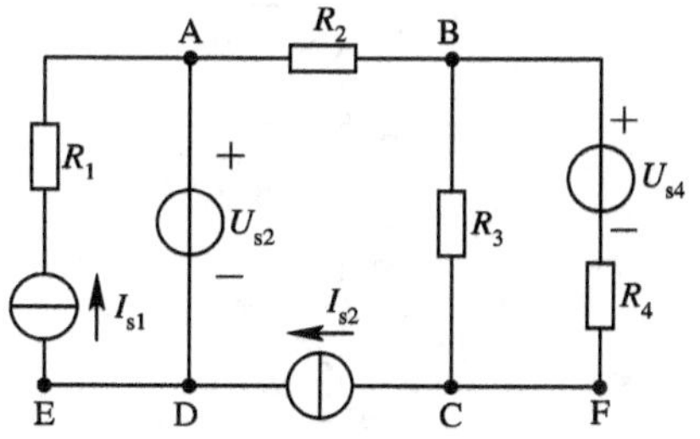

题 1-18 图

1-19　有一双量程直流电压表的电路如题 1-19 图所示，已知测量机构的电阻 $R_g=120\ \Omega$，允许通过的电流 $I_g=500\ \mu A$，求串联电阻 R_1 和 R_2 的值。

1-20　有一双量程电流表的电路如题 1-20 图所示，为了能测量 1 mA 和 10 mA 的电流，计算分流器电阻 R_{P1} 和 R_{P2} 的值。

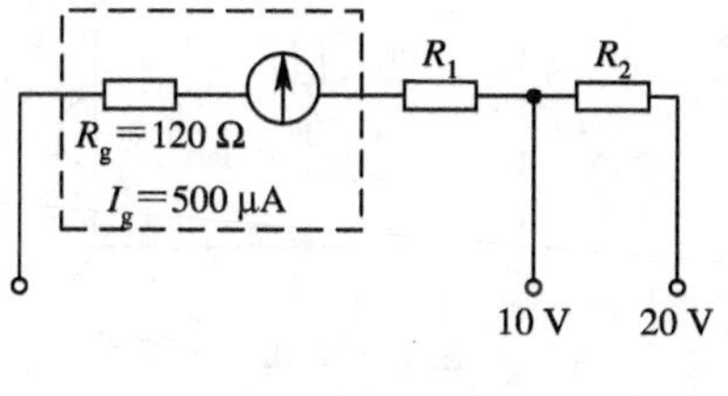

题 1-19 图

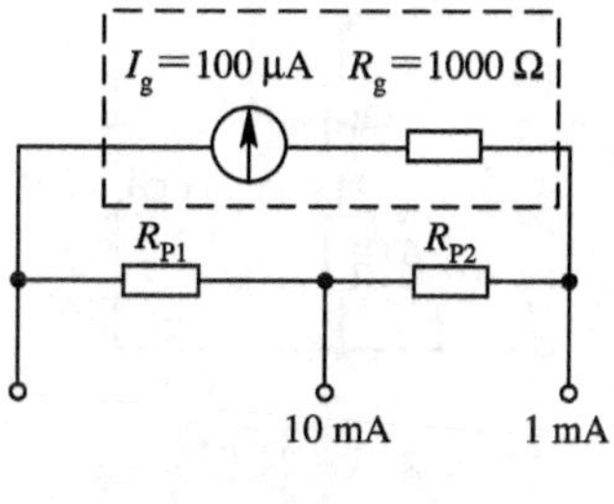

题 1-20 图

1－21　计算题 1－21 图所示各电路的等效电阻 R_{AB}。

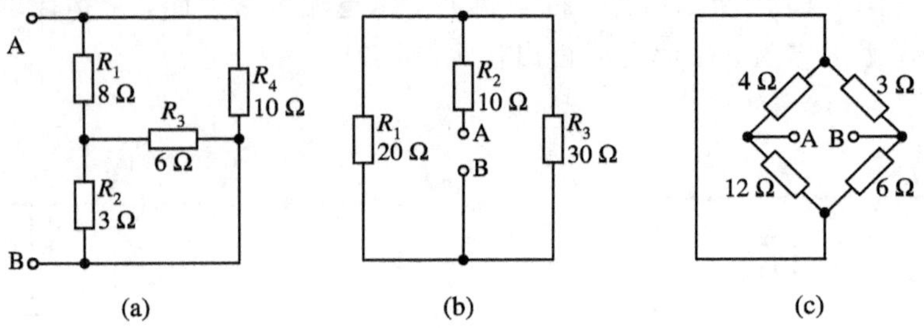

题 1－21 图

1－22　分别计算题 1－22 图所示电路中 S 闭合和断开时的等效电阻 R_{AB}。

1－23　已知题 1－23 图所示电路中 $R_1=R_2=R_3=R_4=1\ \Omega$，求下列五种情况下的等效电阻 R_{AB}：

(1) S_1、S_5 闭合，其余断开；

(2) S_2、S_3、S_5 闭合，其余断开；

(3) S_1、S_3、S_4 闭合，其余断开；

(4) S_5 断开，其余闭合；

(5) S_4、S_2 闭合，其余断开。

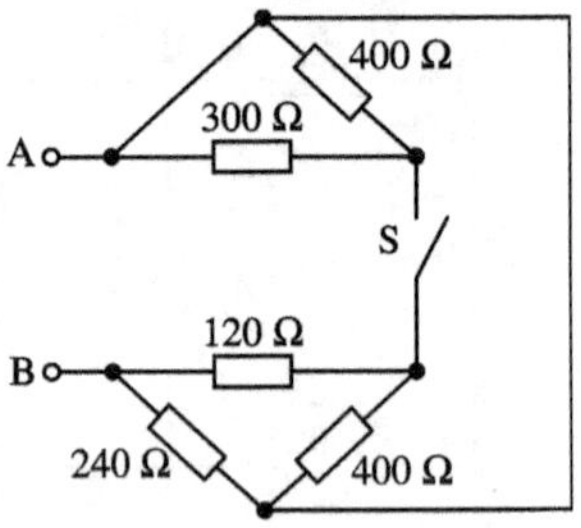

题 1－22 图

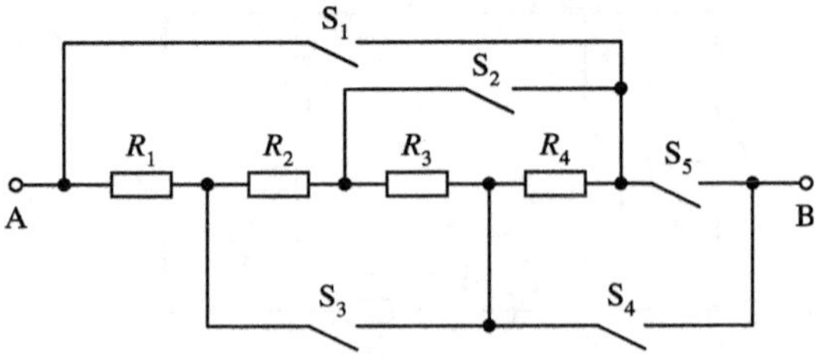

题 1－23 图

1－24　题 1－24 图所示电路的输出电压可以在什么范围内调节？

1－25　用电源等效变换的方法计算题 1－25 图所示电路中 R_3 上流过的电流。

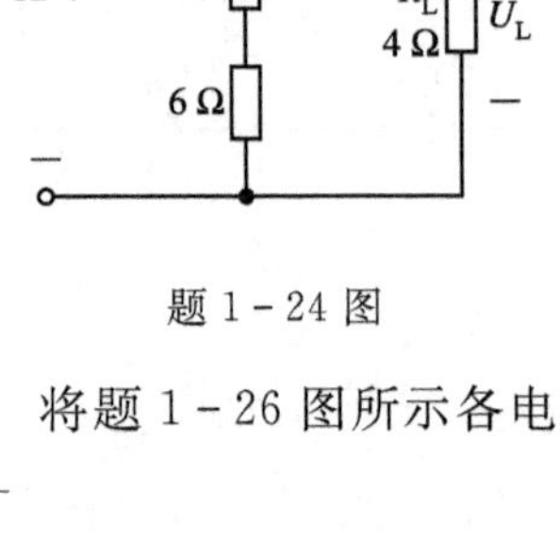

题 1－24 图

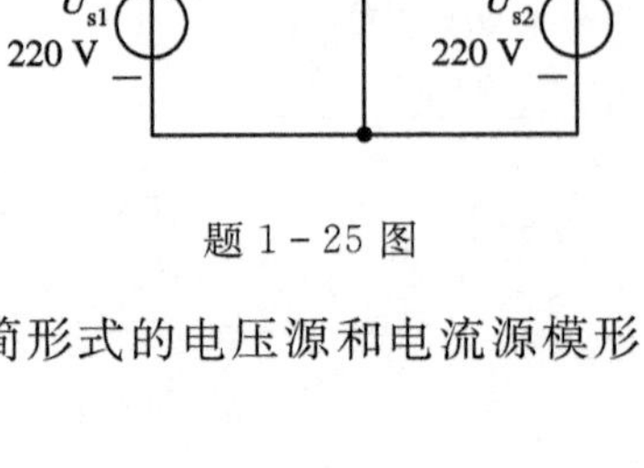

题 1－25 图

1－26　将题 1－26 图所示各电路分别等效成最简形式的电压源和电流源模形。

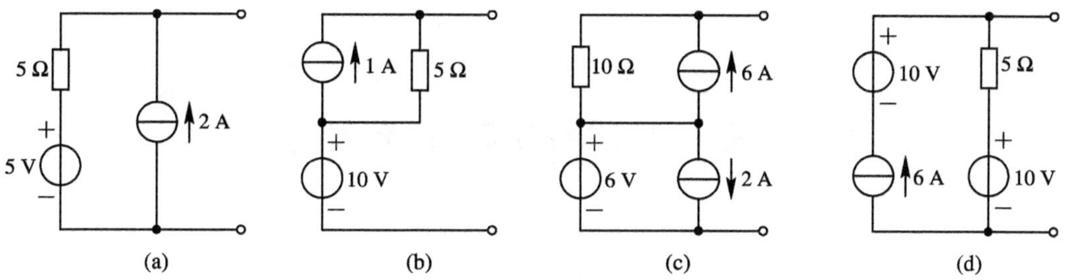

题 1－26 图

1－27　计算题 1－27 图所示电路的电流 i_1。

1－28　计算题 1－28 图所示电路的开路电压 U_{oc}。

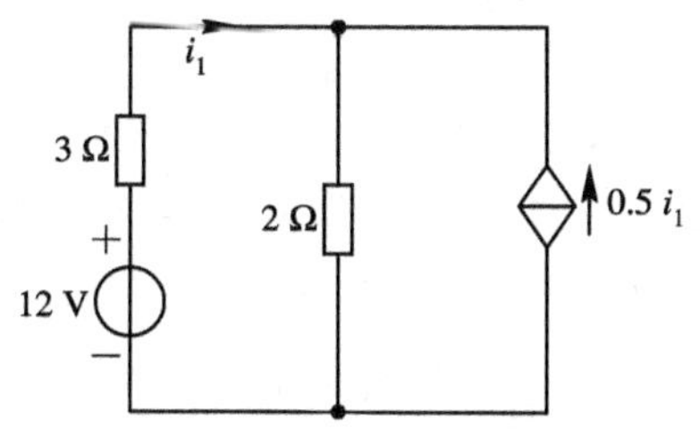

题 1－27 图

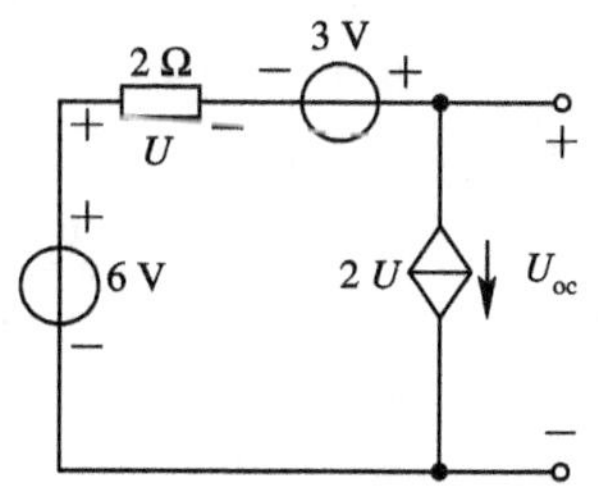

题 1－28 图

1－29　计算题 1－29 图所示电路的电流 i。

1－30　计算题 1－30 图所示电路的等效电阻 R_{AB}。

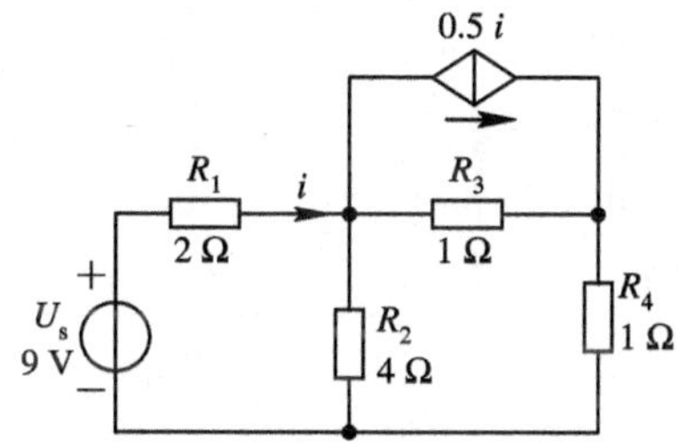

题 1－29 图

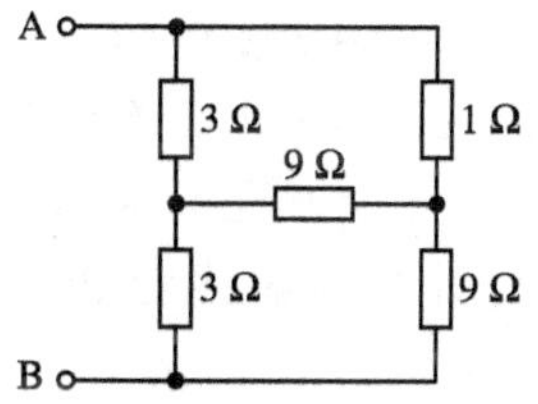

题 1－30 图

第 2 章　电路的基本分析方法

电路分析中最基本的方法是根据元件上的约束关系——电压、电流与元件参数的关系和拓扑约束关系——基尔霍夫定律建立电路的方程组，从而进一步计算出电路中欲求的电路变量。线性元件和非线性元件有着不同的约束关系，由线性元件构成的电路，各电路变量之间的关系是线性函数关系，由非线性元件构成的电路，各电路变量之间的关系是非线性函数关系。本章仅讨论直流激励源作用于线性电阻电路的基本分析方法，但其对交流激励源作用的线性电阻电路同样适用。

这里说明一点：在电路分析和相关课程中经常提到激励(excitation)和响应(respond)这两个名词。所谓"激励"，指的是向电路输送能量的所有元件和设备所输出的电流、电压变量。所谓"响应"，指的是电路在激励作用下所产生的电流、电压变量。

2.1　支路电流法

为了完成一定的电路功能，在一个实际电路中，人们总是将元件组合连接成一定的结构形式，于是就出现了上一章所讲的支路、节点、回路和网孔。当组成电路的元件不是很多，但又不能用串联和并联方法计算等效电阻时，这种电路称为复杂电路。图 2-1-1 是一个具体的例子，该电路有三条支路、两个节点、两个网孔，若以该电路各支路电流为未知量计算电路时，最少要列三个方程。本节所讨论的分析方法就是以支路电流为计算对象的分析方法，称做支路电流法(branch current method)。

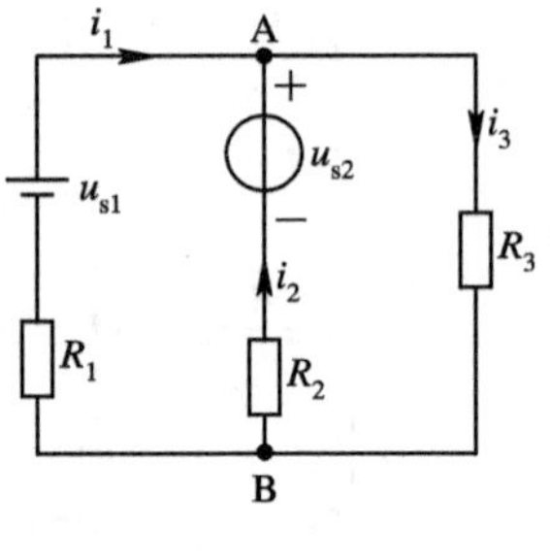

图 2-1-1

2.1.1　支路电流法的概念

支路电流法是以完备的支路电流变量为未知量，根据各个元件上的 VAR 和电路各节点的 KCL、回路的 KVL 约束关系，建立数目足够且相互独立的方程组，求解出各个支路的电流，进而根据电路的基本关系求得其他未知量，如电压、功率、电位等等。

下面通过对图 2-1-2 所示电路的分析，说明支路电流法的具体步骤。

图 2-1-2 所示电路共有个四个节点，六条支路，三个网孔。我们把节点数记为 n，支路数记为 b，网孔数记为 m。若该电路以支路电流为未知量，则共有六个未知量，分别是 i_1、i_2、i_3、i_4、i_5、i_6，其参考方向如图所示。要求得这六个未知数，必须建立六个相互独立的方程联立求解，问题是如何建立这六个相互独立的方程呢?

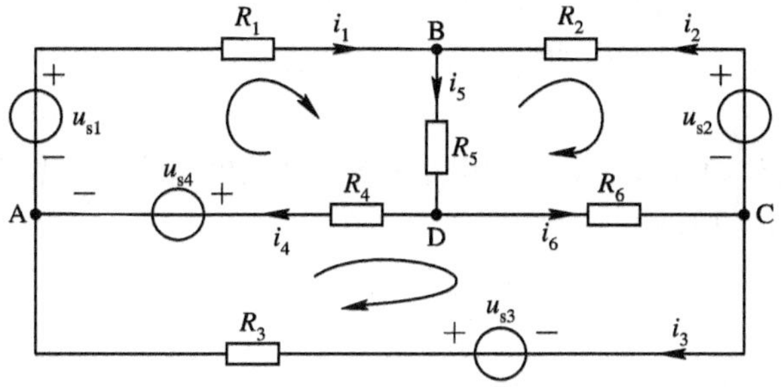

图 2-1-2

首先，对电路的节点和支路进行编号。图 2-1-2 对四个节点分别用 A、B、C、D 进行编号。对各支路进行编号，设定各支路的电流参考方向，如 i_1，i_2，……，i_6。对复杂电路进行计算之前，各支路电流的真实方向是未知的，图中所假定的参考方向是任意的。

其次，根据 KCL 对每一个节点列写一个节点电流方程。这里把流入节点的电流记为正，流出节点的电流记为负。注意：这里的正、负与电流的真实流向无关，仅由参考方向决定。

节点 A　　$-i_1+i_3+i_4=0$　　(2-1-1)

节点 B　　$i_1+i_2-i_5=0$　　(2-1-2)

节点 C　　$-i_2-i_3+i_6=0$　　(2-1-3)

节点 D　　$-i_4+i_5-i_6=0$　　(2-1-4)

将节点 A、B、C 的方程相加得

$$-i_1+i_3+i_4+i_1+i_2-i_5-i_2-i_3+i_6=0$$

即

$$i_4-i_5+i_6=0$$
$$-i_4+i_5-i_6=0$$

其结果与式(2-1-4)完全相同，所以，节点 D 的方程不是独立的方程，由此可以推论：具有 n 个节点的电路，可以列出($n-1$)个独立的 KCL 方程。

再次，根据 KVL，沿闭合回路列写电压方程。很明显，图 2-1-2 所示电路根据 KCL 已经列出了三个独立节点方程，还需要三个方程即可求解。在列写 KVL 方程前，先假定所选回路的绕行方向，该电路有七个回路，我们选定三个网孔回路为列写对象，假定绕行方向均为顺时针方向，同时，把沿绕行方向的电压降取为正，电压升取为负。说明两点：① 绕行方向的假定是任意的；② 这里的电压取正、取负与各电压的真实方向无关，仅由参考方向决定。

网孔回路 ABDA 包含 i_1、i_4、i_5 三条支路，有

$$-u_{s1}+i_1R_1+i_5R_5+i_4R_4+u_{s4}=0 \tag{2-1-5}$$

网孔回路 BCDB 包含 i_2、i_5、i_6 三条支路，有

$$-i_2R_2+u_{s2}-i_6R_6-i_5R_5=0 \tag{2-1-6}$$

网孔回路 ADCA 包含 i_3、i_4、i_6 三条支路，有

$$-u_{s4}-i_4R_4+i_6R_6-u_{s3}+i_3R_3=0 \tag{2-1-7}$$

至此，六条支路均已包含在三个方程中，如果再列一个回路方程就是非独立方程，例如对回路 ABCDA(绕行方向为顺时针方向)可得方程

$$-u_{s1}+i_1R_1-i_2R_2+u_{s2}-i_6R_6+i_4R_4+u_{s4}=0$$

该方程可由式(2-1-5)和式(2-1-6)相加获得。由此可以推论：具有 m 个网孔的平面电路，可以列出 m 个独立的 KVL 方程。

最后，联立六个独立方程求解，即可计算出 i_1、i_2、i_3、i_4、i_5、i_6。

2.1.2 方程的独立性

利用支路电流法最少需要列写多少个独立方程，才能求解电路呢？这个问题似乎在前面的讨论中已有答案，其实不然。对于一个具体电路，根据 KCL 和 KVL 所列的方程在一定条件下可以减少，下面对这一问题作以讨论。

对于一个不含电流源(理想电流源和受控电流源)的平面电路，若电路有 n 个节点，m 个网孔，b 条支路，使用支路电流去求解时则必须列写 b 个相互独立的方程，即

$$b=(n-1)+m \tag{2-1-8}$$

列写节点电流方程时，从 n 个节点中任意选取 $n-1$ 个节点。根据 KCL 依次列出这 $n-1$ 个节点电流方程，则 $n-1$ 个方程必然是相互独立的。因为，任意一条支路的电流总是从一个节点流出，再流入另一个节点。如果对所有 n 个节点列写 KCL 方程，规定流入节点的电流取正号，流出节点的电流取负号，则每一个支路电流在 n 个方程中一定出现两次：一次为正号，一次为负号。若把这 n 个方程相加，其结果等式恒等于零。这说明所列出的 n 个 KCL 方程并不都相互独立，若去掉 n 个方程中任何一个方程，这种相加恒等于零的关系便遭破坏。所以只需列 $n-1$ 个节点 KCL 方程，且相互独立。

列写回路电压方程时，对 m 个网孔的电路，从电路中选取 m 个回路，当每一个回路中有一条支路未被其他回路选定时，所列出的 m 个方程是相互独立的。如果按网孔回路列写方程，则 m 个方程必然相互独立。关于这一点的正确性这里不作证明，只要求掌握列写的方法即可。

对于含有电流源的电路，从原理上讲也应列写 $(n-1)+m$ 个独立方程，这是因为虽然电流源支路的电流已知，而电流源的端电压是未知的，所以，电路的未知数仍然是 b 个。但是，我们是以各支路电流为未知量分析电路的，而电流源支路电流已知，若不要求计算电流源的端电压，则可以使方程数减少，从而使解方程的过程简化。下面以图 2-1-3 为例，介绍含有电流源电路方程的列写方法。

在图 2-1-3 所示电路中，节点数 $n=4$，网孔数 $m=3$，支路数 $b=6$。若以 i_1、i_2、i_3、i_4、i_5 和电流源电压 u 为未知量，需要列写六个方程。其方程为

节点 A　　$i_1-i_2+i_{s2}=0$　　(2-1-9)

节点 B　　$i_2-i_3-i_5=0$　　(2-1-10)

节点 C　　$i_3-i_4-i_{s2}=0$　　(2-1-11)

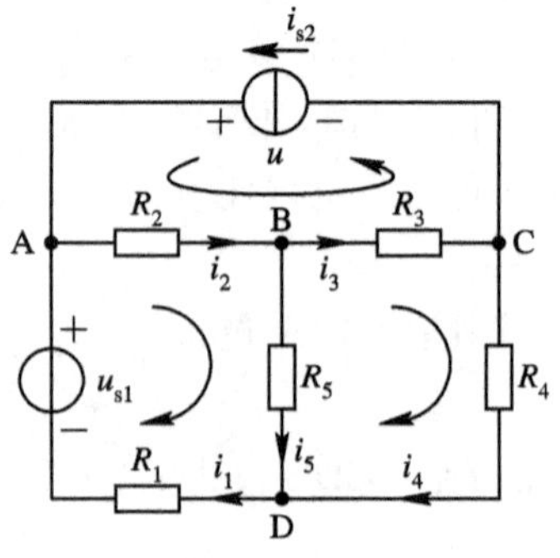

图 2-1-3

网孔回路 ABDA

$$i_2R_2 + i_5R_5 + i_1R_1 - u_{s1} = 0 \tag{2-1-12}$$

网孔回路 BCDB

$$i_3R_3 + i_4R_4 - i_5R_5 = 0 \tag{2-1-13}$$

网孔回路 ABCA

$$i_2R_2 + i_3R_3 - u = 0 \tag{2-1-14}$$

分析上述六个方程，可以发现，电流源电压 u 在前五个方程中并未出现，所以，只要将前五个方程联立求解，即可求出各支路电流。由此可总结出这样一条规律：若电路中有 k 条含有电流源的支路，则 KVL 方程减少 k 个就足可计算出各支路电流。

例 2-1-1 已知图 2-1-4 所示电路中，$u_{s1}=19\ \text{V}$，$u_{s2}=12\ \text{V}$，$u_{s3}=6\ \text{V}$，$R_1=3\ \Omega$，$R_2=2\ \Omega$，$R_3=3\ \Omega$，$R_4=6\ \Omega$，$R_5=2\ \Omega$，$R_6=1\ \Omega$，求各支路电流。

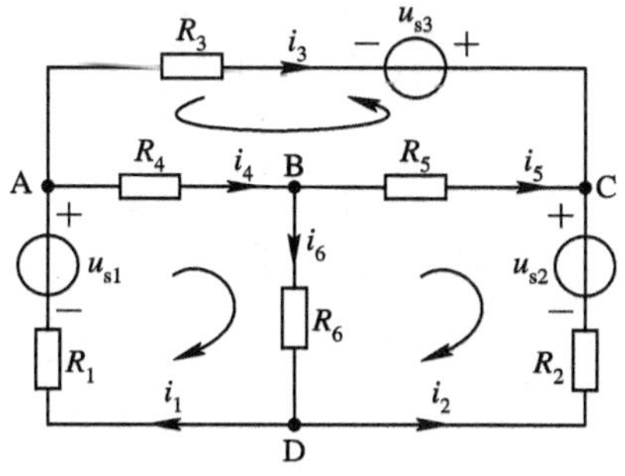

图 2-1-4

解 该电路共有四个节点 A、B、C、D，$n=4$；三个网孔，$m=3$；六条支路，$b=6$。设各支路电流参考方向如图所示，根据 KCL 列写 A、B、C 各节点电流方程：

对 A 点 $i_1 - i_3 - i_4 = 0$

对 B 点 $i_4 - i_5 - i_6 = 0$

对 C 点 $i_2 + i_3 + i_5 = 0$

根据 KVL 列写各网孔回路方程：

ABDA 网孔 $i_4R_4 + i_6R_6 + i_1R_1 - u_{s1} = 0$

BCDB 网孔 $i_5R_5 + u_{s2} - i_2R_2 - i_6R_6 = 0$

ABCA 网孔 $i_4R_4 + i_5R_5 + u_{s3} - i_3R_3 = 0$

代入数据并整理各方程，得

$$\begin{cases} i_1 - i_3 - i_4 = 0 \\ i_4 - i_5 - i_6 = 0 \\ i_2 + i_3 + i_5 = 0 \\ 3i_1 + 6i_4 + i_6 = 19 \\ 2i_2 - 2i_5 + i_6 = 12 \\ 3i_3 - 6i_4 - 2i_5 = 6 \end{cases}$$

解方程组，系数行列式为

$$\Delta = \begin{vmatrix} 1 & 0 & -1 & -1 & 0 & 0 \\ 0 & 0 & 0 & 1 & -1 & -1 \\ 0 & 1 & 1 & 0 & 1 & 0 \\ 3 & 0 & 0 & 6 & 0 & 1 \\ 0 & 2 & 0 & 0 & -2 & 1 \\ 0 & 0 & 3 & -6 & -2 & 0 \end{vmatrix} = \begin{vmatrix} 1 & 0 & 0 & 0 & 0 & 0 \\ 0 & 0 & 0 & 1 & -1 & -1 \\ 0 & 1 & 1 & 0 & 1 & 0 \\ 3 & 0 & 3 & 9 & 0 & 1 \\ 0 & 2 & 0 & 0 & -2 & 1 \\ 0 & 0 & 3 & -6 & -2 & 0 \end{vmatrix}$$

$$= \begin{vmatrix} 0 & 0 & 1 & -1 & -1 \\ 1 & 1 & 0 & 1 & 0 \\ 0 & 3 & 9 & 0 & 1 \\ 2 & 0 & 0 & -2 & 1 \\ 0 & 3 & -6 & -2 & 0 \end{vmatrix} = \begin{vmatrix} 0 & 0 & 1 & 0 & 0 \\ 1 & 1 & 0 & 1 & 0 \\ 0 & 3 & 9 & 9 & 10 \\ 2 & 0 & 0 & -2 & 1 \\ 0 & 3 & -6 & -8 & -6 \end{vmatrix}$$

$$= (-1)^{3+1} \begin{vmatrix} 1 & 1 & 1 & 0 \\ 0 & 3 & 9 & 10 \\ 2 & 0 & -2 & 1 \\ 0 & 3 & -8 & -6 \end{vmatrix} = \begin{vmatrix} 1 & 1 & 1 & 0 \\ 0 & 3 & 9 & 10 \\ 0 & -2 & -4 & 1 \\ 0 & 3 & -8 & -6 \end{vmatrix}$$

$$= \begin{vmatrix} 3 & 9 & 10 \\ -2 & -4 & 1 \\ 3 & -8 & -6 \end{vmatrix} = 295$$

$$\Delta_1 = \begin{vmatrix} 0 & 0 & -1 & -1 & 0 & 0 \\ 0 & 0 & 0 & 1 & -1 & -1 \\ 0 & 1 & 1 & 0 & 1 & 0 \\ 19 & 0 & 0 & 6 & 0 & 1 \\ 12 & 2 & 0 & 0 & -2 & 1 \\ 6 & 0 & 3 & -6 & -2 & 0 \end{vmatrix} = 885$$

则
$$i_1 = \frac{\Delta_1}{\Delta} = \frac{885}{295} = 3 \text{ A}$$

求出 i_1 后，只要计算出 i_3、i_4、i_6 其中一个，即可代入原方程组中适当的方程求出其他支路电流。这里计算 i_3。

$$\Delta_3 = \begin{vmatrix} 1 & 0 & 0 & -1 & 0 & 0 \\ 0 & 0 & 0 & 1 & -1 & -1 \\ 0 & 1 & 0 & 0 & 1 & 0 \\ 3 & 0 & 19 & 6 & 0 & 1 \\ 0 & 2 & 12 & 0 & -2 & 1 \\ 0 & 0 & 6 & -6 & -2 & 0 \end{vmatrix} = 590$$

$$i_3 = \frac{\Delta_3}{\Delta} = \frac{590}{295} = 2 \text{ A}$$

$$i_4 = i_1 - i_3 = 3 - 2 = 1 \text{ A}$$

$$i_6 = 19 - 3i_1 - 6i_4 = 19 - 3 \times 3 - 6 \times 1 = 4\ \text{A}$$
$$i_5 = i_4 - i_6 = 1 - 6 = -3\ \text{A}$$
$$i_2 = -i_3 - i_5 = -2 + 3 = 1\ \text{A}$$

故

$$i_1 = 3\ \text{A},\ i_2 = 1\ \text{A},\ i_3 = 2\ \text{A}$$
$$i_4 = 1\ \text{A},\ i_5 = -3\ \text{A},\ i_6 = 4\ \text{A}$$

举此例的目的是使读者意识到，当电路复杂、支路个数多时，手工解算是非常麻烦的事，使之渴望着能够寻求一种使所列方程数减少就可求解电路的更好的方法。

例 2-1-2 已知图 2-1-5 所示电路中，$\mu = 3$，$u_{s1} = 6\ \text{V}$，$R_1 = 1\ \Omega$，$R_2 = 12\ \Omega$，$R_3 = 1.5\ \Omega$，求各支路电流。

解 $n = 2$，$m = 2$，$b = 3$，各支路电流参考方向如图所示。根据 KCL，对节点 A 有

$$i_1 - i_2 - i_3 = 0$$

假定网孔回路绕行方向如图所示，根据 KVL 有

网孔 ①

$$u_{s1} - i_1 R_1 - i_3 R_3 = 0$$

网孔 ②

$$\mu u_1 - i_2 R_2 + i_3 R_3 = 0$$

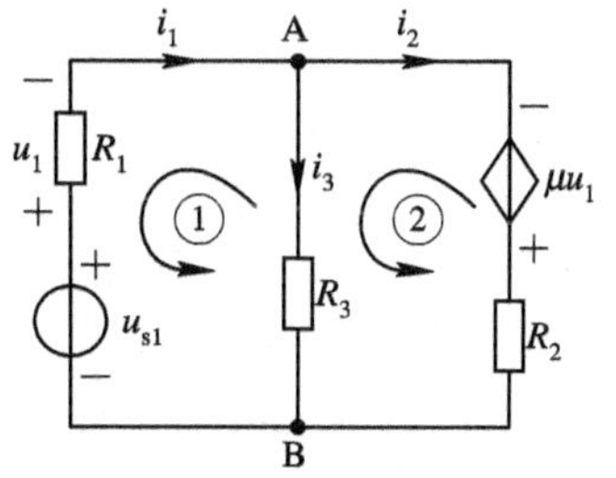

图 2-1-5

代入数据，且考虑到 $u_1 = i_1 R_1$，整理方程式，得

$$\begin{cases} i_1 - i_2 - i_3 = 0 \\ i_1 + 1.5 i_3 = 6 \\ 3i_1 - 12i_2 + 1.5i_3 = 0 \end{cases}$$

解方程组得

$$i_1 = 3\ \text{A},\ i_2 = 1\ \text{A},\ i_3 = 2\ \text{A}$$

应用支路电流法分析电路，列方程时特别要注意电阻上的电压与电流的参考方向认为是关联的。另外强调一点：解方程的过程最容易出错，但这是数学问题，应加强训练，这一点也可以利用现代化的计算工具——计算机，应用 Matlab 工具软件计算非常简便。

小结

1. 支路电流法是以完备的支路电流变量为未知量分析电路的一种方法。

2. n 个节点，m 个网孔，b 条支路的电路需要列出 b 个独立的方程，其中 $n-1$ 个节点电流方程，m 个回路方程，即 $b = (n-1) + m$。

3. 用支路电流法分析电路有四个步骤。

4. 对于含有电流源支路的电路，可以用少于 b 个方程的方程组求得各支路电流。

思考与练习

2-1-1 已知题 2-1-1 图所示电路，用支路电流法计算各支路电流和理想电流源的端电压。

2-1-2　已知题 2-1-2 图所示电路，用支路电流法计算各支路电流。

2-1-3　已知题 2-1-3 图所示电路，计算电流 i 和电流源的端电压 u。

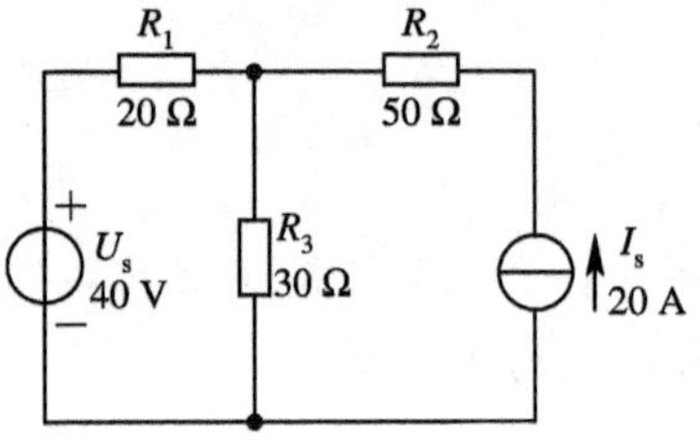

题 2-1-1 图

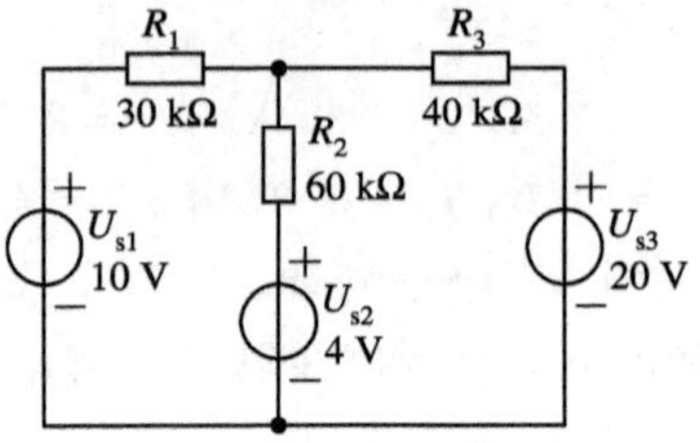

题 2-1-2 图

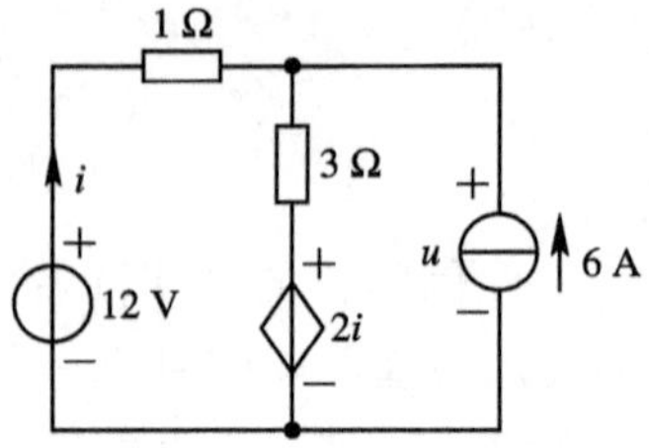

题 2-1-3 图

2.2　回路电流法

支路电流法是直接应用基尔霍夫两条定律求解复杂电路的基本分析方法，有 b 条支路，就有 b 个未知数，需要列 b 个独立方程联立求解，当支路数较多时，计算过程很烦琐。那么，能不能只用 KCL 方程或 KVL 方程分析电路呢？回答是肯定的。本节所介绍的回路电流法(loop current method)就是只应用 KVL 方程分析电路的一种方法。

2.2.1　网孔电流法

我们仍以图 2-1-2 所示电路为例，并将它重画于图 2-2-1(a)。因为 $n=4$，$m=3$，所以用支路电流法要列六个独立方程(三个节点电流方程和三个回路电压方程)。

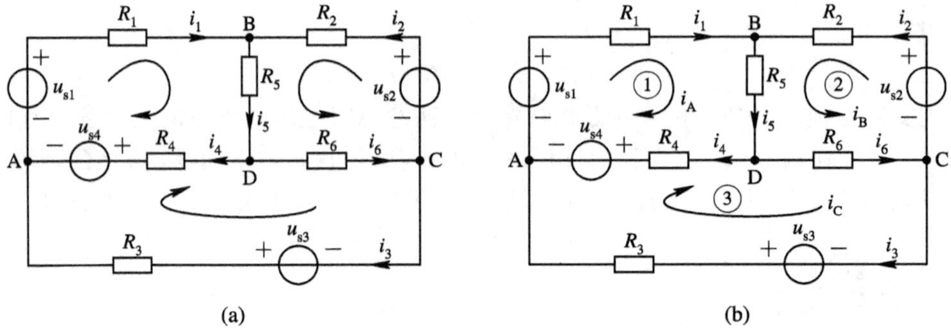

图 2-2-1

将这六个方程重新列写如下(选流入节点的电流取正号，流出节点的电流取负号)。

节点 A　　$-i_1+i_3+i_4=0$

节点 B　　$i_1+i_2-i_5=0$

节点 C　　$-i_2-i_3+i_6=0$

网孔 ABDA　　$i_1R_1+i_4R_4+i_5R_5=u_{s1}-u_{s4}$

网孔 BCDB　　$i_2R_2+i_5R_5+i_6R_6=u_{s2}$

网孔 ADCA　　$i_3R_3-i_4R_4+i_6R_6=u_{s3}+u_{s4}$

由节点方程可分别导出 i_4、i_5、i_6 为

$$i_4 = i_1 - i_3$$
$$i_5 = i_1 + i_2$$
$$i_6 = i_2 + i_3$$

将上述三个方程分别代入三个网孔电压方程，有

网孔 ABDA $\quad i_1R_1 + (i_1 - i_3)R_4 + (i_1 + i_2R_5) = u_{s1} - u_{s4}$

网孔 BCDB $\quad i_2R_2 + (i_1 + i_2)R_5 + (i_2 + i_3)R_6 = u_{s2}$

网孔 ADCA $\quad i_3R_3 - (i_1 - i_3)R_4 + (i_2 + i_3)R_6 = u_{s3} + u_{s4}$

整理三个网孔方程，得

$$\left.\begin{aligned} i_1(R_1 + R_4 + R_5) + i_2R_5 - i_3R_4 &= u_{s1} - u_{s4} \\ i_2(R_2 + R_5 + R_6) + i_1R_5 + i_3R_6 &= u_{s2} \\ i_3(R_3 + R_4 + R_6) - i_1R_4 + i_2R_6 &= u_{s3} + u_{s4} \end{aligned}\right\} \tag{2-2-1}$$

新得到的三个方程仅含 i_1、i_2、i_3 三个未知量，通过这三个方程求出 i_1、i_2、i_3 后，代入节点电流方程即可求出所有未知量，问题在于这三个方程是用支路电流法的六个方程导出来的。下面介绍根据电路直接列写这三个方程的方法。

对比式(2-2-1)与图 2-2-1(b)所示电路，对第一个方程，R_1、R_4、R_5 是网孔ABDA中的三个电阻，R_5 是网孔 BCDB 与网孔 ABDA 相邻的电阻，R_3 是网孔 ADCA 与网孔 ABDA 相邻的电阻，等式右端的 u_{s1} 和 u_{s2} 是网孔 ABDA 中的电源电压；第二个方程和第三个方程具有同样的规律。如图 2-2-1(b)所示，如果假设有一个电流 i_A 在网孔 ABDA 中顺时针流动，i_B 在网孔 BCDB 中逆时针流动，i_C 在网孔 ADCA 中顺时针流动，且 $i_A = i_1$、$i_B = i_2$、$i_C = i_3$，则 i_A、i_B、i_C 就称做网孔电流。上述三个方程则可改写为

$$\left.\begin{aligned} i_A(R_1 + R_4 + R_5) + i_BR_5 - i_CR_4 &= u_{s1} - u_{s4} \\ i_B(R_2 + R_5 + R_6) + i_AR_5 + i_CR_6 &= u_{s2} \\ i_C(R_3 + R_4 + R_6) - i_AR_4 + i_BR_6 &= u_{s3} + u_{s4} \end{aligned}\right\} \tag{2-2-2}$$

在式(2-2-2)第一个方程中，R_1、R_4、R_5 是网孔 ABDA 的电流 i_A 所流过的电阻，称做自电阻(self resistance)，令 $R_{11} = R_1 + R_4 + R_5$，i_BR_5 中的 R_5 是网孔 ABDA 和 BCDB 的公共电阻，i_CR_4 中的 R_4 是网孔 ABDA 和 ADCA 的公共电阻，这两个电阻称做互电阻(mutual resistance)，令 $R_{12} = R_5$，$R_{13} = R_4$(这里的下标“12”和“13”中 1 的含义是第一个网孔，2 和 3 的含义分别是第二个和第三个网孔)；对第二个方程同样可以令 $R_{22} = R_2 + R_5 + R_6$，$R_{21} = R_5$，$R_{23} = R_6$；对第三个方程可以令 $R_{33} = R_3 + R_4 + R_6$，$R_{31} = R_4$，$R_{32} = R_6$。三个方程的右端分别是各自网孔的电源电压代数和，令 $u_{s11} = u_{s1} - u_{s4}$，$u_{s22} = u_{s2}$，$u_{s33} = u_{s3} + u_{s4}$，上述三个方程可以进一步改写为

$$\left.\begin{aligned} R_{11}i_A + R_{12}i_B - R_{13}i_C &= u_{s11} \\ R_{22}i_B + R_{21}i_A + R_{23}i_C &= u_{s22} \\ R_{33}i_C - R_{31}i_A + R_{32}i_B &= u_{s33} \end{aligned}\right\} \tag{2-2-3}$$

方程等式左端各项有正有负，仔细观察可以发现自电阻前均为正号。与图 2-2-1(b)对比，两网孔电流在互电阻上方向相同时取正号，相反时取负号。等式右端的电源电压为代数和，即沿网孔电流方向绕行，从电源负极“走”向正极(即电压升高)时取正号，从电源

正极“走”向负极(即电压降低)时取负号。

网孔电流法方程的形式可以用文字叙述为：该网孔电流×自电阻±相邻网孔电流×互电阻＝该网孔电源电压代数和，即

$$i_j R_{jj} \pm \sum i_k R_{jk} = u_{sjj} \qquad (2-2-4)$$

式中下标 j 表示所选定的第 j 个网孔，k 表示与网孔 j 相邻的第 k 个网孔($j \neq k$)。

应用网孔电流法计算出各网孔电流后，再计算各支路电流。在图 2-2-1 中，支路电流与网孔电流的关系为：

$$i_1 = i_A,\ i_2 = i_B,\ i_3 = i_C,\ i_4 = i_A - i_C,\ i_5 = i_A + i_B,\ i_6 = i_B + i_C$$

在公共支路上，两网孔电流与支路电流方向相同时网孔电流相加等于支路电流，相反时相减，即支路电流等于网孔电流的代数和。

例 2-2-1 图 2-2-2 是一惠登斯电桥电路，已知 $U_s = 12\ \text{V}$，$R_o = 1\ \Omega$，$R_1 = 4\ \Omega$，$R_2 = 2\ \Omega$，$R_3 = 6\ \Omega$，$R_4 = 2.9\ \Omega$，R_g 是电流计电阻，$R_g = 1\ \Omega$，求 R_g 上的电流 I_g。

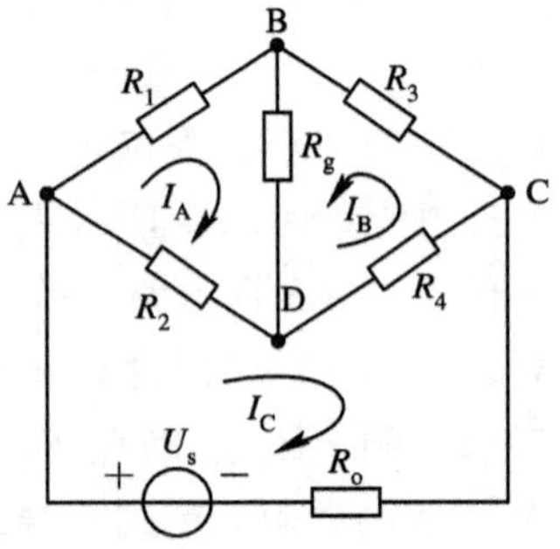

图 2-2-2

解 设各网孔电流方向如图所示。

网孔 ABDA

$$I_A(R_1 + R_g + R_2) + I_B R_g - I_C R_2 = 0$$

网孔 BCDB

$$I_B(R_3 + R_g + R_4) + I_A R_g + I_C R_4 = 0$$

网孔 ADCA

$$I_C(R_2 + R_4 + R_o) - I_A R_2 + I_B R_4 = U_s$$

代入数据整理后为

$$7I_A + I_B - 2I_C = 0$$

$$I_A + 9.9I_B + 2.9I_C = 0$$

$$-2I_A + 2.9I_B + 5.9I_C = 12$$

系数行列式为

$$\Delta = \begin{vmatrix} 7 & 1 & -2 \\ 1 & 9.9 & 2.9 \\ -2 & 2.9 & 5.9 \end{vmatrix} = 292.9$$

I_A 行列式为

$$\Delta_A = \begin{vmatrix} 0 & 1 & -2 \\ 0 & 9.9 & 2.9 \\ 12 & 2.9 & 5.9 \end{vmatrix} = 272.4$$

I_B 行列式为

$$\Delta_B = \begin{vmatrix} 7 & 0 & -2 \\ 0 & 0 & 2.9 \\ -2 & 12 & 5.9 \end{vmatrix} = -243.6$$

$$I_A = \frac{\Delta_A}{\Delta} = \frac{272.4}{292.9} = 0.9300 \text{ A}$$

$$I_B = \frac{\Delta_B}{\Delta} = \frac{-243.6}{292.9} = -0.8317 \text{ A}$$

$$I_g = I_A + I_B = 0.9300 - 0.8317 = 0.0983 \text{ A}$$

2.2.2 回路电流法

网孔电流法使方程数减少到 m 个，大大地简化了计算过程。在应用网孔电流法分析含有电流源支路的电路时，还可以使方程数再减少。把网孔电流法推广到一般情况就称做回路电流法(loop current method)。下面以图 2-2-3 为例介绍回路电流法。

回路电流法实际上是网孔电流法的扩展应用。在图 2-2-3 所示电路中，如果以网孔电流为未知量，则 i_s 应等于 ABDA 网孔和 BCDB 网孔电流之和，应对电流源两端的电压 u_x，需要列四个方程。实际上 i_s 已知。我们假设有一个电流 i_B 在 ABCDA 回路中流动，则另两个电流分别为在 ABDA 网孔中流动的 i_A 和在 ADCA 网孔中流动的电流 i_C，这样，$i_A = i_s$成了已知量，只需计算 i_B 和 i_C 即可。列方程的方法与网孔电流法完全相同。对回路 ABCDA，有

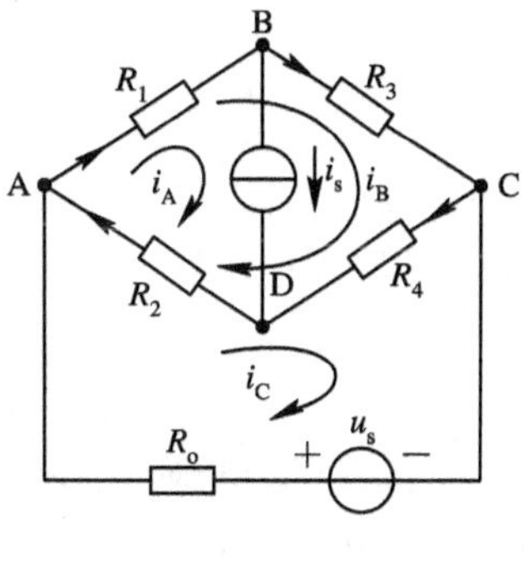

图 2-2-3

$$i_B(R_1 + R_3 + R_4 + R_2) + i_A(R_1 + R_2) - i_C(R_2 + R_4) = 0$$

对网孔 ADCA，有

$$i_C(R_2 + R_4 + R_o) - i_A R_2 - i_B(R_2 + R_4) = u_s$$

代入 $i_A = i_s$，得

$$\left.\begin{array}{l} i_B(R_1 + R_2 + R_3 + R_4) - i_C(R_2 + R_4) = -i_s(R_1 + R_2) \\ i_C(R_2 + R_4 + R_o) - i_B(R_2 + R_4) = u_s + i_s R_2 \end{array}\right\} \quad (2-2-5)$$

求出 i_B、i_C 后，流经 R_o 的电流为 i_C，流经 R_1 的电流为 $i_s + i_B$，流经 R_2 的电流为 $i_s + i_B - i_C$，流经 R_3 的电流为 i_B，流经 R_4 的电流为 $i_B - i_C$。

回路电流法在应用上比网孔电流法更为广泛，更为灵活，所以，也应熟练掌握回路电流法分析电路的方法。但是，回路电流仅对含有电流源支路的电路方程数可以减小，对不含电流源的电路与网孔电流法的方程数相等，不可少列方程，否则无法求解。

例 2-2-2 已知图 2-2-4 所示电路中，$I_s = 260$ A，$R_1 = R_2 = 0.5\ \Omega$，$R_3 = 0.6\ \Omega$，$R_4 = 24\ \Omega$，$U_s = 117$ V，用回路电流法求各支路电流。

解 该电路共有三个节点，三个网孔，用支路电流法需要列五个方程，用网孔电流法需要列三个方程，但用回路电流法仅需列两个方程。设各回路电流方向如图所示。由图知

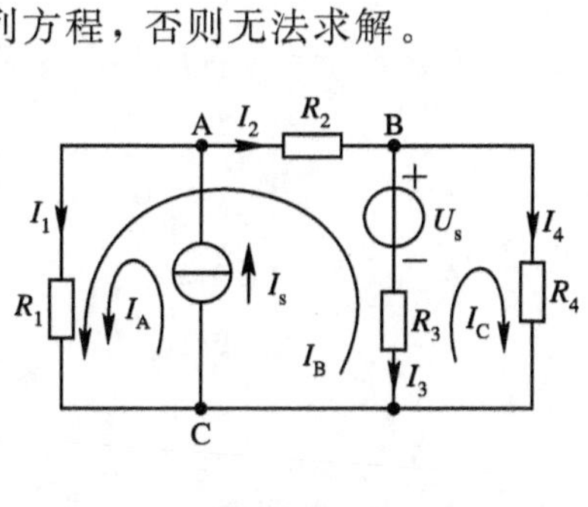

图 2-2-4

$$I_B(R_1+R_2+R_3)+I_AR_1+I_CR_3=U_s$$
$$I_C(R_3+R_4)+I_BR_3=U_s$$
代入数据，且考虑到 $I_A=I_s=260$ A，整理方程得
$$1.6I_B+0.6I_C=-13$$
$$0.6I_B+24.6I_C=117$$
解方程组，得
$$I_B=-10\text{ A},\ I_C=5\text{ A}$$
设各支路电流参考方向如图中所标，则
$$I_1=I_A+I_B=260+(-10)=250\text{ A}$$
$$I_2=-I_B=-(-10)=10\text{ A}$$
$$I_3=-(I_C+I_B)=-(5-10)=5\text{ A}$$
$$I_4=I_C=5\text{ A}$$

例 2-2-3 求图 2-2-5 所示电路中的电流 I_1、I_2、I_3。

解 该电路含有两个电流源，其中一个是受控电流源，在第 1 章讲过，受控源在电路分析中与独立电源具有相同的特性。应用回路电流法求解该电路仅需列一个方程。设选定的回路电流参考方向如图中所示，则
$$I_C=I_1=15\text{ A}$$
$$I_B=\frac{1}{9}U_1$$

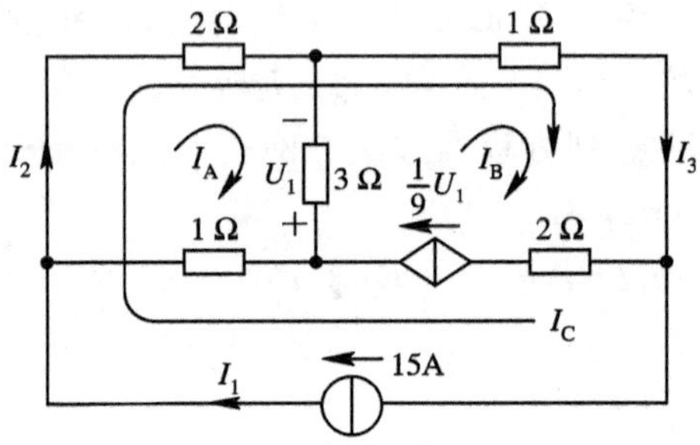

图 2-2-5

因为
$$U_1=(I_B-I_A)\times 3$$
所以
$$I_B=-\frac{1}{2}I_A$$
列 I_A 网孔回路方程
$$I_A(2+3+1)+I_C\times 2-I_B\times 3=0$$
代入 $I_C=15$ A，$I_B=-\frac{1}{2}I_A$，并整理方程得
$$6I_A+30+\frac{3}{2}I_A=0$$
解方程得 $I_A=-4$ A，故
$$I_1=I_C=15\text{ A}$$
$$I_2=I_A+I_C=11\text{ A}$$
$$I_3=I_B+I_C=17\text{ A}$$

例 2-2-4 求图 2-2-6 所示电路中的电流 i。

解 该电路含有两个电压源，两个电流源，其中独立电源分别为一个独立电流源和一个独立电压源；受控电源分别为一个受控电压源和一个受控电流源。另外，该电路中的电阻以电导形式给出，列方程时要多加注意。

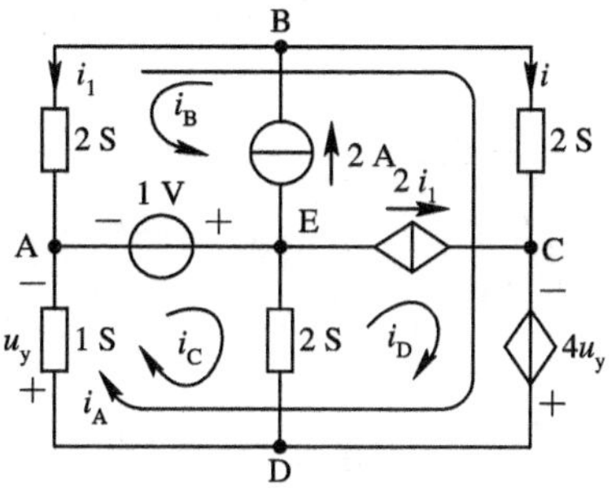

图 2-2-6

分析该电路，最多应列四个回路方程，但电路有两个电流源，故只需列两个方程即可求解，选择ABCDA 回路和 AEBA 网孔、AEDA 网孔以及CDEC 网孔作为求解回路，其电流参考方向如图所示。由图知

$$i_B = 2\ \text{A},\ i_D = 2i_1,\ i_1 = i_B - i_A$$

故只需列 i_A 和 i_C 的回路方程。

ABCDA 回路

$$\left(\frac{1}{2}+\frac{1}{2}+\frac{1}{1}\right)i_A - \frac{1}{2}i_B + \frac{1}{1}i_C = 4u_y$$

AEDA 网孔

$$\left(\frac{1}{1}+\frac{1}{2}\right)i_C + \frac{1}{1}i_A - \frac{1}{2}i_D = 1$$

代入 $i_B = 2$ A，$i_D = 2i_1$，$i_1 = i_B - i_A = 2 - i_A$ 和 $u_y = 1/1(i_A + i_C)$ 并整理两个方程，得

$$2i_A + 3i_C = -1$$
$$2i_A + 1.5i_C = 3$$

解方程得 $i_A = 3.5$ A，故

$$i = i_A = 3.5\ \text{A}$$

小结

1. 网孔电流法是以假设的网孔电流为未知量，应用 KVL 列写网孔回路电压方程组分析电路的一种方法，其方程的一般形式为

$$i_j R_{jj} \pm \sum i_k R_{jk} = u_{sjj}$$

2. 回路电流法是以假设的回路电流为未知量分析电路的方法，其对于含有电流源支路的电路可以使方程数减少。

3. 支路电流等于流经该支路的网孔电流(或回路电流)的代数和。

思考与练习

2-2-1 题 2-2-1 图是直流三线供电制的线路原理图，其中 R_l 为传输导线的损耗电阻，R_1、R_2、R_3 为负载电阻，已知 $R_l = 0.02\ \Omega$，$R_1 = R_2 = R_3 = 50\ \Omega$，$U_{s1} = U_{s2} = 115$ V，求各支路电流。

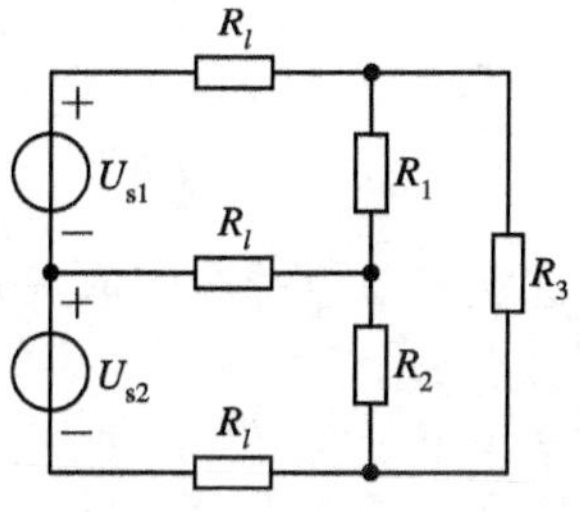

题 2-2-1 图

2-2-2 用回路电流法计算题 2-2-2 图所示电路中各电阻上的电流。

2-2-3　用回路电流法求题 2-2-3 图所示电路中 R_L 上的电流 i。

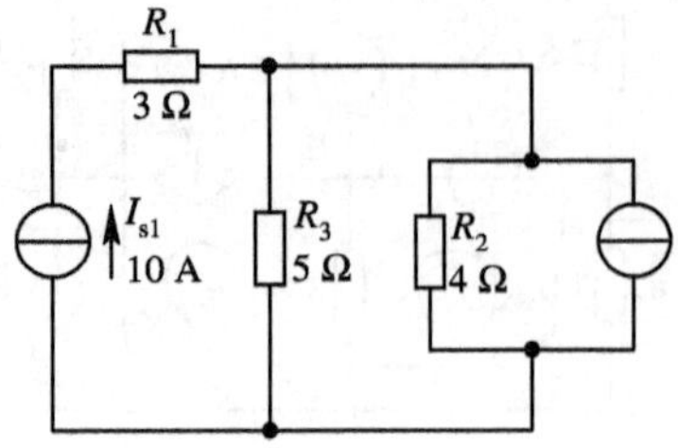

题 2-2-2 图

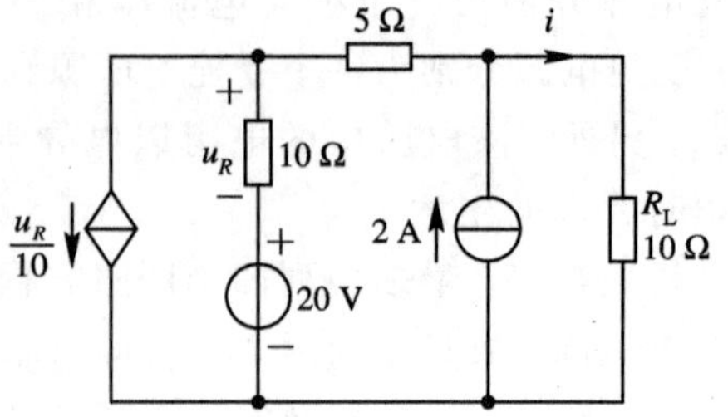

题 2-2-3 图

2.3　节点电位法

上一节介绍的是只应用 KVL 分析电路的方法——回路电流法。本节介绍只应用 KCL 分析电路的方法——节点电位法(node potential method)。关于电位的概念，在第 1 章已经作了定义。如果已知电路中各节点的电位，那么一条支路两节点之间的电压等于电位差，支路电流也就很容易求得。所以，节点电位是完备的、相互独立的变量。

2.3.1　节点电位法的概念

我们仍以图 2-1-2 所示电路为例，介绍节点电位法分析电路的方法。为了分析方便，我们将其重画于图 2-3-1，并选取节点 D 为参考点，分别求 A、B、C 三个节点的电位 v_A、v_B、v_C，求出各点电位后再计算各支路电流。

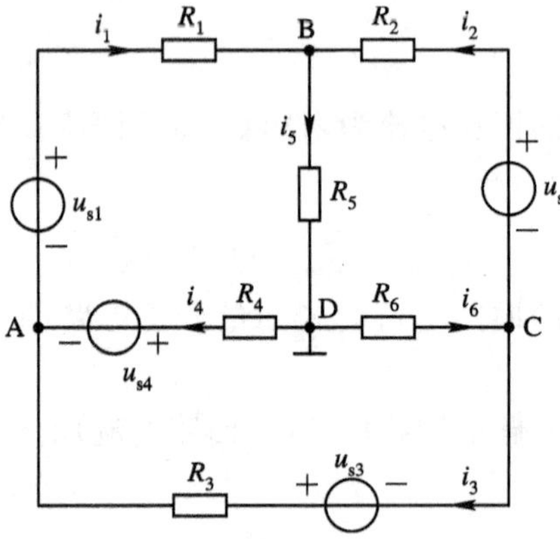

图 2-3-1

选流出节点的电流取正号，反之取负号，各节点的 KCL 方程为

$$\left.\begin{array}{ll}\text{节点 A} & i_1-i_3-i_4=0 \\ \text{节点 B} & -i_1-i_2+i_5=0 \\ \text{节点 C} & i_2+i_3-i_6=0\end{array}\right\} \qquad (2-3-1)$$

根据电压与电位的关系，有

$$\left.\begin{aligned}u_{AB}&=v_A-v_B\\u_{CB}&=v_C-v_B\\u_{CA}&=v_C-v_A\\u_{BD}&=v_B\\u_{DA}&=-v_A\\u_{DC}&=-v_C\end{aligned}\right\}\tag{2-3-2}$$

根据支路电压与电流的关系，得

$$\left.\begin{aligned}i_1&=\frac{u_{AB}+u_{s1}}{R_1}=\frac{v_A-v_B+u_{s1}}{R_1}\\i_2&=\frac{u_{CB}+u_{s2}}{R_2}=\frac{v_C-v_B+u_{s2}}{R_2}\\i_3&=\frac{u_{CA}+u_{s3}}{R_3}=\frac{v_C-v_A+u_{s3}}{R_3}\\i_4&=\frac{u_{DA}-u_{s4}}{R_4}=\frac{-v_A-u_{s4}}{R_4}\\i_5&=\frac{u_{BD}}{R_5}=\frac{v_B}{R_5}\\i_6&=\frac{u_{DC}}{R_6}=-\frac{v_C}{R_6}\end{aligned}\right\}\tag{2-3-3}$$

将上述方程组代入节点电流方程组(2-3-1)，得

$$\left.\begin{aligned}&\frac{v_A-v_B+u_{s1}}{R_1}-\frac{v_C-v_A+u_{s3}}{R_3}-\frac{-v_A-u_{s4}}{R_4}=0\\&-\frac{v_A-v_B+u_{s1}}{R_1}-\frac{v_C-v_B+u_{s2}}{R_2}+\frac{v_B}{R_5}=0\\&\frac{v_C-v_B+u_{s2}}{R_2}+\frac{v_C-v_A+u_{s3}}{R_3}+\frac{v_C}{R_6}=0\end{aligned}\right\}\tag{2-3-4}$$

整理方程组(2-3-4)，并把常数项移到等式右端，得

$$\left.\begin{aligned}&v_A\left(\frac{1}{R_1}+\frac{1}{R_3}+\frac{1}{R_4}\right)-\frac{v_B}{R_1}-\frac{v_C}{R_3}=\frac{-u_{s1}}{R_1}+\frac{u_{s3}}{R_3}-\frac{u_{s4}}{R_4}\\&v_B\left(\frac{1}{R_1}+\frac{1}{R_2}+\frac{1}{R_5}\right)-\frac{v_A}{R_1}-\frac{v_C}{R_2}=\frac{u_{s1}}{R_1}+\frac{u_{s2}}{R_2}\\&v_C\left(\frac{1}{R_2}+\frac{1}{R_3}+\frac{1}{R_6}\right)-\frac{v_A}{R_3}-\frac{v_B}{R_2}=-\frac{u_{s2}}{R_2}-\frac{u_{s3}}{R_3}\end{aligned}\right\}\tag{2-3-5}$$

解方程组(2-3-5)，求得 v_A、v_B、v_C，再代入式(2-3-3)，即可求得各支路电流。

观察方程组(2-3-5)的第一个方程，它是根据各支路电流与各节点电位之间的关系由节点 A 的电流方程导出的。方程左端第一项是 A 点电位 v_A 乘以与 A 点相连的各支路电导之和；第二项为与 A 点相邻的节点 B 的电位 v_B 乘以 A 与 B 之间支路上的电导，且取负号；第三项为与 A 点相邻的节点 C 的电位 v_C 乘以 A 与 C 之间支路上的电导，也取负号。

方程右端的第一项是将 A 与 B 之间的支路上的电压源 u_{s1} 与电阻 R_1 看做实际电压源，变换成电流源后电流源的电流，其前面的负号是变换成电流源后，电流源的电流流出 A 点；第二项为 A 与 C 之间的支路变换成电流源后电流源的电流，该项为正，因为电流流入 A 点；第三项为 A 与 D 之间的支路变换成电流源后的电流，该项为负，因为电流流出 A 点。第二个方程和第三个方程的结构形式和各项的含义与第一个方程相似。

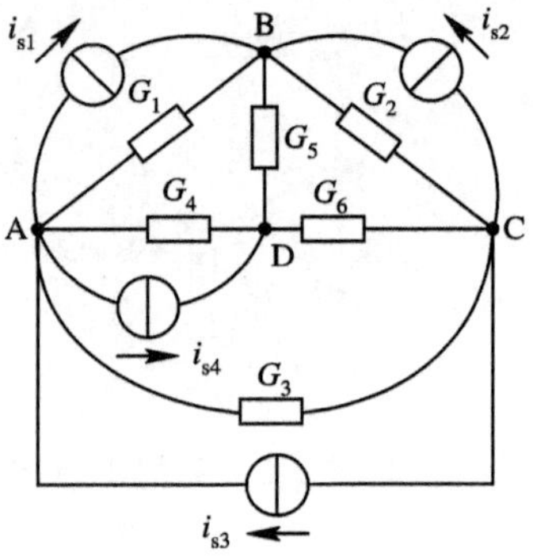

图 2-3-2

对方程组(2-3-5)按上述分析方法，把电阻改写成电导，电压源用电流源替代，图2-3-1 电路可改画成图 2-3-2 所示的形式，方程组(2-3-5)可写成下列形式：

$$\left.\begin{aligned}(G_1+G_2+G_4)v_A-G_1v_B-G_3v_C&=-i_{s1}+i_{s3}-i_{s4}\\(G_1+G_2+G_5)v_B-G_1v_A-G_2v_C&=i_{s1}+i_{s2}\\(G_2+G_3+G_6)v_C-G_3v_A-G_2v_B&=-i_{s2}-i_{s3}\end{aligned}\right\}\qquad(2-3-6)$$

令方程组(2-3-6)中 v_A、v_B、v_C 前的系数及右端电流源代数和分别为：

$$G_{11}=G_1+G_3+G_4,\quad G_{12}=G_1$$
$$G_{13}=G_3,\quad i_{s11}=-i_{s1}+i_{s3}-i_{s4}$$
$$G_{22}=G_1+G_2+G_5,\quad G_{21}=G_1$$
$$G_{23}=G_2,\quad i_{s22}=i_{s1}+i_{s2}$$
$$G_{33}=G_2+G_3+G_6,\quad G_{31}=G_3$$
$$G_{32}=G_2,\quad i_{s33}=-i_{s2}-i_{s3}$$

则方程组(2-3-6)，可改写成

$$\left.\begin{aligned}G_{11}v_A-G_{12}v_B-G_{13}v_C&=i_{s11}\\G_{22}v_B-G_{21}v_A-G_{23}v_C&=i_{s22}\\G_{33}v_C-G_{31}v_A-G_{32}v_B&=i_{s33}\end{aligned}\right\}\qquad(2-3-7)$$

式中，G_{11}、G_{22}、G_{33} 分别称做节点 A、B、C 的自电导(self conductance)，G_{12}、G_{13}、G_{21}、G_{23}、G_{31}、G_{32} 称做互电导(mutual conductance)。对于不包含受控源的电路，有 $G_{12}=G_{21}$、$G_{13}=G_{31}$、$G_{23}=G_{32}$。

由此可以归纳得出列写节点电位方程的一般形式为：节点 j 的电位×与该节点相联的各支路电导之和－相邻节点电位×j 节点与相邻节点之间公共支路的电导＝流入 j 节点电流源电流的代数和，即

$$G_{jj}v_j-\sum G_{jk}v_k=i_{sjj}\qquad(2-3-8)$$

式(2-3-8)中的下标 j 表示第 j 个节点，k 表示与节点 j 有公共支路的第 k 个节点($j\neq k$)。注意：等式左端的 $\sum$ 是求和的意思，右端的 i_{sjj} 是流入节点 j 的电流源的代数和，流入节点 j 的电流源取正号，流出节点 j 的电流源取负号。

例 2-3-1 已知图 2-3-3 所示电路中 $I_s=0.5$ A，$U_s=10$ V，计算各电阻上的电流。

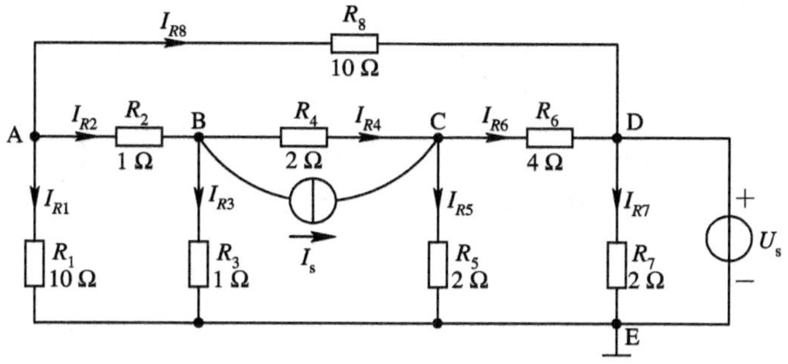

图 2-3-3

解 该电路共有五个节点，六个网孔，应用回路电流法最少需要列四个方程，而应用节点电位法最少列三个方程，考虑本题电路特点选 E 点为参考点，则 D 点电位 $v_D=U_s$ 成为已知，只需列 A、B、C 三个节点的电位方程即可。

对 A 节点，自电导为

$$G_{11}=\frac{1}{R_1}+\frac{1}{R_2}+\frac{1}{R_8}=1.2\ \text{S}$$

A 与 B 节点之间的互电导为

$$G_{12}=\frac{1}{R_2}=1\ \text{S}$$

A 与 D 节点之间的互电导为

$$G_{14}=\frac{1}{R_8}=0.1\ \text{S}$$

对 B 节点，自电导为

$$G_{22}=\frac{1}{R_2}+\frac{1}{R_3}+\frac{1}{R_4}=2.5\ \text{S}$$

B 与 A 节点之间的互电导为

$$G_{21}=\frac{1}{R_2}=1\ \text{S}$$

B 与 C 节点之间的互电导为

$$G_{23}=\frac{1}{R_4}=0.5\ \text{S}$$

对 C 节点，自电导为

$$G_{33}=\frac{1}{R_4}+\frac{1}{R_5}+\frac{1}{R_6}=1.25\ \text{S}$$

C 与 B 节点之间的互电导为

$$G_{32}=\frac{1}{R_4}=0.5\ \text{S}$$

C 与 D 节点之间的互电导为

$$G_{34}=\frac{1}{R_6}=0.25\ \text{S}$$

B 与 C 节点之间的电流源支路电阻无穷大，电导等于零。列节点电位方程为：

节点 A　　$G_{11}v_A-G_{12}v_B-G_{14}v_D=0$

节点 B　　　　$G_{22}v_B - G_{21}v_A - G_{23}v_C = -I_s$

节点 C　　　　$G_{33}v_C - G_{32}v_B - G_{34}v_D = I_s$

代入已知数据并考虑 $v_D = U_s = 10\ \text{V}$，得

$$\begin{cases} 1.2v_A - v_B - 0.1\times 10 = 0 \\ 2.5v_B - v_A - 0.5v_C = -0.5 \\ 1.25v_C - 0.5v_B - 0.25\times 10 = 0.5 \end{cases}$$

解该方程组得

$$v_A = 1.7\ \text{V},\ v_B = 1.04\ \text{V},\ v_C = 2.8\ \text{V}$$

设各电流参考方向如图中所标，则各电阻电流分别为

$$I_{R1} = \frac{v_A}{R_1} = 0.17,\ I_{R2} = \frac{v_A - v_B}{R_2} = 0.66\ \text{A},\ I_{R3} = \frac{v_B}{R_3} = 1.04\ \text{A}$$

$$I_{R4} = \frac{v_B - v_C}{R_4} = -0.88\ \text{A},\ I_{R5} = \frac{v_C}{R_5} = 1.4\ \text{A},\ I_{R6} = \frac{v_C - v_D}{R_6} = -1.8\ \text{A}$$

$$I_{R7} = \frac{v_D}{R_7} = 5\ \text{A},\ I_{R8} = \frac{v_A - v_D}{R_8} = -0.83\ \text{A}$$

2.3.2 节点电位法的注意事项

节点电位法的注意事项如下：

(1) 选择参考点时，其一，原则上选择任何一个节点均可以，但习惯上使参考点与尽可能多的节点相邻，这样，求出各节点电位后计算支路电流较方便；其二，若电路含有理想电压源支路，应选择理想电压源支路所连的两个节点之一作参考点，这样，另一点的电位等于理想电压源电压，使方程数减少。若二者发生矛盾，应优先考虑第二点。

(2) 与理想电流源串联的电阻对各节点电位不产生任何影响，这是因为理想电流源的等效内阻为无穷大的缘故。

(3) 与理想电压源并联的电阻两端电压恒定，对其他支路电流不产生任何影响，故也不影响各节点电位的大小。

(4) 对含有受控源的电路，在列写节点方程时先将受控源与独立源同样对待，需要时再将控制量用节点电位表示。

(5) 节点电位法和回路电流法都能减少方程数，简化计算过程，而且规律性较强，对一个电路选用节点电位法还是回路电流法，要视电路而定。一般来说，节点数小于网孔数时，选节点电位法；反之选回路电流法。但是，当电路中具有公共节点的理想电压源，且支路较多时，选节点电位法；若电路中含电流源支路较多时，应选用回路电流法。

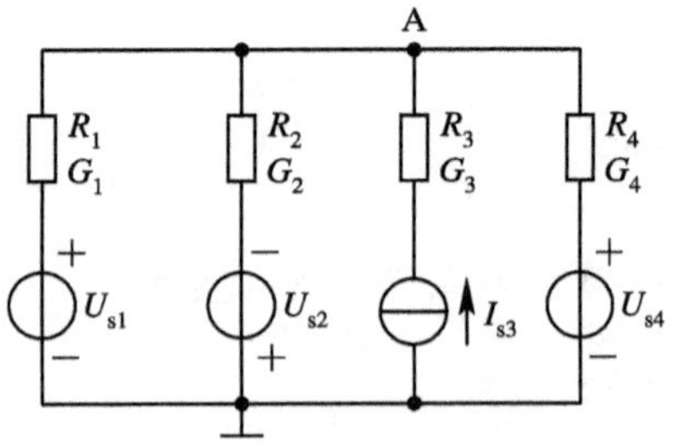

图 2-3-4

(6) 前面所讨论的是具有三个和三个以上节点的电路，若电路中仅有两个节点(如图 2-3-4 所示电路)，应用节点电位法最为简单，该电路的电位方程为

$$v_A(G_1+G_2+G_4)=u_{s1}G_1-u_{s2}G_2+I_s+u_{s3}G_4$$

$$v_A=\frac{u_{s1}G_1-u_{s2}G_2+I_{s3}+u_{s4}G_4}{G_1+G_2+G_4}$$

可直接计算出 v_A，这一特殊情况下的节点电位法称做弥尔曼定理(Millman's theorem)。

例 2-3-2 用节点电位法重解例 2-1-2。

解 该电路具有两个节点，两个网孔，显然，用节点电位法计算较为简单。为了方便，将电路重画于图 2-3-5，选 B 为参考点。

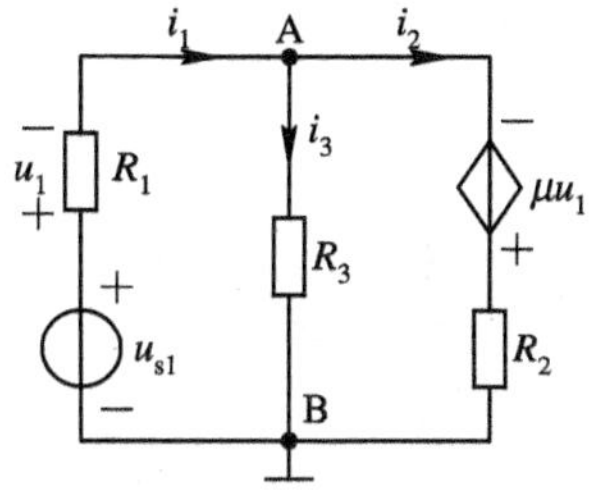

图 2-3-5

$$v_A\left(\frac{1}{R_1}+\frac{1}{R_2}+\frac{1}{R_3}\right)=\frac{u_{s1}}{R_1}-\frac{\mu u_1}{R_2}$$

考虑到 $u_1=u_{s1}-v_A$，则方程为

$$v_A\left(\frac{1}{R_1}+\frac{1}{R_2}+\frac{1}{R_3}\right)=\frac{u_{s1}}{R_1}-\mu\frac{(u_{s1}-v_A)}{R_2}$$

整理方程得

$$v_A=\frac{u_{s1}/R_1-\mu u_{s1}/R_2}{1/R_1+1/R_2+1/R_3-\mu/R_2}$$

代入数据解得 $v_A=3$ V，故

$$i_1=\frac{u_{s1}-v_A}{R_1}=\frac{6-3}{1}=3\ \text{A}$$

$$i_2=\frac{\mu u_1+v_A}{R_2}=\frac{3\times3+3}{12}=1\ \text{A}$$

$$i_3=\frac{v_A}{R_3}=\frac{3}{1.5}=2\ \text{A}$$

例 2-3-3 应用节点电位法重解例 2-2-2。

解 为了方便将其重画于图 2-3-6，且选 C 点为参考点，方程为

节点 A

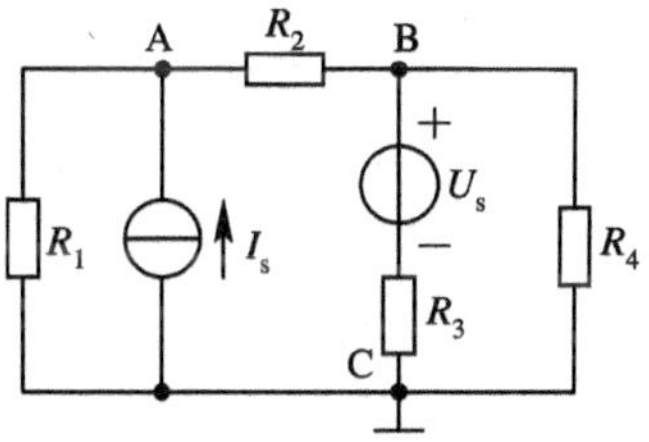

图 2-3-6

$$v_A\left(\frac{1}{R_1}+\frac{1}{R_2}\right)-\frac{v_B}{R_2}=I_s$$

节点 B

$$v_B\left(\frac{1}{R_2}+\frac{1}{R_3}+\frac{1}{R_4}\right)-\frac{v_A}{R_2}=\frac{U_s}{R_3}$$

代入数据并整理方程组，得

$$\begin{cases}4v_A-2v_B=260\\89v_B-48v_A=4680\end{cases}$$

解方程组得

$$v_A=125\ \text{V},\quad v_B=120\ \text{V}$$

设各支路电流参考方向如图中所标，则

$$i_1=\frac{v_A}{R_1}=250\ \text{A},\qquad i_2=\frac{v_A-v_B}{R_2}=10\ \text{A}$$

$$i_3=\frac{v_B-U_s}{R_3}=5\ \text{A},\qquad i_4=\frac{v_B}{R_4}=5\ \text{A}$$

例 2-3-4 计算图 2-3-7 所示电路中通过检流计的电流 I_g。

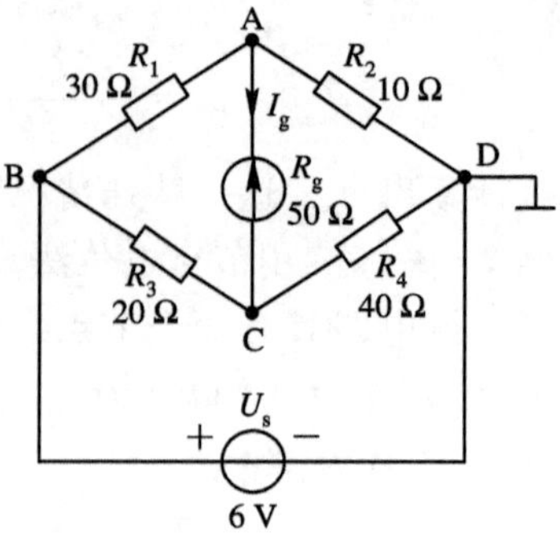

图 2-3-7

解 该电路共有四个节点，三个网孔，应用节点电位法选择 B 点或 D 点为参考点，仅需要列写 A 点和 C 点的节点电位方程即可求解。以 D 点为参考点。

$$v_B = U_s = 6\ \text{V}$$

对 A 点

$$G_{11} = \frac{1}{R_1} + \frac{1}{R_2} + \frac{1}{R_g} = \frac{1}{30} + \frac{1}{10} + \frac{1}{50} = \frac{23}{150}\ \text{S}$$

$$G_{12} = \frac{1}{R_1} = \frac{1}{30}\ \text{S}$$

$$G_{13} = \frac{1}{R_g} = \frac{1}{50}\ \text{S}$$

对 C 点

$$G_{33} = \frac{1}{R_3} + \frac{1}{R_4} + \frac{1}{R_g} = \frac{1}{20} + \frac{1}{40} + \frac{1}{50} = \frac{19}{200}\ \text{S}$$

$$G_{31} = \frac{1}{R_g} = \frac{1}{50}\ \text{S}$$

$$G_{32} = \frac{1}{R_3} = \frac{1}{20}\ \text{S}$$

则方程为

$$\begin{cases} v_A G_{11} - v_B G_{12} - v_C G_{13} = 0 \\ v_C G_{33} - v_A G_{31} - v_B G_{32} = 0 \end{cases}$$

代入数据并整理后，得

$$\begin{cases} 23v_A - 3v_C = 30 \\ 19v_C - 4v_A = 60 \end{cases}$$

解方程组得

$$v_A = \frac{30}{17}\ \text{V}$$

$$v_C = \frac{60}{17}\ \text{V}$$

$$I_g = \frac{v_A - v_C}{R_g} = \frac{30/17 - 60/17}{50} = -0.0353\ \text{A}$$

小结

1. 节点电位法是以电路中某一节点为参考点，根据 KCL 列出其他节点电位方程，联立求解各节点电位，再利用欧姆定律和 KVL 计算支路电流的一种分析方法。

2. 在节点电位法方程中，等式左端的给定节点电位乘自电导取正号，相邻节点电位乘互电导取负号，等式右端为流入给定节点电流源电流的代数和。

3. 应用节点电位法分析电路时需注意六个方面的问题，以列出尽可能少的方程，使计算过程简化。

思考与练习

2-3-1　应用节点电位法重解题 2-1-1。

2-3-2　应用弥尔曼定理计算题 2-1-2。

2-3-3　应用节点电位法计算题 2-2-3。

2-3-4　对题 2-3-4 图所示电路，列出计算各节点电位的方程(以 D 点为参考点)。

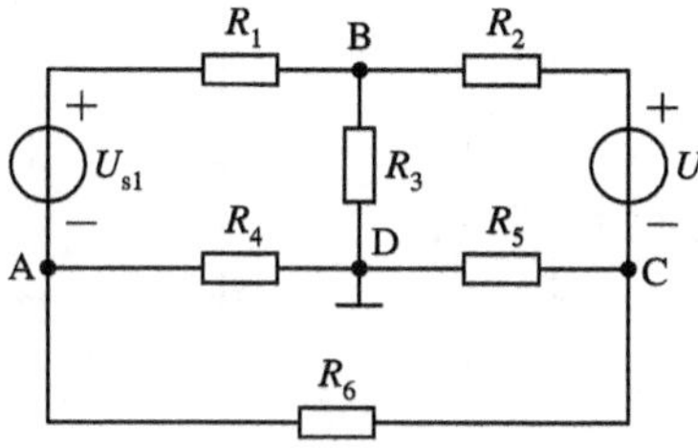

题 2-3-4 图

习　题　二

2-1　已知题 2-1 图所示电路中，$R_{o1}=R_{o2}=R_{o3}=1\ \Omega$，$R_1=R_2=R_3=9\ \Omega$，$U_{s1}=660$ V，$U_{s2}=U_{s3}=330$ V，求各支路电流。

2-2　已知题 2-2 图所示部分电路中，$I_1=2$ A，求电阻 R。

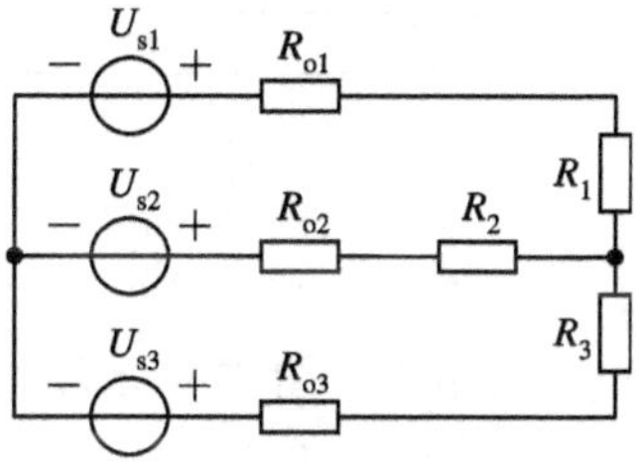

题 2-1 图

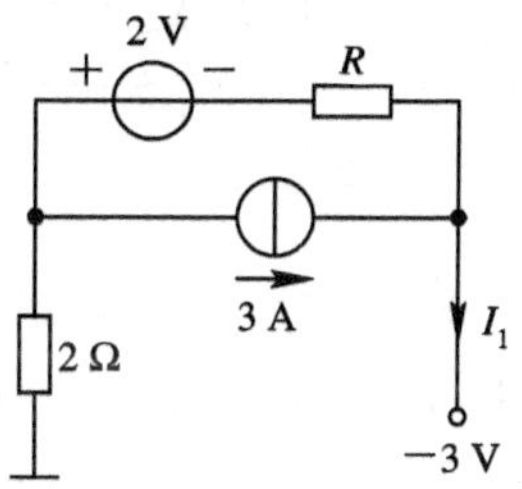

题 2-2 图

2-3　列出题 2-3 图所示电路的支路电流方程。

2-4　求题 2-4 图所示电路中的电流 I。

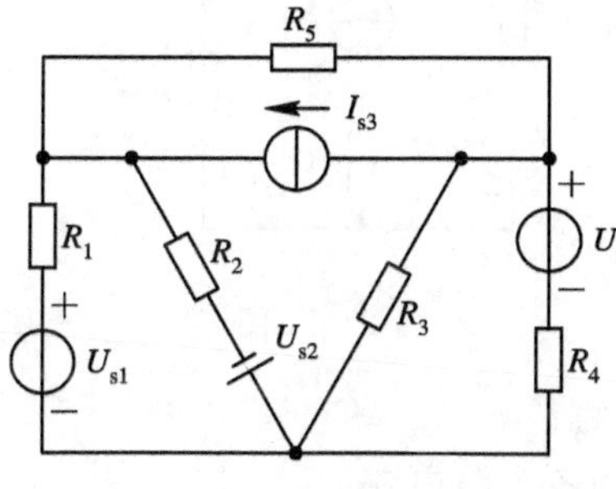

题 2-3 图

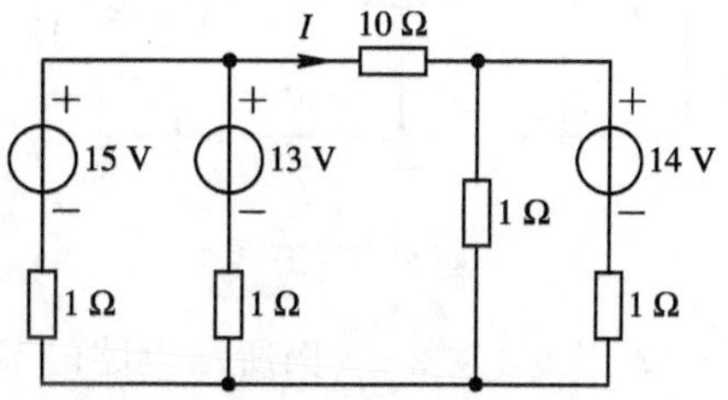

题 2-4 图

2－5　已知题 2－5 图所示电路中，$U_{s1}=40\ \text{V}$，$U_{s2}=20\ \text{V}$，$I_s=5\ \text{A}$，$R_1=4\ \Omega$，$R_2=2\ \Omega$，$R_3=5\ \Omega$，$R_4=10\ \Omega$，$R_5=8\ \Omega$，$R_6=2\ \Omega$，求电流 I_4。

2－6　已知题 2－6 图所示电路中，$U_{s1}=6\ \text{V}$，$U_{s2}=3\ \text{V}$，$U_{s3}=4\ \text{V}$，$I_s=2\ \text{mA}$，$R_1=2\ \text{k}\Omega$，$R_2=1\ \text{k}\Omega$，$R_3=4\ \text{k}\Omega$，$R_4=3\ \text{k}\Omega$，求电流 I_3。

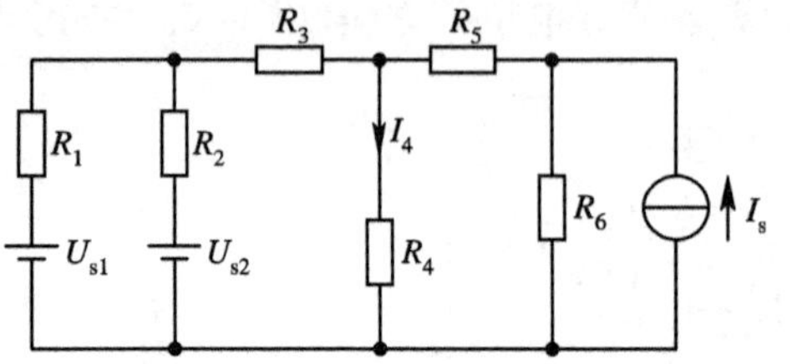

题 2－5 图

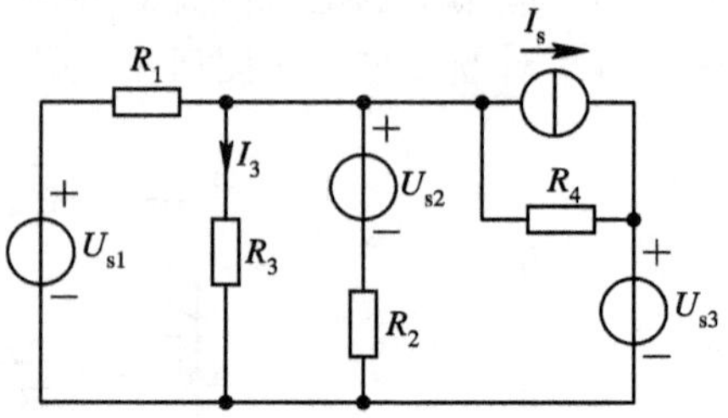

题 2－6 图

2－7　计算题 2－7 图所示电路中的电压 U。

2－8　已知题 2－8 图所示电路中，$U_{s1}=U_{s2}=U_{s3}=12\ \text{V}$，$R_1=R_2=R_3=20\ \Omega$，$R_4=5\ \Omega$，求开关 S 断开与闭合时各支路的电流。

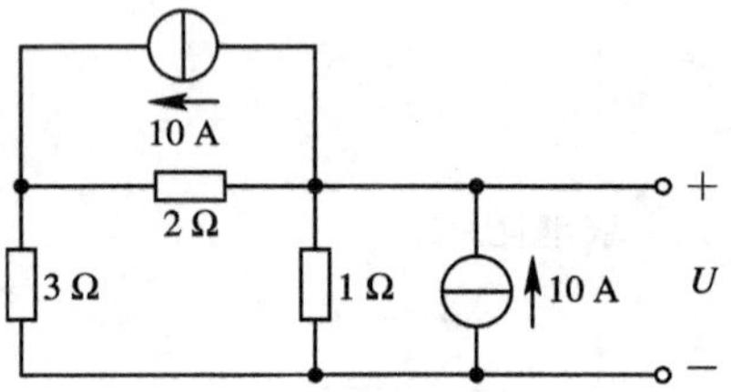

题 2－7 图

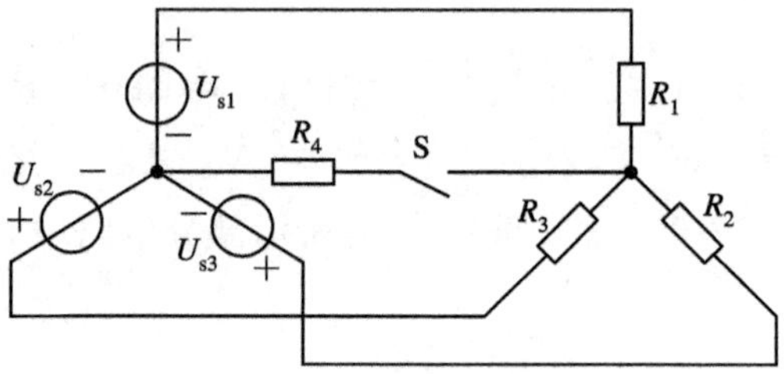

题 2－8 图

2－9　列出题 2－3 图所示电路的回路电流法方程。

2－10　题 2－10 图所示电路为某晶体管放大电路的等效电路。图中各元件参数和 β 值已知。推导电流放大系数 $k_i=i/i_1$ 和电压放大系数 $k_u=u_2/u_s$。

2－11　求题 2－11 图所示电路中电压源和电流源产生的功率。

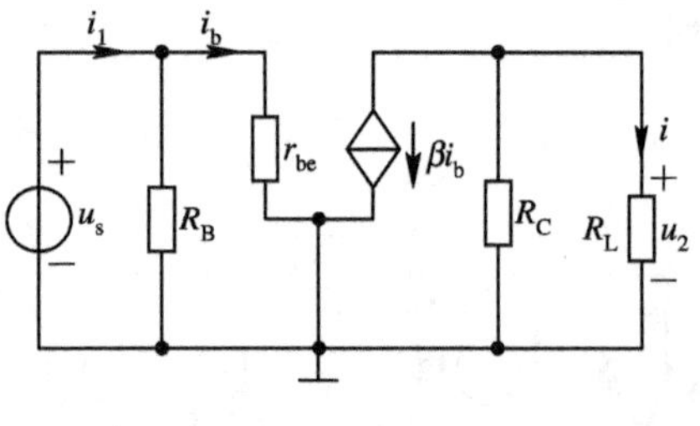

题 2－10 图

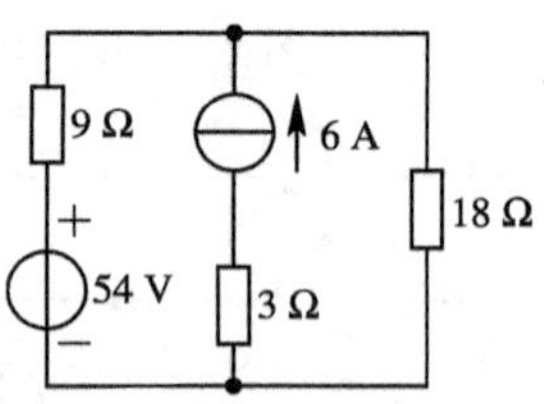

题 2－11 图

2－12　列写题 2－3 图所示电路的节点电位法方程。

2－13　用任一种方法计算题 2－13 图所示电路的各支路电流。

2－14　用任一种方法计算题 2－14 图所示电路的电压 u。

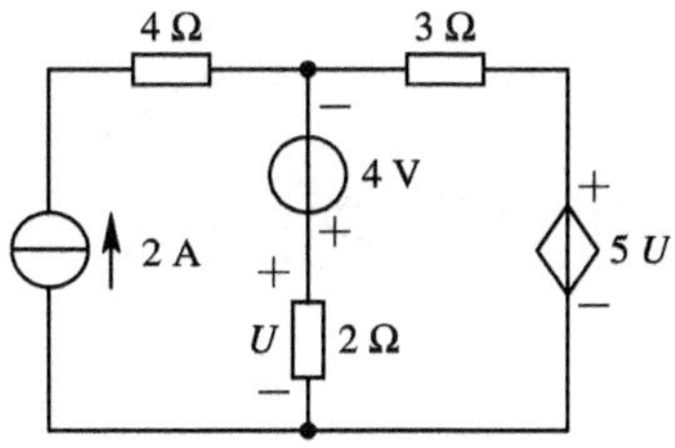

题 2 - 13 图

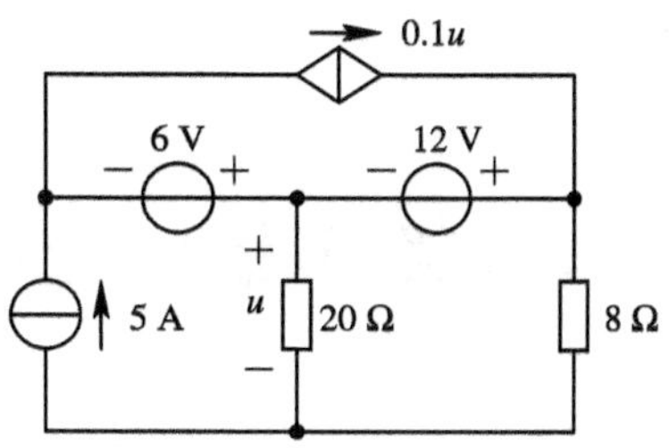

题 2 - 14 图

2 - 15　用最少的节点电位法方程计算题 2 - 15 图所示电路各电阻上的电流。

2 - 16　直流供电系统用两台发电机组成三线供电制，电路如题 2 - 16 图所示。计算各支路电流，并讨论 BC 段导线在什么情况下可以省去？

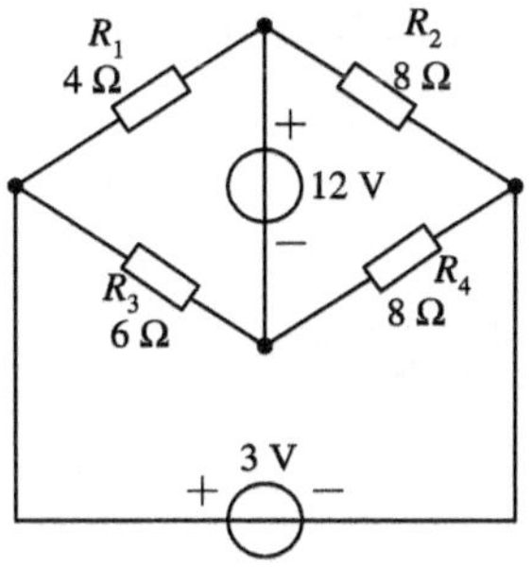

题 2 - 15 图

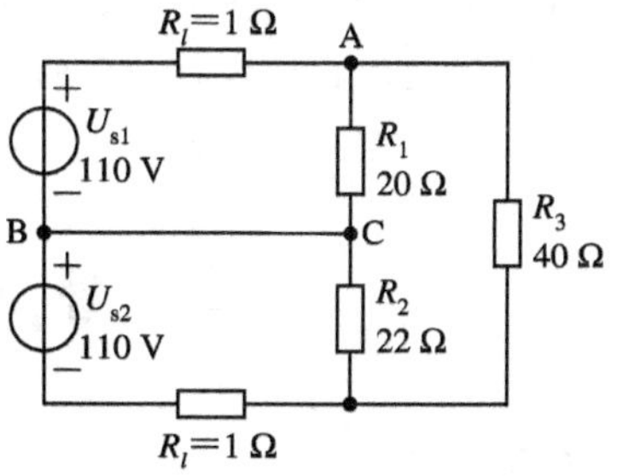

题 2 - 16 图

2 - 17　对题 2 - 17 图所示电路，选择方程数最少的方法计算各电阻流过的电流。

2 - 18　求题 2 - 18 图所示电路中的电压 U_1。

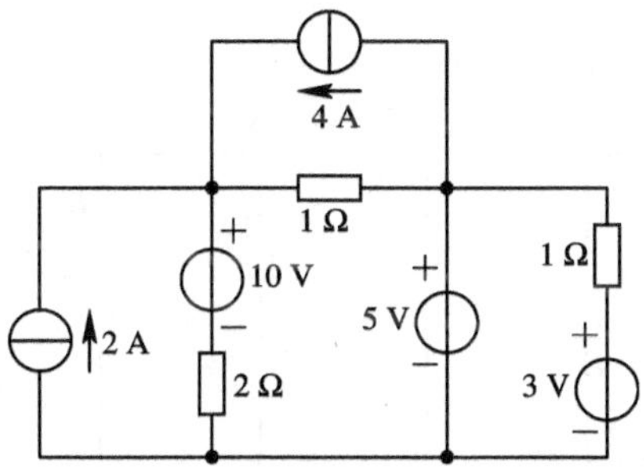

题 2 - 17 图

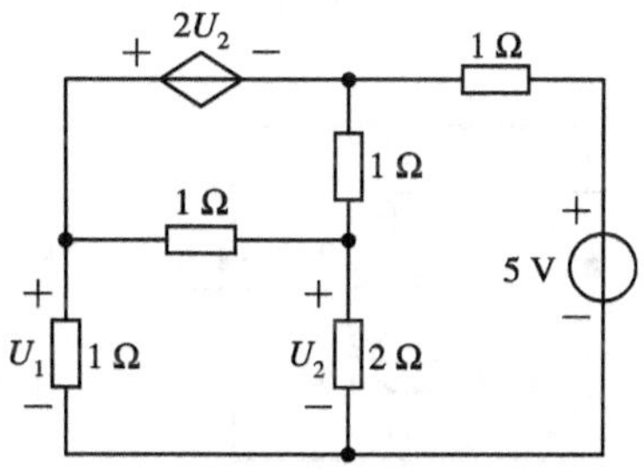

题 2 - 18 图

第 3 章　电路分析中的常用定理

第 1 章介绍了电路的基本定律——欧姆定律和基尔霍夫定律。第 2 章介绍了电路分析的基本方法——支路电流法、回路电流法和节点电位法。电路的基本定律和基本分析方法适用于任何集总参数线性电路。工程实际中，大量的电路属线性电路。

分析电路总是想找到更为直接的、简便的方法，从而减少烦琐的计算过程。电路的基本分析方法需要列一系列方程，解方程的过程比较麻烦，且容易出错。本章所介绍的电路分析中的常用定理，使电路的分析过程更为简洁、明了。学习这些定理的使用，对进一步学习后续课程起着至关重要的作用，必须深刻理解，熟练掌握。

3.1　叠加定理和齐次性定理

3.1.1　叠加定理

叠加性是自然界的一条普遍规律，例如：在力学中，两个分力的合力等于分力的矢量叠加。对于线性电路，当电路中有多个激励时，总响应同样是各个激励分别产生的响应的线性叠加。下面我们以图 3-1-1(a)所示电路为例，介绍叠加定理(superposition theorem)的含义和应用。

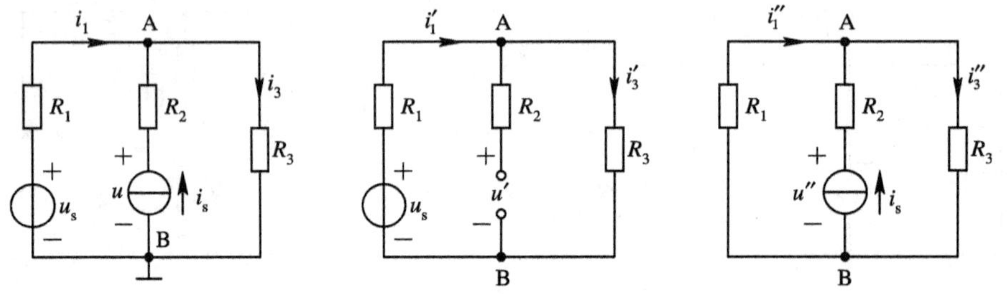

图 3-1-1

在图 3-1-1(a)所示电路中，有两个激励源(u_s 和 i_s)同时作用于电路，我们用节点电位法(也可以用支路电流法或回路电流法)来计算 R_3 支路的响应(电流 i_3)。以 B 点为参考点，A 点的节点电位方程为

$$v_A\left(\frac{1}{R_1}+\frac{1}{R_3}\right)=\frac{u_s}{R_1}+i_s$$

解方程得

$$v_A = \frac{u_s/R_1 + i_s}{1/R_1 + 1/R_3} = \frac{R_3}{R_1 + R_3}u_s + \frac{R_1 R_3}{R_1 + R_3}i_s$$

R_3 支路电流 i_3 为

$$i_3 = \frac{v_A}{R_3} = \frac{1}{R_1 + R_3}u_s + \frac{R_1}{R_1 + R_3}i_s \qquad (3-1-1)$$

式(3－1－1)的正确性是毫无疑问的。分析式(3－1－1)可以发现：第一项仅与 u_s 和电阻 R_1、R_3 有关。若 $u_s=0$，则第一项为零(但并不能说明 R_1 中的电流 $i_1=0$，读者可自行推导出 i_1 的表达式，即能说明 $i_1\neq0$)；第二项仅与 i_s 和电阻 R_1、R_3 有关，若 $i_s=0$，则第二项为零(但并不能说明电流源端电压 $u=0$，同样可以推导出 u 的表示式，即能说明此时 $u\neq0$)。在此，令

$$i_3' = \frac{u_s}{R_1 + R_3},\ i_3'' = \frac{R_1}{R_1 + R_3}i_s$$

则有

$$i_3 = i_3' + i_3'' \qquad (3-1-2)$$

式(3－1－2)中的 i_3' 可以看做仅由 u_s 作用而 i_s 不作用(即 $i_s=0$，将之开路)时 R_3 上的电流，其电路相当于图 3－1－1(b)所示；i_3'' 可以看做 i_s 作用而 u_s 不作用(即 $u_s=0$，将之短路)时 R_3 上的电流，其电路相当于图 3－1－1(c)所示。此例告诉我们 R_3 上的响应(电流 i_3)可以看做独立激励源 1(理想电压源 u_s)和独立激励源 2(理想电流源 i_s)分别单独作用时，分别在 R_3 上所产生的响应(i_3' 和 i_3'')的代数和。响应和激励之间的这种规律是具有唯一解的线性电路的共同规律，这种特性被总结为叠加定理。用同样的方法可以计算出电压 u 为

$$u = u' + u'' = \frac{R_3}{R_1 + R_3}u_s + \left(\frac{R_1 R_3}{R_1 + R_3} + R_2\right)i_s \qquad (3-1-3)$$

叠加定理可以表述为：在任何由线性元件、线性受控源和独立激励源组成的线性电路中，任一支路的响应(电压或电流)等于各个独立激励源单独作用时在该支路所产生的响应的代数和。

关于叠加定理的证明，读者可以参阅有关书籍，由于它的正确性较为明显，本书不作证明。

关于叠加定理的应用，应注意以下五个方面的问题：

(1) 定理中所说的“独立激励源单独作用”的含义是：一个独立电源作用时，其他独立电源“置零”。含有内阻的实际独立源置零时，仅对理想电源置零，而内阻保持不变，同时电路其他元件参数也保持不变。在具体应用这一点时，对理想电压源，去掉后短路，对理想电流源，去掉后开路即可。

(2) 叠加时应注意各个响应分量是“代数和”，即响应分量的参考方向与总响应参考方向一致取正号，相反取负号。

(3) 受控源不要单独作用，任一独立源单独作用时受控源均要保留。

(4) 由于叠加定理仅适用于线性电路，因此只能用来计算电路中的电压、电流等一次函数关系的物理量，不能计算功率、电能等二次函数关系的物理量。

(5) 叠加的方式是任意的，一次可以是一个独立源作用，也可以是两个或几个独立源同时作用，这要根据电路结构的复杂程度而定。

例 3-1-1 已知图 3-1-2(a)所示电路中，$U_s=10\ \text{V}$，$I_s=2\ \text{A}$，$R_1=5\ \Omega$，$R_2=3\ \Omega$，$R_3=3\ \Omega$，$R_4=2\ \Omega$，应用叠加定理计算各支路电流。

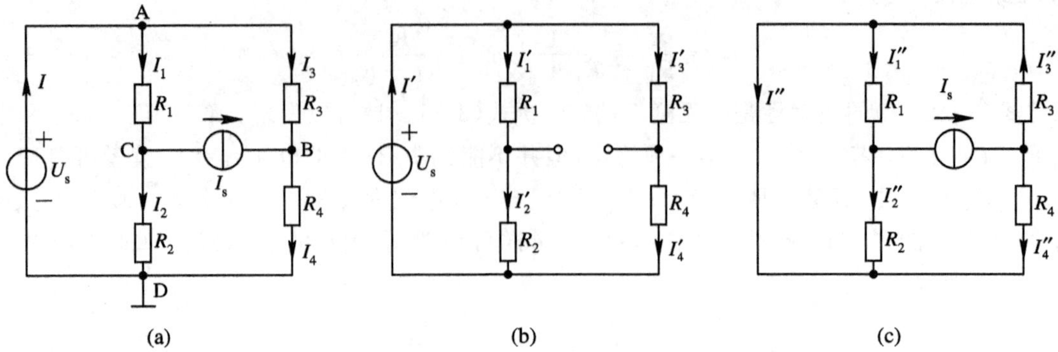

图 3-1-2

解 该电路有两个独立激励源(U_s 和 I_s)，设各支路电流参考方向如图 3-1-2(a)中所标，将电路分解成图 3-1-2(b)和(c)，注意在图 3-1-2(c)中，个别支路电流参考方向与图 3-1-2(a)一致。在图 3-1-2(b)中有

$$I_1' = I_2' = \frac{U_s}{R_1+R_2} = \frac{10}{5+3} = 1.25\ \text{A}$$

$$I_3' = I_4' = \frac{U_s}{R_3+R_4} = \frac{10}{3+2} = 2\ \text{A}$$

$$I' = I_1' + I_3' = 1.25 + 2 = 3.25\ \text{A}$$

在图 3-1-2(c)中，注意 U_s 置零后，R_1 与 R_2 并联，R_3 与 R_4 并联，故可以用电阻并联分流的关系计算各支路电流。

$$I_1'' = \frac{R_2}{R_1+R_2}I_s = \frac{3}{5+3}\times 2 = 0.75\ \text{A}$$

$$I_2'' = -\frac{R_1}{R_1+R_2}I_s = -\frac{5}{5+3}\times 2 = -1.25\ \text{A}$$

$$I_3'' = \frac{R_4}{R_3+R_4}I_s = \frac{2}{3+2}\times 2 = 0.8\ \text{A}$$

$$I_4'' = \frac{R_3}{R_3+R_4}I_s = \frac{3}{3+2}\times 2 = 1.2\ \text{A}$$

$$I'' = I_3'' - I_1'' = 0.8 - 0.75 = 0.05\ \text{A}$$

根据叠加定理计算各支路电流

$$I_1 = I_1' + I_1'' = 1.25 + 0.75 = 2\ \text{A}$$

$$I_2 = I_2' + I_2'' = 1.25 + (-1.25) = 0\ \text{A}$$

$$I_3 = I_3' - I_3'' = 2 - 0.8 = 1.2\ \text{A}$$

$$I_4 = I_4' + I_4'' = 2 + 1.2 = 3.2\ \text{A}$$

$$I = I' - I'' = 3.25 - 0.05 = 3.2\ \text{A}$$

该电路若应用节点电位法，选择 D 为参考点，则 $v_A = U_s = 10\ \text{V}$，列出 B 点和 C 点的节点电位方程为：

节点 B $\qquad v_B\left(\frac{1}{R_3}+\frac{1}{R_4}\right)-v_A\frac{1}{R_3}=I_s$

节点 C $\qquad v_C\left(\frac{1}{R_1}+\frac{1}{R_2}\right)-v_A\frac{1}{R_1}=-I_s$

代入数据可求得

$$v_B = 6.4\ \text{V},\ v_C = 0\ \text{V}$$

则

$$I_1 = \frac{v_A - v_C}{R_1} = \frac{10-0}{5} = 2\ \text{A}$$

$$I_2 = \frac{v_C}{R_2} = \frac{0}{3} = 0\ \text{A}$$

$$I_3 = \frac{v_A - v_B}{R_3} = \frac{10-6.4}{3} = 1.2\ \text{A}$$

$$I_4 = \frac{v_B}{R_4} = \frac{6.4}{2} = 3.2\ \text{A}$$

$$I = I_1 + I_3 = 2 + 1.2 = 3.2\ \text{A}$$

其结果与叠加定理完全相同。

例 3-1-2 已知图 3-1-3(a)所示电路中，$U_s=1$ V，$I_s=2$ A，$R_1=3$ Ω，$R_2=6$ Ω，$R_3=7$ Ω，$R_4=2$ Ω，求电流 I 和电压 U。

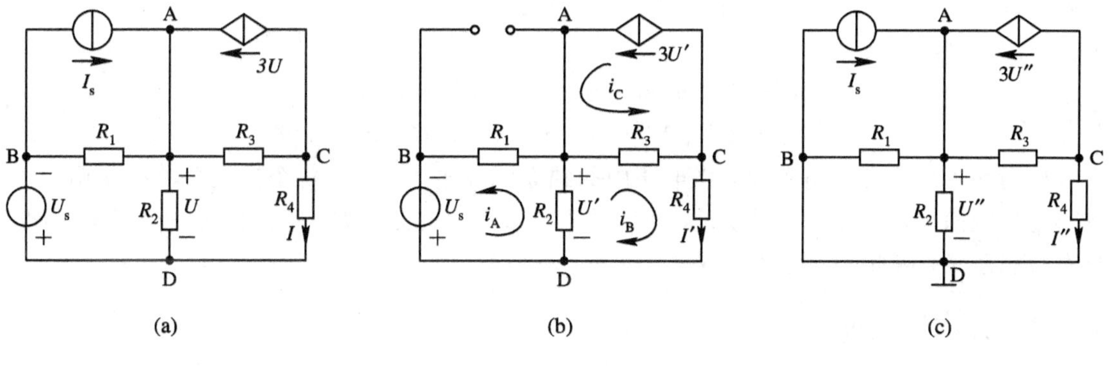

图 3-1-3

解 U_s 单独作用的电路如图 3-1-3(b)所示，在该电路中，要计算 I' 和 U'，应用回路电流法或节点电位法较方便，这里选用回路电流法。设各网孔回路电流的参考方向如图 3-1-3(b) 所示。

根据 KVL 列方程为

$$\begin{cases} i_A(R_1+R_2)+i_BR_2 = U_s \\ i_B(R_2+R_3+R_4)+i_AR_2+i_CR_3 = 0 \end{cases}$$

代入 $i_C=3U'$，$U'=-(i_A+i_B)R_2$ 和已知条件，整理方程得

$$\begin{cases} 9i_A+6i_B = 1 \\ 120i_A+111i_B = 0 \end{cases}$$

解方程得

$$i_A = 0.4\ \text{A}$$
$$i_B = -0.43\ \text{A}$$

即
$$I' = -0.43\ \text{A},\ U' = -R_2(i_A + i_B) = 0.18\ \text{V}$$

I_s 单独作用的电路如图 3-1-3(c)所示，这里选择节点电位法计算，以 D 点为参考点，则 $v_A = U''$，$v_B = 0$，列出节点 A 和 C 的节点电位方程即可求解。

根据 KCL 列方程为

$$\begin{cases} v_A\left(\dfrac{1}{R_1}+\dfrac{1}{R_2}+\dfrac{1}{R_3}\right)-v_C\dfrac{1}{R_3}=I_s+3U'' \\ v_C\left(\dfrac{1}{R_3}+\dfrac{1}{R_4}\right)-v_A\dfrac{1}{R_3}=-3U'' \end{cases}$$

代入 $U'' = v_A$ 和已知条件，整理方程得

$$\begin{cases} -33v_A - 7v_C = 28 \\ 40v_A + 9v_C = 0 \end{cases}$$

解方程得

$$v_A = -1.16\ \text{V},\ v_C = 5.16\ \text{V}$$

即

$$I'' = \frac{v_C}{R_4} = \frac{5.16}{2} = 2.58\ \text{A}$$
$$U'' = v_A = -1.16\ \text{V}$$

根据叠加定理有

$$I = I' + I'' = -0.43 + 2.58 = 2.15\ \text{A}$$
$$U = U' + U'' = 0.18 + (-1.16) = -0.98\ \text{V}$$

应用叠加定理分析电路时，当电路中的独立源较多时，虽然每个独立源单独作用时的分析过程较简单，但整个过程较长，所以并不是最简单的分析方法，但作为一个基本原理，具有普遍意义，因此必须熟练掌握。

3.1.2 齐次性定理

对图 3-1-1(a)所示电路，我们已经求得 i_3 为

$$i_3 = \frac{1}{R_1 + R_3}u_s + \frac{R_1}{R_1 + R_3}i_s$$

对于线性电路，上式可表示为

$$i_3 = k_1 u_s + k_2 i_s \tag{3-1-4}$$

在式(3-1-4)中，k_1、k_2 为比例常数。若 u_s 或 i_s 变化，i_3 按比例变化，这是线性电路的又一重要特性，称为齐次性(或比例性、均匀性)。该特性被总结成线性电路的另一重要定理——齐次性定理(homogeneous theorem)。

齐次性定理可表述为：在线性电路中当所有独立激励源同时增大 k 倍时，响应也同时增大 k 倍。

比较式(3-1-2)和式(3-1-4)知：$i_3' = k_1 u_s$，$i_3'' = k_2 i_s$，把叠加定理和齐次性定理综合考虑，当每一个激励变化的比例倍数不相等时，响应也按不同的比例倍数变化。令各激

励为 $x_j(t)$，其变化的比例倍数分别为 k_j，响应为 $y(t)$，则响应可表示为

$$y(t) = \sum_{j=1}^{n} k_j x_j(t) \tag{3-1-5}$$

式(3-1-5)中 j 为大于等于 1 的正整数，代表激励的序号，n 为激励源的个数。

例 3-1-3 图 3-1-4 中的 N_R 为一个内部结构未知的纯线性电阻网络，当 $u_s = 1$ V，$i_s = 1$ A 时，响应 $u = 0$；当 $u_s = 10$ V，$i_s = 0$ 时，响应 $u = 1$ V。问：当 $u_s = 30$ V，$i_s = 10$ A 时，响应 u 为多少？

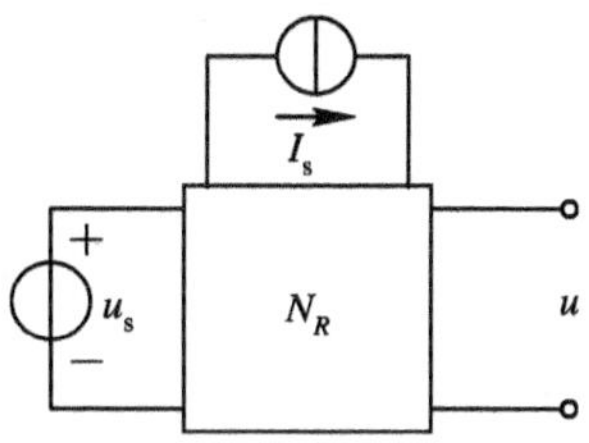

图 3-1-4

解 根据叠加定理和齐次性定理有

$$u = k_1 u_s + k_2 i_s$$

代入两组已知条件得到两个方程：

$$0 = k_1 \times 1 + k_2 \times 1$$

$$1 = k_1 \times 10 + k_2 \times 0$$

联立求解可计算出 k_1 和 k_2 分别为

$$k_1 = 0.1, \ k_2 = -0.1$$

即

$$u = 0.1u_s - 0.1i_s$$

代入 $u_s = 30$ V，$i_s = 10$ A，得

$$u = 0.1 \times 30 - 0.1 \times 10 = 2 \text{ V}$$

例 3-1-4 图 3-1-5 电路为一个链形、梯形网络，已知 $R_1 = 2\ \Omega$，$R_2 = 20\ \Omega$，$U_s = 120$ V，求电流 I_8。

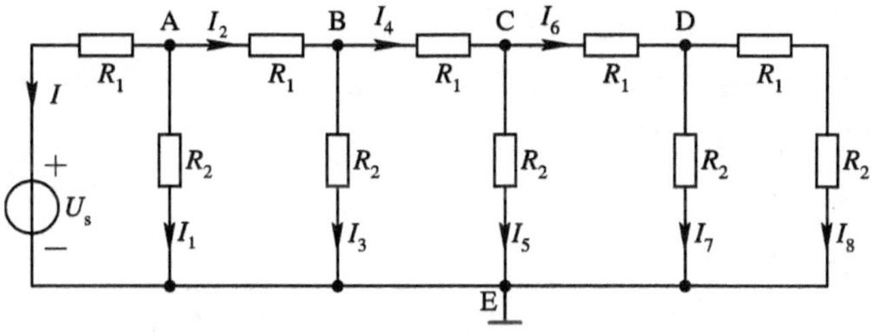

图 3-1-5

解 该电路仅有一个电源，所有电阻为串并联连接关系，可以从右向左逐节求出等效电阻 R，再计算出电流 I，然后从左向右依次计算出 $I_1 \sim I_8$，这样做并不难，但过程过于繁杂。我们可以先假设一个 I_8'，逐节推出响应为 I_8'时的激励 U_s'，再按齐次性定理求出 I_8。

设 $I_8'=1$ A，以 E 为参考点，则

$$v_D = I_8'(R_1 + R_2) = 1 \times (2 + 20) = 22 \text{ V}$$

$$I_7' = \frac{v_D}{R_2} = \frac{22}{20} = 1.1 \text{ A}$$

$$I_6' = I_7' + I_8' = 1 + 1.1 = 2.1 \text{ A}$$

$$v_C = I_6' R_1 + v_D = 2.1 \times 2 + 22 = 26.2 \text{ V}$$

$$I_5' = \frac{v_C}{R_2} = \frac{26.2}{20} = 1.31 \text{ A}$$

$$I_4' = I_5' + I_6' = 1.31 + 2.1 = 3.41 \text{ A}$$

$$v_B = I_4' R_1 + v_C = 3.41 \times 2 + 26.2 = 33.02 \text{ V}$$

$$I_3' = \frac{v_B}{R_2} = \frac{33.02}{20} = 1.651 \text{ A}$$

$$I_2' = I_3' + I_4' = 1.651 + 3.41 = 5.061 \text{ A}$$

$$v_A = I_2' R_1 + v_B = 5.061 \times 2 + 33.02 = 43.14 \text{ V}$$

$$I_1' = \frac{v_A}{R_2} = \frac{43.14}{20} = 2.157 \text{ A}$$

$$I' = I_1' + I_2' = 2.157 + 5.061 = 7.218 \text{ A}$$

$$U_s' = I' R_1 + v_A = 7.218 \times 2 + 43.14 = 57.58 \text{ V}$$

故

$$\frac{I_8}{I_8'} = \frac{U_s}{U_s'}$$

$$I_8 = \frac{U_s}{U_s'} I_8' = \frac{120}{57.58} \times 1 = 2.084 \text{ A}$$

小结

1. 线性电路具有的叠加性质被总结为叠加定理，即响应等于各个独立源单独作用时所产生的响应的代数和。

2. 在应用叠加定理时应注意五个方面的问题。

3. 齐次性质是线性电路的另一重要性质，将之总结为齐次定理。使用齐次性定理分析电路时应注意与叠加定理的结合应用。

思考与练习

3-1-1　已知题 3-1-1 图(a)所示电路中，$U_s = 15$ V，$I_s = 6$ A，某人在用叠加定理计算时，将 U_s 和 I_s 分别单独作用时的等效电路画成图 3-1-1(b)和(c)，并且计算出 $I_1' = 1.5$ A，$I_2' = 1$ A，$I_1'' = 2$ A，$I_2' = 4$ A，故 $I_1 = I_1' + I_1'' = 3.5$ A，$I_2 = I_2' + I_2'' = 5$ A。找出上述计算的错误之处，并予以纠正。

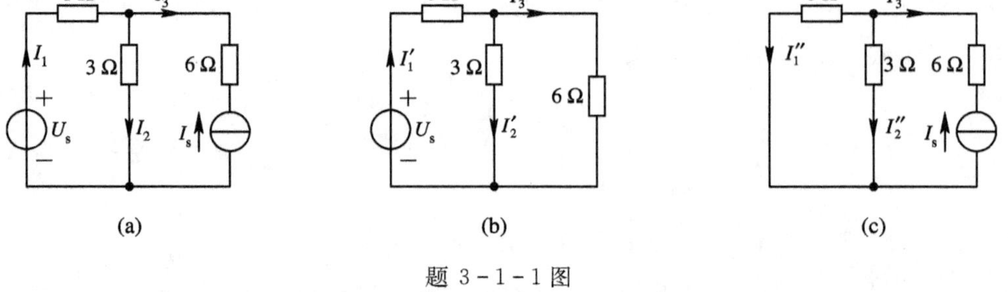

题 3-1-1 图

3－1－2　用叠加定理计算题 3－1－2 图所示电路中的电压 U_2。

3－1－3　用叠加定理计算题 3－1－3 图所示电路中的电流 I_x。

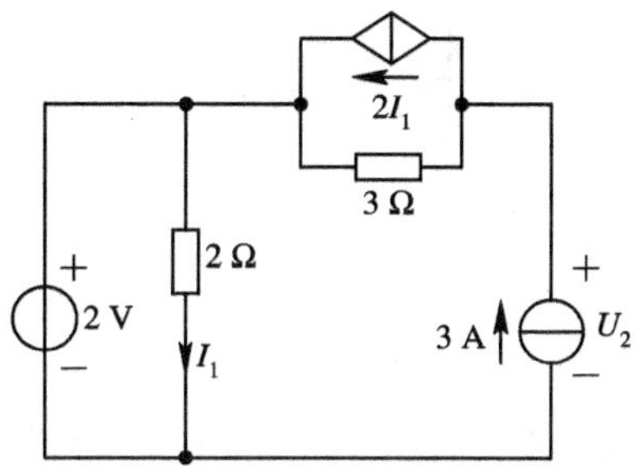

题 3－1－2 图

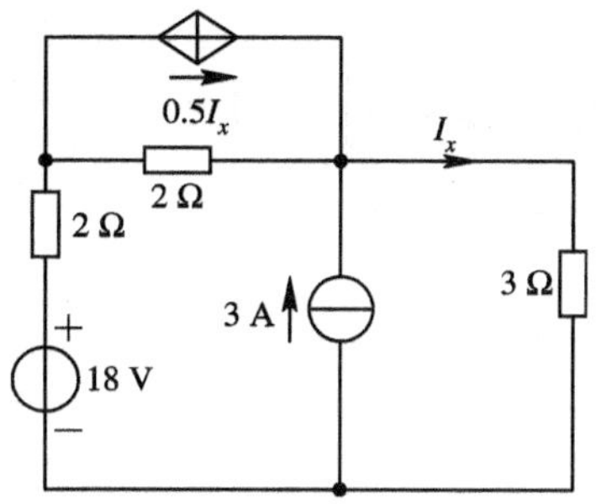

题 3－1－3 图

3－1－4　若题 3－1－4 图所示电路的 A 点电位由 300 V 上升到 360 V，求输出电压 u_o 变化了多少伏？

3－1－5　题 3－1－5 图所示电路中，N_R 是纯线性电阻网络，已知当 $u_s = 12$ V，$i_s = -4$ A时，$i = 0$；当 $u_s = -12$ V，$i_s = 2$ A 时，$i = -0.1$ A。求 $u_s = 9$ V，$i_s = 1$ A 时的电流 i。

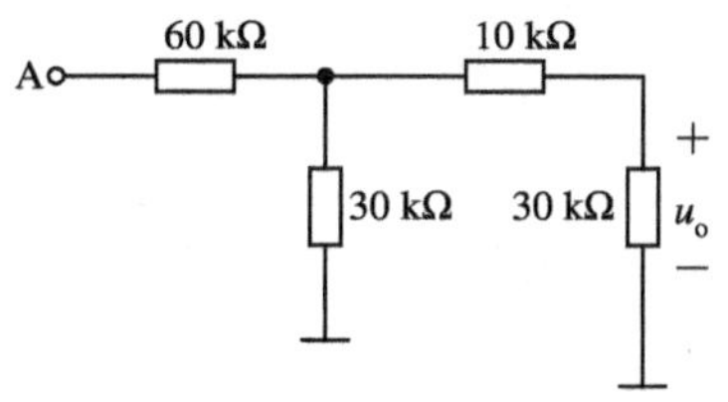

题 3－1－4 图

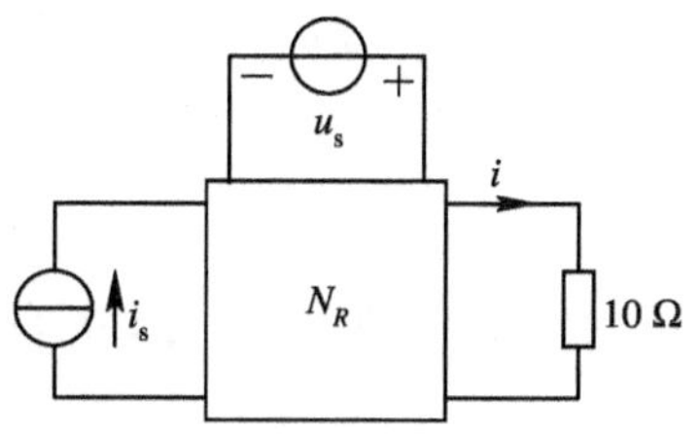

题 3－1－5 图

3.2　置换定理

置换定理(replace theorem)是集总参数电路理论中的又一重要定理。从理论上讲，该定理适用于线性、非线性、时变、时不变电路的分析。对于线性时不变电路，置换定理的应用更为普遍，本节专门讨论应用置换定理分析这类电路的方法。

像讨论叠加定理一样，我们先以一个具体电路为例，介绍置换定理的基本含义。这里仍以图 3－1－1(a)所示电路为例，为了方便，将其画于图 3－2－1(a)。

在上节已经推导出 i_3 和 u 的表达式为

$$i_3 = i_3' + i_3'' = \frac{1}{R_1 + R_3}u_s + \frac{R_1}{R_1 + R_3}i_s \tag{3-2-1}$$

$$u = u' + u'' = \frac{R_3}{R_1 + R_3}u_s + \left(\frac{R_1 R_3}{R_1 + R_3} + R_2\right)i_s \tag{3-2-2}$$

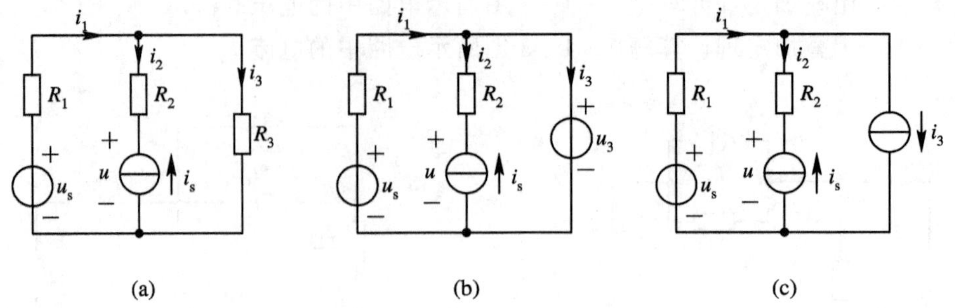

图 3－2－1

在图 3－2－1(a)中，若用数值为 $u_3 = i_3 R_3$ 的理想电压源代替 R_3，则电路为图 3－2－1(b)，在该图中用叠加定理再计算电压 u。u_s、i_s 共同作用(u_3 电压源不作用)的电路如图 3－2－2(a)所示，u_3 单独作用时的电路如图 3－2－2(b)所示。

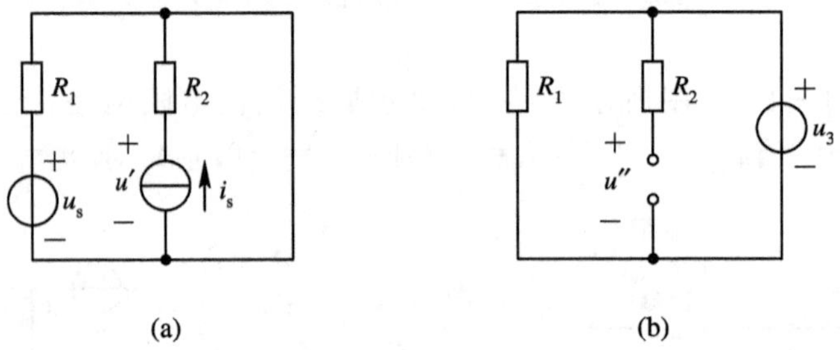

图 3－2－2

在图 3－2－2(a)中，$u' = i_s R_2$；在图 3－2－2(b)中，$u'' = u_3$。

因为

$$u_3 = i_3 R_3 = \frac{R_3}{R_1 + R_3} u_s + \frac{R_1 R_3}{R_1 + R_3} i_s$$

所以

$$u'' = \frac{R_3}{R_1 + R_3} u_s + \frac{R_1 R_3}{R_1 + R_3} i_s$$

故

$$\begin{aligned} u = u' + u'' &= i_s R_2 + \frac{R_3}{R_1 + R_3} u_s + \frac{R_1 R_3}{R_1 + R_3} i_s \\ &= \frac{R_3}{R_1 + R_3} u_s + \left(\frac{R_1 R_3}{R_1 + R_3} + R_2 \right) i_s \qquad (3-2-3) \end{aligned}$$

式(3－2－3)与式(3－2－2)完全相同。若在图 3－2－1(b)中计算电流 i_3，其结果必然与式(3－2－1)相同。

同理，若用数值为 i_3 的理想电流源代替 R_3，则其等效电路如图 3－2－1(c)所示，在该电路中计算 u，其结果与式(3－2－2)也相同，读者可自行推导。

上述这种分析方法被总结为置换定理(也称替代定理)。因此置换定理可表述为：具有唯一解的电路中，若已知某支路 k 的电压为 u_k，电流为 i_k，且该支路与其他支路无耦合关系，则无论该支路是由什么元件组成的，均可以用下列任一元件置换：电压为 u_k 的理想电压源，电流为 i_k 的理想电流源，阻值等于 u_k/i_k 的电阻。置换后其他支路的电压、电流、功率等均保持不变。

置换定理可以用图 3-2-3 作形象的描述。

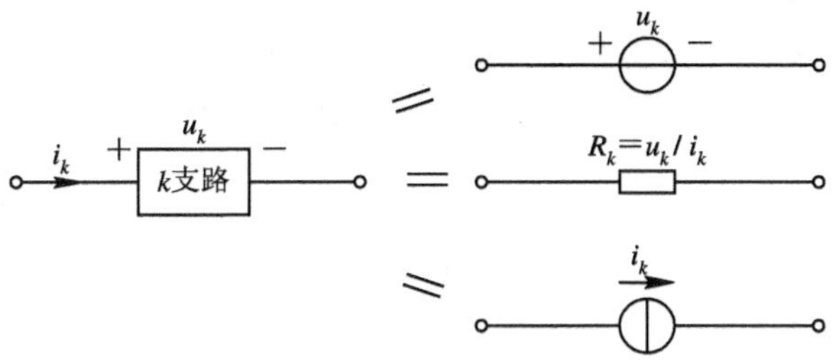

图 3-2-3

例 3-2-1 已知图 3-2-4(a)所示电路中，$I_s=1$ A，$U_s=2$ V，$R_1=5$ Ω，$R_2=3$ Ω，$R_3=4$ Ω，$R_4=12$ Ω，求 R_4 上流过的电流 I。

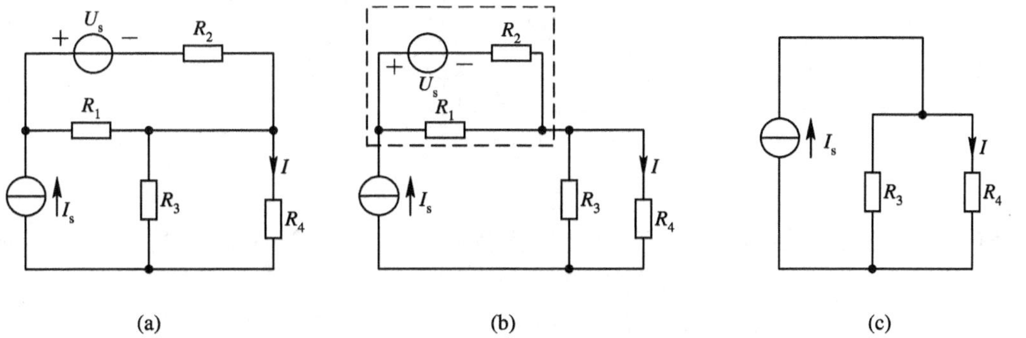

图 3-2-4

解 该电路是一个复杂电路，用第 2 章介绍的分析方法和叠加定理计算均较烦琐，若将其改画成图 3-2-4(b)所示形式，则其连接关系没有发生变化，R_4 支路的电流也保持不变。由于虚线框内的电路与电流源串联，因此，流入的电流为 I_s，流出的电流也为 I_s，应用置换定理将其等效成图 3-2-4(c)形式，在图 3-2-4(c)中，一目了然地可以看出 R_3 与 R_4 并联分流，故

$$I=\frac{R_3}{R_3+R_4}I_s=\frac{4}{4+12}\times 1=0.25\ \text{A}$$

关于置换定理，我们作以下四点说明：

(1) 定理中所讲的“无耦合关系”，指的是被置换的支路中不含受控源和与受控源有关的控制量。

(2) 与理想电压源并联和与理想电流源串联的任意电路，对其他支路的电压、电流、电功率均不产生影响，仅影响理想电压源支路的电流和理想电流源两端的电压，以及它们的功率。

(3) 理想电压源串联可被置换成一个理想电压源，如图 3-2-5(a)所示。理想电流源并联可被置换成一个理想电流源，如图 3-2-5(b)所示。

(4) 若电路中任一支路的电流等于零，则断开该支路不影响其他支路的电压、电流和功率；若电路中任意两点间的电压等于零，则短路该两点不影响其他支路的电压、电流和功率。

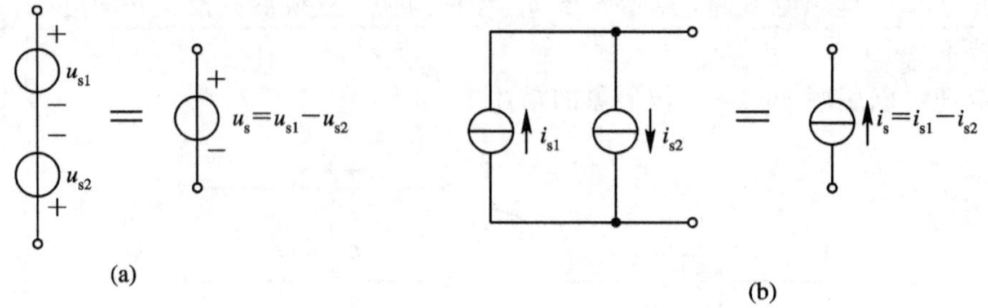

图 3-2-5

例 3-2-2 已知图 3-2-6(a)所示电路中，$i_1=i_2=1$ A，求 u_s。

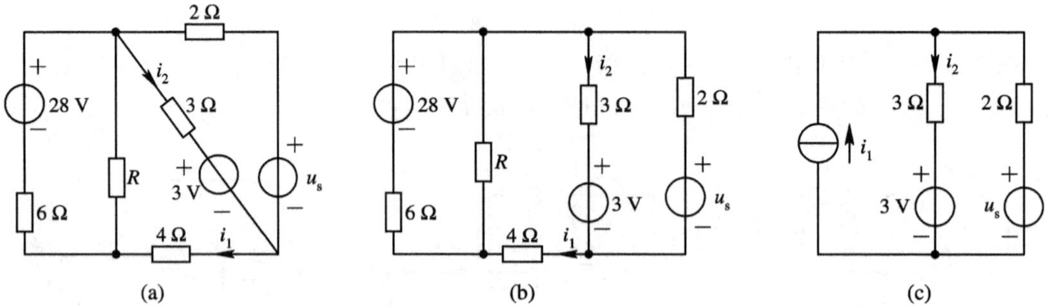

图 3-2-6

解 该电路可以改画成图 3-2-6(b)，其连接关系不变，进而应用置换定理等效成图 3-2-6(c)。由图 3-2-6(c)知，u_s 支路电流为零，故

$$u_s = i_2\times 3+3 = 3+3 = 6\ \text{V}$$

例 3-2-3 求图 3-2-7(a)所示电路中的电流 I 和电压 U。

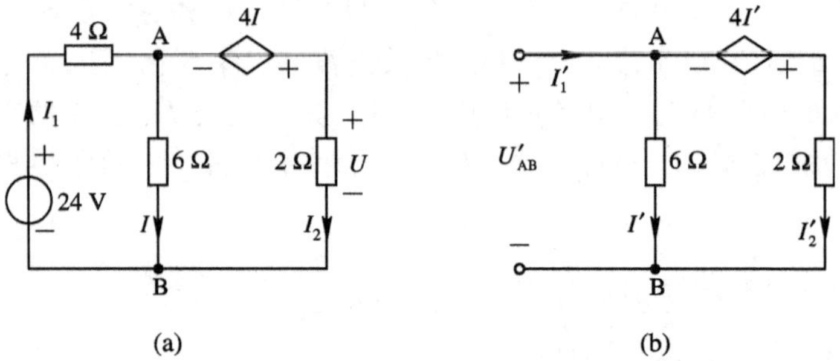

图 3-2-7

解 该电路可以将 24 V 电压源和 4 Ω 电阻以外的电路等效成一个电阻 R，然后在原电路中求出 I_1 和 U_{AB}，进而求出 I 和 U。

设在图 3-2-7(b)中，A、B 间电压为 U'_{AB}，则

$$I' = \frac{U'_{AB}}{6}$$

$$I'_2 = \frac{U'_{AB}+4I'}{2} = \frac{U'_{AB}}{2}+2I' = \frac{U'_{AB}}{2}+2\times\frac{U'_{AB}}{6} = \frac{5}{6}U'_{AB}$$

$$I_1' = I' + I_2' = \frac{U_{AB}'}{6} + \frac{5}{6}U_{AB}' = U_{AB}'$$

$$R = \frac{U_{AB}'}{I'} = 1\ \Omega$$

在图 3-2-7(a)所示电路中有

$$I_1 = \frac{24}{4+R} = \frac{24}{4+1} = 4.8\ \text{A}$$

$$U_{AB} = 24 - 4 \times I_1 = 4.8\ \text{V}$$

$$I = \frac{U_{AB}}{6} = \frac{4.8}{6} = 0.8\ \text{A}$$

$$I_2 = I_1 - I = 4.8 - 0.8 = 4\ \text{A}$$

$$U = 2I_2 = 2 \times 4 = 8\ \text{V}$$

由以上几个例题可以看出，应用置换定理具有较大的灵活性，一个电路采用哪一种置换方式，要根据具体情况认真分析，合理选择。这一点建立在深刻理解、熟练应用的基础上，希望读者能做到这一点。

小结

1. 置换定理是集总参数电路理论中的一个重要定理，适用范围较广。
2. 掌握置换定理的基本内容和应用条件的使用范围。
3. 掌握关于置换定理的四点说明。

思考与练习

3-2-1　有人把置换定理表述为："在具有唯一解的线性电路中，某一支路的电压为 u，电流为 i，则该支路可以用电压为 u 的理想电压源或电流为 i 的理想电流源或阻值为 u/i 的电阻置换"，这种说法正确吗？若不正确，纠正错误。

3-2-2　某人把题 3-2-2 图(a)所示电路置换成图 3-2-2(b)和(c)，判断正确否？

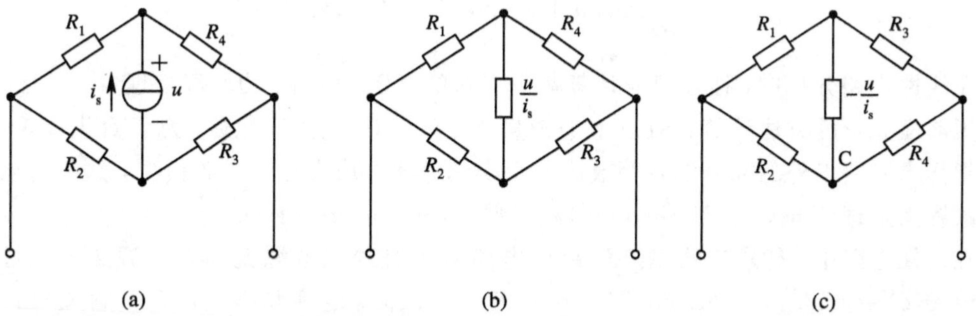

题 3-2-2 图

3－2－3　用置换定理计算题 3－2－3 图所示电路中的电压 U。

3－2－4　求题 3－2－4 图所示电路中的电流 I。

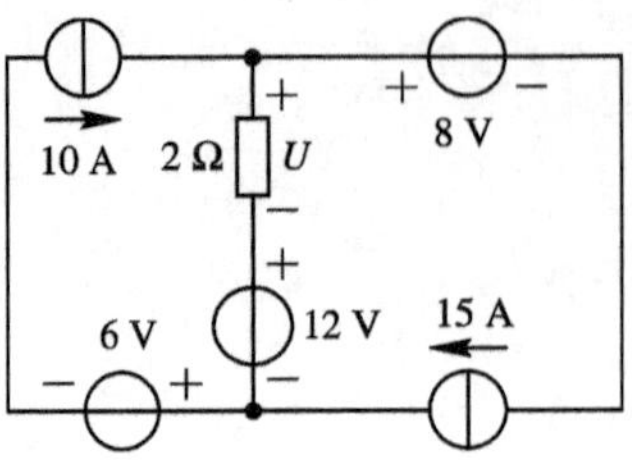

题 3－2－3 图

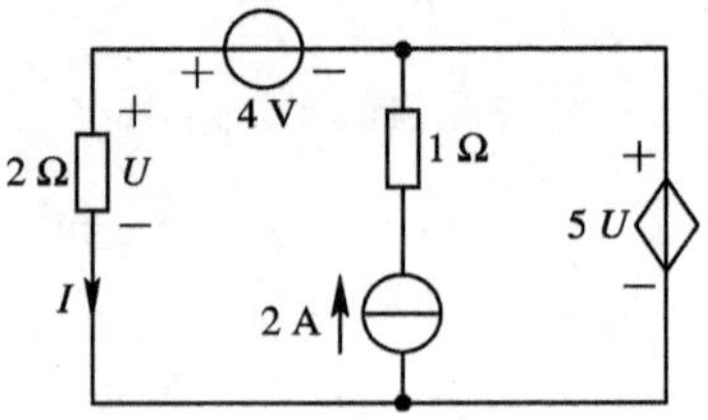

题 3－2－4 图

3－2－5　计算题 3－2－5 图所示电路中 A 点的电位 v_A。

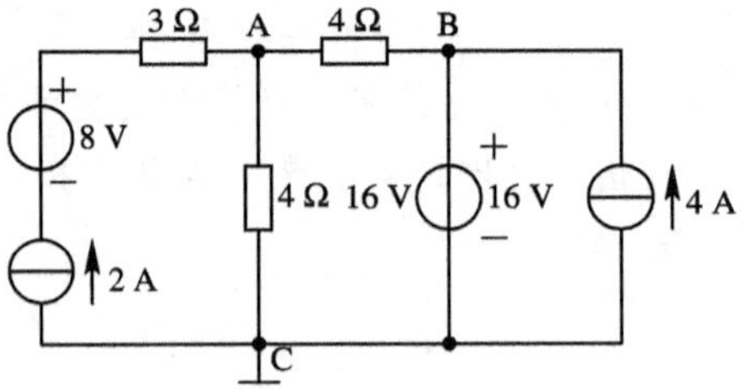

题 3－2－5 图

3－2－6　计算题 3－2－6 图所示电路中的电流 i。

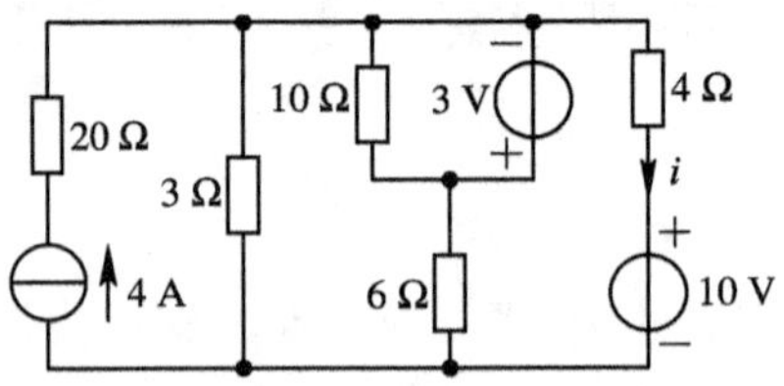

题 3－2－6 图

3.3　戴维南定理与诺顿定理

在线性电路分析中，往往只需计算某一支路的电压、电流、功率等物理量。此时，虽然可以用前面介绍的方法计算，但由于未知量较多，使计算过于烦琐。为了简化计算过程，可以把待求支路以外的部分电路等效成一个实际电压源或实际电流源模型，这种等效分别称做戴维南定理(Thevenin's theorem)和诺顿定理(Norton's theorem)。

在线性电路中，待求支路以外的部分电路若含有独立电源就称做有源二端线性网络(active two-terminal network)，用字母 N 表示，戴维南定理和诺顿定理的含义可以用图 3－3－1 表示。

下面介绍这两个定理的具体概念和应用。

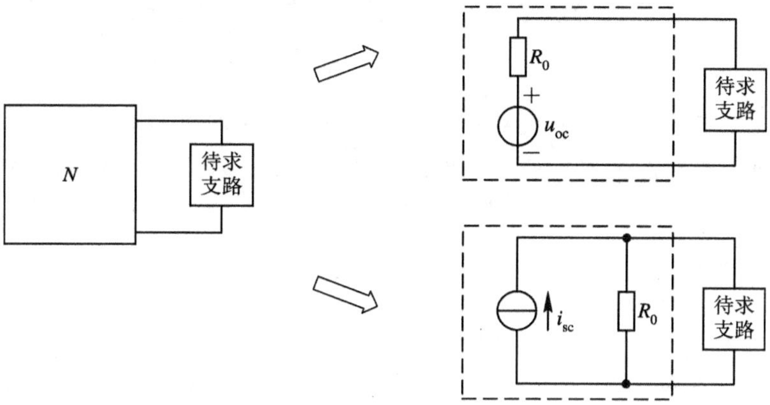

图 3-3-1

3.3.1 戴维南定理

首先我们分析一下图 3-1-1 所示电路，该电路我们在前两节已经用两种方法计算了 R_3 支路电流 i_3。为了分析方便，我们将其重画于图 3-3-2(a)，并用电源等效变换的方法求 i_3。

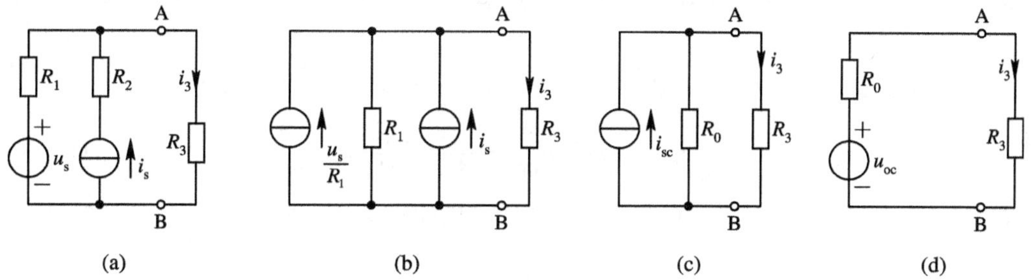

图 3-3-2

在图 3-3-2(a)中，把 R_1 与 u_s 串联支路看做实际电压源，将其变换成实际电流源；同时根据置换定理，R_2 可以去掉后短路，图 3-3-2(a)即变换成图 3-3-2(b)所示电路，进一步应用置换定理，将两个电流源合并电路等效为图 3-3-2(c)。在图 3-3-2(c)中，$i_{sc}=u_s/R_1+i_s$，$R_0=R_1$。应用电源等效变换的方法，将图 3-3-2(c)等效为图 3-3-2(d)。在图 3-3-2(d)中，u_{oc}和 R_0 分别为

$$\left.\begin{aligned} u_{oc} &= i_{sc}R_0 = u_s + i_sR_1 \\ R_0 &= R_1 \end{aligned}\right\} \tag{3-3-1}$$

故

$$i_3 = \frac{u_{oc}}{R_0+R_3} = \frac{u_s+i_sR_1}{R_1+R_3} = \frac{1}{R_1+R_3}u_s + \frac{R_1}{R_1+R_3}i_s \tag{3-3-2}$$

上述计算过程的正确性是无疑的，问题是我们能否不经过中间过程，直接从图 3-3-2(a)得出图 3-3-2(d)，使计算过程简化。戴维南(C. L. Thevenin)在 1883 年首次回答了这个问题，后被命名为戴维南定理，其基本内容为：任何线性有源电阻性二端网络

N，可以用电压为 u_{oc} 的理想电压源与阻值为 R_0 的电阻串联的电路模型来替代。其电压 u_{oc} 等于该网络 N 端口开路时的端电压，R_0 等于该网络 N 中所有独立电源置零时从端口看进去的等效电阻。

关于戴维南定理，可用图 3-3-3 作进一步说明：设 N 为线性有源电阻性二端网络，N_0 为 N 中所有独立电源置零后的线性电阻网络。对 N，求出 A、B 间开路时的电压 u_{oc}，对 N_0，求出 A、B 间等效电阻 R_0，则网络 N 被等效为图 3-3-3(c)所示的电压源模型。

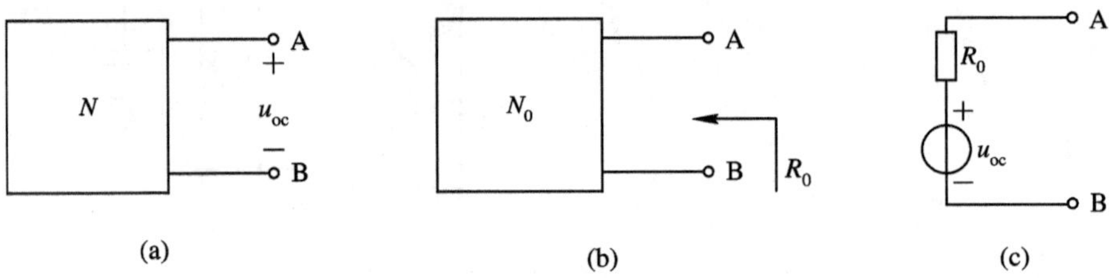

图 3-3-3

根据戴维南定理，我们对图 3-3-2(a)再作一次计算。在图中从 A、B 间断开 R_3 后的剩余部分电路如图 3-3-4(a)所示，其开路电压 u_{oc} 为

$$u_{oc} = u_s + i_s R_1 \tag{3-3-3}$$

将图 3-3-4(a)中的所有电源置零后的电路如图 3-3-4(b)所示，其等效电阻 R_0 为

$$R_0 = R_1 \tag{3-3-4}$$

由 u_{oc} 和 R_0 构成的电压源模型如图 3-3-4(c)所示，然后接入 R_3，求得 i_3 为

$$i_3 = \frac{u_{oc}}{R_0 + R_3} = \frac{u_s + i_s R_1}{R_1 + R_3} \tag{3-3-5}$$

可见，式(3-3-3)、式(3-3-4)与式(3-3-1)相同，式(3-3-5)与式(3-3-2)完全相同。

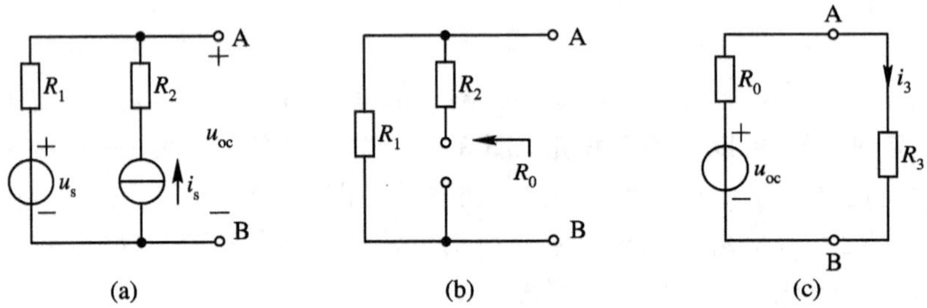

图 3-3-4

关于戴维南定理的正确性本书不作证明，读者可以参阅有关书籍。

例 3-3-1 求图 3-3-5(a)所示电路中 R_2 上通过的电流 I_2。

解 该电路 R_2 为待求支路。从 A、B 间断开 R_2 后的电路如图 3-3-5(b)所示，在该图中，R_1 通过的电流为 I_{s1}，R_3 通过的电流为 I_{s4}，故

$$u_{oc} = R_1 I_{s1} - U_{s3} - R_3 I_{s4}$$

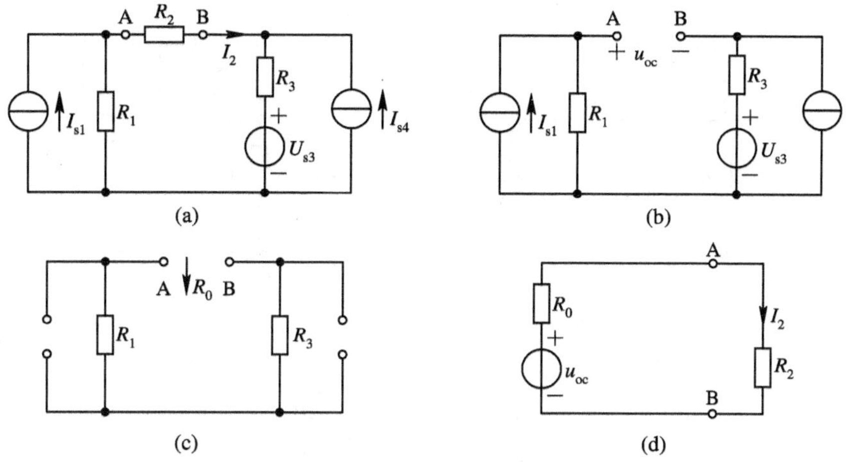

图 3－3－5

将图 3－3－5(b)中所有独立电流置零后的电路如图 3－3－5(c)所示，对于 A、B 间的等效电阻 R_0 为

$$R_0 = R_1 + R_3$$

由 u_{oc}和 R_0 构成的电压源模型如图 3－3－5(d)所示，接入 R_2 后的 I_2 为

$$I_2 = \frac{u_{oc}}{R_0 + R_2} = \frac{R_1 I_{s1} - U_{s3} - R_3 I_{s4}}{R_1 + R_3 + R_2}$$

应用戴维南定理分析电路应注意以下三个方面的问题：

(1) 定理中所说的独立源“置零”的概念与叠加定理中的置零含义完全相同。

(2) 从断开待求支路后的电路计算开路电压 u_{oc}可用已学过的任何方法。

(3) 等效电阻 R_0 的计算，通常有下面三种方法：其一，电源置零法：对于不含受控源的二端网络，将独立电源置零后，可以用电阻的串并联等效方法计算；其二，开路短路法：即求出网络开路电压 u_{oc}后，将网络端口短路，再计算短路电流 i_{sc}，则等效电阻 $R_0 = u_{oc}/i_{sc}$(这一方法的正确性在后面介绍的诺顿定理中将会看到，应当注意的是，这种方法当 $i_{sc} = 0$ 时不能使用)；其三，外加电源法：即将网络中所有独立电源置零后，在网络端口加电压源 u_s'(或电流源 i_s')，求出电压源输出给网络的电流 i(或电流源的端电压 u)，则 $R_0 = u_s'/i$(或 $R_0 = u/i_s'$)。一般情况下，无论网络是否有受控源均可用后两种方法。

例 3－3－2 已知图 3－3－6(a)所示电路中，$u_s = 18$ V，$i_s = 3$ A，$R_1 = 3$ Ω，$R_2 = 2$ Ω，$R_3 = 2$ Ω，求电流 i。

解 该电路含有受控电流源，计算等效电阻只能使用第二种或第三种方法。从 A、B 间断开 R_2 与 u_s 串联支路后的电路如图 3－3－6(b)所示。此时，i_s 只能通过 R_1，$0.5i_x'$只能通过 R_3，且 $i_x' = i_s$，故 u_{oc}为

$$\begin{aligned} u_{oc} &= i_s R_1 - 0.5 i_x' R_3 \\ &= i_s R_1 - 0.5 i_s R_3 \\ &= 3 \times 3 - 0.5 \times 3 \times 2 \\ &= 6 \text{ V} \end{aligned}$$

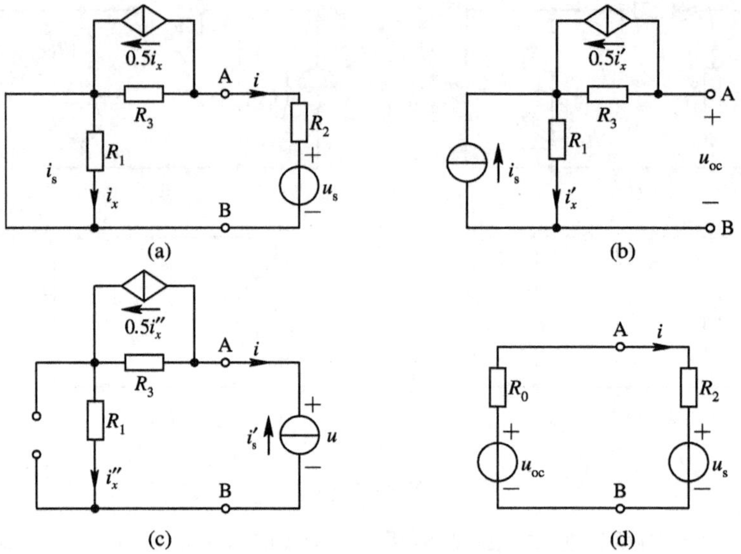

图 3-3-6

将图 3-3-6(b)中的 i_s置零后，在 A、B 间加电流源 i_s'，如图 3-3-6(c)所示，则

$$i_x'' = i_s'$$

$$\begin{aligned} u &= i_s' R_1 + (i_s' - 0.5 i_x'') R_3 \\ &= i_s' \times 3 + (i_s' - 0.5 i_s'') \times 2 \\ &= 4 i_s' \end{aligned}$$

所以

$$R_0 = \frac{u}{i_s'} = 4\ \Omega$$

画戴维南等效电路，如图 3-3-6(d)所示，故

$$i = \frac{u_{oc} - u_s}{R_0 + R_2} = \frac{6 - 18}{4 + 2} = -2\ \text{A}$$

例 3-3-3 计算图 3-3-7(a)所示电路中通过二极管的电流。

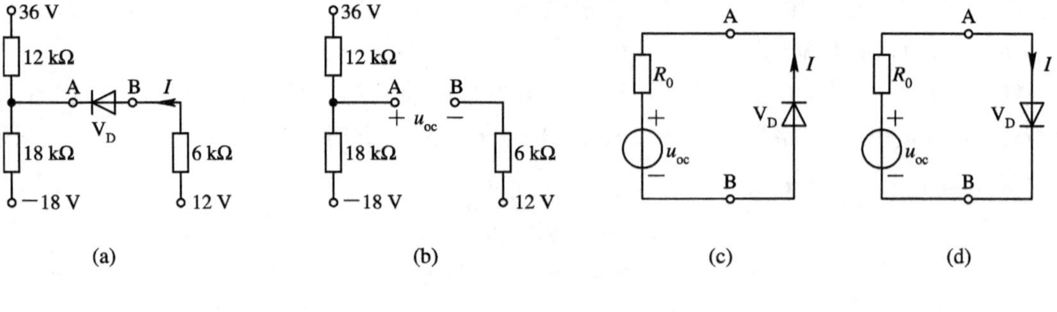

图 3-3-7

解 二极管具有单向导电性，在图 3-3-7(a)中，若 B 点电位高于 A 点，二极管导通，其导通电压降很小，几乎为零；若 A 点电位高于 B 点，二极管截止，通过电流很小，几乎为零。图 3-3-7(a)是电子线路中常用的节点电位表示电路的习惯画法，应用戴维南定理分析该电路，从 A、B 间断开二极管后的电路如图 3-3-7(b)所示。可用弥尔曼定理先求出 A 点和 B 点电位，再求出 u_{oc}，具体计算如下：

$$v_A = \frac{36/12k - 18/18k}{1/12k + 1/18k} = 14.4\ V$$

$$v_B = \frac{12/6k}{1/6k} = 12\ V$$

$$u_{oc} = v_A - v_B = 14.4 - 12 = 2.4\ V$$

等效电阻 R_0 为

$$R_0 = \frac{12 \times 18}{12 + 18} + 6 = 13.2\ k\Omega$$

由计算知，A 点电位高于 B 点电位，因此，二极管通过的电流为零。如果将二极管反向接入电路，如图 3-3-7(d)所示，则其导通。此时，通过电流为

$$I = \frac{u_{oc}}{R_0} = \frac{2.4}{13.2k} = 0.18\ mA$$

3.3.2 诺顿定理

第 1 章中已介绍过实际电压源与实际电流源可以等效互换，那么，既然一个有源二端线性网络可以等效成一个实际电压源模型，必然也可以等效成一个实际电流源模型。大约在戴维南定理提出 50 年之后，诺顿提出了这一概念，被称为诺顿定理。

诺顿定理可表述为：任何线性有源电阻性二端网络 N，可以用一个电流为 i_{sc} 的理想电流源和阻值为 R_0 的电阻并联的电路模型来替代。其电流 i_{sc} 等于该网络 N 端口短路时的短路电流；R_0 等于该网络 N 中所有独立电源置零时，从端口看进去的等效电阻。诺顿定理可以用图 3-3-8 作进一步说明。

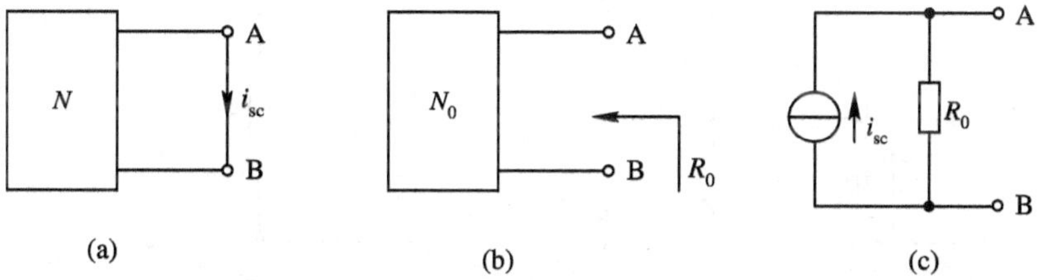

图 3-3-8

设图 3-3-8 中的 N 为线性有源电阻性二端网络，N_0 为 N 中所有独立电源置零后的电阻网络。对 N，求出 A、B 间短路时的电流 i_{sc}，对 N_0，求出 A、B 间的等效电阻 R_0，则网络 N 被等效为图 3-3-8(c)所示的电流源模型。

应用诺顿定理分析电路时，短路电流 i_{sc} 的计算可采用已学过的任何一种方法，等效电阻 R_0 的计算与戴维南定理完全相同，这里不再赘述。

例 3-3-4 求图 3-3-9(a)所示电路的等效电流源模型。

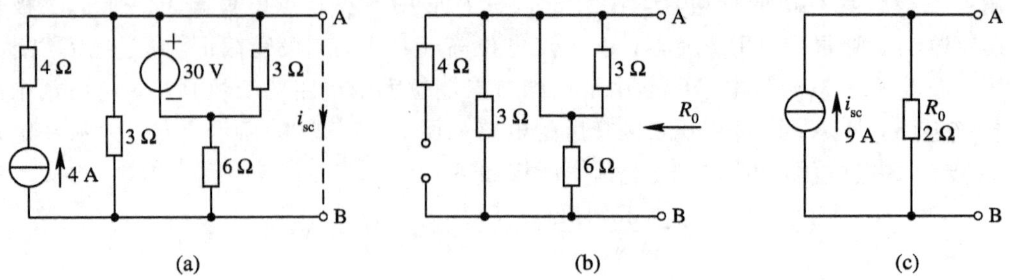

图 3-3-9

解 在图 3-3-9(a)中，将 A、B 短路(图中用虚线表示)，则 i_{sc} 为

$$i_{sc}=4+\frac{30}{6}=9\ \text{A}$$

将图 3-3-9(a)中的电流源与电压源置零后的电路如图 3-3-9(b)所示，其等效电阻 R_0 为

$$R_0=\frac{3\times6}{3+6}=2\ \Omega$$

等效电流源模型如图 3-3-9(c)所示。

例 3-3-5 已知图 3-3-10(a)所示电路中，$I_s=1$ A，$U_s=6$ V，$R_1=6$ Ω，$R_2=4$ Ω，$R_3=6$ Ω，求 R_3 支路电流 I_3。

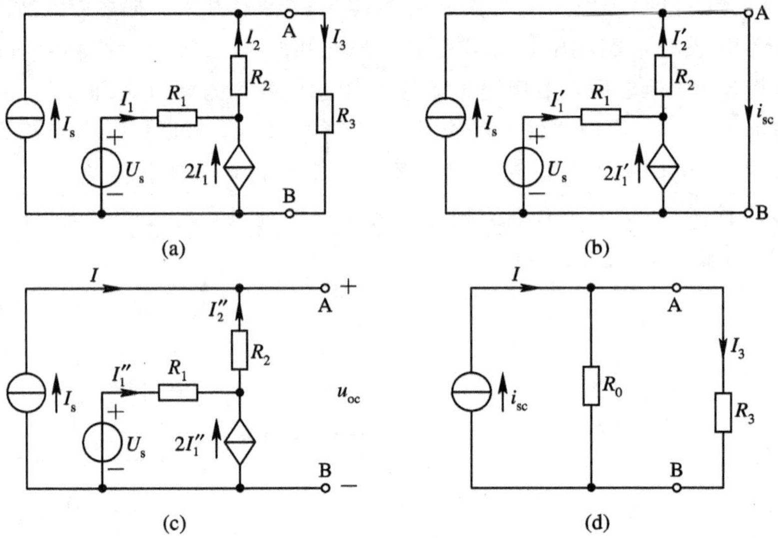

图 3-3-10

解 该电路含有受控源，计算等效电阻 R_0 时只能用第二种或第三种方法。将图 3-3-10(a)中的待求支路 R_3 从 A、B 间短路，其电路如图 3-3-10(b)所示，计算短路电流 i_{sc}，由图知

$$\begin{cases}i_{sc}=I_s+I_2'\\I_2'=I_1'+2I_1'=3I_1'\\I_1'R_1+I_2'R_2=U_s\end{cases}$$

解方程组，得

$$I_1' = \frac{1}{3}\ \text{A},\ I_2' = 1\ \text{A},\ i_{sc} = 2\ \text{A}$$

自 AB 断开待求支路如图 3-3-10(c)所示，求开路电压 u_{oc}。由图知

$$I_2'' = -I_s = -1\ \text{A}$$

$$I_2'' = I_1'' + 2I_1'' = 3I_1''$$

$$I_1'' = \frac{1}{3}I_2'' = -\frac{1}{3}\ \text{A}$$

$$u_{oc} = -I_2''R_2 - I_1''R_1 + U_s = 1\times 4 + \frac{1}{3}\times 6 + 6 = 12\ \text{V}$$

故

$$R_0 = \frac{u_{oc}}{i_{sc}} = \frac{12}{2} = 6\ \Omega$$

画诺顿电源模型，接上 R_3，如图 3-3-10(d)所示。由分流关系得

$$I_3 = \frac{R_0}{R_0 + R_3}i_{sc} = \frac{6}{6+6}\times 2 = 1\ \text{A}$$

小结

1. 线性有源电阻性二端网络可以等效成电压源或电流源模型，这一分析电路的方法分别称做戴维南定理和诺顿定理等效分析法。

2. 等效电压源的电压以及等效电流源的电流计算方法可以使用已学过的任何一种方法。

3. 等效电源内阻的计算方法有三种，特别是对含有受控源的电路，在求等效电阻时应更加注意选择求解方法。

思考与练习

3-3-1　已知题 3-3-1 图所示电路中，$R_1 = R_2 = 20\ \Omega$，$R_3 = 380\ \Omega$，$R_4 = 381\ \Omega$，$U_s = 2\ \text{V}$，$R_g = 12\ \Omega$，试用戴维南定理求电流 I_g。

3-3-2　计算题 3-3-2 图中的电流 I。

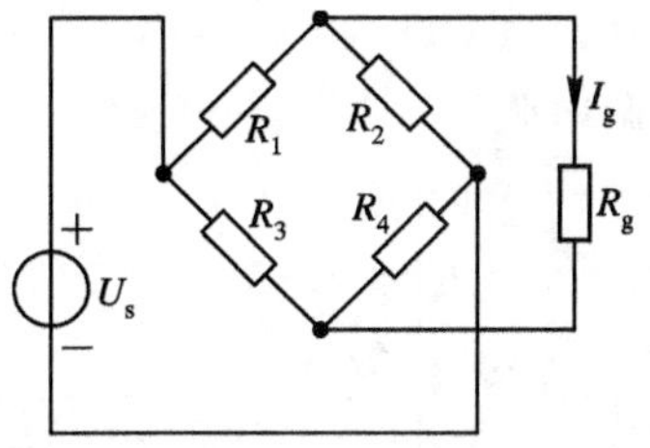

题 3-3-1 图

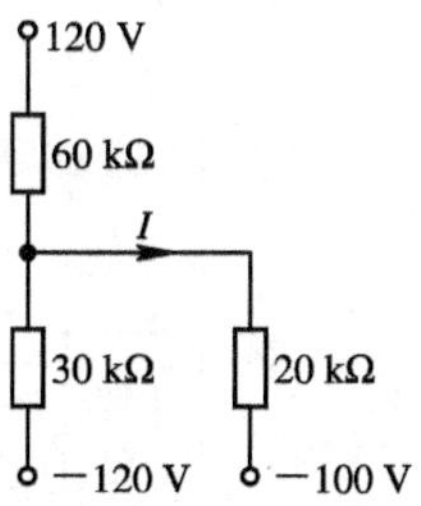

题 3-3-2 图

3-3-3　计算题 3-3-3 图中流过二极管的电流。

3-3-4　分别用戴维南定理和诺顿定理计算题 3-3-4 图中的电流 I_1。

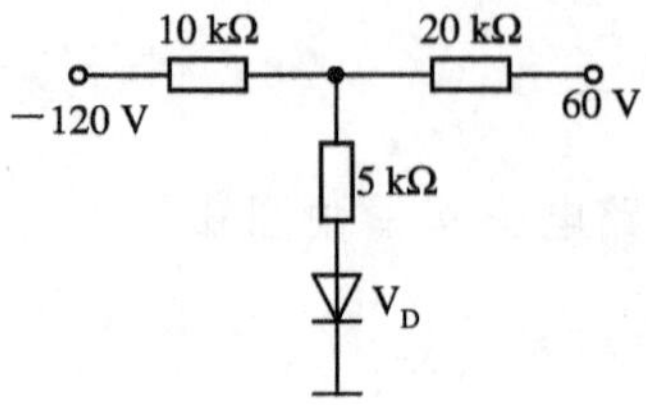

题 3-3-3 图

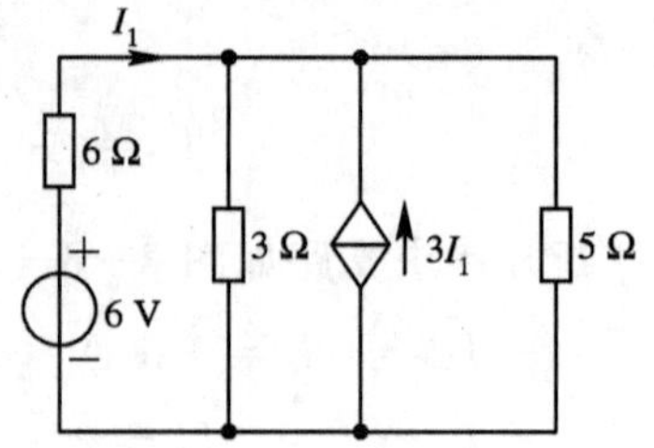

题 3-3-4 图

3-3-5　已知题 3-3-5 图中电压 $U=6$ V，求电阻 R。

3-3-6　计算题 3-3-6 图所示电路的戴维南等效电路和诺顿等效电路。

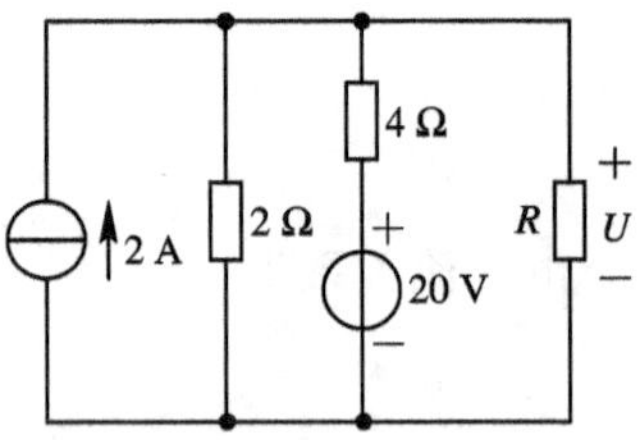

题 3-3-5 图

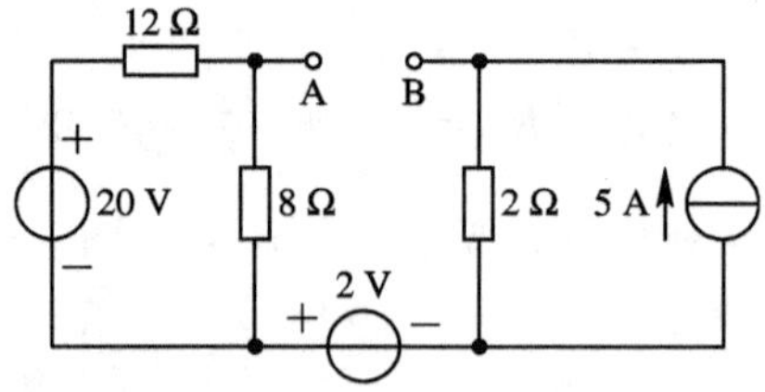

题 3-3-6 图

3.4　最大功率传输定理

工程实际中，大部分电子设备的供电电源，无论是直流稳压电源，还是不同波形的交流信号源，都是由两个引出端与设备相连接。对电源来说，用电设备是电源的负载；对负载来说，电源是一个有源二端网络。当负载变化时，电源传输给负载的功率也发生变化。那么，当电源和负载之间满足什么关系时，负载能够从电源获得最大的功率，其最大功率又是多少？这一问题往往决定着电子设备能否工作在最佳状态，这就是最大功率传输定理要回答的问题。

3.4.1　电压、功率与电流之间的变化规律

图 3-4-1(a)是电源与负载的一般连接框图。假设电源为线性有源电阻性二端网络 N，负载为纯线性电阻电路 N_R，根据戴维南定理和置换定理，图 3-4-1(a)可以等效成图 3-4-1(b)。讨论过程中 u_{oc}和 R_0 恒定不变，R_L 为可调电阻。

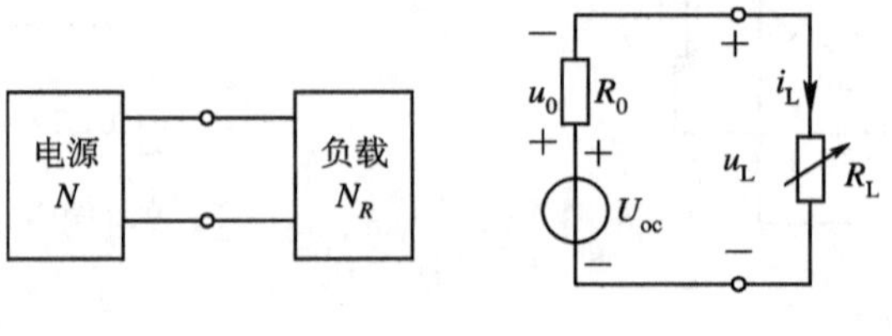

(a)　　(b)

图 3-4-1

(1) R_0 上的电压 u_0 与电流 i 的关系

$$u_0 = iR_0 \tag{3-4-1}$$

式(3-4-1)说明，u_0 与 i 成正比，在直角坐标系中是一条过原点、斜率与 R_0 成正比的直线，如图 3-4-2 中的直线①所示。由图知，当 $R_L = 0$ 时，电流 i 最大，$i = i_{sc} = u_{oc}/R_0$，R_0 上电压最大，$u_0 = u_{oc}$。

(2) 负载 R_L 上的电压 u_L 与电流 i 的关系

$$u_L = iR_L = u_{oc} - u_0 = u_{oc} - iR_0 \tag{3-4-2}$$

式(3-4-2)是一条斜率为 $-R_0$ 有截距的直线，如图 3-4-2 中的直线②所示，当 $i = 0$ 时，$u_L = u_{oc}$；当 $i = i_{sc} = u_{oc}/R_0$ 时，$u_L = 0$。

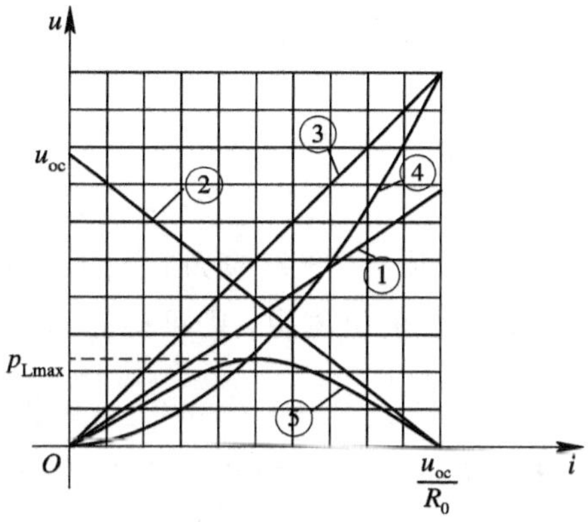

图 3-4-2

(3) 电源供给电路的功率与电流 i 的关系

$$p_s = u_{oc}i \tag{3-4-3}$$

式(3-4-3)是一条过原点、斜率与 u_{oc} 成正比的直线。如图 3-4-2 中的直线③所示，电源向电路提供的功率 p_s 与电流成正比。当 $i = i_{sc} = u_{oc}/R_0$ 时，$p_s = u_{oc}i_{sc} = u_{oc}^2/R_0$ 达到最大。

(4) R_0 的功率损耗 p_0 与电流 i 的关系

$$p_0 = u_0 i = i^2 R_0 \tag{3-4-4}$$

式(3-3-4)说明，p_0 与 i^2 成正比，所以是一条过原点、开口向上的抛物线，如图 3-3-2 中的曲线④所示。i 增大，p_0 增大；当 $i = i_{sc}$ 时，$p_0 = i_{sc}^2 R_0 = u_{oc}^2/R_0 = p_s$ 达到最大，电源提供的功率全部消耗在 R_0 上。

(5) 负载 R_L 获得的功率 p_L 与电流 i 的关系

$$p_L = u_L i = p_s - p_0 = u_{oc}i - i^2 R_0 \tag{3-4-5}$$

式(3-4-5)说明，p_L 与 i 呈平方函数关系。当 $i = 0$ 时，$p_L = 0$；当 $i = i_{sc}$ 时，$p_L = 0$。所以，这是一条过原点、开口向下的抛物线，如图 3-4-2 中的曲线⑤所示。

3.4.2 工程实际中常常需要分析的三个问题

1. 负载获得最大功率的条件

负载获得最大功率的条件即最大功率传输定理(maximum power transmission theorem)。如前所述，负载 R_L 上获得的功率为 $p_L = u_{oc}i - i^2 R_0$，在 u_{oc} 与 R_0 恒定不变的条件下，p_L 为

$$p_L = \left(\frac{u_{oc}}{R_0 + R_L}\right)^2 R_L \tag{3-4-6}$$

由图 3-4-2 知，p_L 有一个最大值 p_{Lmax}。那么 R_L 为多少时，$p_L = p_{Lmax}$？根据高等数学求极值的方法，对式(3-4-6)p_L 求导得

$$\frac{dp_L}{dR_L} = u_{oc}^2 \frac{(R_0 + R_L)^2 - 2R_L(R_0 + R_L)}{(R_0 + R_L)^4}$$

令$\frac{\mathrm{d}p_L}{\mathrm{d}R_L}=0$，则

$$(R_0+R_L)^2-2R_L(R_0+R_L)=0$$

解方程得

$$R_L=R_0 \tag{3-4-7}$$

经判别该数值点为极大值点。

当$R_L=R_0$时，$p_L=p_{Lmax}$。将$R_L=R_0$代入式(3-4-6)得

$$p_{Lmax}=\frac{u_{oc}^2}{4R_0} \tag{3-4-8}$$

如果将图3-4-1(a)所示的有源二端网络N等效成图3-4-3所示的电流源，则可推导出p_{Lmax}为

$$p_{Lmax}=\frac{1}{4}i_{sc}^2R_0 \tag{3-4-9}$$

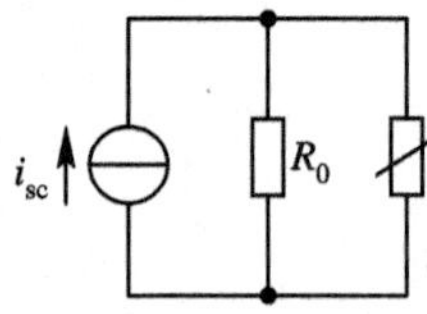

图3-4-3

即负载获得最大功率的条件是负载电阻R_L等于电源输出电阻R_0。

这里应当注意，负载获得最大功率时，电源的输出电阻R_0消耗的功率p_0也等于p_{Lmax}，即p_{Lmax}仅是电源产生功率的一半，电源的效率仅为50%。对传输功率较小的线路(如电子线路)，其主要功能是处理和传输信号，电路传输的能量并不大，人们总是希望负载上能获得较强的信号，把效率问题放在次要位置。例如扩音机的负载是扬声器，若希望扬声器的功率最大，应选择扬声器的电阻等于扩音机的内阻。这种负载电阻等于电路输出电阻的状态，工程实际中称做功率匹配。

对于传输功率较大的线路(如电力线路)，不允许工作在功率匹配状态。因为效率仅为50%，电源产生的功率有一半被白白地损耗掉了。

2. 电压调整率

负载端电压u_L随负载电流i的增大而下降。空载($R_L=\infty$时，$i=0$)时，$u_L=u_{oc}$最大；有载时，$u_L<u_{oc}$。工程实际中把u_L下降的百分比称为电压调整率(voltage regulation)，用符号ε表示，即

$$\varepsilon=\frac{u_{oc}-u_L}{u_L}100\% \tag{3-4-10}$$

在电力线路中，用户的电器设备都有一个额定电压，负载的实际端电压与额定电压不能相差太多，否则，电器设备不能正常工作。为了保证用户在满载时获得额定电压，电源的额定电压必须高于用电设备的额定电压(如：用电设备额定电压为220 V，发电机的额定电压为230 V)；输电线路上的电压降在满载电流时应不大于额定电压的5%。因此，输电导线截面的选择除了考虑安全载流量外，还应满足上述要求。

3. 传输效率

电路输出功率与输入功率的百分比称为传输效率(efficiency of transmission)，用符号η表示，即

$$\eta=\frac{p_L}{p_i}100\% \tag{3-4-11}$$

在信号传输电路中，要求 η 和 p_L 要大，不强调 ε 的大小；在能量传输电路中要求 η 高而 ε 小，不强调 p_L 是否等于 p_{Lmax}。

例 3-4-1 已知图 3-4-4(a)所示电路中，$U_s=16\ \text{V}$，$I_s=1\ \text{A}$，$R_s=8\ \Omega$，$R_1=4\ \Omega$，$R_2=20\ \Omega$，$R_3=9\ \Omega$，问 R_L 为何值时其上获得的功率最大？并计算出该最大功率 P_{Lmax}。

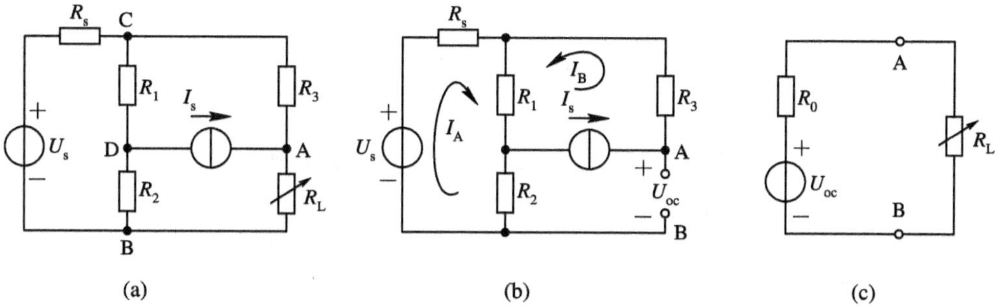

图 3-4-4

解 从 A、B 间断开 R_L，其电路如图 3-4-4(b)所示，应用回路电流法求图 3-4-4(b)的戴维南等效电路。设各回路电流参考方向如图所示，考虑到 $I_B=I_s$，列 I_A 回路电压方程：

$$I_A(R_s+R_1+R_2)+I_BR_1=U_s$$

$$I_A=\frac{U_s-I_BR_1}{R_s+R_1+R_2}=\frac{16-1\times4}{8+4+20}=\frac{3}{8}\ \text{A}$$

则

$$\begin{aligned}U_{oc}&=I_BR_3+(I_A+I_B)R_1+I_AR_2\\&=1\times9+\left(1+\frac{3}{8}\right)\times4+\frac{3}{8}\times20=22\ \text{V}\end{aligned}$$

$$R_0=R_s\ //\ (R_1+R_2)+R_3=\frac{8\times(4+20)}{8+4+20}+9=15\ \Omega$$

图 3-4-4(a)的戴维南等效电路如图 3-4-4(c)所示，当 $R_L=R_0=15\ \Omega$ 时，负载 R_L 上获得的最大功率 P_{Lmax} 为

$$P_{Lmax}=\frac{1}{4}\frac{U_{oc}^2}{R_0}=\frac{1\times22^2}{4\times15}=8.07\ \text{W}$$

例 3-4-2 有一台最大输出功率为 40 W 的扩音机，其输出电阻为 8 Ω，现有 8 Ω、10 W 低音扬声器两只，16 Ω、20 W 高音扬声器一只，问应如何连接？为什么不像电灯那样全部并联？

解 (1) 应将两只 8 Ω 扬声器串联后，再与 16 Ω 扬声器并联，电路如图 3-4-5(a)所示。其负载等效电阻为

$$R_L=\frac{(8+8)\times16}{(8+8)+16}=8\ \Omega$$

满足 $R_L=R_0$，扬声器即可获得最大功率，且各扬声器获得的功率与额定功率相等，由此可以推算出

$$I=\sqrt{\frac{40}{8}}=2.24\ \text{A}$$

$$U_{oc}=16I=16\times2.24=35.84\ \text{V}$$

(2) 若将三个扬声器并联，电路如图 3-4-5(b)所示，此时等效电阻为

$$R_L=8\ /\!/\ 8\ /\!/\ 16=3.2\ \Omega$$

$R_L<R_0$，若 U_{oc} 不变，则

$$I=\frac{U_{oc}}{R_0+R_L}=\frac{35.84}{8+3.2}=3.2\ \text{A}$$

R_L 获得的功率为

$$P_L=I^2R_L=3.2^2\times3.2=32.77\ \text{W}$$

扬声器的端电压为

$$U_L=U_{oc}-IR_0=35.84-3.2\times8=10.24\ \text{V}$$

每只 8 Ω 扬声器获得的功率为

$$P_8=\frac{U_L^2}{8}=13.1\ \text{W}>10\ \text{W}$$

8 Ω 扬声器过载，可能被烧毁。由此可见，电阻不匹配造成的后果是严重的(可以推算 R_0 消耗的功率大于电阻匹配时消耗的功率，会造成扩音机被烧毁)。

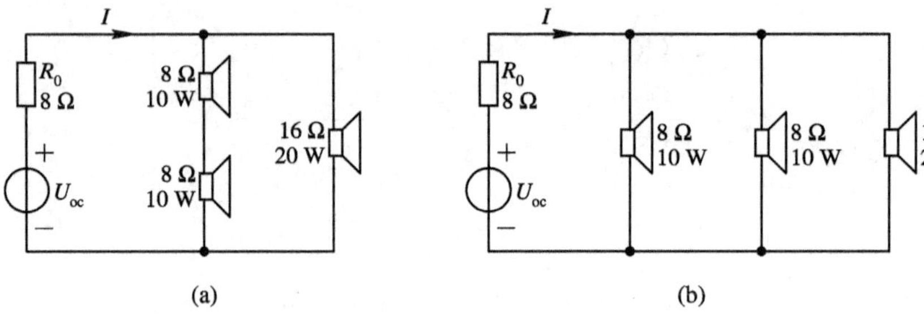

图 3-4-5

例 3-4-3 图 3-4-6 所示电路是晶体管放大电路的等效电路，求 R_L 为多大时，$p_L=p_{Lmax}$。

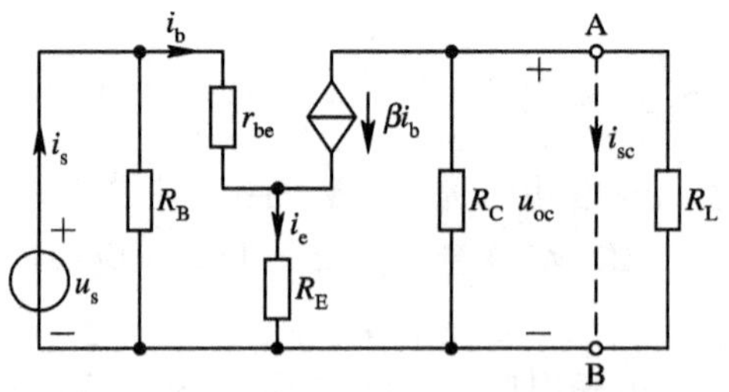

图 3-4-6

解 从 A、B 间断开 R_L，求电路的输出电阻 R_0，这里应用开路短路法求 R_0。

开路时

$$u_{oc}=-\beta i_b R_C$$

因为

$$u_s = i_b r_{be} + i_e R_E$$
$$i_e = i_b + \beta i_b = (1+\beta) i_b$$

所以

$$i_b = \frac{u_s}{r_{be} + (1+\beta) R_E}$$
$$u_{oc} = -\beta \frac{u_s R_C}{r_{be} + (1+\beta) R_E}$$

短路时

$$i_{sc} = -\beta i_b$$
$$i_b = \frac{u_s}{r_{be} + (1+\beta) R_E}$$
$$i_{sc} = -\beta \frac{u_s}{r_{be} + (1+\beta) R_E}$$

故

$$R_0 = \frac{u_{oc}}{i_{sc}} = R_C$$

即，当 $R_L = R_0$ 时，有

$$p_L = p_{Lmax}$$

小结

1. 要使负载获得最大功率，必须满足 $R_L = R_0$ 的条件，此时，$p_L = p_{Lmax}$。

2. 工程实际中常常需要考虑三个方面的问题：最大功率传输条件、电压调整率和传输效率。

3. 对于音响设备，若功率不匹配有可能会造成扬声器烧毁的严重后果。

思考与练习

3-4-1　在例 3-4-2 中，晚间使用扩音机时，要求将 16 Ω、20 W 的高音扬声器关闭，但要保持匹配，问应采取什么措施？

3-4-2　题 3-4-2 图中，各电压源的 U_s 和电流源的 I_s 分别为定值，R_L 为负载电阻。带箭头的 R_L 或 R 为可变的电阻。讨论各图中的 R_L 或 R 为何值时负载 R_L 上获得的功率最大？

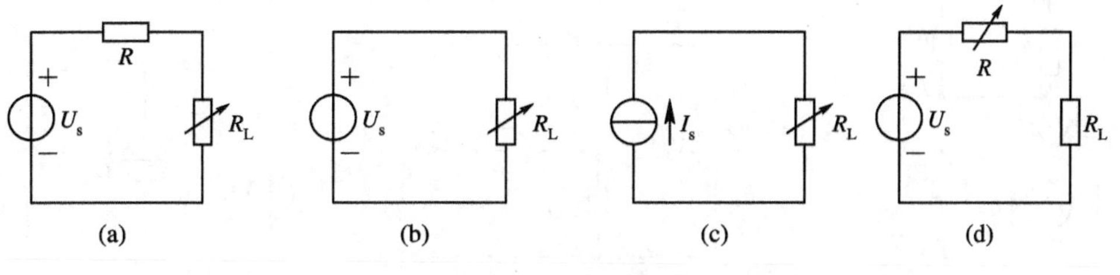

题 3-4-2 图

3-4-3　题 3-4-3 图所示电路中，N 为线性有源二端网络，当 $R_L = 2\ \Omega$ 时，$U = 2$ V；当 $R_L = 6\ \Omega$ 时，$U = 3$ V，求 R_L 为何值时获得最大功率，并计算 P_{Lmax}。

3-4-4　对题 3-4-4 图所示电路，R_L 为何值时获得最大功率？并计算 P_{Lmax}。

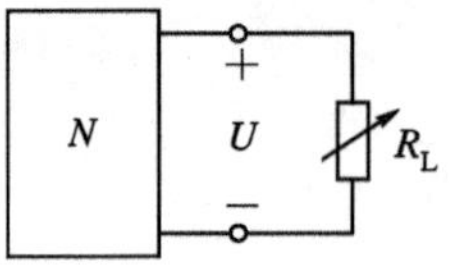

题 3-4-3 图

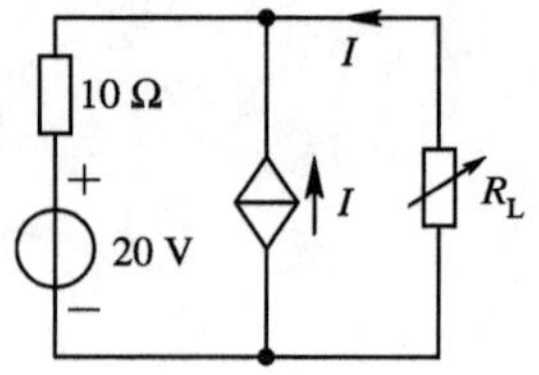

题 3-4-4 图

习　题　三

3-1　已知题 3-1 图所示电路中，$U_{s1} = 15$ V，$U_{s2} = 10$ V，$R_1 = 18\ \Omega$，$R_2 = 4\ \Omega$，$R_3 = 4\ \Omega$，图中已标出了各支路电流参考方向，用叠加定理计算各支路电流。

3-2　已知题 3-2 图所示电路中，$I_s = 1$ A，$U_s = 2$ V，$R_1 = 5\ \Omega$，$R_2 = 3\ \Omega$，$R_3 = 4\ \Omega$，$R_4 = 12\ \Omega$，用叠加定理求电流 I。

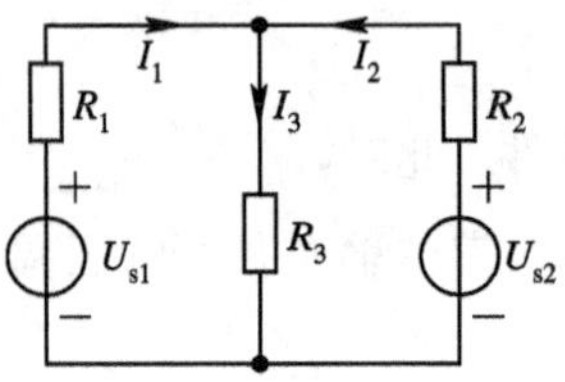

题 3-1 图

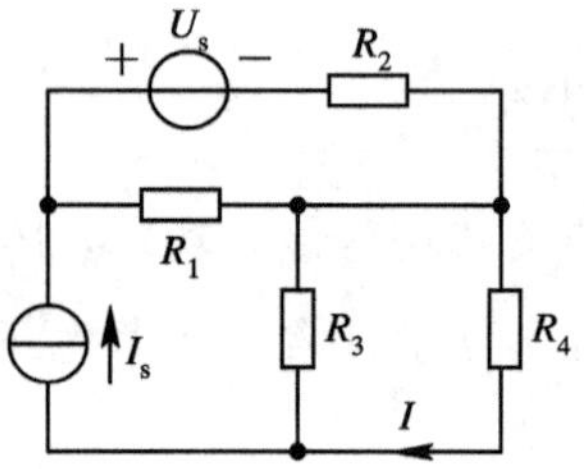

题 3-2 图

3-3　已知题 3-3 图所示电路中，$U_{s1} = 30$ V，$U_{s2} = 10$ V，$U_{s3} = 20$ V，$R_1 = 5$ kΩ，$R_2 = 2$ kΩ，$R_3 = 10$ kΩ，$I_s = 5$ mA，求开关 S 在位置 1 和位置 2 两种情况下的电流 I。

3-4　已知题 3-4 图所示电路中，$U_{AB} = 0$ V，求 U_s 单独作用时，U'_{AB}的值。

3-5　已知题 3-5 图所示电路中，$U_s = 24$ V，$I_s = 6$ A，$R_1 = 5\ \Omega$，$R_2 = 3\ \Omega$，用叠加定理求电流 I。

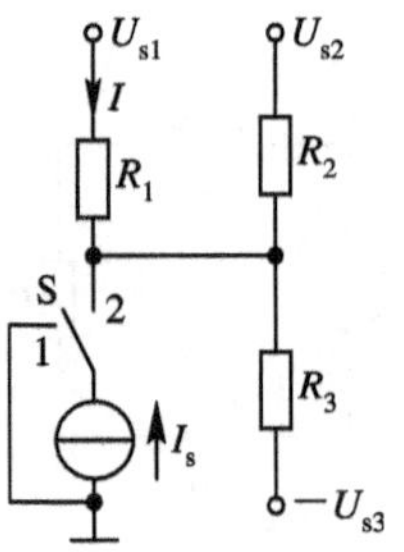

题 3-3 图

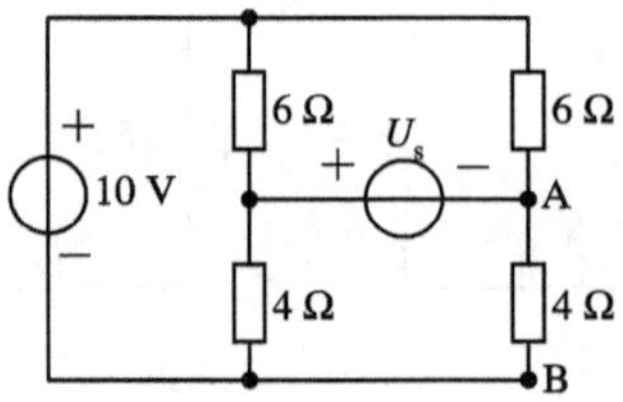

题 3-4 图

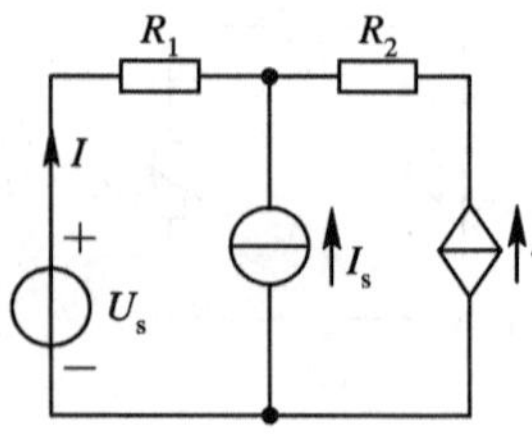

题 3-5 图

3－6　题 3－6 图所示电路是由两个 T 形电阻电路和 I_s、U_s 构成的网络，用叠加定理计算 10 V 电压源中的电流 I，并算出该电源产生的功率。

3－7　已知题 3－7 图所示电路中，$U_s=4$ V，$I_s=2$ A，$R_1=2$ Ω，$R_2=1$ Ω，$R_3=3$ Ω，用叠加定理求电压 U，并用节点电位法验证计算结果。

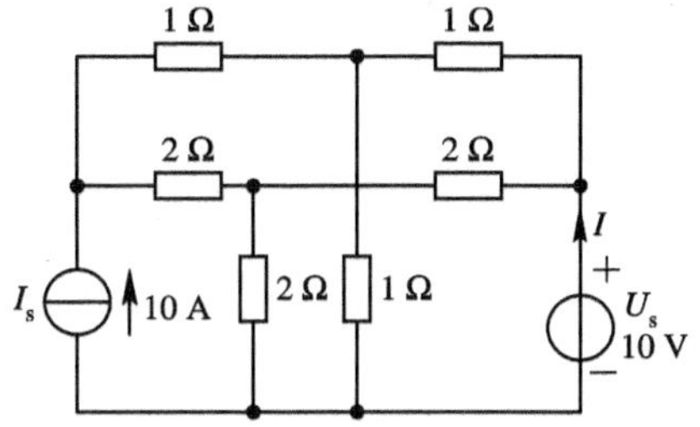

题 3－6 图

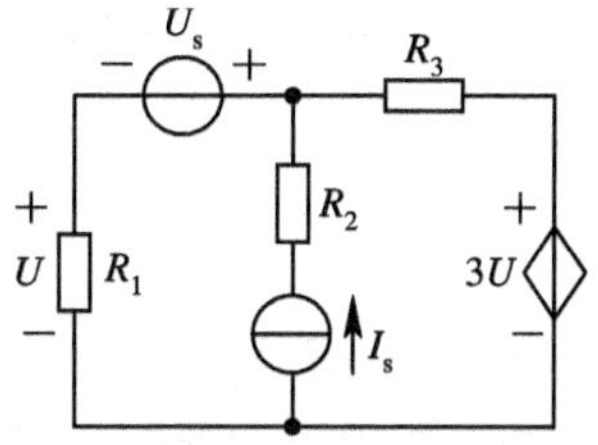

题 3－7 图

3－8　已知题 3－8 图所示电路中，$U_{AB}=0$ V，求电阻 R。

3－9　已知题 3－9 图所示电路中，$u_{s1}=6$ V，$u_{s2}=4$ V，$i_{s1}=3$ A，$i_{s2}=1$ A，$R_1=1$ Ω，计算 i_{s1} 产生的功率 P_{s1}。

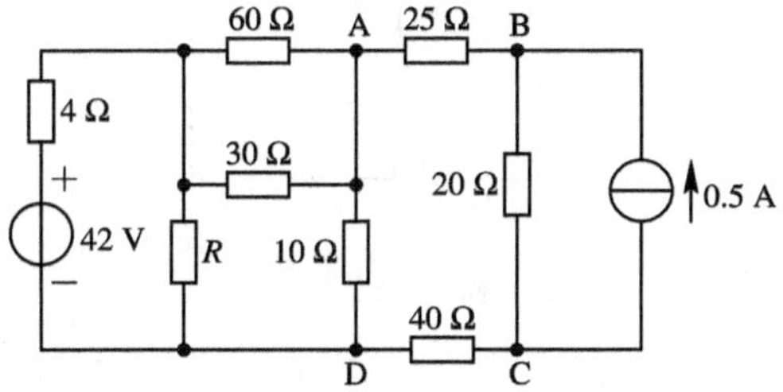

题 3－8 图

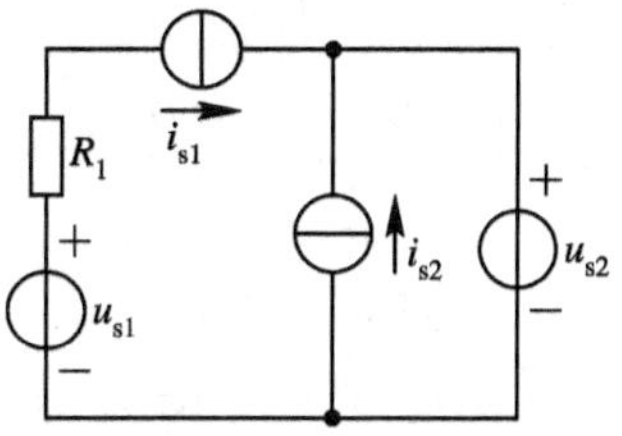

题 3－9 图

3－10　对题 3－10 图所示电路，用置换定理结合电源互换等效法计算电压 u。

3－11　题 3－11 图所示电路中，N 为线性有源二端网络，图中电压表、电流表均按理想情况处理。已知开关 S 在“1”位时，电压表读数为 8 V，开关 S 在“2”位时，电流表读数为 2 A，求开关 S 在“3”位时，4 Ω 电阻上的电流。

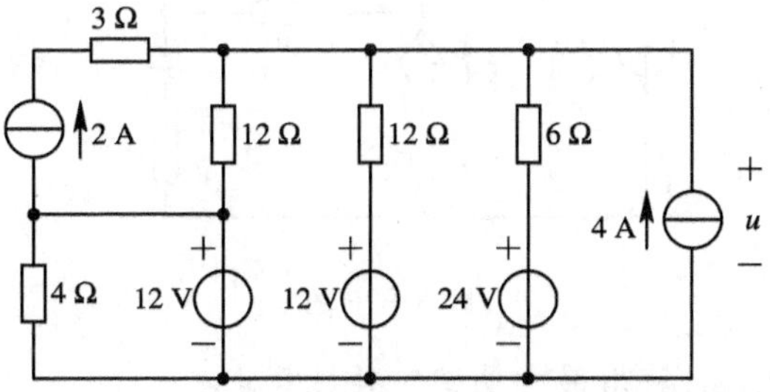

题 3－10 图

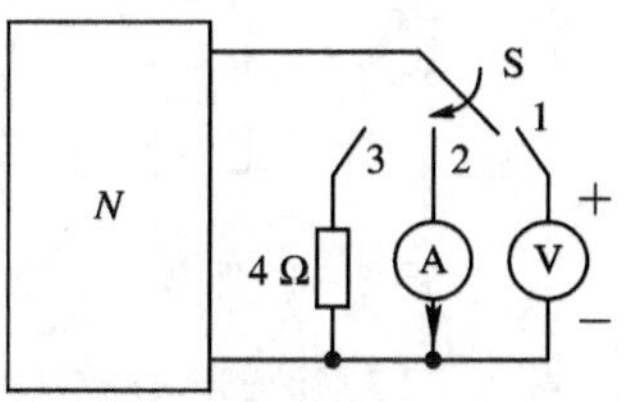

题 3－11 图

3－12　求题 3－12 图所示各电路的戴维南等效电路和诺顿等效电路。

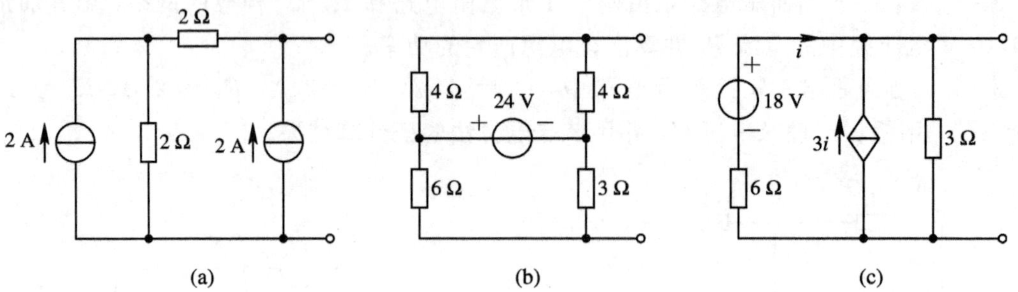

题 3 - 12 图

3 - 13　用戴维南定理计算题 3 - 13 图中的电流 I。

3 - 14　计算题 3 - 14 图中的电流 I。

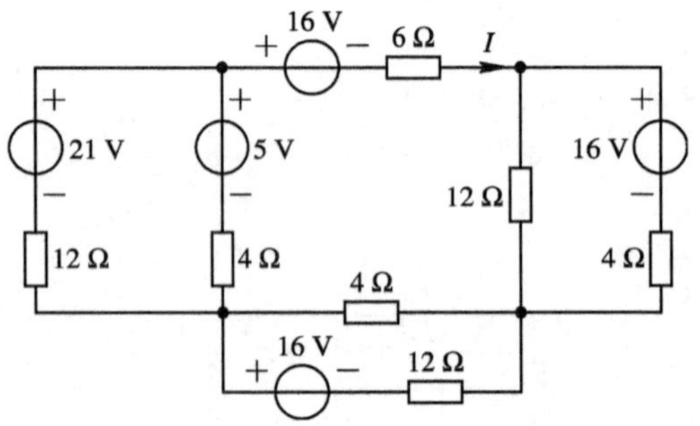

题 3 - 13 图

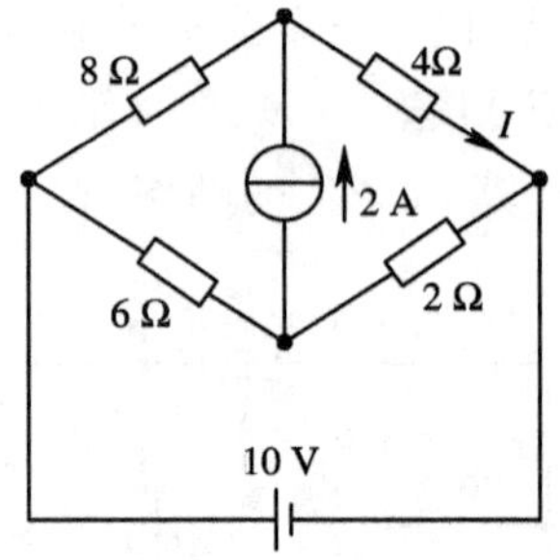

题 3 - 14 图

3 - 15　已知题 3 - 15 图所示电路中，$U_{s1} = 60$ V，$U_{s2} = 40$ V，$U_{s3} = 20$ V，$R_1 = 20$ kΩ，$R_2 = 30$ kΩ，$R_3 = 20$ kΩ，$R_4 = 60$ kΩ，试判断二极管 V_D 导通与否？如果导通，求通过其上的电流。

3 - 16　求题 3 - 16 图所示电路中的电流 i。

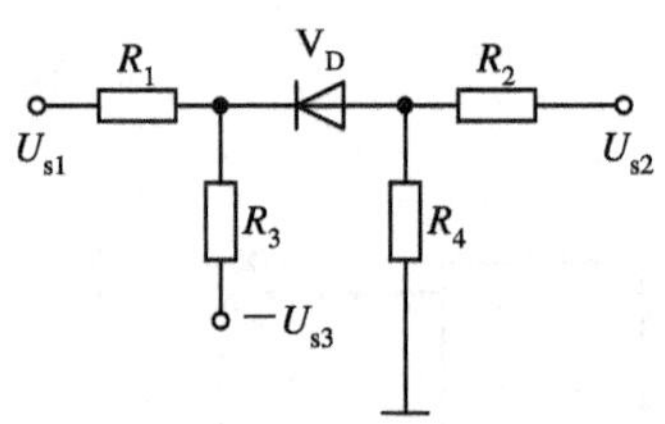

题 3 - 15 图

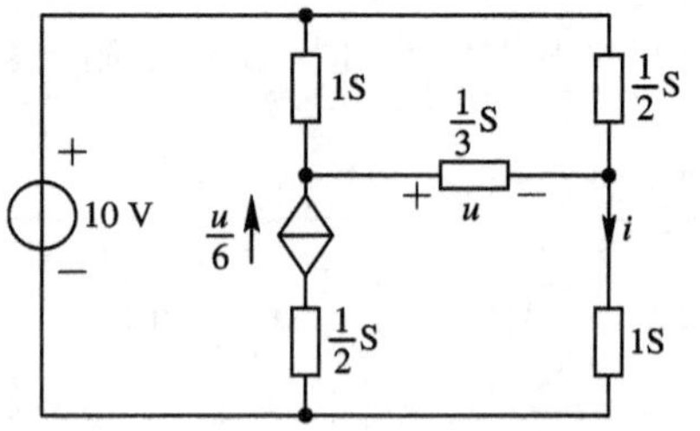

题 3 - 16 图

3 - 17　题 3 - 17 图所示电路中的 R_L 为何值时获得最大功率？并计算 P_{Lmax}。

3 - 18　题 3 - 18 图所示电路中的 R_L 为何值时获得功率最大？并计算 P_{Lmax}。

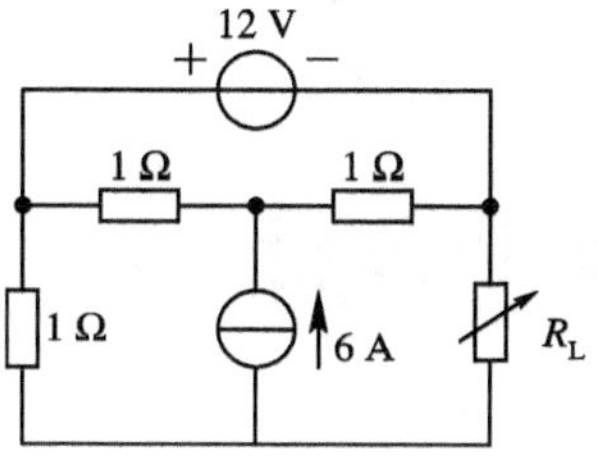

题 3－17 图

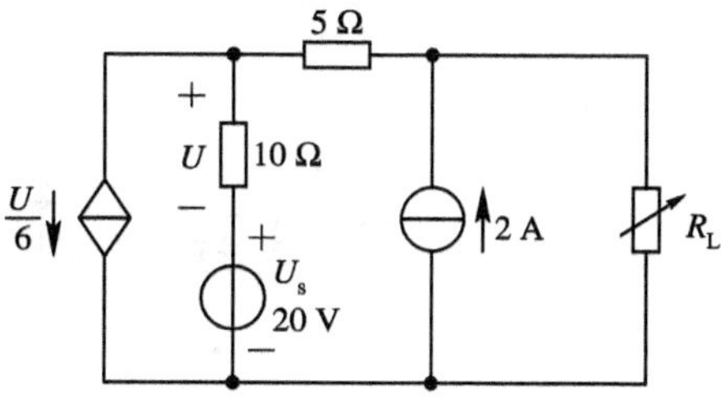

题 3－18 图

3－19　已知题 3－19 图所示电路中的 $U_s = 6$ V 时，$R = 3$ Ω，求 R_L 为何值时获得最大功率？并计算 P_{Lmax}。若 $U_s = 12$ V，重解此题。

3－20　已知题 3－20 图所示电路中的 $R_L = 4$ Ω 时，$I_L = 2$ A，若改变 R_L，问 R_L 为何值时获得最大功率？并求 P_{Lmax}。

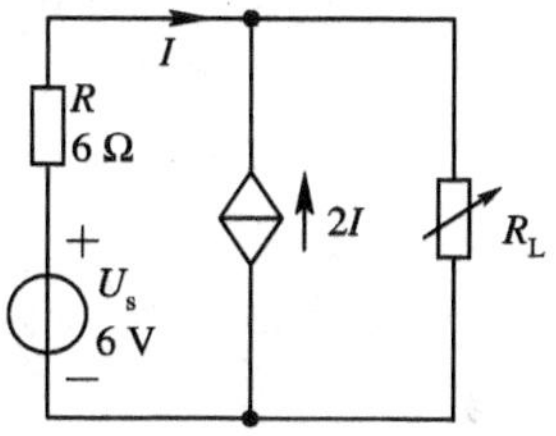

题 3－19 图

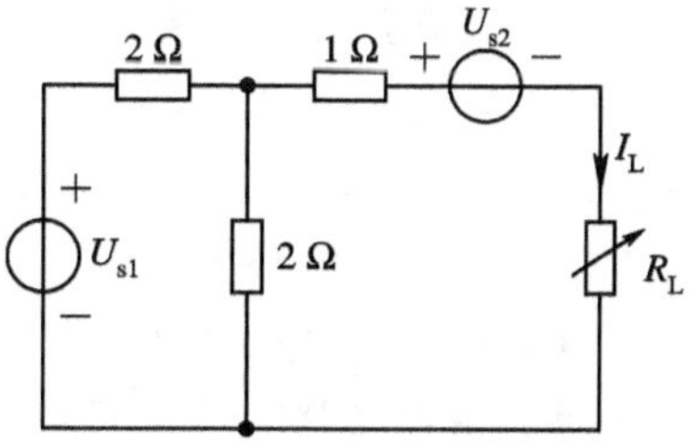

题 3－20 图

3－21　题 3－21 图所示电路中，N 为线性有源二端网络，若 $R_L = 1$ Ω，当 S 置在“1”位时，电流表读数为 $I = 1.8$ A，当 S 置在“2”位时，电流表读数为 $I = 1$ A，求 R_L 为何值时其上获得最大功率。

3－22　求题 3－22 图所示电路当 R_L 为何值时获得最大功率。

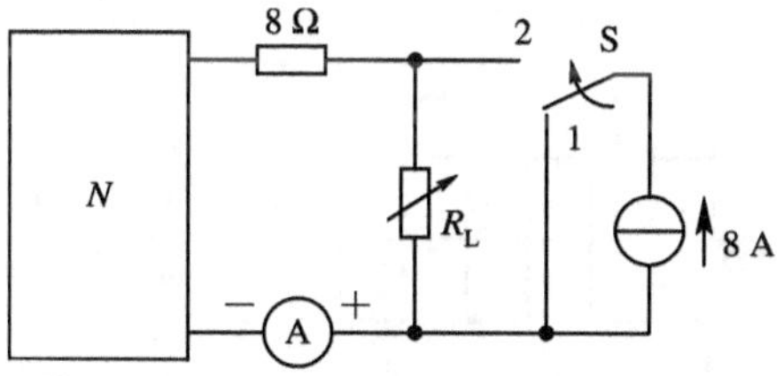

题 3－21 图

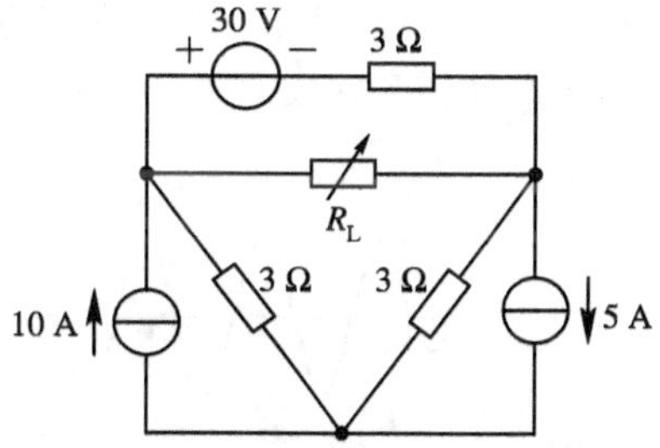

题 3－22 图

第 4 章　正弦交流电路分析

除了前几章讨论的直流电压和电流外，实际中还有大小和方向随时间作周期性变化的电压和电流，将其统称为交流电，其中应用最广泛的是正弦交流电。在工农业生产和日常生活中，我们所用的电一般都是正弦交流电。

正弦交流电获得广泛应用的原因是：第一，正弦交流电易于产生、转换和传输。交流发电机的结构简单、工作可靠、经济性好。交流电利用变压器改变电压，既可以实现远距离输电，又能保证安全用电。第二，利用电子整流设备可以方便地将交流电转换成直流电。第三，从分析计算的角度出发，任何非正弦周期的电量都可以分解为直流分量和一系列不同频率的正弦分量。因此，只要掌握了正弦交流电路的分析方法，就可以用叠加原理去分析线性非正弦周期交流电路了。

本章介绍正弦交流电的基本概念和表示方法，从单一参数电路出发，以 *RLC* 串联、*RLC* 并联电路为典型电路，讨论交流电路中电压和电流的关系（大小和相位）及功率问题，从而得出分析交流电路的一般方法，最后介绍电路功率因数的提高和谐振电路。

4.1　正弦交流电的基本概念

大小随时间按一定规律作周期性变化且在一个周期内平均值为零的电流（电压、电动势）称为交流电。交流电的变化形式是多种多样的，如图 4-1-1 所示。随时间按正弦规律变化的电流（电压、电动势）通称为正弦电量，或称为正弦交流电（sinusoidal alternating current），有时又简称为交流电（ac 或 AC）。

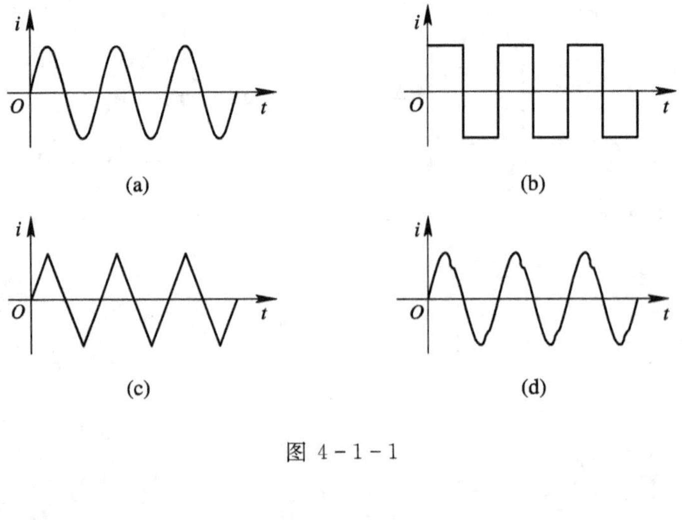

图 4-1-1

4.1.1 正弦交流电量的三要素

正弦交流电量的数值和方向随时间按正弦规律周而复始变化。在分析正弦交流电路时，我们首先要写出正弦交流电量的数学表达式，画出它的波形图。为此，必须像直流电路那样，预先设定交流电量的参考方向。如图 4－1－2(a)所示的一段电路上流过的正弦电流 i，其参考方向如箭头所示。当 i 的真实方向与参考方向一致时，是正值，对应波形图的正半周；当 i 的真实方向与参考方向相反时，是负值，对应波形图的负半周。同直流电路一样，我们分析交流电路时，一般习惯将电压和电流选取为关联参考方向。其正弦电流 i 的波形如图 4－1－2(b)所示，在交流电的波形图中，其横轴坐标既可以用时间 t(秒，s)表示，也可以用电角度 ωt(弧度，rad)来表示。

与波形图相应的正弦电流的数学表达式为

$$i = I_m \sin(\omega t + \psi_i) \qquad (4-1-1)$$

上式称为正弦电流的瞬时值表达式。正弦电量在任意瞬间的值称为瞬时值，用小写字母来表示，如用 i、u 和 e 分别来表示正弦电流、正弦电压和正弦电动势的瞬时值。利用瞬时值表达式可以计算出任意时刻正弦电量的数值。瞬时值的正或负与假定的参考方向比较，便可确定该时刻电量的真实方向。

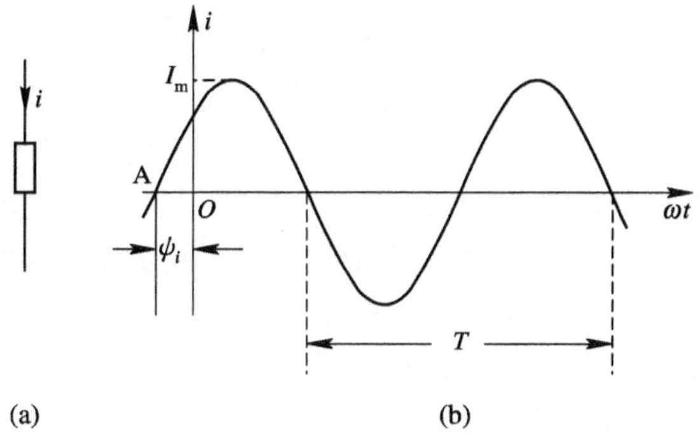

图 4－1－2

式(4－1－1)和图 4－1－2(b)表明：一个正弦电量的特征表现在它变化的最大值(I_m)，随时间变化的快慢(ω)和起始值($t=0$ 时的数值，它取决于 $t=0$ 时的角度 ψ_i)三个量值。若将这三个量值代入已选定的 sin 函数式中就完全确定了这个正弦量。故称振幅、角频率 ω、初相角为正弦量的三要素。

1. 最大值

正弦电量瞬时值中的最大数值称为正弦量的最大值(maximum value)或幅值(amplitude)，它是正弦电量在整个变化过程中所能达到的极大值。正弦电量的振幅用带有下标 m 的大写字母表示，如用 I_m、U_m、E_m 分别表示正弦电流、正弦电压、正弦电动势的振幅。

2. 角频率

式(4－1－1)中 ω 称为角频率(angular frequency)，又称为电角速度，它表示在单位时间正弦电量变化的弧度数，它是反映正弦电量变化快慢的量，其单位是弧度/秒(rad/s)。正弦电量变化的快慢还可以用周期 T(period)和频率 f(frequency)来表示。

周期指正弦电量变化一周所需的时间，用大写字母 T 表示，单位为秒(s)。由于正弦电量变化一周相当于正弦函数变化 2π 弧度，故

$$\omega = \frac{2\pi}{T} \tag{4-1-2}$$

频率指正弦电量单位时间内重复变化的次数，用小写字母 f 表示，单位为赫兹(Hz)。根据上述定义可知，频率和周期互为倒数，即

$$f = \frac{1}{T} \tag{4-1-3}$$

代入式(4-1-2)得

$$\omega = 2\pi f \tag{4-1-4}$$

式(4-1-2)和式(4-1-3)表明，周期、频率、角频率三者都反映的是正弦电量变化快慢这一物理实质。三个量中只要知道一个，其他两个物理量就可以求出。例如，我国工业和民用电的频率为 $f=50$ Hz(称为工频)，其周期 $T=1/50=0.02$ s，角频率 $\omega=314$ rad/s。

3. 初相位

正弦电量在每一瞬间的状态是不同的，具体表现在每一瞬间的数值(包括正、负号)及变化趋势不同。而正弦电量在任意瞬间的变化状态是由该瞬间的电角度($\omega t+\psi$)决定的。把正弦电量在任意瞬间的电角度称为相位角(phase angle)，简称为相位。它反映了正弦电量随时间变化的进程，决定正弦电量在每一瞬间的状态。当 $t=0$ 时，相位角为 ψ，称为初相位或初相角，简称初相(initial phase)。正弦电量在任意瞬间的相位都与初相位有关。显然，初相位与所选的计时起点有关，在图 4-1-2(b)所示波形图中，正弦波从负到正的过零点 A 与坐标原点的距离就是初相位，如果 A 点在原点的左侧，初相位 $\psi>0$；如果 A 点在原点的右侧，初相位 $\psi<0$。由于正弦波周期性变化，最靠近坐标原点左右两侧各有一个过零点，为了避免混淆，一般规定 ψ 在 $-\pi\sim\pi$ 范围内。

综上所述，如果知道一个正弦电量的振幅、角频率(频率)和初相位，就可以完全确定该正弦电量，即可以用数学表达式或用波形图将它表示出来。

4.1.2 相位差

对于两个同频率的正弦电量而言，虽然都随时间按正弦规律变化，但是它们随时间变化的进程可能不同，为了描述同频率正弦量随时间变化进程的先后，引入了相位差(phase difference)。这里所述的相位差就是两个同频率的正弦量的相位之差，用字母 φ 表示。例如正弦电压 $u=U_m\sin(\omega t+\psi_u)$，正弦电流 $i=I_m\sin(\omega t+\psi_i)$，则电压与电流相位差为

$$\varphi = (\omega t+\psi_u)-(\omega t+\psi_i) = \psi_u-\psi_i \tag{4-1-5}$$

可见，两个同频率正弦量的相位差等于它们的初相差。

$\varphi=\psi_u-\psi_i=0$，表明 $\psi_u=\psi_i$，则称电压 u 与电流 i 同相位，简称同相(in phase)。如图 4-1-3(a)所示，这时电压 u 和电流 i 同时达到零点，同时达到最大值。

$\varphi=\psi_u-\psi_i>0$，表明 $\psi_u>\psi_i$，则称电压 u 超前(lead)电流 i，或称电流 i 滞后(lag)电压 u。如果 $\psi_u>0$，$\psi_i>0$，波形如图 4-1-3(b)所示。

$\varphi=\psi_u-\psi_i<0$，表明 $\psi_u<\psi_i$，则称电流 i 超前电压 u，或称电压 u 滞后电流 i。如果 $\psi_i>0$，$\psi_u>0$，波形如图 4-1-3(c)所示。

$\varphi = \psi_u - \psi_i = \pm\pi$，则称电压 u 和电流 i 相位相反，简称反相(inverse of phase)，如图 4-1-3(d)所示。

$\varphi = \psi_u - \psi_i = \pm\pi/2$，则称电压 u 和电流 i 正交，如图 4-1-3(e)所示。

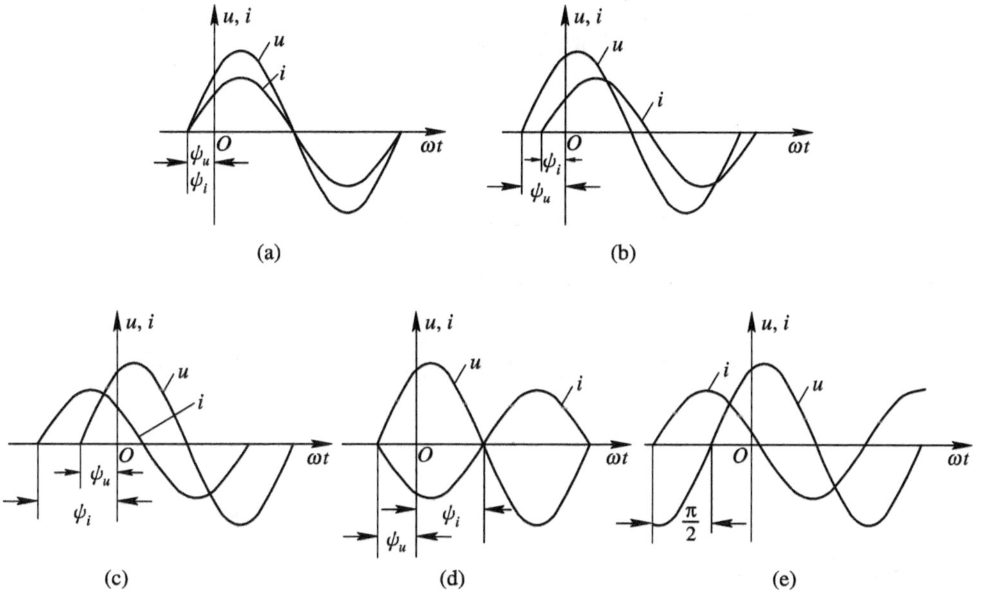

图 4-1-3

通过以上的讨论可知，两个同频率的正弦量的计时起点($t=0$)不同时，它们的相位和初始相位不同，但它们的相位差不变，即两个同频率的正弦量的相位差与计时起点无关。

例 4-1-1 两个同频率的正弦电压和电流分别为：

$$u = 8\sin(\omega t + 60^\circ)\ \text{V}$$

$$i = 6\cos(\omega t + 20^\circ)\ \text{A}$$

求它们之间的相位差，并说明哪个超前。

解 求相位差要求两个正弦量的函数形式应一致。故首先将电流 i 改写成用正弦形式表示(因本书正弦量的标准形式选用的是正弦(sin))。

$$i = 6\sin(\omega t + 20^\circ + 90^\circ) = 6\sin(\omega t + 110^\circ)\ \text{A}$$

因此，相位差为

$$\varphi = \psi_u - \psi_i = 60^\circ - 110^\circ = -50^\circ$$

所以电流超前电压 50°。

4.1.3 有效值

正弦电量的瞬时值是随时间变化的量，而在实际应用中，经常需要了解正弦电量在电路中所产生的效果，为了反映正弦电量的实际作用效果，我们通常使用“有效值”(effective value)来表示正弦电量的大小。

正弦电量的有效值是按电流的热效应来确定的，它根据热效应相等原理，把正弦电量换算成直流电的数值，即正弦电量的有效值是热效应与它相等的直流电量的数值。当正弦

电流 i 和直流电流 I 分别流过阻值相等的电阻时(见图 4-1-4)，如果在正弦电流的一个周期内它们所产生的热量相等，即热效应相等，则这一直流电流的数值就称为正弦电流的有效值。如图 4-1-4(b)所示，正弦电量的有效值用大写字母表示。

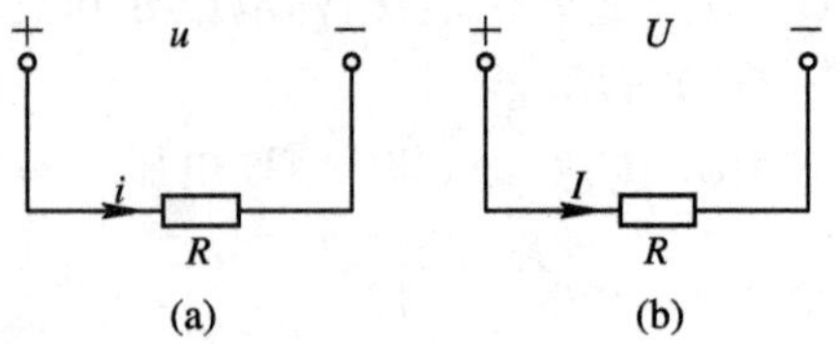

图 4-1-4

由图 4-1-4(a)可知：正弦电流情况在一个周期 T 内 R 上消耗的电能为

$$W_{AC} = \int_0^T i^2 R \, dt$$

由图 4-1-4(b)可知：直流电流情况在一个周期 T 内 R 上消耗的电能为

$$W_{DC} = I^2 RT$$

若 $W_{AC}=W_{DC}$，则由焦耳楞次定律知，二者所转换的热量也一定相等，也就满足热效应相等原理。

令

$$I^2 RT = \int_0^T i^2 R \, dt$$

解得正弦电流的有效值为

$$I = \sqrt{\frac{1}{T}\int_0^T i^2 \, dt} \qquad (4-1-6)$$

可以看出正弦电流的有效值 I 是正弦电流 i 的平方在一个周期内的平均值再取平方根，因此，正弦电量的有效值又称为方均根值(root mean square value)。还应指出，式(4-1-6)不仅适用于正弦量，而且适用于任何波形的周期性电流和周期性电压。

类似地，可以得到正弦电压的有效值为

$$U = \sqrt{\frac{1}{T}\int_0^T u^2 \, dt} \qquad (4-1-7)$$

若正弦电流 $i=I_m \sin(\omega t + \psi_i)$，则根据式(4-1-6)可得正弦电流的有效值和最大值之间的关系为

$$I = \sqrt{\frac{1}{T}\int_0^T [I_m \sin(\omega t + \psi_i)]^2 \, dt} = \frac{I_m}{\sqrt{2}} = 0.707 I_m \qquad (4-1-8)$$

同理可得正弦电压的有效值和最大值之间的关系为

$$U = \sqrt{\frac{1}{T}\int_0^T [U_m \sin(\omega t + \psi_u)]^2 \, dt} = \frac{U_m}{\sqrt{2}} = 0.707 U_m \qquad (4-1-9)$$

在实际应用中，通常所说的交流电的电压或电流的数值均指的是有效值。交流电压表、电流表测量指示的电压、电流读数一般都是有效值。一般只有在分析电气设备(如电路元件)的绝缘耐压能力时，才用到最大值。

引入有效值后，正弦电压和电流的表达式也可写成

$$u = U_m \sin(\omega t + \psi_u) = \sqrt{2} U \sin(\omega t + \psi_u)$$

$$i = I_m \sin(\omega t + \psi_i) = \sqrt{2} I \sin(\omega t + \psi_i)$$

小结

1. 随时间按正弦规律变化的电量(电压、电流、电动势)通称为正弦电量，或称为正弦交流电，又简称为交流电。

2. 正弦电量的三要素是最大值(或有效值)、频率(或角频率或周期)和初相位，它们可以完整地描述一个正弦电量的变化情况。若已知正弦电量的三要素，就可以写出它的瞬时值表达式并画出它的波形图。

3. 正弦电量的有效值指的是与正弦电量热效应相等的直流电的数值。我们一般所说的正弦电量的数值均指的是有效值。正弦电压、电流的有效值和最大值之间的关系分别为

$$U=\frac{U_{\mathrm{m}}}{\sqrt{2}}=0.707U_{\mathrm{m}}$$

$$I=\frac{I_{\mathrm{m}}}{\sqrt{2}}=0.707I_{\mathrm{m}}$$

思考与练习

4-1-1　已知一正弦电压 $u=141\sin(314t-120)$ V，计算其频率、角频率、周期、最大值、有效值和初相位。

4-1-2　已知 $u_1=10\sin(314t-20)$，$u_2=141\sin(157t+50)$，是否可以得出 u_1 滞后 $u_2 70^\circ$，并说明原因。

4-1-3　某一正弦电流的有效值为 10 A，初相位为 30°，周期为 0.02 s，试写出其瞬时值表达式，并画出波形图。

4-1-4　有一个正弦电压，初相位为 $-\pi/3$ rad，当 $t=T/2$ 时，其瞬时电压为 -100 V，求该电压的最大值和有效值。

4.2　正弦交流电的相量表示

正弦电量的瞬时值表达式和波形图虽然能表示正弦电量的三要素，说明正弦电量随时间变化的规律，但是在正弦电路的分析计算中，经常需要将几个同频率的正弦量进行代数运算和积分、微分运算，用这两种表示方法运算十分烦琐、很不方便，因此，有必要寻找出一种能够表示正弦量却又便于分析运算的表示方法。所以，用复数表示正弦电量，并由此得出正弦电量的相量表示法，从而使正弦交流电路的分析和计算得到简化。

4.2.1　正弦量的旋转矢量表示法

假设有一个正弦电流 $i=I_{\mathrm{m}}\sin(\omega t+\psi)$，用旋转矢量可以这样表示：在一个直角坐标系中，过原点作一个矢量，它与横轴的夹角等于正弦电流的初相位 ψ，它的长度等于正弦电流的最大值 I_{m}，并令矢量以角速度 ω 逆时针旋转，旋转中的矢量在纵轴的投影是变化的。如图 4-2-1 所示，设在 t_1 时间内，矢量旋转的角度为 ωt_1，与横轴的夹角为$(\omega t_1+\psi)$，它在纵轴的投影等于 $I_{\mathrm{m}}\sin(\omega t_1+\psi)$，刚好等于正弦电流在 t_1 时刻的瞬时值。因此，在任意时刻，以角速度 ω 逆时针旋转的矢量在纵轴上的投影，都与正弦电流在该时刻的瞬时值

保持一一相等的对应关系。像这样旋转的矢量，称为旋转矢量(rotating phasor)。旋转矢量不仅表示了正弦量的瞬时值，而且还表示了正弦量的三要素，所以，这也是正弦量的一种表示方法。

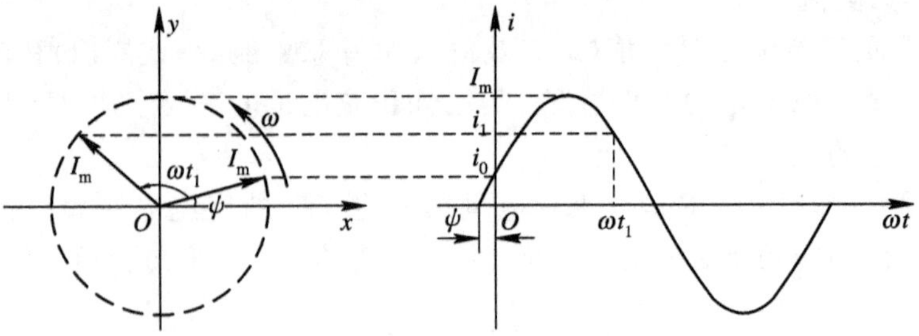

图 4-2-1

可以证明，若激励源是角频率为 ω 的正弦量，则电路中任何一处的稳态响应均为同角频率 ω 的正弦量，各正弦量所对应的旋转矢量旋转的角速度相同。对于任意时刻 t，各旋转矢量之间的相对位置不变。这样，只需用一个长度等于正弦量最大值，与横轴夹角为初相位的静矢量来表示正弦量。这种静止在 $t=0$ 时刻的旋转矢量称为相量。

4.2.2 复数及复数运算

1. 复数及其表示形式

一个复数是由实部和虚部组成的。复数有多种表达形式，常见的有代数形式、指数形式、三角函数形式和极坐标形式。设 A 为一复数，a、b 分别为实部和虚部，则

$$A = a + \mathrm{j}b = r\mathrm{e}^{\mathrm{j}\psi} = r(\cos\psi + \mathrm{j}\ \sin\psi) = r\angle\psi \qquad (4-2-1)$$

式中 $r=\sqrt{a^2+b^2}$，称为复数 A 的模，$\psi=\arctan(b/a)$称为辐角。

复数也可以用由实轴与虚轴组成的复平面上的有向线段来表示。用直角坐标的横轴表示实轴，以 $+1$ 为单位；纵轴表示虚轴，以 $+\mathrm{j}$ 为单位。实轴和虚轴构成复坐标平面，简称复平面。于是任何一个复数就与复平面上的一个确定点相对应。例如，式(4-2-1)所示的复数与 $A(a, b)$ 点相对应，如图 4-2-2 所示。再用有向线段连接坐标原点 O 和点 A，在线段末端带有箭头，成为一个矢量，该矢量就与复数 A 对应。这种表示复数的矢量称为复数矢量。

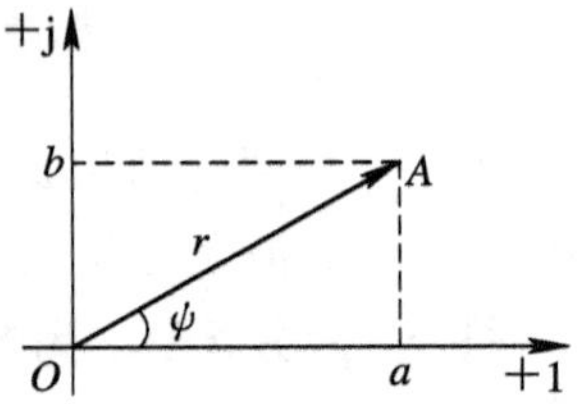

图 4-2-2

2. 复数运算

设有两个复数：

$$A_1 = a_1 + \mathrm{j}b_1 = r_1\mathrm{e}^{\mathrm{j}\psi_1} = r_1\angle\psi_1$$

$$A_2 = a_2 + \mathrm{j}b_2 = r_2\mathrm{e}^{\mathrm{j}\psi_2} = r_2\angle\psi_2$$

复数的加、减运算应用代数形式较为方便：

$$A_1 + A_2 = (a_1 + a_2) + \mathrm{j}(b_1 + b_2)$$

复数的乘、除运算应用指数或极坐标形式较为方便：

$$A_1A_2 = r_1r_2e^{j(\psi_1+\psi_2)} = r_1r_2\angle(\psi_1+\psi_2)$$

$$\frac{A_1}{A_2} = \frac{r_1}{r_2}e^{j(\psi_1-\psi_2)} = \frac{r_1}{r_2}\angle(\psi_1-\psi_2)$$

因为$+j=1\angle 90°$，$-j=1\angle -90°$，所以$+j$可以看成是一个模为1、辐角为$+90°$的复数，$-j$可以看成是一个模为1、辐角为$-90°$的复数。因此，若复数A乘以$+j$或$-j$，则为：

$$jA_1 = r_1\angle(\psi_1+90°)$$

$$-jA_1 = r_1\angle(\psi_1-90°)$$

上式表明，任意一个复数乘以j，其模值不变，辐角增加90°，相当于在复平面上把复数矢量逆时针旋转90°；任意一个复数乘以$-j$，其模值不变，辐角减少90°，相当于在复平面上把复数矢量顺时针旋转90°，如图4-2-3所示。因此，j称为旋转90°的因子。

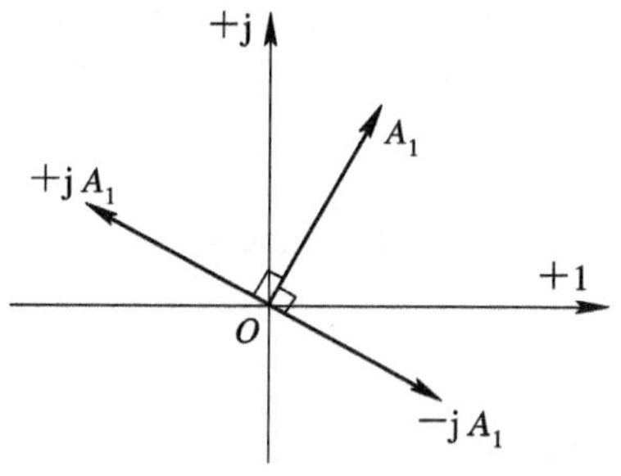

图4-2-3

4.2.3 正弦量的相量表示法

1. 正弦量的相量表示

由上述可知，正弦量可以用矢量表示，而矢量又可以用复数表示，因此，正弦量必然可以用复数表示。

设有一复数$A(t)=re^{j(\omega t+\psi)}$，它和上述复数不同，它不仅是复数，而且辐角还是时间的函数，称为复指数函数。复指数函数与复数的关系可写为

$$A(t) = re^{j(\omega t+\psi)} = re^{j\psi}e^{j\omega t} = Ae^{j\omega t}$$

式中$A=re^{j\psi}$，按欧拉公式展开上式，有

$$A(t) = r\cos(\omega t+\psi) + jr\sin(\omega t+\psi)$$

由此可见，一个复指数函数的虚部是一正弦函数，或者说一个正弦函数等于复指数函数的虚数部分。因此对于正弦量，如正弦电流$i=I_m\sin(\omega t+\psi_i)$，可以写作

$$i = I_m\sin(\omega t+\psi_i) = \mathrm{Im}[I_m e^{j\psi_i}e^{j\omega t}] \tag{4-2-2}$$

式(4-2-2)中，Im[·]是"取虚部"的意思，符号Im是虚数(Imaginary)的缩写。上式表明正弦电流等于复指数函数$I_m e^{j\psi_i}e^{j\omega t}$的虚数部分，该复指数函数包含了正弦量的三要素，这样，就将正弦电流和复指数函数联系了起来。将式(4-2-2)进一步改写成

$$i = \mathrm{Im}[I_m e^{j\psi_i}e^{j\omega t}] = \mathrm{Im}[\dot{I}_m e^{j\omega t}] \tag{4-2-3}$$

式中

$$\dot{I}_m = I_m e^{j\psi_i} = I_m\angle\psi_i$$

复数$\dot{I}_m$是一个与时间无关的复常数，其模是正弦量的最大值，辐角是正弦量的初相位，两者是正弦量三要素中的两个要素，当角频率给定时，它就完全可以确定一个正弦量。由于正弦交流电路中的电压、电流都是同频率的正弦量，一般只需要确定正弦量的最大值和初相位两个要素，因此，$\dot{I}_m$就是一个表示正弦电流的复数。把这样一个能够表示正弦量的最大值和初相位的复数称为正弦量的相量(phasor)。同样，正弦电压的相量为

$$\dot{U}_m = U_m e^{j\psi_u} = U_m\angle\psi_u \tag{4-2-4}$$

式(4-2-2)中，$e^{j\omega t}$称为旋转因子。该复数的模值为1，辐角ωt随时间成正比增长。

相量是一个复数，它代表一个正弦量，所以在符号字母上方加上一点，以与一般的复数加以区别。特别注意的是，相量只能表示或代表正弦量，但不等于正弦量。相量乘以旋转因子取虚部才等于正弦量。只有正弦量才能用相量表示，非正弦量则不能。

相量也有有效值相量形式，即

电流相量　　$\dot{I}=Ie^{j\psi_i}=I\angle\psi_i$　　(4-2-5)

电压相量　　$\dot{U}=Ue^{j\psi_u}=U\angle\psi_u$　　(4-2-6)

2. 相量图及相量运算

在复平面上，用矢量表示的相量称为相量图(phasor diagram)，下面通过例题加以说明。

例4-2-1　正弦电压$u=141\sin(\omega t+60°)$ V，正弦电流$i=14.14\sin(\omega t-45°)$ A，写出u和i的相量，并画出相量图。

解　电压相量　　$\dot{U}=100e^{j60°}=100\angle 60°$ V

电流相量　　$\dot{I}=10e^{-j45°}=10\angle -45°$ A

它们的相量图如图4-2-4所示。

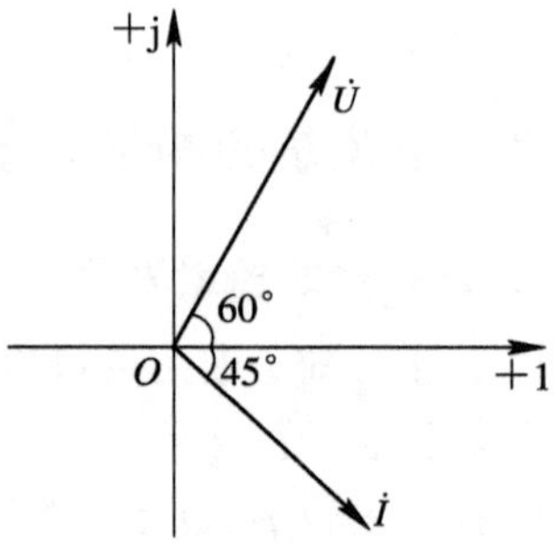

图4-2-4

应注意的是，在同一相量图中，各相量所表示的正弦电量必须是同频率的正弦量。只有这样，才能对各个正弦量进行相位关系的比较。在同一个相量图中不能表示不同频率的正弦量。

例4-2-2　已知两个电压$u_1=141\sin(\omega t+45°)$ V，$u_2=84.6\sin(\omega t-30°)$ V。要求：

(1) 求相量$\dot{U}_1$、$\dot{U}_2$；

(2) 若电压$u=u_1+u_2$，写出电压u的瞬时值表达式。

解　(1)

$$\dot{U}_1=141\times 0.707e^{j45°}=100e^{j45°}=100\angle 45°\ \text{V}$$

$$\dot{U}_2=84.6\times 0.707e^{-j30°}=60e^{-j30°}=60\angle -30°\ \text{V}$$

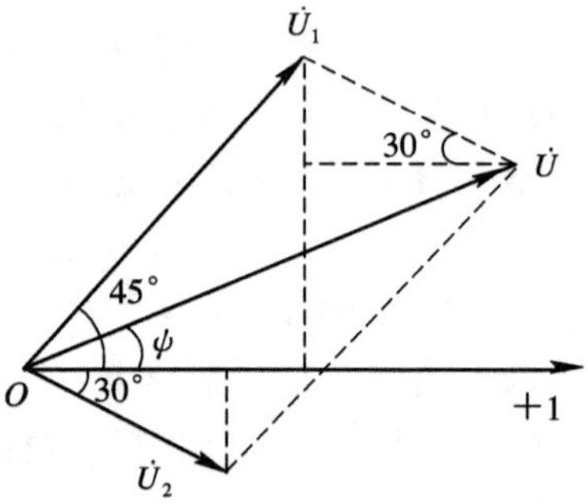

图4-2-5

(2) 因为$\dot{U}=\dot{U}_1+\dot{U}_2$，所以画出相量图如图4-2-5所示，由平行四边形法则作出$\dot{U}$，从相量图中各相量之间的几何关系得

$$\begin{aligned}U&=\sqrt{(U_1\cos\psi_1+U_2\cos\psi_2)^2+(U_1\sin\psi_1+U_2\sin\psi_2)^2}\\&=\sqrt{(100\cos45°+60\cos30°)^2+(100\sin45°-60\sin30°)^2}\\&=129\ \text{V}\end{aligned}$$

初相位为

$$\psi = \arctan\frac{U_1\ \sin\psi_1 + U_2\ \sin\psi_2}{U_1\ \cos\psi_1 + U_2\ \cos\psi_2} = \arctan\frac{100\ \sin45^\circ - 60\ \sin30^\circ}{100\ \cos45^\circ + 60\ \cos30^\circ} = 18.4^\circ$$

则电压为

$$u = 129\sqrt{2}\ \sin(\omega t + 18.4^\circ)\ \mathrm{V}$$

由上例可知，同频率正弦量相加的问题可以转化成对应的相量相加，用这种方法形象且直观。除了按平行四边形法则矢量求和外，还可按矢量三角形法则计算相量的差，如图 4-2-6 所示。按多边形法则可计算多个矢量的加减，图 4-2-7 所示的相量图表达的运算为

$$\dot{U} = \dot{U}_1 + \dot{U}_2 + \dot{U}_3 - \dot{U}_4$$

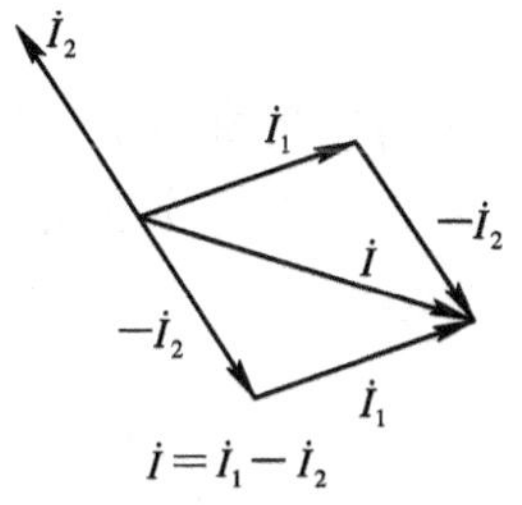

图 4-2-6

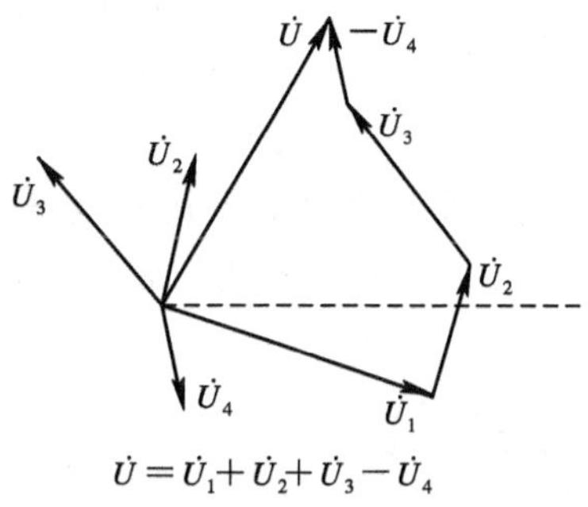

图 4-2-7

例 4-2-3 已知 $i_A + i_B + i_C = 0$，$i_B = 5\sqrt{2}\ \sin(\omega t + 120^\circ)$ A，$i_C = 4\sqrt{2}\ \sin(\omega t - 120^\circ)$ A，求 i_A，并画出相量图。

解 根据 i_B 和 i_C 的瞬时值表达式可写出它们的相量：

$$\begin{aligned}\dot{I}_B &= 5\angle 120^\circ = 5\ \cos120^\circ + \mathrm{j}5\ \sin120^\circ \\ &= -2.5 + \mathrm{j}4.33\ \mathrm{A} \\ \dot{I}_C &= 4\angle -120^\circ \\ &= 4\ \cos(-120^\circ) + \mathrm{j}4\ \sin(-120^\circ) \\ &= -2 - \mathrm{j}3.646\ \mathrm{A}\end{aligned}$$

因为

$$i_A = -(i_B + i_C)$$

所以

$$\begin{aligned}\dot{I}_A &= -(\dot{I}_B + \dot{I}_C) \\ &= -[(-2.5 + \mathrm{j}4.33) + (-2 - \mathrm{j}3.646)] \\ &= 4.5 - \mathrm{j}0.866 \\ &= 4.58\angle -10.9^\circ\ \mathrm{A}\end{aligned}$$

则电流 i_A 的瞬时值表达式为

$$\begin{aligned}i_A &= -(i_B + i_C) \\ &= 4.58\sqrt{2}\ \sin(\omega t - 10.9^\circ)\ \mathrm{A}\end{aligned}$$

相量图如图 4-2-8 所示。

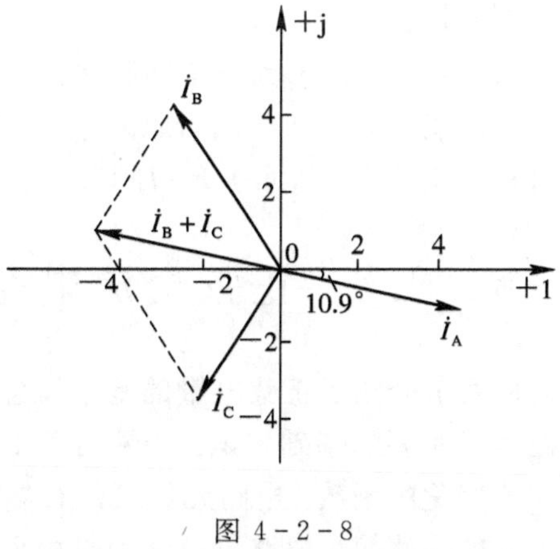

图 4-2-8

小结

1. 正弦量可以用瞬时值表达式、波形图、旋转矢量、相量四种方法表示。相量表示法是分析和计算交流电路的一种重要工具。

2. 正弦量的相量表示法是用复数表示正弦量的有效值和初相位，但相量并不等于正弦量，两者之间不能直接相等。

相量可以用最大值和初相来定义：

电流相量　　$\dot{I}_m = I_m e^{j\psi_i} = I_m\angle\psi_i$

电压相量　　$\dot{U}_m = U_m e^{j\psi_u} = U_m\angle\psi_u$

相量亦可以用有效值和初相来定义：

电流相量　　$\dot{I} = I e^{j\psi_i} = I\angle\psi_i$

电压相量　　$\dot{U} = U e^{j\psi_u} = U\angle\psi_u$

3. 相量图是在复平面上用矢量表示相量的一种方法。在同一相量图中，各相量所表示的正弦电量必须是同频率的正弦量。应用相量图可以方便地求几个正弦量相加减，写出其瞬时值表达式。

思考与练习

4-2-1　写出下列正弦量的最大值相量和有效值相量，并说明这两个正弦量能否表示在同一相量图上。

(1) $i=6\sin(100t+80°)$ A　(2) $u=8\sin(200\omega t-15°)$ V

4-2-2　写出下列相量所表示的正弦量(设角频率为 ω)：

(1) $\dot{I}_m=10\angle50°$ A　(2) $\dot{U}=14.14\angle-30°$ V

4-2-3　已知 $\dot{U}=8\angle10°$ V，写出下列各相量的初相位：

(1) $j\dot{U}$　　(2) $-j\dot{U}$

4-2-4　已知 $i_1=3\sin3\omega t$ A，$i_2=2\sin\omega t$ A，能否在相量图中应用平行四边形法则求出 $i=i_1+i_2$，说明原因。

4-2-5　已知 $i_1=5\sin(\omega t+60°)$A，$i_2=7\sin(\omega t+150°)$ A，求 $i_3=i_1+i_2$、$i_4=i_1-i_2$ 和 $\dot{I}_3=\dot{I}_1+\dot{I}_2$、$\dot{I}_4=\dot{I}_1-\dot{I}_2$。

4-2-6　设 i_1、i_2 为两个同频率但不同相位的正弦电流，且已知 $i=i_1+i_2$，问下列哪些等式一定能够成立？并说明原因。

(1) $I=I_1+I_2$　(2) $\dot{I}=\dot{I}_1+\dot{I}_2$　(3) $I_m=I_{1m}+I_{2m}$　(4) $\dot{I}_m=\dot{I}_{1m}+\dot{I}_{2m}$

4.3　正弦交流电路中的电阻、电容和电感

前面两节介绍了正弦电量的基本概念和正弦电量的相量表示法，为分析计算正弦交流电路准备了必要的基础知识。线性时不变交流电路稳态工作时的电流、电压都是随时间按正弦规律变化的函数。电路元件不仅有耗能元件电阻，而且有储能元件(电感和电容)。工程实际中的一些简单电路可以认为是由单一电路元件组成的交流电路，对于复杂的交流电

路可以认为是由不同单一电路元件组合而成的交流电路。因此，讨论电阻、电容、电感三个元件在交流电路中的特性对分析计算交流电路是非常重要的。

4.3.1 电阻元件

1. 电压与电流关系

在交流电路中，通过电阻元件的电流和它两端的电压在任何瞬间都遵循欧姆定律。图 4－3－1(a)所示的只含有电阻元件 R 的电路中，电压、电流的参考方向如图所示，其方向相关联。

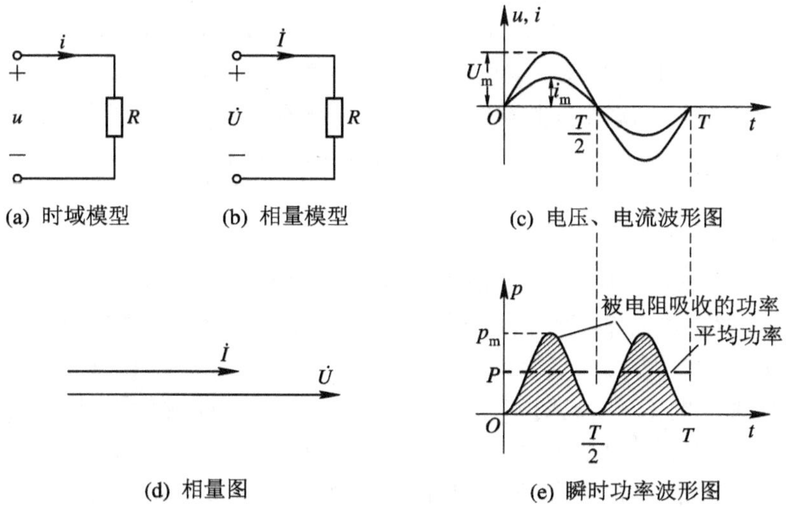

图 4－3－1

设在电阻元件两端加上的正弦交流电压为

$$u = U_m \sin\omega t = \sqrt{2}U \sin\omega t \tag{4-3-1}$$

按图 4－3－1(a)所示电压、电流的参考方向，根据欧姆定律，电路的电流为

$$\begin{aligned} i &= \frac{u}{R} = \frac{U_m}{R} \sin\omega t = \sqrt{2}\,\frac{U}{R} \sin\omega t \\ &= I_m \sin\omega t = \sqrt{2}I \sin\omega t \end{aligned} \tag{4-3-2}$$

上式表明：电阻元件中电流和其两端的电压是同频率的正弦量。比较电压和电流的数学表达式，它们的关系如下：

(1) 数值关系。

电压和电流最大值关系为

$$I_m = \frac{U_m}{R} \tag{4-3-3}$$

两边同除以$\sqrt{2}$，可得有效值关系：

$$I = \frac{U}{R} \tag{4-3-4}$$

即电压与电流的最大值和有效值均服从欧姆定律关系。

(2) 相位关系。

电压与电流同相位，即 $\psi_u=\psi_i$，相位差 $\varphi=0$，电压与电流波形图如图 4-3-1(c)所示。

综上所述，可得电阻元件电压和电流之间的相量关系式：

$$\dot{I}=\frac{\dot{U}}{R} \quad \text{或} \quad \dot{I}_m=\frac{\dot{U}_m}{R} \tag{4-3-5}$$

式(4-3-5)同时表示了电压和电流之间的数值与相位关系，称为欧姆定律的相量形式，相应的相量图如图 4-3-1 (d)所示。根据式(4-3-5)，图 4-3-1(a)的时域模型可用图 4-3-1(b)的相量模型来代替，即电压、电流用相量表示，而电阻不变。

2. 功率

在交流电路中，通过电阻元件的电流及其两端电压都是交变的，电阻吸收的功率也必然是随时间变化的。把电阻在任一瞬间所吸收的功率称为瞬时功率，用小写字母 p 表示，设 u，i 参考方向关联，则瞬时功率等于同一瞬时电压和电流瞬时值的乘积，即

$$\begin{aligned} p = ui &= U_m \sin\omega t \cdot I_m \sin\omega t \\ &= U_m I_m \sin^2\omega t \\ &= UI(1-\cos2\omega t) \end{aligned} \tag{4-3-6}$$

上式表明：瞬时功率是随时间变化的，并且由两部分组成：第一部分是恒定值 UI，第二部分是幅值为 UI，并以 2ω 随时间变化的交变量 $UI\ \cos2\omega t$。瞬时功率的波形图如图 4-3-1(e) 所示。

由于电阻元件的电压、电流同相位，它们的瞬时值总是同时为正或同时为负，所以瞬时功率 p 总为正值(当任意正弦量为零时，$p=0$)，这一点也可从瞬时功率的波形图看出。这表明，电阻元件在每一瞬间都在消耗电能，所以电阻元件是耗能元件。

由于瞬时功率是随时间变化的，使用时不方便，因而工程上所说的功率指的是瞬时功率在一个周期内的平均值，称为平均功率，用大写字母 P 表示，平均功率又称为有功功率(active power)，它的单位为瓦特(W)或千瓦(kW)。

$$\begin{aligned} P &= \frac{1}{T}\int_0^T p\ \mathrm{d}t = \frac{1}{T}\int_0^T UI(1-\cos2\omega t)\ \mathrm{d}t \\ &= UI = I^2R = \frac{U^2}{R} \end{aligned} \tag{4-3-7}$$

式(4-3-7)与直流电路的功率计算公式在形式上完全相同，但式中 U、I 是电压、电流的有效值。

例 4-3-1 有一个 220 V、40 W 的白炽灯，其两端电压为 $u=311\sin(314t+30°)$V。试求：

(1) 通过白炽灯的电流的相量和瞬时值表达式；

(2) 每天使用 4 小时，每千瓦小时收费 0.45 元，问每月(30 天)应付多少电费?

解 (1) 白炽灯属于电阻性负载，电压的相量为

$$\dot{U}=U\angle\psi_u=\frac{311}{\sqrt{2}}\angle30°=220\angle30°\ \text{V}$$

由式(4-3-7)得

$$R=\frac{U^2}{P}=\frac{220^2}{40}=1210\ \Omega$$

由式(4－3－5)得电流的相量为

$$\dot{I}=\frac{\dot{U}}{R}=\frac{220\angle 30^{\circ}}{1210}=0.182\angle 30^{\circ}\ \mathrm{A}$$

则电流的瞬时值表达式为

$$i=\sqrt{2}I\ \sin(\omega t+\psi_i)=0.182\sqrt{2}\ \sin(314t+30^{\circ})\ \mathrm{A}$$

(2) 每月消耗的电能为

$$W=Pt=40\times 4\times 30=4800\ \mathrm{Wh}=4.8\ \mathrm{kWh}$$

则每月应付电费

$$4.8\times 0.45=2.16\ 元$$

4.3.2 电感元件

1. 电压与电流关系

如图 4－3－2(a)所示，在只含有电感元件 L 的电路中，电压、电流设为如图所示的关联参考方向。

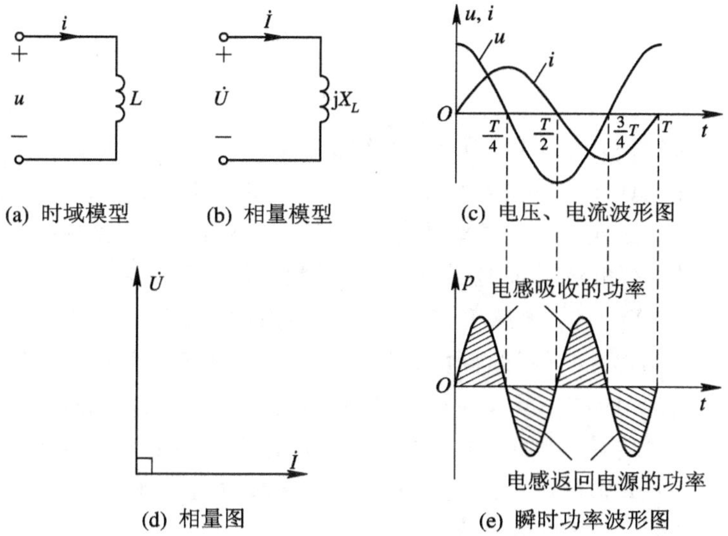

图 4－3－2

根据电磁感应定律可以证明电压电流有如下微分关系：

$$u=L\frac{\mathrm{d}i}{\mathrm{d}t} \tag{4-3-8}$$

式(4－3－8)中的 L 称做自感系数，简称自感或电感(inductance)，其定义为通过电感线圈的磁通链与产生该磁通链的电流的比值，即

$$L=\frac{\psi}{i}$$

电感的单位为亨利(henry)，简称亨，用字母 H 表示。工程实际中也常用到毫亨(mH)和微亨(μH)单位。

设通过电感元件的正弦交流电流为

$$i = I_m \sin\omega t = \sqrt{2}I \sin\omega t \tag{4-3-9}$$

则电感元件的端电压为

$$u = L\frac{di}{dt} = \omega L I_m \sin(\omega t + 90°) = U_m \sin(\omega t + 90°) \tag{4-3-10}$$

上式表明：电感元件中电流与其两端的电压都是同频率的正弦量。比较电压和电流的数学表达式，它们的关系为：

(1) 数值关系。

电压和电流最大值关系

$$U_m = \omega L I_m \quad 或 \quad I_m = \frac{U_m}{\omega L} \tag{4-3-11}$$

两边同除以$\sqrt{2}$，可得电流的有效值关系：

$$I = \frac{U}{\omega L}$$

令

$$X_L = \omega L = 2\pi f L \tag{4-3-12}$$

则

$$I = \frac{U}{X_L} \tag{4-3-13}$$

我们把式(4－3－13)称为电感元件的欧姆定律，式中 $X_L = \omega L$ 称为感抗(inductive reactance)，单位为欧姆(Ω)。感抗是表示电感对电流阻碍作用大小的一个物理量，它与 L 和 ω 成正比。对于一定的电感 L，频率越高，它呈现的感抗越大，反之越小。换句话说，对于一定的电感 L，对高频电流呈现的阻力大，对低频电流呈现的阻力小。在直流情况下，可以看做频率 $f=0$，故 $X_L=0$，电感 L 相当于短路。因此，很容易得出电感元件具有"阻交流、通直流"或"阻高频、通低频"的特性。在滤波电路、频分电路中，电感元件就是根据这一特性工作的，在实际电路中应用的高频扼流圈也是利用这一原理制成的。

应注意的是，对于电感元件而言，电压和电流的瞬时值之间并不具有欧姆定律的形式，即不存在正比关系，感抗也不能代表电压、电流瞬时值的比值。电感元件的欧姆定律只适用于电压与电流的有效值(或最大值)之比。

(2) 相位关系。

比较式(4－3－9)和式(4－3－10)可知，电感电压和电流出现了相位差，并且电压超前电流 90°，或者说电感电流滞后电压 90°，即 $\psi_u = \psi_i + 90°$。电压与电流波形图如图 4－3－2(c)所示(波形图中 $\psi_i = 0$，$\psi_u = 90°$)。

总结上述电感元件电压、电流之间的数值关系和相位关系，可得出电感元件欧姆定律的相量形式为

$$\dot{U} = \dot{I}\omega L\angle 90° = jX_L\dot{I} \quad 或 \quad \dot{U}_m = \dot{I}_m \omega L\angle 90° = jX_L\dot{I}_m \tag{4-3-14}$$

$$\frac{\dot{U}}{\dot{I}} = j\omega L \quad 或 \quad \frac{\dot{U}_m}{\dot{I}_m} = jX_L \tag{4-3-15}$$

式(4－3－14)同时表示了电压和电流之间的数值与相位关系，相应的相量图如图 4－3－2(d) 所示。图 4－3－2(b)为电感元件的相量模型。

2. 功率

在电压、电流取关联参考方向下，电感元件吸收的瞬时功率为

$$\begin{aligned} p &= ui = U_m \sin(\omega t + 90°) I_m \sin\omega t \\ &= U_m I_m \cos\omega t \sin\omega t = \frac{U_m I_m}{2} \sin 2\omega t \\ &= UI \sin 2\omega t \end{aligned} \tag{4-3-16}$$

瞬时功率的波形图如图 4-3-2(e)所示。

电感元件瞬时功率的平均值，即为平均功率：

$$P = \frac{1}{T}\int_0^T p\,dt = \frac{1}{T}\int_0^T UI \sin 2\omega t\,dt = 0 \tag{4-3-17}$$

从瞬时功率的数学表达式或波形图都可以看出，瞬时功率也是随时间变化的正弦函数，其幅值为 UI，并以 2ω 角频率随时间变化。在一个周期内，瞬时功率的平均值为零，说明电感元件不消耗能量，但这并不意味着电感元件不从电源获取能量。从瞬时功率的波形图 4-3-2(d)可以看出，在第一个和第三个 1/4 周期内，u 和 i 同为正值或负值，瞬时功率 p 大于零，这一过程实际是电感将电能转换为磁场能存储起来，从电源吸取能量。在第二和第四个 1/4 周期内，u 和 i 一个为正值，另一个则为负值，故瞬时功率小于零，这一过程实际是电感将磁场能转换为电能释放出来。电感不断地与电源交换能量，在一个周期内吸收和释放的能量相等，因此平均值为零，这说明电感不消耗能量，是一个储能元件。

电感元件的平均功率为零，但存在着与电源之间的能量交换，电源要供给它电流，而实际电源的额定电流是有限的，所以电感元件对电源来说仍是一种负载，它要占用电源设备的容量。不同电感元件与电源进行能量交换的速率是不同的，为了衡量这种能量交换的速率，我们定义瞬时功率的最大值，即能量交换的最大速率为电感元件的无功功率(no-reactive power)，无功功率用大写字母 Q 表示：

$$Q = UI = X_L I^2 = \frac{U^2}{X_L} \tag{4-3-18}$$

无功功率与有功功率在形式上是相似的，但无功功率不是消耗电能的速率，而是交换能量的最大速率。为了区别无功功率和有功功率，将无功功率的单位命名为“乏尔”，简称乏(var)，工程上还用到千乏(kvar)，1 kvar$=10^3$ var。

例 4-3-2 已知一个电感元件，$L=19.1$ mH，接在电压 $u=220\sqrt{2}\sin(314t+45°)$ V 的电源上。试求：

(1) 电感元件的感抗；

(2) 关联参考方向下的电流 i；

(3) 电感元件的无功功率。

解 (1) 根据式(4-3-13)，电感元件的感抗为

$$X_L = \omega L = 314 \times 19.1 \times 10^{-3} = 6\ \Omega$$

(2) 电压的相量为

$$\dot{U} = 220\angle 45°\ \text{V}$$

根据式(4-3-15)，电流的相量为

$$\dot{I} = \frac{\dot{U}}{jX_L} = \frac{220\angle 45°}{6\angle 90°} = 36.67\angle -45°\ \text{A}$$

则电流的瞬时值表达式为

$$i = 36.67\sqrt{2}\sin(314t - 45^\circ)\ \text{A}$$

（3）根据式(4-3-18)，无功功率为

$$Q = UI = 220 \times 36.67 = 8067.4\ \text{var} = 8.067\ \text{kvar}$$

4.3.3 电容元件

1. 电压与电流关系

如图 4-3-3(a)所示，在只含有电容元件 C 的电路中，电压、电流为如图所示的关联参考方向。

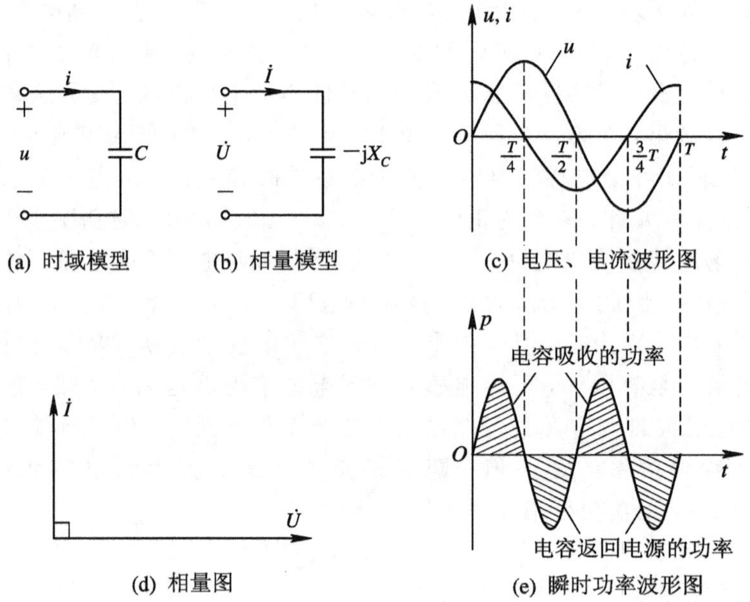

图 4-3-3

可以推导证明，C 上电流与电压有如下微分关系：

$$i = C\frac{\mathrm{d}u}{\mathrm{d}t} \qquad (4-3-19)$$

式中 C 称做电容量(capacitance)，其定义为电容上存储的电荷量与电容两端电压的比值，即

$$C = \frac{q}{u}$$

电容的单位为法拉(farad)，简称法，用字母 F 表示。在工程实际中，由于 F 的单位太大，所以，常用的单位为微法(μF)和皮法(pF)。

设加在电容元件上的正弦交流电压为

$$u = U_{\mathrm{m}}\sin\omega t = \sqrt{2}U\sin\omega t \qquad (4-3-20)$$

则流过电容元件的电流为

$$i = C\frac{\mathrm{d}u}{\mathrm{d}t} = \omega CU_{\mathrm{m}}\cos\omega t = I_{\mathrm{m}}\sin(\omega t + 90^\circ) \qquad (4-3-21)$$

上式表明：电容元件两端的电压和电流是同频率的正弦量。比较电压和电流的数学表达式，它们的关系为：

(1) 数值关系。

电压和电流最大值关系为

$$I_m = \omega C U_m \quad 或 \quad U_m = \frac{I_m}{\omega C} \tag{4-3-22}$$

两边同除以$\sqrt{2}$，可得电流的有效值关系：

$$I = U\omega C$$

令

$$X_C = \frac{1}{\omega C} = \frac{1}{2\pi f C} \tag{4-3-23}$$

则

$$I = \frac{U}{X_C} \tag{4-3-24}$$

我们把式(4-3-24)称为电容元件的欧姆定律，X_C 称为容抗(capactive reactance)，单位为欧姆(Ω)。容抗是表示电容对电流阻碍作用大小的一个物理量，它与 C 和 ω 成反比。对于一定的电容 C，频率越高，它呈现的容抗越小；反之越大。换句话说，对于一定的电容 C，它对低频电流呈现的阻力大，对高频电流呈现的阻力小。在直流情况下，可以看做频率 $f=0$，故 $X_C=\infty$，电容 C 相当于开路。因此，很容易得出电容元件具有"通交流、阻直流"或"通高频、阻低频"的特性。因此，它在电子电路中可起到隔直、旁路、滤波等作用。

应注意的是，对于电容元件而言，电压和电流的瞬时值之间也不具有欧姆定律的形式，即不存在正比关系，容抗也不能代表电压、电流瞬时值的比值。电容元件的欧姆定律只适用于电压与电流的有效值(或最大值)之比。

(2) 相位关系。

比较式(4-3-20)和式(4-3-21)可知，电容电压和电流出现了相位差，并且电压滞后电流 90°，或者说电容电流超前电压 90°，即 $\psi_u=\psi_i-90°$。电压与电流波形图如图 4-3-3(c)所示。

总结上述电容元件电压、电流之间的数值关系和相位关系，可得出电容元件欧姆定律的相量形式为

$$\dot{U}_m = \frac{\dot{I}_m}{\omega C}\angle -90° \quad 或 \quad \dot{U} = \frac{\dot{I}}{\omega C}\angle -90° = -jX_C\dot{I} \tag{4-3-25}$$

$$\frac{\dot{U}_m}{\dot{I}_m} = \frac{1}{j\omega C} \quad 或 \quad \frac{\dot{U}}{\dot{I}} = \frac{1}{j\omega C} \tag{4-3-26}$$

式(4-3-26)同时表示了电压和电流之间的数值与相位关系，相应的相量图如图 4-3-3(d)所示。图 4-3-3(b)为电容元件的相量模型图。

2. 功率

在电压、电流取关联参考方向下，电容元件吸收的瞬时功率为

$$\begin{aligned} p &= ui = U_m \sin\omega t \cdot I_m \sin(\omega t + 90°) = U_m I_m \sin\omega t \cdot \cos\omega t \\ &= \frac{U_m I_m}{2}\sin 2\omega t = UI \sin 2\omega t \end{aligned} \tag{4-3-27}$$

瞬时功率的波形图如图 4-3-3(e)所示。

电容元件瞬时功率的平均值(即平均功率)为

$$P = \frac{1}{T}\int_0^T p\ \mathrm{d}t = \frac{1}{T}\int_0^T UI\ \sin 2\omega t\ \mathrm{d}t = 0 \tag{4-3-28}$$

从瞬时功率的数学表达式或波形图都可以看出，瞬时功率也是随时间变化的正弦函数，其幅值为 UI，并以 2ω 角速度随时间变化。在一个周期内，瞬时功率的平均值为零，说明电容元件不消耗能量。但电容元件也存在着与电源之间的能量交换。从瞬时功率的波形图可以看出，在第一和第三个 1/4 周期内，u 和 i 同为正值或负值，瞬时功率 p 大于零，这一过程实际是电容将电能转换为电场能存储起来，从电源吸取能量。在第二和第四个 1/4 周期，u 和 i 一个为正值，另一个则为负值，故瞬时功率小于零，这一过程实际是电容将电场能转换为电能释放出来。电容不断地与电源交换能量，在一个周期内吸收和释放的能量相等，因此平均值为零，这说明电容不消耗能量，是一个储能元件。

与电感元件一样，采用无功功率衡量这种能量交换，它仍等于瞬时功率的最大值。电容上无功功率的大小为

$$Q_C = UI = X_C I^2 = \frac{U^2}{X_C} \tag{4-3-29}$$

Q 的单位为乏尔(var)或千乏(kvar)。

例 4-3-3 一个电容元件，已知 $C=0.5$ F，流过的电流 $i=1.41\sin(100t-30°)$ A。试求：

(1) 电容元件的容抗；

(2) 关联参考方向下的电压 u；

(3) 电容元件的无功功率。

解 (1) 根据式(4-3-23)，电容元件的容抗为

$$X_C = \frac{1}{\omega C} = \frac{1}{100 \times 0.5} = 0.02\ \Omega$$

(2) 电流的相量为

$$\dot{I} = 1\angle -30°\ \mathrm{A}$$

根据式(4-3-25)，电压的相量为

$$\begin{aligned}\dot{U} &= -\mathrm{j}X_C\dot{I} = -\mathrm{j}0.02\angle -30° = 0.02\angle -120° \\ &= 2\times 10^{-2}\angle -120°\ \mathrm{A}\end{aligned}$$

电压的瞬时值表达式为

$$u = \sqrt{2}\times 10^{-2}\times 2\sin(100t-120°) = 2\sqrt{2}\times 10^{-2}\sin(100t-120°)$$

(3) 无功功率为

$$Q_C = UI = 1\times 0.02 = 0.02\ \mathrm{var}$$

4.3.4 基尔霍夫定律的相量形式

欧姆定律和基尔霍夫定律是分析各种电路的理论依据，我们已经讨论了电阻、电感、电容元件的欧姆定律的相量形式。在交流电路中，由于引入了电压、电流的相量，因此基尔霍夫定律也应有相应的相量形式

1. 基尔霍夫电流定律(KCL)的相量形式

由基尔霍夫节点电流定律可知，任一时刻，对正弦电路中任一节点而言，流入(或流出)该节点各支路电流瞬时值的代数和为零，即

$$\sum i = 0$$

例如，对于图 4-3-4 所示交流电路中的节点 A 有

$$i_1 - i_2 + i_3 = 0$$

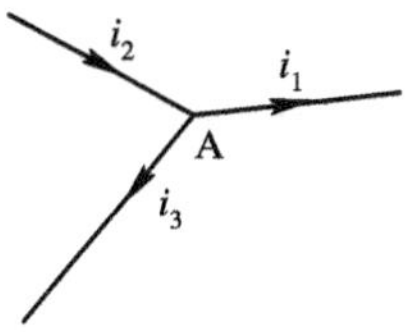

图 4-3-4

由于各个电流都是同频率的正弦量，只是初相位和最大值不同，因此根据正弦量的和差与它们的相量和差的对应关系，可以推出：任一时刻，对正弦电路中任一节点而言，流入(或流出)该节点各支路电流相量的代数和为零，即

$$\sum \dot{I} = 0 \tag{4-3-30}$$

式(4-3-30)称为基尔霍夫节点电流定律的相量形式。

2. 基尔霍夫电压定律(KVL)的相量形式

根据基尔霍夫回路电压定律可知，对于正弦电路中任一回路而言，沿该回路绕行一周，各段电路电压瞬时值的代数和为零，即

$$\sum u = 0$$

同理可以得出基尔霍夫电压定律(KVL)的相量形式，对于正弦电路中任一回路而言，沿该回路绕行一周，各段电压相量的代数和为零，即

$$\sum \dot{U} = 0 \tag{4-3-31}$$

小结

1. 电阻 R、电感 L、电容 C 是理想的电路元件，实际电路可由这些元件和电源的组合而构成。

2. 电阻 R：在直流电路及交流电路中作用相同，即有阻碍电流的作用，将电能转换为热能。在交流电路中，电阻两端的电压和流经电阻的电流是同频率的正弦量，二者同相位，电压和电流的瞬时值、最大值和有效值均服从欧姆定律，其欧姆定律的相量形式是

$$\dot{U} = R\dot{I}$$

3. 电感 L：在直流电路中相当于短路，在交流电路中，电感两端的电压和流经电感的电流是同频率的正弦量，电压超前电流 90°，电压和电流的最大值、有效值服从欧姆定律。电感元件为储能元件，其欧姆定律的相量形式是

$$\dot{U} = \mathrm{j}X_L\dot{I}$$

4. 电容 C：在直流电路中相当于开路，在交流电路中，电容两端的电压和流经电容的电流是同频率的正弦量，电流超前电压 90°，电压和电流的最大值、有效值服从欧姆定律。电容元件为储能元件，其欧姆定律的相量形式是

$$\dot{U} = -\mathrm{j}X_C\dot{I}$$

5. KCL 的相量形式为 $\sum \dot{I} = 0$，KVL 的相量形式为 $\sum \dot{U} = 0$。

思考与练习

4-3-1 指出下列各式哪些是正确的，哪些是错误的，并说明理由。

(1) $\frac{u}{i}=X_L$ (2) $\frac{\dot{U}}{\dot{I}}=\mathrm{j}\omega L$ (3) $\dot{I}=\frac{\dot{U}}{\omega L}$ (4) $U=L\frac{\mathrm{d}u}{\mathrm{d}t}$ (5) $P=I^2X_L$

4-3-2 指出下列各式哪些是正确的，哪些是错误的，并说明理由。

(1) $\frac{u}{i}=X_C$ (2) $\frac{\dot{U}}{\dot{I}}=\mathrm{j}\omega C$ (3) $\dot{I}=\dot{U}\omega C$ (4) $\dot{I}=\mathrm{j}\frac{\dot{U}}{\omega L}$ (5) $P=I^2X_C$

4-3-3 从下面的电压、电流的数值判别题 4-3-3 图所示电路包含的是什么元件，并计算其参数数值。

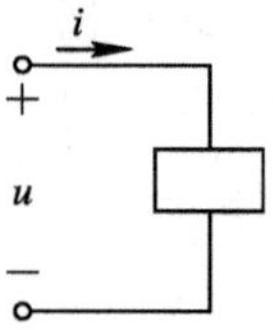

题 4-3-3 图

(1) $u=80\sin(\omega t+40°)$ V

$i=20\sin(\omega t+40°)$ A

(2) $u=100\sin(377t+10°)$ V

$i=5\sin(377t-80°)$ A

(3) $u=300\sin(155t+30°)$ V

$i=1.5\sin(155t+120°)$ A

(4) $u=50\cos(\omega t+20°)$ V

$i=5\sin(\omega t+110°)$ A

4-3-4 已知电感的 $L=1$ H，电感两端的电压 $u=3\sin(10t+60°)$ V。试求通过电感元件的电流 i 和电感的无功功率 Q，并画出相量图。

4-3-5 电容 $C=8\ \mu$F，流过的电流 $i=0.14\sin(314t-45°)$ A。试求电容的电压 u 和电容无功功率 Q，并画出相量图。

4.4 阻抗的串联

上一节分别讨论了电阻、电感、电容元件在交流电路中的特性。在实际电路中，当然不会如此简单，但是，我们可以先把实际电路模型看成是由几种理想电路元件组成的，再应用我们前面所得的结论进行分析。

4.4.1 *RLC* 串联电路

1. 电压与电流的关系

RLC 串联电路如图 4-4-1(a)所示。由于是串联电路，流过各个元件的电流相同，所以可以以电流作为参考正弦量(所谓参考正弦量，是指电路中所有正弦量的大小和相位都以它为基准)，一般令参考正弦量的初相位为零，所以设流过电路的正弦电流

$$i=I_{\mathrm{m}}\sin\omega t=\sqrt{2}I\sin\omega t$$

根据前面的结论可知：

$$\dot{U}_R=\dot{I}R,\quad \dot{U}_L=\mathrm{j}X_L\dot{I},\quad \dot{U}_C=-\mathrm{j}X_C\dot{I}$$

又根据基尔霍夫电压定律的相量形式可以得出

$$\dot{U}=\dot{U}_R+\dot{U}_L+\dot{U}_C$$

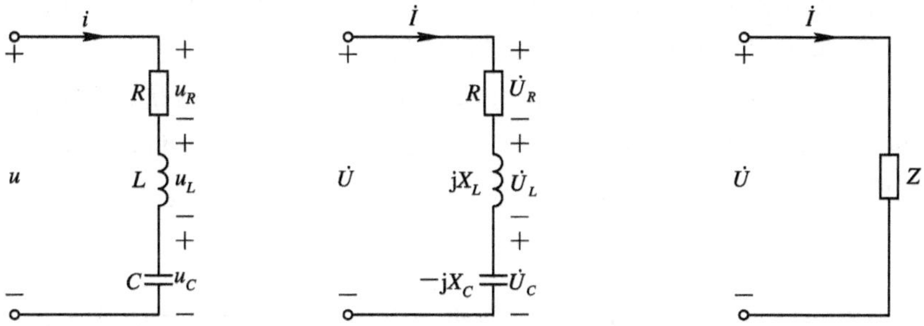

(a) 电路图　　(b) 相量模型　　(c) 用阻抗Z等效替代的相量模型

图 4-4-1

作出相量图，如图 4-4-2 所示。

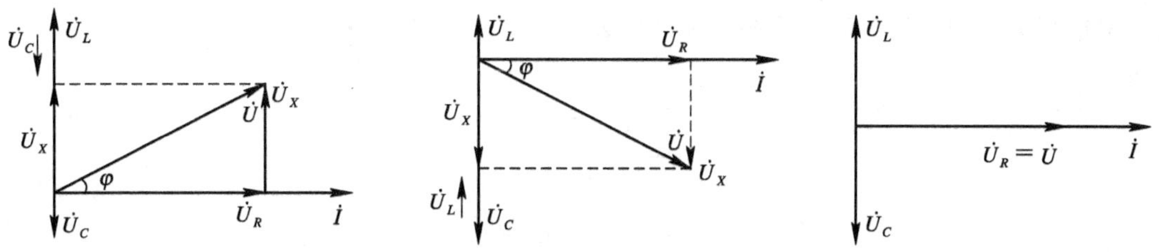

(a)　　(b)　　(c)

图 4-4-2

显然，$\dot{U}$、$\dot{U}_R$、$\dot{U}_X$ 组成一个直角三角形，称为电压三角形，如图 4-4-3 所示。电压三角形反映了各个正弦电压有效值和相位之间的关系。根据勾股定理，总电压和各个分电压之间的关系为

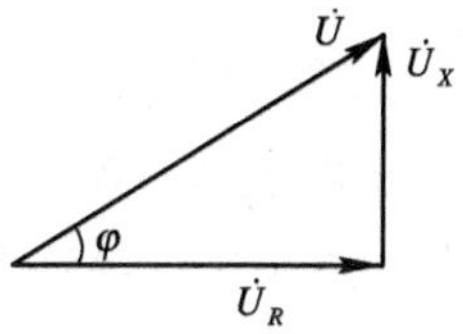

图 4-4-3

$$\begin{aligned} U &= \sqrt{U_R^2 + U_X^2} = \sqrt{U_R^2 + (U_L - U_C)^2} \\ &= \sqrt{(IR)^2 + (IX_L - IX_C)^2} \\ &= I\sqrt{R^2 + (X_L - X_C)^2} \end{aligned} \tag{4-4-1}$$

由此可见，通常正弦电路端口电压的有效值并不等于各串联元件两端电压的有效值之和。

根据各电压的相量关系也可得出

$$\begin{aligned} \dot{U} &= \dot{I}R + jX_L\dot{I} - jX_C\dot{I} \\ &= [R + j(X_L - X_C)]\dot{I} \\ &= (R + jX)\dot{I} = Z\dot{I} \end{aligned} \tag{4-4-2}$$

式中 Z 称为阻抗(impedance)，量纲为欧姆，阻抗一般是复数，但是阻抗不代表正弦量，不是相量。

$$Z = R + j(X_L - X_C) = R + jX = |Z| \angle\varphi \tag{4-4-3}$$

式(4-4-2)的形式与电阻电路的欧姆定律在形式上相似，只是电压和电流都用相量表示，称为 RLC 串联电路欧姆定律的相量形式，可用图 4-4-1(b)所示的相量模型表示，

它既表示了电路中总电压和电流的有效值的关系，又表示了总电压和电流的相位关系。而根据式(4-4-3)，相量模型可用阻抗 Z 来等效，如图 4-4-1(c)所示。

式(4-4-3)中，$X= X_L-X_C$ 称为电抗(reactance)，$|Z|$ 称为阻抗的模，φ 称为阻抗角，它是电压三角形中总电压 U 与电流 I 之间的夹角，即总电压与电流的相位差。所以式(4-4-1)又可写成

$$I=\frac{U}{|Z|} \tag{4-4-4}$$

由上式可知，$|Z|=U/I$，$|Z|$反映了电路总电压和电流有效值之间的关系。

如果将电压三角形的三个边同除以电流 I，就得到一个新的三角形，它与电压三角形相似，反映了电阻 R、电路的电抗 X 和阻抗的模 $|Z|$ 之间的数值关系，因此称为阻抗三角形(见图4-4-4(b))。应注意的是，阻抗三角形不是相量三角形。从阻抗三角形可以看出阻抗角也是阻抗的模 $|Z|$ 和电阻 R 之间的夹角。

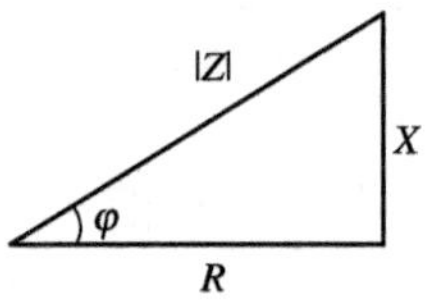

图 4-4-4

根据阻抗三角形或式(4-4-3)均可得到如下关系：

$$|Z|=\sqrt{R^2+X^2} \tag{4-4-5}$$

$$\varphi=\arctan\frac{X}{R}=\arctan\frac{X_L-X_C}{R} \tag{4-4-6}$$

由式(4-4-5)和式(4-4-6)可知，阻抗的模$|Z|$和阻抗角 φ 与电路参数及频率有关，而与电压、电流无关。显然，阻抗角除了可以通过阻抗三角形求出外，也可根据电压三角形求出。

2. 电路的性质

由于电抗 $X=X_L-X_C=\omega L-1/(\omega C)$，因此，$RLC$ 串联电路有以下三种不同的性质：

(1) 当 $\omega L>1/(\omega C)$ 时，$X_L>X_C$，$X>0$，$\varphi>0$，电压超前电流，其相量图如图4-4-2(a)所示。电路中电感的作用大于电容的作用，这种电路称为电感性电路，可以等效为电阻与电感串联的电路，此时电路除了消耗能量外，还与电源之间进行着电能和磁场能的交换。

(2) 当 $\omega L<1/(\omega C)$ 时，$X_L<X_C$，$X<0$，$\varphi<0$，电压滞后电流，其相量图如图4-4-2(b)所示。电路中电容的作用大于电感的作用，这种电路称为电容性电路，可以等效为电阻与电容串联的电路，此时电路除了消耗能量外，还与电源之间进行着电能和电场能的交换。

(3) 当 $\omega L=1/(\omega C)$时，$X_L=X_C$，$X=0$，$\varphi=0$，电压和电流同相位，其相量图如图4-4-2(c)所示。电路中电容的作用和电感的作用相互抵消，这种电路称为电阻性电路，这种情况称为电路发生了串联谐振，电路发生串联谐振时有很多特殊现象，这一点将在4.8节中介绍。

例 4-4-1　一个 RLC 串联电路，外加电压为 $u=12\sqrt{2}\sin(6280t+30°)$ V，若 $R=15\ \Omega$，$L=3$ mH，$C=100\ \mu$F，设各元件上电压电流参考方向关联。求：

(1) 电路的电流 i；

(2) 各元件上的电压 u_R、u_L、u_C；

(3) 画出相量图。

解 (1)

$$X_L=\omega L=6280\times 3\times 10^{-3}=18.8\ \Omega$$

$$X_C=\frac{1}{\omega C}=\frac{1}{6280\times 100\times 10^{-6}}=1.59\ \Omega$$

$$X=X_L-X_C=18.8-1.59=17.2\ \Omega$$

由式(4-4-3)得

$$Z=R+\mathrm{j}X=15+\mathrm{j}17.2=22.8\angle 48.9^\circ\ \Omega$$

由式(4-4-2)得

$$\dot{I}=\frac{\dot{U}}{Z}=\frac{12\angle 30^\circ}{22.8\angle 48.9^\circ}=0.526\angle -18.9^\circ\ \mathrm{A}$$

因此

$$i=0.562\sqrt{2}\sin(6280t-18.9^\circ)\mathrm{A}$$

(2) $\dot{U}_R=\dot{I}R=15\times 0.526\angle -18.9^\circ$

$=7.89\angle -18.9^\circ$ V

$u_R=7.89\sqrt{2}\sin(6280t-18.9^\circ)$ V

$\dot{U}_L=\mathrm{j}\dot{I}X_L$

$=18.8\times 0.526\angle(90^\circ-18.9^\circ)$

$=9.89\angle 71.1^\circ$ V

$u_L=9.89\sqrt{2}\sin(6280t+71.1^\circ)$ V

$\dot{U}_C=-\mathrm{j}\dot{I}X_C$

$=1.59\times 0.526\angle(-90^\circ-18.9^\circ)$

$=0.836\angle -108.9^\circ$ V

$u_C=0.836\sqrt{2}\sin(6280t-108.9^\circ)$ V

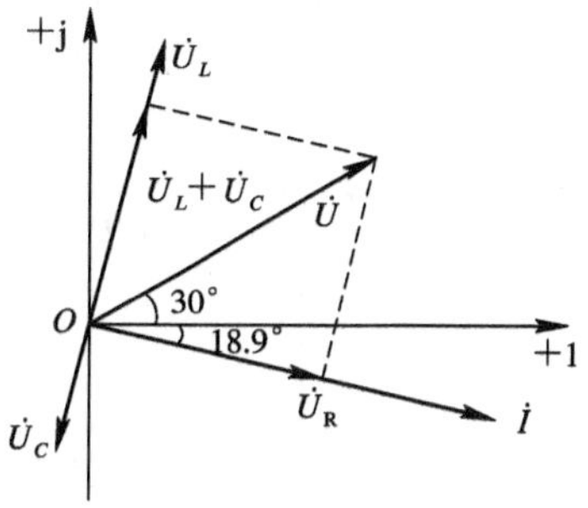

图 4-4-5

(3) 相量图如图 4-4-5 所示。

4.4.2 阻抗串联的交流电路

工程实际中使用的电路模型有时是多个阻抗的串联电路，对于多个阻抗的串联电路可以用一个等效阻抗来代替，这属于无源二端网络的等效变换的问题。

如图 4-4-6(a)所示电路中，有 n 个阻抗串联，其中

$$Z_1=R_1+\mathrm{j}X_1=R_1+\mathrm{j}(X_{L1}-X_{C1})$$

$$Z_2=R_2+\mathrm{j}X_2=R_2+\mathrm{j}(X_{L2}-X_{C2})$$

$$\vdots$$

$$Z_n=R_n+\mathrm{j}X_n=R_n+\mathrm{j}(X_{Ln}-X_{Cn})$$

根据基尔霍夫电压定律的相量形式可以得出

$$\dot{U}=\dot{U}_1+\dot{U}_2+\cdots+\dot{U}_n \tag{4-4-7}$$

即总电压的相量等于各分电压的相量之和。

各串联阻抗流过同一电流 $\dot{I}$，并且各分电压与电流之间符合欧姆定律的相量形式，因此

$$\dot{U}=\dot{I}Z_1+\dot{I}Z_2+\cdots+\dot{I}Z_n=\dot{I}(Z_1+Z_2+\cdots+Z_n)=\dot{I}Z$$

上式即为欧姆定律的相量形式，Z 是串联阻抗的等效阻抗，它等于各个串联阻抗之和，即

$$\begin{aligned} Z &= Z_1 + Z_2 + \cdots + Z_n = \sum_{k=1}^{n} Z_k = \sum_{k=1}^{n} R_k + \mathrm{j}\sum_{k=1}^{n} X_k \\ &= R + \mathrm{j}X = \sqrt{R^2 + X^2}\angle \arctan\frac{X}{R} \\ &= |Z|\angle\varphi \end{aligned} \tag{4-4-8}$$

式中：

$$R = \sum_{k=1}^{n} R_k = R_1 + R_2 + \cdots + R_n,\ X = \sum_{k=1}^{n} X_k = X_1 + X_2 + \cdots + X_n$$

因此，n 个串联的阻抗就可以用一个等效阻抗来替代，如图 4－4－6(b)所示。需要注意的是，一般情况下

$$|Z| \neq |Z_1| + |Z_2| + \cdots + |Z_n|$$

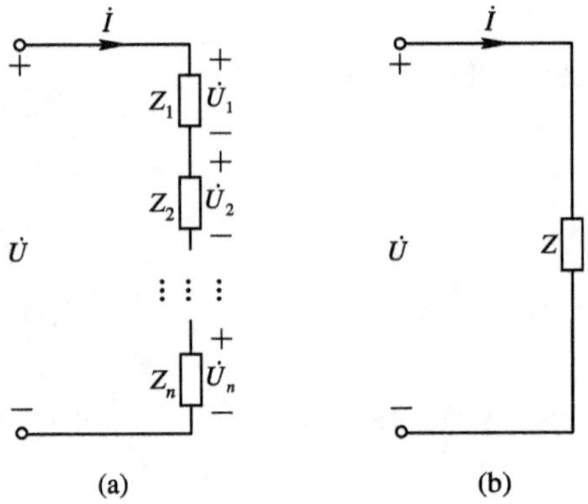

图 4－4－6

例 4－4－2 图 4－4－7(a)所示电路中，$Z_1=12\ \Omega$，$Z_2=\mathrm{j}5\ \Omega$，电压 $u=130\sqrt{2}\sin 314t$ V。求：

（1）电路的电流 $\dot{I}$；

（2）各个元件上的电压 u_1 和 u_2；

（3）画出相量图。

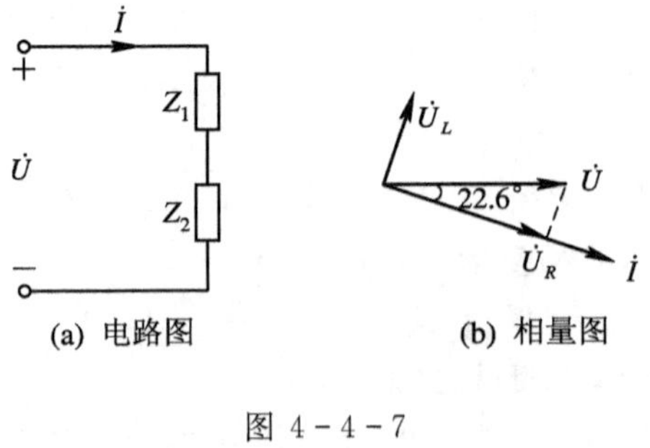

图 4－4－7

解 （1）根据式(4－4－8)，可得等效阻抗为

$$Z = Z_1 + Z_2 = 12 + \mathrm{j}5 = 13\angle 22.6^\circ\ \Omega$$

电压的相量为

$$\dot{U} = 130\angle 0^\circ \text{ V}$$

又根据欧姆定律相量形式，可得电流的相量为

$$\dot{I} = \frac{\dot{U}}{Z} = \frac{130\angle 0^\circ}{13\angle 22.6^\circ} = 10\angle -22.6^\circ \text{ A}$$

（2）各元件上的电压相量为

$$\dot{U}_1 = \dot{I}Z_1 = 12 \times 10\angle -22.6^\circ = 120\angle -22.6^\circ \text{ V}$$
$$\dot{U}_2 = \dot{I}Z_2 = \text{j}5 \times 10\angle -22.6^\circ = 50\angle 67.4^\circ \text{ V}$$

所以

$$u_1 = 120\sqrt{2}\sin(314t - 22.6^\circ) \text{ V}$$
$$u_2 = 50\sqrt{2}\sin(314t + 67.4^\circ) \text{ V}$$

（3）相量图如图 4-4-7(b)所示。

由本题的已知条件可知，Z_1 为电阻的阻抗，Z_2 为电感的阻抗，显然，二者串联的等效阻抗 Z 为电感性阻抗。

小结

1. RLC 串联电路中总电压和各个元件上电压服从基尔霍夫电压定律的相量形式，即

$$\dot{U} = \dot{U}_R + \dot{U}_L + \dot{U}_C = \dot{I}R + \text{j}X_L\dot{I} - \text{j}X_C\dot{I}$$

2. RLC 串联电路欧姆定律的相量形式为

$$\dot{I} = \frac{\dot{U}}{Z} \quad 或 \quad \dot{U} = \dot{I}Z$$

阻抗为

$$Z = R + \text{j}(X_L - X_C) = R + \text{j}X = |Z|\angle\varphi$$

阻抗角为

$$\varphi = \arctan\frac{X}{R} = \arctan\frac{X_L - X_C}{R}$$

3. 几个阻抗串联可用一个阻抗等效替代，等效阻抗为

$$Z = Z_1 + Z_2 + \cdots + Z_n = |Z|\angle\varphi$$

思考与练习

4-4-1　在 RLC 串联电路中，设各元件上电压、电流参考方向关联，问下列哪些表示式是正确的？

（1）$u = u_R + u_L + u_C$　（2）$u = Ri + X_L i + X_C i$　（3）$U = U_R + U_L + U_C$

（4）$U = U_R + \text{j}(U_L - U_C)$　（5）$\dot{U} = \dot{U}_R + \dot{U}_L + \dot{U}_C$　（6）$\dot{U} = \dot{U}_R + \text{j}(\dot{U}_L - \dot{U}_C)$

4-4-2　计算下列各题，并说明电路的性质。（设 $\dot{U}$、$\dot{I}$ 参考方向关联。）

（1）$\dot{U} = 10\angle 30^\circ$ V，$Z = 5 + \text{j}5\ \Omega$，$\dot{I} = ?$

（2）$\dot{U} = 30\angle 30^\circ$ V，$\dot{I} = -3\angle -165^\circ$，$R = ?$ $X = ?$

（3）$\dot{U} = -100\angle 30^\circ$ V，$\dot{I} = 5\text{e}^{-\text{j}60^\circ}$ A，$R = ?$ $X = ?$

4-4-3 已知 RL 串联电路中，$R=50\ \Omega$，$L=0.2$ H，设电压、电流参考方向关联，并知总电压 $u=220\sqrt{2}\sin 314t$ V，求阻抗 Z 和电路中的电流 i，并画出相量图。

4-4-4 已知 RLC 串联电路中，$R=50\ \Omega$，$L=0.2$ H，$C=100\ \mu$F，设电压、电流参考方向关联，并知总电压 $u=413\sin(314t-30°)$ V，求阻抗 Z 和电路中的电流 i，并画出相量图。

4.5 导纳的并联

4.5.1 RLC 并联电路

1. 电压与电流的关系

RLC 并联电路如图 4-5-1(a)所示。由于是并联电路，各元件电压相等，所以，以电压作为参考相量，并画出相量图如图 4-5-2 所示。

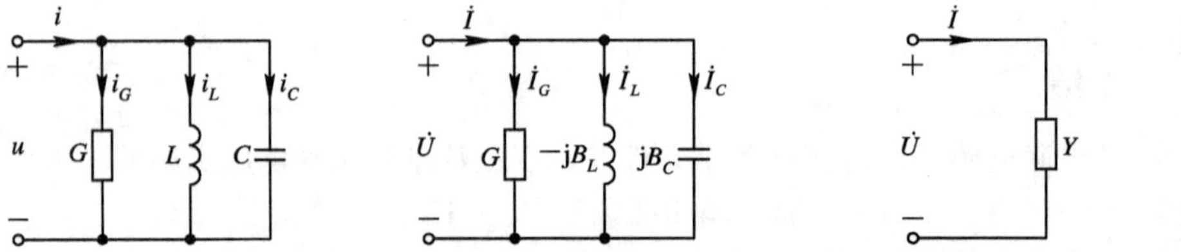

(a) 电路图　(b) 相量模型　(c) 用导纳 Y 等效替代的相量图

图 4-5-1

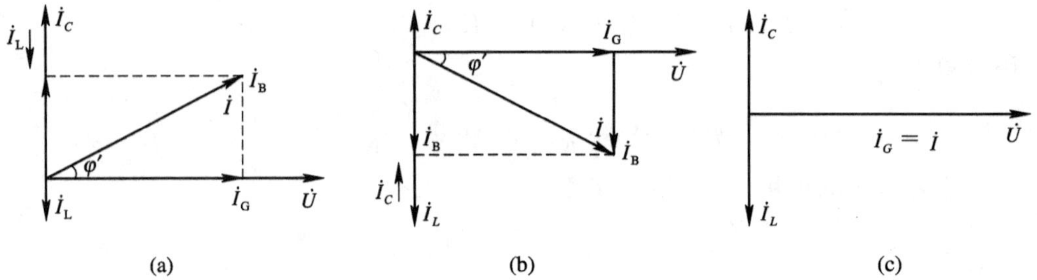

(a)　(b)　(c)

图 4-5-2

设电路的正弦电压为

$$u = U_m \sin\omega t = \sqrt{2}U \sin\omega t$$

根据前面的结论可知

$$\dot{I}_G = \frac{\dot{U}}{R} = G\dot{U} \qquad (4-5-1)$$

式中 $G=1/R$，称为电导。

$$\dot{I}_L = \frac{\dot{U}}{jX_L} = -jB_L\dot{U} \qquad (4-5-2)$$

式中 $B_L=1/X_L$，称为感纳(inductive susceptance)。

$$\dot{I}_C = \mathrm{j}\frac{\dot{U}}{X_C} = \mathrm{j}B_C\dot{U} \tag{4-5-3}$$

式中 $B_C=1/X_C$，称为容纳(capacitive susceptance)。

电导、感纳、容纳的单位为西门子(S)。

根据基尔霍夫电流定律的相量形式可以得出

$$\begin{aligned}\dot{I} &= \dot{I}_G + \dot{I}_L + \dot{I}_C = G\dot{U} - \mathrm{j}B_L\dot{U} + \mathrm{j}B_C\dot{U} \\ &= [G + \mathrm{j}(B_C - B_L)]\dot{U} = (G + \mathrm{j}B)\dot{U} = Y\dot{U}\end{aligned} \tag{4-5-4}$$

式中 Y 称为导纳(Admittance)，量纲为西门子，同阻抗一样，导纳也是复数，但它不代表正弦量，不是相量。

$$Y = G + \mathrm{j}(B_C - B_L) = G + \mathrm{j}B = |Y| \angle\varphi' \tag{4-5-5}$$

式中：$B=B_C-B_L$ 称为电纳(conductance)，$|Y|$称为导纳的模，φ'称为导纳角。

导纳既表示了电路中电压和总电流的有效值的关系，又表示了电压和总电流的相位关系，因此 RLC 并联电路可用图4-5-1(b)所示的相量模型表示。根据式(4-5-5)，相量模型的电路可用导纳 Y 来等效，如图 4-5-1(c)所示。

观察相量图(如图 4-5-3 所示)，显然，$\dot{I}$、$\dot{I}_G$、$\dot{I}_B$ 也组成了一个直角三角形，称为电流三角形。电流三角形反映了各个正弦电流有效值和相位之间的关系。根据勾股定理，总电流和各个分电流之间的关系为

$$\begin{aligned}I &= \sqrt{I_G^2 + (I_C - I_L)^2} = \sqrt{I_G^2 + I_B^2} = \sqrt{(UG)^2 + (UB)^2} \\ &= U\sqrt{G^2 + B^2} = U|Y|\end{aligned} \tag{4-5-6}$$

与阻抗三角形一样，我们同样也可得到导纳三角形，如图 4-5-4 所示。

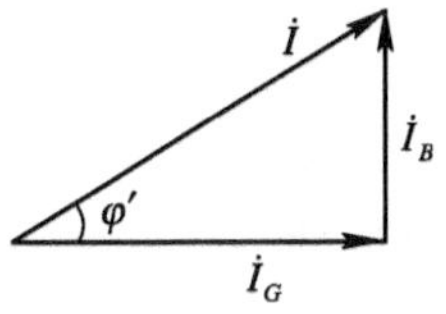

图 4-5-3

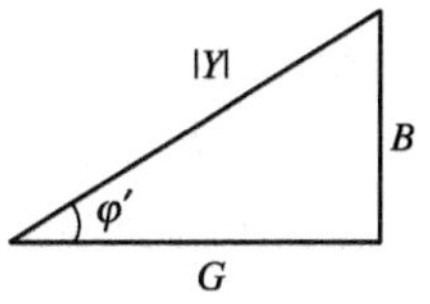

图 4-5-4

根据导纳三角形或式(4-5-6)均可得到如下关系：

$$|Y| = \sqrt{G^2 + B^2} = \sqrt{G^2 + (B_C - B_L)^2} \tag{4-5-7}$$

$$\varphi' = \arctan\frac{B}{G} = \arctan\frac{B_C - B_L}{G} \tag{4-5-8}$$

由式(4-5-7)和式(4-5-8)可知，导纳的模$|Y|$、导纳角 φ'与电路参数及频率有关，而与电压、电流无关。导纳角 φ'除了可以通过导纳三角形求出外，也可通过电流三角形求出，根据电流三角形可以看出，导纳角 φ'表示了电流与电压的相位差。

2. 电路的性质

由于电纳 $B=B_C-B_L=\omega C-1/(\omega L)$，因此，$RLC$ 并联电路有以下三种不同的性质：

(1) 当 $\omega C>1/(\omega L)$时，$B_C>B_L$，$B>0$，$\varphi'>0$，电流超前电压，其相量图如图 4-5-2(a)所示。电路中的电容作用大于电感作用，这种电路称为电容性电路，可以等效为电阻与电容并联的电路，此时，电路除了消耗能量外，还与电源之间进行着电能和电场能的交换。

(2) 当 $\omega C<1/(\omega L)$ 时，$B_C<B_L$，$X<0$，$\varphi'<0$，电流滞后电压，其相量图如图 4-5-2 (b)所示。电路中的电感作用大于电容作用，这种电路称为电感性电路，可以等效为电阻与电感并联的电路，此时，电路除了消耗能量外，还与电源之间进行着电能和磁场能的交换。

(3) 当 $\omega C=1/(\omega L)$ 时，$B_C=B_L$，$B=0$，$\varphi'=0$，电流和电压同相位，其相量图如图 4-5-2(c) 所示。电路中电容的作用和电感的作用相互抵消，这种电路称为电阻性电路，这种情况表明电路发生了并联谐振。

例 4-5-1 已知一个 RLC 并联电路中，$R=10\ \Omega$，$L=5\ \mu H$，$C=0.5\ \mu F$，正弦电压有效值 $U=5$ V，$\omega=10^6$ rad/s。求电路的总电流 I，并说明电路的性质。

解 根据式(4-5-5)可知，电路的导纳为

$$Y=G+j(B_C-B_L)$$

其中

$$G=\frac{1}{R}=0.1\ S$$

$$B_C=\omega C=10^6\times0.5\times10^{-6}=0.5\ S$$

$$B_L=\frac{1}{\omega L}=\frac{1}{10^6\times5\times10^{-6}}=0.2\ S$$

于是

$$Y=0.1+j(0.5-0.2)=0.1+j0.3=0.316\angle71.56°\ S$$

设以电压为参考相量，则

$$\dot{U}=5\angle0°\ V$$

根据式(4-5-4)得

$$\dot{I}=Y\dot{U}=1.58\angle71.56°\ A,\quad I=1.58\ A$$

因导纳角 $\varphi'=71.56°>0$，表示电流超前电压，因此电路呈电容性。

4.5.2 导纳并联的交流电路

通过上面的讨论可知，对于多个导纳的并联电路可以用一个等效导纳来代替，如图 4-5-5(a) 所示电路中，有 n 个导纳并联，其中

$$Y_1=G_1+jB_1=G_1+j(B_{C1}-B_{L1})$$

$$Y_2=G_2+jB_2=G_2+j(B_{C2}-B_{L2})$$

$$\vdots$$

$$Y_n=G_n+jB_n=G_n+j(B_{Cn}-B_{Ln})$$

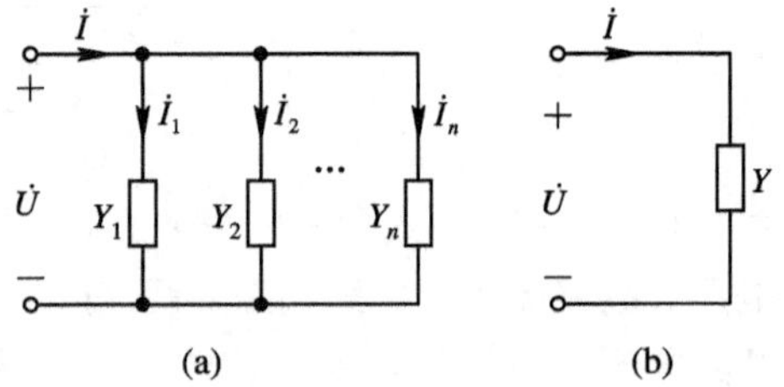

图 4-5-5

根据基尔霍夫电流定律的相量形式可以得出

$$\dot{I}=\dot{I}_1+\dot{I}_2+\cdots+\dot{I}_n \tag{4-5-9}$$

即总电流的相量等于各分电流的相量之和。

各并联导纳两端的电压相同，因此

$$\dot{I}=\dot{U}Y_1+\dot{U}Y_2+\cdots+\dot{U}Y_n=\dot{U}(Y_1+Y_2+\cdots+Y_n)=\dot{U}Y \tag{4-5-10}$$

Y 是并联导纳的等效导纳，它等于各个导纳之和，即

$$\begin{aligned} Y &= Y_1 + Y_2 + \cdots + Y_n \\ &= \sum_{k=1}^{n} Y_k = \sum_{k=1}^{n} G_k + \mathrm{j}\sum_{k=1}^{n} B_k = G + \mathrm{j}B \\ &= \sqrt{G^2 + B^2}\angle \arctan\frac{B}{G} = |Y|\angle\varphi' \end{aligned} \qquad (4-5-11)$$

式中：

$$G = \sum_{k=1}^{n} G_k = G_1 + G_2 + \cdots + G_n,\ B = \sum_{k=1}^{n} B_k = B_1 + B_2 + \cdots + B_n$$

因此，n 个并联的导纳可以用一个等效导纳来替代，如图 4-5-5(b)所示。

也需注意的是，一般情况下 $|Y| \neq |Y_1| + |Y_2| + \cdots + |Y_n|$。

4.5.3 阻抗和导纳的等效变换

我们研究电路，重点研究的是电路模型，在前面讨论阻抗的串联时，指出几个阻抗串联和几个导纳并联的电路模型可以分别用一个阻抗、一个导纳的电路模型等效替代。因此，一个无源二端网络，在端口处电压、电流参考方向关联的条件下，既可以用一个阻抗来等效替代，也可以用一个导纳来等效替代，如图 4-5-6 所示。

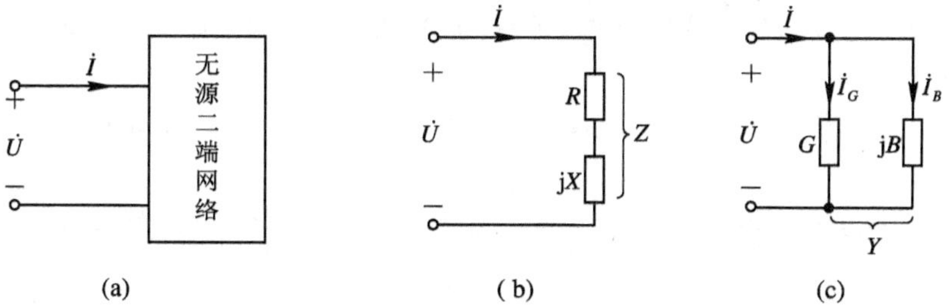

图 4-5-6

在图 4-5-6(b)中画出的是等效阻抗的最简单的电路模型，即电阻与电抗串联。同样，在图 4-5-6(c)中画出了等效导纳的最简单的电路模型，即电导与电纳并联。

根据阻抗与导纳互为倒数关系，即

$$Y = \frac{1}{Z} \quad 或 \quad Z = \frac{1}{Y}$$

若已知 $Z=R+\mathrm{j}X=|Z|\angle\varphi$，则

$$Y = \frac{1}{Z} = \frac{1}{R+\mathrm{j}X} = \frac{R}{R^2+X^2} - \mathrm{j}\frac{X}{R^2+X^2} = G + \mathrm{j}B$$

式中：

$$G = \frac{R}{R^2+X^2} \qquad (4-5-12)$$

$$B = \frac{-X}{R^2+X^2} \qquad (4-5-13)$$

根据式(4-5-12)和式(4-5-13)就可以由阻抗的电阻 R 和电抗 X 分别求出导纳的电导 G 和电纳 B，且二者均为频率的函数。

由式(4-5-12)和式(4-5-13)可以看出

$$G \neq \frac{1}{R},\ B \neq \frac{1}{X}$$

若已知 $Y=G+\mathrm{j}B=|Y|\angle\varphi'$，则

$$Z=\frac{1}{Y}=\frac{1}{G+\mathrm{j}B}=\frac{G}{G^2+B^2}-\mathrm{j}\frac{B}{G^2+B^2}=R+\mathrm{j}X$$

式中：

$$R=\frac{G}{G^2+B^2} \qquad (4-5-14)$$

$$X=\frac{-B}{G^2+B^2} \qquad (4-5-15)$$

根据式(4-5-14)和式(4-5-15)就可以由导纳的电导 G 和电纳 B 分别求出阻抗的电阻 R 和电抗 X，且二者均为频率的函数。

由式(4-5-14)和式(4-5-15)可以看出

$$R \neq \frac{1}{G},\ X \neq \frac{1}{B}$$

由于等效电导 G、电纳 B、等效电阻 R、电抗 X 都是与频率有关的，即都是频率的函数，因此，不同频率的相互等效的阻抗和导纳的数值亦不同。

例 4-5-2 已知 RL 串联电路中，$R=20\ \Omega$，$L=0.1$ H，$f=50$ Hz，求等效导纳。

解 感抗为

$$X_L=\omega L=2\pi fL=2\times3.14\times50\times0.1=31.4\ \Omega$$

阻抗为

$$Z=R+\mathrm{j}X=R+\mathrm{j}\omega L=20+\mathrm{j}31.4\ \Omega=37.2\angle57.5^\circ\ \Omega$$

导纳为

$$Y=\frac{1}{Z}=\frac{1}{37.2}\angle-57.5^\circ=0.0269\angle-57.5^\circ=(0.0144-\mathrm{j}0.0227)\ \mathrm{S}$$

或根据式(4-5-12)和式(4-5-13)得

电导为

$$G=\frac{20}{20^2+31.4^2}=0.0144\ \mathrm{S}$$

电纳为

$$B=\frac{-31.4}{20^2+31.4^2}=-0.0227\ \mathrm{S}$$

所以导纳为

$$Y=(0.0144-\mathrm{j}0.0227)=0.0269\angle-57.5^\circ\ \mathrm{S}$$

小结

1. RLC 并联电路中总电流和流过各个元件的电流服从基尔霍夫节点电流定律的相量形式。

2. 几个导纳并联可用一个导纳等效替代，等效导纳等于相并联各导纳的复数代数和。

3. 阻抗与导纳等效变换的计算公式分别为

$$G=\frac{R}{R^2+X^2}, \quad B=\frac{-X}{R^2+X^2}$$

$$R=\frac{G}{G^2+B^2}, \quad X=\frac{-B}{G^2+B^2}$$

思考与练习

4-5-1　在 RLC 并联电路中，设各元件上电压、电流参考方向关联，问下列哪些公式是正确的？

(1) $i=i_G+i_L+i_C$　　(2) $i=Gi+B_Li+B_Ci$　　(3) $I=I_R+I_L+I_C$

(4) $I=I_G+\mathrm{j}(I_C+I_L)$　　(5) $\dot{I}=\dot{I}_G+\dot{I}_L+\dot{I}_C$　　(6) $\dot{I}=\dot{I}_G+\mathrm{j}(\dot{I}_C-\dot{I}_L)$

4-5-2　求题 4-5-2 图所示电路的阻抗和导纳，并说明电路的性质。

4-5-3　已知 RL 并联电路中，$R=50\ \Omega$，$L=0.2$ H，接在 220 V、50 Hz 的电源上，设电压、电流参考方向均关联，求导纳 Y，电流 $\dot{I}_G$、$\dot{I}_L$ 和 $\dot{I}$，并画出相量图。

4-5-4　对题 4-5-4 图所示电路，当正弦电压的有效值保持不变，频率由低逐渐升高时，各灯(电阻性负载)亮度如何变化？

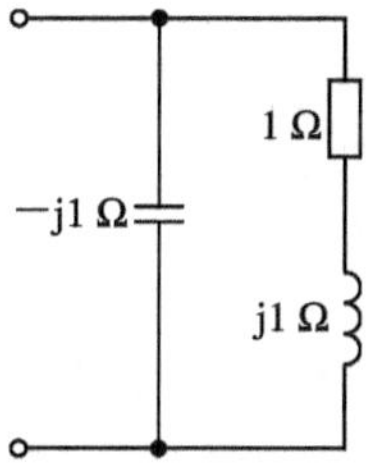

题 4-5-2 图

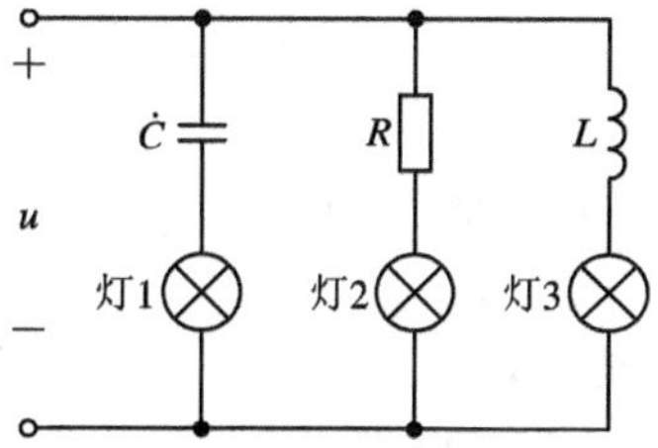

题 4-5-4 图

4-5-5　题 4-5-5 图所示电路中，已知 i_1、i_2 的有效值均为 5 A，则各个电路中总电流的有效值分别是多少？

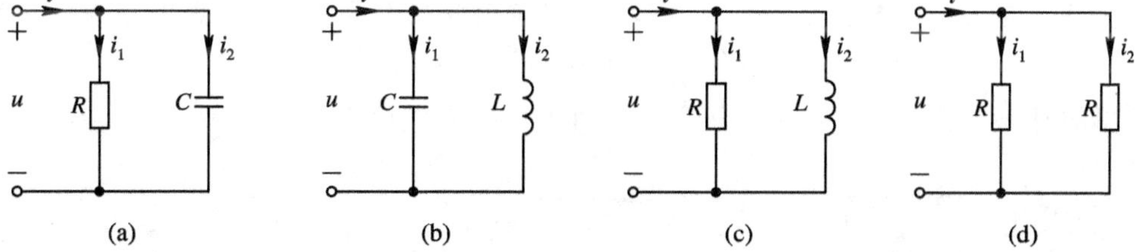

题 4-5-5 图

4.6　正弦交流电路的功率

前面介绍了正弦交流电路中单一元件的功率，但是实际电路可能会由多个不同性质的元件组成，由于电阻元件要消耗能量，电感、电容元件是储能元件，并不消耗能量，只是与电源之间进行能量交换，因此，电路中既要消耗能量，又要进行能量交换，这时，电路的功率计算就比较复杂。

4.6.1 有功功率和无功功率

根据前面的讨论可知，任何一个无源二端网络既可以用一个电阻和电抗串联的阻抗等效替代，又可以用一个电导和电纳并联的导纳等效替代。

如图 4-6-1(a)、(b)所示的无源二端网络用阻抗等效替代，电压、电流方向为图中所标的关联参考方向。阻抗 $Z = R + \mathrm{j}X$，根据欧姆定律的相量形式可知，端口处电压为

$$\dot{U} = Z\dot{I} = (R + \mathrm{j}X)\dot{I} = R\dot{I} + \mathrm{j}X\dot{I}$$

以电流作为参考正弦量，画相量图，如图 4-6-1(c)所示。

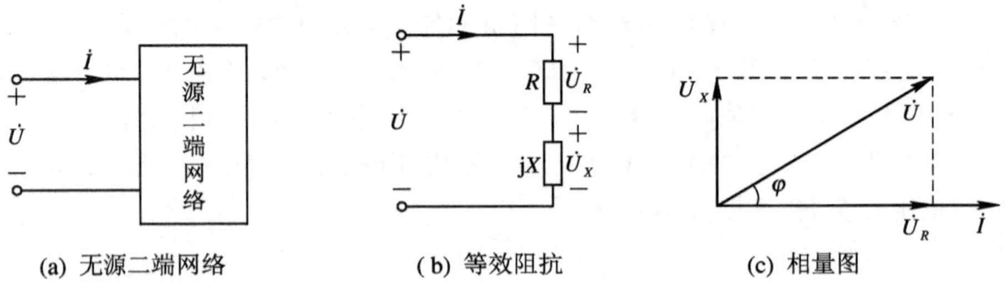

图 4-6-1

根据基尔霍夫回路电压定律的相量形式可知

$$\dot{U} = \dot{U}_R + \dot{U}_X$$

根据相量图可得

$$U_R = U\cos\varphi, \quad U_X = U\sin\varphi = U_L - U_C \quad (\text{假设 } X = X_L - X_C)$$

从前面的分析已知，电阻是耗能元件，电感、电容是储能元件，并不消耗能量，只是与电源之间进行能量交换，因此，电抗也不消耗能量，只是与电源之间进行能量交换。所以电路吸收的功率(即有功功率)为 $UI\cos\varphi$，电路的无功功率为 $UI\sin\varphi$。

如果无源二端网络用导纳等效替代，如图 4-6-2(a)、(b)所示，电压、电流方向为图中所示关联参考方向。导纳 $Y = G + \mathrm{j}B$，根据前面的知识可知，端口处电流为

$$\dot{I} = Y\dot{U} = (G + \mathrm{j}B)\dot{U} = G\dot{U} + \mathrm{j}B\dot{U}$$

选电压作为参考相量，作出相量图，如图 4-6-2(c)所示。

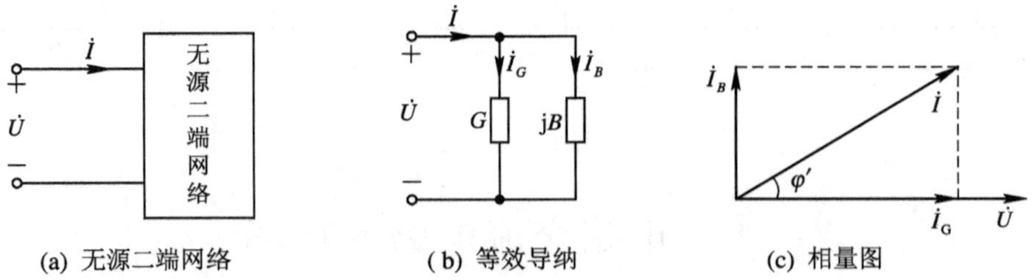

图 4-6-2

根据基尔霍夫电流定律的相量形式可知

$$\dot{I} = \dot{I}_G + \dot{I}_B$$

根据相量图得

$$I_G = I\cos\varphi', \quad I_B = I\sin\varphi' = I_C - I_L \quad (\text{假设 } B = B_C - B_L)$$

同样可得，电路的有功功率为 $UI\cos\varphi'$，电路的无功功率为 $UI\sin\varphi'$。

φ 和 φ' 表示的是电压和电流的相位关系，$\varphi=-\varphi'$。

综上所述可知，无源二端网络的有功功率为

$$P = UI\cos\varphi \tag{4-6-1}$$

有功功率又称为平均功率，它表示电路吸收或消耗的功率的大小，单位为瓦(W)。

式(4-6-1)中 $\cos\varphi$ 称为功率因数(power factor)，通常用 λ 表示，阻抗角又称为功率因数角。

无源二端网络的无功功率为

$$Q = UI\sin\varphi \tag{4-6-2}$$

无功功率表示的是电路交换能量的最大速率，单位为乏(var)。

由于 φ 可能为正，也可能为负，因此无功功率也是可正可负的代数量。在电压、电流关联参考方向下，对于感性电路，由于 $\varphi>0$，由式(4-6-2)计算的无功功率为正值。对于容性电路，由于 $\varphi<0$，由式(4-6-2)计算的无功功率为负值。

4.6.2 视在功率

由于交流电路中一般电压和电流存在相位差，因此正弦电路的平均功率不等于电压和电流的有效值的乘积 UI。UI 具有功率的形式，但它既不是有功功率，也不是无功功率，我们把它称为视在功率(apparent power)，用大写字母 S 表示，为了与有功功率和无功功率区别，视在功率的单位为伏安(VA)。由式(4-6-1)和式(4-6-2)不难得到

$$S = UI = \sqrt{P^2 + Q^2} \tag{4-6-3}$$

视在功率是有实际意义的。如交流电源都有确定的额定电压 U_N 和额定电流 I_N，其视在功率 $U_N I_N$ 就表示了该电源可能提供的最大有功功率，称为电源的容量。

由式(4-6-4)可以看出，有功功率、无功功率、视在功率之间的关系可以用一个直角三角形表示，此直角三角形称为功率三角形，如图 4-6-3 所示。在 RLC 串联电路中，如果将功率三角形的三边除以电流的有效值，便可以得到电压三角形。功率三角形与电压三角形为相似三角形。

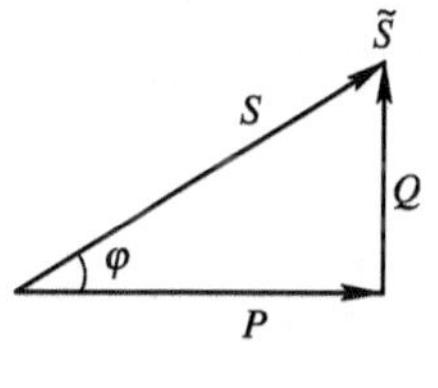

图 4-6-3

4.6.3 复功率

在工程中为了计算方便，常把有功功率作为实部，无功功率作为虚部，组成复功率，用 $\tilde{S}$ 表示，即

$$\begin{aligned} \tilde{S} &= P + jQ \\ |\tilde{S}| &= \sqrt{P^2 + Q^2} = S \end{aligned} \tag{4-6-4}$$

在电路中，功率总是守恒的，电路消耗的总的有功功率等于电路各部分有功功率之和，总的无功功率等于电路各部分无功功率的代数和(有功功率总是正值，无功功率有正

有负)，设电路由 n 个部分组成，第 k 个部分的有功功率、无功功率、复功率分别记为 P_k、Q_k、$\widetilde{S}_k$，则有

$$P = \sum_{k=1}^{n} P_k \tag{4-6-5}$$

$$Q = \sum_{k=1}^{n} Q_k \tag{4-6-6}$$

因为

$$\widetilde{S} = P + \mathrm{j}Q = \sum_{k=1}^{n} P_k + \mathrm{j}\sum_{k=1}^{n} Q_k = \sum_{k=1}^{n}(P_k + \mathrm{j}Q_k) = \sum_{k=1}^{n}\widetilde{S}_k \tag{4-6-7}$$

即电路总的复功率等于各部分之和，但是电路总的视在功率不等于各部分之和。

例 4-6-1 如图 4-6-4 所示电路中，$R_1=15\ \Omega$，$X_L=20\ \Omega$，$R_2=15\ \Omega$，$X_C=20\ \Omega$，电压 $\dot{U}=100\angle 0°\ \mathrm{V}$，求 P、Q、S。

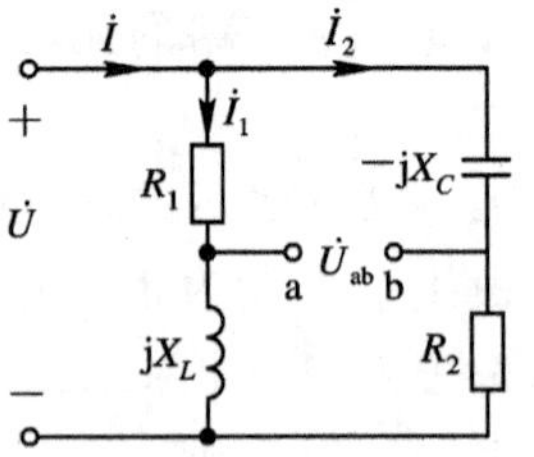

图 4-6-4

解 R_1 与 L 串联支路的阻抗为

$$Z_1 = R_1 + \mathrm{j}X_L = (15 + \mathrm{j}20) = 25\angle 53.1°\ \Omega$$

R_2 与 C 串联支路的阻抗为

$$Z_2 = R_2 - \mathrm{j}X_C = (15 - \mathrm{j}20) = 25\angle -53.1°\Omega$$

由欧姆定律的相量形式得

$$\dot{I}_1 = \frac{\dot{U}}{Z_1} = \frac{100\angle 0°}{25\angle 53.1°} = 4\angle -53.1°\ \mathrm{A}$$

$$\dot{I}_2 = \frac{\dot{U}}{Z_2} = \frac{100\angle 0°}{25\angle -53.1°} = 4\angle 53.1°\ \mathrm{A}$$

根据基尔霍夫电流定律的相量形式，得

$$\begin{aligned}\dot{I} &= \dot{I}_1 + \dot{I}_2 = 4\angle -53.1° + 4\angle 53.1° \\ &= 4\cos(-53.1°) + \mathrm{j}4\sin(-53.1°) + 4\cos 53.1° + \mathrm{j}4\sin 53.1° \\ &= 4.8\angle 0°\ \mathrm{A}\end{aligned}$$

对于本问题，也可以先求总阻抗，再求电流。

因阻抗 Z 的阻抗角 $\varphi=0°$，$\cos\varphi=1$，所以

$$P = UI\cos\varphi = 100 \times 4.8 \times 1 = 480\ \mathrm{W}$$

$$Q = UI\sin\varphi = 0\ \mathrm{var}$$

$$S = \sqrt{P^2 + Q^2} = 480\ \mathrm{VA}$$

小结

1. 交流电路的有功功率为 $P = UI\cos\varphi$，它表示电路吸收或消耗功率的大小，单位为瓦(W)。式中 $\cos\varphi$ 称为功率因数，通常用 λ 表示，功率因数角又称为阻抗角。

2. 交流电路的无功功率为 $Q = UI\sin\varphi$，无功功率表示的是电抗元件与电源交换能量的最大速率，单位为乏(var)。由于 φ 可能为正，也可能为负，因此无功功率也是可正可负的代数量。在电压、电流关联参考方向下，对于感性电路，由于 $\varphi>0$，无功功率为正值；对于容性电路，由于 $\varphi<0$，无功功率为负值。

3. 视在功率等于电压和电流有效值的乘积 UI，用大写字母 S 表示，为了与有功功率

区别，视在功率的单位为伏安(VA)，$S=\sqrt{P^2+Q^2}$。

4. 复功率是把有功功率作为实部、无功功率作为虚部组成的，用 $\tilde{S}$ 表示，即 $\tilde{S}=P+jQ$，$|\tilde{S}|=\sqrt{P^2+Q^2}=S$。

5. 整体电路与其各部分电路间的有功功率、无功功率、复功率的关系为

$$P=\sum_{k=1}^{n}P_k,\quad Q=\sum_{k=1}^{n}Q_k,\quad \tilde{S}=\sum_{k=1}^{n}\tilde{S}_k$$

思考与练习

4-6-1 题 4-6-1 图所示无源二端网络的电压 $\dot{U}=10\angle 20°$ V，$\dot{I}=2\angle 80°$ A，求无源二端网络的有功功率、无功功率、视在功率、等效阻抗和等效导纳，并说明电路的性质。

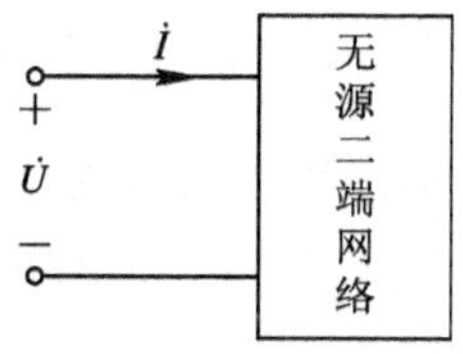

题 4-6-1 图

4-6-2 一台变压器标称视在功率为 10 kVA，如果负载的功率因数为 0.8 的感性负载，问最大能供给多少有功功率？若功率因数为 0.9，最大能供给多少有功功率？

4-6-3 试说明正弦交流电路中的有功功率、无功功率、视在功率的意义，三者存在什么关系？

4-6-4 无功功率是否是无用功率，为什么？

4.7 功率因数的提高

4.7.1 提高功率因数的意义

直流电路的功率等于电流与电压的乘积，但对于交流电路计算有功功率则不然。根据 4.6 节的讨论可知，在计算交流电路的有功功率时，还要考虑到电压与电流的相位差，即

$$P=UI\cos\varphi$$

$\cos\varphi$ 就是电路的功率因数，它取决于电路(负载)的参数。只有电阻性负载(例如白炽灯、电阻炉等)，功率因数才为 1。但工业上的负载大多是感性负载，如大量使用的三相异步电动机就是感性负载，在满载时，功率因数约在 0.8～0.9 之间，再如日光灯，由于串联了镇流器，其功率因数在 0.5 左右。因此，整个电路的功率因数总是小于 1。功率因数低，将引起以下两个方面的问题。

1. 电源设备不能充分利用

因为电源设备(如发电机或变压器等设备)的容量都是根据额定电压和额定电流设计的，其容量(视在功率)为 $S_N=U_NI_N$，表示允许发出的最大功率。如果 $\cos\varphi=1$，则发电设备所能发出或传输的有功功率 $P_N=S_N=U_NI_N$，电源设备得到充分利用；如果 $\cos\varphi<1$，发电设备所能发出的有功功率就减小了。功率因数 $\cos\varphi$ 越小，发电设备所发出的有功功率就越小，而无功功率却越大。无功功率越大，电路中进行能量交换的规模就越大，发电设备发出的能量就不能被充分利用，其中一部分在发电设备与负载之间进行交换。因此，提高负载的功率因数，可以提高电源设备的利用率。

2. 输电线路的损耗和压降增加

当发电设备的输出电压和功率一定时，电流 I 与功率因数成反比($I=P/U\cos\varphi$)。功率因数越低，输电线路的电流就越大，输电线路的损耗 $P_l=I^2R_l$(R_l 为实际输电线路的电阻)和线路的压降 $U_l=IR_l$ 就越大。功率因数越大，输电线路的电流就越小，输电线路的损耗和线路的压降就越小，从而提高了供电质量，或在相同损耗的情况下，可以节约输电线材料。

功率因数低的原因是因为感性负载的存在，它要与发电设备进行能量的往返交换。所以提高功率因数就必须采取措施，减少负载与发电设备之间能量的交换，但同时又要保证不影响感性负载的正常工作。

4.7.2 提高功率因数的方法

提高感性负载功率因数，除了提高用电设备本身的功率因数(例如正确选择电动机的容量，减少轻载和空载)以外，常用方法就是在感性负载两端并联电容器，此时把并联的电容器称为补偿电容(compensated condenser)。感性负载并联电容器后，利用电容的无功功率对电感的无功功率进行补偿，进行一部分能量的交换，减少了负载与发电设备之间的能量的交换，从而提高了功率因数。

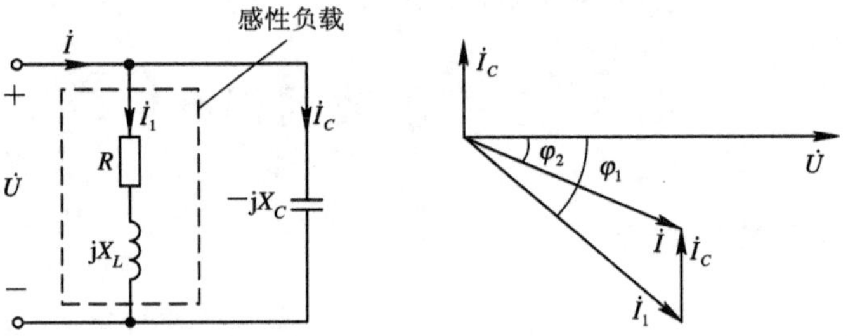

(a) 电路图　　(b) 相量图

图 4-7-1

如图 4-7-1(a)所示，图中 RL 支路表示感性负载，C 是补偿电容，相量图如图 4-7-1(b)所示。

并联电容前，感性负载两端的电压为 $\dot{U}$，流经感性负载的电流为 $\dot{I}_1$，即为线路的电流；感性负载的功率因数为 $\cos\varphi_1$，即电路的功率因数。

$$\dot{I}_1=\frac{\dot{U}}{Z_1}=\frac{\dot{U}}{R+\mathrm{j}X_L}=\frac{\dot{U}}{|Z|}\angle-\varphi_1$$

并联电容后，流经感性负载的电流和感性负载的功率因数均未变化，但电容支路有电流：

$$\dot{I}_C=-\frac{\dot{U}}{\mathrm{j}X_C}=\frac{\dot{U}}{X_C}\angle 90^\circ$$

线路的总电流为

$$\dot{I}=\dot{I}_1+\dot{I}_C$$

图 4-7-1(b)所示相量图表明，并联电容后，电压和总电流的相位差减小了($\varphi_2<\varphi_1$)，即功率因数提高了($\cos\varphi_2>\cos\varphi_1$)。这里我们所讲的提高功率因数，是指提高电源或整个电路的功率因数，而不是指提高感性负载的功率因数。并联电容后，线路上的电流 I 也减小了，因而减小了线路的损耗和压降。

如果电容选择的合适，还可以使 $\varphi_2=0$。当然，如果电容选择的过大，线路的电流会超前于电压，φ_2 反而比 φ_1 大，出现过补偿。因此，必须选择合适的电容。

未并联电容时，电路的无功功率为

$$Q = UI_1 \sin\varphi_1 = UI_1 \cos\varphi_1 \frac{\sin\varphi_1}{\cos\varphi_1} = P \tan\varphi_1$$

并联电容后，电路的无功功率为

$$Q' = UI \sin\varphi_2 = P \tan\varphi_2$$

电容补偿的无功功率为

$$Q_C = Q - Q' = P(\tan\varphi_1 - \tan\varphi_2)$$

而电容的无功功率大小又为

$$Q_C = I^2 X_C = \omega C U^2$$

因此，可得补偿电容为

$$C = \frac{Q_C}{\omega U^2} = \frac{P}{2\pi f U^2}(\tan\varphi_1 - \tan\varphi_2) \tag{4-7-1}$$

这就是所需并联的电容器的容量，式中 P 是感性负载的有功功率，U 是感性负载的端电压，φ_1 和 φ_2 分别是并联电容前和并联后的功率因数角。

工程上常采用查表的方法，根据并联前后的功率因数和有功功率，从手册中直接查得所需并联的电容的容量。

为了合理地利用能量，让有限的能量发挥最大的效能，提高电网的经济运行水平，我国电力部门颁布了《全国供用电规则》，对各用户的功率因数都有明确的规定。

例 4-7-1 日光灯等效电路如图 4-7-1(a)所示，灯管可等效为电阻元件 R，镇流器等效为电感 L。已知电源电压 $U=220$ V，频率 $f=50$ Hz，测得日光灯灯管两端的电压为 $U_R=110$ V，功率为 $P=40$ W。求：

(1) 日光灯的电流和功率因数。

(2) 若要将功率因数提高到 $\cos\varphi_2=0.9$，需要并联的电容器的容量是多少？

(3) 并联电容前后电源提供的电流各是多少？

解 (1) 通过日光灯灯管的电流为

$$I_1 = \frac{P}{U_R} = \frac{40}{110} = 0.364\ \text{A}$$

日光灯的功率因数为

$$\cos\varphi_1 = \frac{U_R}{U} = \frac{110}{220} = 0.5$$

(2) $\cos\varphi_1=0.5$，$\varphi_1=\arccos 0.5=60°$

$\cos\varphi_2=0.9$，$\varphi_2=\arccos 0.9=25.84°$

要将功率因数提高到 $\cos\varphi_2=0.9$，需要并联的电容器的容量为

$$C = \frac{P}{2\pi f U^2}(\tan\varphi_1 - \tan\varphi_2)$$
$$= \frac{40}{314 \times 220^2}(\tan 60^\circ - \tan 25.84^\circ)$$
$$= 3.30\ \mu\text{F}$$

(3) 未并联电容前，流过日光灯灯管的电流就是电源提供的电流：

$$I_1 = 0.364\ \text{A}$$

并联电容后，电源提供的电流将减小为

$$I_2 = \frac{P}{U\cos\varphi_2} = \frac{40}{220 \times 0.9} = 0.202\ \text{A}$$

4.7.3 工程上常见的提高功率因数的其他方法简介

除了上述常用的采用感性负载两端并联电容器的方法提高功率因数外，工程上还采用下列几种方法来提高功率因数：

(1) 利用过励磁的同步电机补偿无功功率，提高功率因数。但是由于同步电机造价高，设备复杂，因此这种方法只适用于大功率拖动负载。

(2) 利用调相电机做无功功率电源。这种装置调整性能好，在系统出现故障时，还能维持系统电压水平，提高了系统运行的稳定性。但是装置投资大，损耗也比较大，一般安装在电力系统的中枢变压所。

(3) 异步电机的同步化运行。这种方法电机自身损耗大，因此一般很少采用。

小结

1. 在实际生产中，负载多是感性负载，一般功率因数比较低，因此，电源设备的利用率低，输电线路的损耗和压降大。

2. 提高功率因数常用的方法是在感性负载的两端并联电容器，利用电容的无功功率补偿电感的无功功率。提高功率因数，是指提高电源或电路的功率因数，而不是指提高感性负载的功率因数。(实际负载即用电设备的功率因数是一定的，若改变了它的功率因数，设备便不能正常运行工作。)

3. 提高功率因数，补偿电容应选择的合理，否则，会出现过补偿现象。

思考与练习

4-7-1　什么是功率因数？电路的功率因数是取决于负载还是电源？功率因数太低对供电有何影响？

4-7-2　并联电容器为什么会提高功率因数？串联电容器能否提高功率因数，为什么？

4-7-3　提高功率因数是提高感性负载的功率因数，还是提高电路的功率因数？功率因数提高后，对感性负载的工作有无影响？

4-7-4　已知某电源的 $S_N = 20$ kVA，问可以给多少盏额定功率为 40 W、功率因数为 0.5 的日光灯供电？

4-7-5　已知一感性负载的额定电压为工频(50 Hz)220 V，电流为 30 A，功率因数为 0.5，现将功率因数提高到 0.85，应并联的电容器的容量是多少？

4.8　交流电路中的谐振

前面曾经讨论过，当 RLC 串联或并联时，其等效阻抗或导纳可以是电感性的，也可以是电容性的，还可以是电阻性的。对于后一种情况，电路中的电压和电流是同相位的，整个电路呈电阻性，把这种现象称为谐振现象，简称谐振。谐振现象的物理本质是电路中无功能量的相互补偿。谐振现象在电工和无线电技术中有着非常广泛的应用，而在电力输配电系统中发生谐振时又可能破坏系统的正常工作状态，必须加以避免。因此，研究谐振的目的就是要充分认识这种现象的客观规律，在实际工程中既要利用谐振的特征，同时又要预防它所产生的危害。按发生谐振时的电路不同，谐振分为串联谐振和并联谐振。下面分别讨论发生两种谐振的条件和两种谐振的特征。

4.8.1　串联谐振

如图 4-8-1 所示的 RLC 串联电路，一般情况下，电压和电流不是同相位的，但是如果调节电路参数(L、C)或改变外加电压的频率，就会使电压、电流同相位，电路发生谐振。

1. 串联谐振的条件

根据前面的讨论可知，电路的阻抗为

$$Z = R + \mathrm{j}\left(\omega L - \frac{1}{\omega C}\right)$$

根据谐振的定义，谐振时，电压、电流同相位，所以 Z 的虚部为零，即 $X=0$。可得到发生谐振的条件：

$$\omega L = \frac{1}{\omega C}$$

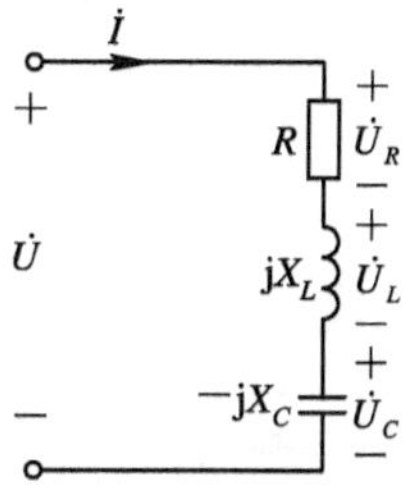

图 4-8-1

从而可解得谐振时的角频率：

$$\omega_0 = \frac{1}{\sqrt{LC}} \tag{4-8-1}$$

相应的谐振频率为

$$f_0 = \frac{1}{2\pi\sqrt{LC}} \tag{4-8-2}$$

当电路参数 L、C 一定时，f_0 为一定值，故 f_0 又称为电路的固有频率。由此可见，若要使电路在频率为 f 的外加电压情况下发生谐振，可用改变电路参数(L、C)的办法，使电路固有频率 $f_0=1/(2\pi\sqrt{LC})$ 与外加电压的频率相等来实现。收音机选择电台收听就是依据的这一原理。

2. 串联谐振的特征

当电路发生串联谐振时(电源频率 f 等于电路固有频率 f_0)，电路有以下特征：

(1) 电路呈电阻性，阻抗最小，电流最大。

谐振时，$X=0$，即阻抗为一实数，故

$$Z_0 = |Z_0| = \sqrt{R^2 + (X_L - X_C)^2} = R$$

其值最小，在端口处电压有效值不变的情况下，串联谐振电路的电流达到最大值，即

$$I_0 = \frac{U}{R}$$

此时，电流称为谐振电流。

(2) 电感端电压与电容端电压大小相等，相位相反。

串联谐振时，$X_L = X_C$，表明电感上的电压与电容上的电压大小相等，但它们的相位相反，相互抵消，即 $\dot{U}_{L0} = -\dot{U}_{C0}$，这时外加的电压就等于电阻两端的电压。

因为

$$\dot{I}_0 = \frac{\dot{U}}{R}$$

所以外加电压为

$$\dot{U} = \dot{I}_0 R = \dot{U}_R$$

(3) 电感和电容的端电压有可能大大超过外加电压，即可能出现过电压现象。

电感电压的有效值为

$$U_{L0} = I_0 X_L = \frac{U}{R} X_L$$

电容电压有效值为

$$U_{C0} = I_0 X_C = \frac{U}{R} X_C$$

令

$$Q = \frac{U_{L0}}{U} = \frac{U_{C0}}{U} = \frac{X_L I_0}{R I_0} = \frac{X_L}{R} = \frac{\omega_0 L}{R} = \frac{1}{R}\sqrt{\frac{L}{C}} \tag{4-8-3}$$

式中 Q 称为品质因数，它等于谐振时电感电压 U_{L0} 或电容电压 U_{C0} 与端口处电压的比值，只和电路的参数 R、L、C 有关。在电子工程中，Q 值一般在 10～500 之间。当 $Q \gg 1$ 时，$U_{L0} = U_{C0} = QU \gg U$，它表示在谐振时电感或电容上的电压是端口处电压的 Q 倍。所以又把串联谐振称为电压谐振。

3. 串联谐振电路的选频特性

考虑

$$Z = R + \mathrm{j}\left(\omega L - \frac{1}{\omega C}\right),\ \dot{I} = \frac{\dot{U}}{Z}$$

则

$$|Z| = \sqrt{R^2 + \left(\omega L - \frac{1}{\omega C}\right)^2},\ I = \frac{U}{|Z|}$$

画电路的 $|Z|$ 和电流 I 随频率变化的曲线，如图 4-8-2 所示。

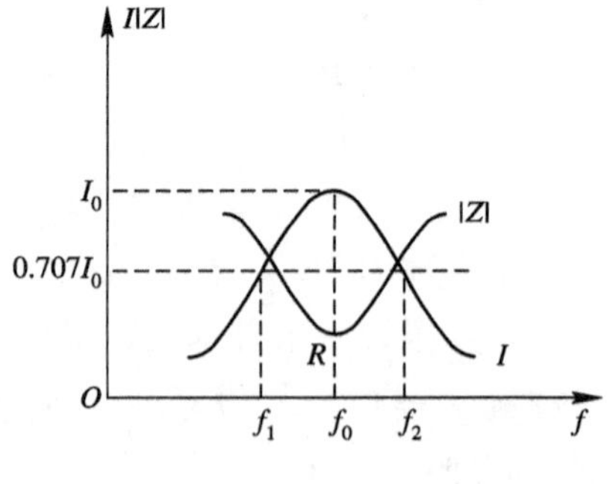

图 4-8-2

从曲线可以看出，当 $f < f_0$ 时，电路呈电容性，随频率的降低，$|Z|$ 逐渐增大，I 逐渐减小；当 $f > f_0$ 时，电路呈电感性，随频率的升高，$|Z|$ 也逐渐增大，I 逐渐减小；当 $f = f_0$ 时，$|Z|$ 最小，I 最大。即频率 f 偏离谐振频率

f_0 时，电流就从谐振电流（$I_0=U/R$）降下来，下降的快慢取决于电流频率特性曲线的形状。

当电流频率特性曲线比较尖锐时，频率稍有偏离谐振频率 f_0，电流 I 就下降得很快。只有在谐振频率附近，电路中的电流才有较大的值，其他频率之处的电流很小，把这种谐振频率附近的电流选择出来的特性，就称为选频特性。为了说明选频特性的好坏，通常引入通频带的概念，规定在电流 I 值等于最大值 I_0 的 70.7%（即 $1/\sqrt{2}$）处所对应频率的 f_2 与 f_1 之间的宽度称为通频带，即

$$B_W = f_2 - f_1 \quad \text{Hz} \tag{4-8-4}$$

式中：f_2、f_1 分别称为上、下截止频率。

电流频率特性曲线的形状及通频带与谐振电路的品质因数有很大关系。品质因数越大，电流频率特性曲线越尖锐，电路的选频特性就越好，但是通频带要变窄，所以品质因数要选取得比较合适。

4. 串联谐振的应用举例

串联谐振在有些地方是有害的，例如在电力工程中，由于电感或电容上电压过高，有可能击穿电感线圈或电容器。在电子和通信技术中，串联谐振却有着非常广泛的应用，利用串联谐振的选频特性来选择信号，并获得大的信号电压。例如收音机的调台就是这种特性的应用。

收音机的输入电路是由实际线圈 L 和可变电容 C 组成的，如图 4-8-3(a)所示。当各电台不同频率的电磁信号经过天线时，都会在天线回路中感应出不同频率的电动势 e_1，e_2，…，e_n 等，如图 4-8-3(b)所示，图中 R 为实际线圈的损耗电阻。电路中的电流是各个不同频率电动势所产生的电流的叠加，如果将电容 C 调到某一值，使其与某电台频率 f_1 发生谐振，则电路对该台信号源 e_1 的阻抗最小，该频率信号电流最大。由于天线回路和电感之间有感应作用，在电感的两端就会得到最高的输出电压，再经解调、放大，就能收听到该电台的节目。对于其他电台的信号，电路对它们不发生谐振，因而阻抗大，电流很小。因此，通过调节电容 C 的数值，电路就会对不同电台的频率发生谐振，从而达到选台的目的。

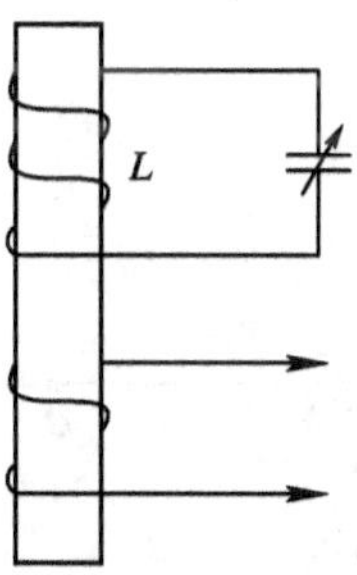

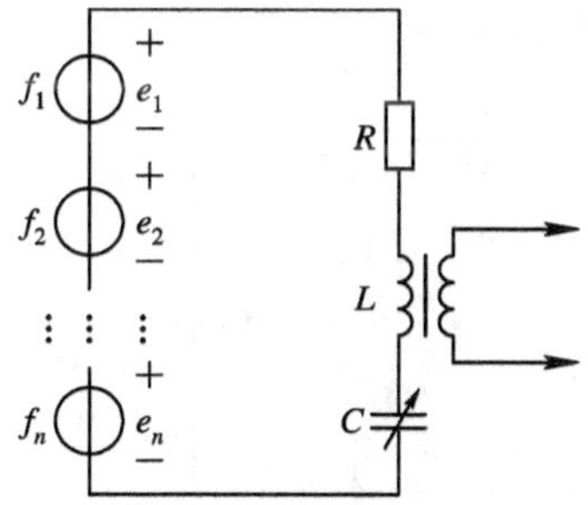

图 4-8-3

例 4-8-1 有一个 300 pF 的电容 C 和一个线圈 L 相串联，线圈的电感 $L=0.3$ mH，电阻 $R=10\ \Omega$，在电路的输入端加一个与电路谐振的信号电压 $U=1$ mV。求：

(1) 谐振频率 f_0、谐振电流 I_0、品质因数 Q 和电容电压 U_{C0} 各为多少？

(2) 如果电压有效值不变，而频率偏离谐振频率 $f_0+10\%$，即 $f=1.1f_0$，则这时电容电压 U_C 为多少？

解 (1) 根据式(4-8-2)可知：

谐振频率

$$f_0=\frac{1}{2\pi\sqrt{LC}}=\frac{1}{2\times3.14\times\sqrt{0.3\times10^{-3}\times300\times10^{-12}}}$$
$$=531\times10^3\ \text{Hz}=531\ \text{kHz}$$

谐振电流为

$$I_0=\frac{U}{R}=\frac{1\times10^{-3}}{10}=0.1\times10^{-3}\ \text{A}=0.1\ \text{mA}$$

$$\omega_0L=2\pi f_0L=2\times3.14\times531\times10^3\times0.3\times10^{-3}=1000\ \Omega$$

根据式(4-8-3)可知

$$Q=\frac{\omega_0L}{R}=\frac{1000}{10}=100$$

$$U_{C0}=QU=100\times1=100\ \text{mV}$$

(2)
$$f=(1+10\%)f_0=1.1\times531\times10^3=584\times10^3\ \text{Hz}=584\ \text{kHz}$$

$$X_L=\omega L=2\pi fL=2\times3.14\times584\times10^3\times0.3\times10^{-3}=1100\ \Omega$$

$$X_C=\frac{1}{\omega C}=\frac{1}{2\pi fC}=\frac{10^{12}}{2\times3.14\times584\times10^3\times300}=909\ \Omega$$

$$|Z|=\sqrt{R^2+(X_L-X_C)^2}=\sqrt{10^2+(1100-909)^2}=191\ \Omega$$

电容电压为

$$U_C=IX_C=\frac{U}{|Z|}X_C=\frac{1\times10^{-3}}{191}\times909=4.8\ \text{mV}$$

4.8.2 并联谐振

图 4-8-4(a)所示的是由实际的电感线圈和电容器组成的并联电路，其中 R 为线圈的损耗电阻，X_L 为线圈的感抗。

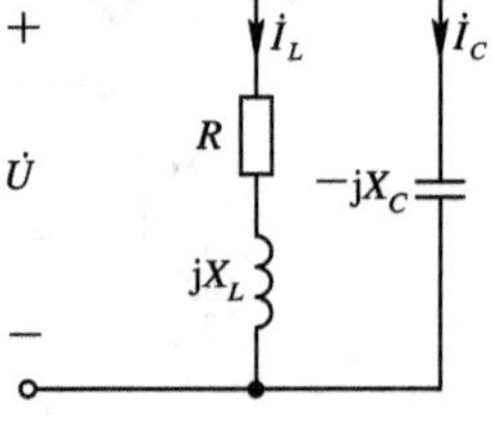

(a) 相量模型电路

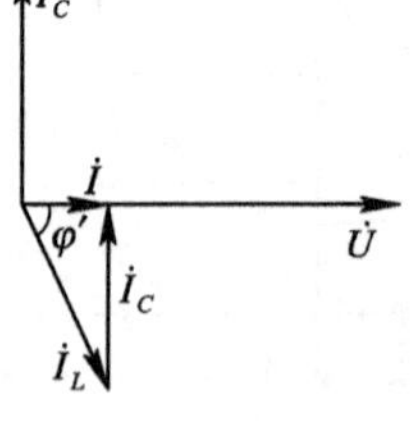

(b) 相量图

图 4-8-4

1. 并联谐振的条件

由前面的讨论可知，电路的导纳为

$$Y=\frac{1}{R+\mathrm{j}\omega L}+\mathrm{j}\omega C=\frac{R}{R^2+(\omega L)^2}+\mathrm{j}\left[\omega C-\frac{\omega L}{R^2+(\omega L)^2}\right]$$

按谐振定义，谐振时电压与电流同相位，所以 Y 的虚部为零，即 $B=0$，得到谐振条件为

$$\omega C=\frac{\omega L}{R^2+(\omega L)^2}$$

由上式解出并联谐振时的角频率是

$$\omega_0=\sqrt{\frac{1}{LC}-\frac{R^2}{L^2}}=\sqrt{\frac{L-CR^2}{L^2C}}=\frac{1}{\sqrt{LC}}\sqrt{1-\frac{R^2}{L/C}} \tag{4-8-5}$$

由于电感线圈的电阻 R 一般都是很小的，在工作频率范围内远小于感抗 $X_L=\omega L$，谐振时 $R\ll\omega_0L$，即得谐振条件为

$$\omega C\approx\frac{1}{\omega L}$$

在此条件下，得谐振角频率为

$$\omega_0\approx\frac{1}{\sqrt{LC}} \tag{4-8-6}$$

谐振频率为

$$f_0\approx\frac{1}{2\pi\sqrt{LC}} \tag{4-8-7}$$

上式表明，当电感线圈的感抗 $\omega L\gg R$ 时，把相同的电感和电容串联或并联，其谐振频率几乎相等。并联谐振的相量图如图 4-8-4(b)所示。

2. 并联谐振的特征

当发生并联谐振时，电路呈现如下特征：

(1) 电流与电压同相位，阻抗最大，电压最大。并联谐振时，电路的导纳为实数，且为最小值，即

$$Y_0=\frac{R}{R^2+(\omega_0L)^2}$$

由于一般 R 很小，故谐振时 $\omega_0L\gg R$，即

$$Y_0\approx\frac{R}{(\omega_0L)^2}$$

根据导纳和阻抗的等效变换得谐振时阻抗

$$Z_0\approx\frac{(\omega_0L)^2}{R}=\frac{L}{RC}=R_0$$

则 Z_0 为最大值，$U_0=Z_0I$ 亦为最大值。

若 $R\to0$，$Z_0\to\infty$，说明谐振时电路的总电流很小。

(2) 电感支路电流与电容支路电流几乎大小相等，相位相反。电路发生谐振时，流经电感的电流为

$$I_{L0}=\frac{U}{\sqrt{R^2+(\omega L)^2}}\approx\frac{U}{\omega_0L}$$

流经电容的电流为

$$I_{C0} = \omega_0 CU$$

以上两式表明，当 $\omega_0 L \gg R$ 时，各支路电流即流经电感支路的电流和流经电容支路的电流几乎相等，即 $I_{L0} \approx I_{C0}$，而 I_0 的数值极小，$\dot{U}$ 与 $\dot{I}_0$ 又同相位，故 $\dot{I}_{L0}$ 与 $\dot{I}_{C0}$ 反相，即 $\dot{I}_{L0} = -\dot{I}_{C0}$。

(3) 电感或电容支路的电流有可能大大超过总电流，即可能出现过电流现象。

电感支路电流 I_{L0} 或电容支路电流 I_{C0} 和总电流 I_0 的比值，称为电路的品质因数。

$$Q = \frac{I_{L0}}{I_0} = \frac{I_{C0}}{I_0} = \frac{U/(\omega_0 L)}{U/Z_0} = \frac{U/(\omega_0 L)}{\dfrac{U}{(\omega_0 L)^2/R}} = \frac{\omega_0 L}{R} = \frac{1}{R\omega_0 C} = \frac{1}{R}\sqrt{\frac{L}{C}} \qquad (4-8-8)$$

即流过电感或电容支路的电流是总电流的 Q 倍，即

$$I_{L0} \approx I_{C0} = QI_0$$

Q 值一般可达几十到几百，Q 值越大，谐振时两支路电流比总电流越大，因此并联谐振又称为电流谐振。并联谐振也可进行选频。如电子线路中的 LC 正弦振荡器就是利用并联谐振电路选频特性，使其只对某一频率的信号满足振荡条件。同样，选频特性的好坏，也由 Q 值决定。

一般情况下，串联谐振电路适用于内阻抗小的信号源，并联谐振适用于内阻抗大的信号源。

小结

1. 电路的电压和电流同相位的现象称为谐振，谐振分为串联谐振和并联谐振。

2. 串联谐振又称为电压谐振，其谐振条件为

$$\omega L = \frac{1}{\omega C}$$

谐振频率

$$f_0 = \frac{1}{2\pi\sqrt{LC}}$$

特征为：

(1) 电路呈电阻性，阻抗最小，电流最大。

(2) 电感端电压和电容端电压大小相等，相位相反。

(3) 电感和电容的端电压有可能大大超过外加电压。

$$U_{C0} = U_{L0} = QU$$

式中，Q 称为品质因数，只和电路的参数有关。

$$Q = \frac{U_{L0}}{U} = \frac{U_{C0}}{U} = \frac{\omega_0 L}{R} = \frac{1}{\omega_0 CR} = \frac{1}{R}\sqrt{\frac{L}{C}}$$

3. 并联谐振又称为电流谐振，其谐振条件为

$$\omega C \approx \frac{1}{\omega L} \quad (\omega L \gg R)$$

谐振频率为

$$f_0 \approx \frac{1}{2\pi\sqrt{LC}}$$

特征为：

(1) 电路电流与电压同相位，阻抗最大，电流最小。

(2) 电感支路和电容支路电流几乎大小相等，相位相反。

(3) 电感或电容支路的电流有可能大大超过总电流。

4. 串联谐振和并联谐振电路都具有选频特性。

思考与练习

4-8-1　试分析电路发生谐振时能量的消耗和互换情况。

4-8-2　已知电容 $C=200$ pF，与一电感线圈串联，若要求在 465 Hz 时谐振，线圈的电感大约为多大?

4-8-3　上题如要求 $Q=100$，则 R 应为多大?

4-8-4　如图 4-8-4(a)所示电路图中，已知谐振时 $I_{L0}=12$ A，$I_{C0}=10$ A，求 I_0。

4.9　复杂交流电路分析

前面我们已经讨论了欧姆定律的相量形式和基尔霍夫定律的相量形式，通过前面的讨论我们可以知道，在分析正弦交流电路时，如果电压、电流用相量表示，电阻、电感、电容用阻抗或导纳表示，即电路用相量模型来表示，就可以用分析直流电路的方法和定律，来分析计算正弦交流电路，这种方法称为相量分析法。在这里，电路的基本变量是电压相量和电流相量，分析的对象是相量模型电路，所用运算遵循复数运算规则。

本节通过举例来说明如何应用直流电路的一些主要分析方法(网孔电流法、节点电位法、戴维南定理等)来分析正弦交流电路。

4.9.1　应用网孔电流法分析正弦交流电路

例 4-9-1　电路的相量模型如图 4-9-1 所示，已知 $R_1=R_2=5\ \Omega$，$\mathrm{j}X_L=\mathrm{j}5\ \Omega$，$-\mathrm{j}X_{C1}=-\mathrm{j}X_{C2}=-\mathrm{j}5\ \Omega$，$\dot{U}_1=100\angle 0°$ V，$\dot{U}_2=100\angle 53.1°$ V，求电流 $\dot{I}$。

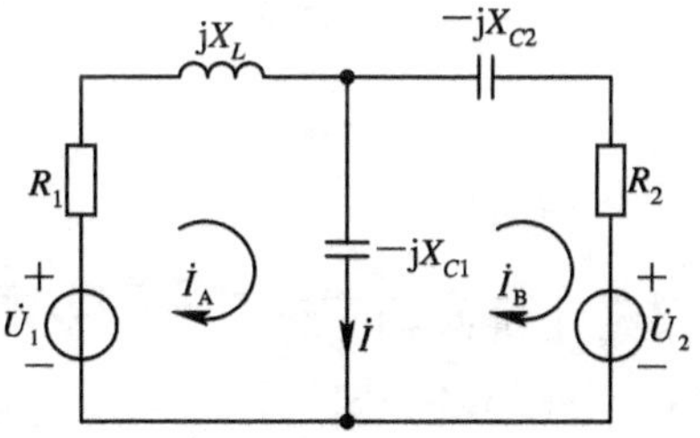

图 4-9-1

解　设网孔电流为 $\dot{I}_A$、$\dot{I}_B$，如图 4-9-1 所示。根据 2.2 节所述网孔电流法，分别列出 A、B 两个网孔方程。

网孔 A

$$(\mathrm{j}X_L+R_1-\mathrm{j}X_{C1})\dot{I}_A-(-\mathrm{j}X_{C1})\dot{I}_B=\dot{U}_1$$

网孔 B

$$(R_2-\mathrm{j}X_{C1}-\mathrm{j}X_{C2})\dot{I}_B-(-\mathrm{j}X_{C1})\dot{I}_A=\dot{U}_2$$

代入数值得

$$(\mathrm{j}5+5-\mathrm{j}5)\dot{I}_A-(-\mathrm{j}5)\dot{I}_B=100\angle 0^\circ$$
$$(5-\mathrm{j}5-\mathrm{j}5)\dot{I}_B-(-\mathrm{j}5)\dot{I}_A=100\angle 53.1^\circ$$

整理得

$$5\dot{I}_A+\mathrm{j}5\dot{I}_B=100\angle 0^\circ$$
$$(5-\mathrm{j}10)\dot{I}_B+\mathrm{j}5\dot{I}_A=100\angle 53.1^\circ$$

而 $\dot{I}=\dot{I}_A-\dot{I}_B$，所以联立方程

$$\begin{cases}5\dot{I}_A+\mathrm{j}5\dot{I}_B=100\angle 0^\circ\\(5-\mathrm{j}10)\dot{I}_B+\mathrm{j}5\dot{I}_A=100\angle 53.1^\circ\\\dot{I}=\dot{I}_A-\dot{I}_B\end{cases}$$

解得

$$\dot{I}=6.32\angle 71.5^\circ$$

4.9.2 应用节点电位法分析交流电路

例 4-9-2 电路的相量模型如图 4-9-2 所示，已知 $\dot{U}_1=225\angle 0^\circ$ V，$\dot{U}_2=220\angle -30^\circ$ V，$Z_1=Z_2=(0.006+\mathrm{j}0.33)$ Ω，$Z_3=(2+\mathrm{j}1.5)$ Ω，求各支路电流 $\dot{I}_1$、$\dot{I}_2$、$\dot{I}_3$。（$\dot{I}_1$、$\dot{I}_2$、$\dot{I}_3$ 方向如图中所标。）

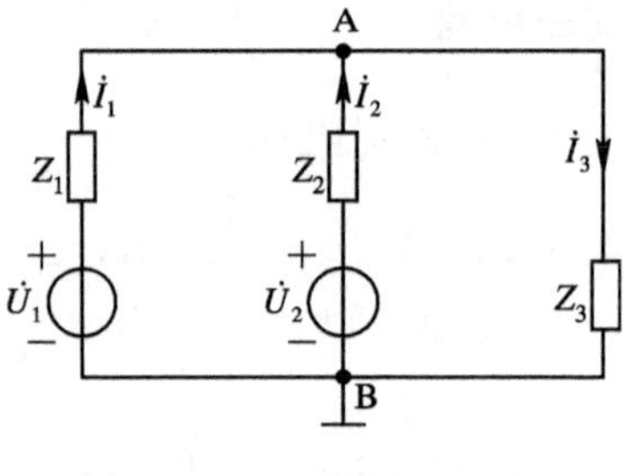

图 4-9-2

解 根据 2.3 节所述节点电位法，有

$$Y_1=\frac{1}{Z_1}=\frac{1}{0.006+\mathrm{j}0.33}=3.03\angle -89^\circ\ \mathrm{S}$$
$$Y_2=Y_1=3.03\angle -89^\circ\ \mathrm{S}$$
$$Y_3=\frac{1}{Z_3}=\frac{1}{2+\mathrm{j}1.5}=0.4\angle -36.9^\circ\ \mathrm{S}$$

列节点方程

$$(Y_1+Y_2+Y_3)\dot{V}_A=\dot{U}_1Y_1+\dot{U}_2Y_2$$

代入数值，得

$$(3.03\angle -89^\circ+3.03\angle -89^\circ+0.4\angle -36.9^\circ)\dot{V}_A$$
$$=225\angle 0^\circ\times 3.03\angle -89^\circ+220\angle -30^\circ\times 3.03\angle -89^\circ$$

解得

$$\dot{V}_A = 206\angle -17.7^\circ\ \text{V}$$

$$\begin{aligned}\dot{I}_1 &= Y_1(\dot{U}_1 - \dot{V}_A)\\ &= (225\angle 0^\circ - 206\angle -17.7^\circ)\times 3.03\angle -89^\circ\\ &= 208\angle -23.2^\circ\ \text{A}\end{aligned}$$

$$\begin{aligned}\dot{I}_2 &= Y_2(\dot{U}_2 - \dot{V}_A)\\ &= (220\angle -30^\circ - 206\angle -17.7^\circ)\times 3.03\angle -89^\circ\\ &= 144\angle 172.4^\circ\ \text{A}\end{aligned}$$

$$\begin{aligned}\dot{I}_3 &= Y_3\dot{V}_A = \frac{\dot{V}_A}{Z_3}\\ &= 206\angle -17.7^\circ\times 0.4\angle -36.9^\circ\\ &= 82.4\angle -54.6^\circ\ \text{A}\end{aligned}$$

4.9.3 应用戴维南定理分析交流电路

例 4-9-3 电路的相量模型如图 4-9-3(a)所示。已知 $\dot{U}_s=10\angle 0^\circ$ V，$\dot{I}_s=2\angle 0^\circ$ A，$Z_1=1+\text{j}1\ \Omega$，$Z_2=0.5+\text{j}0.5\ \Omega$，$Z_3=10-\text{j}10\ \Omega$，求电流 $\dot{I}_0$。

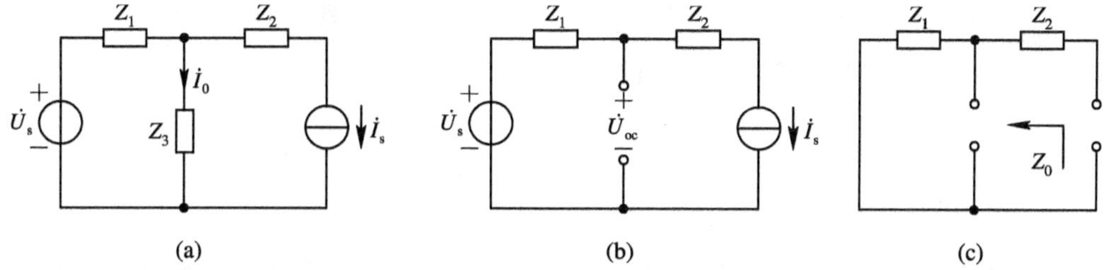

图 4-9-3

解 根据 3.3 节所述戴维南定理，将 Z_3 支路开路，如图 4-9-3(b)所示，求开路电压 $\dot{U}_{oc}$。

$$\begin{aligned}\dot{U}_{oc} &= \dot{U}_{s1} - \dot{I}_s Z_1\\ &= 10\angle 0^\circ - 2\angle 0^\circ\times(1+\text{j})\\ &= 8.25\angle -14^\circ\ \text{V}\end{aligned}$$

画等效内阻抗电路，如图 4-9-3(c)所示，则

$$Z_0 = Z_1 = 1+\text{j} = \sqrt{2}\angle 45^\circ$$

因此

$$\dot{I} = \frac{\dot{U}_{oc}}{Z_0+Z_3} = \frac{8.25\angle -14^\circ}{10-\text{j}10+1+\text{j}} = 0.581\angle 25.3^\circ\ \text{A}$$

上面分别通过一个例题介绍了如何应用网孔电流法、节点电位法、戴维南定理来分析交流电路，当然，还可以用其他分析直流电路的方法来分析交流电路，例如支路电流法、叠加原理、阻抗等效变换等，这里不再一一讨论。

小结

如果将电压、电流用相量表示，将电阻、电感、电容用阻抗或导纳表示，我们可以应用

分析直流电路的方法和定理来分析交流电路，这种方法称为相量分析法。相量分析法分析的对象是相量模型电路，采用的是复数运算。

思考与练习

4－9－1 列出题4－9－1图所示电路的回路电流方程。

4－9－2 列出题4－9－1图所示电路的节点电位方程。

4－9－3 电路如题4－9－3图所示，已知 $\dot{U}_s=\sqrt{2}\angle 0°$ V，$\dot{I}_s=\sqrt{2}\angle 90°$ mA，$R_1=R_2=1$ kΩ，$X_L=1$ kΩ，$X_C=1$ kΩ，用戴维南定理求 $\dot{U}_C$。

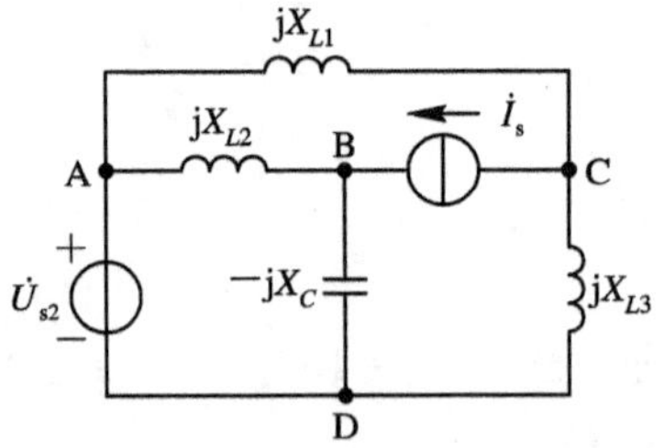

题4－9－1图

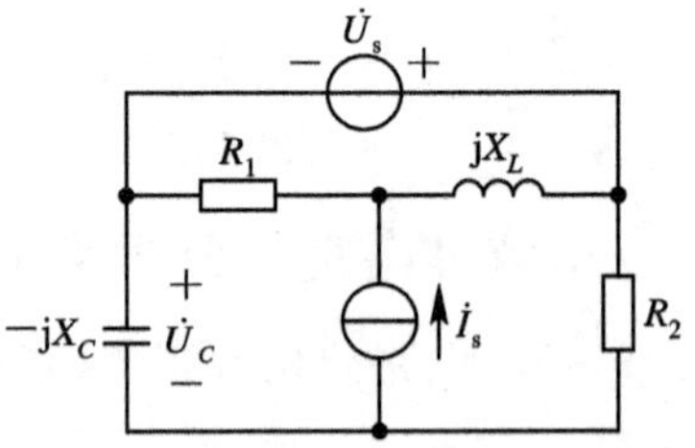

题4－9－3图

4－9－4 试用叠加原理求上题的 $\dot{U}_C$。

习 题 四

4－1 如题4－1图所示波形，已知 $T=0.02$ s，试写出正弦电压的瞬时值表达式。

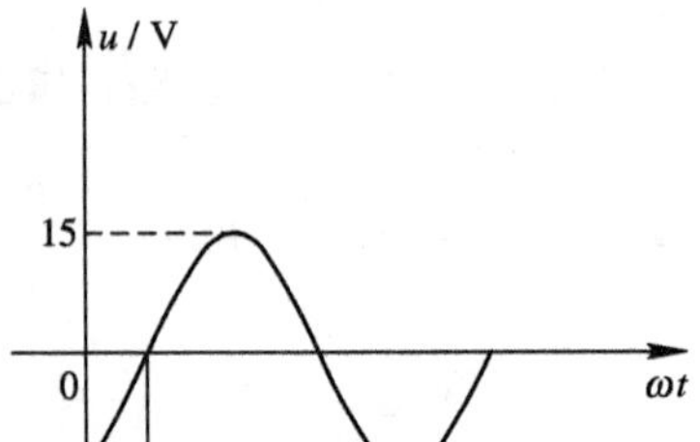

题4－1图

4－2 已知电流 $i=14.1\sin(6280t+45°)$ A，试求：

(1) 该电流的最大值、有效值、角频率、频率及初相位；

(2) 经过多少时间该电流达到第一个最大值。

4－3 写出下列正弦电压和电流的瞬时值表达式：

(1) $U=5$ V，$f=100$ Hz，$\psi_u=-30°$；

(2) $I_m=5$ A，$\omega=5$ rad/s，$\psi_i=45°$。

4－4 已知正弦电压 $u_1=220\sqrt{2}\sin 314t$ V，$u_2=220\sqrt{2}\sin(314t-120°)$ V。试求：

(1) u_1 与 u_2 的相位差，并说明它们的相位关系；

(2) 计时起点向右移 $T/4$，初相位及相位差如何变化？

4-5　如题 4-5 图所示为 u 和 i 的波形。问：

(1) u 和 i 的初相位各为多少？

(2) 相位差为多少？哪一个超前？

(3) 若计时起点向左移 $\pi/3$，u 和 i 是如何变化的？相位差是否改变？

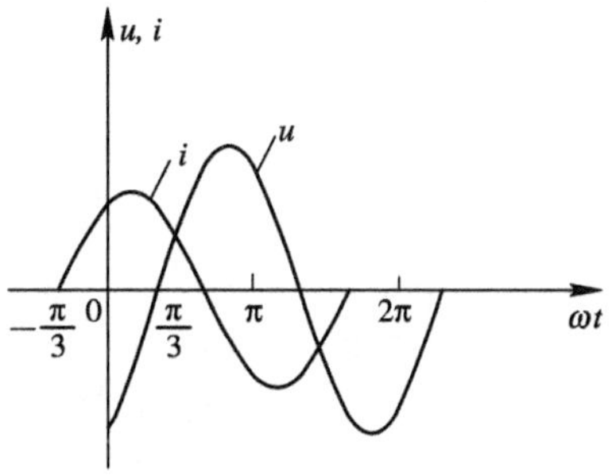

题 4-5 图

4-6　已知 $u_1=100\cos(\omega t+20°)$ V，$u_2=100\sin(\omega t-10°)$ V。要求：

(1) 写出 u_1，u_2 的相量；

(2) 作相量图，并求 $u_3=u_1+u_2$，$u_4=u_1-u_2$。

4-7　写出下列各相量对应的瞬时值表达式(设角频率为 ω)：

(1) $\dot{I}_1=10\angle 72°$ A　　　　(2) $\dot{U}_{2m}=300\angle -60°$ V

4-8　在电压为 220 V，频率为 50 Hz 的交流电路中，接入一组白炽灯，其总电阻为 11 Ω。要求：

(1) 计算电灯组取用电流的有效值；

(2) 计算电灯组消耗的功率；

(3) 作出电压、电流相量图。

4-9　已知一电感元件 $L=0.5$ H，加在它两端的电压为 $u=220\sqrt{2}\sin(314t+60°)$。要求：

(1) 计算 I 和 $\dot{I}$ 并写出电流瞬时值表达式；

(2) 作出相量图；

(3) 计算无功功率和有功功率；

(4) 若电压频率增大 1 倍，写出电流的瞬时值表达式。

4-10　已知一电容 $C=140$ μF，现接在 $u=220\sqrt{2}(314t+60°)$ V 的交流电路中，要求：

(1) 计算 I 和 $\dot{I}$ 并写出电流瞬时值表达式；

(2) 作出相量图；

(3) 计算无功功率和有功功率；

(4) 若将此电容元件接在电压为 220 V 的直流电路中，流过电容的电流是多少？

4-11　如题 4-11 图所示 RLC 串联电路中，已知 $u=100\sqrt{2}\sin(314t+20°)$ V，

$R=300\ \Omega$，$L=0.7$ H，$C=4.3\ \mu$F。试求：

(1) Z，$|Z|$；

(2) I 和 $\dot{I}$；

(3) 作出相量图。

4-12　电路的相量模型如题 4-12 图所示，已知 $Z_1=2\ \Omega$，$Z_2=2+\mathrm{j}3\ \Omega$，$\dot{U}=10\angle 0°$ V，计算阻抗 Z，电流 $\dot{I}$ 和各阻抗上的电压 $\dot{U}_1$ 和 $\dot{U}_2$，并作出相量图。

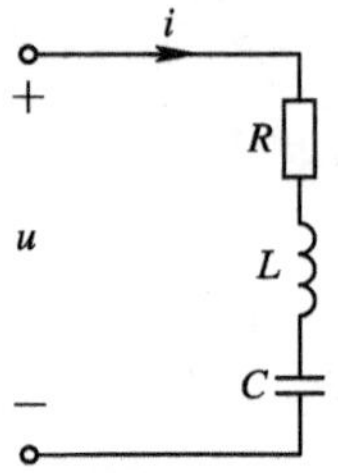

题 4-11 图

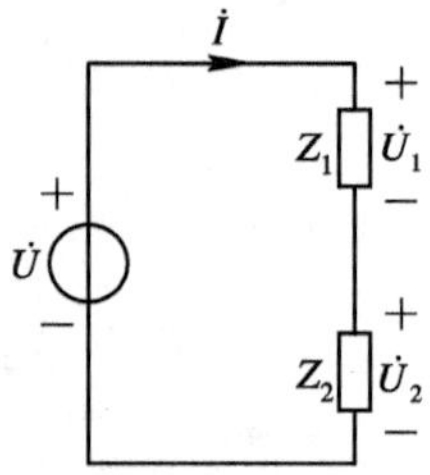

题 4-12 图

4-13　如题 4-13 图所示电路中，各电压表认为是理想的且读数已知(如图中所示)，试求电压 u 的有效值 。

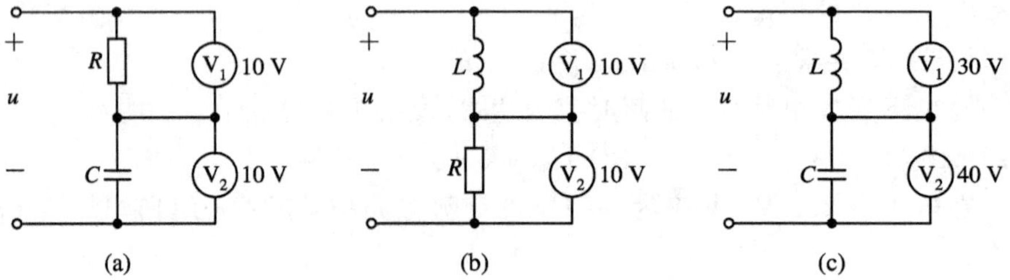

题 4-13 图

4-14　在电风扇的电动机绕组中，串联一个电感进行调速，等效电路如题 4-14 图所示，$R=190\ \Omega$，$X_L=260\ \Omega$，电源电压为 220 V，$f=50$ Hz，要使 $U_{RL}=180$ V，问串联的电感应为多大?

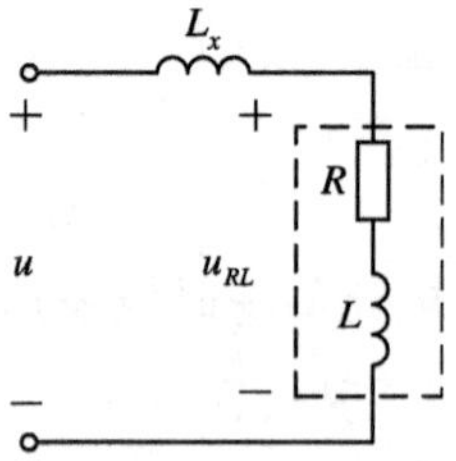

题 4-14 图

4-15　为了测试出某线圈的电感，可先用万用表测出它的电阻 $R=16\ \Omega$，再把它接到 110 V、50 Hz 的电压上，测得电流为 5 A，试由这些数据确定线圈的电感。

4-16　已知一 RLC 并联电路如题 4-16 图所示，$u=100\sqrt{2}\sin(1000t+20°)$ V，$R=300\ \Omega$，$L=0.4$ H，$C=2\ \mu$F。要求：

(1) 求 $\dot{I}_R$、$\dot{I}_L$、$\dot{I}_C$、i_R、i_L、i_C；

(2) 求等效导纳 Y 和电流 $\dot{I}$；

(3) 作出相量图。

4-17　如题 4-17 图所示电路，已知 $R_1=3\ \Omega$，$X_{L1}=4\ \Omega$，$R_2=8\ \Omega$，$X_{L2}=6\ \Omega$，$u=220\sqrt{2}\sin 314t$ V，求 $\dot{I}_1$、$\dot{I}_2$、$\dot{I}$。

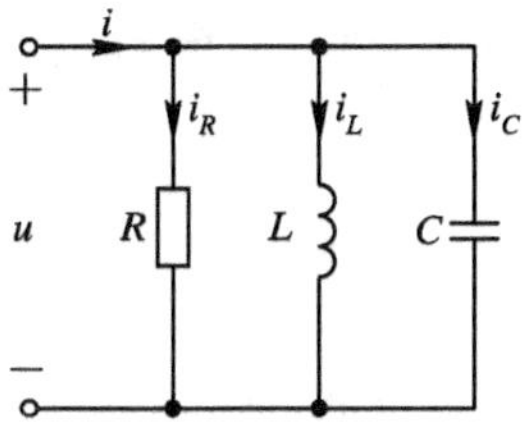

题 4-16 图

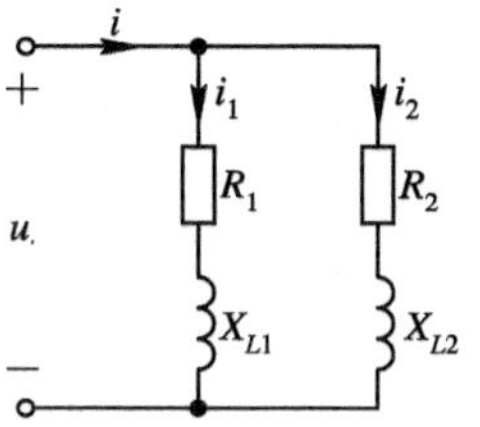

题 4-17 图

4-18　在题 4-18 图所示电路中，欲使电感和电容上的电压数值相等，试求 R 值及各支路电流 $\dot{I}_R$、$\dot{I}_C$。

4-19　如题 4-19 图所示电路，已知 $\omega=10^4$ rad/s，$R_1=1\ \Omega$，$R_2=1\ \Omega$，$C=100\ \mu$F，$L=10^{-4}$ H，求等效阻抗和导纳。

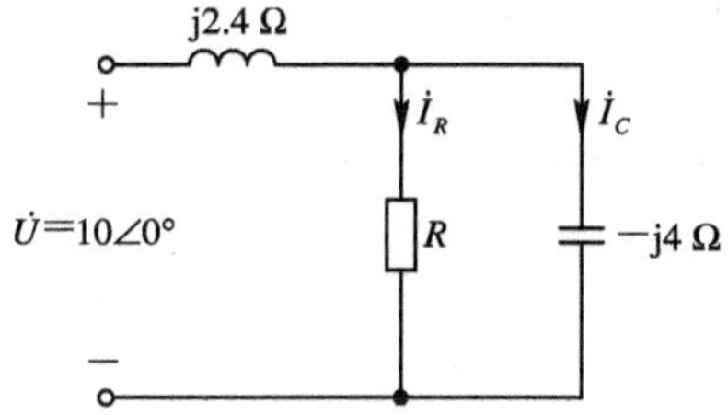

题 4-18 图

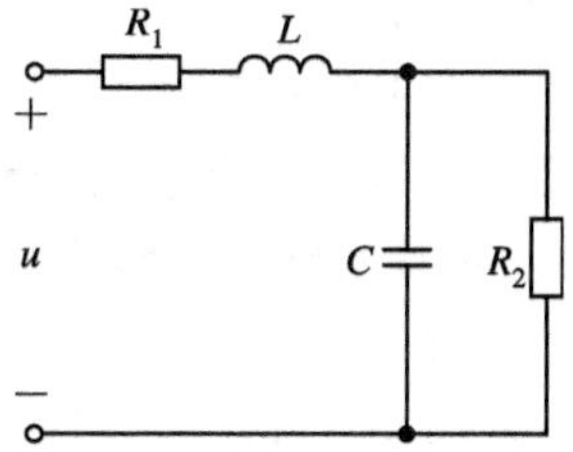

题 4-19 图

4-20　无源二端网络如题 4-20 图所示，当外加电压 $u=200\sqrt{2}\sin(314t+20°)$ V 时，输入电流为 $i=4.4\sqrt{2}\sin(314t-33°)$ A，试求此无源二端网络的等效阻抗，并求二端网络的功率因数及输入的有功功率、无功功率、视在功率和复功率。

4-21　如题 4-21 图所示电路，已知 $R_1=6\ \Omega$，$R_2=16\ \Omega$，$X_L=8\ \Omega$，$X_C=12\ \Omega$，$\dot{U}=20\angle 0°$，求该电路的有功功率 P、无功功率 Q、视在功率 S 和功率因数 $\cos\varphi$。

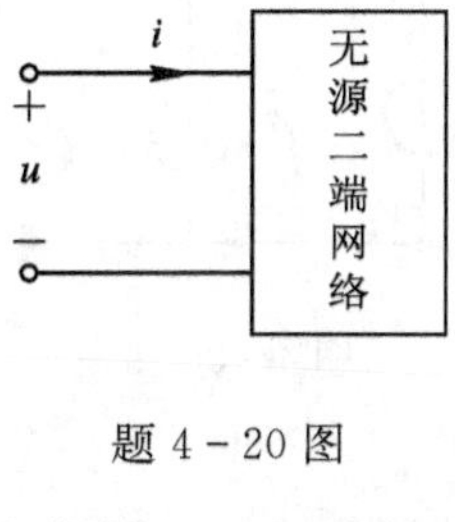

题 4-20 图

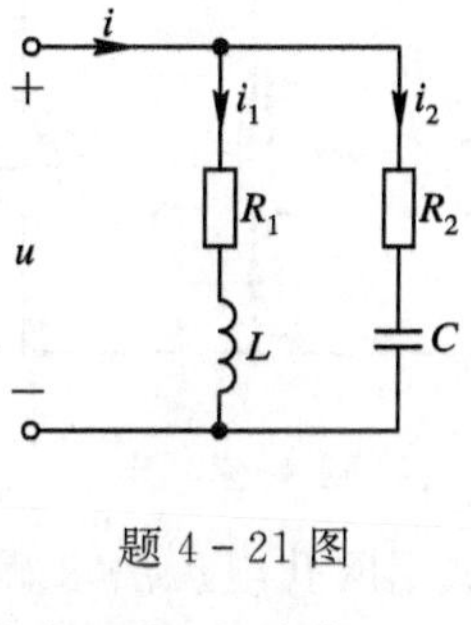

题 4-21 图

4-22　试求题 4-11 图所示电路的有功功率、无功功率和视在功率。

4-23　某电源 $S_N=20$ kVA，$U_N=220$ V，$f=50$ Hz。试求：

(1) 电源的额定电流 I_N。

(2) 电源若供给 $\cos\varphi=0.5$，$P=40$ W 的日光灯，最多可以点多少盏？此时线路的电流是多少？

(3) 若将电路功率因数提高到 $\cos\varphi=0.9$，此时线路的电流是多少？需并联多大电容？

4-24　如题 4-24 图所示的感性负载，当电源电压 $U=220$ V 时，$P=10$ kW，$\cos\varphi=0.5$，此时负载电流 I_1 是多少？为提高功率因数，并联 800 μF 电容，问并联电容后负载线路总电流 $\dot{I}$ 是多少？此时电路功率因数 $\cos\varphi_2$ 为多少？

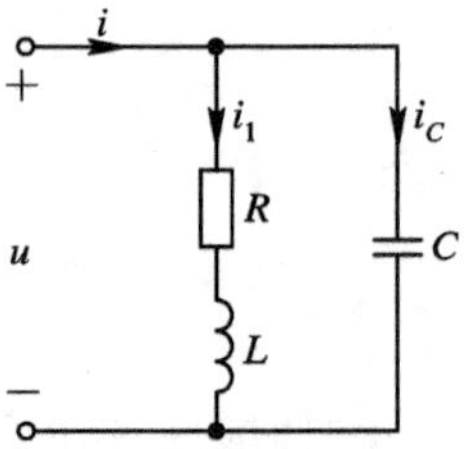

题 4-24 图

4-25　已知 RLC 串联谐振电路中，$U=10$ V，$I=1$ A，$U_C=80$ V，试问电阻 R 多大？品质因数 Q 又多大？

4-26　有一 RLC 串联电路，$L=500$ μH，$C=161.5$ pF，$R=18$ Ω。要求：

(1) 求发生谐振时的谐振频率 f_0，品质因数 Q；

(2) 若输入信号电压有效值 $U=0.1$ mV，求电容上电压 U_{C0}。

4-27　已知某实际电感线圈的损耗电阻 $R=18$ Ω，$L=500$ μH，现与一个 $C=234$ pF 的电容并联。要求：

(1) 求谐振频率 f_0；

(2) 若以有效值为 1 μA 的正弦电流电源供电，求流经电容支路的电流 I_{C0}。

4-28　如题 4-28 图所示电路，已知 $\dot{U}_s=8\angle 0°$ V，$\dot{I}_s=4\angle 90°$，$Z_1=\mathrm{j}4$ Ω，$Z_2=\mathrm{j}3$ Ω，$Z_3=\mathrm{j}3$ Ω，试用节点电位法求电流 $\dot{I}$ 和电压 $\dot{U}$。

4-29　试用叠加原理求解上题。

4-30　如题 4-30 图所示电路的相量模型，已知 $\dot{U}_{s1}=100\angle 0°$ V，$\dot{U}_{s2}=100\angle -90°$ V，$R=5$ Ω，$X_C=2$ Ω，$X_L=5$ Ω，试用戴维南定理求电流 $\dot{I}$。

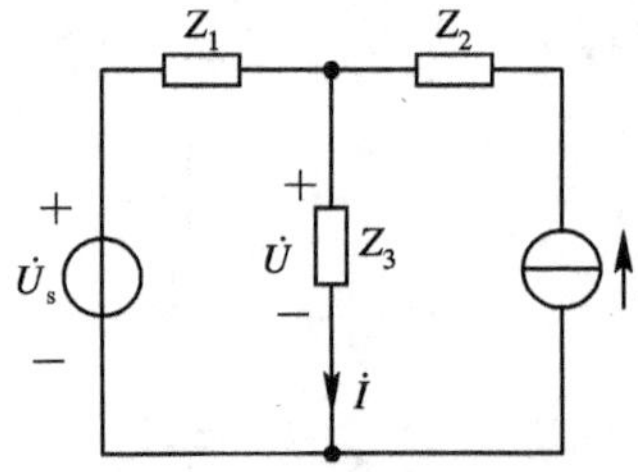

题 4-28 图

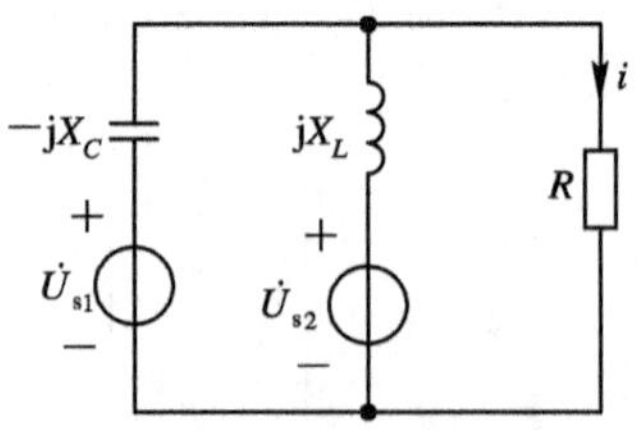

题 4-30 图

4-31　试用网孔电流法求解上题。

第 5 章　三相交流电路分析

第 4 章所介绍的交流电路是单相交流电路，但是目前普遍使用的是由三相交流电源组成的供电系统，称为三相交流电路。所谓三相交流电源，指的是由三个幅值相等、频率相同、相位互差 120°，按一定方式组合起来的正弦电源，简称三相电源。由三相电源供电的电路称为三相交流电路。与单相交流电路相比较，三相交流供电系统在发电、输电和能量转换方面都有明显的优点。三相交流电路是一种特殊形式的交流电路，一般交流电路的分析方法对三相交流电路都是适用的。

本章主要介绍三相电源的基本概念及连接方法，三相负载的星形连接和三角形连接，三相交流电路的分析。

5.1 三相电源

5.1.1 对称三相电动势的产生

所谓对称三相电动势，指的是幅值相等、频率相同、相位互差 120°的三个电动势。对称三相电动势一般是由三相交流发电机产生的。

如图 5-1-1(a)所示是三相交流发电机的结构示意图。三相交流发电机主要由定子和转子两部分组成，转子是可以转动的，一般由锻钢制成，转子上绕有直流励磁绕组，通入直流电可以产生固定极性的磁场，同时选择合适磁极端面形状和绕组分布，可使定子内圆周表面各点的磁感应强度按正弦规律分布。定子是固定不动的，它一般由硅钢片叠成。在定子铁心圆周内表面轴向开有六个线槽，用来嵌放三相线组(线圈)U_1U_2、V_1V_2 和 W_1W_2，每组线圈称为一相，分别称为 U 相、V 相、W 相绕组。把 U_1、V_1、W_1 称为始端，U_2、V_2、W_2 称为末端。这三相绕组的匝数相等，尺寸和绕法相同，空间几何位置互差 120°。当转子磁极以角频率 ω 匀速旋转时，定子每相绕组的导体就切割磁力线，在三相绕组中产生随时间按正弦规律变化的感应电动势，这三个感应电动势的幅值相等、频率相同、相位互差 120°，相当于三个独立的交流电压源，如图 5-1-1(b)所示。这三个电动势即为对称三相电动势。规定对称三相电动势的方向是从绕组的末端指向始端，它们的瞬时值表达式为

$$\left.\begin{aligned} e_U &= E_m \sin\omega t \\ e_V &= E_m \sin(\omega t - 120^\circ) \\ e_W &= E_m \sin(\omega t - 240^\circ) = E_m \sin(\omega t + 120^\circ) \end{aligned}\right\} \qquad (5-1-1)$$

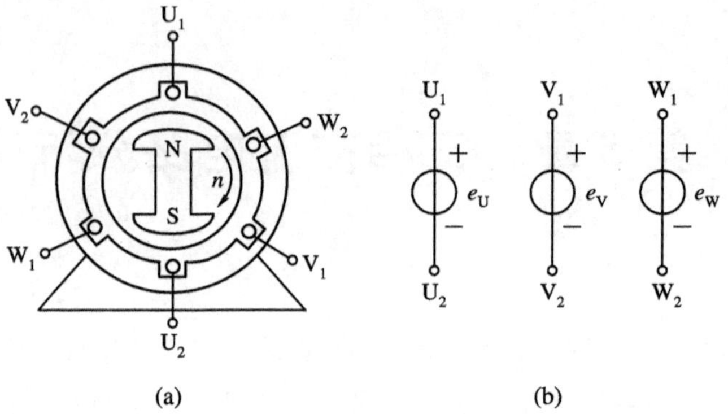

图 5-1-1

其波形图如图 5-1-2(a)所示，相量表达式为

$$\left.\begin{aligned}\dot{E}_U &= E\angle 0^\circ \\ \dot{E}_V &= E\angle -120^\circ \\ \dot{E}_W &= E\angle -240^\circ\end{aligned}\right\} \qquad (5-1-2)$$

对应的相量图如图 5-1-2(b)所示。

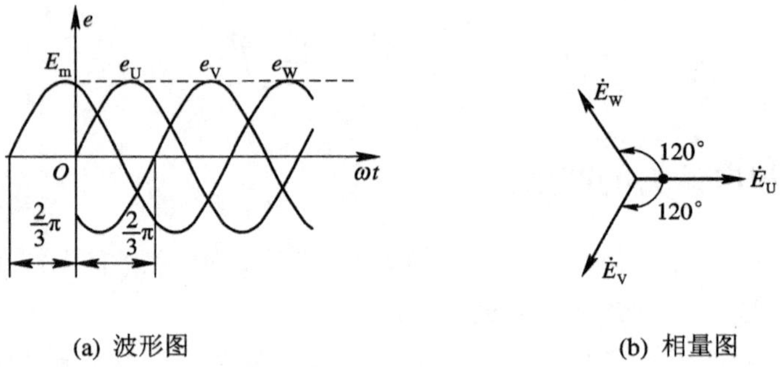

(a) 波形图 (b) 相量图

图 5-1-2

很明显，根据 KVL，对称三相电动势的瞬时值或相量之和为零，即

$$\left.\begin{aligned}e_U + e_V + e_W &= 0 \\ \dot{E}_U + \dot{E}_V + \dot{E}_W &= 0\end{aligned}\right\} \qquad (5-1-3)$$

这是对称三相电动势的一个重要特点。

三相交流电依次达到正最大值(或相应零值)的顺序称为相序(phase sequence)。上述对称三相电动势的相序是 U→V→W。把 U→V→W 的相序称为顺相序(positive sequence)，通常都是采用顺相序。

在三相绕组中，把哪一个绕组当作 U 相绕组是无关紧要的，但 U 相绕组确定后，电动势比 e_U 滞后 120°的绕组就是 V 相，电动势比 e_U 滞后 240°(超前 120°)的那个绕组则为 W 相。

5.1.2 三相电源的连接方式

三相电源的每相绕组都可以作为一个单独电源供电，而每相需要两根输电线，三相共需 6 根输电线。这样就构成了彼此相互独立、互不关联的三个单相交流供电系统，但这很不经济，也不能体现出三相供电系统的优点。

三相电源绕组的连接通常有星形(Y 形)连接和三角形(D 形)连接两种方式。

1. 三相电源的星形(Y 形)连接

图 5-1-3 是三相电源的 Y 形连接。三相电源的三相绕组的末端 U_2、V_2、W_2 连接在一起成为一个公共点，称为电源的中性点(neutral point)，用 N 表示。中性点也叫零点(zero point)，并由此引出一根输电线，称为中线(neutral line)，也叫零线。再由三相绕组的三个始端 U_1、V_1、W_1 分别引出三根输电线，称为端线(terminal line)，俗称为火线，常用 L_1、L_2、L_3 表示，其裸线可分别涂黄、绿、红三种颜色标志。

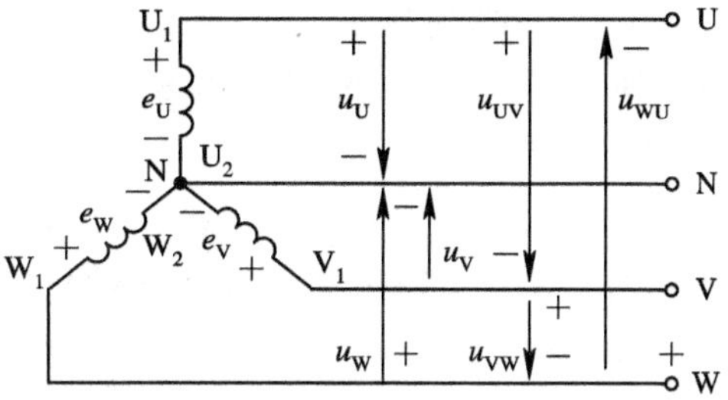

图 5-1-3

由于这种供电系统三相电源采用了 4 根输电线与负载连接，所以又称为三相四线制电源。一般低压供电系统都采用三相四线制，日常生活中的单相供电线路只采用了其中的一相，一般由一根端线和一根中线组成。

三相四线制电源能够输送两种电压：相电压和线电压。

把端线与中线之间的电压 u_U、u_V、u_W 称为相电压(phase voltage)，规定相电压的参考方向是从端线指向中线，如图 5-1-3 所示。很显然，如果不考虑输电线上的压降和三相绕组的内阻抗，相电压 u_U、u_V、u_W 就分别等于 e_U、e_V、e_W，即

$$u_U = e_U$$
$$u_V = e_V$$
$$u_W = e_W$$

显然，相电压 u_U、u_V、u_W 是三相对称电压，相应的相量表达式为

$$\left.\begin{aligned}\dot{U}_U &= U_p\angle 0^\circ = U_p\angle 0^\circ\\ \dot{U}_V &= U_p\angle 120^\circ = U_p\angle -120^\circ\\ \dot{U}_W &= U_p\angle 240^\circ = U_p\angle +120^\circ\end{aligned}\right\}\qquad(5-1-4)$$

式中 U_p 是相电压有效值。

端线与端线之间的电压 U_{UV}、U_{VW}、U_{WU} 称为线电压。由图 5-1-4 可知，各个线电压和相电压之间的相量关系为

$$\left.\begin{aligned}\dot{U}_{UV} &= \dot{U}_U - \dot{U}_V\\ \dot{U}_{VW} &= \dot{U}_V - \dot{U}_W\\ \dot{U}_{WU} &= \dot{U}_W - \dot{U}_U\end{aligned}\right\}\qquad(5-1-5)$$

将式(5-1-4)代入式(5-1-5)，按相量法计算，就可以得到线电压和相电压之间的数值和相位关系：

$$\dot{U}_{UV} = U_p\angle 0^\circ - U_p\angle -120^\circ = U_p - \left(-\frac{1}{2} - \mathrm{j}\frac{\sqrt{3}}{2}\right)U_p$$
$$= \frac{3}{2}U_p + \mathrm{j}\frac{\sqrt{3}}{2}U_p = \sqrt{3}U_p\angle 30^\circ$$

同理可推得：

$$\dot{U}_{VW} = \sqrt{3}U_p\angle -90^\circ$$

$$\dot{U}_{WU} = \sqrt{3}U_p\angle 150^\circ$$

也可作出线电压和相电压的相量图（如图 5－1－4 所示），借助相量图得出线电压和相电压数值与相位关系。

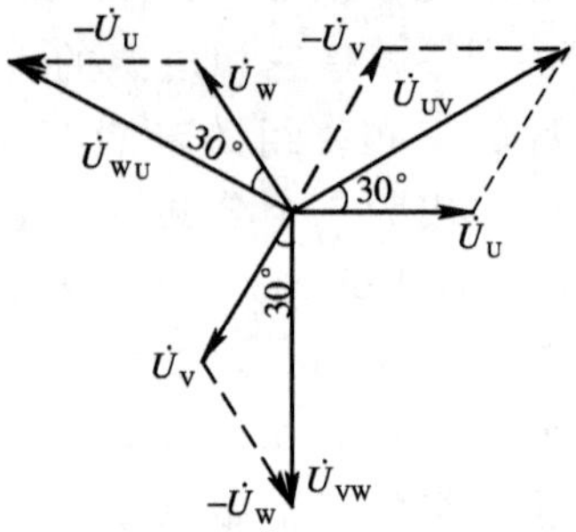

图 5－1－4

由以上分析可知，若相电压是对称的，则线电压也是对称的，而且线电压的有效值（幅值）是相电压的有效值（幅值）的$\sqrt{3}$倍，若线电压有效值用 U_l 表示，则

$$U_l = \sqrt{3}U_p \qquad (5-1-6)$$

一般低压供电系统的线电压是 380 V，相电压是 220 V，这是一种照明和动力混合使用的供电系统，负载可根据额定电压决定其接法。

2. 三相电源的三角形（D 形）连接

三相电源除了可以采用 Y 形连接外，还可以采用 D 形连接。如图 5－1－5 所示，将三相绕组的始端和末端依次连接，构成一个闭合回路，再从三个连接点引出三根端线，这种连接方式称为三相电源的 D 形连接，这种连接方式属于三相三线制。

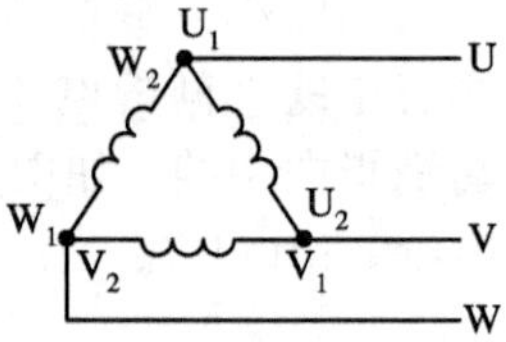

图 5－1－5

三相电源按 D 形连接时，对应的线电压等于相电压，只能提供一种电压。在三相电源的 D 形连接时，闭合回路中的总电压为 0，即

$$\dot{U}_U + \dot{U}_V + \dot{U}_W = 0$$

如果将某一相绕组接反，闭合回路中就有大于相电压的电压在作用，由于三相电源绕组本身内阻抗很小，故在闭合回路中产生很大的电流，会烧坏三相电源绕组。通常三相发电机的三相绕组均作 Y 形连接，很少作 D 形连接，而三相变压器则两种接法都有使用。

小结

1. 对称三相电动势是指幅值相等，频率相同，相位互差 120°的三个电动势。三相交流电源的电动势是对称三相电动势。

2. 三相电源有两种接法即 Y 形和 D 形。三相电源 Y 形连接时输出两种电压：相电压和线电压，并且 $U_l=\sqrt{3}U_p$。三相电源作 D 形连接时输出一种电压。

思考与练习

5－1－1　星形连接的三相电源，设线电压 $u_{UV}=380\sqrt{2}\sin(\omega t-30^\circ)$ V，试写出相电压 $\dot{U}_U$ 的数学表达式。

5-1-2　一台三相变压器的三相绕组作星形连接，每相额定电压为220 V，出厂试验时测得相电压$U_U=U_V=U_W=220$ V，但线电压却为$U_{UV}=U_{VW}=220$ V，$U_{WU}=380$ V，试问这种现象是如何造成的？并指出改正办法。

5-1-3　三相电源每相电压为380 V，每一绕组的阻抗为(0.5+j 1) Ω。现作三角形连接，要求：

(1) 如果有一相接反，求三相电源回路的电流；

(2) 如果有两相接反，试求三相电源回路的电流。

5.2　三相负载的星形(Y形)连接

在工程技术领域及日常生活中，用电设备种类繁多，其中有的只需要单相电源供电即可，如照明灯、家用电器；有的则需要三相电源供电才能工作，如三相交流电动机。我们把接在三相电路中的三组单相用电器和三相用电器通称为三相负载。三相负载有对称和不对称两种情况，如果接在三相电路的三个负载阻抗相等，把这样的三相负载称为对称三相负载，三相电动机就是对称三相负载。为了使负载能够安全可靠地长期工作，应按照负载额定电压等于电源电压的原则将负载接入三相供电系统，并且尽可能使负载均匀分布到三相电源上，要力求使三相负载均衡、对称，这样才能更合理地使用三相电源。

三相负载也有星形和三角形两种连接方式。

由于三相电源与三相负载都有星形和三角形两种接法，因此它们可组成Y-Y，Y-D，D-Y，D-D四种接法。对称的三相电源和对称的三相负载连接，称为对称的三相电路。一般三相电源都是对称的，所以三相电路是否对称，取决于三相负载是否对称。

三相负载的星形连接与三相电源的星形连接类同，如图5-2-1所示电路，就是三相负载的星形连接的三相四线制Y-Y供电系统。由图5-2-1可见，三相负载作星形连接时，三个负载的一端分别接于端线U、V、W，另三个端点连在一起，称为负载的中点N′，并将N′与电源的中点N相连。由于连接导线的阻抗很小，可以略去不计。

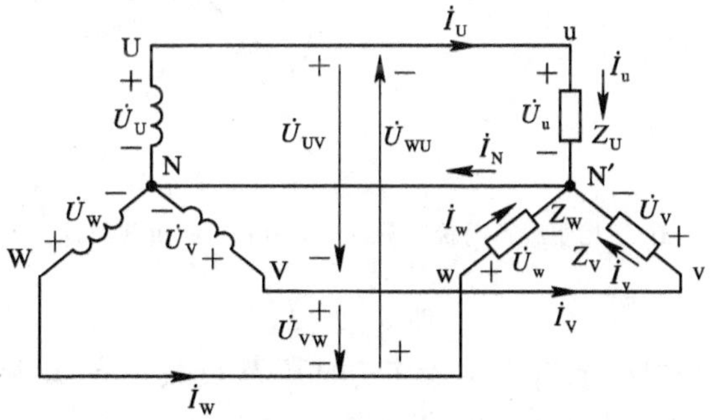

图5-2-1

由图5-2-1可以看出，电源中点N和负载中点N′等电位，因此，相当于计算三个单相电路。无论负载是否对称，每相负载的电压等于电源相电压，即

$$\dot{U}_u=\dot{U}_U \qquad \dot{U}_v=\dot{U}_V \qquad \dot{U}_w=\dot{U}_W \tag{5-2-1}$$

把每相负载的电流称为相电流(phase current)，其参考方向与负载电压参考方向关联，有效值用 I_p 表示，则三个相电流分别为

$$\dot{I}_u = \frac{\dot{U}_U}{Z_U} \qquad \dot{I}_v = \frac{\dot{U}_V}{Z_V} \qquad \dot{I}_w = \frac{\dot{U}_W}{Z_W}$$

流过各端线的电流称为线电流(line current)，其参考方向是从电源端指向负载端，线电流有效值用 I_l 表示。从图 5-2-1 可以看出，对应的线电流和相电流相等，即

$$\left.\begin{aligned}\dot{I}_U &= \dot{I}_u = \frac{\dot{U}_U}{Z_U} = \frac{\dot{U}_U}{|Z_U|}\angle -\varphi_U \\ \dot{I}_V &= \dot{I}_v = \frac{\dot{U}_V}{Z_V} = \frac{\dot{U}_V}{|Z_V|}\angle -\varphi_V \\ \dot{I}_W &= \dot{I}_w = \frac{\dot{U}_W}{Z_W} = \frac{\dot{U}_W}{|Z_W|}\angle -\varphi_W\end{aligned}\right\} \tag{5-2-2}$$

三相负载不对称时的相量图如图 5-2-2(a)所示。

若负载为对称三相负载，即 $Z_U = Z_V = Z_W = Z = |Z|\angle\varphi$ 时，则

$$\left.\begin{aligned}\dot{I}_U &= \dot{I}_u = \frac{\dot{U}_U}{Z_U} = \frac{\dot{U}_U}{|Z_U|}\angle -\varphi_U = \frac{U_p}{|Z|}\angle -\varphi \\ \dot{I}_V &= \dot{I}_v = \frac{\dot{U}_V}{Z_V} = \frac{\dot{U}_V}{|Z_V|}\angle -\varphi_V = \frac{U_p}{|Z|}\angle -\varphi - 120^\circ \\ \dot{I}_W &= \dot{I}_w = \frac{\dot{U}_W}{Z_W} = \frac{\dot{U}_W}{|Z_W|}\angle -\varphi_W = \frac{U_p}{|Z|}\angle -\varphi + 120^\circ\end{aligned}\right\} \tag{5-2-3}$$

上式表明，由于负载是对称的，所以各相电流也是对称的，其相量图如图 5-2-2(b)所示。由上述分析可以知道，对于对称三相电路，只需分析计算三相电路中的任何一相，其他两相的电流、电压可按对称性规律直接写出。

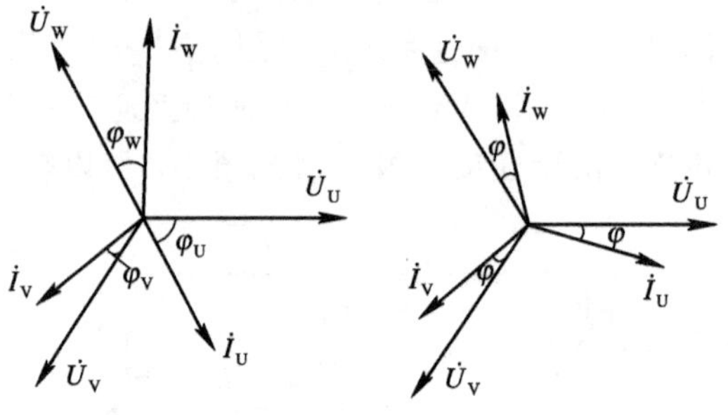

(a) 三相负载不对称　　　(b) 三相负载对称

图 5-2-2

流过中线的电流称为中线电流 $\dot{I}_N$，参考方向是从负载中点 N′流向电源中点 N。这时，中线电流可根据 KCL 计算，由图 5-2-1 可知

$$\dot{I}_N = \dot{I}_U + \dot{I}_V + \dot{I}_W \tag{5-2-4}$$

若三相负载为对称三相负载，则

$$\dot{I}_N = 0 \tag{5-2-5}$$

由此可见，在对称的三相四线制电路中，中线电流为零，即中线不起作用，为了节省材料，中线就可以完全省去，于是三相四线制供电系统就变成三相三线制供电系统了。去

掉中线后，对称负载的中点 N′与电源中点 N 仍然等电位。所以，尽管取掉了中线，仍然保持负载的电压等于电源的相电压。这种三相三线制在工农业中被广泛应用。

当三相负载不对称时，中线就会有电流通过，中线不能断开，否则将使负载的电压不再等于电源的相电压，而造成有的负载电压过高，并超过其额定值而烧坏；有的负载电压过低，低于额定值而不能正常工作。因此，在实际的三相四线制供电电路中，中线是不能随意断开的，中线上也不允许安装熔断器及开关，而且要用有足够机械强度的导线作中线。这主要是考虑某相负载出现故障发生严重不对称时，中线的存在能起到保护其他负载的作用。如图 5-2-3 所示是负载星形连接的实际电路举例，可以看到中线不能接开关和熔断器。

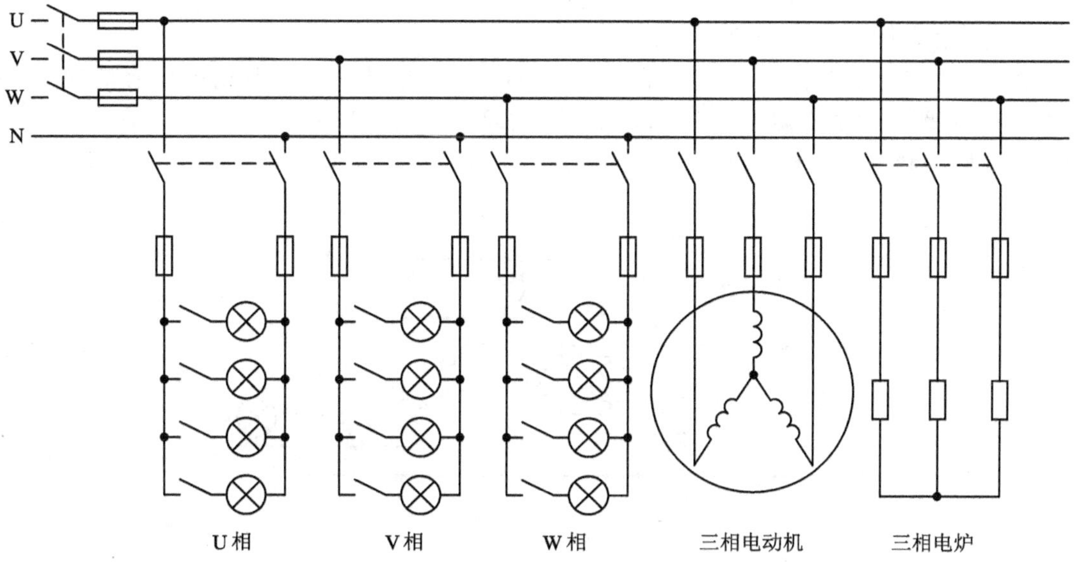

图 5-2-3

例 5-2-1　一台三相交流电动机，额定电压为 220 V，阻抗为 $Z=6+\mathrm{j}8\ \Omega$，三相电源的线电压为 $u_{\mathrm{UV}}=380\sqrt{2}\sin(\omega t+30°)$ V，要求：

(1) 回答三相交流电动机定子绕组如何连接。

(2) 求线电流 i_{U}、i_{V}、i_{W} 及中线电流 i_{N}。

(3) 作相量图。

解　(1) 由于电动机的额定电压为 220 V，与电源的相电压相等，因此电动机定子绕组作星形连接。

(2) 线电压 U_{UV} 的相量为

$$\dot{U}_{\mathrm{UV}}=380\angle 30°\ \mathrm{V}$$

根据三相电源 Y 形连接时线电压和相电压的关系可知

$$\dot{U}_{\mathrm{U}}=\frac{380}{\sqrt{3}}\angle 30°-30°=220\angle 0°\ \mathrm{V}$$

由式(5-2-3)可知

$$\dot{I}_{\mathrm{U}}=\frac{\dot{U}_{\mathrm{U}}}{Z}=\frac{220\angle 0°}{6+\mathrm{j}8}=\frac{220\angle 0°}{10\angle 53.13°}=22\angle -53.13°\ \mathrm{A}$$

其瞬时值表达式为

$$i_{U} = 22\sqrt{2}\ \sin(\omega t - 53.13^{\circ})\ \text{A}$$

由于 i_{U}、i_{V}、i_{W} 为三相对称电流，因此根据对称关系，得

$$i_{V} = 22\sqrt{2}\ \sin(\omega t - 53.13^{\circ} - 120^{\circ})$$

$$= 22\sqrt{2}\ \sin(\omega t - 173.13^{\circ})\ \text{A}$$

$$i_{W} = 22\sqrt{2}\ \sin(\omega t - 53.13^{\circ} + 120^{\circ})$$

$$= 22\sqrt{2}\ \sin(\omega t + 66.87^{\circ})\ \text{A}$$

由式(5-2-5)知 $i_{N}=0$ A。

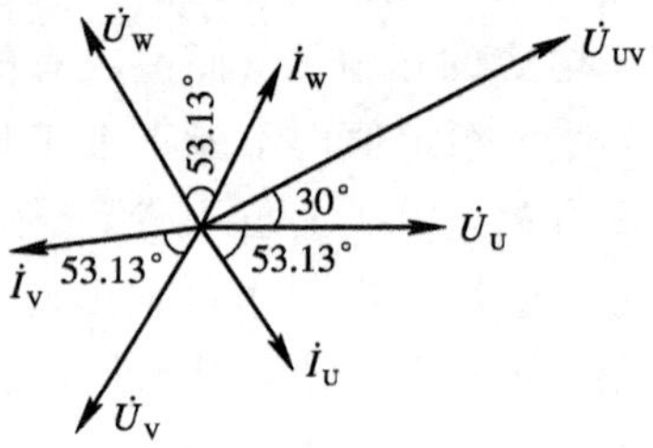

图 5-2-4

(3) 作相量图，如图 5-2-4 所示。

例 5-2-2 如图 5-2-5 所示三相电路，电源电压对称，且相电压有效值 $U_{p}=220$ V，电灯组负载的电阻为 $R_{U}=5.5\ \Omega$、$R_{V}=22\ \Omega$、$R_{W}=10\ \Omega$，电灯额定电压为 220 V。求三相电路的线电流的有效值 I_{U}、I_{V}、I_{W} 及中线电流的有效值 I_{N}。

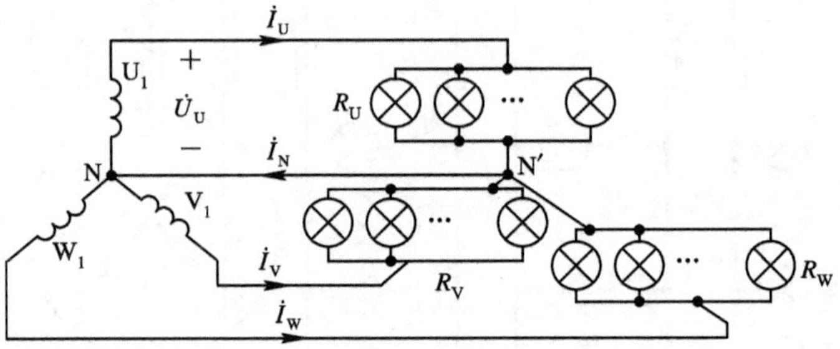

图 5-2-5

解 由于三相负载不对称，所以，各线电流不对称，中线电流不为零。设以 $\dot{U}_{U}$ 为参考相量，根据式(5-2-2)得

$$\dot{I}_{U} = \frac{\dot{U}_{U}}{R_{U}} = \frac{220\angle 0^{\circ}}{5.5} = 40\angle 0^{\circ}\ \text{A}$$

$$\dot{I}_{V} = \frac{\dot{U}_{V}}{R_{V}} = \frac{220\angle -120^{\circ}}{22} = 10\angle -120^{\circ}\ \text{A}$$

$$\dot{I}_{W} = \frac{\dot{U}_{W}}{R_{W}} = \frac{220\angle 120^{\circ}}{10} = 22\angle 120^{\circ}\ \text{A}$$

根据式(5-2-4)得

$$\dot{I}_{N} = \dot{I}_{U} + \dot{I}_{V} + \dot{I}_{W} = 40 + 10\angle -120^{\circ} + 22\angle 120^{\circ}$$

$$= 24 + \text{j}\,6\sqrt{3} = 26\angle 23.4^{\circ}\ \text{A}$$

则各电流的有效值为

$$I_{U} = 40\ \text{A},\ I_{V} = 10\ \text{A},\ I_{W} = 22\ \text{A},\ I_{N} = 26\ \text{A}$$

例 5-2-3 分析图 5-2-5 所示电路在下面几种故障情况下会发生什么现象：

(1) U 相断路；

(2) 中线断开；

(3) 中线断开，U 相断路。

解 (1) U 相断路：$I_U=0$，但因中线存在，V、W 两相负载在事故发生后不受影响，仍正常工作。

(2) 中线断开：因负载不对称，负载中点 N′和电源中点 N 之间产生电位差，由弥尔曼定理可求得

$$\dot{U}_{N'N}=\frac{\dot{U}_U/R_U+\dot{U}_V/R_V+\dot{U}_W/R_W}{1/R_U+1/R_V+1/R_W}$$

代入数据得

$$\dot{U}_{N'N}=80\angle 23.4^\circ\ \mathrm{V}$$

各相负载电压

$$\dot{U}_{UN'}=\dot{U}_U-\dot{U}_{N'N}=150\angle-12^\circ\ \mathrm{V}$$
$$U_{RU}=150\ \mathrm{V}$$
$$\dot{U}_{VN'}=\dot{U}_V-\dot{U}_{N'N}=288\angle-130^\circ\ \mathrm{V}$$
$$U_{RV}=288\ \mathrm{V}$$
$$\dot{U}_{WN'}=\dot{U}_W-\dot{U}_{N'N}=243\angle 139^\circ\ \mathrm{V}$$
$$U_{RW}=243\ \mathrm{V}$$

可见，负载电压与电源相电压已不相等。U 相电灯不能正常发光，V 和 W 相电灯有可能因电压超过额定电压而损坏。

(3) 中线断开、U 相断路：此时，V、W 两相负载成为串联关系，共同承受线电压 $\dot{U}_{VW}$，通过同一电流，V、W 相负载的电压取决于其阻抗的数值大小。

小结

1. 三相负载作三相四线制星形连接时，负载的电压为电源对称的相电压。

2. 三相负载作星形连接时，各项负载的相电流等于对应的线电流。若三相负载为对称三相负载，相电流和线电流也为三相对称电流。

3. 中线电流 $\dot{I}_N=\dot{I}_U+\dot{I}_V+\dot{I}_W$，若负载对称，则 $\dot{I}_N=0$；若负载不对称，则 $\dot{I}_N\neq 0$。因此，对称负载作星形连接时，中线可以不接，即可以采用三相三线制，不对称负载作星形连接时，应采用三相四线制。中线的作用是：保证每相负载的电压为电源的相电压，保证负载电压对称，不会因负载不对称而引起负载电压发生变化，保证三相负载正常工作。

思考与练习

5-2-1　三相负载作星形连接时，用三相四线制供电，为什么各相负载在工作时可以互不影响？采用三相三线制供电为什么相互会有影响？

5-2-2　不对称负载作星形连接时，为什么不能去掉中线？若中线不慎断开会引起什么后果？

5-2-3　对称负载作星形连接时，为什么去掉中线仍能正常工作？

5-2-4　分析图 5-2-5 所示电路在下面两种故障情况下会发生什么现象：

(1) U 相短路；

(2) 中线断开，U 相短路。

5.3　三相负载的三角形(D 形)连接

当负载的额定电压等于电源的线电压时，负载应分别接在三条端线之间，这时负载是按三角形方式连接的，如图 5-3-1 所示。各相负载首尾依次相连，三个连接点分别与电源的端线相连接。负载作三角形连接时，要求供电系统为三相三线制，这时不必考虑三相电源究竟是星形连接还是三角形连接，只需知道线电压即可。

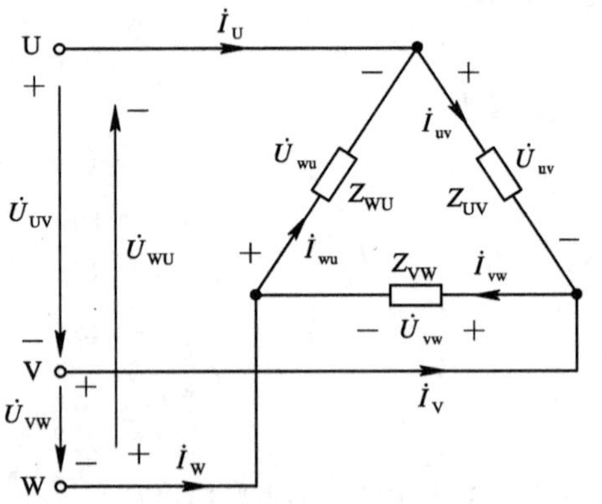

图 5-3-1

由图 5-3-1 可知，如果忽略端线的阻抗，则不论三相负载是否对称，每相负载承受的电压(即负载的相电压)等于对应电源的线电压，即

$$\dot{U}_{uv}=\dot{U}_{UV}, \dot{U}_{vw}=\dot{U}_{VW}, \dot{U}_{wu}=\dot{U}_{WU} \tag{5-3-1}$$

所以负载的相电压也是对称的。

由于各负载的相电压等于电源线电压，各相电流可以分成三个单相电路分别计算，于是电流为

$$\dot{I}_{uv}=\frac{\dot{U}_{UV}}{Z_{UV}}=\frac{U_l\angle 0^\circ}{|Z_{UV}|\angle\varphi_{UV}}$$

$$\dot{I}_{vw}=\frac{\dot{U}_{VW}}{Z_{VW}}=\frac{U_l\angle -120^\circ}{|Z_{VW}|\angle\varphi_{VW}}$$

$$\dot{I}_{wu}=\frac{\dot{U}_{WU}}{Z_{WU}}=\frac{U_l\angle 120^\circ}{|Z_{WU}|\angle\varphi_{WU}}$$

负载不对称时的相量图如图 5-3-2(a)所示。

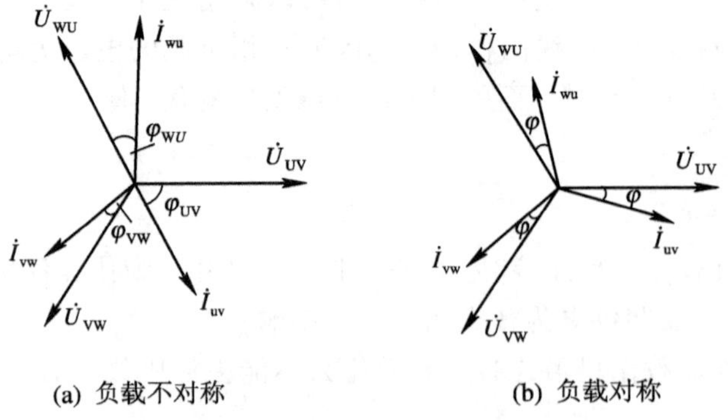

(a) 负载不对称　　(b) 负载对称

图 5-3-2

若负载对称，即 $Z_{UV}=Z_{VW}=Z_{WU}=Z=|Z|\angle\varphi$，则

$$
\left.\begin{aligned}
\dot{I}_{uv} &= \frac{\dot{U}_{UV}}{Z} = \frac{U_l\angle 0^\circ}{|Z|\angle\varphi} = I_p\angle-\varphi \\
\dot{I}_{vw} &= \frac{\dot{U}_{VW}}{Z} = \frac{U_l\angle-120^\circ}{|Z|\angle\varphi} = I_p\angle-\varphi-120^\circ \\
\dot{I}_{wu} &= \frac{\dot{U}_{WU}}{Z} = \frac{U_l\angle 120^\circ}{|Z|\angle\varphi} = I_p\angle-\varphi+120^\circ
\end{aligned}\right\} \qquad (5-3-2)
$$

式中，$I_p=U_l/|Z|$ 为相电流有效值。由上式可知，若三相负载对称，则相电流也是对称的。对称三相负载相量图如图 5-3-2(b)所示，显然，这时电路的计算可归纳到一相来进行。

由图 5-3-1 又可知，各线电流为：

$$
\left.\begin{aligned}
\dot{I}_U &= \dot{I}_{uv}-\dot{I}_{wu} \\
\dot{I}_V &= \dot{I}_{vw}-\dot{I}_{uv} \\
\dot{I}_W &= \dot{I}_{wu}-\dot{I}_{vw}
\end{aligned}\right\} \qquad (5-3-3)
$$

若负载对称，将式(5-3-2)代入式(5-3-3)得

$$
\begin{aligned}
\dot{I}_U &= \dot{I}_{uv}-\dot{I}_{wu} = I_p\angle-\varphi - I_p\angle-\varphi+120^\circ \\
&= \sqrt{3}I_p e^{-j\varphi}e^{-j30^\circ} = \sqrt{3}I_p\angle-\varphi-30^\circ
\end{aligned}
$$

同理可以推得

$$
\begin{aligned}
\dot{I}_V &= \dot{I}_{vw}-\dot{I}_{uv} = \sqrt{3}I_p\angle-\varphi-150^\circ \\
\dot{I}_W &= \dot{I}_{wu}-\dot{I}_{vw} = \sqrt{3}I_p\angle-\varphi+90^\circ
\end{aligned}
$$

当然，线电流和对应相电流的数值和相位关系也可借助相量图求解。图 5-3-3 为对称三相负载作三角形连接时线电流和相电流的相量图。

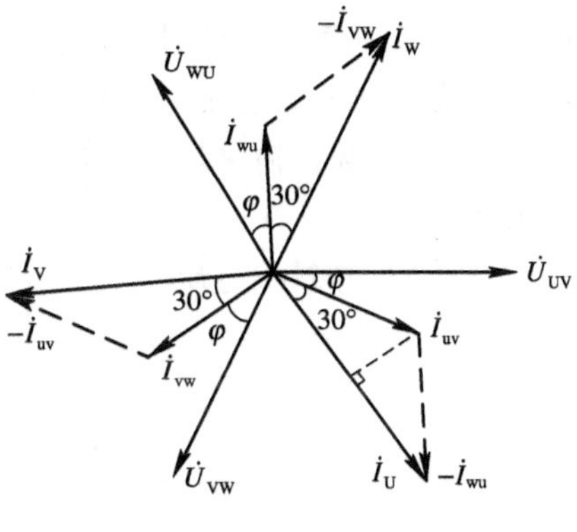

图 5-3-3

因此，得到如下结论：在对称条件下，线电流有效值是相电流有效值的$\sqrt{3}$倍，即

$$
I_l = \sqrt{3}I_p \qquad (5-3-4)
$$

线电流滞后相应的相电流 30°。

负载不对称时，各线电流只能按式(5-3-3)分别计算，其有效值和初相位都取决于有关相电流的大小和相位，不能再简单套用上述结论。

例 5-3-1 对称三相负载的每相阻抗 $Z=30+j40\ \Omega$。电源电压为 380 V，电路如图 5-3-1 所示。要求：

(1) 求电路的相电流和线电流；

(2) 分析 U—V 相负载断开和 U 线断开两种故障状态下电路的工作情况。

解 (1) 负载作三角形连接时，负载的相电压就是电源的线电压。因为负载对称，正常工作时电路是对称电路，故可归结到一相来计算，其相电流为

$$
I_p = \frac{U_l}{|Z|} = \frac{U_l}{\sqrt{R^2+X^2}} = \frac{380}{\sqrt{30^2+40^2}} = 7.6\ \text{A}
$$

根据式(5-3-4)，得线电流为

$$I_l = \sqrt{3}I_p = \sqrt{3} \times 7.6 = 13.2\ \text{A}$$

(2) U—V相负载断开：此时，$\dot{I}_{uv}=0$，$\dot{I}_U=-\dot{I}_{wu}$，$\dot{I}_V=\dot{I}_{vw}$，且V—W相和W—U相负载的相电压仍为电源的线电压，如果接在这两相上的是单相负载，它们仍能正常工作。

U线断开：V—W相负载不受影响，但U—V相和W—U相负载形成串联，并且接在V、W相两端线之间，其负载的电压和相电流均减小。如果$|Z_{UV}| \neq |Z_{WU}|$，则两相负载的电压也不相等。

小结

1. 三相负载作三角形连接时，负载的相电压为三相电源的线电压。只要线电压对称，无论负载是否对称，负载相电压也对称。

2. 线电流和相电流的关系为：

$$\dot{I}_U = \dot{I}_{uv} - \dot{I}_{wu},\ \dot{I}_V = \dot{I}_{vw} - \dot{I}_{uv},\ \dot{I}_W = \dot{I}_{wu} - \dot{I}_{vw}$$

3. 对称负载作三角形连接时，线电流为相电流的$\sqrt{3}$倍，即$I_l=\sqrt{3}I_p$，且线电流比相应的相电流滞后30°。

思考与练习

5-3-1 判断下列说法是否正确，并说明原因：

(1) 负载作三角形连接时，线电流必为相电流的$\sqrt{3}$倍。

(2) 负载作三角形连接时，无论负载是否对称，都有$\dot{I}_U+\dot{I}_V+\dot{I}_W=0$(满足KCL)。

5-3-2 负载在何种情况下应作三角形连接？三角形连接的负载相电压与电源线电压有何关系？

5-3-3 若电源线电压不变，对称三相负载由Y形连接改接为D形连接，线电流如何变化？

5.4 三相电路的功率

5.4.1 三相电路的有功功率

根据前面的讨论我们已知交流电路的总有功功率等于各部分有功功率之和，因此，不论三相负载是否对称，三相电路的有功功率等于各相的有功功率之和，即

$$P = P_U + P_V + P_W \tag{5-4-1}$$

如果负载作星形连接，则有

$$P = U_U I_U \cos\varphi_U + U_V I_V \cos\varphi_V + U_W I_W \cos\varphi_W \tag{5-4-2}$$

式中φ_U、φ_V、φ_W分别是各相负载相电压与相电流的相位差。

在对称三相电路中，各相负载的有功功率相等，所以总的有功功率是一相有功功率的三倍。即

$$P = 3U_p I_p \cos\varphi$$

又因为对称三相负载作星形连接时，$U_p=U_l/\sqrt{3}$，$I_p=I_l$，所以

$$P = 3U_p I_p \cos\varphi = 3 \times \frac{1}{\sqrt{3}} U_l I_l \cos\varphi = \sqrt{3} U_l I_l \cos\varphi$$

如果负载作三角形连接，则有

$$P = U_{UV} I_{uv} \cos\varphi_{uv} + U_{VW} I_{vw} \cos\varphi_{vw} + U_{WU} I_{wu} \cos\varphi_{wu} \tag{5-4-3}$$

在对称三相电路中有

$$P = 3U_l I_p \cos\varphi$$

又因为对称三相负载作三角形连接时，$I_p=I_l/\sqrt{3}$，所以

$$P = 3U_l \frac{I_l}{\sqrt{3}} \cos\varphi = \sqrt{3} U_l I_l \cos\varphi$$

观察星形连接和三角形连接有功功率的表示式，均为线电压、线电流及功率因数乘积的$\sqrt{3}$倍，即

$$P = \sqrt{3} U_l I_l \cos\varphi \tag{5-4-4}$$

因此，只要是在对称电路中，无论负载是作星形连接还是作三角形连接，三相电路的总有功功率均可由式(5-4-4)计算。这个公式在计算三相电路功率时具有普遍的实用意义。因为三相电路中线电压和线电流的数值比较容易测量出来，实际的三相电气设备铭牌标出的额定电压和额定电流通常都是线电压和线电流的额定值。

5.4.2 三相电路的无功功率

同样，三相电路的无功功率等于各相负载无功功率之和，即

$$Q = Q_U + Q_V + Q_W \tag{5-4-5}$$

负载作星形连接时有

$$Q = U_U I_U \sin\varphi_U + U_V I_V \sin\varphi_V + U_W I_W \sin\varphi_W \tag{5-4-6}$$

负载作三角形连接时有

$$Q = U_{UV} I_{uv} \sin\varphi_{uv} + U_{VW} I_{vw} \sin\varphi_{vw} + U_{WU} I_{wu} \sin\varphi_{wu} \tag{5-4-7}$$

在对称电路中有

$$Q = \sqrt{3} U_l I_l \sin\varphi \tag{5-4-8}$$

5.4.3 三相电路的视在功率

根据前面的讨论可知

$$S = \sqrt{P^2 + Q^2} \tag{5-4-9}$$

在不对称三相电路中，视在功率不等于各相负载的视在功率之和，即 $S \neq S_U + S_V + S_W$；复功率等于各相复功率之和。

三相电路的功率因数为

$$\cos\varphi' = \frac{P}{S} = \frac{P}{\sqrt{P^2 + Q^2}}$$

在不对称电路中，由于各相功率因数不同，三相电路的功率因数便无实际意义。在对称电路中，三相电路的功率因数就是一相负载的功率因数。其视在功率可按下式计算：

$$S = \sqrt{P^2 + Q^2} = \sqrt{3}U_l I_l \tag{5-4-10}$$

例 5-4-1 三相电阻炉每相电阻 $R=8.68\ \Omega$，求：

(1) 三相电阻炉作星形连接，接在 $U_l=380$ V 的三相电源上，电阻炉从电网吸收的功率；

(2) 三相电阻炉作三角形连接，接在 $U_l=380$ V 的三相电源上，求电阻炉从电网吸收的功率。

解 (1) 三相电阻炉作星形连接，则线电流为

$$I_l = I_p = \frac{U_p}{R} = \frac{U_l/\sqrt{3}}{R} = \frac{380/\sqrt{3}}{8.68} = 25.3\ \text{A}$$

根据式(5-4-3)吸收功率

$$P = \sqrt{3}U_l I_l \cos\varphi = \sqrt{3} \times 380 \times 25.3 \times 1 = 16.7\ \text{kW}$$

(2) 三相电阻炉作三角形连接时，相电流为

$$I_p = \frac{U_l}{R} = \frac{380}{8.68} = 43.8\ \text{A}$$

则线电流为

$$I_l = \sqrt{3}I_p = \sqrt{3} \times 43.8 = 75.9\ \text{A}$$

吸收功率为

$$P = \sqrt{3}U_l I_l \cos\varphi = \sqrt{3} \times 380 \times 75.9 = 50\ \text{kW}$$

由上例可知，同一个对称三相负载接在同一个三相电源上，作三角形连接时的有功功率是作星形连接时有功功率的 3 倍。

小结

1. 对于对称三相电路，无论三相负载连接方式如何都可用下列公式计算功率：

$$P = \sqrt{3}U_l I_l \cos\varphi,\ Q = \sqrt{3}U_l I_l \sin\varphi,\ S = \sqrt{P^2 + Q^2} = \sqrt{3}U_l I_l$$

2. 对于不对称三相电路，有

$$P = P_U + P_V + P_W,\ Q = Q_U + Q_V + Q_W,\ S = \sqrt{P^2 + Q^2}$$

若三相负载作 Y 形连接，则

$$P = U_U I_U \cos\varphi_U + U_V I_V \cos\varphi_V + U_W I_W \cos\varphi_W$$
$$Q = U_U I_U \sin\varphi_U + U_V I_V \sin\varphi_V + U_W I_W \sin\varphi_W$$

若三相负载作 D 形连接，则

$$P = U_{UV} I_{uv} \cos\varphi_{uv} + U_{VW} I_{vw} \cos\varphi_{vw} + U_{WU} I_{wu} \cos\varphi_{wu}$$
$$Q = U_{UV} I_{uv} \sin\varphi_{uv} + U_{VW} I_{vw} \sin\varphi_{vw} + U_{WU} I_{wu} \sin\varphi_{wu}$$

思考与练习

5-4-1 对称三相负载作星形连接，每相的 $R=9\ \Omega$，$X_L=12\ \Omega$。电源线电压 $U_l=380$ V。求三相电路的 P、Q、S。

5-4-2 “三相对称电路的有功功率计算公式中的 φ 在星形连接时是相电压和相电流

的相位差，在三角形连接时是线电压与线电流的相位差。”这句话是否正确？为什么？

习 题 五

5-1 什么是对称三相电动势，它有何特点？写出它们的瞬时值表达式。

5-2 三相电源的三相绕组按题 5-2 图所示方式连接，这时三相电源的相电压和线电压是否依然保持对称。写出相电压 u_U、u_V、u_W 及线电压 u_{UV}、u_{VW}、u_{WU} 的瞬时值表达式。

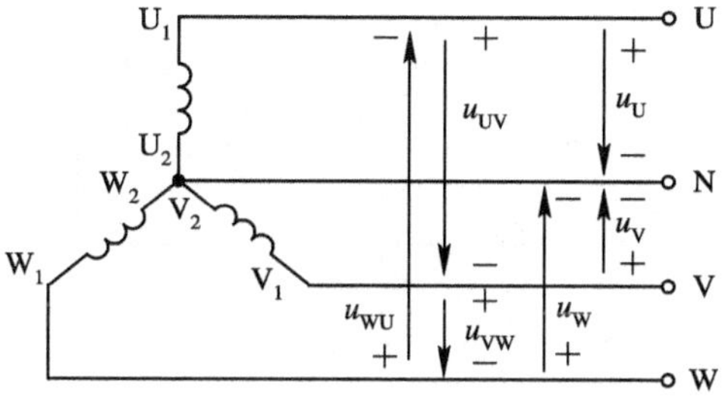

题 5-2 图

5-3 已知星形连接的三相电源 $u_{VW}=220\sqrt{2}\sin(\omega t-90°)$ V，相序为 U→V→W，试写出 u_{UV}、u_{WU}、u_U、u_V、u_W 的表达式。

5-4 某一对称三相负载按星形方式连接，负载阻抗 $Z=6+j8\ \Omega$，对称三相电源的线电压 $u_{UV}=380\sqrt{2}\sin(\omega t+30°)$ V。要求：

(1) 求相电流 $\dot{I}_u$、$\dot{I}_v$、$\dot{I}_w$ 及线电流 $\dot{I}_U$、$\dot{I}_V$、$\dot{I}_W$。

(2) 画出相量图。

5-5 现有白炽灯 90 盏，每盏灯的额定电压是 220 V，额定功率为 100 W，采用三相四线制供电系统，已知电源线电压 $\dot{U}_{UV}=380\angle 30°$ V。

(1) 问白炽灯如何接入该三相电源？

(2) 所有白炽灯都点亮时，求线电流 $\dot{I}_U$、$\dot{I}_V$、$\dot{I}_W$ 和中线电流 $\dot{I}_N$。

5-6 有一三相四线制供电系统，已知 $R_U=R_V=48.4\ \Omega$，$R_W=242\ \Omega$，三相电源相电压为 220 V，相序为 U→V→W，试求线电流 $\dot{I}_U$、$\dot{I}_V$、$\dot{I}_W$ 和中线电流 $\dot{I}_N$。

5-7 若上题中，中线断开，其他条件不变，求负载的相电压 $\dot{U}_U$、$\dot{U}_V$ 和 $\dot{U}_W$。

5-8 题 5-8 图所示电路是白炽灯负载的照明电路，电源电压对称，线电压 $U_l=380$ V，每相负载的电阻值为 $R_U=5\ \Omega$、$R_V=10\ \Omega$、$R_W=20\ \Omega$，要求：

(1) 求 U 相断路时，各相负载承受的电压和通过的电流；

(2) 求 U 相和中线断开时，各相负载的电压和电流；

(3) 求 U 相负载短路，中线断开时，各个负载的电压和电流；

(4) 说明中线作用。

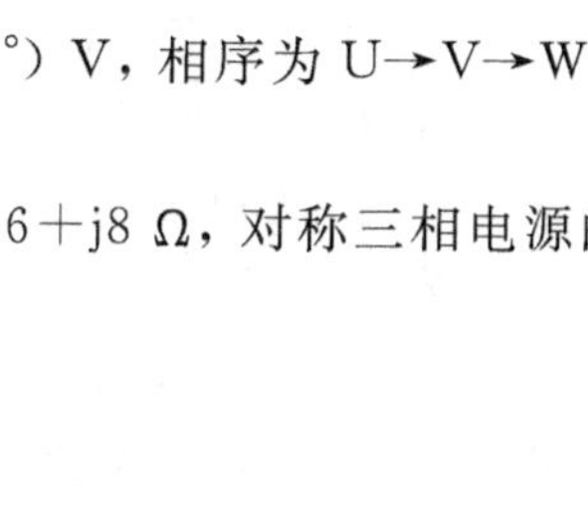

题 5-8 图

5-9　某对称三相负载的额定电压是 380 V，每相负载阻抗 $Z=50+j50\ \Omega$，对称三相电源线电压 $U_l=380$ V。

(1) 该三相负载应如何接入三相电源？

(2) 计算相电流 I_p 和线电流 I_l。

5-10　已知如题 5-10 图所示电路中，$Z_{UV}=10+j8\ \Omega$，$Z_{VW}=10+j5\ \Omega$，$Z_{WU}=6-j8\ \Omega$，电源相电压 $\dot{U}_U=220\angle 0°$ V。求：负载的相电流 $\dot{I}_{uv}$、$\dot{I}_{vw}$、$\dot{I}_{wu}$ 和线电流 $\dot{I}_U$、$\dot{I}_V$、$\dot{I}_W$。

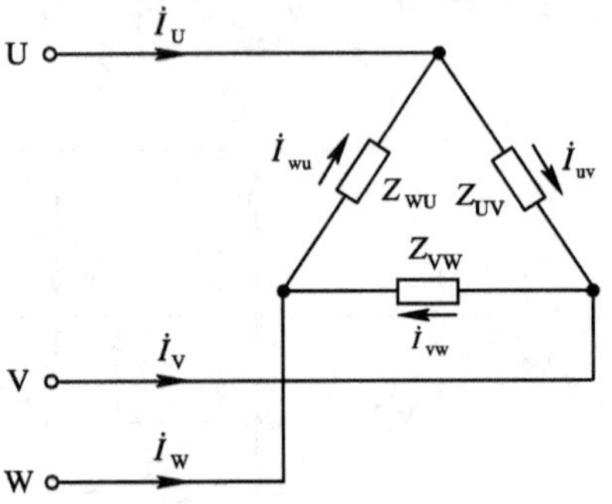

题 5-10 图

5-11　对称三相负载星形连接，已知每相阻抗 $Z=30.8+j23.1\ \Omega$，三相电源线电压 $U_l=380$ V，求三相电路的 P、Q、S 和功率因数。

5-12　已知负载为三角形连接的对称三相电路，线电流 $I_l=5.5$ A，有功功率 $P=7760$ W，功率因数 $\cos\varphi=0.8$。求：

(1) 三相电源的线电压 U_l；

(2) 电路的视在功率 S；

(3) 每相负载的阻抗 Z。

5-13　如题 5-13 图所示对称三相电路中，负载为电感性负载，电源的线电压为 220 V，电流表读数为 17.3 A，三相电路的有功功率为 4.5 kW。求：

(1) 每相负载的感抗 X_L 和电阻 R；

(2) U—V 相断开时图中各电流表读数和电路的有功功率；

(3) U 相线断开时图中各电流表读数和有功功率。

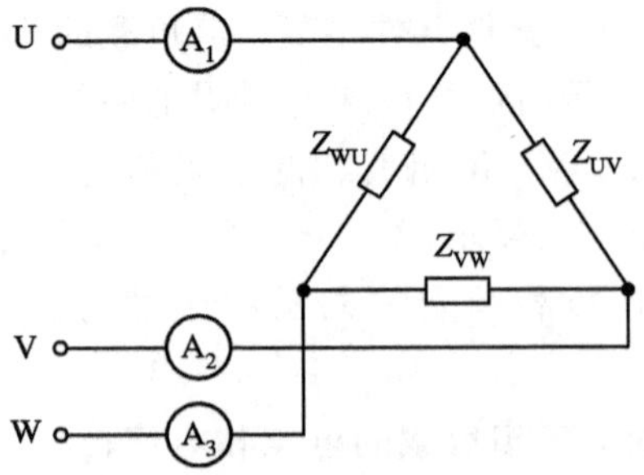

题 5-13 图

第 6 章　非正弦周期性电路分析

在电路中不仅有直流电和交流电的激励源作用情况，而且还会遇到非正弦周期电的激励源作用情况。所谓非正弦周期电，是指电源电量随时间作非正弦周期性变化的电压或电流，在这种激励的作用下，电路的响应也是非正弦量。分析非正弦交流电路比直流电路和正弦交流电路复杂，但这类电路的分析方法是以直流电路和正弦交流电路的分析方法为基础的。本章着重介绍线性非正弦交流电路分析的基本方法。

6.1　非正弦周期量的产生与分解

在非正弦周期电路分析中，先把非正弦周期电分解为诸正弦交流电之和，然后依据叠加定理，让各个正弦激励源分别作用于线性电路，再按照正弦交流电路的分析方法去分析。这就是分析非正弦周期电路的基本思路。

6.1.1　非正弦周期量的产生

正弦交流电是由正弦交流发电机产生的。但是，实际上由于发电机本身的各种原因，其所产生的电量并非是规则的正弦波，而是一种近似的正弦波。非正弦量可以由不同频率的正弦量叠加而成，图 6－1－1 是两个正弦量叠加的波形，图中 $u(t)=u_1(t)+u_2(t)$，$\omega_2=2\omega_1$，$U_{1m}>U_{2m}$。其叠加后的量 $u(t)$ 仍然是周期性变化的交流量，所不同的是不再按正弦规律变化。

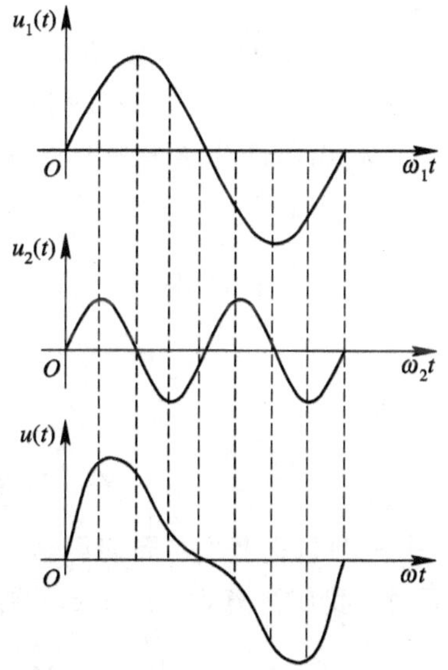

图 6－1－1

工程实际中，非正弦周期量一般是由专用的电子设备所产生的。例如：图 6－1－2(a)所示的脉冲波是由多谐振荡器产生的，图 6－1－2(b)所示的锯齿波是利用电容的充放电特性而产生的，图 6－1－2(c)所示的正弦半波是利用二极管的单向导电性将正弦波转变而成的，等等。

在电子线路中，信号源的电压和电流大多是非正弦量。例如，扩大机的放大电路所放大的声音信号为不规则的非正弦量。另一方面，如果电路中存在非线性元件，即使在正弦交流电的作用下，电路的响应也是非正弦量。所以，分析非正弦交流电路也是电路分析中的一个方面，不应忽视。

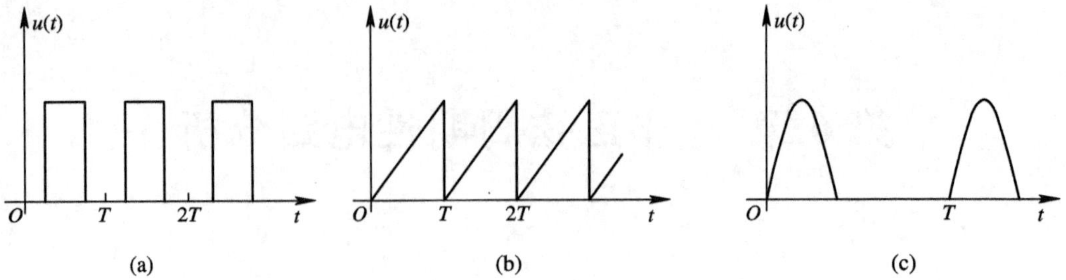

图 6-1-2

6.1.2 非正弦周期量的傅里叶分解

由于非正弦周期量可以由不同频率的正弦交流量叠加而成，因此，任何非正弦周期量都可以分解成许多不同频率的正弦交流量。

根据数学分析，若函数 $f(t)=f(t+kT)$（k 为任一整数），则 $f(t)$是一个周期性函数，其周期为 T，非正弦周期量正是这样的周期性函数。如果周期性函数满足狄里赫利(Dirichlet)条件，则该周期性函数可以展开成一个无穷收敛级数，即傅里叶级数。实际电路问题分析中所遇到的非正弦周期量，通常都满足这个条件。

$f(t)$的傅里叶级数展开式为

$$\begin{aligned} f(t) &= A_0 + A_1\cos\omega t + A_2\cos 2\omega t + A_3\cos 3\omega t + \cdots + B_1\sin\omega t \\ &\quad + B_2\sin 2\omega t + B_3\sin 3\omega t + \cdots \\ &= A_0 + \sum_{k=1}^{\infty}(A_k\cos k\omega t + B_k\sin k\omega t) \end{aligned} \tag{6-1-1}$$

式中：$\omega=2\pi/T$ 称为基波角频率；A_0、A_k、B_k 称为傅里叶系数。A_0 称做直流分量，$A_1\cos\omega t$ 和 $B_1\sin\omega t$ 称做基波分量，$A_2\cos 2\omega t$ 和 $B_2\sin 2\omega t$ 称做二次谐波分量，等等。将一个非正弦周期量分解为傅里叶级数，就是确定这些傅里叶系数的问题。因为 sin 或 cos 函数在一个周期 $T(=2\pi/\omega)$的积分为零，所以

$$\begin{aligned} \int_0^T f(t)\,\mathrm{d}t &= \int_0^T A_0\,\mathrm{d}t + \sum_{k=1}^{\infty}\left[\int_0^T A_k\cos k\omega t\,\mathrm{d}t + \int_0^T B_k\sin k\omega t\,\mathrm{d}t\right] \\ &= A_0 T + 0 \end{aligned}$$

由此可得

$$A_0 = \frac{1}{T}\int_0^T f(t)\,\mathrm{d}t = \frac{1}{T}\int_{-T/2}^{T/2} f(t)\,\mathrm{d}t \tag{6-1-2}$$

式(6-1-2)告诉我们：周期函数的直流分量，就是该函数在一个周期的净面积除以周期 T。同时，我们注意到 sin 和 cos 函数的正交性，即

$$\int_0^T \cos n\omega t\,\sin m\omega t\,\mathrm{d}t = 0 \qquad \text{对所有 } m \text{ 和 } n$$

$$\int_0^T \cos n\omega t\,\cos m\omega t\,\mathrm{d}t = 0 \qquad m \neq n$$

$$\int_0^T \sin n\omega t\,\sin m\omega t\,\mathrm{d}t = 0 \qquad m \neq n$$

对式(6-1-1)两端同乘 $\cos k\omega t$ 并在一个周期内积分，有

$$\int_0^T f(t)\cos k\omega t\,\mathrm{d}t = \int_0^T A_0\cos k\omega t\,\mathrm{d}t + \int_0^T \cos k\omega t\left(\sum_{k=1}^{\infty} A_k\cos k\omega t\right)\mathrm{d}t + \int_0^T \cos k\omega t\left(\sum_{k=1}^{\infty} B_k\sin k\omega t\right)\mathrm{d}t$$

$$= A_k\int_0^T \cos^2 k\omega t\,\mathrm{d}t + 0$$

$$= A_k\frac{1}{\omega}\int_0^{2\pi}\cos^2 k\omega t\,\mathrm{d}(\omega t)$$

$$= A_k\frac{1}{2\omega}\int_0^{2\pi}(\cos 2k\omega t + 1)\,\mathrm{d}(\omega t)$$

$$= A_k\frac{1}{2\omega}\cdot 2\pi$$

$$= \frac{T}{2}A_k$$

所以

$$A_k = \frac{2}{T}\int_0^T f(t)\cos k\omega t\,\mathrm{d}t = \frac{1}{\pi}\int_0^{2\pi} f(t)\cos k\omega t\,\mathrm{d}(\omega t) \qquad k = 1, 2, \cdots \qquad (6-1-3)$$

同理可得

$$B_k = \frac{2}{T}\int_0^T f(t)\sin k\omega t\,\mathrm{d}t = \frac{1}{\pi}\int_0^{2\pi} f(t)\sin k\omega t\,\mathrm{d}(\omega t) \qquad k = 1, 2, \cdots \qquad (6-1-4)$$

由式(6-1-2)可知，A_0 是非正弦周期函数在一个周期内的平均值，它是与时间无关的常数项，在电路理论中称做直流分量。

傅里叶级数还有另一种常用的表示形式，即把同频率的正弦项和余弦项合并成一项，因为

$$A_k\cos k\omega t + B_k\sin k\omega t = C_k\sin(k\omega t + \psi_k)$$

式中，$C_k = \sqrt{A_k + B_k}$，$\psi_k = \arctan\dfrac{A_k}{B_k}$，令 $C_0 = A_0$，则

$$f(t) = C_0 + \sum_{k=1}^{\infty} C_k\sin(k\omega t + \psi_k) \qquad (6-1-5)$$

这一形式的傅里叶级数在电路分析中更为常用，因为它表达了各次谐波的最大值和初相位以及“正弦”的含义。

例 6-1-1 求图 6-1-3 所示方波的傅里叶级数表示式。

解 给定波形一个周期的解析式为

$$u(t) = \begin{cases} U_m & 0 < t < \dfrac{T}{2} \\ -U_m & \dfrac{T}{2} < t < T \end{cases}$$

根据式(6-1-2)、式(6-1-3)和式(6-1-4)，求得各傅里叶系数分别为

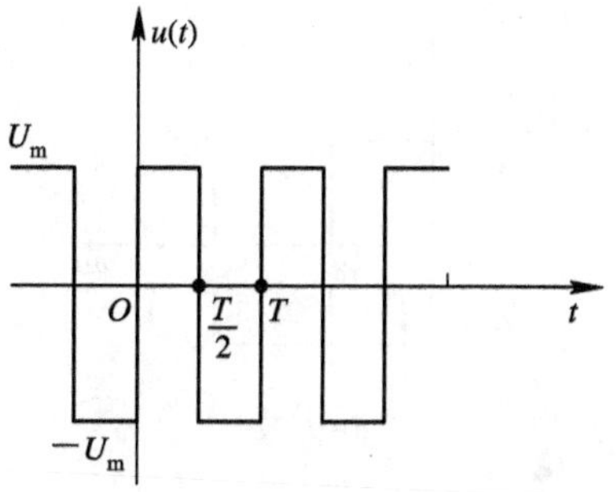

图 6-1-3

$$A_0=\frac{1}{T}\int_0^T f(t)\ \mathrm{d}t=\frac{1}{T}\int_0^{\frac{T}{2}} U_{\mathrm{m}}\ \mathrm{d}t+\frac{1}{T}\int_{\frac{T}{2}}^{T}(-U_{\mathrm{m}})\ \mathrm{d}t=\frac{U_{\mathrm{m}}}{T}\left[\frac{T}{2}-\left(T-\frac{T}{2}\right)\right]=0$$

$$\begin{aligned}A_k&=\frac{2}{T}\int_0^T u(t)\ \cos k\omega t\ \mathrm{d}t=\frac{1}{\pi}\int_0^{2\pi} u(t)\ \cos k\omega t\ \mathrm{d}(\omega t)\\&=\frac{1}{\pi}\int_0^{\pi} U_{\mathrm{m}}\ \cos k\omega t\ \mathrm{d}(\omega t)-\frac{1}{\pi}\int_{\pi}^{2\pi} U_{\mathrm{m}}\ \cos k\omega t\ \mathrm{d}(\omega t)\\&=\frac{U_{\mathrm{m}}}{k\pi}[(\sin k\pi-\sin 0^\circ)-(\sin 2k\pi-\sin k\pi)]=0\end{aligned}$$

$$\begin{aligned}B_k&=\frac{2}{T}\int_0^T u(t)\ \sin k\omega t\ \mathrm{d}t=\frac{1}{\pi}\int_0^{2\pi} f(t)\ \sin k\omega t\ \mathrm{d}(\omega t)\\&=\frac{1}{\pi}\int_0^{\pi} U_{\mathrm{m}}\ \sin k\omega t\ \mathrm{d}(\omega t)+\frac{1}{\pi}\int_{\pi}^{2\pi} U_{\mathrm{m}}\ \sin k\omega t\ \mathrm{d}(\omega t)\\&=\frac{2U_{\mathrm{m}}}{\pi}\int_0^{\pi}\sin k\omega t\ \mathrm{d}(\omega t)=\frac{2U_{\mathrm{m}}}{k\pi}(1-\cos k\pi)\end{aligned}$$

因为，k 为偶数时，$\cos k\pi=1$，$B_k=0$；k 为奇数时，$\cos k\pi=-1$，$B_k=4U_{\mathrm{m}}/(k\pi)$。所以

$$u(t)=\sum_{k=\text{奇数}}^{\infty}\frac{4U_{\mathrm{m}}}{k\pi}\ \sin k\omega t=\frac{4U_{\mathrm{m}}}{\pi}\left(\sin\omega t+\frac{1}{3}\ \sin 3\omega t+\frac{1}{5}\ \sin 5\omega t+\cdots\right)$$

由此可见，将本问题的这个周期方波分解为傅里叶级数时，不含直流分量、余弦分量和偶次谐波正弦分量，只含奇次谐波正弦分量。并且可知，将一般非正弦周期函数分解为傅里叶级数时，并不一定具有如本问题的傅里叶级数的特点，但可以据此推论，它的傅里叶级数的每一项不一定都有，即不一定含有所有的项。

6.1.3 常见非正弦周期量的傅里叶级数

图 6-1-4 给出了几种常见非正弦周期量的波形。

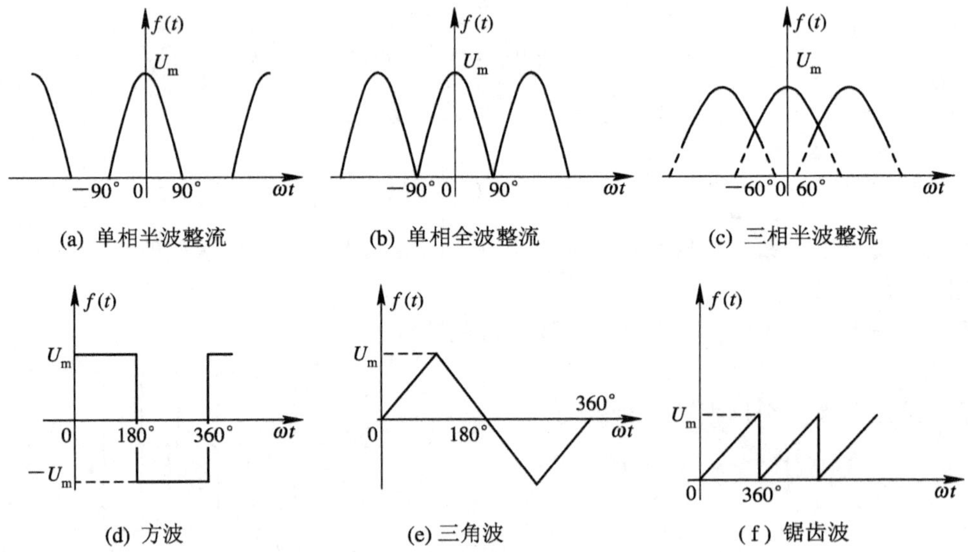

图 6-1-4

非正弦周期量的傅里叶级数如下：

（1）单相半波整流波形：

$$f(t)=\frac{2}{\pi}U_{\mathrm{m}}\left(\frac{1}{2}+\frac{\pi}{4}\cos\omega t+\frac{1}{1\times3}\cos2\omega t-\frac{1}{3\times5}\cos4\omega t+\frac{1}{5\times7}\cos6\omega t+\cdots\right)$$

（2）单相全波整流波形：

$$f(t)=\frac{4}{\pi}U_{\mathrm{m}}\left(\frac{1}{2}+\frac{1}{1\times3}\cos2\omega t-\frac{1}{3\times5}\cos4\omega t+\frac{1}{5\times7}\cos6\omega t+\cdots\right)$$

（3）三相半波整流波形：

$$f(t)=\frac{3\sqrt{3}}{\pi}U_{\mathrm{m}}\left(1+\frac{2}{2\times4}\cos3\omega t-\frac{2}{5\times7}\cos6\omega t+\frac{2}{8\times10}\cos9\omega t+\cdots\right)$$

（4）方波：

$$f(t)=\frac{4}{\pi}U_{\mathrm{m}}\left(\sin\omega t+\frac{1}{3}\sin3\omega t+\frac{1}{5}\sin5\omega t+\frac{1}{7}\sin7\omega t+\cdots\right)$$

（5）三角波：

$$f(t)=\frac{8}{\pi^2}U_{\mathrm{m}}\left(\sin\omega t-\frac{1}{9}\sin3\omega t+\frac{1}{25}\sin5\omega t+\frac{1}{49}\sin7\omega t+\cdots\right)$$

（6）锯齿波：

$$f(t)=U_{\mathrm{m}}\left[\frac{1}{2}-\frac{1}{\pi}\left(\sin\omega t+\frac{1}{2}\sin2\omega t+\frac{1}{3}\sin3\omega t+\frac{1}{4}\sin4\omega t+\cdots\right)\right]$$

由于傅里叶级数是一收敛级数，因此，谐波次数愈高，振幅愈小。在电路分析中常常舍去高次谐波分量，只取前面有限的几项，已足够接近实际结果，具体如何取舍，要视具体波形和实际所要求的精度而定。

在电路分析中，还可能会遇到一些非正弦周期函数的波形虽然可以观察到，但不易写出它的函数表达式的情况，这时可以用近似的函数来表示，然后再去分解。当然，这会带来一定的误差。

小结

1. 电路中非正弦周期电流和电压的产生，来源于电源信号和电路参数的非线性两个方面。

2. 电路分析中所遇到的非正弦周期量一般都可以分解成傅里叶级数，非正弦周期量分解为傅里叶级数的关键问题是确定傅里叶系数。

3. 非正弦周期量分解为傅里叶级数后，不一定含有所有各项，其所含的项和函数与坐标系的关系有关。

思考与练习

6-1-1　求题6-1-1图所示非正弦周期波形的直流分量。

6-1-2　求题6-1-2图所示梯形波的傅里叶级数展开式。

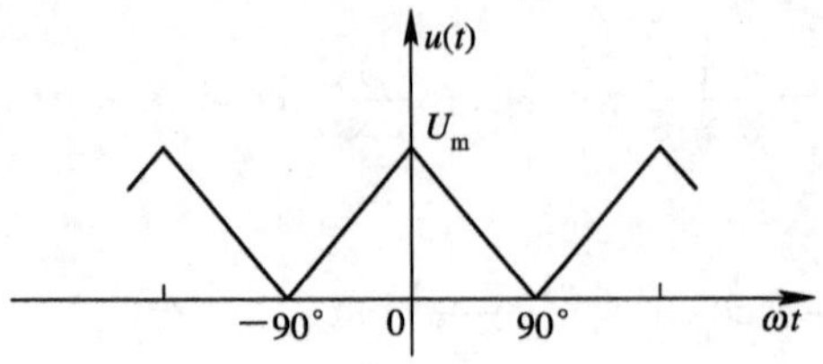

题 6-1-1 图

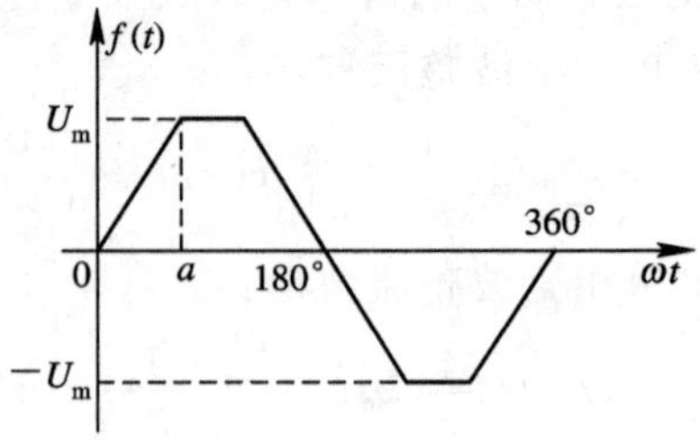

题 6-1-2 图

6.2 非正弦周期量的有效值、平均值和平均功率

6.2.1 有效值

在第 4 章已经讨论过，正弦交流电的有效值在数值上等于与其相当的直流电的大小。非正弦周期量的有效值在定义上与正弦交流电相同，但实际上计算有效值的表示式却大不相同。为了掌握非正弦周期量有效值的计算，设非正弦周期电流 $i(t)$的傅里叶级数展开式为

$$i(t) = I_0 + \sum_{k=1}^{\infty} I_{km} \sin(k\omega t + \psi_k)$$

按周期电有效值的定义，再将周期函数的傅里叶级数展开式(6-1-5)代入，得

$$I = \sqrt{\frac{1}{T}\int_0^T i^2(t)\ \mathrm{d}t} = \sqrt{\frac{1}{T}\int_0^T \left[I_0 + \sum_{k=1}^{\infty} I_{km} \sin(k\omega t + \psi_k)\right]^2 \mathrm{d}t}$$

方括号内的多项式平方包含下列各项：

(1) I_0^2

(2) $I_{km}^2 \sin^2(k\omega t + \psi_k)$

(3) $2I_0 I_{km} \sin(k\omega t + \psi_k)$

(4) $2I_{k_1 m} I_{k_2 m} \sin(k_1\omega t + \psi_{k_1}) \sin(k_2\omega t + \psi_{k_2}) \quad k_1 \neq k_2$

根号中各项积分值为：

(1) $\dfrac{1}{T}\displaystyle\int_0^T I_0^2\ \mathrm{d}t = I_0^2$

(2) $\dfrac{1}{T}\displaystyle\int_0^T I_{km}^2 \sin^2(k\omega t + \psi_k)\ \mathrm{d}t = \dfrac{1}{T}I_{km}^2\int_0^T \dfrac{1}{2}[1 - \cos2(k\omega t + \psi_k)]\ \mathrm{d}t$

$$= \frac{1}{T}I_{km}^2\int_0^T \frac{1}{2}\ \mathrm{d}t + \frac{1}{T}I_{km}^2\int_0^T \frac{1}{2}\cos2(k\omega t + \psi_k)\ \mathrm{d}t = \frac{1}{2}I_{km}^2$$

(3) $\dfrac{1}{T}\displaystyle\int_0^T 2I_0 I_{km} \sin(k\omega t + \psi_k)\ \mathrm{d}t = 0$

(4) $\dfrac{1}{T}\displaystyle\int_0^T 2I_{k_1 m} I_{k_2 m} \sin(k_1\omega t + \psi_{k_1}) \cos(k_2\omega t + \psi_{k_2})\ \mathrm{d}t = 0$

故

$$I=\sqrt{I_0^2+\frac{1}{2}(I_{1m}^2+I_{2m}^2+I_{3m}^2+\cdots)}=\sqrt{I_0^2+I_1^2+I_2^2+I_3^2+\cdots} \tag{6-2-1}$$

式中：I_0 为直流分量，I_1，I_2，I_3，…分别为基波、二次谐波、三次谐波等的有效值。

因此，非正弦周期量的有效值等于各次谐波有效值平方和的平方根。这里直流分量 I_0 可以看做零次谐波，它的有效值就是 I_0。还要指出，尽管各次谐波的有效值与最大值之间存在 0.707 倍的关系，但整个非正弦周期量的有效值与峰值之间不存在这样的关系。

6.2.2 平均值

非正弦周期量的整流平均值定义为

$$I_{av}=\frac{1}{T}\int_0^T |i(t)| \, dt \tag{6-2-2}$$

即一个周期内非正弦周期量绝对值的平均值称为该非正弦周期量的整流平均值。

如果式(6-2-2)中的绝对值符号去掉，则

$$A_0=\frac{1}{T}\int_0^T i(t) \, dt$$

这就是直流分量 A_0，它是严格数学意义上的平均值，常简称为平均值。当非正弦周期量正负半周分别与横轴所包围的面积相等时，平均值 A_0 为零，而 I_{av}不为零。

对于横轴对称的非正弦交流电，其整流平均值可只取半周积分，即

$$I_{av}=\frac{1}{T}\int_0^T |i(t)| \, dt=\frac{2}{T}\int_0^{T/2} |i(t)| \, dt=\frac{2}{T}\int_{-T/4}^{T/4} |i(t)| \, dt$$

例如，正弦交流电的整流平均值为

$$I_{av}=\frac{2}{T}\int_{-T/4}^{T/2} I_m \sin\omega t \, dt=\frac{2}{T}\cdot\frac{1}{\omega}\int_{-\pi/2}^{\pi/4} \sin\omega t \, d(\omega t)=\frac{2}{\pi}I_m=0.637I_m$$

对于同一非正弦周期交流电，当用不同类型的仪表测量时，所得结果不相同。例如，用磁电系(直流)仪表测量所得的结果是直流分量，用电磁系(交流)仪表测量所得的结果是有效值，用全波整流磁电系仪表测量所得的结果是整流平均值。在实验室，若用万用表的交流挡测量，其结果为有效值，若用万用表的直流挡测量，其结果为平均值。由此可见，在测量非正弦交流电时，要注意选择合适的仪表，并注意各种不同类型仪表的读数所表示的含义。

为了衡量非正弦交流电与正弦交流电的差异程度，将有效值与整流平均值的比值定义为波形系数(form factor)，即

$$K_f=\frac{I}{I_{av}} \tag{6-2-3}$$

将最大值(峰值)与有效值的比值称为波顶系数(peak factor)，即

$$K_p=\frac{I_m}{I} \tag{6-2-4}$$

例如，正弦波的波形系数为 $0.707I_m/0.637I_m=1.11$，波顶系数为 $I_m/0.707I_m=1.414$。对于 $K_f>1.11$ 和 $K_p>1.414$ 的非正弦波，一般都是比正弦波更尖锐的波形，反之，如果非正弦波比较平坦，则 $K_f<1.11$，$K_p<1.414$。

例 6-2-1 已知三角波的 $U_m=100$ V，求有效值、平均值、波形系数和波顶系数。

解 三角波的函数表达式为

$$u(t)=\frac{8}{\pi^2}U_m\left(\sin\omega t-\frac{1}{9}\sin3\omega t+\frac{1}{25}\sin5\omega t+\frac{1}{49}\sin7\omega t+\cdots\right)$$

故各次谐波的有效值为

$$U_1=\frac{8U_m}{\pi^2}\frac{1}{\sqrt{2}},\ U_3=\frac{8U_m}{\pi^2}\frac{1}{9}\frac{1}{\sqrt{2}},\ U_5=\frac{8U_m}{\pi^2}\frac{1}{25}\frac{1}{\sqrt{2}},\ \cdots$$

三角波的有效值为

$$U=\frac{8U_m}{\pi^2\sqrt{2}}\sqrt{1^2+\left(\frac{1}{9}\right)^2+\left(\frac{1}{25}\right)^2+\cdots}$$

$$=\frac{800}{\pi^2\sqrt{2}}\sqrt{1+\frac{1}{81}+\frac{1}{625}+\cdots}\approx 57.7\ \text{V}$$

平均值为

$$U_{av}=\frac{2}{T}\int_0^{T/2}|u(t)|\,dt=\frac{4}{T}\int_0^{T/4}\left|100\times\frac{t}{T/4}\right|\,dt=50\ \text{V}$$

波形系数为

$$K_f=\frac{U}{U_{av}}=\frac{57.7}{50}=1.154$$

波顶系数为

$$K_p=\frac{U_m}{U}=\frac{100}{57.7}=1.733$$

6.2.3 平均功率

设加在线性二端网络上的电压和电流分别为

$$u=U_0+\sum_{k=1}^{\infty}U_{km}\sin(k\omega t+\psi_{uk})$$

$$i=I_0+\sum_{k=1}^{\infty}I_{km}\sin(k\omega t+\psi_{ik})$$

则此二端网络消耗的瞬时功率为

$$p=ui=\left[U_0+\sum_{k=1}^{\infty}U_{km}\sin(k\omega t+\psi_{uk})\right]\times\left[I_0+\sum_{k=1}^{\infty}I_{km}\sin(k\omega t+\psi_{ik})\right]$$

此式展开后包含下列各项：

(1) U_0I_0

(2) $U_0I_{km}\sin(k\omega t+\psi_{ik})$

(3) $I_0U_{km}\sin(k\omega t+\psi_{uk})$

(4) $U_{km}\sin(k\omega t+\psi_{uk})I_{km}\sin(k\omega t+\psi_{ik})$

(5) $U_{k_1m}\sin(k_1\omega t+\psi_{uk_1})I_{k_2}\sin(k_2\omega t+\psi_{ik_1})\quad k_1\neq k_2$

按平均功率的定义

$$P=\frac{1}{T}\int_0^T ui\,dt$$

因此，它包含了上述五项从 0 到 T 的积分之和。因为

$$\int_0^{2\pi} \sin x \, dx = 0, \int_0^{2\pi} \sin ax \sin bx \, dx = 0$$

所以，只需计算(1)、(4)两项的积分，故

$$P = \frac{1}{T}\int_0^T \left[U_0 I_0 + \sum_{k=1}^{\infty} U_{km} I_{km} \sin(k\omega t + \psi_{uk}) \times \sin(k\omega t + \psi_{ik})\right] dt$$

$$= U_0 I_0 + \frac{1}{T}\int_0^T \sum_{k=1}^{\infty} \frac{1}{2}[\cos(\psi_{uk} - \psi_{ik}) - \cos(2k\omega t + \psi_{uk} + \psi_{ik})] dt$$

$$= U_0 I_0 + \sum_{k=1}^{\infty} U_k I_k \cos\varphi_k = P_0 + P_1 + P_2 + P_3 + \cdots \tag{6-2-5}$$

式中：$\varphi_k = \varphi_{uk} - \varphi_{ik}$，$P_0 = U_0 I_0$，$P_1 = U_1 I_1 \cos\varphi_1$，$P_2 = U_2 I_2 \cos\varphi_2$，$P_3 = U_3 I_3 \cos\varphi_3$，…

由此可见，非正弦周期性电路的平均功率等于各次谐波平均功率之和，并且只有同频率的电压电流能构成平均功率，$P_k = U_k I_k \cos\varphi_k$，$P_k$ 是第 k 次谐波的平均功率。不同频率的电压电流只能构成瞬时功率，不能构成平均功率。

同理，可以证明无功功率为

$$Q = Q_0 + Q_1 + Q_2 + Q_3 + \cdots \tag{6-2-6}$$

即非正弦周期性电路的无功功率等于各次谐波的无功功率之代数和。

非正弦周期性电路的视在功率为

$$S = UI = \sqrt{U_0^2 + \sum_{k=1}^{\infty} U_k^2} \times \sqrt{I_0^2 + \sum_{k=1}^{\infty} I_k^2}$$

$$= \sqrt{U_0^2 I_0^2 + U_0^2 \sum_{k=1}^{\infty} I_k^2 + I_0^2 \sum_{k=1}^{\infty} U_k^2 + \sum_{k=1}^{\infty} U_k^2 I_k^2 + \sum_{\substack{k_1, k_2 = 1 \\ k_1 \neq k_2}}^{\infty} U_{k_1}^2 I_{k_2}^2}$$

很明显，非正弦电路的视在功率不等于各次谐波的视在功率之和，而且

$$S > \sqrt{P^2 + Q^2} \tag{6-2-7}$$

工程实际中，在满足允许存在误差的条件下有时将非正弦波用一个等值的正弦波来代替，所以，非正弦波的功率因数就定义为与其等值的正弦波的功率因数，即

$$\cos\varphi = \frac{P}{S} \tag{6-2-8}$$

例 6-2-2 设加在二端网络上的电压为

$$u = 40 + 180 \cos\omega t + 60 \cos(3\omega t + 45°) + 20 \cos(5\omega t + 18°) \text{ V}$$

产生的电流为

$$i = 1.43 \cos(\omega t + 85.3°) + 6 \cos(3\omega t + 45°) + 0.78 \cos(5\omega t - 60°) \text{ A}$$

求此电路吸收的功率和等效功率因数。

解 由式(6-2-5)知，各次谐波的平均功率为

$$P_0 = U_0 I_0$$

$$P_1 = U_1 I_1 \cos\varphi_1 = \frac{180 \times 1.43}{2} \cos(0 - 85.3°) = 10.6 \text{ W}$$

$$P_3 = U_3 I_3 \cos\varphi_3 = \frac{60 \times 6}{2} \cos(45° - 45°) = 180 \text{ W}$$

$$P_5 = U_5 I_5 \cos\varphi_5 = \frac{20 \times 0.78}{2} \cos(18° + 60°) = 1.62 \text{ W}$$

得 $$P=10.6+180+1.62=192\ \text{W}$$

电压有效值为

$$U=\sqrt{U_0^2+U_1^2+U_3^2+U_5^2}=\sqrt{40^2+\frac{180^2}{2}+\frac{60^2}{2}+\frac{20^2}{2}}=141\ \text{V}$$

电流有效值为

$$I=\sqrt{I_0^2+I_1^2+I_3^2+I_5^2}=\sqrt{0+\frac{1.43^2}{2}+\frac{6^2}{2}+\frac{0.78^2}{2}}=4.4\ \text{A}$$

视在功率为

$$S=UI=141\times4.4=620\ \text{VA}$$

等效功率因数为

$$\cos\varphi=\frac{P}{S}=\frac{192}{620}=0.31$$

小结

1. 非正弦周期性交流电的有效值定义与正弦交流电相同，其数值等于各次谐波有效值平方和的平方根。

2. 非正弦交流电的整流平均值定义为一个周期内函数绝对值的平均值，并引入了波形系数 K_f 和波顶系数 K_p。交流电的整流平均值和直流分量是两个完全不同的概念。

3. 非正弦交流电路的平均功率定义与正弦交流电相同，其在数值上等于各次谐波平均功率之和。非正弦交流电路的功率因数等于与其相当的正弦波的功率因数。非正弦交流电路的视在功率不等于各次谐波的视在功率之和。

思考与练习

6-2-1　一非正弦电压 $u=100+22.9\sin(\omega t-45^\circ)+4.11\sin(3\omega t-67^\circ)$ V 加在 15 Ω 线性电阻上，求：

(1) 电压有效值；

(2) 电阻上消耗的功率；

(3) 功率因数。

6-2-2　求在题 6-2-2 图所示的三种电路上分别加上以下三种不同电压时的电流有效值：

(1) $u=U=1$ V；

(2) $u=\sin\omega t$ V；

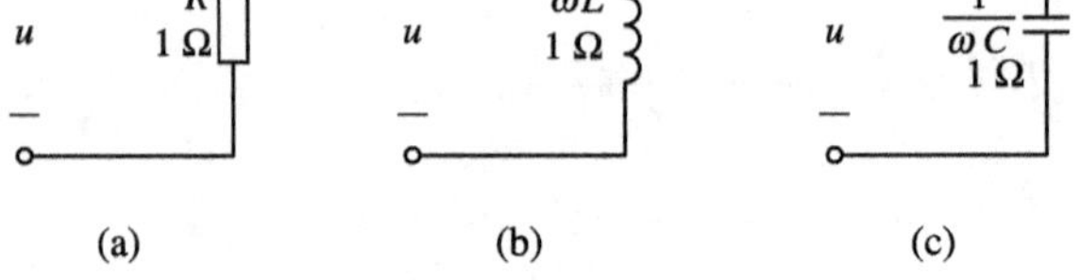

题 6-2-2 图

(3) $u = \sin 3\omega t$ V。

6－2－3　周期相同、峰值均为 1 V 的方波、正弦波和等腰三角波的电压分别加在 $R=1\ \Omega$ 的电阻上，试比较三种情况下电阻所消耗的功率。

6－2－4　求题 6－2－4 图所示电压波形的有效值、直流分量、整流平均值、波形系数和波顶系数。

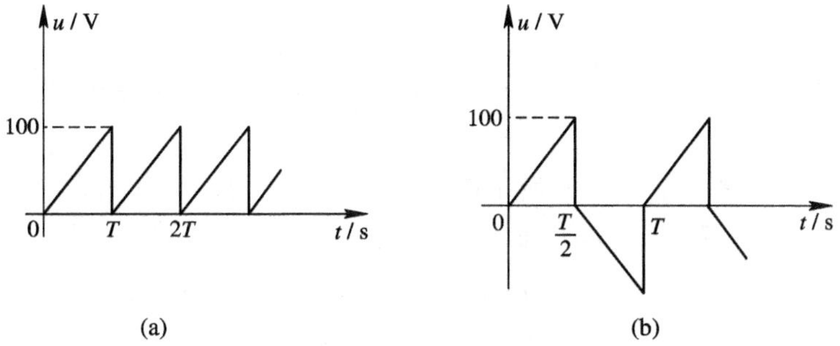

题 6－2－4 图

6.3　非正弦周期性电路的分析

前面已经指出，当加在线性电路上的电压为非正弦周期电压时，可以将非正弦周期电压分解为傅里叶级数，应用叠加定理分别使每一谐波电压单独作用，求出每一谐波的电流，并写成瞬时值表示形式，然后叠加，求出各次谐波电压共同作用时的电流。

设已知电压为

$$u = U_0 + \sum_{k=1}^{\infty} U_{km} \sin(k\omega t + \psi_{uk})$$

加在 RLC 串联电路上，当 U_0 单独作用时，C 相于当开路，$I_0 = 0$；当 u_1 单独作用时，因为 u_1 是正弦波，可以用相量法进行计算：

$$\dot{U}_1 = U_1 \angle \psi_{u1},\ \dot{I}_1 = \frac{\dot{U}_1}{Z_1},\ Z_1 = R + \mathrm{j}\left(\omega L - \frac{1}{\omega C}\right)$$

当 k 次谐波 u_k 单独作用时，则

$$\dot{U}_k = U_k \angle \psi_{uk},\ \dot{I}_k = \frac{\dot{U}_k}{Z_k},\ Z_k = R + \mathrm{j}\left(k\omega L - \frac{1}{k\omega C}\right)$$

从而

$$i = I_0 + \sum_{k=1}^{\infty} I_{km} \sin(k\omega t + \psi_{ik})$$

式中

$$\psi_{ik} = \psi_{uk} - \psi_k,\quad \psi_k = \arctan \frac{k\omega L - 1/(k\omega C)}{R}$$

由此可见，非正弦周期电路的计算实际上是直流和多次不同频率正弦交流电路的计算。这一原则对任意线性网络都适用，其计算步骤和注意事项如下：

(1) 将已知非正弦周期电压(或电流)按傅里叶级数分解为直流和各次谐波的正弦量。

(2) 分别计算各不同频率正弦量单独作用下的电路阻抗。一般认为电阻 R 与频率无关；线性电感的感抗为 $X_L=k\omega L$，谐波次数愈高，感抗愈大，对于直流，$X_L=0$，相当于短路；线性电容的容抗为 $X_C=1/(k\omega C)$，谐波次数愈高，容抗愈小，对于直流，电容相当于开路。

(3) 应用相量法，根据各次谐波电压(或电流)相量、复阻抗，分别计算各次谐波的电流(或电压)相量。

(4) 由各次谐波的电流(或电压)相量对应写出各次谐波的瞬时值解析式，再行叠加，求出非正弦电流(或电压)的解析式。(注意：不同频率的正弦量不能用相量相加，也不能画在同一相量图上，必须用瞬时值叠加。)

例 6-3-1 已知图 6-3-1(a)所示电路中，$R=100\ \Omega$，$L=1$ H，若外加如图 6-3-1(b)所示峰值为 100 V、频率为 50 Hz 的矩形脉冲电压，求电阻上电压 u_R 和电路消耗的功率。

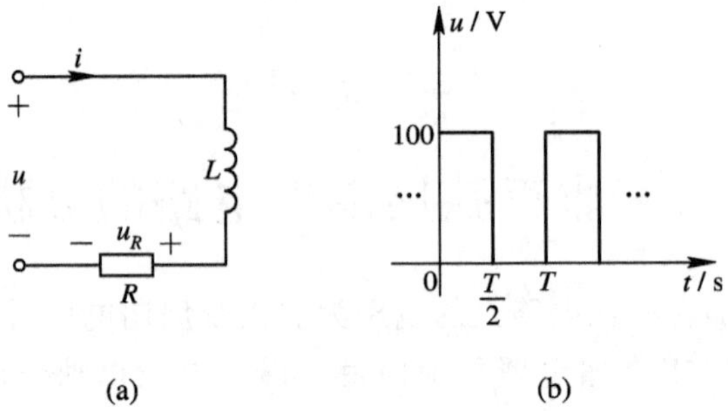

图 6-3-1

解 原电压波形可以看做是 $U_0=50$ V 的直流与峰值等于 50 V 的方波叠加，根据 6.1 节的介绍，该方波的傅里叶级数为

$$u' = \frac{4}{\pi}\times 50\left(\sin\omega t + \frac{1}{3}\sin 3\omega t + \frac{1}{5}\sin 5\omega t + \cdots\right)$$
$$= 63.7\ \sin\omega t + 21.2\ \sin 3\omega t + 12.7\ \sin 5\omega t + \cdots$$
$$u = U_0 + u' = 50 + 63.7\ \sin\omega t + 21.2\ \sin 3\omega t + 12.7\ \sin 5\omega t + \cdots$$

(1) 当 U_0 单独作用时，电感相当于短路，有

$$I_0 = \frac{U_0}{R} = \frac{50}{100} = 0.5\ \text{A},\ P_0 = U_0 I_0 = 50\times 0.5 = 25\ \text{W}$$

(2) u_1 单独作用时，有

$$Z_1 = R + \text{j}\omega L = 100 + \text{j}314 = 330\angle 72.3^\circ\ \Omega$$
$$\dot{U}_1 = \frac{63.7}{\sqrt{2}}\angle 0^\circ = 45\angle 0^\circ\ \text{V}$$
$$\dot{I}_1 = \frac{\dot{U}_1}{Z_1} = \frac{45\angle 0^\circ}{330\angle 72.3^\circ} = 0.136\angle -73.2^\circ\ \text{A}$$
$$i_1 = 0.136\sqrt{2}\ \sin(\omega t - 72.3^\circ)\ \text{A}$$
$$P_1 = U_1 I_1 \cos\varphi_1 = 45\times 0.136\ \cos 73.2^\circ = 1.87\ \text{W}$$

(3) u_3 单独作用时，有

$$Z_3 = R + j3\omega L = 100 + j942 = 947\angle 83.9^\circ\ \Omega$$

$$\dot{U}_3 = \frac{21.2}{\sqrt{2}}\angle 0^\circ = 15\angle 0^\circ\ \text{V}$$

$$\dot{I}_3 = \frac{\dot{U}_3}{Z_3} = \frac{15\angle 0^\circ}{947\angle 83.9^\circ} = 0.0158\angle -83.9^\circ\ \text{A}$$

$$i_3 = 0.0158\sqrt{2}\sin(3\omega t - 83.9^\circ)\ \text{A}$$

$$P_3 = U_3 I_3 \cos\varphi_3 = 15 \times 0.0158\cos 83.9^\circ = 0.025\ \text{W}$$

(4) u_5 单独作用时，有

$$Z_5 = R + j5\omega L = 100 + j1570 = 1573\angle 86.4^\circ\ \Omega$$

由于 U_5 只有 U_1 的 1/5，Z_5 约为 Z_1 的 5 倍，故 I_5 约为 I_1 的 1/25，可以忽略不计，所以，电压只取前三项已足够准确。

由此可得

$$i \approx I_0 + i_1 + i_3$$

$$= 0.5 + 0.136\sqrt{2}\sin(\omega t - 72.3^\circ) + 0.0158\sqrt{2}\sin(3\omega t - 83.9^\circ)\ \text{A}$$

$$u_R = iR = 50 + 13.6\sqrt{2}\sin(\omega t - 72.3^\circ) + 1.58\sqrt{2}\sin(5\omega t - 83.9^\circ)\ \text{V}$$

$$P = P_0 + P_1 + P_3 = 25 + 1.87 + 0.025 = 26.9\ \text{W}$$

由此题可知，电阻电感串联的电路，因为感抗与频率成正比，电路中的电流和电阻上的电压的三次谐波成分被大大削弱，五次以上谐波可以忽略不计。这种对高频电流有抑制作用的电感元件，在电路中应用时被称为高频扼流圈(choke coil)。

例 6-3-2 已知图 6-3-2(a)所示电路中的电压 u 为

$$u = 10 + 141.4\sin\omega t + 70.7\sin(3\omega t + 30^\circ)\ \text{V}$$

并且已知 $\omega L = 5\ \Omega$，$1/(\omega C) = 45\ \Omega$，$R = 1\ \Omega$，求各支路电流及各支路吸收的功率。

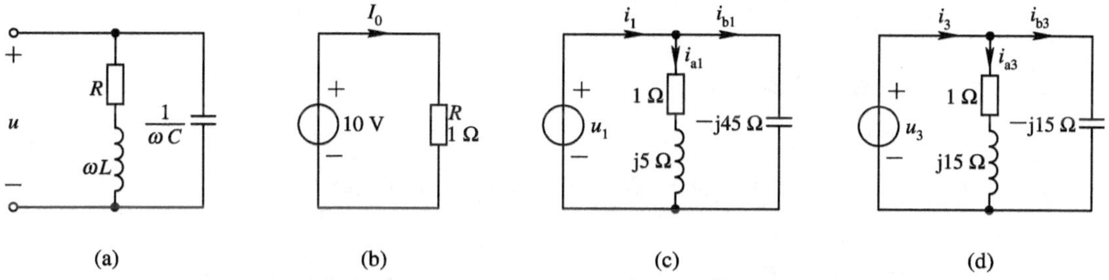

图 6-3-2

解 由于电压 u 包含三项，因此，该电路可以分解成三个电路，图 6-3-2(b)是直流分量单独作用时的等效电路，图 6-3-2(c)是一次谐波单独作用时的等效电路，图 6-3-2(d)是三次谐波单独作用时的等效电路。下面分别计算。

(1) 直流分量单独作用时，有

$$I_0 = \frac{10}{1} = 10\ \text{A},\ P_0 = 10 \times 10 = 100\ \text{W}$$

(2) 一次谐波单独作用时，有

$$\dot{U}_1 = \frac{141.4}{\sqrt{2}}\angle 0^\circ = 100\angle 0^\circ\ \text{V}$$

$$Z_{a1} = 1 + j5 = 5.1\angle 78.7^\circ\ \Omega, \quad Z_{b1} = -j45 = 45\angle -90^\circ\ \Omega$$

$$\dot{I}_{a1} = \frac{\dot{U}_1}{Z_{a1}} = \frac{100\angle 0^\circ}{5.1\angle 78.7^\circ} = 19.6\angle -78.7^\circ\ \text{A}$$

$$\dot{I}_{b1} = \frac{\dot{U}_1}{Z_{b1}} = \frac{100\angle 0^\circ}{45\angle -90^\circ} = 2.22\angle 90^\circ\ \text{A}$$

$$\dot{I}_1 = \dot{I}_{a1} + \dot{I}_{b1} = 19.6\angle -78.7^\circ + 2.22\angle 90^\circ = 17.4\angle -77.3^\circ\ \text{A}$$

$$i_{a1} = 19.6\sqrt{2}\sin(\omega t - 78.7^\circ)\ \text{A}, \quad i_{b1} = 2.22\sqrt{2}\sin(\omega t + 90^\circ)\ \text{A}$$

$$i_1 = 17.4\sqrt{2}\sin(\omega t - 77.3^\circ)\ \text{A}$$

$$P_1 = P_{a1} = U_1 I_{a1}\cos\varphi_1 = 100 \times 19.6 \times \cos 78.7^\circ = 383\ \text{W},\ P_{b1} = 0$$

(3) 三次谐波单独作用时，有

$$\dot{U}_3 = \frac{70.7}{\sqrt{2}}\angle 30^\circ = 50\angle 30^\circ\ \text{V}$$

$$Z_{a3} = 1 + j3 \times 5 = 15\angle 86.2^\circ\ \Omega$$

$$Z_{b3} = -j\,\frac{45}{3} = 15\angle -90^\circ\ \Omega$$

$$\dot{I}_{a3} = \frac{\dot{U}_3}{Z_{a3}} = \frac{50\angle 30^\circ}{15\angle 86.2^\circ} = 3.33\angle -56.2^\circ\ \text{A}$$

$$\dot{I}_{b3} = \frac{\dot{U}_3}{Z_{b3}} = \frac{50\angle 30^\circ}{15\angle -90^\circ} = 3.33\angle 120^\circ\ \text{A}$$

$$\dot{I}_3 = \dot{I}_{a3} + \dot{I}_{b3} = 3.33\angle -56.2^\circ + 3.33\angle 120^\circ = 0.22\angle 32.3^\circ\ \text{A}$$

$$i_{a3} = 3.33\sqrt{2}\sin(3\omega t - 56.2^\circ)\ \text{A}$$

$$i_{b3} = 3.33\sqrt{2}\sin(3\omega t + 120^\circ)\ \text{A}$$

$$i_3 = 0.22\sqrt{2}\sin(3\omega t + 32.3^\circ)\ \text{A}$$

$$P_3 = P_{a3} = 50 \times 3.33\cos 86.2^\circ = 11\ \text{W},\ P_{b3} = 0$$

(4) 各支路总电流与总功率分别为

$$\begin{aligned} i &= I_0 + i_1 + i_3 \\ &= 10 + 17.4\sqrt{2}\sin(\omega t - 77.3^\circ) + 0.22\sqrt{2}\sin(3\omega t + 32.3^\circ)\ \text{A} \end{aligned}$$

$$\begin{aligned} i_a &= I_0 + i_{a1} + i_{a3} \\ &= 10 + 19.6\sqrt{2}\sin(\omega t - 78.7^\circ) + 3.33\sqrt{2}\sin(3\omega t - 56.2^\circ)\ \text{A} \end{aligned}$$

$$\begin{aligned} i_b &= i_{b1} + i_{b3} \\ &= 2.22\sqrt{2}\sin(\omega t + 90^\circ) + 3.33\sqrt{2}\sin(3\omega t + 32.3^\circ)\ \text{A} \end{aligned}$$

$$P = P_a + P_b = P_0 + P_1 + P_3 = 100 + 383 + 11 = 494\ \text{W}$$

由于非正弦电路中各支路阻抗对不同频率的谐波有不同的值，因此对每一谐波都有一个等值电路。在电子线路中，常将直流作用的等值电路与交流作用的等值电路分开研究，前者称为直流通道(direct current path)，后者称为交流通道(alternating current path)。在直流通道中，交流信号源置零，此时电感线圈视为短路，电容看做开路。在交流通道中，直流电源置零，若电感线圈感抗很大，视为开路，若电容容抗很小，看做短路。因此，非正弦交流电路的分析方法对电子线路的分析非常重要。

小结

1. 非正弦周期性电路的计算是不同频率正弦交流电路和直流电路计算结果的叠加。

2. 线性 RLC 组成的电路对不同频率有不同的阻抗，且有其相应的等效电路。

3. 对各次谐波电路的计算可以用相量法和相量图，但各次谐波的叠加只能用瞬时值叠加。

思考与练习

6-3-1 设有两个阻抗并联的电路，已知计算出支路 a 和 b 电流的基波、三次谐波、五次谐波相量分别为

$$\dot{I}_{a1}=5e^{j0},\ \dot{I}_{a3}=8e^{j60°},\ \dot{I}_{a5}=2e^{-j30°};\ \dot{I}_{b1}=4e^{j0},\ \dot{I}_{b3}=3e^{j75°},\ \dot{I}_{b5}=7e^{j25°}$$

下列计算正确吗？为什么？

$$\dot{I}_a=5e^{j0}+8e^{j60°}+2e^{-j30°}=10.73+j5.93=12.3e^{j29°}$$

$$\dot{I}_b=4e^{j0}+3e^{j75°}+7e^{j25°}=11.1+j5.86=12.6e^{j28°}$$

$$\dot{I}=\dot{I}_a+\dot{I}_b=21.83+j11.79=24.8e^{j28.4°}$$

6-3-2 求下列两种情况下电压 u_1 与 u_2 之和：

(1) $u_1=1+10\sin\omega t+5\sin(3\omega t-30°)+3\sin(5\omega t+60°)$ V

$u_2=20\sin(\omega t-30°)+10\sin(5\omega t+45°)$ V

(2) $u_1=1+10\sin\omega t-5\sin(3\omega t-30°)+3\sin(5\omega t+60°)$ V

$u_2=20\sin(\omega t-30°)-10\sin(5\omega t+45°)$ V

6-3-3 设一个二端网络的端口电压和电流分别为

$$u=\sin\left(\omega t+\frac{\pi}{2}\right)+\sin\left(2\omega t+\frac{\pi}{4}\right)+\sin\left(3\omega t-\frac{\pi}{3}\right)\ \text{V}$$

$$i=5\sin\omega t+2.5\sin\left(2\omega t-\frac{\pi}{4}\right)+1.67\sin\left(3\omega t-\frac{5\pi}{6}\right)\ \text{A}$$

求各次谐波的阻抗与网络消耗的功率，并分析这是什么电路。

习 题 六

6-1 已知 RLC 串联电路中，$R=5\ \Omega$，$X_{L1}=12\ \Omega$，$X_{C1}=30\ \Omega$，外加电压为

$$u=300\sin\omega t+150\sin 3\omega t+50\sin(5\omega t+60°)\ \text{V}$$

求电流瞬时值 i、有效值 I 和平均功率 P。

6-2 求上题电压和电流的波形系数与波顶系数，比较哪一个更接近正弦波。

6-3 已知题 6-3 图所示电路中，$R=6\ \Omega$，$X_{L1}=2\ \Omega$，$X_{C1}=18\ \Omega$，外加电压

$$u=180\sin(\omega t-30°)+18\sin 3\omega t+9\sin(5\omega t+30°)\ \text{V}$$

求电流瞬时值和各电表(电磁式仪表)的读数。

6-4 题 6-4 图所示电路，已知 $R=X_{L1}=X_{C1}=100\ \Omega$，外加电压 u 为

$$u=220\sin\omega t+90\sin 3\omega t+50\sin 5\omega t\ \text{V}$$

求各支路电流和总电流的瞬时值与有效值，电路的平均功率。

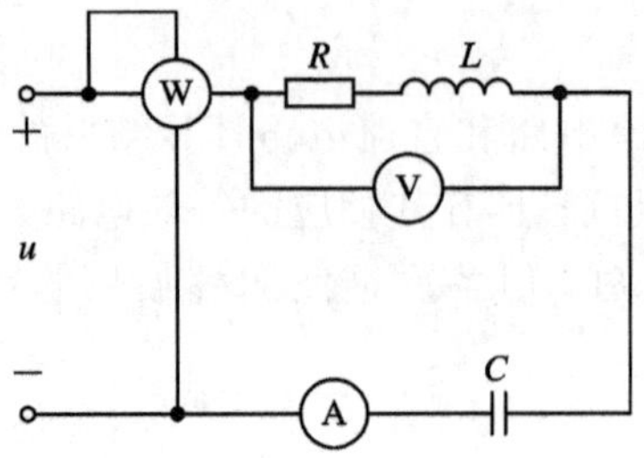

题 6-3 图

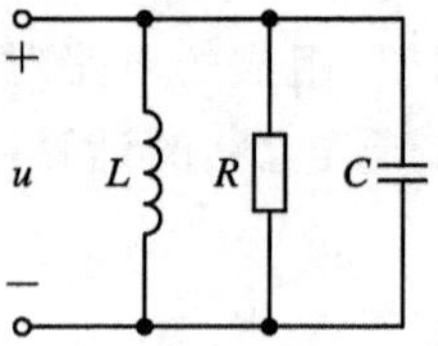

题 6-4 图

6-5　已知题 6-5 图所示电路中，$R=50\ \Omega$，$X_{L1}=5\ \Omega$，$X_{C1}=45\ \Omega$，电源电压 u_s 为

$$u_s = 200 + 100\sin 3\omega t\ \text{V}$$

求电压表和电流表(电磁式仪表)的读数。

6-6　题 6-6 图所示电路是否可以外加一个非正弦电压 u，使总电流 i 与 u 的波形完全相同？如果可以，此时电路参数 R_1、R_2、L 和 C 应满足什么条件？

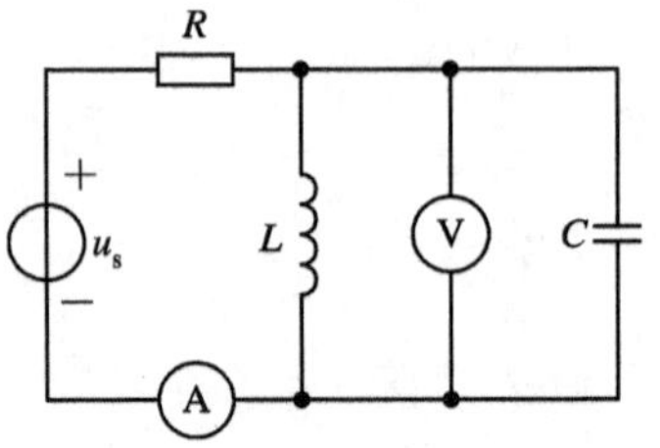

题 6-5 图

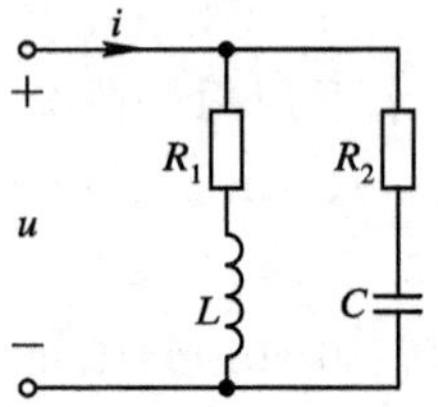

题 6-6 图

第 7 章 互感电路分析

在第 1～6 章，我们集中介绍了电路的分析方法，所涉及的电路元件是三类基本元件：电阻、电容和电感，这三类元件之间及同类元件之间的电压、电流没有任何相互控制作用(耦合作用)。在电路系统中，还有另外一种电路元件，它们的电压、电流具有相互控制的作用，我们把这类元件称做互感元件(或耦合电感元件)。本章介绍互感元件的特性，电压、电流关系，以及含耦合电感元件的交流电路分析方法。

7.1 互感元件

7.1.1 互感的基本概念

设有相邻放置的两个电感线圈 L_1 和 L_2，如图 7-1-1 所示，L_1 的匝数为 N_1，L_2 的匝数为 N_2。当给 L_1 通交变电流 i_1 时，其产生的磁通为 φ_{11}(称自磁通)，设 φ_{11} 的全部与 N_1 相交链，则磁通链为 $\psi_{11}=N_1\varphi_{11}$；同时，设 φ_{11} 中的一部分 φ_{21}(称互磁通)与 L_2 相交链，其与 L_2 构成的磁通链为 $\psi_{21}=N_2\varphi_{21}$。同样，当给 L_2 通交变电流 i_2 时，其产生的磁通为 φ_{22}(称自磁通)，设 φ_{22} 的全部与 N_2 相交链，则磁通链为 $\psi_{22}=N_2\varphi_{22}$；同时，设 φ_{22} 中的一部分 φ_{12}(称互磁通)与 N_1 相交链，其与 N_1 构成的磁通链为 $\psi_{12}=N_1\varphi_{12}$。$\psi_{11}$ 和 ψ_{22} 称做自磁通链，ψ_{12} 和 ψ_{21} 称做互磁通链。

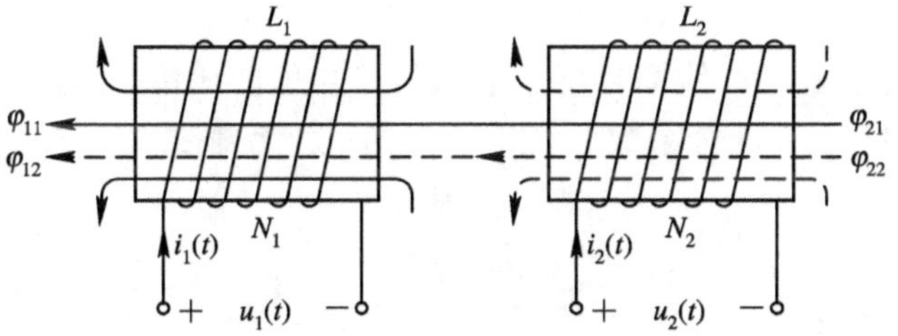

图 7-1-1

仿照自感系数的定义，我们定义 ψ_{21} 与 i_1 的比值为 L_1 对 L_2 的互感系数(coefficient of mutual inductance)，定义 ψ_{12} 与 i_2 的比值为 L_2 对 L_1 的互感系数。即

$$M_{21}=\frac{\psi_{21}}{i_1(t)} \tag{7-1-1}$$

$$M_{12}=\frac{\psi_{12}}{i_2(t)} \tag{7-1-2}$$

与自感系数一样，互感系数简称为互感，其单位与自感单位相同。可以证明(可参阅有关书籍)

$$M_{21} = M_{12} \tag{7-1-3}$$

因此，我们用 M 表示 M_{21} 和 M_{12}，若 M 为常数(即 M 的大小不随时间和电流、电压等电量变化)时，称为线性时不变互感，以后若不加特殊说明，所提到的互感均指这类互感。

线圈 L_1 和 L_2 在电的方面是相互独立的，它们的相互影响是靠磁场相互联系起来的，称为磁耦合(magnetic coupling)。由于 L_1 中电流 i_1 产生的磁通与 L_2 相交链的部分 φ_{21} 总是小于或等于 φ_{11}；L_2 中电流 i_2 产生的磁通与 L_1 相交链的部分 φ_{12} 总是小于或等于 φ_{22}。若设 φ_{11} 中有一部分不与 L_2 交链，φ_{22} 中有一部分不与 L_1 交链，我们把不与另一线圈相交链的磁通称为漏磁通(leakage flux)。

通常为了表示两线圈耦合的紧密程度，定义一个参数称做耦合系数(coefficient of coupling)k，其定义为

$$k = \sqrt{\frac{\varphi_{21}\varphi_{12}}{\varphi_{11}\varphi_{22}}} \tag{7-1-4}$$

根据自感系数和互感系数的定义，有

$$L_1 = \frac{\psi_{11}}{i_1(t)} = \frac{N_1\varphi_{11}}{i_1(t)}$$

$$L_2 = \frac{\psi_{22}}{i_2(t)} = \frac{N_2\varphi_{22}}{i_2(t)}$$

$$M = \frac{N_1\varphi_{12}}{i_2(t)} = \frac{N_2\varphi_{21}}{i_1(t)}$$

代入式(7-1-4)，得

$$k = \sqrt{\frac{\dfrac{Mi_1(t)}{N_2} \times \dfrac{Mi_2(t)}{N_1}}{\dfrac{L_1 i_1(t)}{N_1} \times \dfrac{L_2 i_2(t)}{N_2}}} = \frac{M}{\sqrt{L_1 L_2}} \tag{7-1-5}$$

即耦合系数等于互感系数与两线圈自感系数几何平均值的比值。耦合系数是一个无量纲的参数，若有漏磁通的存在，耦合系数总是小于 1 的；若无漏磁通，则

$$\varphi_{21} = \varphi_{11}$$

$$\varphi_{12} = \varphi_{22}$$

$$k = 1$$

所以，一般有

$$k = \frac{M}{\sqrt{L_1 L_2}} \leqslant 1 \tag{7-1-6}$$

k 总是在 0～1 之间，其大小反映了两线圈耦合的强弱(紧松程度)。若 $k=0$，说明两线圈之间没有耦合；若 $k=1$，说明两线圈耦合最紧，称为全耦合(perfect coupling)。在工程实际中，为了消除两线圈之间的耦合，将它们相互垂直放置(有必要时，再加上磁屏蔽罩)，如图 7-1-2 所示；若为了增大两线圈的耦合，往往将两线圈进行双线并绕(有必要时，在线圈内部再放入增强磁通的铁芯)，如图 7-1-3 所示。

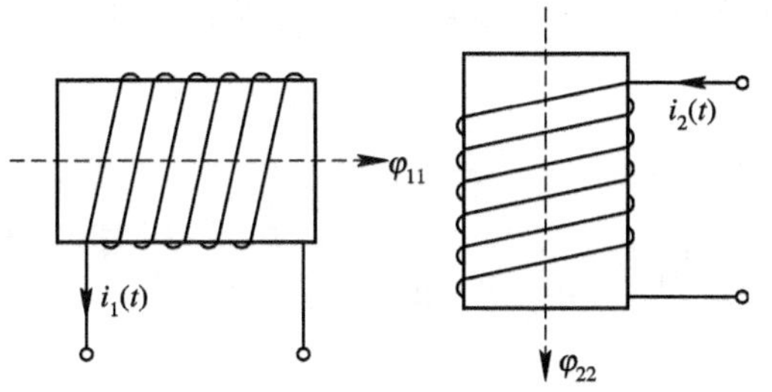

图 7-1-2

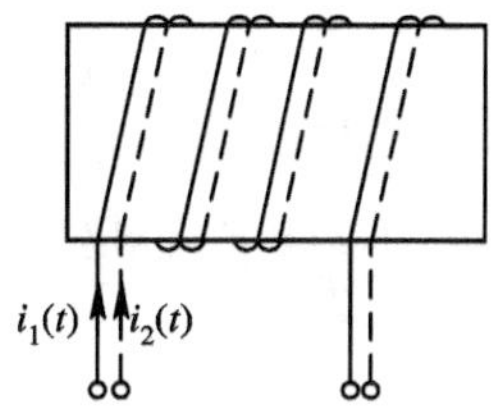

图 7-1-3

7.1.2 耦合电感线圈上的电压、电流关系

当两个耦合电感线圈上都有电流流过时，与 L_1 交链的磁通为 φ_{11} 与 φ_{12} 之和，与 L_2 交链的磁通为 φ_{22} 与 φ_{21} 之和。在 L_1 中，若 φ_{11} 与 φ_{12} 方向相同，则磁通相助；同理，在 L_2 中，若 φ_{22} 与 φ_{21} 方向相同，磁通也相助，如图 7-1-4 所示。

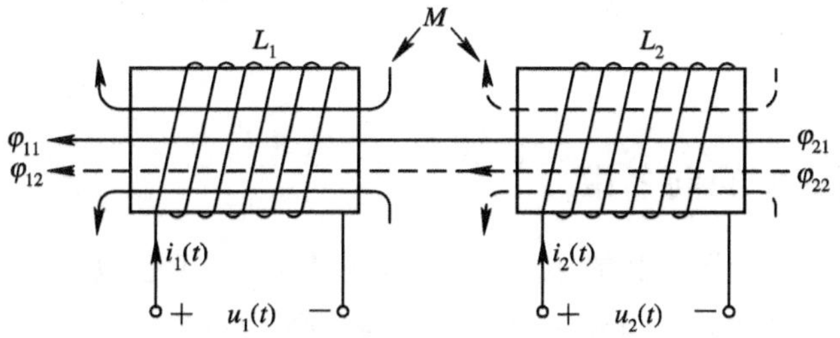

图 7-1-4

这种情况下，耦合线圈的磁通链分别为

$$\left.\begin{aligned}&\text{对 } L_1 \qquad \psi_1=\psi_{11}+\psi_{12}=L_1 i_1(t)+Mi_2(t)\\&\text{对 } L_2 \qquad \psi_2=\psi_{22}+\psi_{21}=L_2 i_2(t)+Mi_1(t)\end{aligned}\right\} \qquad (7-1-7)$$

如图 7-1-4 所示，设 $u_1(t)$ 与 $i_1(t)$、$u_2(t)$ 与 $i_2(t)$ 参考方向关联，根据电磁感应定律，两线圈上电压与电流的关系为

$$\left.\begin{aligned}&\text{对 } L_1 \qquad u_1(t)=\frac{d\psi_1}{dt}=L_1\frac{di_1(t)}{dt}+M\frac{di_2(t)}{dt}=u_1'+u_1''\\&\text{对 } L_2 \qquad u_2(t)=\frac{d\psi_2}{dt}=L_2\frac{di_2(t)}{dt}+M\frac{di_1(t)}{dt}=u_2'+u_2''\end{aligned}\right\} \qquad (7-1-8)$$

式(7-1-8)中第一项是由自感而产生的自感电压，用 u' 表示；第二项是由于耦合而产生的互感电压(mutual induced voltage)，用 u'' 表示。即两耦合线圈的自磁通与互磁通相助时，线圈端电压等于自感电压 u' 与互感电压 u'' 之和。

同理，两耦合线圈的自磁通与互磁通相反时，磁通相消，如图 7-1-5 所示。在这种情况下，耦合线圈的磁通链分别为

$$\left.\begin{aligned}&\text{对 } L_1 \qquad \psi_1=\psi_{11}-\psi_{12}=L_1 i_1(t)-Mi_2(t)\\&\text{对 } L_2 \qquad \psi_2=\psi_{22}-\psi_{21}=L_2 i_2(t)-Mi_1(t)\end{aligned}\right\} \qquad (7-1-9)$$

如图 7-1-5 所示，设 $u_1(t)$与 $i_1(t)$、$u_2(t)$与 $i_2(t)$参考方向关联，则两线圈上电压与电流的关系为

$$\left.\begin{aligned}&\text{对 } L_1 \qquad u_1(t)=\frac{\mathrm{d}\psi_1}{\mathrm{d}t}=L_1\frac{\mathrm{d}i_1(t)}{\mathrm{d}t}-M\frac{\mathrm{d}i_2(t)}{\mathrm{d}t}=u_1'-u_1''\\&\text{对 } L_2 \qquad u_2(t)=\frac{\mathrm{d}\psi_2}{\mathrm{d}t}=L_2\frac{\mathrm{d}i_2(t)}{\mathrm{d}t}-M\frac{\mathrm{d}i_1(t)}{\mathrm{d}t}=u_2'-u_2''\end{aligned}\right\} \tag{7-1-10}$$

式(7-1-10)说明：两耦合线圈的自磁通与互磁通相消时，线圈端电压等于自感电压 u'与互感电压 u''之差。

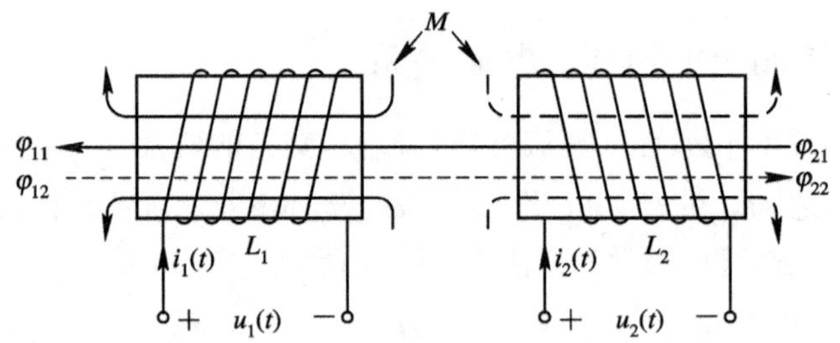

图 7-1-5

7.1.3 耦合电感线圈的同名端

如前所述，耦合电感线圈上的电压等于自感电压与互感电压的代数和。在分析图 7-1-4 和图 7-1-5 的电压、电流关系时，给定了两个条件：① 规定了电压与电流的参考方向关联；② 已知线圈的绕向，可以用右手螺旋定则判定磁通的方向。但是，在工程实际中，线圈的绕制方向往往从外观上无法看出；另外，在理论分析中，按图 7-1-4 和图 7-1-5 去画耦合电感线圈，显然是很不方便的。所以，我们给其规定一个同名端(isotope-tip)，并用电路模型符号表示耦合电感线圈。

1. 同名端的规定

在图 7-1-6(a)中，磁通相助，若 $i_1(t)\neq 0$，$i_2(t)=0$，则

$$\left.\begin{aligned}u_1(t)&=L_1\frac{\mathrm{d}i_1(t)}{\mathrm{d}t}=u_1'\\u_2(t)&=M\frac{\mathrm{d}i_1(t)}{\mathrm{d}t}=u_2''\end{aligned}\right\} \tag{7-1-11}$$

若 $i_1(t)=0$，$i_2(t)\neq 0$，则

$$\left.\begin{aligned}u_1(t)&=M\frac{\mathrm{d}i_2(t)}{\mathrm{d}t}=u_1''\\u_2(t)&=L_2\frac{\mathrm{d}i_2(t)}{\mathrm{d}t}=u_2'\end{aligned}\right\} \tag{7-1-12}$$

同理，在图 7-1-6(b)中，L_2 的绕制方向发生了变化，要使两线圈的磁通相助，则电流方向应如图所示。

当两线圈的电流所产生的磁通相助时，规定两电流的两流入端(或两流出端)为同名

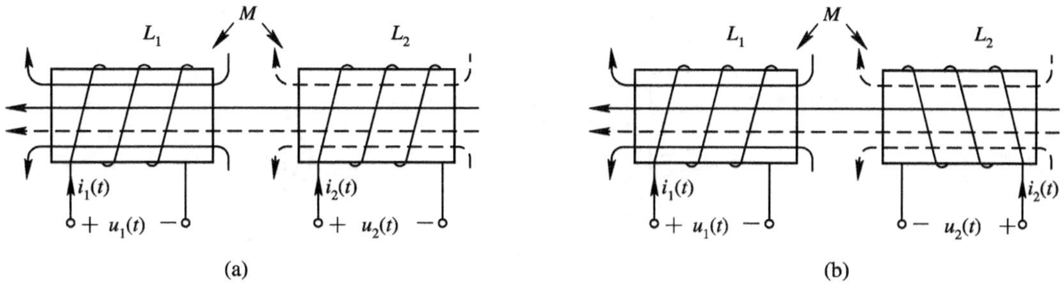

图 7-1-6

端。用符号“·”或“*”作以标志(注：只标每一线圈的一个端子，另一个端子不需再作标记)。

根据对图 7-1-6 的分析和同名端的规定，同名端的含义为自感电压 u'与互感电压 u'' 极性相同的端。有了这样的规定，我们可以将图 7-1-6 所示的耦合电感线圈用图 7-1-7 或图 7-1-8 所示的电路模型来表示。

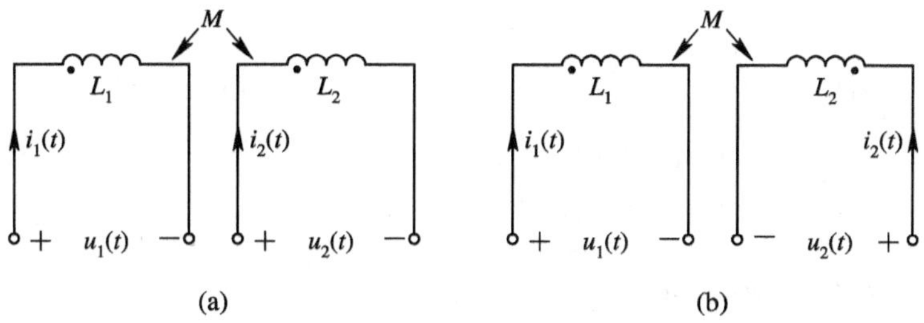

图 7-1-7

在图 7-1-7(a)中，若已知 $u_1(t)$方向为左正右负，则可以很方便地确定 u''_2 的方向亦为左正右负；反之，若 $u_1(t)$的方向为左负右正，则 u''_2的方向亦为左负右正。这样，我们就无须再去观察线圈的绕制方向了。对图 7-1-7(b)的判别方法与图 7-1-7(a)类同。

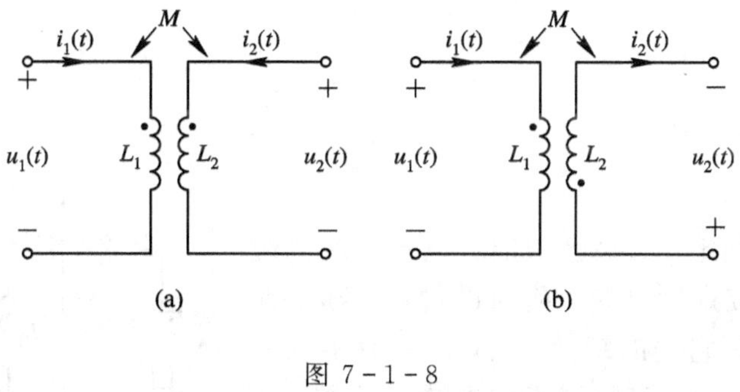

图 7-1-8

例 7-1-1 图 7-1-9(a)所示的是两个有磁耦合的电感线圈，已知 $L_1=L_2=25$ mH，$k=0.5$。要求：

(1) 求 M 的值；

(2) 标出同名端；

(3) 若已知 $i_1(t)=0$，$i_2(t)=10\sin(800t-30°)$ A，方向如图中所标，求互感$u_1(t)$和 $u_2(t)$，并画出$u_1(t)$、$u_2(t)$和 $i_2(t)$的相量图。

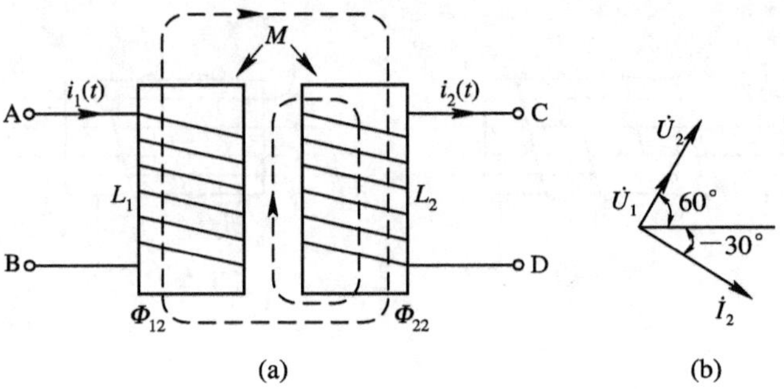

图 7-1-9

解 (1)

$$M = k\sqrt{L_1 L_2} = 0.5\sqrt{25 \times 25} = 12.5\ \text{mH}$$

(2) 根据右手螺旋定则，$i_2(t)$产生的磁通 φ_{22} 的方向为顺时针方向，要使 $i_1(t)$产生的磁通 φ_{11} 的方向与 φ_{22} 相同，按同名端的规定，$i_1(t)$的方向应如图 7-1-9(a)中所标，故 A 与 D 为同名端。

(3)
$$u_1(t) = u_1'' = M\frac{\mathrm{d}i_2(t)}{\mathrm{d}t} = 12.5 \times 10^{-3} \times 10 \times 800\cos(800t - 30°)$$
$$= 100\cos(800t - 30°)$$
$$= 100\sin(800t + 60°)\ \text{V}$$
$$u_2(t) = u_2' = L_2\frac{\mathrm{d}i_2(t)}{\mathrm{d}t}$$
$$= 25 \times 10^{-3} \times 10 \times 800\cos(800t - 30°)$$
$$= 200\cos(800t - 30°)$$
$$= 200\sin(800t + 60°)\ \text{V}$$

$u_1(t)$、$u_2(t)$、$i_2(t)$的相量表示式分别为：

$$\dot{U}_1 = 70.7\angle +60°\ \text{V}$$
$$\dot{U}_2 = 141\angle 60°\ \text{V}$$
$$\dot{I}_2 = 7.07\angle -30°\ \text{A}$$

相量图如图 7-1-9(b)所示。

2. 同名端的判定

关于同名端的判定，如果已知耦合电感线圈的绕向，可以用右手螺旋定则判定。前面讲过，实际中往往无法从外观上判别它们的绕向，所以，只有根据原理，用实验的方法测定。实验测定的方法有两种：一种是直流法，另一种是交流法。

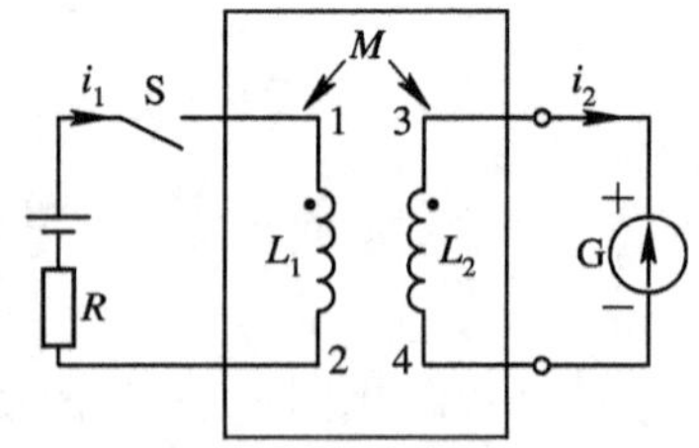

图 7-1-10

(1) 直流法测定同名端：对于一个耦合电感线圈，有四个连接端，首先用万用表的电阻挡判别出每个线圈的两个连接端，如图 7-1-10 所示，设 1 和 2、3 和 4 分别为两线圈的连接端；然后，给 1 和 2 之间接直流电压源、电阻 R 和开关 S，给 3 和 4 之间接直流检流计 G(应注意检流计的正负极以判定电流流向）。当开关 S 闭合瞬间，i_1 增大，在 L_2 上产生互感电压，L_2 上流过感应电流 i_2，若检流计正偏转（图中检流计指针右偏），则 1 与 3 为同名端；若检流计反偏转，则 1 与 4 为同名端。

（2）交流法测定同名端：首先用万用表测量出线圈的两个端子，如图 7-1-11 所示；然后将 2、4 端连接起来，给 1、2 加交流电压 u_1（U_1 不超过低压线圈的额定电压），用万用表测量各接线端的电压 U_{12}、U_{34} 和 U_{13}，若 $U_{13}=|U_{12}-U_{34}|$，则 1 与 3 为同名端；若 $U_{13}=U_{12}+U_{34}$，则 1 与 4 为同名端。测量时应注意电压表只能测量出电压的有效值，不能测量出相位。

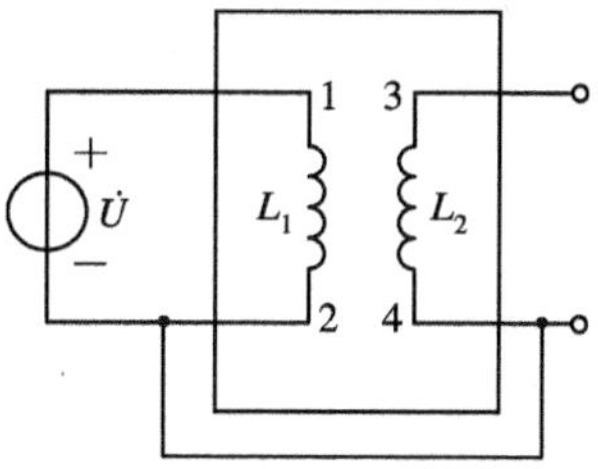

图 7-1-11

判别耦合线圈的同名端，在理论分析中非常重要，只有已知同名端后，才能确定互感电压的方向，然后根据 KVL 列出电压平衡方程式进行分析计算。同时，在工程实际中，对于电气设备中具有磁耦合的线圈，在串并联使用中，只有正确地判定出同名端，才能正确地连接使用。否则，设备将不能正常工作，甚至造成重大事故。

例 7-1-2 已知图 7-1-12(a)所示耦合电感线圈的同名端如图所示，$k=0.5$，$L_1=L_2=1$ H。图 7-1-12(b)、(c)分别给出了 $i_1(t)$和 $i_2(t)$的波形，试画出 $u_1(t)$和 $u_2(t)$的波形。

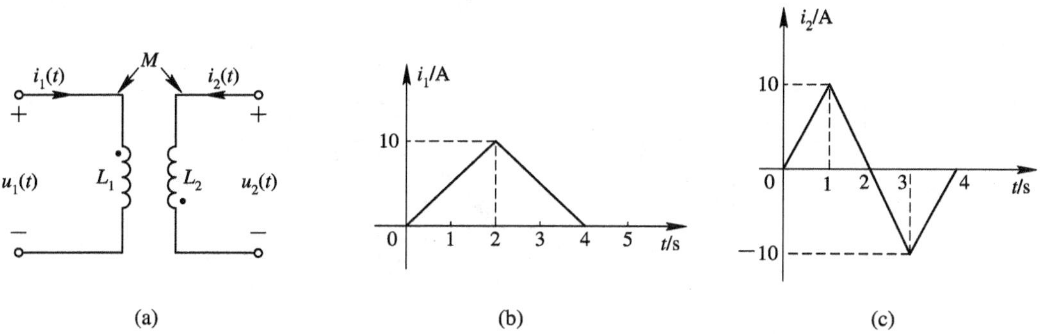

图 7-1-12

解 $$M=k\sqrt{L_1L_2}=0.5\ \text{H}$$

$i_1(t)$的函数式为

$$i_1(t)=\begin{cases}5t\ \text{A} & 0\leqslant t\leqslant 2\ \text{s}\\ -5t+20\ \text{A} & 2\ \text{s}\leqslant t\leqslant 4\ \text{s}\\ 0 & 其他\end{cases}$$

$i_2(t)$的函数式为

$$i_2(t)=\begin{cases}10t\ \text{A} & 0\leqslant t\leqslant 1\ \text{s}\\ -10t+20\ \text{A} & 1\ \text{s}\leqslant t\leqslant 3\ \text{s}\\ 10t-40\ \text{A} & 3\ \text{s}\leqslant t\leqslant 4\ \text{s}\\ 0 & 其他\end{cases}$$

由于 $i_1(t)$从 L_1 同名端流入，$i_2(t)$从 L_2 的异名端流入，属于磁通相消情况，故

$$u_1(t)=L_1\frac{\mathrm{d}i_1(t)}{\mathrm{d}t}-M\frac{\mathrm{d}i_2(t)}{\mathrm{d}t}$$

分段代入 $i_1(t)$、$i_2(t)$，得

$$u_1(t)=\begin{cases}0 & 0\leqslant t<1\text{ s}\\ 10\text{ V} & 1\text{ s}\leqslant t<2\text{ s}\\ 0 & 2\text{ s}\leqslant t<3\text{ s}\\ -10\text{ V} & 3\text{ s}\leqslant t<4\text{ s}\\ 0 & t\geqslant 4\text{ s}\end{cases}$$

$$u_2(t)=L_2\frac{\mathrm{d}i_2(t)}{\mathrm{d}t}-M\frac{di_1(t)}{dt}$$

分段代入 $i_1(t)$、$i_2(t)$，得

$$u_2(t)=\begin{cases}7.5\text{ V} & 0\leqslant t<1\text{ s}\\ -12.5\text{ V} & 1\text{ s}\leqslant t<2\text{ s}\\ -7.5\text{ V} & 2\text{ s}\leqslant t<3\text{ s}\\ 12.5\text{ V} & 3\text{ s}\leqslant t<4\text{ s}\\ 0 & t\geqslant 4\text{ s}\end{cases}$$

则 $u_1(t)$和 $u_2(t)$的波形分别如图 7-1-13(a)、(b)所示。

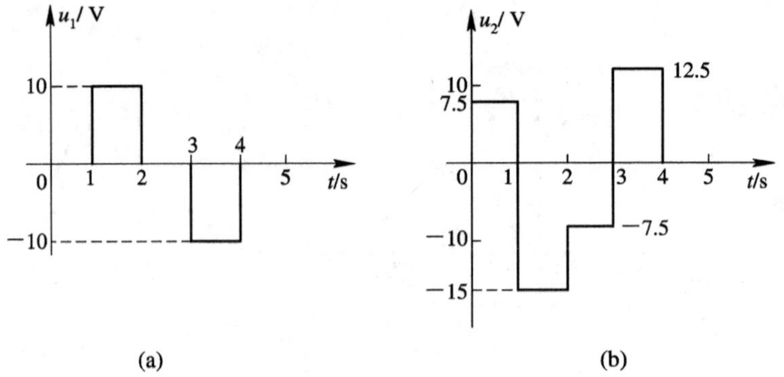

图 7-1-13

小结

1. 一个线圈的电流产生的磁通与邻近线圈的交链称为磁的耦合，耦合磁通链与产生它的电流的比值定义为互感，即

$$M=\frac{\psi_{12}}{i_2(t)}=\frac{\psi_{21}}{i_1(t)}$$

2. 表示两线圈耦合紧密程度的参数称做耦合系数，即

$$0\leqslant k=\frac{M}{\sqrt{L_1L_2}}\leqslant 1$$

3. 当两线圈的电流产生的磁通相助时，两电流的流入端(或两电流的流出端)规定为同名端。同名端的含义是线圈上自感电压与另一线圈上互感电压真实极性相同的端。

4. 同名端在已知线圈绕向的情况下，可以用右手螺旋法则判定；在未知绕向的情况下，可以用直流法或交流法测定。

思考与练习

7-1-1 题 7-1-1 图所示电路是一个半导体收音机磁性天线的三个线圈，根据绕制方向标出它们的同名端。

7-1-2 题 7-1-2 图所示电路是一密封的耦合线圈，U_s 为直流电压源，当 S 断开时，检流计 G 正偏转，试标出线圈的同名端，并解释判定同名端的原理。

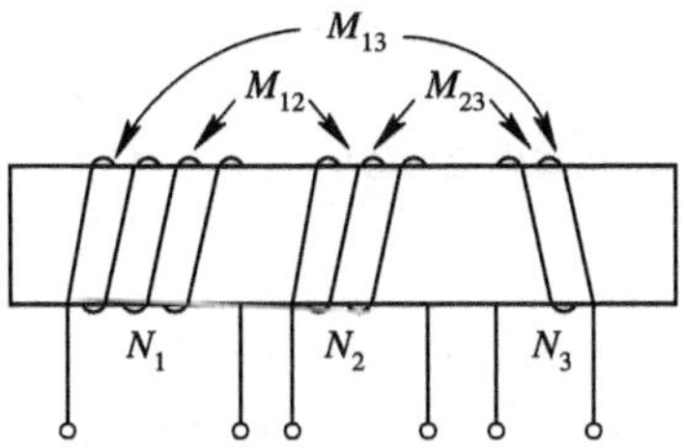

题 7-1-1 图

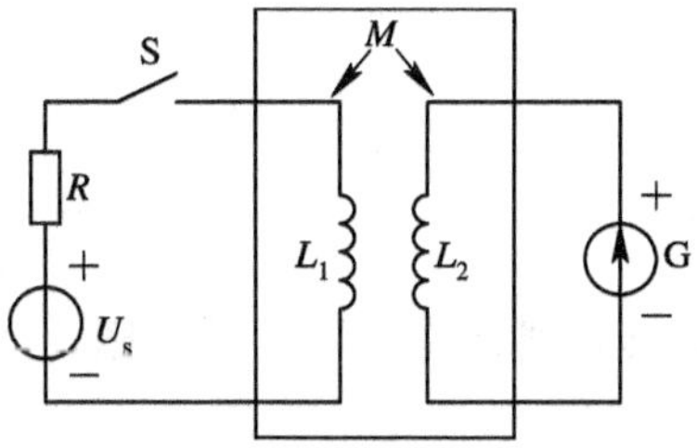

题 7-1-2 图

7-1-3 某耦合线圈的同名端及电压、电流参考方向如题 7-1-3 图所示，试列写出该耦合线圈的电压、电流的微分关系式。

7-1-4 某变压器的结构示意图如题 7-1-4 图所示，初级线圈为 N_1，次级线圈为 N_2 和 N_3，在 $U_{1N}=220$ V 电压作用下，N_2 和 N_3 的额定电压为 $U_{2N}=U_{3N}=12$ V，额定电流为 $I_{2N}=I_{3N}=2$ A。要求：

(1) 判定同名端；

(2) 若要求次级串联后输出电压为 24 V，并联后输出电流为 4 A，试画出接线图。

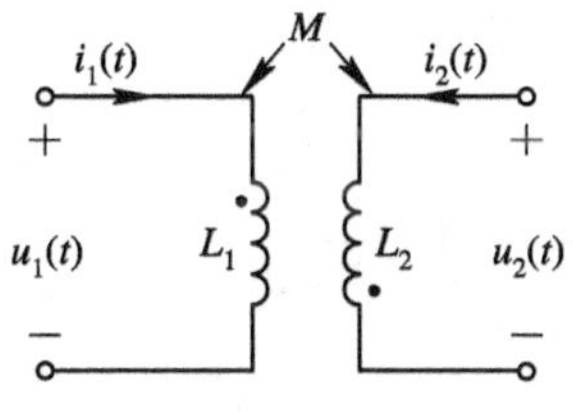

题 7-1-3 图

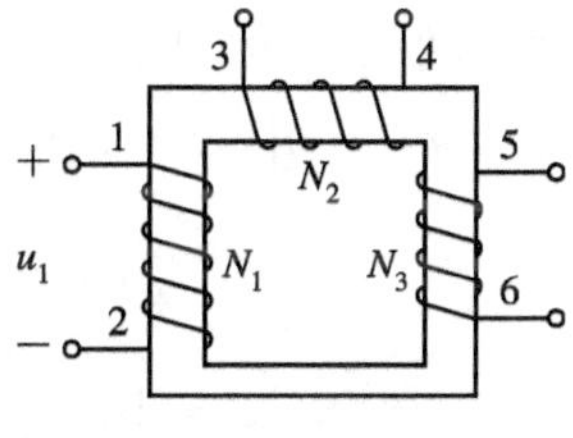

题 7-1-4 图

7-1-5 耦合线圈如题 7-1-5 图(a)所示，已知 $M=0.1$ H，$L_1=L_2=1$ H，电流 $i_1(t)$ 的波形如题 7-1-5 图(b)所示，L_2 开路，标出同名端，画出 $u_1(t)$ 和 $u_2(t)$ 的波形。

7-1-6 已知两耦合线圈的自感系数分别为 $L_1=0.1$ H，$L_2=0.4$ H，求：

(1) $k=0.2$，$M=?$

(2) $k=0.5$，$M=?$

(3) $M=0.2$ H，$k=?$

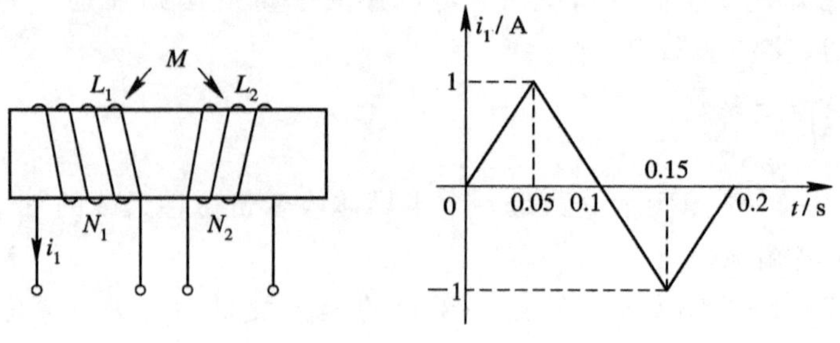

(a) (b)

题 7-1-5 图

7.2 耦合电感线圈的去耦等效

两个具有耦合关系的互感线圈，每一线圈上的电压不但与本线圈上的电流变化率有关，而且与另一线圈上的电流变化率有关(如例 7-1-2)，其电压、电流关系式又因同名端的位置不同及电压、电流参考方向的不同而不同，这就使得含互感电路的分析变得复杂。为了使含互感电路的分析简单化，常常用电路等效变换的原理，把耦合电感线圈进行去耦等效，使其转化成不含互感的电路。本节介绍耦合电感线圈在几种不同连接关系下的去耦等效方法。

7.2.1 互感线圈的串并联等效

互感线圈的串并联电路属于二端电路，可分为顺向串联、反向串联、同侧并联、异侧并联四种情况，根据电路等效的基本原理，下面分别对这四种情况进行等效。

1. 互感线圈串联的等效

图 7-2-1(a)是互感线圈顺向串联的电路模型，两线圈的异名端相接，设电压、电流参考方向和线圈的同名端如图所示，根据 KVL，电压、电流关系为

$$
\begin{aligned}
u(t) &= u_1(t) + u_2(t) \\
&= \left[L_1 \frac{\mathrm{d}i(t)}{\mathrm{d}t} + M \frac{\mathrm{d}i(t)}{\mathrm{d}t}\right] + \left[L_2 \frac{\mathrm{d}i(t)}{\mathrm{d}t} + M \frac{\mathrm{d}i(t)}{\mathrm{d}t}\right] \\
&= (L_1 + L_2 + 2M) \frac{\mathrm{d}i(t)}{\mathrm{d}t} \\
&= L_{AB} \frac{\mathrm{d}i(t)}{\mathrm{d}t}
\end{aligned}
\tag{7-2-1}
$$

式中

$$L_{AB} = L_1 + L_2 + 2M \tag{7-2-2}$$

式(7-2-1)说明：互感线圈顺向串联可以等效成一个没有耦合的单个电感 L_{AB}，其等效电路如图 7-2-1(b)所示。

当互感线圈反向串联时，两线圈的同名端相接的电路模型如图 7-2-2(a)所示，同样可以等效成没有耦合的电感 L_{AB}，等效电路如图 7-2-2(b)所示，图中

$$L_{AB} = L_1 + L_2 - 2M \tag{7-2-3}$$

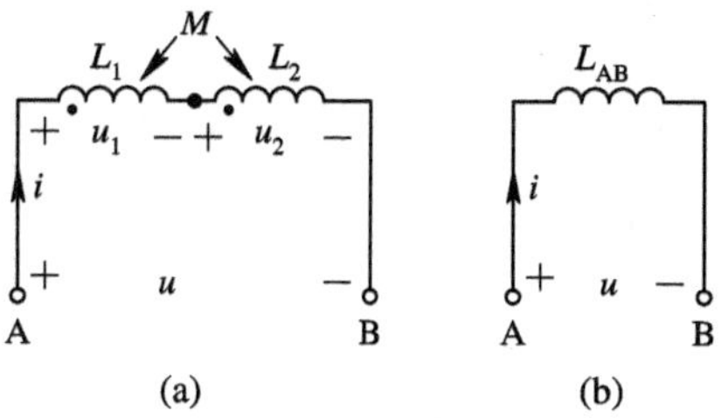

图 7-2-1

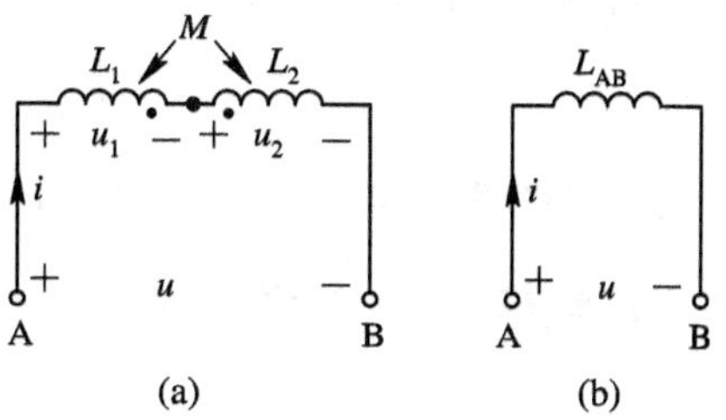

图 7-2-2

2. 互感线圈并联的等效

互感线圈同侧并联的电路模型如图 7-2-3(a)所示，即同名端相接。设电压、电流的参考方向和同名端如图所示，根据 KCL，节点电流方程为

$$i(t)=i_1(t)+i_2(t) \tag{7-2-4}$$

根据互感的电压、电流关系，其电压方程为

$$\left.\begin{aligned}u(t)&=L_1\frac{\mathrm{d}i_1(t)}{\mathrm{d}t}+M\frac{\mathrm{d}i_2(t)}{\mathrm{d}t}\\u(t)&=L_2\frac{\mathrm{d}i_2(t)}{\mathrm{d}t}+M\frac{\mathrm{d}i_1(t)}{\mathrm{d}t}\end{aligned}\right\} \tag{7-2-5}$$

设外加正弦交流电压 $u=U_m\sin\omega t$，则方程(7-2-4)、(7-2-5)可改写成相量形式，即

$$\left.\begin{aligned}\dot{I}&=\dot{I}_1+\dot{I}_2\\\dot{U}&=\mathrm{j}\omega L_1\dot{I}_1+\mathrm{j}\omega M\dot{I}_2\\\dot{U}&=\mathrm{j}\omega L_2\dot{I}_2+\mathrm{j}\omega M\dot{I}_1\end{aligned}\right\} \tag{7-2-6}$$

解方程组(7-2-6)，得

$$Z=\frac{\dot{U}}{\dot{I}}=\mathrm{j}\omega\frac{L_1L_2-M^2}{L_1+L_2-2M}=\mathrm{j}\omega L_{AB}$$

式中

$$L_{AB}=\frac{L_1L_2-M^2}{L_1+L_2-2M} \tag{7-2-7}$$

同侧并联的等效电路如图 7-2-3(b)所示。

互感线圈异侧并联的电路模型如图 7-2-4(a)所示，即异名端相接。

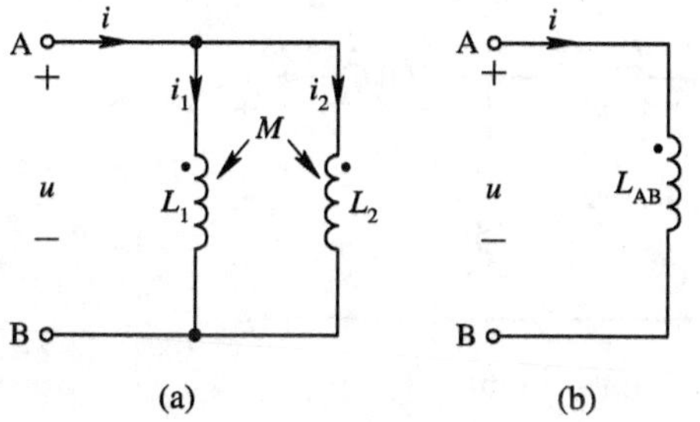

图 7-2-3

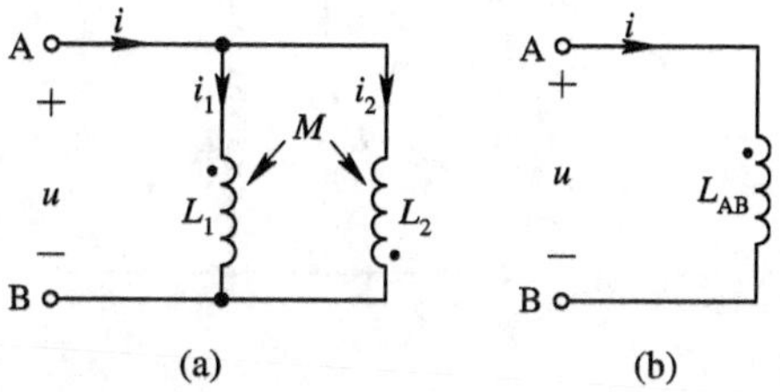

图 7-2-4

用与同侧并联同样的方法可以推导出等效电感 L_{AB} 为

$$L_{AB}=\frac{L_1L_2-M^2}{L_1+L_2+2M} \tag{7-2-8}$$

异侧并联的等效电路如图 7-2-4(b)所示。

7.2.2 互感线圈的 T 形等效

互感线圈的 T 形去耦等效属于多端子电路的等效，亦分为同名端为公共端和异名端为公共端两种情况。下面分别介绍这两种情况的等效方法。

1. 同名端为公共端的 T 形去耦等效

图 7-2-5(a)为同名端为公共端的互感电路模型，图中已标明了同名端和电压、电流的参考方向，根据耦合电感的电压、电流关系，显然有

$$\left.\begin{aligned} u_1(t) &= L_1\frac{di_1(t)}{dt}+M\frac{di_2(t)}{dt} \\ u_2(t) &= L_2\frac{di_2(t)}{dt}+M\frac{di_1(t)}{dt}\end{aligned}\right\} \tag{7-2-9}$$

对式(7-2-9)进行数学变换，得

$$\begin{aligned} u_1(t) &= L_1\frac{di_1}{dt}-M\frac{di_1}{dt}+M\frac{di_1}{dt}+M\frac{di_2}{dt} \\ &= (L_1-M)\frac{di_1}{dt}+M\frac{d(i_1+i_2)}{dt} \\ &= u_1'+u_0 \end{aligned} \tag{7-2-10}$$

$$\begin{aligned} u_2(t) &= L_2\frac{di_2}{dt}-M\frac{di_2}{dt}+M\frac{di_2}{dt}+M\frac{di_1}{dt} \\ &= (L_2-M)\frac{di_2}{dt}+M\frac{d(i_1+i_2)}{dt} \\ &= u_2'+u_0 \end{aligned} \tag{7-2-11}$$

式(7-2-10)中的 u_1' 和式(7-2-11)中的 u_2' 是由电流 $i_1(t)$ 和 $i_2(t)$ 分别在数值为 L_1-M 和 L_2-M 的自感上产生的自感电压；u_0 是由电流 $i_1(t)$ 和 $i_2(t)$ 在数值为 M 的自感上共同产生的自感电压，它是 u_1 和 u_2 的公共部分，因此，图 7-2-5(a)可以等效成图 7-2-5(b)所示的电路模型，由三个没有耦合关系的自感线圈构成了一个 T 形电路，所以，这里所说的"T"形仅指电路的结构形状，别无它意。

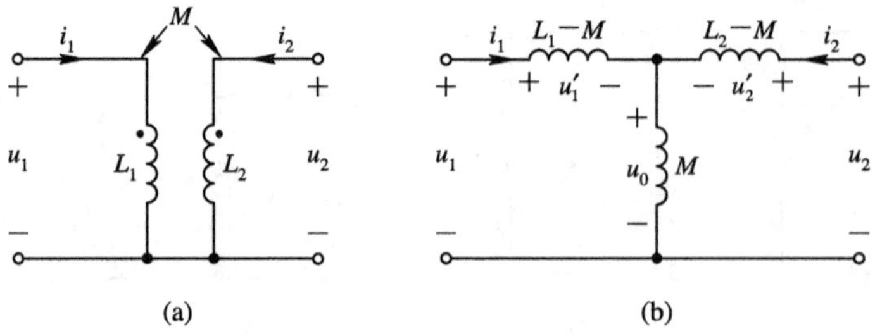

图 7-2-5

2. 异名端为公共端的 T 形去耦等效

图 7－2－6(a)为异名端为公共端的互感电路模型，图中已标明了同名端和电压、电流参考方向，其电压、电流关系为

$$\left.\begin{aligned} u_1(t) &= L_1\frac{\mathrm{d}i_1(t)}{\mathrm{d}t} - M\frac{\mathrm{d}i_2(t)}{\mathrm{d}t} \\ u_2(t) &= L_2\frac{\mathrm{d}i_2(t)}{\mathrm{d}t} - M\frac{\mathrm{d}i_1(t)}{\mathrm{d}t} \end{aligned}\right\} \tag{7-2-12}$$

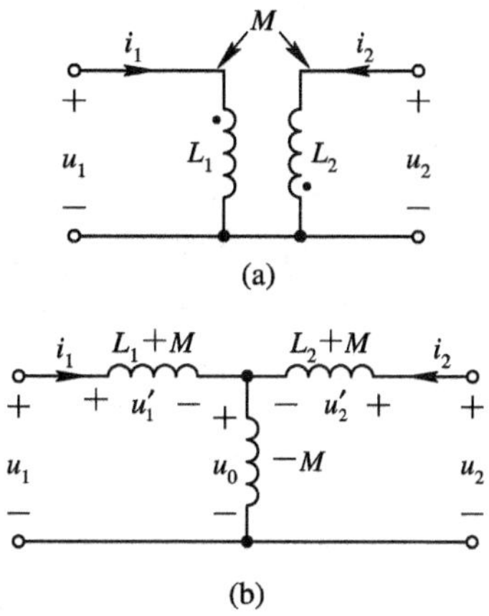

图 7－2－6

对式(7－2－12)进行数学变换，得

$$\begin{aligned} u_1(t) &= L_1\frac{\mathrm{d}i_1}{\mathrm{d}t} + M\frac{\mathrm{d}i_1}{\mathrm{d}t} - M\frac{\mathrm{d}i_1}{\mathrm{d}t} - M\frac{\mathrm{d}i_2}{\mathrm{d}t} \\ &= (L_1+M)\frac{\mathrm{d}i_1}{\mathrm{d}t} + (-M)\frac{\mathrm{d}(i_1+i_2)}{\mathrm{d}t} \\ &= u_1' + u_0 \end{aligned} \tag{7-2-13}$$

$$\begin{aligned} u_2(t) &= L_2\frac{\mathrm{d}i_2}{\mathrm{d}t} + M\frac{\mathrm{d}i_2}{\mathrm{d}t} - M\frac{\mathrm{d}i_2}{\mathrm{d}t} - M\frac{\mathrm{d}i_1}{\mathrm{d}t} \\ &= (L_2+M)\frac{\mathrm{d}i_2}{\mathrm{d}t} + (-M)\frac{\mathrm{d}(i_1+i_2)}{\mathrm{d}t} \\ &= u_2' + u_0 \end{aligned} \tag{7-2-14}$$

式(7－2－13)中的 u_1' 和式 7－2－14 中的 u_2' 是由电流 $i_1(t)$ 和 $i_2(t)$ 分别在数值为 L_1+M 和 L_2+M 的自感上产生的自感电压；u_0 是由 $i_1(t)$ 和 $i_2(t)$ 在数值为 $-M$ 的自感上产生的自感电压，其自感系数为负值，它是一种等效负电感。u_0 是 u_1 和 u_2 的公共部分。因此，图 7－2－6(a)可以等效成图 7－2－6(b)所示的电路模型。

互感线圈的 T 形去耦等效同样适用于互感线圈的串并联电路。如图 7－2－1(a)的顺向串联电路模型，可以改画成图 7－2－7(a)的形式，其虚线框内相当于异名端为公共端的电路结构。进而可以等效成图 7－2－7(b)的 T 形电路模型。由图 7－2－7(b)知：$L_{AB}=L_1+L_2+2M$。

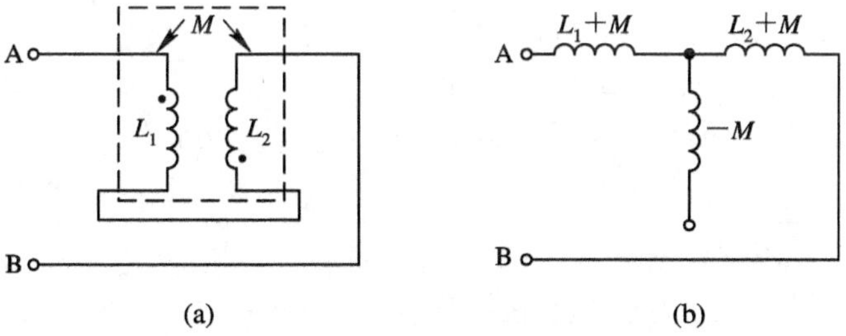

图 7－2－7

实际中制作互感线圈的导线存在一定的损耗电阻，若考虑这一电阻，只要在等效电路中串入电阻即可。例如，对图 7－2－5(a)所示电路，需要考虑导线损耗电阻时的电路模型如图 7－2－8(a)所示，其 T 形等效电路如图 7－2－8(b)所示，其电压、电流关系为

$$\left.\begin{aligned}u_1(t) &= i_1(t)R_1 + L_1\frac{\mathrm{d}i_1(t)}{\mathrm{d}t} + M\frac{\mathrm{d}i_2(t)}{\mathrm{d}t}\\ u_2(t) &= i_2(t)R_2 + L_2\frac{\mathrm{d}i_2(t)}{\mathrm{d}t} + M\frac{\mathrm{d}i_1(t)}{\mathrm{d}t}\end{aligned}\right\}\qquad(7-2-15)$$

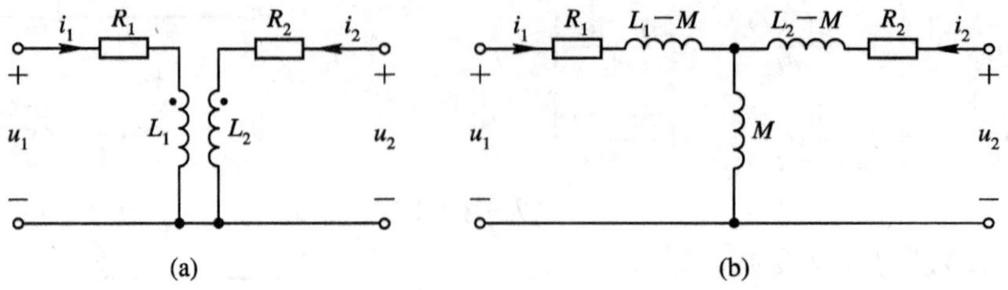

图 7-2-8

例 7-2-1 图 7-2-9(a)所示的并联互感线圈，接在 $f=50$ Hz、$U=31.4$ V 的正弦交流电源上，已知 $R_1=20\ \Omega$，$L_1=0.1$ H，$R_2=30\ \Omega$，$L_2=0.2$ H，$M=0.1$ H，求等效阻抗 Z 和电流 I。

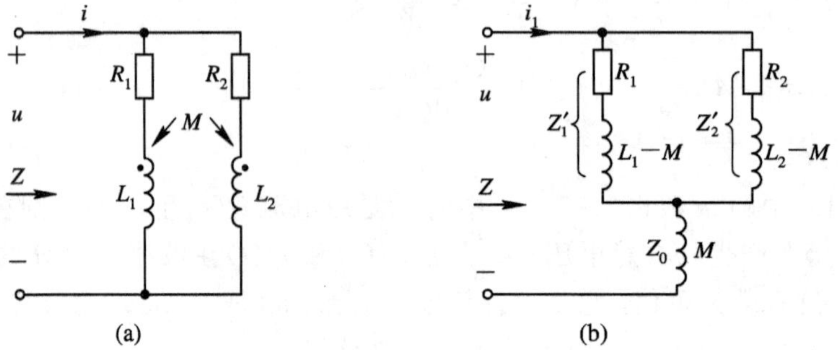

图 7-2-9

解 首先用 T 形等效法将图 7-2-9(a)等效成图 7-2-9(b)，先求等效阻抗 Z，再计算电流 I。

$$Z_1' = R_1 + \mathrm{j}\omega(L_1 - M) = 20 + \mathrm{j}0 = 20\angle 0^\circ\ \Omega$$

$$\begin{aligned}Z_2' &= R_2 + \mathrm{j}\omega(L_2 - M) = 30 + \mathrm{j}314(0.2 - 0.1)\\ &= 30 + \mathrm{j}31.4 = 43.4\angle 46.3^\circ\ \Omega\end{aligned}$$

$$Z_0 = \mathrm{j}\omega M = \mathrm{j}314 \times 0.1 = \mathrm{j}31.4 = 31.4\angle 90^\circ\ \Omega$$

$$\begin{aligned}Z &= \frac{Z_1'Z_2'}{Z_1' + Z_2'} + Z_0\\ &= \frac{20\angle 0^\circ \times 43.4\angle 46.3^\circ}{20 + 30 + \mathrm{j}31.4} + \mathrm{j}31.4\\ &= 14.5 + \mathrm{j}35 = 37.8\angle 67.8^\circ\ \Omega\end{aligned}$$

$$I = \frac{U}{|Z|} = \frac{31.4}{37.8} = 0.83\ \mathrm{A}$$

例 7-2-2 已知图 7-2-10(a)所示电路中，$L_1=7$ H，$L_2=4$ H，$M=2$ H，$R=8\ \Omega$，$u_s(t)=20\sin\pi t$ V，求该电路的戴维南等效电路。

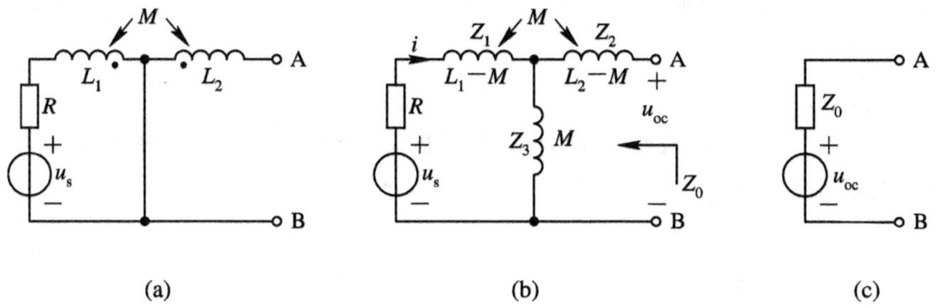

图 7-2-10

解 根据互感的T形等效法，将图7-2-10(a)等效成图7-2-10(b)，应用相量法计算，则

$$\dot{U}_s = \frac{20}{\sqrt{2}}\angle 0°$$

$$\dot{I} = \frac{\dot{U}_s}{R + j\omega(L_1 - M) + j\omega M} = \frac{\dot{U}_s}{R + j\omega L_1}$$

$$= \frac{20/\sqrt{2}\angle 0°}{8 + j3.14 \times 7} = 0.6\angle -70° \text{ A}$$

$$\dot{U}_{oc} = j\omega M\dot{I} = 0.6\angle -70° \times 3.14 \times 2\angle 90°$$

$$= 3.8\angle 20° \text{ V}$$

将 $u_s(t)$ 置零后，有

$$Z_0 = Z_1 \,//\, Z_3 + Z_2 = \frac{Z_1 Z_3}{Z_1 + Z_3} + Z_2$$

$$= \frac{(8 + j3.14 \times 5)(j3.14 \times 2)}{(8 + j3.14 \times 5) + j3.14 \times 2} + j3.14 \times 2$$

$$= 0.58 + j10.98 = 11\angle 87° \ \Omega$$

戴维南等效电路如图7-2-10(c)所示，其中：

$$u_{oc} = 3.8\sqrt{2}\sin(\pi t + 20°) = 5.37\sin(\pi t + 20°) \text{ V}$$

$$Z_0 = 11\angle 87° \ \Omega$$

小结

1. 互感线圈顺向串联的等效电感为 $L_{AB}=L_1+L_2+2M$，反向串联的等效电感为 $L_{AB}=L_1+L_2-2M$。

2. 互感线圈同侧并联的等效电感为

$$L_{AB} = \frac{L_1 L_2 - M^2}{L_1 + L_2 - 2M}$$

异侧并联的等效电感为

$$L_{AB} = \frac{L_1 L_2 - M^2}{L_1 + L_2 + 2M}$$

3. 互感线圈的T形等效分为同名端为公共端和异名端为公共端两种情况，T形等效法也可用于串并联电路的等效。

4. 若需考虑实际互感线圈一般存在的损耗电阻，在等效电路中将损耗电阻串入即可。

思考与练习

7-2-1 求题 7-2-1 图所示各互感电路的等效电感 L_{AB}，要求对其中的图(a)、图(b)分别用互感串并联等效法和 T 形等效法计算。

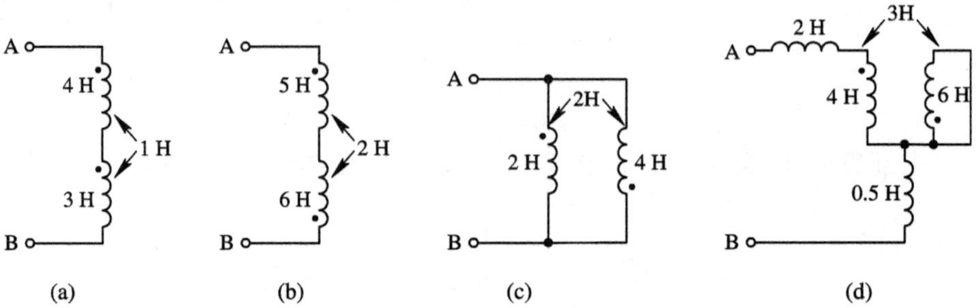

题 7-2-1 图

7-2-2 有一互感线圈，分别测得 $R_1=5\ \Omega$，$R_2=10\ \Omega$，将两线圈串联后，在 50 Hz、220 V 交流电压作用下测得电流 $I=10$ A，将其中一个线圈改变相串联的连接端子，在相同电源下测得电流 $I=5$ A。要求：

(1) 求互感 M；

(2) 若已知 $L_1=0.05$ H，求耦合系数 k(提示：一次为顺向串联，另一次为反向串联)。

7-2-3 题 7-2-3 图所示各互感电路，$f=50$ Hz，求等效阻抗 Z_{AB}。

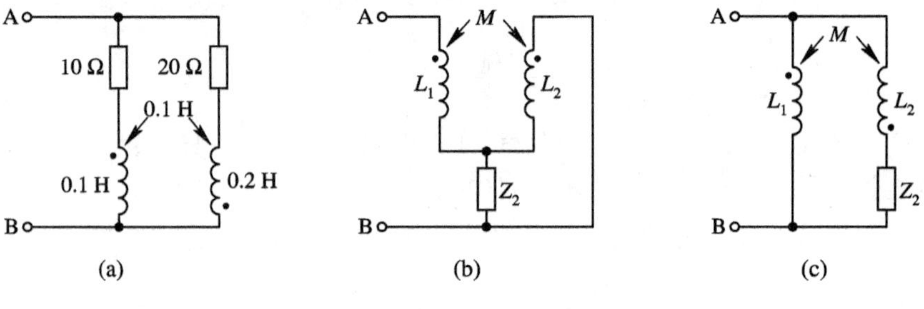

题 7-2-3 图

7-2-4 已知题 7-2-4 图所示电路中，$u_s=2\sin(2t+45°)$ V，$M=0.5$ H，求电流 i_3。

7-2-5 已知题 7-2-5 图所示电路中，$u_s=20\sin t$ V，$M=2$ H，求电流 i。

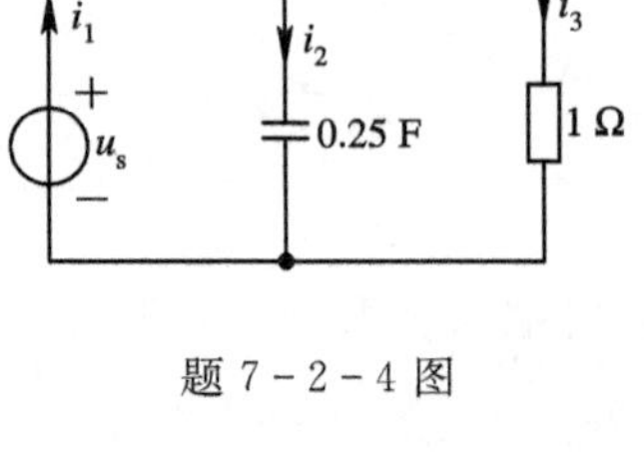

题 7-2-4 图

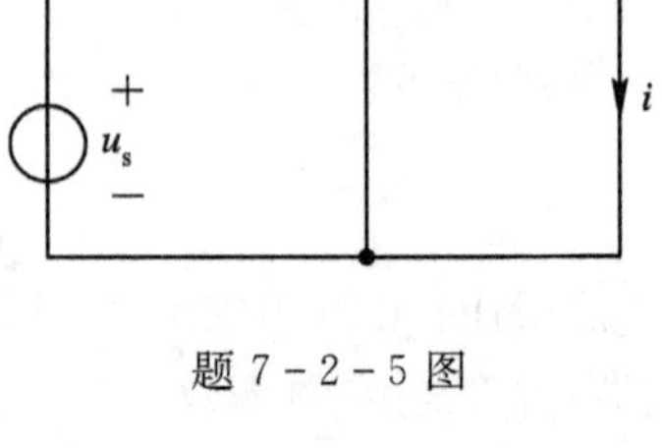

题 7-2-5 图

7.3 含互感电路的分析

含互感的电路，其耦合线圈上的电压由自感电压和互感电压两部分组成，所以电路的分析方法与已介绍过的方法有一定的区别。但是基尔霍夫的两条定律仍然适用。另外，由于我们仅限于分析线性互感电路，因此，对电路进行一定的等效变换后，第2～4章所介绍的电路分析方法也可使用。本节所介绍的含互感电路的分析方法(方程分析法和等效分析法)，在一定的条件下各有优缺点，读者应灵活掌握。

7.3.1 含互感电路的方程分析法

含互感电路的方程分析法，是应用7.1节所介绍的耦合线圈上的电压、电流关系和基尔霍夫定律，列出电路的电压、电流方程式后联立求解的分析方法。下面我们以图7-3-1所示电路为例，介绍方程分析法的具体步骤。

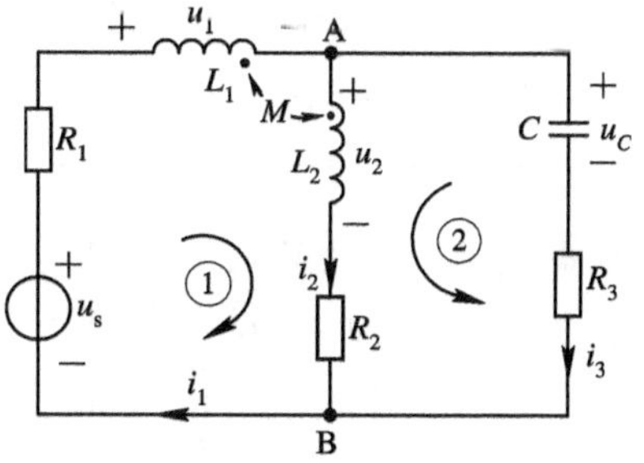

图 7-3-1

若已知图7-3-1所示电路的各元件参数，且电源 u_s 为正弦交流电，以各支路电流为未知量分析电路，从表面上看电路有两个网孔，两个节点，可以用第2章所介绍的方法计算。但是，由于互感的存在，第2章所介绍的节点方法不能直接使用。方程分析法的具体步骤如下：

第一步，设电流、电压参考方向。我们假设电流 i_1、i_2、i_3 的参考方向，互感线圈上的电压 u_1、u_2 的参考方向和电容电压 u_C 的参考方向如图7-3-1中所标。

第二步，根据KVL和KCL列写电路电压电流的瞬时值方程。在图7-3-1所示电路中，根据KCL列出节点A的方程为

$$i_1 - i_2 - i_3 = 0 \tag{7-3-1}$$

根据KVL列出两个网孔回路的电压方程为：

网孔① $$-u_s + i_1R_1 + u_1 + u_2 + i_2R_2 = 0 \tag{7-3-2}$$

网孔② $$u_2 + i_2R_2 - i_3R_3 - u_C = 0 \tag{7-3-3}$$

第三步，进行变量置换。根据互感线圈上的电压、电流关系和动态元件上的电压、电流微分关系，将方程中的电压变量用电流变量置换。在方程(7-3-2)和(7-3-3)中，含有互感线圈电压 u_1、u_2 和电容电压 u_C，因为

$$u_1 = L_1\frac{\mathrm{d}i_1}{\mathrm{d}t} - M\frac{\mathrm{d}i_2}{\mathrm{d}t}$$

$$u_2 = L_2\frac{\mathrm{d}i_2}{\mathrm{d}t} - M\frac{\mathrm{d}i_1}{\mathrm{d}t}$$

$$u_C = \frac{1}{C}\int i_3\,\mathrm{d}t$$

故方程可变换为

$$-u_s+i_1R_1+\left(L_1\frac{\mathrm{d}i_1}{\mathrm{d}t}-M\frac{\mathrm{d}i_2}{\mathrm{d}t}\right)+\left(L_2\frac{\mathrm{d}i_2}{\mathrm{d}t}-M\frac{\mathrm{d}i_1}{\mathrm{d}t}\right)+i_2R_2=0 \qquad (7-3-4)$$

$$\left(L_2\frac{\mathrm{d}i_2}{\mathrm{d}t}-M\frac{\mathrm{d}i_1}{\mathrm{d}t}\right)+i_2R_2-i_3R_3-\frac{1}{C}\int i_3\,\mathrm{d}t=0 \qquad (7-3-5)$$

第四步，因含互感的电路大多应用在正弦稳态电路中，所以将方程改写成相量形式。在改写方程时要用到方程的微分形式和积分形式与相量形式的对应关系，为了方便，我们将动态元件的电压、电流关系的微分形式和积分形式与相量形式的对应关系列于表 7-1。

表 7-1　动态元件电压、电流的微积分形式与相量形式的对应关系

	电感元件		电容元件	
	瞬时值关系	相量关系	瞬时值关系	相量关系
微分	$u_L=L\dfrac{\mathrm{d}i_L}{\mathrm{d}t}$	$\dot{U}_L=\mathrm{j}\omega L\dot{I}_L$	$i_L=C\dfrac{\mathrm{d}u_C}{\mathrm{d}t}$	$\dot{I}_C=\mathrm{j}\omega C\dot{U}_C$
积分	$i_L=\dfrac{1}{L}\int u_L\,\mathrm{d}t$	$\dot{I}_L=\dfrac{\dot{U}_L}{\mathrm{j}\omega L}$	$u_C=\dfrac{1}{C}\int i_C\,\mathrm{d}t$	$\dot{U}_C=\dfrac{\dot{I}_C}{\mathrm{j}\omega C}$

根据表 7-1，方程(7-3-1)、(7-3-4)、(7-3-5)可以改写成下列形式

$$\begin{cases}\dot{I}_1-\dot{I}_2-\dot{I}_3=0\\ \dot{U}_s-\dot{I}_1R_1-\mathrm{j}\omega(L_1-M)\dot{I}_1-\mathrm{j}\omega(L_2-M)\dot{I}_2-\dot{I}_2R_2=0\\ \mathrm{j}\omega L_2\dot{I}_2-\mathrm{j}\omega M\dot{I}_1+\dot{I}_2R_2-\dot{I}_3R_3-\dfrac{\dot{I}_3}{\mathrm{j}\omega C}=0\end{cases}$$

整理方程组，得

$$\left.\begin{aligned}&\dot{I}_1-\dot{I}_2-\dot{I}_3=0\\ &\dot{I}_1[R_1+\mathrm{j}\omega(L_1-M)]+\dot{I}_2[R_2+\mathrm{j}\omega(L_2-M)]=\dot{U}_s\\ &-\dot{I}_1\,\mathrm{j}\omega M+\dot{I}_2(R_2+\mathrm{j}\omega L_2)-\dot{I}_3\left(R_3+\frac{1}{\mathrm{j}\omega C}\right)=0\end{aligned}\right\} \qquad (7-3-6)$$

最后，解相量形式的方程组。方程组(7-3-6)与第 4 章所介绍的复杂交流电路分析的方程组相似，解方程的过程也相同，这里不再赘述。

含互感电路的方程分析法，需要列写微分方程，且分析过程复杂，但是，比较直观，可以直接计算出各元件的电压、电流响应。

7.3.2　含互感电路的等效分析法

含互感电路的等效分析法，实际上是利用互感线圈的串并联等效和 T 形等效方法，将含互感的电路等效成不含互感的电路，然后用前几章所介绍的电路分析方法去计算电路未知量的一种方法。我们仍以图 7-3-1 所示电路为例，介绍等效分析方法，为了方便将其重画于图 7-3-2(a)。

在图 7-3-2(a)中，虚线框内的互感线圈构成了同名端为公共端的连接形式，应用 T 形等效方法，该部分可等效成图 7-3-2(b)虚线框内的电路模型，将图 7-3-2(b)改画成图 7-3-2(c)的相量模型。

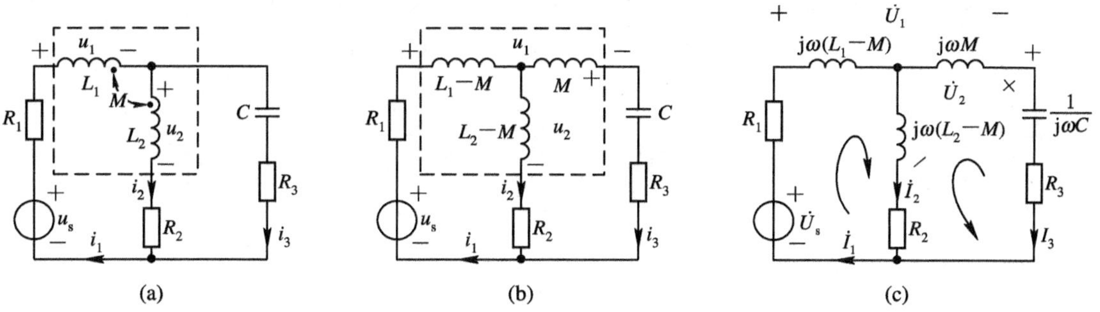

图 7-3-2

在图 7-3-2(c)中，根据基尔霍夫定律和交流电路的相量分析法，列出该电路的支路电流法(或回路电流法或节点电位法)方程。其方程为

$$\left.\begin{aligned}&\dot{I}_1-\dot{I}_2-\dot{I}_3=0\\&\dot{I}_1[R_1+j\omega(L_1-M)]+\dot{I}_2[R_2+j\omega(L_2-M)]=\dot{U}_s\\&\dot{I}_2[R_2+j(\omega L_2-M)]-\dot{I}_3\left(R_3+j\omega M+\frac{1}{j\omega C}\right)=0\end{aligned}\right\}\qquad(7-3-7)$$

方程组式(7-3-7)与方程组式(7-3-6)略有不同，但是，只要考虑到 $\dot{I}_1=\dot{I}_2+\dot{I}_3$，即

$$j\omega M\dot{I}_1=j\omega M(\dot{I}_2+\dot{I}_3)$$

将其代入式(7-3-7)的第三个方程后，就与式(7-3-6)完全相同了。

联立求解方程组(7-3-7)，即可计算出各支路电流。由以上的 T 形等效分析法过程，可以总结出含互感电路的等效分析法的基本步骤如下：

第一步，将电路中的互感线圈等效成没有互感的电感线圈，或采用串并联等效，或采用 T 形等效。

第二步，将等效后的电路模型改画成相量形式的电路模型。这一过程与第 4 章所讲的方法完全相同。

第三步，根据相量形式的电路模型，选择电路的分析方法，列出电路电压、电流的相量形式代数方程。

第四步，解方程组，计算出各未知量。

例 7-3-1 设图 7-3-3 所示电路中电源的角频率为 ω，列写分析该电路所必须的回路电流法方程。

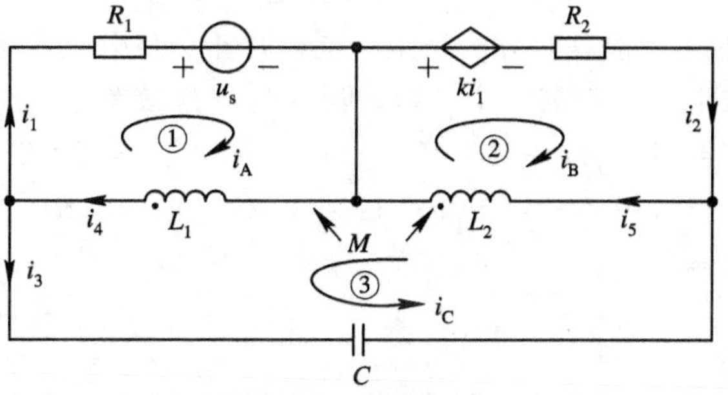

图 7-3-3

解 设各网孔电流参考方向如图 7-3-3 所示，考虑 $i_1=i_A$，列网孔电流方程为

网孔 ① $i_AR_1+u_s+L_1\dfrac{d(i_A+i_C)}{dt}+M\dfrac{d(i_B+i_C)}{dt}=0$

网孔 ② $ki_A+i_BR_2+L_2\dfrac{d(i_B+i_C)}{dt}+M\dfrac{d(i_A+i_C)}{dt}=0$

网孔 ③ $\dfrac{1}{C}\int i_C\,dt+L_2\dfrac{d(i_B+i_C)}{dt}+M\dfrac{d(i_A+i_C)}{dt}+L_1\dfrac{d(i_A+i_C)}{dt}+M\dfrac{d(i_B+i_C)}{dt}=0$

整理上述方程，得

$$\begin{cases}i_AR_1+u_s+L_1\dfrac{di_A}{dt}+M\dfrac{di_B}{dt}+(L_1+M)\dfrac{di_C}{dt}=0\\ ki_A+i_BR_2+M\dfrac{di_A}{dt}+L_2\dfrac{di_B}{dt}+(L_2+M)\dfrac{di_C}{dt}=0\\ (L_1+M)\dfrac{di_A}{dt}+(L_2+M)\dfrac{di_B}{dt}+(L_1+L_2+2M)\dfrac{di_C}{dt}+\dfrac{1}{C}\int i_C\,dt=0\end{cases}$$

将方程改写为相量形式，有

$$\begin{cases}\dot I_A(R_1+j\omega L_1)+\dot I_B\,j\omega M+\dot I_C\,j\omega(L_1+M)=-\dot U_s\\ \dot I_A(k+j\omega M)+\dot I_B(R_2+j\omega L_2)+\dot I_C\,j\omega(L_2+M)=0\\ \dot I_A\,j\omega(L_1+M)+\dot I_B\,j\omega(L_2+M)+\dot I_C\left[j\omega(L_1+L_2+2M)+\dfrac{1}{j\omega C}\right]=0\end{cases}$$

例 7-3-2 用等效分析法计算图 7-3-4(a)所示含互感的相量形式电路模型各支路的电流。

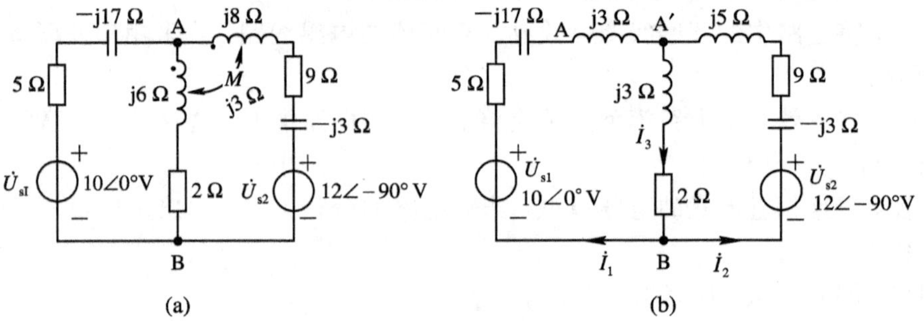

图 7-3-4

解 应用 T 形等效法将图 7-3-4(a)等效成图 7-3-4(b)。在这里提请读者注意，互感抗的去耦等效与互感的去耦等效方法完全相同。设各支路电流参考方向如图 7-3-4(b)所示，该电路应用节点电位法仅需一个方程。以节点 B 为参考点，各支路阻抗分别为

$$Z_1=5-j17+j3=5-j14=14.87\angle-70.3^\circ\ \Omega$$

$$Z_2=9+j5-j3=9+j2=9.22\angle12.5^\circ\ \Omega$$

$$Z_3=2+j3=3.6\angle56.3^\circ\ \Omega$$

根据弥尔曼定理有

$$\dot V_{A'}=\frac{\dot U_{s1}/Z_1+\dot U_{s2}/Z_2}{1/Z_1+1/Z_2+1/Z_3}=\frac{10\angle0^\circ/14.87\angle-70.3^\circ+12\angle-90^\circ/9.22\angle12.5^\circ}{1/14.87\angle-70.3^\circ+1/9.22\angle12.5^\circ+1/3.6\angle56.9^\circ}$$

$$=1.88\angle-61^\circ=0.91-j1.44\ \text{V}$$

各支路电流为

$$\dot{I}_1=\frac{\dot{U}_{s1}-\dot{V}_{A'}}{Z_1}=\frac{10\angle 0°-1.88\angle -61°}{14.87\angle -70.3°}=0.62\angle 80.5°\ \text{A}$$

$$\dot{I}_2=\frac{\dot{U}_{s2}-\dot{V}_{A'}}{Z_2}=\frac{12\angle -90°-1.88\angle -61°}{9.22\angle 12.5°}=1.132\angle -107.5°\ \text{A}$$

$$\dot{I}_3=\frac{\dot{V}_{A'}}{Z_3}=\frac{1.88\angle -61°}{3.6\angle 56.3°}=0.52\angle -117.3°\ \text{A}$$

小结

1. 含互感电路的方程分析法，是根据互感线圈上的电压、电流关系，应用 KCL 和 KVL 列写电路电压、电流的瞬时值方程式，再将方程变换成相量形式分析电路的一种方法。其优点是可以直接计算出互感线圈上的电压、电流。

2. 含互感电路的等效分析法，是应用互感的去耦等效将互感电路等效成不含互感的电路，再应用与交流电路类同的分析方法分析电路。

思考与练习

7-3-1　题 7-3-1 图是含互感的正弦交流电路，试用支路电流法和网孔电流法列写出计算各支路电流的方程。

7-3-2　已知题 7-3-2 图所示电路中，$u_s(t)=5\sqrt{2}\sin 10^3 t$ V，$R_1=500\ \Omega$，$L_1=L_2=2$ H，$M=1$ H，$C_1=C_2=0.5\ \mu$F，问 Z_L 为何值时获得最大功率？并计算 P_{Lmax}。

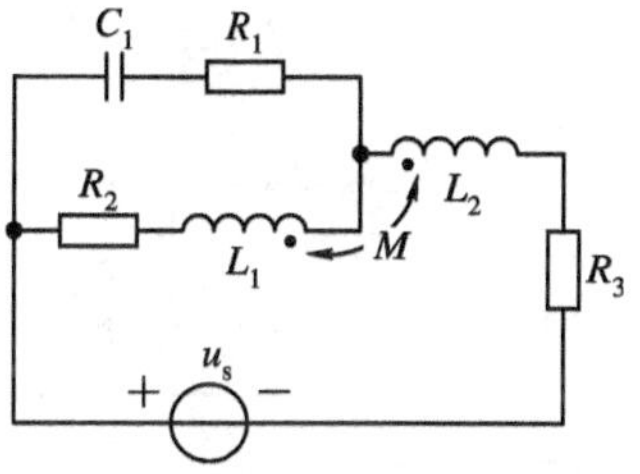

题 7-3-1 图

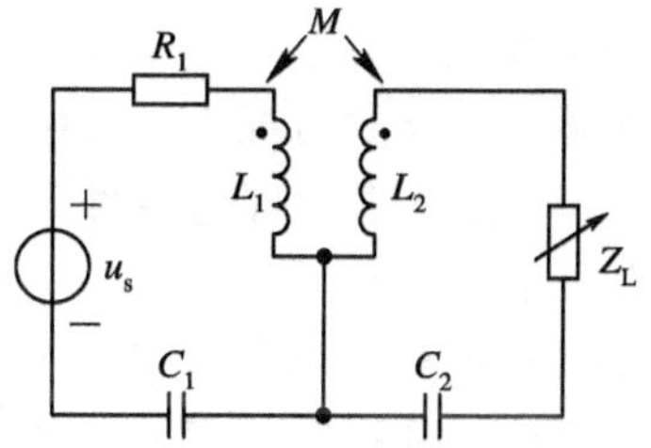

题 7-3-2 图

7-3-3　已知题 7-3-3 图所示电路中，$\dot{U}=120\angle 0°$ V，$R_1=10\ \Omega$，$R_3=8\ \Omega$，$\omega L_1=12\ \Omega$，$\omega L_2=10\ \Omega$，$\omega M=6\ \Omega$，$\omega L_3=6\ \Omega$，求 R_1 上的电压 $\dot{U}_1$。

7-3-4　已知题 7-3-4 图所示电路中，$R_1=50\ \Omega$，$R_2=20\ \Omega$，$\omega L_1=160\ \Omega$，$\omega L_2=40\ \Omega$，$1/(\omega C)=80\ \Omega$，两线圈耦合系数 $k=0.5$，求电路的等效阻抗 Z_{AB}。

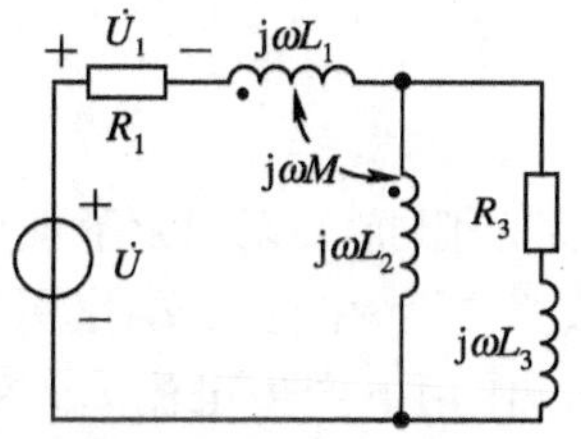

题 7-3-3 图

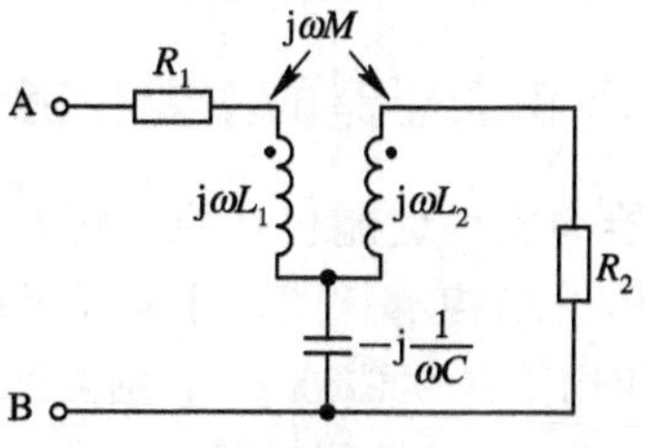

题 7-3-4 图

7.4 理想变压器

变压器(transformer)最早用于电力系统，用来升高或降低电压，现在是各种电气设备和电子设备中应用非常广泛的一种多端子基本电路元件，其主要作用是利用互感线圈之间的磁的耦合进行能量或信号的传递。常用变压器有两种基本类型：一种是由两个绕在非铁磁材料制成的心子上，且具有互感的空心变压器，其主要用于电子设备；另一种是由两个绕在铁磁材料制成的铁芯上，且具有互感的铁芯变压器，其主要用于电力设备和电子设备。本节介绍变压器在理想条件下的主要性能和电路分析方法。

7.4.1 变压器的理想化模型

无论是空心变压器还是铁芯变压器，在制造时，都力求做到以下几点：

(1) 使变压器的耦合系数尽可能大，这样，$M\approx\sqrt{L_1L_2}$，两互感线圈的电压接近一定的比例关系(在后面变压器的特性中将介绍这一点)，为变压器的设计和制造带来一定的方便。

(2) 互感线圈的自感系数 L_1、L_2 尽可能大，这样做有利于变压器进行能量和信号的无损耗、无失真传输。

(3) 铁芯变压器铁芯的能量损耗(简称铁损，用 P_{Fe} 表示)和制作线圈的导线损耗电阻的能量损耗(简称铜损，用 P_{Cu} 表示，因一般变压器用铜线绕制)尽可能小。关于 P_{Fe} 和 P_{Cu} 将在下一节中介绍。

综上所述，在极限情况下，实际变压器就演变成为理想变压器。理想变压器的理想条件为：

(1) 耦合系数 $k=1$；

(2) 自感系数 L_1、L_2 无穷大，且 L_1/L_2 为常数；

(3) 无损耗，即制作变压器的材料为理想材料，绕制线圈的导线接近超导材料(或者说应采用超导材料)，变压器磁铁芯导磁率为无穷大。

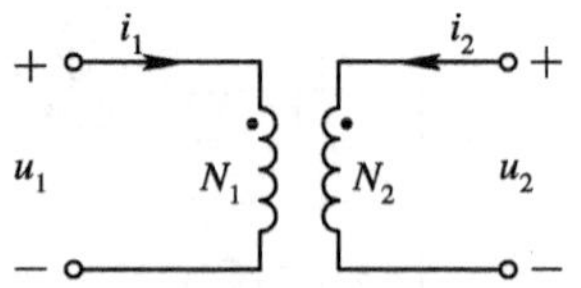

图 7-4-1

根据以上条件，理想化的变压器电路模型如图 7-4-1 所示，图中，N_1 线圈一般与电源或信号源连接，作为能量或信号的输入侧，称做初级线圈或初级绕组，简称初级或原方(primary)，N_2 线圈一般与负载连接，作为能量或信号的输出侧，称做次级线圈或次级绕组，简称次级或副方(secondary)。

7.4.2 理想变压器的主要性能

变压器的主要性能包括原、副方电压关系、电流关系和阻抗关系。为了便于分析，我们将变压器的结构示意图画于图 7-4-2，图中原方匝数为 N_1，在电压 u_1 作用下产生电流 i_1，在 i_1 作用下产生磁通 φ_{11}；副方匝数为 N_2，在电压 u_2 作用下产生电流 i_2，在 i_2 作用下产生磁通 φ_{22}。由于是理想状态，所以互磁通与自磁通相等，即 $\varphi_{11}=\varphi_{21}$，$\varphi_{22}=\varphi_{12}$。则两线圈的磁链分别为

N_1 线圈 $\qquad \psi_1 = N_1\varphi_{11} + N_1\varphi_{12} = N_1(\varphi_{11} + \varphi_{12}) = N_1\varphi \qquad (7-4-1)$

N_2 线圈 $\qquad \psi_2 = N_2\varphi_{22} + N_2\varphi_{21} = N_1(\varphi_{11} + \varphi_{12}) = N_2\varphi \qquad (7-4-2)$

式中

$$\varphi = \varphi_{11} + \varphi_{12} = \varphi_{21} + \varphi_{22}$$

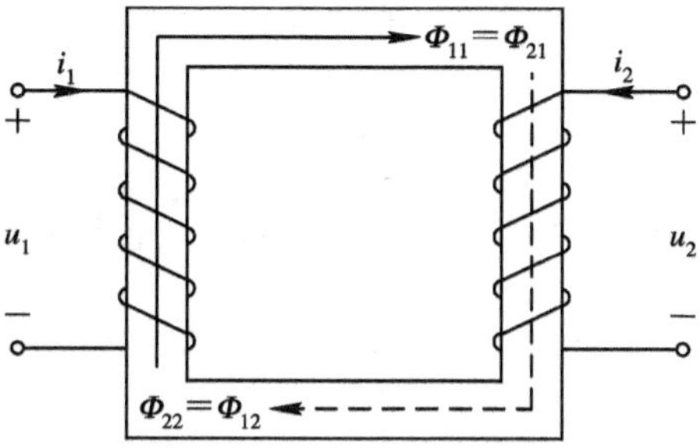

图 7-4-2

1. 理想变压器的电压关系

根据电磁感应定律，

对线圈 N_1 有 $$u_1 = \frac{d\psi_1}{dt} = N_1 \frac{d\varphi}{dt} \qquad (7-4-3)$$

对线圈 N_2 有 $$u_2 = \frac{d\psi_2}{dt} = N_2 \frac{d\varphi}{dt} \qquad (7-4-4)$$

u_1 与 u_2 的比值为$\dfrac{u_1}{u_2} = \dfrac{N_1}{N_2} = n \qquad (7-4-5)$

式中，n 称做匝数比(loop-proportion)或变压比(voltage-proportion)，若电压为有效值，则变压比的表示式的形式与式(7-4-5)相同，即

$$\frac{U_1}{U_2} = \frac{N_1}{N_2} = n \qquad (7-4-6)$$

式(7-4-6)说明：原、副方电压在数值方面的比值与线圈的绕向无关。但是，若要改变图(7-4-2)中线圈 N_1(或 N_2)的绕向或电压 u_1 或 u_2 的参考方向，则变压比为

$$\frac{u_1}{u_2} = -\frac{N_1}{N_2} = -n \qquad (7-4-7)$$

式(7-4-7)说明：原、副方电压在相位关系上与线圈的绕向和电压的参考方向有关。对于理想变压器，u_1 与 u_2 不是同相位，就是反相位。

综上所述，理想变压器副方电压大小和相位由线圈的匝数和绕向决定，而与线圈中电流的大小和方向无关。

2. 理想变压器的电流关系

对图 7-1-8(a)所示电路，根据互感线圈的电压、电流关系，有

$$u_1 = L_1 \frac{di_1}{dt} + M \frac{di_2}{dt}$$

将其改写成相量形式为

$$\dot{U}_1 = \dot{I}_1 \, j\omega L_1 + \dot{I}_2 \, j\omega M$$

则

$$\dot{I}_1 = \frac{\dot{U}_1}{\mathrm{j}\omega L_1} - \frac{M}{L_1}\dot{I}_2$$

考虑到理想变压器的条件(L_1、M 无穷大)，则

$$\dot{I}_1 = -\frac{M}{L_1}\dot{I}_2$$

$$\frac{\dot{I}_1}{\dot{I}_2} = -\frac{M}{L_1} \qquad (7-4-8)$$

根据自感系数的定义 $L_1=\psi_{11}/i_1(t)=(N_1\varphi_{11})/i_1(t)$，互感系数的定义

$$M = \frac{\psi_{21}}{i_1(t)} = \frac{N_2\varphi_{11}}{i_1(t)}$$

并考虑理想条件 $k=1$，则有

$$\frac{M}{L_1} = \frac{N_2\varphi_{11}/i_1(t)}{N_1\varphi_{11}/i_1(t)} = \frac{N_2}{N_1}$$

故

$$\frac{\dot{I}_1}{\dot{I}_2} = -\frac{N_2}{N_1} = -\frac{1}{n} \qquad (7-4-9)$$

式(7-4-9)称做变压器的变流比(current-proportion)，该式说明：对于图 7-4-2 所示的理想变压器，在图中所示电压、电流参考方向的条件下，原、副方电流有反相的相位关系。若改写成瞬时值形式，则为

$$\frac{i_1(t)}{i_2(t)} = -\frac{N_2}{N_1} = -\frac{1}{n} \qquad (7-4-10)$$

若改变 N_1 或 N_2 的绕向(相当同名端改变)，或改变 i_1 和 i_2 任一个电流的参考方向，则变流比为

$$\frac{i_1(t)}{i_2(t)} = \frac{N_2}{N_1} = \frac{1}{n} \qquad (7-4-11)$$

3. 理想变压器的阻抗关系

如图 7-4-3 相量模型电路所示，给变压器原方接电源 $\dot{U}_s$，副方接负载 Z_L，对电源 $\dot{U}_s$ 来说，A、B 以右的部分电路等效阻抗为

$$Z_{in} = \frac{\dot{U}_s}{\dot{I}_1} = \frac{\dot{U}_1}{\dot{I}_1} = \frac{(N_1\dot{U}_2)/N_2}{(N_2\dot{I}_2)/N_1} = n^2 Z_L \qquad (7-4-12)$$

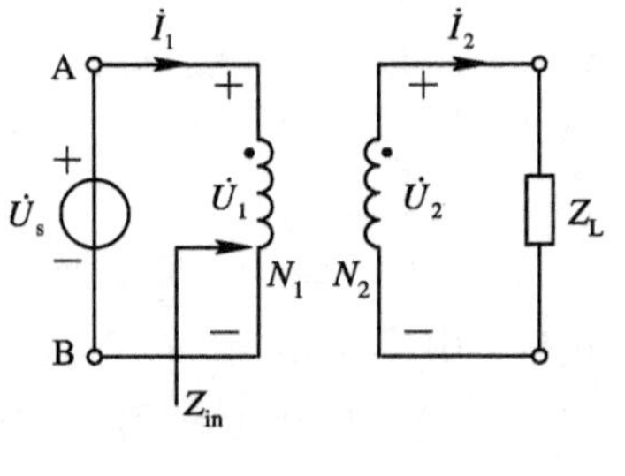

图 7-4-3

式(7-4-12)说明：副方对原方的等效阻抗仅是大小上的变化，而性质不发生变化，这个阻抗称做折合阻抗。根据这一特性，变压器常被用于一些设备进行阻抗变换，以实现阻抗与电源的匹配，使负载上获得最大功率。

4. 理想变压器的功率关系

如图 7-4-1 所示，设电源供给变压器的功率为 $p_1(t)$，负载从变压器获得功率为 $p_2(t)$，则

$$
\begin{aligned}
p_1(t) &= u_1(t)i_1(t) \\
p_2(t) &= -u_2(t)i_2(t) \\
&= -\frac{N_1}{N_2}u_1(t)\left(-\frac{N_2}{N_1}\right)i_1(t) \\
&= u_1(t)i_1(t) \\
&= p_1(t)
\end{aligned} \tag{7-4-13}
$$

式(7－4－13)说明：理想变压器在电路中只起到了能量的传递作用，而没有能量的损耗和存储，是一个无记忆的电路元件。

7.4.3 含理想变压器的电路分析

分析含理想变压器的电路时，只要考虑到变压器的理想条件，利用理想变压器的性能，按交流电路的相量分析法去分析电路即可。下面以图 7－4－4(a)为例，介绍这类电路的分析方法。

在图 7－4－4(a)中，副方回路的阻抗为 $Z_2=R_2+Z_L$，按照阻抗变换关系，将 Z_2 折算到原方后，其等效电路如图 7－4－4(b)所示，且有

$$Z_{in}=n^2Z_2$$

在图 7－4－4(b)所示电路中，求 $\dot{I}_1$ 和 $\dot{U}_1$：

$$\dot{I}_1=\frac{\dot{U}_s}{R_1+Z_{in}}$$

$$\dot{U}_1=\dot{I}_1Z_{in}$$

按电压变换关系可求得副方电压 $\dot{U}_2$ 为 $\dot{U}_1/n$，按电流变换关系可求得副方电流 $\dot{I}_2$ 为$\dot{I}_2=n\dot{I}_1$，对副方回路，图 7－4－4(a)可等效成图 7－4－4(c)。

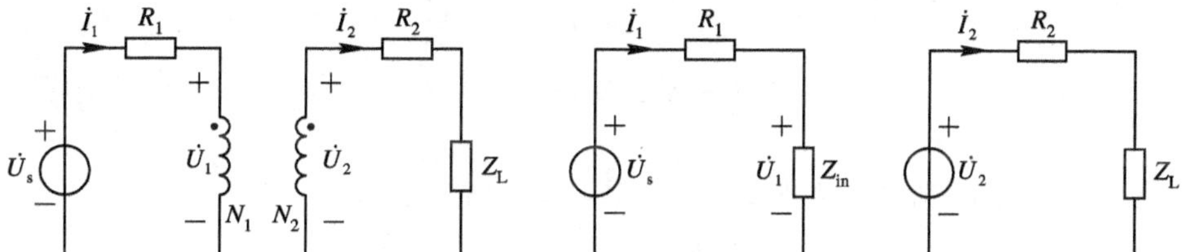

图 7－4－4

例 7－4－1 图 7－4－5(a)所示为含理想变压器的电路，已知 $n=2$，$R_2=6\ \Omega$，$\frac{1}{\omega C_1}=3\ \Omega$，$\frac{1}{\omega C_2}=8\ \Omega$，$\dot{U}_s=12\angle 0°\ \text{V}$，求电流 $\dot{I}_1$ 与 $\dot{I}_2$。

解 副方阻抗为

$$Z_2=R_2-\mathrm{j}\frac{1}{\omega C_2}=6-\mathrm{j}8=10\angle-53.1°\ \Omega$$

将 Z_2 折合到原方，其等效电路如图 7－4－5(b)所示，因为变压比为 $n=2$，故

$$Z_{in}=n^2Z_2=24-\mathrm{j}32=40\angle-53.1°\ \Omega$$

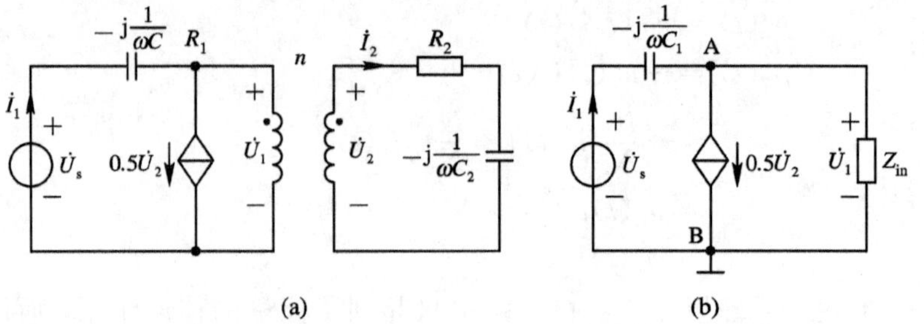

图 7-4-5

在图 7-4-5(b)中应用节点电位法，以 B 点为参考点，求 A 点电位。

$$\dot{V}_A\left(\frac{1}{-\mathrm{j}3}+\frac{1}{40\angle-53.1^\circ}\right)=\frac{12\angle0^\circ}{-\mathrm{j}3}-0.5\dot{U}_2$$

因为

$$\dot{U}_2=\frac{1}{n}\dot{U}_1,\ \dot{U}_1=\dot{V}_A$$

所以

$$\dot{V}_A\left(\mathrm{j}\frac{1}{3}+\frac{1}{40}\angle53.1^\circ\right)=\mathrm{j}4-0.5\times\frac{1}{2}\dot{V}_A$$

解得

$$\dot{V}_A=9.11\angle37.1^\circ\ \mathrm{V}$$

$$\dot{I}_1=\frac{\dot{U}_s-\dot{V}_A}{-\mathrm{j}3}=\frac{12\angle0^\circ-9.11\angle37.1^\circ}{-\mathrm{j}3}=4.24\angle40.74^\circ\ \mathrm{A}$$

$$\dot{U}_2=\frac{1}{n}\dot{U}_1=\frac{1}{n}\dot{V}_A=4.555\angle37.1^\circ\ \mathrm{V}$$

$$\dot{I}_2=\frac{\dot{U}_2}{Z_2}=\frac{4.555\angle37.1^\circ}{10\angle-53.1^\circ}=0.4555\angle90.2^\circ\ \mathrm{A}$$

例 7-4-2 图 7-4-6 所示为含理想变压器的电路，已知 $n=4$，求 A、B 端等效阻抗 Z_{AB}。

解 设各电压、电流参考方向如图 7-4-6 所示，由图知

$$u_1=u_s,\ u_2=\frac{1}{4}u_s$$

$$i_3=\frac{u_2}{2}=\frac{1}{8}u_s$$

$$i_4=\frac{u_1-u_2}{6}=\frac{u_s-u_s/4}{6}=\frac{1}{8}u_s$$

$$i_2=i_3-i_4=\frac{1}{8}u_s-\frac{1}{8}u_s=0$$

$$i_1=\frac{1}{n}i_2=0$$

$$i=i_1+i_4=0+\frac{1}{8}u_s=\frac{1}{8}u_s$$

$$Z_{AB}=\frac{u_s}{i}=8\ \Omega$$

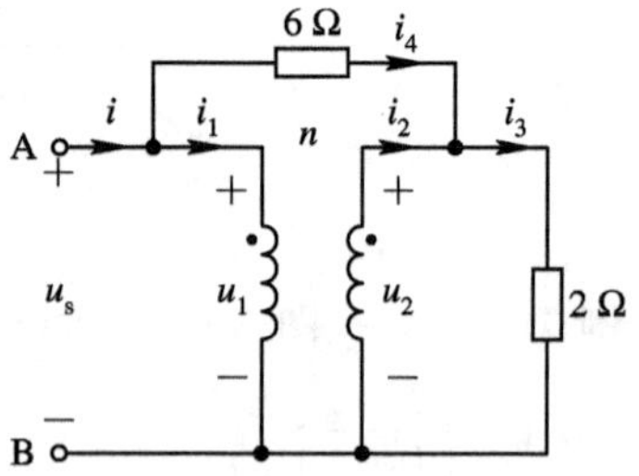

图 7-4-6

小结

1. 理想变压器的三个理想条件是：全耦合；自感、互感系数无穷大；无损耗。

2. 理想变压器的基本性能是：在如图 7-4-1 所示同名端位置及所设电压、电流参考方向的条件下，有 $u_1/u_2=N_1/N_2=n$，$i_1/i_2=-N_2/N_1=-1/n$，$Z_{in}=n^2Z_L$（与电压、电流参考方向如何假设和同名端位置无关），$p_1(t)=p_2(t)$。

3. 分析含有理想变压器的电路时，利用其基本特性和交流电路的相量分析方法进行分析。

思考与练习

7-4-1 "理想变压器的阻抗变换关系与电压、电流的参考方向或原、副方绕组的绕向有关"这一观点正确吗？为什么？"若理想变压器的副方电压或电流参考方向改变或者副绕组绕向改变，则副方折合到原方的等效阻抗性质发生变化"这种说法对吗？为什么？

7-4-2 题 7-4-2 图所示为含理想变压器的电路，已知 $u_s(t)=8\sqrt{2}\sin t$ V，$n=2$，要求：

(1) 求电流 $i_1(t)$和 R_L 消耗的平均功率 P_L；

(2) 若调整匝数比 n，要使 R_L 上获得功率最大，则 $n=$？并计算 P_{Lmax}。

7-4-3 题 7-4-3 图所示为含理想变压器的电路，已知 $n=10$，$i_s(t)=\sin t$ A，求初级电压 $u_1(t)$及次级电流 $i_2(t)$。

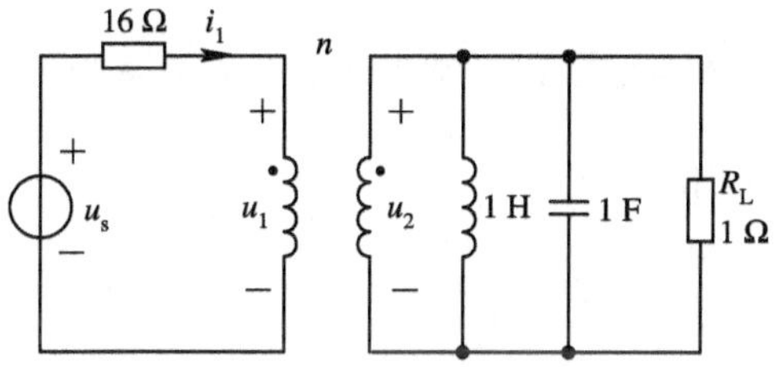

题 7-4-2 图

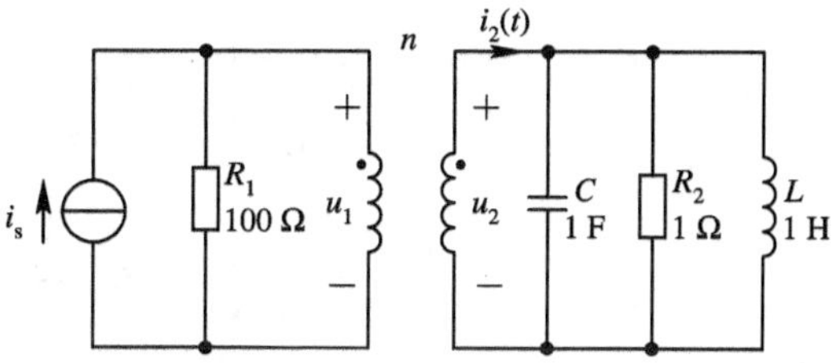

题 7-4-3 图

7-4-4 题 7-4-4 图所示为含理想变压器的电路，求等效阻抗 Z_{AB}。

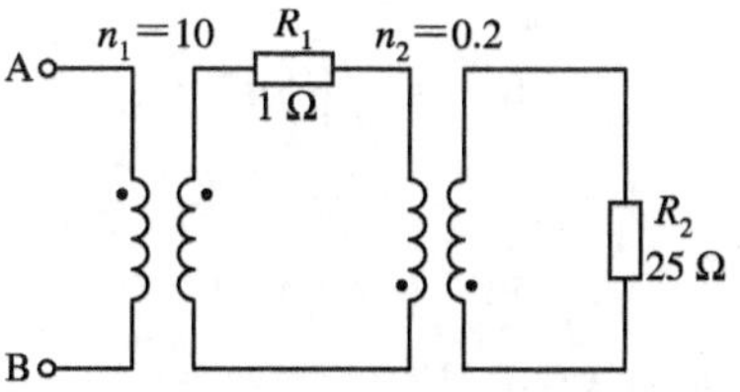

题 7-4-4 图

7.5 实际变压器

理想变压器的理想条件为设计和制造变压器提供了理论依据和努力方向，但在工程实际中，三个理想条件是无法达到的。因此，有必要对实际变压器的性能作以介绍。

7.5.1 空心变压器

空心变压器是高频电气设备中常用的一种耦合电感元件，其主要作用是在电路中完成信号的变换和传输。因为非理想变压器的理论分析极为复杂，所以为了使问题的分析简化，我们对空心变压器的理想条件逐一实际化，最终得出空心变压器的电路模型，然后进行电路分析。

1. 全耦合空心变压器

全耦合空心变压器即理想变压器的理想条件是 $k=1$，L_1、L_2 有限，$P_{\mathrm{Cu}}\neq 0$（P_{Cu}为绕组的铜线功率损耗，简称铜损），其电路的互感模型如图 7－5－1 所示，图中把铜损用等效电阻 R_1 和 R_2 表示。这样，将 A、B 以右，C、D 以左的中间部分看成 $k=1$、无损耗的空心变压器，只要分析这一部分电路即可。

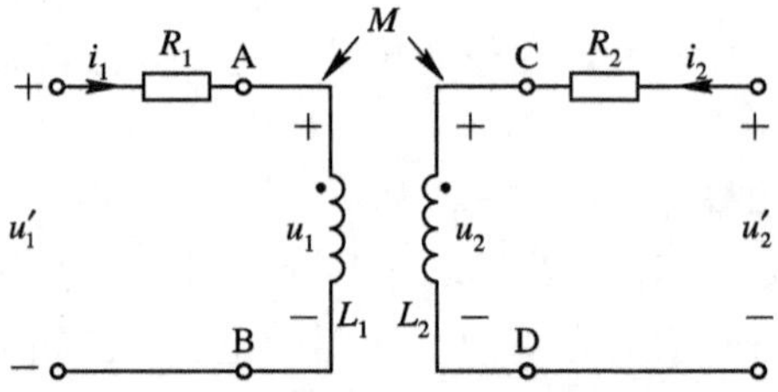

图 7－5－1

根据本章 7.1 节的讨论，并考虑到 $k=1$ 时，$M=\sqrt{L_1L_2}$，则电压、电流关系为

$$u_1 = L_1\frac{\mathrm{d}i_1}{\mathrm{d}t}+M\frac{\mathrm{d}i_2}{\mathrm{d}t}=L_1\frac{\mathrm{d}i_1}{\mathrm{d}t}+\sqrt{L_1L_2}\frac{\mathrm{d}i_2}{\mathrm{d}t} \tag{7-5-1}$$

$$u_2 = L_2\frac{\mathrm{d}i_2}{\mathrm{d}t}+M\frac{\mathrm{d}i_1}{\mathrm{d}t}=L_2\frac{\mathrm{d}i_2}{\mathrm{d}t}+\sqrt{L_1L_2}\frac{\mathrm{d}i_1}{\mathrm{d}t} \tag{7-5-2}$$

由式（7－5－1）得

$$u_1=\sqrt{\frac{L_1}{L_2}}\left(L_2\frac{\mathrm{d}i_2}{\mathrm{d}t}+\sqrt{L_1L_2}\frac{\mathrm{d}i_1}{\mathrm{d}t}\right) \tag{7-5-3}$$

将式（7－5－2）代入式（7－5－3），得

$$u_1=\sqrt{\frac{L_1}{L_2}}u_2$$

即

$$\frac{u_1}{u_2}=\sqrt{\frac{L_1}{L_2}} \tag{7-5-4}$$

因为 $k=1$ 时有 $\varphi_{12}=\varphi_{22}$，再考虑到 $M=\dfrac{N_1\varphi_{12}}{i_2}$，$L_1=\dfrac{N_2\varphi_{22}}{i_2}$，则有

$$\sqrt{\frac{L_1}{L_2}}=\frac{M}{L_2}=\frac{N_1\varphi_{12}/i_2}{N_2\varphi_{22}/i_2}=\frac{N_1}{N_2} \tag{7-5-5}$$

将式（7－5－5）代入式（7－5－4），得

$$\frac{u_1}{u_2}=\frac{N_1}{N_2} \tag{7-5-6}$$

式(7－5－6)说明：若不考虑铜耗全耦合变压器与理想变压器具有完全相同的变压关系。

将式(7－5－1)改写成相量形式为

$$\dot{U}_1 = \dot{I}_1 \mathrm{j}\omega L_1 + \dot{I}_2 \mathrm{j}\omega \sqrt{L_1 L_2}$$

则 $\dot{I}_1$ 为

$$\dot{I}_1 = \frac{\dot{U}_1}{\mathrm{j}\omega L_1} - \dot{I}_2 \sqrt{\frac{L_2}{L_1}}$$

将式(7－5－5)代入上式，得

$$\dot{I}_1 = \frac{\dot{U}_1}{\mathrm{j}\omega L_1} - \dot{I}_2 \frac{N_2}{N_1} = \dot{I}_{1\varphi} + \dot{I}_1' \qquad (7-5-7)$$

式(7－5－7)说明：全耦合空心变压器的原方电流由两部分组成：一部分为 $\dot{I}_{1\varphi}=\dot{U}_1/(\mathrm{j}\omega L_1)$，称做激磁电流，相当于电感量为 L_1 的自感线圈上的电流；另一部分为 $\dot{I}_1'=-\dot{I}_2\sqrt{L_2/L_1}$，称做工作电流，相当于理想变压器的原方电流。所以，图 7－5－1 电路可以等效成图 7－5－2。图中虚线框内为理想变压器。

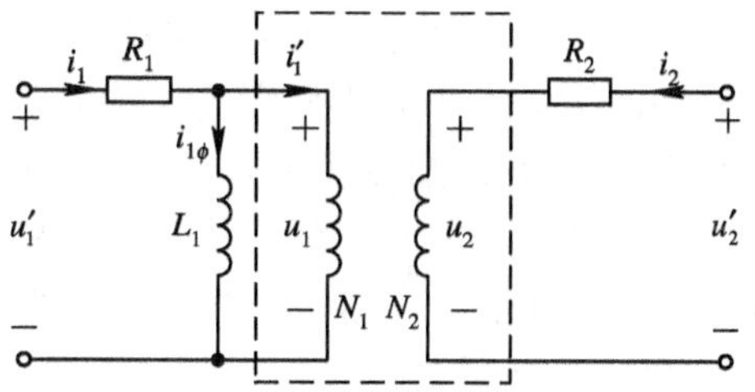

图 7－5－2

2. 非全耦合空心变压器

非全耦合空心变压器的 $k<1$，有漏磁通的存在，设原线圈的漏磁通为 φ_{s1}，副线圈的漏磁通为 φ_{s2}，则自磁通为

$$\varphi_{11} = \varphi_{21} + \varphi_{s1}, \quad \varphi_{22} = \varphi_{12} + \varphi_{s2}$$

根据自感系数的定义，有下列关系的存在：

$$L_1 = \frac{N_1\varphi_{11}}{i_1} = \frac{N_1\varphi_{21} + N_1\varphi_{s1}}{i_1} = L_{m1} + L_{s1} \qquad (7-5-8)$$

$$L_2 = \frac{N_2\varphi_{22}}{i_2} = \frac{N_2\varphi_{12} + N_2\varphi_{s2}}{i_2} = L_{m2} + L_{s2} \qquad (7-5-9)$$

式中：$L_{m1}=N_1\varphi_{21}/i_1$，$L_{m2}=N_2\varphi_{12}/i_2$，相当于全耦合变压器的耦合电感；$L_{s1}=N_1\varphi_{s1}/i_1$，$L_{s2}=N_2\varphi_{s2}/i_2$，相当于分别与 L_{m1}、L_{m2} 串联的电感，称做漏磁电感，这样，图 7－5－1 可以等效成图 7－5－3(a)，进一步可以利用全耦合变压器的分析等效为图 7－5－3(b)，图中虚线所围部分为理想变压器。

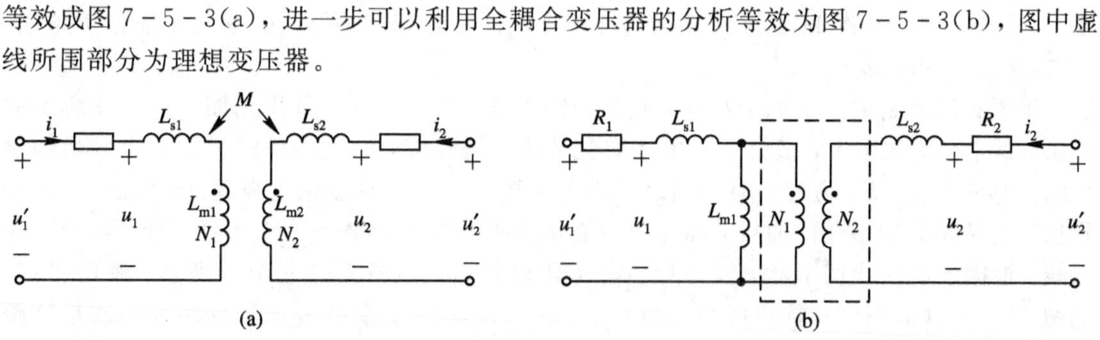

图 7－5－3

7.5.2 铁芯变压器

铁芯变压器的结构示意图如图 7-5-4 所示，它由三个主要部分组成：原绕组 N_1、副绕组 N_2 和铁芯。由于铁芯的存在，对磁通有较明显的影响，因此，铁芯变压器的性能比空心变压器复杂得多。为了分析铁芯变压器，我们首先对铁芯的构成及特性作以介绍，然后再介绍铁芯变压器的分析方法。

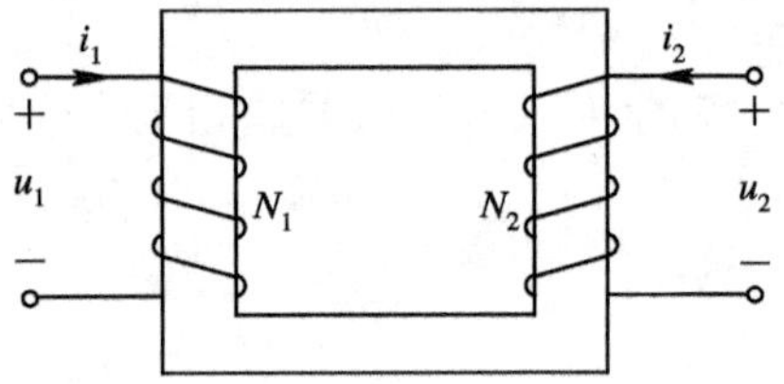

图 7-5-4

1. 铁磁材料及变压器铁芯

制作变压器的铁芯材料称做铁磁材料(material of iron-magnetic)。自然界的物质根据其对磁场的影响大小分为两大类：一类是对磁场有帮助作用的材料，称为铁磁材料(导磁率 μ 很大)，若在外加磁场中，铁磁材料中可以产生远大于铁磁材料以外的磁感应强度 B ($B=\mu H$)，这类材料常见的有铁、钴及其合金等；另一类是非铁磁材料，其对磁场没有帮助作用，甚至有阻碍作用，这类材料常见的有铜、铝及非金属材料。

1) 铁磁材料的特性

铁磁材料对磁场有帮助作用，是因为它们具有一些独特的特性，其主要有以下四个方面：

(1) 磁化性(magnetization)。铁磁材料在外磁场中会显示出自己的磁性，其产生的附加磁场与外加场同方向，若外加磁场改变方向，附加磁场也改变方向。这一特性称做磁化性。

(2) 剩磁性(surplus magnet)。当外加磁场撤去后，铁磁材料仍保留有一定磁性，这一特性称做剩磁性。

(3) 磁滞性(magnet is behind)。若外加磁场由电流通过线圈产生，则当电流为零时，外加磁场消失，铁磁材料具有剩磁，要使剩磁减小到零，只有给线圈通以适当的反向电流。附加磁场的变化落后于外加磁场的变化，这一特性称做磁滞性。

(4) 磁饱和性(saturation)。当产生外加磁场的电流增大到一定值后，铁磁材料产生的附加磁场到达最大值，若电流继续增大，附加磁场不再增大，这一特性称做磁饱和性。

衡量铁磁材料对外加磁场影响程度的参数叫做磁导率(magnetic conductivity)，用 μ 表示，其单位为享/米(H/m)。μ 越大，材料导磁性能越好，对外加磁场的帮助作用越强，反之，帮助作用越弱。

根据铁磁材料的以上四个特性，我们把铁磁材料分为三类，分别用图 7-5-5 所示的三条曲线表示，在图中，横轴为产生外加磁场的电流强度，纵轴为铁磁材料产生的附加磁场的磁感应强度。B_m 为饱和时附加磁场磁感应强度，B_r 为剩磁感应强度。曲线的 oa 段是附加磁场从零开始磁化的曲线，称为初始磁化曲线；abcdefa 构成一个闭合回线，称为磁滞回线。根据磁滞回线的形状，铁磁材料分为矩磁材料，如图 7-5-5(a)所示；硬磁材料，如图 7-5-5(b)所示；软磁材料，如图 7-5-5(c)所示。制作变压器铁芯采用的是软磁材料。

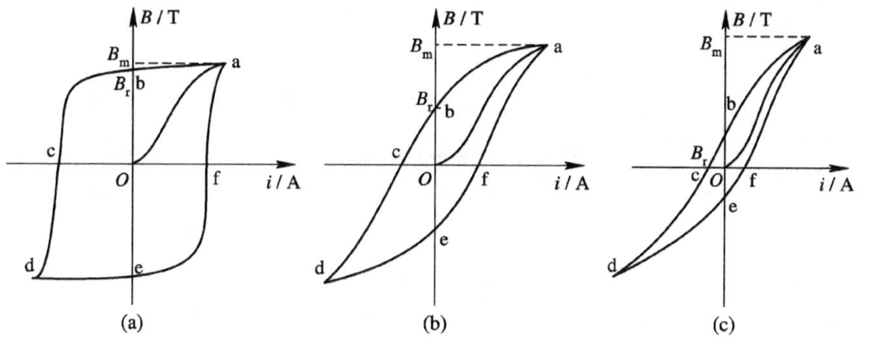

图 7－5－5

2）铁芯结构及性能

变压器的铁芯材料一般为硅铁合金(俗称电工钢材料)。为了减小铁芯损耗，常用轧制成板材后裁剪成如图 7－5－6 所示的各种形状的硅钢片叠制而成。图 7－5－6(a)为“O”形铁芯，图 7－5－6(b)为“E”形铁芯，图 7－5－6(c)为“F”形铁芯。

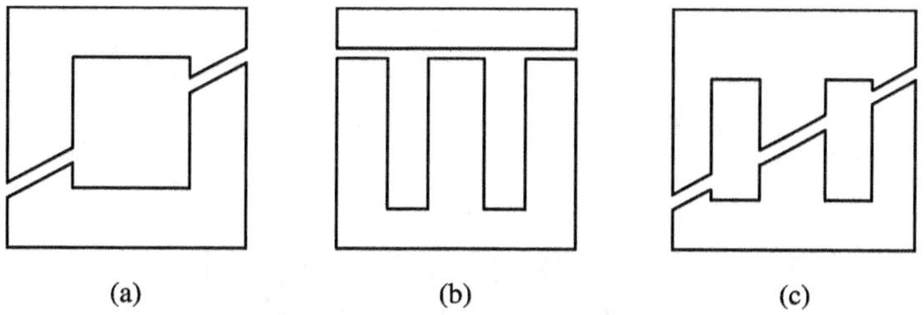

图 7－5－6

变压器的铁芯的损耗主要由两部分组成：磁滞损耗和涡流损耗。所谓磁滞损耗，是由变压器铁芯的磁滞性和剩磁性造成的，为了减小磁滞损耗，采用软磁材料。关于涡流损耗，可以用图 7－5－7 说明，在图 7－5－7(a)中，从整块铁芯材料中取出一圈，就相当于一个单匝线圈。当通过铁芯的磁通 φ 变化时，根据电磁感应定律，该线圈中产生感应电流，整块铁芯相当于由无数多个这样的单匝线圈构成，其形成的感应电流就像一个旋涡一样，故称涡流。若将整块铁芯裁成几块，如图 7－5－7(b)所示，感应电流的流通路径被切断，涡流自然被减小。

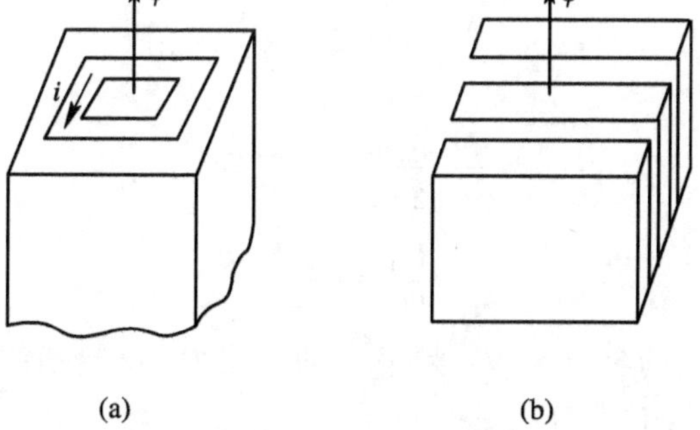

图 7－5－7

磁滞损耗和涡流损耗都是由铁芯造成的，所以叫做铁损，用 P_{Fe} 表示。

3. 铁芯变压器的等效电路

空心变压器要做到全耦合是不可能的，若给其加入铁芯后，耦合系数就会大大地提高。所以，铁芯变压器是由空心变压器加入铁芯后构成的。那么，铁芯变压器的等效电路就可以在空心变压器的等效电路基础上，考虑到铁损即可。

图 7－5－4 所示的铁芯变压器可以等效成图 7－5－8(a)所示的电路模型，图中 N_1 与 N_2 相当于非全耦合的空心变压器模型；R_1、R_2 分别为 N_1 和 N_2 线圈的铜损等效直流电阻；r_1 和 r_2 分别是由原、副方电流在铁芯上造成的铁损等效电阻。

进而，根据空心变压器的等效电路，图 7－5－8(a)可以等效成图 7－5－8(b)，图中 $R_1'=R_1+r_1$，$R_2'=R_2+r_2$(但在这里应注意 r_1 和 r_2 仅对交流有损耗，R_1 和 R_2 对交直流都有损耗)。

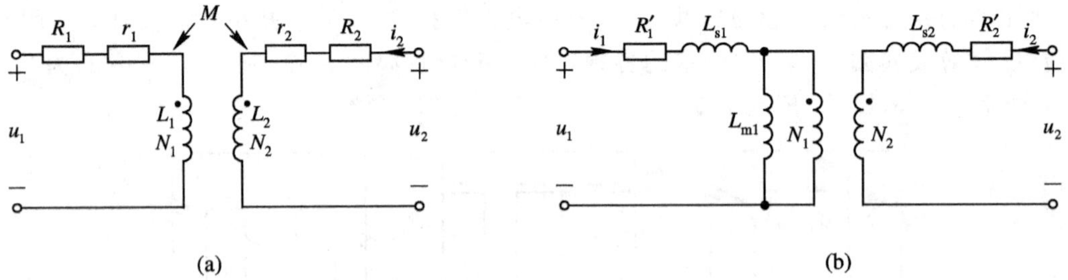

图 7－5－8

铁芯变压器是电力系统中的主要设备之一，在电子设备中，作为提供电能的电源也离不开变压器，工程实际中使用变压器主要考虑以下几个参数：

(1) 变压比：在理想状态下，根据式(7－4－3)和式(7－4－4)，若磁通 φ 为正弦交变磁通，设

$$\varphi = \Phi_m \sin\omega t$$

则有

$$u_1 = N_1 \frac{d\varphi}{dt} = N_1 \Phi_m \omega \cos\omega t \tag{7-5-10}$$

$$u_2 = N_2 \frac{d\varphi}{dt} = N_2 \Phi_m \omega \cos\omega t \tag{7-5-11}$$

电压有效值为：

$$U_1 = \frac{N_1 \Phi_m \omega}{\sqrt{2}} = 4.44 N_1 f \Phi_m \tag{7-5-12}$$

$$U_2 = \frac{N_2 \Phi_m \omega}{\sqrt{2}} = 4.44 N_2 f \Phi_m \tag{7-5-13}$$

$$\frac{U_1}{U_2} = \frac{N_1}{N_2} \tag{7-5-14}$$

以上各式中，电压 U 的单位为 V，频率 f 的单位为 Hz，磁通 Φ_m 的单位为 Wb。

(2) 原副方额定电压：U_{1N}、U_{2N}。

(3) 原副方额定电流：I_{1N}、I_{2N}。

(4) 容量(额定视在功率)：S_N。

(5) 额定频率：f_N。

小结

1. 空心变压器在 $k=1$、参数有限、有损耗情况下等效后，再考虑 $k<1$ 时，求出等效电路。

2. 铁芯变压器的铁芯由导磁性能较好的硅钢片叠成，铁芯变压器等效电路考虑到铁耗后，利用空心变压器的等效原理进行等效。

3. 实际中使用变压器主要应考虑其变压比和额定值。

阅读材料（四） 小型单相变压器的设计

几乎所有电子设备必须使用小型单相变压器器件，如何设计小型单相变压器，是每个工程技术人员应掌握的技术之一。设计小型单相变压器时，主要考虑铁芯和绕组的尺寸，而不像大型变压器，涉及结构、性能等参数问题。小型单相变压器设计大致分为六个步骤，下面分别作以介绍。

1. 计算变压器输出总容量 $\sum S_2$

若变压器副方为多绕组时，总容量等于各个副绕组容量之和，即

$$\sum S_2 = \sum_{k=2}^{m} S_k = U_2 I_2 + U_3 I_3 + \cdots \ \text{VA}$$

式中：U_2，U_3，…为变压器副方各绕组电压有效值，I_2，I_3，…为副方各绕组电流有效值，k 为第 k 个副绕组序号，m 为副绕组个数。

2. 计算变压器原方总容量 S_1、电流 I_1 及额定容量 S

$$S_1 = \frac{\sum S_2}{\eta} \quad \text{VA}$$

式中：η 为变压器的效率，对于 1 kVA 以下的变压器，$\eta=0.8\sim0.9$。一般情况下，容量越大，效率越高。

$$I_1 = (1.1 \sim 1.2)\frac{S_1}{U_1} \ \text{A}$$

式中：U_1 为变压器原方电压（电源电压）有效值，1.1～1.2 是考虑空载激磁电流大小的经验系数。一般情况下，容量越大，系数越小。

变压器的额定容量为

$$S = \frac{S_1 + S_2}{2} \ \text{VA}$$

3. 确定变压器的铁芯截面积 A_{Fe}

变压器的铁芯一般选用 E 形或 F 形，其截面积计算方法完全相同。图（四）-1 是 E 形铁芯的尺寸结构示意图。铁芯截面积 A_{Fe} 的大小与变压器总输出容量的关系为

$$A_{Fe} = k_0 \sqrt{\sum S} \ \text{cm}^2$$

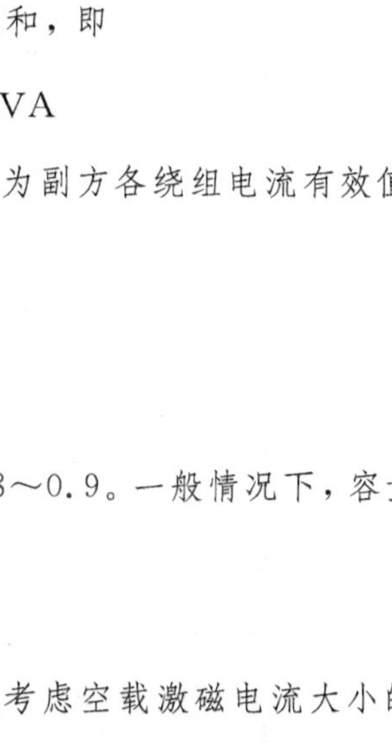

图（四）-1

式中，k_0 为经验数据，其大小与铁芯的质量和额定容量 $\sum S$ 有关，铁芯的质量越好，额定量越大，k_0 越小，一般取1.0～1.5。

求出铁芯截面积 A_{Fe} 后，再计算铁芯的结构尺寸 a 和 b，铁芯结构尺寸与总容量的关系为

$$A_{Fe} = a \times b \text{ cm}^2$$

式中：a 为铁芯柱宽，b 为铁芯净叠厚度，单位均为厘米(cm)。

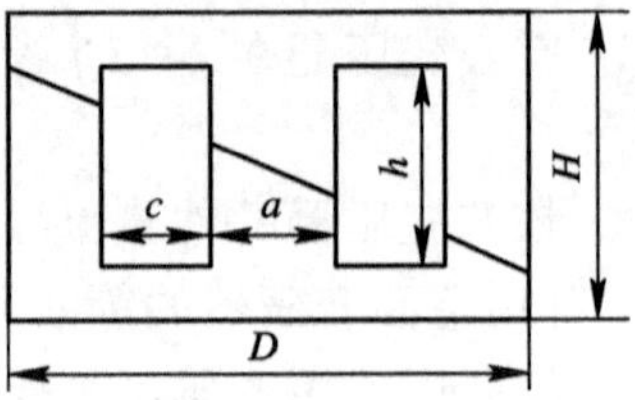

图(四)-2

由于铁芯用涂有绝缘漆的硅钢片叠成，考虑到漆层的厚度，b 应扩大一定的比例，一般取 1.1 倍，即

$$b' = 1.1b \text{ cm}$$

图(四)-2 是小型硅钢片的结构尺寸示意图，表(四)-1 给出了其规格，各尺寸之间的关系大致如下：

$$c = 0.5a$$
$$h = 1.5a$$
$$D = 3a(\text{当 } a > 64 \text{ 时}, h = 2.5a)$$
$$b \leqslant 2a$$

表(四)-1　小型硅钢片的规格　　单位：mm

a	c	h	D	H
13	7.5	22	40	34
16	10	28	56	48
19	10.5	30	60	50
22	11	33	66	55
25	12.5	37.5	75	62.5
28	14	42	84	70
32	16	48	96	80
38	19	57	114	95
44	22	66	132	110
50	25	75	150	125
56	28	84	168	140
64	32	96	192	160

4. 计算每个绕组的匝数

因为

$$U = 4.44 f N B_m A_{Fe} \times 10^{-8} \text{ V}$$

所以

$$N = \frac{U \times 10^8}{4.44 f B_m A_{Fe}} \text{ 匝}$$

则每伏匝数为

$$N_0 = \frac{10^8}{4.44 f B_m A_{Fe}} \text{ 匝 /V}$$

式中，B_m 为铁芯内最大允许磁通密度。对于不同的硅钢片取不同的 B_m 值：冷轧硅钢片 D310 取 1200 ～1400 高斯；热轧硅钢片 D41、D42 取 1000 ～ 1200 高斯，D43 取 1100 ～ 1200 高斯。

如果不知道硅钢片的牌号，按经验可将硅钢片扭一扭，薄而脆的磁性能较好(俗称高硅)，B_m 可取大些；若硅钢片厚而软，则磁性能较差(俗称低硅)，B_m 可取小些。

对于工频交流电，$f = 50$ Hz，于是

$$N_0 = \frac{4.5 \times 10^5}{B_m A_{Fe}} \text{ 匝 /V}$$

将计算所得 N_0 值，乘以每个绕组的电压即可获得每个绕组的匝数 N。即

$$N_1 = U_1 N_0,\ N_2 = U_2 N_0,\ \cdots$$

对于副方绕组的匝数一般增加 5%，以补偿接负载时的电压降低。

5. 计算绕组导线直径

导线直径可按下列公式计算：

$$I = \frac{\pi}{4} d^2 j = S' j \text{ A}$$

式中：S' 为导线截面积(mm²)；d 为导线直径 (mm)，j 为电流密度(单位为 A/mm²)，一般选取 $j = 2 \sim 3$ A/mm²。若变压器短时工作，可取 $j = 4 \sim 5$ A/mm²。

$j = 2.5$ A/mm² 时

$$d = 0.715\sqrt{I} \text{ mm}$$

$j = 3$ A/mm² 时

$$d = 0.654\sqrt{I} \text{ mm}$$

根据计算出的直径 d，查阅《电工手册》选出标称直径接近而稍大的标准漆包线。

6. 校验

根据已知绕组的匝数、线径和选用的绝缘层厚度等数据，核算变压器绕组所占铁芯窗口的面积，它应小于铁芯窗口的实际面积，否则，绕组有放不下的可能。校验的步骤如下：

(1) 根据选定的窗口高度 h，计算绕组每层可绕的匝数 n_i：

$$n_i = \frac{0.9[h - (2 \sim 4)]}{d}$$

式中：h 和 d 的单位均为 mm，0.9 是考虑绕组框架两端各空出 5%不绕线而给定的修正系数。

(2) 根据 n_i 计算每个绕组需要绕制的层数 m_i：

$$m_i = \frac{N_i}{n_i}$$

在绕制变压器时，铁芯柱要套上绕组骨架，其厚度为 B_0。在骨架上先绕原绕组，绕一层线圈后，再包上一层绝缘纸，其厚度为 δ。对于较细的导线(0.2 mm 以下)，一般采用厚度为 0.02 ～ 0.04 mm 的透明纸(白玻璃纸)；对于较粗的导线(0.2 mm 以上)，采用厚度

为 0.05 ～ 0.07 mm 的电缆纸(或牛皮纸)；对更粗的导线，需使用 0.12 mm 厚的青壳纸(或牛皮纸)。当整个原绕组绕完后，还需裹上厚度为 γ 的绕组间绝缘纸，当绕组电压不超过 500 V 时，可用厚度为 0.12 mm 的青壳纸或 2 ～ 3 层电缆纸，夹 2 层黄蜡布等。因此，原方绕组的厚度 B_1 为

$$B_1 = m_1(d' + \delta) + \gamma \quad \text{mm}$$

式中 d'为漆包线的实际外径(单位：mm)。

(3) 绕完原绕组后，再绕制各个副绕组。副绕组的厚度分别为 B_2，B_3，B_4，…，其计算方法与原绕组相同。因此，所有绕组的厚度 B 为

$$B = (1.1 \sim 1.2)(B_0 + B_1 + B_2 + B_3 + B_4 + \cdots) \ \text{mm}$$

式中 1.1 ～ 1.2 是为了保证尺寸余量而给定的修正系数。

显然，当计算得到的绕组厚度 $B < c$ 时，设计可行。但在设计时经常遇到 $B > c$ 情况，这时有两种方法：一是加大铁芯叠厚，以降低匝数，但一般叠厚 $b' = (1 \sim 2)a$ 比较合适，不能任意加厚；另一方法是重新选取硅钢片的尺寸，并再做一次校验。

习　题　七

7-1　已知两个线圈的自感系数分别为 $L_1 = 5$ mH，$L_2 = 4$ mH，问：

(1) $k = 0.5$ 时的互感 M 为多少？

(2) 互感 $M = 3.5$ mH 时的 k 为多少？

(3) 耦合系数多大时互感最大？M 的最大值是多少？

7-2　已知题 7-2 图所示的四个互感线圈电路中，$L_1 = L_2 = L_3 = L_4$，L_1 与 L_2 线圈之间的互感为 M_{12}，L_3 与 L_4 之间的互感为 M_{34}，且 k 均为 1，同名端如图中所示，问哪一种接法能用？哪一种不能用？为什么？若能用，在有效值为 U_1 的正弦电压下，U_2 为多少？

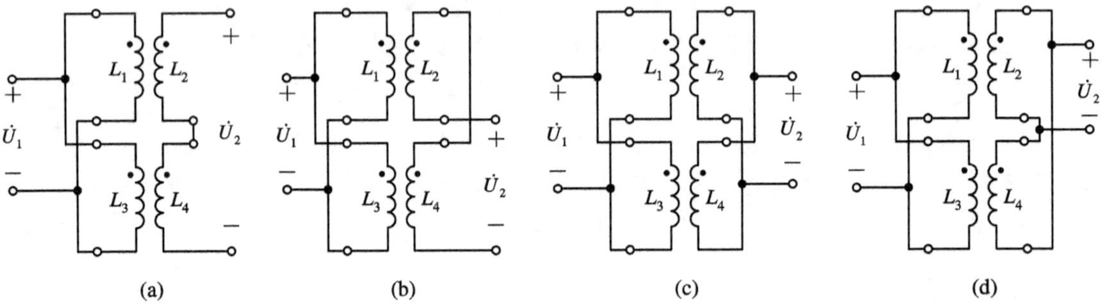

题 7-2 图

7-3　已知题 7-3(a)图所示的互感电路中 $i_1(t)$、$i_2(t)$的波形分别如题 7-3 图(b)、(c)所示，试画出 $u_1(t)$、$u_2(t)$的波形。

7-4　一个可变电感器由一固定线圈与一个直径较小，且可以放入固定线圈中的小线圈串联而成，小线圈可以在固定线圈内移动，并且顺向串联与反向串联可互换，这样可以获得连续可变的等效电感。已知等效电感最大值为 625.2 mH，最小值为 106.5 mH，求互感 M 的变化范围。

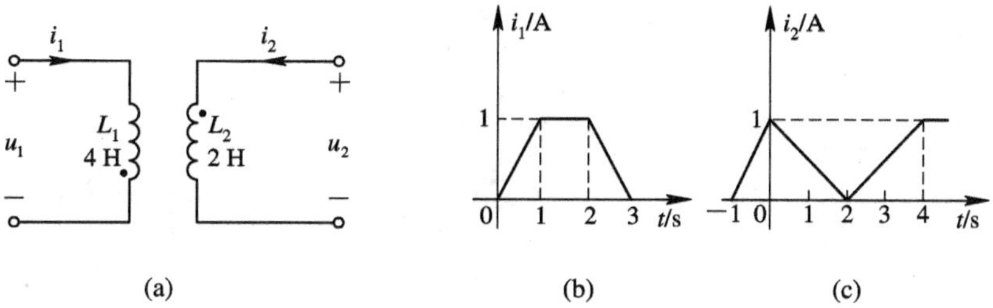

题 7-3 图

7-5　已知一个线圈的匝数为 N，自感为 L，若再绕 N 匝，试证明自感变为 $4L$(设无漏磁通)。

7-6　已知题 7-6 图所示互感电路中，$i_s(t)=2\ \sin314t$ A，求电压 u_{AB}。

7-7　已知题 7-7 图所示电路中，$L_1=0.01$ H，$L_2=0.02$ H，$R_1=5\ \Omega$，$R_2=10\ \Omega$，$M=0.01$ H，$C=20\ \mu$F，求顺向串联与反向串联两种情况下电路的谐振角频率。

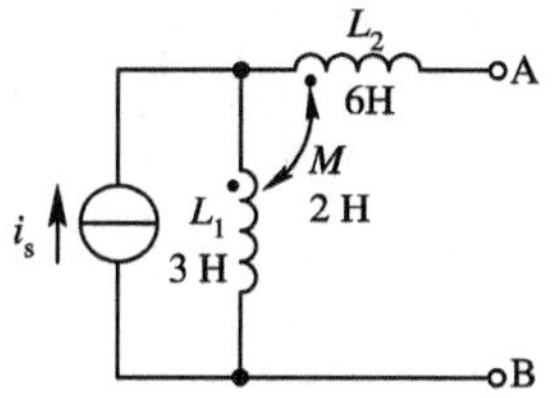

题 7-6 图

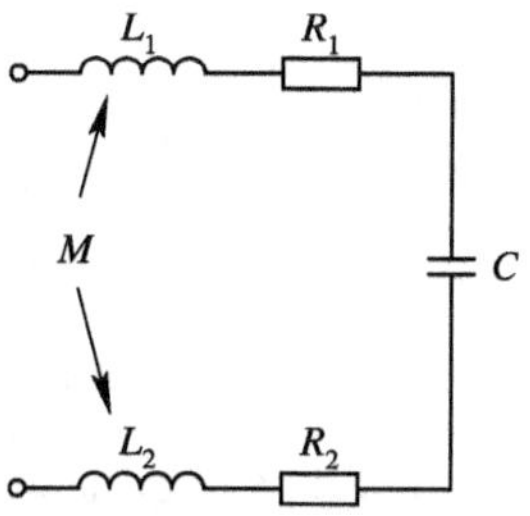

题 7-7 图

7-8　为题 7-8 图所示的互感电路外加 $U=220$ V，$f=50$ Hz 的正弦电压，顺向串联时测得电流 $I_1=2.5$ A，$P_1=62.5$ W，反向串联时 $P_2=250$ W，求互感 M。

7-9　已知题 7-9 图所示电路中，$\dot{U}_s=100\angle0°$ V，$R_1=50\ \Omega$，$R_2=20\ \Omega$，$j\omega L_1=$ j160 Ω，$j\omega L_2=$ j40 Ω，$-j\dfrac{1}{\omega C}=-$j80 Ω，$k=0.5$，求：

(1) 电路的等效输入阻抗 Z_{AB}；

(2) 电流 I_1 和 I_2。

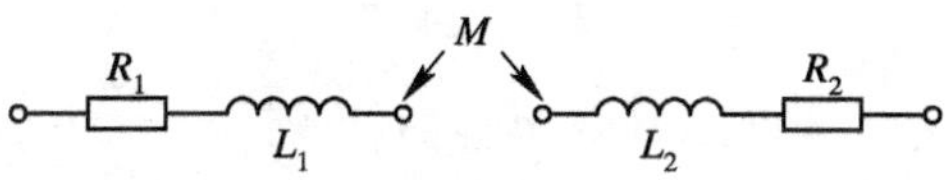

题 7-8 图

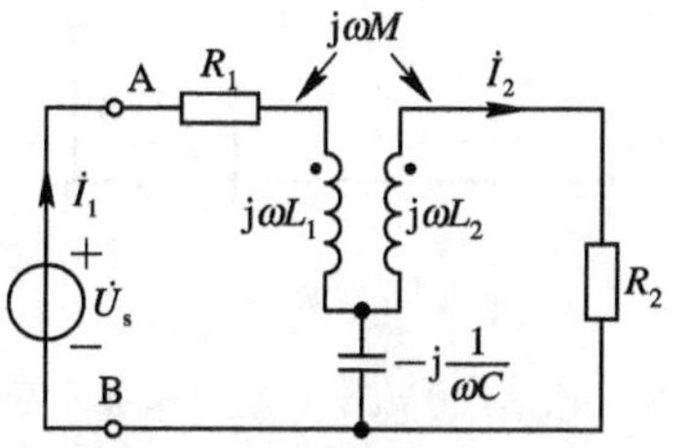

题 7-9 图

7-10　求题 7-10 图所示各互感电路的等效电感 L_{AB}。

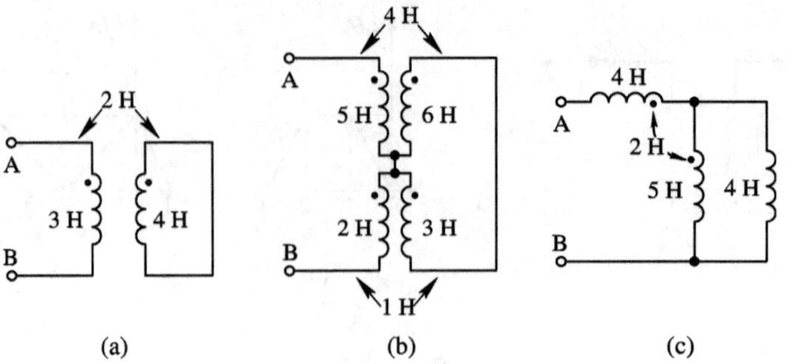

题 7-10 图

7-11　已知题 7-11 图所示电路中，$R_1=10\ \Omega$，$\omega L_1=12\ \Omega$，$\omega L_2=10\ \Omega$，$R_3=8\ \Omega$，$\omega L_3=6\ \Omega$，$\omega M=6\ \Omega$，$\dot{U}=120\angle 0°$ V，求电流 $\dot{I}$。

7-12　已知题 7-12 图所示电路中，$u(t)=20\sin(1000t+30°)$ V，$R_1=10\ \Omega$，$R_2=20\ \Omega$，$L_1=20$ mH，$L_2=10$ mH，$M=10$ mH，求 $i_1(t)$、$i_2(t)$。

题 7-11 图　　　　　　　　题 7-12 图

7-13　已知题 7-13 图所示电路中，$\dot{U}=220\angle 0°$ V，$R_1=50\ \Omega$，$L_1=20$ mH，$L_2=60$ mH，$C=1.5\ \mu$F，$f=10^4$ Hz，求 M 为多大时，才能使电路谐振？谐振时各支路电流和各元件电压为多少？

7-14　画出题 7-14 图所示电路的去耦等效电路，并列写求解电路的节点电位法方程。

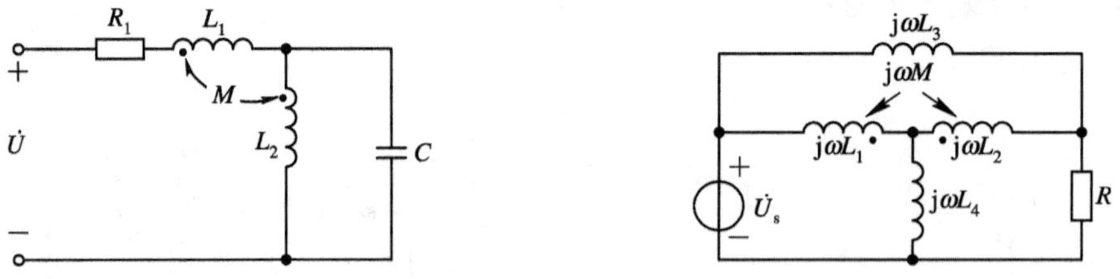

题 7-13 图　　　　　　　　题 7-14 图

7-15　电路如题 7-15 图所示，已知 $\omega=1000$ rad/s，计算等效阻抗 Z_{AB}。

7-16　题 7-16 图所示的自耦变压器相当于理想变压器，L_1+L_2 为原绕组，L_2 为副绕组，同名端如图中所标，若已知外加交流电压有效值为 $U_1=220$ V，要使输出电压 $U_2=200$ V，求变压比和电流 I_1、I_2。

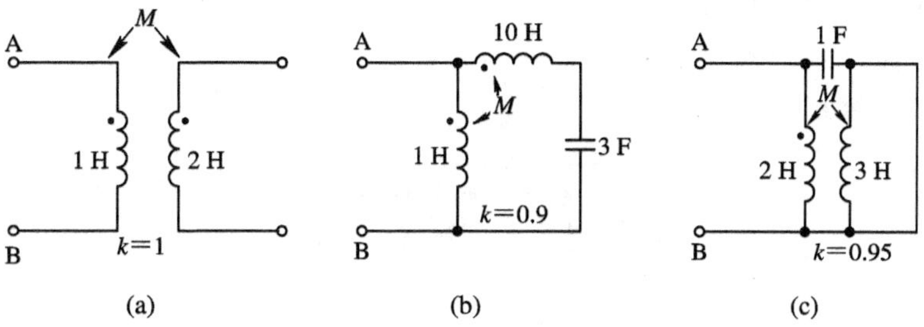

题 7-15 图

7-17　题 7-17 图所示理想变压器电路中 R_L 为多大时可以获得最大功率？并计算该最大功率 P_{Lmax}。

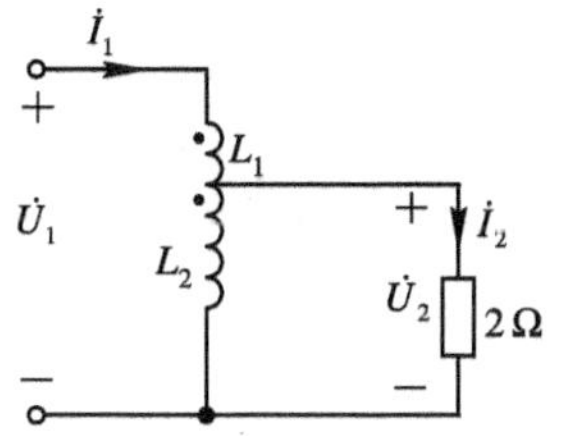

题 7-16 图

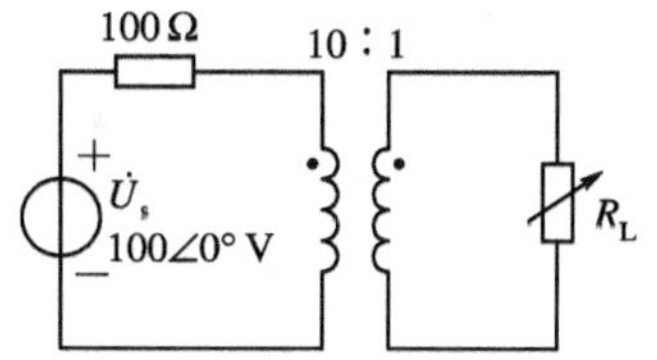

题 7-17 图

7-18　题 7-18 图所示理想变压器电路中 Z_L 为何值时可以获得最大功率？并计算该最大功率 P_{Lmax}。

7-19　已知题 7-19 图所示全耦合变压器电路中，$R_1=10\ \Omega$，$\omega L_1=10\ \Omega$，$\omega L_2=1000\ \Omega$，$\dot{U}_s=10\angle 0°\ V$。相对于 A、B 端，求电路的戴维南等效电路。

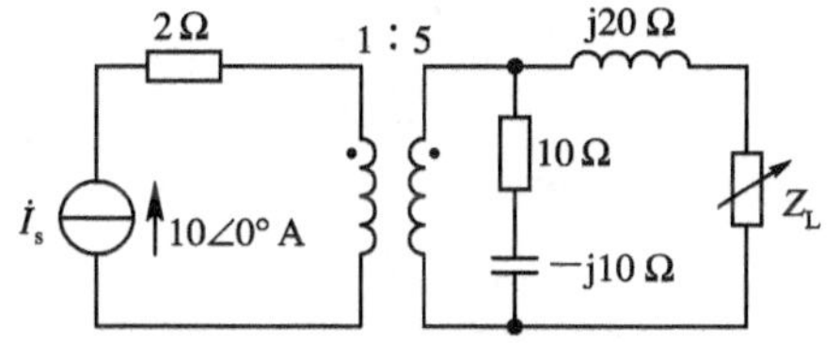

题 7-18 图

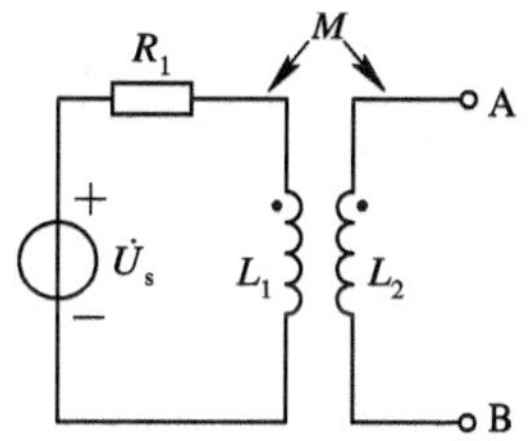

题 7-19 图

7-20　有一信号源的频率为 1000 Hz，内阻为 500 Ω，通过变压器将信号传递给负载电阻 R_L，使负载获得最大功率，已知 $R_L=10\ \Omega$，问：

(1) 若用理想变压器传递，应选匝数比为多少的变压器？

(2) 若用全耦合空心变压器，已知变压器原方自感为 0.1 H，其匝数比应为多少？

7-21　有一铁芯变压器，铁芯允许最大磁通 $\Phi_m=12.5\times10^{-4}$ Wb，电源频率 $f=50$ Hz，原方电压 $U_1=220$ V，两个副绕组电压分别为 $U_2=5$ V，$U_3=6.3$ V，试计算原绕组匝数和两个副绕组的匝数。

7-22　已知题 7-22 图所示铁芯变压器的电源电压为 $U_1=220$ V，原绕组匝数为 550 匝，两个副绕组分别为电压 36 V、功率 36 W，电压 12 V、功率 24 W，若按理想变压器对待，要求：

(1) 求两个副绕组的匝数；

(2) 求两个副绕组的额定电流；

(3) 标出三个绕组的同名端。

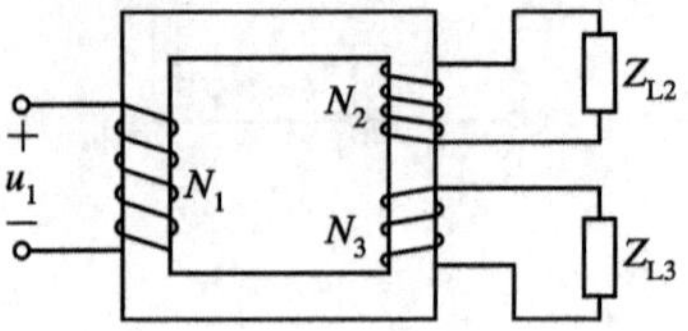

题 7-22 图

第 8 章　动态电路的时域分析

前面所讨论的是电路的稳定工作状态，所谓稳定工作状态，指的是电路中的物理量随时间、按规律作周期性变化的状态。本章讨论电路的动态工作状态，即从电路连接关系发生变化开始，到响应进入稳定状态的全过程，这个过程叫做过渡过程。在这个过程中，电路中的响应也是按规律变化的，与稳定工作状态不同的是电路中的响应没有周期性。产生过渡过程的原因是由于电容和电感两种动态元件的存在而引起的，这是因为电容元件和电感元件上的电压、电流关系是关于时间的微分或积分关系。本章所介绍的动态电路的时域分析，也就是分析含有动态元件的电路中的电压、电流与时间之间的函数关系。

8.1　动态元件及其串并联等效

8.1.1　电容元件

第 4 章已经介绍了电容元件的定义为

$$C=\frac{q_C(t)}{u_C(t)} \tag{8-1-1}$$

根据图 8-1-1，电容的 VAR 为

$$i_C(t)=C\frac{\mathrm{d}u_C(t)}{\mathrm{d}t} \tag{8-1-2}$$

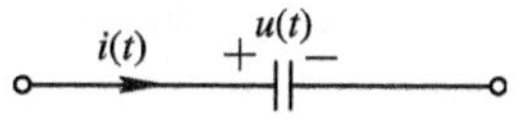

图 8-1-1

式(8-1-2)表明：① 任何时刻，通过电容的电流与该时刻的电压变化率成正比。如果电容两端加直流电压，则电流 $i_C(t)=0$，即电容相当于开路。故电容具有隔断直流的作用。② 由于实际中电容上存储的电荷量不可能发生突然变化，因此，电流 $i_C(t)$ 总是为有限值，也就是说，电压变化率为有限值。即电容上的电压为连续函数，不能发生跃变。

将式(8-1-2)改写成积分形式为

$$u_C(t)=\frac{1}{C}\int_{-\infty}^{t} i_C(\xi)\,\mathrm{d}\xi \tag{8-1-3}$$

上式中把积分变量 t 用 ξ 表示，以区别积分上限 t。式(8-1-3)为电容 VAR 的积分形式。它表明 t 时刻电容上的电压与该时刻以前通过电容电流的全过程有关，也就是说：电容是具有记忆功能的电路元件。

电容是一种储能元件。若电压、电流采用图 8-1-1 所示的关联参考方向，则电容吸收的功率为

$$p_C(t)=u_C(t)i_C(t)=Cu_C(t)\frac{\mathrm{d}u_C(t)}{\mathrm{d}t} \tag{8-1-4}$$

对上式，从$-\infty$到 t 进行积分，得 t 时刻电容上的能量为

$$w_C(t)=\int_{-\infty}^{t}p_C(\xi)\,\mathrm{d}\xi=\int_{-\infty}^{t}Cu_C(\xi)\frac{\mathrm{d}u_C(\xi)}{\mathrm{d}\xi}\mathrm{d}\xi$$

$$=\int_{u_C(-\infty)}^{u_C(t)}Cu_C(\xi)\,\mathrm{d}u_C(\xi)=\frac{1}{2}Cu_C^2(t)-\frac{1}{2}Cu_C^2(-\infty)\qquad(8-1-5)$$

若 $u_C(-\infty)=0$，则电容储能为

$$w_C(t)=\frac{1}{2}Cu_C^2(t)\qquad(8-1-6)$$

式(8-1-6)说明：无论电压大于零还是小于零，电容储存的能量恒为 $w_C\geqslant0$。

8.1.2 电容元件的串并联等效

1. 电容元件的并联

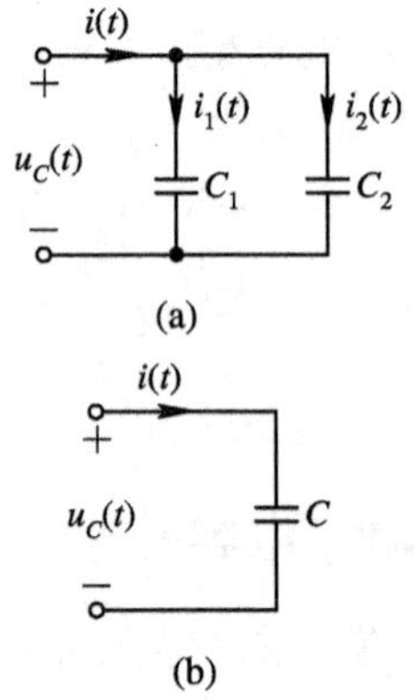

图 8-1-2

图 8-1-2(a)是两个电容相并联的电路，根据 KCL，有

$$i(t)=i_1(t)+i_2(t)$$

根据式(8-1-2)，因为

$$i_1(t)=C_1\frac{\mathrm{d}u_C(t)}{\mathrm{d}t},\quad i_2(t)=C_2\frac{\mathrm{d}u_C(t)}{\mathrm{d}t}$$

所以

$$i(t)=(C_1+C_2)\frac{\mathrm{d}u_C(t)}{\mathrm{d}t}\qquad(8-1-7)$$

对于图 8-1-2(b)，有

$$i(t)=C\frac{\mathrm{d}u_C(t)}{\mathrm{d}t}\qquad(8-1-8)$$

比较式(8-1-7)和式(8-1-8)，将图 8-1-2(a)等效成图 8-1-2(b)，其等效电容 C 与 C_1、C_2 的关系为

$$C=C_1+C_2\qquad(8-1-9)$$

若有 n 个电容相并联，则其等效电容为

$$C=C_1+C_2+\cdots+C_n\qquad(8-1-10)$$

由式(8-1-8)得

$$\frac{\mathrm{d}u_C(t)}{\mathrm{d}t}=\frac{1}{C}i(t)$$

故在图 8-1-2(a)中，C_1 上的电流 $i_1(t)$、C_2 上的电流 $i_2(t)$与总电流 $i(t)$的关系为

$$\left.\begin{aligned}i_1(t)&=C_1\frac{\mathrm{d}u_C(t)}{\mathrm{d}t}=\frac{C_1}{C}i(t)\\i_2(t)&=C_2\frac{\mathrm{d}u_C(t)}{\mathrm{d}t}=\frac{C_2}{C}i(t)\end{aligned}\right\}\qquad(8-1-11)$$

2. 电容元件的串联

图 8-1-3 是两个电容相串联的电路，根据 KVL，有

$$u_C(t)=u_1(t)+u_2(t)$$

根据式(8-1-3)，对图 8-1-3(a)，因为

$$u_1(t)=\frac{1}{C_1}\int_{-\infty}^{t} i_C(\xi)\,\mathrm{d}\xi,\quad u_2(t)=\frac{1}{C_2}\int_{-\infty}^{t} i_C(\xi)\,\mathrm{d}\xi$$

所以有

$$u_C(t)=\left(\frac{1}{C_1}+\frac{1}{C_2}\right)\int_{-\infty}^{t} i_C(\xi)\,\mathrm{d}\xi \tag{8-1-12}$$

对于图 8-1-3(b)，有

$$u_C(t)=\frac{1}{C}\int_{-\infty}^{t} i_C(\xi)\,\mathrm{d}\xi \tag{8-1-13}$$

比较式(8-1-12)和式(8-1-13)，将图 8-1-3(a)等效成图 8-1-3(b)，其等效电容 C 与 C_1、C_2 的关系为

$$\frac{1}{C}=\frac{1}{C_1}+\frac{1}{C_2}$$

$$C=\frac{C_1C_2}{C_1+C_2} \tag{8-1-14}$$

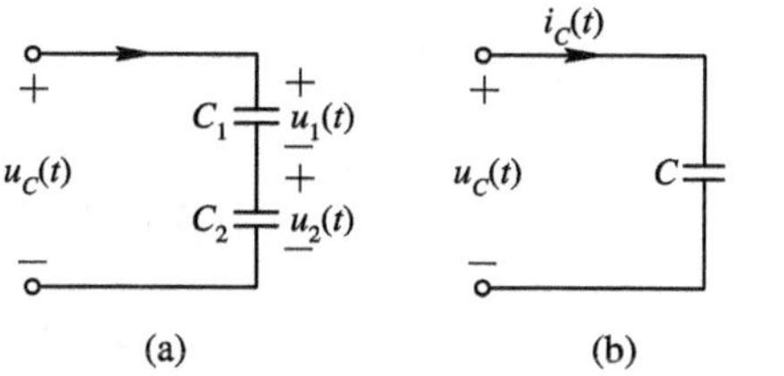

图 8-1-3

若有 n 个电容相串联，则其等效电容为

$$\frac{1}{C}=\frac{1}{C_1}+\frac{1}{C_2}+\cdots+\frac{1}{C_n} \tag{8-1-15}$$

由式(8-1-13)得

$$Cu_C(t)=\int_{-\infty}^{t} i_C(\xi)\,\mathrm{d}\xi$$

故在图 8-1-3(a)中，C_1 上电压 $u_1(t)$、C_2 上电压 $u_2(t)$与总电压 $u_C(t)$的关系为

$$\left.\begin{aligned}u_1(t)&=\frac{1}{C_1}\int_{-\infty}^{t} i_C(\xi)\,\mathrm{d}\xi=\frac{C}{C_1}u_C(t)\\u_2(t)&=\frac{1}{C_2}\int_{-\infty}^{t} i_C(\xi)\,\mathrm{d}\xi=\frac{C}{C_2}u_C(t)\end{aligned}\right\} \tag{8-1-16}$$

8.1.3 电感元件

第 4 章已经介绍了电感元件的定义为

$$L=\frac{\psi(t)}{i(t)} \tag{8-1-17}$$

根据图 8-1-4，电感的 VAR 为

$$u_L(t)=L\frac{\mathrm{d}i(t)}{\mathrm{d}t} \tag{8-1-18}$$

式(8-1-18)表明：① 任何时刻，电感上的电压与该时刻通过的电流的变化率成正比。如果通过电感的电流为直流电流，则电压 $u_L(t)=0$，即电感相当于短路。故电感具有导通直流的作用。② 由于实际中电感上的磁通量不可能发生突然变化，因此，电压 $u_L(t)$总是为有限值，也就是说，电流变化率为有限值。即电感上的电流为连续函数，不能发生跃变。

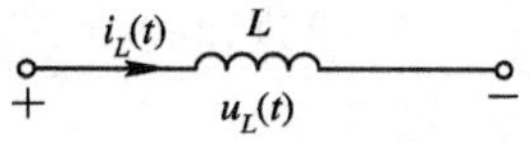

图 8-1-4

将式(8-1-18)改写成积分形式为

$$i_L(t)=\frac{1}{L}\int_{-\infty}^{t}u_L(\xi)\,\mathrm{d}\xi \tag{8-1-19}$$

上式中把积分变量 t 用 ξ 表示，以区别积分上限 t。式(8-1-19)为电感 VAR 的积分形式。它表明 t 时刻通过电感的电流与该时刻以前电感上所加电压的全过程有关，也就是说：电感是具有记忆功能的电路元件。

电感是一种储能元件。若电压、电流采用图 8-1-4 所示的关联参考方向，则电感的功率为

$$p_L(t)=u_L(t)i_L(t)=Li_L(t)\frac{\mathrm{d}i_L(t)}{\mathrm{d}t} \tag{8-1-20}$$

对于上式，从 $-\infty$ 到 t 进行积分，得 t 时刻电感上的能量为

$$\begin{aligned}w_L(t)&=\int_{-\infty}^{t}p_L(\xi)\,\mathrm{d}\xi=\int_{-\infty}^{t}Li_L(\xi)\frac{\mathrm{d}i_L(\xi)}{\mathrm{d}\xi}\,\mathrm{d}\xi\\&=\int_{i_L(-\infty)}^{i_L(t)}Li_L(\xi)\,\mathrm{d}i_L(\xi)=\frac{1}{2}Li_L^2(t)-\frac{1}{2}Li_L^2(-\infty)\end{aligned} \tag{8-1-21}$$

若 $i_L(-\infty)=0$，则电感储能为

$$w_L(t)=\frac{1}{2}Li_L^2(t) \tag{8-1-22}$$

式 8-1-22 说明：无论电流大于零还是小于零，电感储存的能量恒为 $w_L\geqslant0$。

8.1.4 电感元件的串并联等效

1. 电感元件的串联

图 8-1-5(a)是两个电感相串联的电路，根据 KVL，有

$$u_L(t)=u_1(t)+u_2(t)$$

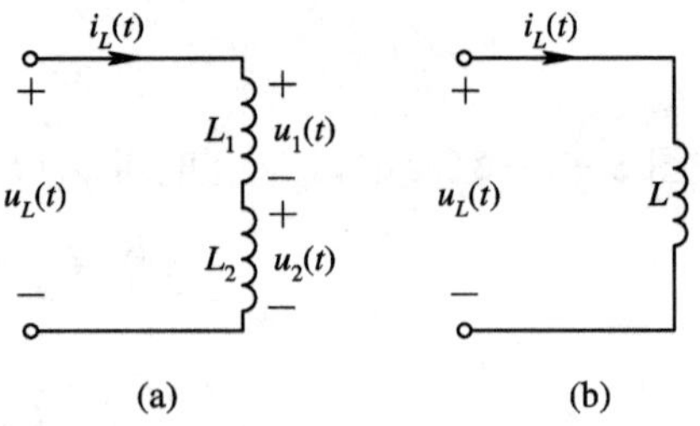

图 8-1-5

因为

$$u_1(t)=L_1\frac{\mathrm{d}i_L(t)}{\mathrm{d}t},\ u_2(t)=L_2\frac{\mathrm{d}i_L(t)}{\mathrm{d}t}$$

根据式(8-1-18)，有

$$u_L(t)=(L_1+L_2)\frac{\mathrm{d}i_L(t)}{\mathrm{d}t} \tag{8-1-23}$$

对于图 8-1-5(b)，有

$$u_L(t)=L\frac{\mathrm{d}i_L(t)}{\mathrm{d}t} \tag{8-1-24}$$

比较式(8-1-23)和式(8-1-24)，将图 8-1-5(a)等效成图 8-1-5(b)，其等效电感 L 与 L_1、L_2 的关系为

$$L=L_1+L_2 \tag{8-1-25}$$

若有 n 个电感相串联，则其等效电感为

$$L=L_1+L_2+\cdots+L_n \tag{8-1-26}$$

由式(8-1-24)得

$$\frac{\mathrm{d}i_L(t)}{\mathrm{d}t}=\frac{1}{L}u_L(t)$$

故，在图 8-1-5(a)中，L_1 上电压 $u_1(t)$、L_2 上电压 $u_2(t)$与总电压 $u_L(t)$的关系为

$$\left.\begin{aligned}u_1(t)&=L_1\frac{\mathrm{d}i_L(t)}{\mathrm{d}t}=\frac{L_1}{L}u_L(t)\\u_2(t)&=L_2\frac{\mathrm{d}i_L(t)}{\mathrm{d}t}=\frac{L_2}{L}u_L(t)\end{aligned}\right\}\qquad(8-1-27)$$

2. 电感元件的并联

图 8-1-6 是两个电感相并联的电路，根据 KCL，有

$$i(t)=i_1(t)+i_2(t)$$

根据式(8-1-19)，对图 8-1-6(a)，因为

$$i_1(t)=\frac{1}{L_1}\int_{-\infty}^{t}u_L(\xi)\,\mathrm{d}\xi$$

$$i_2(t)=\frac{1}{L_2}\int_{-\infty}^{t}u_L(\xi)\,\mathrm{d}\xi$$

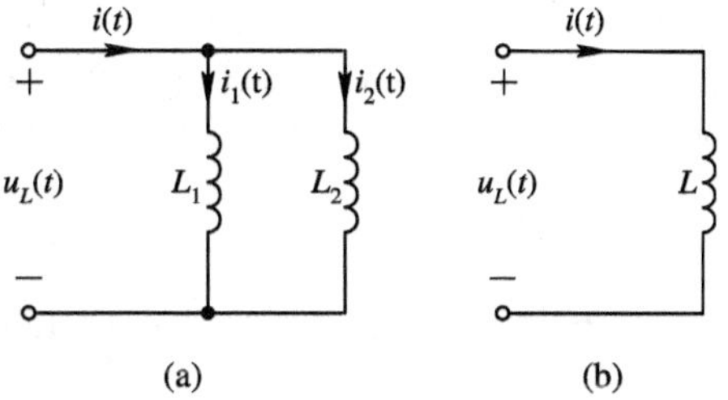

图 8-1-6

所以有

$$i(t)=\left(\frac{1}{L_1}+\frac{1}{L_2}\right)\int_{-\infty}^{t}u_L(\xi)\,\mathrm{d}\xi\qquad(8-1-28)$$

对于图 8-1-6(b)，有

$$i(t)=\frac{1}{L}\int_{-\infty}^{t}u_L(\xi)\,\mathrm{d}\xi\qquad(8-1-29)$$

比较式(8-1-28)和式(8-1-29)，将图 8-1-6(a)等效成图 8-1-6(b)，其等效电感 L 与 L_1、L_2 的关系为

$$\frac{1}{L}=\frac{1}{L_1}+\frac{1}{L_2}$$

$$L=\frac{L_1L_2}{L_1+L_2}\qquad(8-1-30)$$

若有 n 个电感相并联，则其等效电感为

$$\frac{1}{L}=\frac{1}{L_1}+\frac{1}{L_2}+\cdots+\frac{1}{L_n}\qquad(8-1-31)$$

由式(8-1-19)得

$$Li_L(t)=\int_{-\infty}^{t}u_L(\xi)\,\mathrm{d}\xi$$

故在图 8-1-6(a)中，L_1 上的电流 $i_1(t)$、L_2 上的电流 $i_2(t)$与总电流 $i(t)$的关系为

$$\left.\begin{aligned}i_1(t)&=\frac{1}{L_1}\int_{-\infty}^{t}u_L(\xi)\,\mathrm{d}\xi=\frac{L}{L_1}i(t)\\i_2(t)&=\frac{1}{L_2}\int_{-\infty}^{t}u_L(\xi)\,\mathrm{d}\xi=\frac{L}{L_2}i(t)\end{aligned}\right\}\qquad(8-1-32)$$

小结

1. 在电压、电流参考方向关联的条件下，电容元件的 VAR 关系为

$$i_C(t) = \frac{C\,\mathrm{d}u_C(t)}{\mathrm{d}t}$$

电感元件的 VAR 关系为

$$u_L(t) = \frac{L\,\mathrm{d}i_L(t)}{\mathrm{d}t}$$

若遇电压、电流参考方向非关联，则上两式中均应冠以负号。

2. 电容元件并联时，其等效电容为 $C = C_1 + C_2 + \cdots + C_n$；电容元件串联时，其等效电容为

$$\frac{1}{C} = \frac{1}{C_1} + \frac{1}{C_2} + \cdots + \frac{1}{C_n}$$

3. 电感元件串联时，其等效电感为 $L = L_1 + L_2 + \cdots + L_n$；电感元件并联时，其等效电感为

$$\frac{1}{L} = \frac{1}{L_1} + \frac{1}{L_2} + \cdots + \frac{1}{L_n}$$

思考与练习

8-1-1　已知题 8-1-1 图(a)所示电路中 $C = 1$ F，电容端电压 $u_C(t)$变化的波形如题 8-1-1 图(b)所示，求电容上流过的电流 $i(t)$、功率 $p_C(t)$和储存的能量 $w_C(t)$，并画出它们的波形。

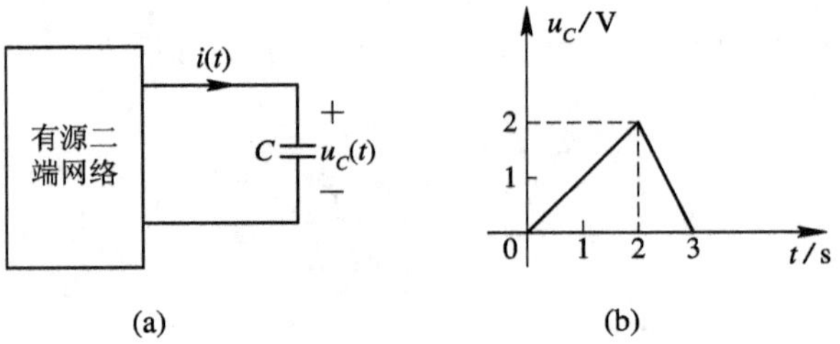

题 8-1-1 图

8-1-2　已知题 8-1-2 图(a)所示电路中的 $L = 2$ H，电感电流 $i(t)$变化的波形如题 8-1-2 图(b)所示，求电感的端电压 $u_L(t)$、功率 $p_L(t)$和储存的能量 $w_L(t)$，并画出它们的波形。

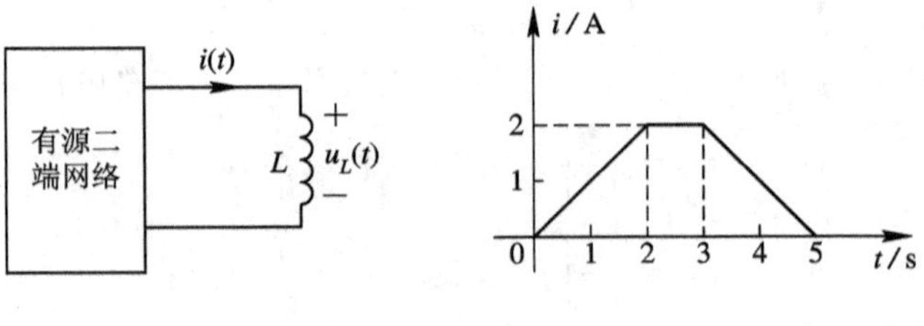

题 8-1-2 图

8.2 动态电路的方程与换路定律

在动态电路中，凡是有元件参数、电源的数值突然变化，或开关切换这些现象的发生，都称为发生了换路(switching)。分析动态电路的过渡过程，首先，要建立电路的方程；其次，要搞清楚换路后初始时刻动态元件上的电压、电流的具体数值，以及换路后电路进入稳定状态后动态元件上的电压电流值；最后，再去分析电路中任意电压、电流的变化过程。

首先，我们对换路前、换路后作一个时间标记。设在 t_0 时刻，电路发生换路。我们假设换路前一瞬间记为 t_{0-}，换路后的一瞬间记为 t_{0+}，通常取换路时刻 $t_0=0$，相应地也就有“0_-”、“0_+”之分。

8.2.1 动态电路的方程

对图 8-2-1 所示的 RC 电路，若开关 S 在 $t=t_0$ 时刻闭合，根据 KVL，电路的电压关系为

$$u_R(t)+u_C(t)=u_s(t)$$

因为
$$i_C=C\frac{\mathrm{d}u_C(t)}{\mathrm{d}t},\quad u_R(t)=Ri_C(t)=RC\frac{\mathrm{d}u_C(t)}{\mathrm{d}t}$$

代入上式，得

$$RC\frac{\mathrm{d}u_C(t)}{\mathrm{d}t}+u_C(t)=u_s(t) \tag{8-2-1}$$

在 $u_s(t)$、R、C 已知的条件下，式(8-2-1)是电压 $u_C(t)$ 关于时间 t 的一阶线性微分方程。

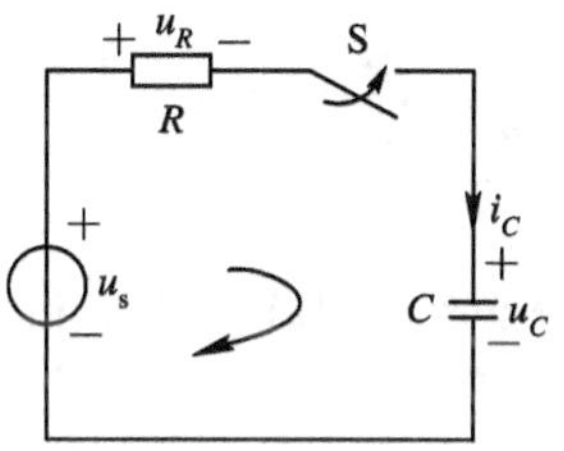

图 8-2-1

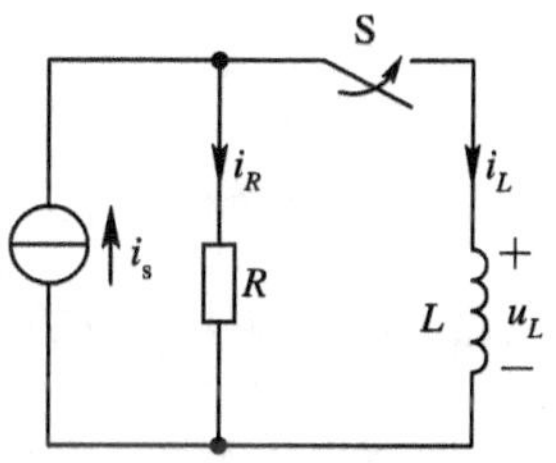

图 8-2-2

对图 8-2-2 所示的 RL 电路，开关 S 在 $t=t_0$ 时刻闭合后，根据 KCL，电路的电流关系为

$$i_R(t)+i_L(t)=i_s(t)$$

因为

$$u_L(t)=L\frac{\mathrm{d}i_L(t)}{\mathrm{d}t},\quad i_R(t)=\frac{u_L(t)}{R}=\frac{L}{R}\frac{\mathrm{d}i_L(t)}{\mathrm{d}t}$$

代入上式，得

$$\frac{L}{R}\frac{\mathrm{d}i_L(t)}{\mathrm{d}t}+i_L(t)=i_s(t) \tag{8-2-2}$$

在 $i_s(t)$、R、L 已知的条件下，式(8-2-2)是电流 $i_L(t)$ 关于时间 t 的一阶线性微分方程。

对图 8-2-3(a)所示电路，根据 KCL 和电容的 VAR，所建立的微分方程为

$$C\frac{\mathrm{d}u_C(t)}{\mathrm{d}t}+\frac{u_C(t)}{R}=i_s(t) \qquad (8-2-3)$$

对图 8-2-3(b)所示电路，根据 KVL 和电感的 VAR，所建立的微分方程为

$$L\frac{\mathrm{d}i_L(t)}{\mathrm{d}t}+Ri_L(t)=u_s(t) \qquad (8-2-4)$$

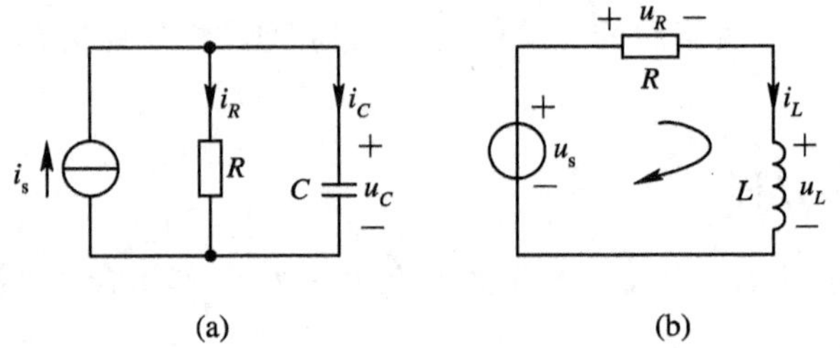

图 8-2-3

综上所述，建立动态电路的方程，必须遵循电路分析的基本定律——基尔霍夫定律，电阻元件的欧姆定律，以及动态元件的电压、电流关系。

例 8-2-1 列出求解图 8-2-4 所示电路的微分方程。

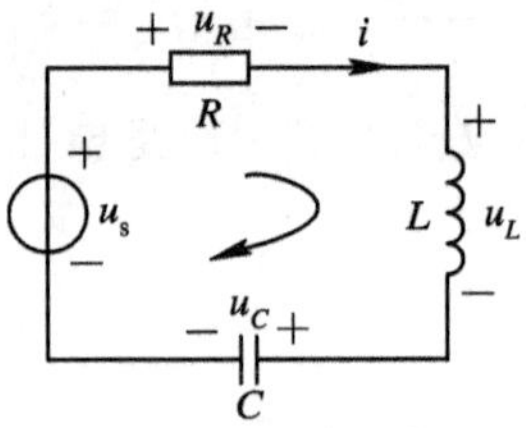

图 8-2-4

解 该电路是一个 RLC 串联电路，列写其微分方程必然要用到 KVL 和电阻、电容、电感的 VAR。

根据 KVL，有

$$u_L(t)+u_R(t)+u_C(t)=u_s(t)$$

考虑

$$i(t)=C\frac{\mathrm{d}u_C(t)}{\mathrm{d}t}$$

$$u_L(t)=L\frac{\mathrm{d}i(t)}{\mathrm{d}t}=LC\frac{\mathrm{d}^2u_C(t)}{\mathrm{d}t^2}$$

$$u_R(t)=Ri(t)=RC\frac{\mathrm{d}u_C(t)}{\mathrm{d}t}$$

将它们代入上述所列写的 KVL 方程，得

$$LC\frac{\mathrm{d}^2u_C(t)}{\mathrm{d}t^2}+RC\frac{\mathrm{d}u_C(t)}{\mathrm{d}t}+u_C(t)=u_s(t)$$

由于该电路含有两个动态元件，因此，建立的微分方程是一个二阶线性微分方程。

8.2.2 换路定律

根据高等数学求解一阶线性微分方程解的方法，必须已知初始条件。要求解式(8-2-1)、式(8-2-2)、式(8-2-3)和式(8-2-4)微分方程的解，所需要的初始条件是电路换路初始时刻的电压或电流值。

对于图8-2-1所示电路，开关S在 $t=t_0$ 时刻闭合，设 $t=t_{0-}$ 时，电容电压 $u_C(t_{0-})$ 已知。因为电容电压不能跃变，所以 $t=t_{0+}$(闭合后)时刻，电容电压 $u_C(t_{0+})=u_C(t_{0-})$。

对于图8-2-2所示电路，开关S在 $t=t_0$ 时刻闭合，设 $t=t_{0-}$ 时，电感电流 $i_L(t_{0-})$ 已知。因为电感电流不能跃变，所以 $t=t_{0+}$ 时刻，电感电流 $i_L(t_{0+})=i_L(t_{0-})$。

综上所述，可以得出如下结论：无论换路前电路的状态如何，如果换路瞬间电容上的电压和电感上的电流为有限值，则在换路后的一瞬间，电容上的电荷和端电压及电感中的磁链和电流都应保持换路前一瞬间的数值而不能跃变，这个规律称为换路定律(switching law)。

用数学公式表示换路定律，可表示为

$$\left.\begin{array}{ll} q_C(t_{0+})=q_C(t_{0-}) & u_C(t_{0+})=u_C(t_{0-}) \\ \psi_L(t_{0+})=\psi_L(t_{0-}) & i_L(t_{0+})=i_L(t_{0-}) \end{array}\right\} \qquad (8-2-5)$$

式中，$q_C(t_{0+})$、$u_C(t_{0+})$ 和 $\psi_L(t_{0+})$、$i_L(t_{0+})$ 分别为电容电荷和电容电压以及电感磁链和电感电流的初始值(initial value)。

还应指出，换路定律只说明与电场和磁场能量有直接关系的物理量(q_C、u_C、ψ_L、i_L)不能跃变，至于其他物理量(如流过电容元件的电流、电感元件上的端电压等)则是可以跃变的，因为它们的跃变不会导致能量的跃变。

8.2.3 直流激励下动态电路稳定时的两个重要特征

研究动态电路的过渡过程，除了需要知道初始值外还必须掌握电路的稳定值，因为过渡过程是从初始值向稳定值的变化过程。这里仅对直流激励下动态电路达到稳定时所具有的两个重要特征作以定性(从物理概念上)说明。

对于图8-2-1所示电路，设 R、C 为正常数，若 $u_s(t)=U_s$，即是一个直流电压源，换路后，直流电压源给 C 充电，随着时间的增长，$u_C(t)\uparrow$。若在换路前电容上无储能，$W_C(0_-)=0$，由 $w_C(0_-)=Cu_C^2(0_-)/2$ 可知 $u_C(0_-)=0$，由 $u_C(0_-)=q(0_-)/C$ 可知 $q(0_-)=0$。当 $t\to\infty$ 时，$u_C(\infty)\to U_s$ 后，$u_R(\infty)=u_s-u_C(\infty)\to 0$，$i_C(\infty)=u_R(\infty)/R\to 0$。即电路稳定后，电容对直流相当于断路，$i_C(t)=0$。

对于图8-2-2所示电路，设 R、L 为正常数，若 $i_s(t)=I_s$，即是一个直流电流源，换路前 L 上无储能，$w_L(0_-)=0$，由 $w_L(0)=Li_L^2(0_-)/2$ 可知 $i_L(0_-)=0$。换路后，直流电流源给 L 充磁，随着时间的增长，$i_L(t)\uparrow$，当 $t\to\infty$ 时，$i_L(\infty)\to I_s$，$i_R(\infty)=I_s-i_L(\infty)\to 0$，$u_L(\infty)=i_R(\infty)R\to 0$。即电路稳定后，电感对直流相当于短路，$u_L(t)=0$。

综上所述，直流激励下动态电路达到稳定(又称稳态)时具有的两个特征：电容元件相当于断路，通过电容的电流为零；电感元件相当于短路，其端电压为零。若用数学表达式表示，可表述为

$$\left.\begin{aligned} i_C(\infty) &= 0 \\ u_L(\infty) &= 0 \end{aligned}\right\} \qquad (8-2-6)$$

这里需特别注意，在直流稳定状态，电容电流等于零，但电荷和电压不一定为零；电感电压等于零，但磁链和电流不一定为零。

8.2.4　动态电路初始值的计算

对于一阶电路，所谓初始值，即是换路后一瞬间响应在 $t=0_+$ 时刻的数值。此初始值也即是解一阶微分方程所需要的初始条件。下面结合两个具体例子来看计算初始值的基本步骤。

例 8-2-2　图 8-2-5(a)所示电路已处于稳定(态)，已知 $R_o=4\ \Omega$，$R_1=R_2=8\ \Omega$，$U_s=12$ V，在 $t=0$ 时刻开关 S 闭合，求 S 闭合后各支路电流的初始值和电容电压 $u_C(0_+)$、电感电压 $u_L(0_+)$。

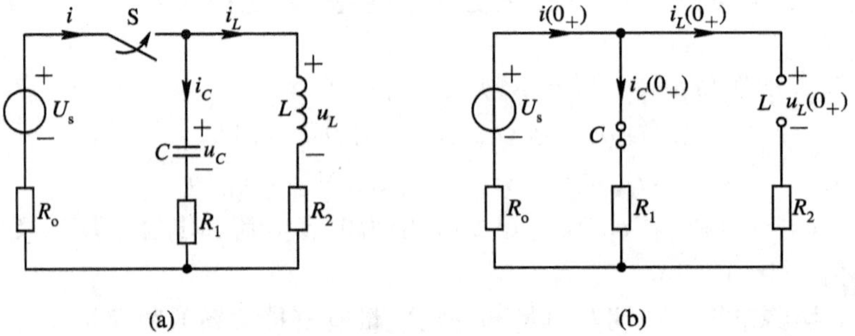

图 8-2-5

解　(1) 求 $u_C(0_-)$，$i_L(0_-)$。

根据题意，电路在 S 闭合前为直流稳定电路，故 C 相当于开路，L 相当于短路，显然 $i_C(0_-)=0$，$u_L(0_-)=0$。应用 KCL、KVL 可知

$$i_L(0_-)=-i_C(0_-)=0,\ u_C(0_-)=u_L(0_-)+R_2i_L(0_-)-R_1i_C(0_-)=0$$

(2) 求 $u_C(0_+)$，$i_L(0_+)$。

S 闭合后，由换路定律知

$$u_C(0_+)=u_C(0_-)=0$$
$$i_L(0_+)=i_L(0_-)=0$$

(3) 画 $t=0_+$ 等效电路。

应用置换定理，在 $t=0_+$ 时刻将电路等效成图 8-2-5(b)。

(4) 在等效电路中求所需要的初始值。

在图 8-2-5(b)中求 $i(0_+)$、$i_C(0_+)$和 $u_L(0_+)$。由图知 $i_L(0_+)=0$，所以有

$$i(0_+)=i_C(0_+)=\frac{U_s}{R_o+R_1}=\frac{12}{4+8}=1\ \text{A}$$

$$u_L(0_+)=i_C(0_+)R_1=1\times 8=8\ \text{V}$$

例 8-2-3　已知图 8-2-6(a)所示电路中，$R_o=30\ \Omega$，$R_1=20\ \Omega$，$R_2=40\ \Omega$，$U_s=10$ V，S 闭合前电路稳定，求 S 在 $t=t_0$ 时刻闭合后，图中电流、电压的初始值。

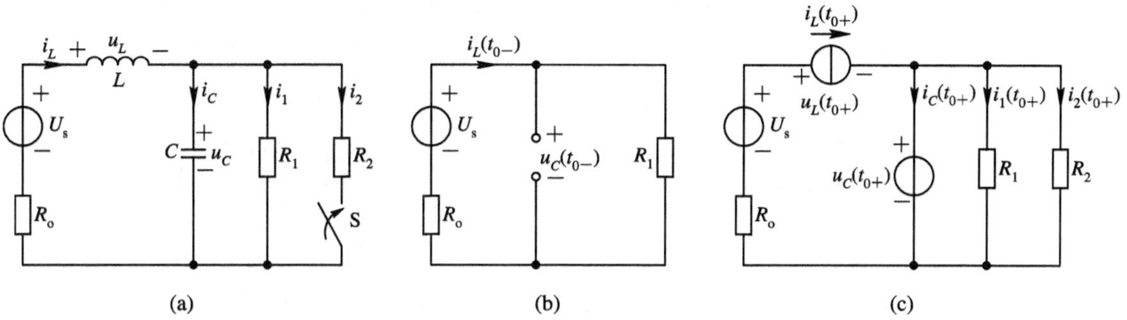

图 8-2-6

解 根据题意，S 闭合前为直流稳定电路，$i_C(t_{0-})=0$，$u_L(t_{0-})=0$，当 $t=t_{0-}$ 时等效电路如图 8-2-6(b)所示，故

$$i_L(t_{0-})=\frac{U_s}{R_o+R_1}=\frac{10}{30+20}=0.2\ \text{A}$$

$$u_C(t_{0-})=i_L(t_{0-})R_1=0.2\times 20=4\ \text{V}$$

S 闭合后，由换路定律知

$$i_L(t_{0+})=i_L(t_{0-})=0.2\ \text{A}$$

$$u_C(t_{0+})=u_C(t_{0-})=4\ \text{V}$$

因为 $i_L(t)$ 和 $u_C(t)$ 不能跃变，所以用电流为 $i_L(t_{0+})$ 的理想电流源代替 L，用电压为 $u_C(t_{0+})$ 的理想电压源代替 C，在 $t=0_+$ 时刻的等效电路如图 8-2-6(c)所示，故

$$i_1(t_{0+})=\frac{u_C(t_{0+})}{R_1}=\frac{4}{20}=0.2\ \text{A}$$

$$i_2(t_{0+})=\frac{u_C(t_{0+})}{R_2}=\frac{4}{40}=0.1\ \text{A}$$

$$i_C(t_{0+})=i_L(t_{0+})-i_1(t_{0+})-i_2(t_{0+})=0.2-0.2-0.1=-0.1\ \text{A}$$

$$u_L(t_{0+})=U_s-i_L(t_{0+})R_o-u_C(t_{0+})=10-0.2\times 30-4=0\ \text{V}$$

小结

1. 建立动态电路的方程，必须遵循电路分析的基本定律——基尔霍夫定律，以及电路基本元件的 VAR。

2. 计算动态电路的初始值，必须遵循换路定律，即电容上的电压不能跃变，电感上的电流不能跃变。

3. 在直流激励源作用下，动态电路稳定后，电容电流为零，电感电压为零。

思考与练习

8-2-1 参考例 8-2-2 与例 8-2-3，为什么在图 8-2-5(b)中，电感 L 相当于开路，电容 C 相当于短路；而在图 8-2-6(b)中，电感 L 相当于短路，电容 C 相当于开路？判断的原则是什么？求新的直流稳态值时它们是开路还是短路？

8-2-2 若题 8-2-2 图所示电路以电压 u_C 作为电路的响应，列写电路的微分方程。

8-2-3　题 8-2-3 图所示电路，在 $t<0$ 时电路稳定，$t=0$ 时开关打开，已知 $U_s=10\ V$，$R_1=1.6\ k\Omega$，$R_2=6\ k\Omega$，$R_3=4\ k\Omega$，$L=0.2\ H$，试求开关打开瞬间 $i_L(0_+)$ 和 $u_L(0_+)$的值。

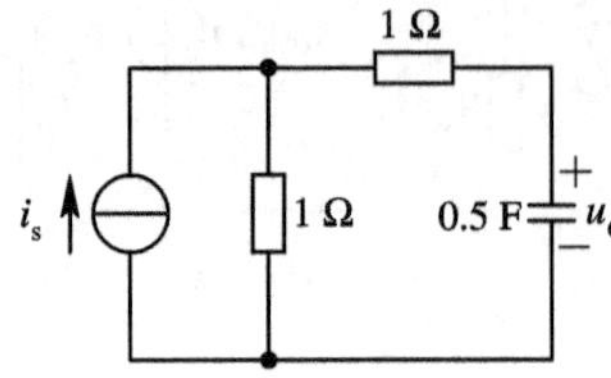

题 8-2-2 图

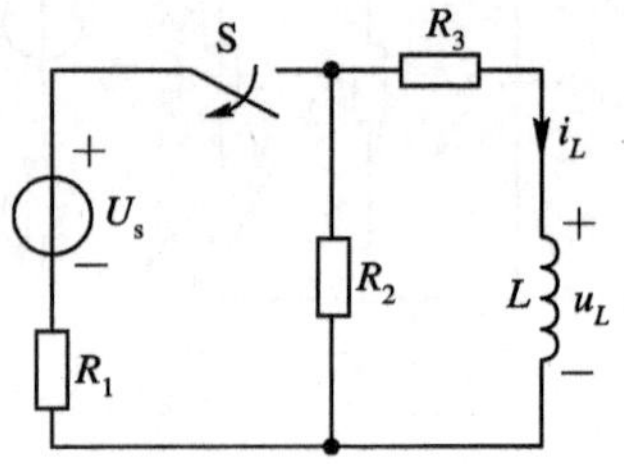

题 8-2-3 图

8-2-4　题 8-2-4 图所示电路，在 $t<0$ 时电路稳定，$t=0$ 时开关由 1 打向 2，求初始值 $i_1(0_+)$、$i_2(0_+)$、$u_L(0_+)$和稳态值 $i_1(\infty)$、$i_2(\infty)$、$u_L(\infty)$。

8-2-5　已知题 8-2-5 图所示电路中，$U_s=3\ V$，$R_1=10\ \Omega$，$R_2=30\ \Omega$，$L_1=0.1\ H$，$L_2=0.2\ H$，开关 S 闭合前电路稳定，试求开关闭合后瞬间各支路电流和各元件电压的初始值。

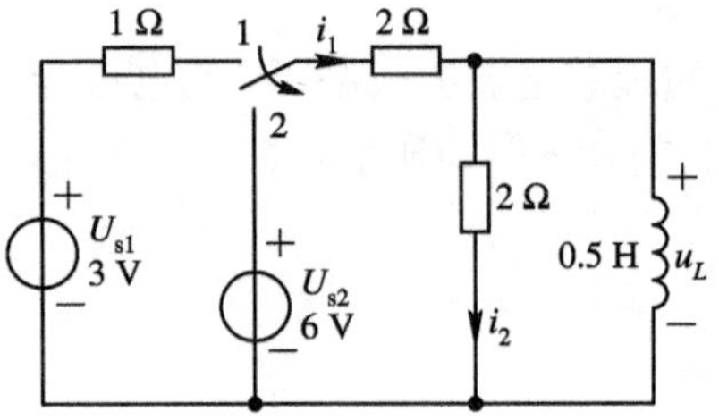

题 8-2-4 图

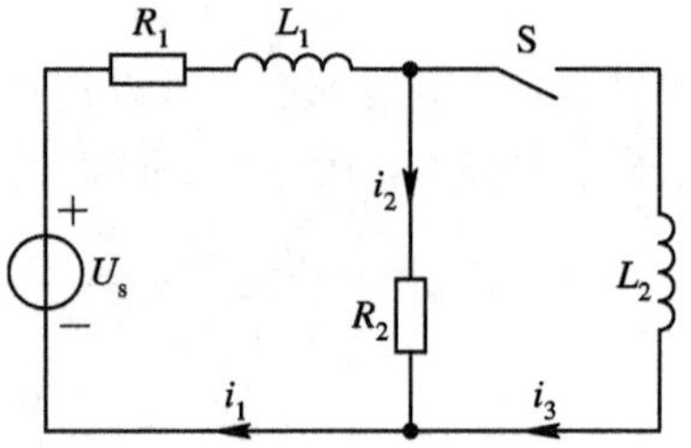

题 8-2-5 图

8.3　一阶电路的零输入响应

若电路仅含有一个动态元件(电容或电感)，则称为一阶电路(first order circuit)。当电路换路后，若动态元件中有一定的能量存储，尽管电路中不再含有独立激励源，电路中仍会有电流和电压，这是由于动态元件释放存储的能量而产生的。我们把这种换路后不含独立激励源，仅由动态元件的储能所产生的电压、电流称为动态电路的零输入响应(zero-input response)。

8.3.1　*RC* 电路的零输入响应

图 8-3-1(a)所示 RC 电路，$t<0$ 时，开关在 1 位，电路稳定，电容电压为 $u_C(0_-)=U_s$；$t=0$ 时，开关由 1 位打向 2 位。根据换路定律，$u_C(0_+)=u_C(0_-)=U_s$，从 $t=0_+$ 开始，电容 C 通过电阻 R 放电，产生放电电流 $i_C(t)$。根据 KVL，在 $t>0$ 时，有

$$u_C+i_CR=0$$

因为 $i_C(t)=C\dfrac{\mathrm{d}u_C}{\mathrm{d}t}$，故

$$RC\frac{\mathrm{d}u_C}{\mathrm{d}t}+u_C=0 \qquad (8-3-1)$$

这是一个一阶齐次线性微分方程，其初始条件为

$$u_C(0_+)=U_s$$

应用分离变量法解方程式(8－3－1)，分离变量后方程为

$$\frac{\mathrm{d}u_C}{u_C}=-\frac{\mathrm{d}t}{RC}$$

两边同时积分，得

$$\ln u_C=-\frac{t}{RC}+A'$$

式中 A'为积分常数，对上式取反对数，得

$$u_C=\mathrm{e}^{A'}\mathrm{e}^{-t/(RC)}=A\mathrm{e}^{-t/(RC)} \quad t>0 \qquad (8-3-2)$$

式中 $A=\mathrm{e}^{A'}$，代入初始条件 $u_C(0_+)=U_s$，得 $A=u_C(0_+)=U_s$，则

$$u_C=U_s\mathrm{e}^{-t/(RC)} \quad t>0 \qquad (8-3-3)$$

电压 u_C 随时间变化的曲线如图 8－3－1(b)所示。电路中的电流为

$$i_C=C\frac{\mathrm{d}u_C}{\mathrm{d}t}=-\frac{U_s}{R}\mathrm{e}^{-t/RC} \quad t>0 \qquad (8-3-4)$$

电流 i_C 随时间变化的曲线如图 8－3－1(c)所示。$i_C<0$，说明真实方向与参考方向相反，这也符合电容放电，电压减小的实际情况。

当 $t\to\infty$时，$u_C\to 0$，$i_C\to 0$，电容存储的能量全部被电阻消耗。由图 8－3－1(b)、(c)知，电容电压 u_C 和电流 i_C 是时间 t 的指数函数，其变化的快慢与 RC 有关。我们令$\tau=RC$，τ 具有时间的量纲，其单位为秒(s)，称为时间常数。将 τ 代入式(8－3－3)和式(8－3－4)可得

$$u_C=U_s\mathrm{e}^{-t/\tau} \quad t>0 \qquad (8-3-5)$$

$$i_C=-\frac{U_s}{R}\mathrm{e}^{-t/\tau} \quad t>0 \qquad (8-3-6)$$

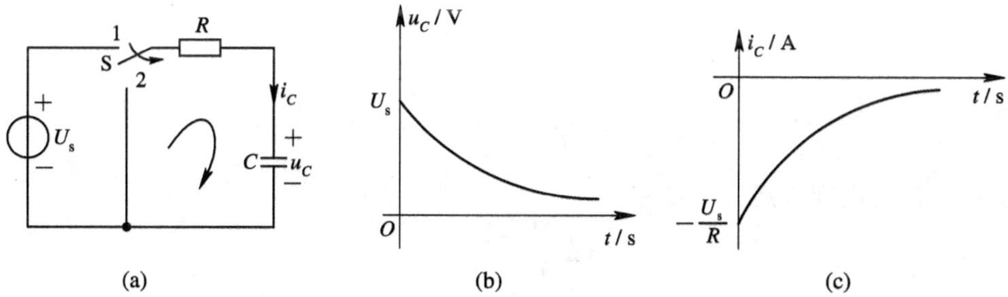

图 8－3－1

当 τ 给定后，u_C 随时间的增长逐渐减小到零，我们把这一过程称做理论上的过渡过程。τ 的大小决定过渡过程的进展速度，τ 越大，过渡过程越慢。表 8－1 给出了电压 u_C 与时间 t 和时间常数 τ 之间的一些特殊数值。

表 8-1　电压 u_C 与时间 t 和时间常数 τ 之间的一些特殊数值

t	0	τ	2τ	3τ	4τ	5τ	…	∞
$e^{-t/\tau}$	1	0.369	0.135	0.05	0.018	0.007	…	0
u_C	U_s	36.8%U_s	13.5%U_s	5%U_s	1.8%U_s	0.7%U_s	…	0

由表 8-1 可知：当 $t=3\tau$ 时，$u_C=u_C(0_+)\times 5\%$；当 $t=5\tau$ 时，$u_C=u_C(0_+)\times 0.7\%$。所以，工程实际中认为经过 3～5 倍的时间常数后，电容放电结束。因此，工程实际中，把换路后 $t=(3\sim5)\tau$ 的时间区间称为过渡过程区间。图 8-3-2 给出了不同时间常数的 u_C 波形。由图可知，τ 越大放电速度越慢。

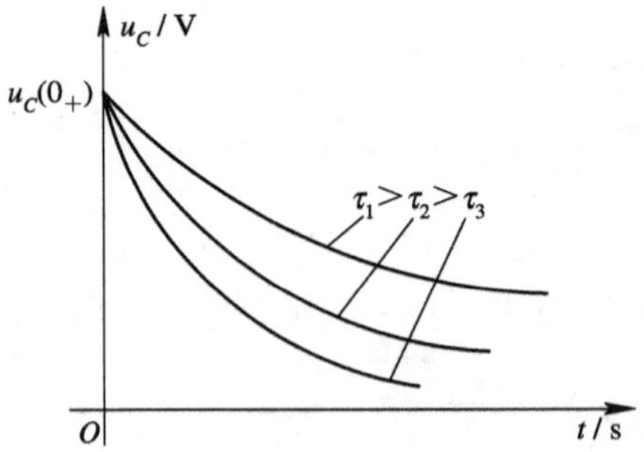

图 8-3-2

8.3.2　*RL* 电路的零输入响应

图 8-3-3(a)所示 RL 电路，$t<0$ 时，开关在 1 位，电路稳定，电感电流为 $i_L(0_-)=U_s/R=I_o$；$t=0$ 时，开关由 1 位打向 2 位。根据换路定律，$i_L(0_+)=i_L(0_-)=I_o$，从 $t=0$ 开始，电感 L 通过电阻 R 释放磁场能量。根据 KVL，在 $t>0$ 时，有

$$u_L+i_LR=0$$

因为

$$u_L(t)=L\frac{di_L}{dt}$$

故

$$L\frac{di_L}{dt}+i_LR=0 \tag{8-3-7}$$

对式(8-3-7)分离变量后，方程为

$$\frac{di_L}{i_L}=-\frac{R}{L}\,dt$$

两边同时积分，得

$$\ln i_L=-\frac{R}{L}t+A'$$

取反对数，得

$$i_L=e^{A'}e^{-Rt/L}=Ae^{-Rt/L}\qquad t>0 \tag{8-3-8}$$

代入初始条件 $i_L(0_+) = I_o$，得 $A = I_o$，则

$$i_L = I_o e^{-Rt/L} \quad t > 0 \tag{8-3-9}$$

令 $\tau = L/R$，则

$$i_L = I_o e^{-t/\tau} \quad t > 0 \tag{8-3-10}$$

式(8-3-10)与式(8-3-5)具有同样的结构形式，因此，电流 i_L 随时间变化的规律与 RC 电路中 u_C 的变化规律相同。电感电压 u_L 的变化规律为

$$u_L = L\frac{di_L}{dt} = -RI_o e^{-t/\tau} \quad t > 0 \tag{8-3-11}$$

i_L 和 u_L 的变化曲线如图 8-3-3(b)所示。比较式(8-3-5)、式(8-3-6)与式(8-3-10)、式(8-3-11)，若把零输入响应用 $y_{zi}(t)$表示，初始值用 $y_{zi}(0_+)$表示，则上述各式均可归纳表示为

$$y_{zi} = y_{zi}(0_+)e^{-t/\tau} \quad t > 0 \tag{8-3-12}$$

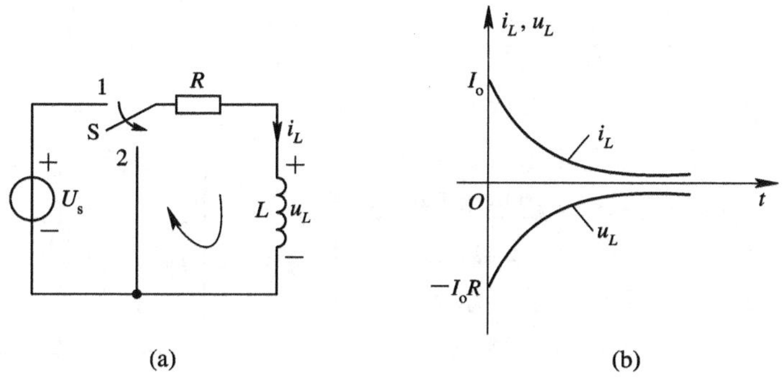

图 8-3-3

例 8-3-1 图 8-3-4 所示电路，$t < 0$ 时电路稳定，$t = 0$ 时开关 S 断开，已知 $U_s = 12$ V，$R_1 = R_2 = 10\ \Omega$，$C = 1$ F，求 $t > 0$ 时的 u_C 和 i。

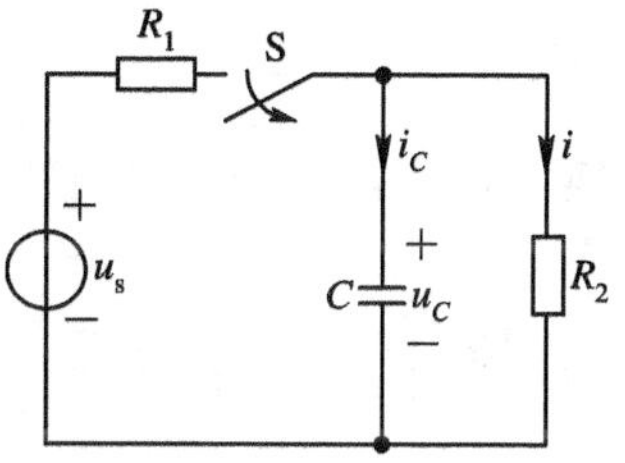

解 (1) 求初始值 $u_C(0_+)$：因为 $t < 0$ 时电路稳定，根据直流稳定电路的特征

$$i_C(0_-) = 0$$

故

$$u_C(0_-) = \frac{R_2}{R_1 + R_2}U_s = \frac{10}{10+10} \times 12 = 6\ \text{V}$$

依据换路定律，有

$$u_C(0_+) = u_C(0_-) = 6\ \text{V}$$

(2) 求 u_C：开关 S 打开后，根据 KVL，有

$$u_C - iR_2 = 0$$

因为

$$i = -i_C, \quad i_C = C\frac{du_C}{dt}$$

故

$$u_C + R_2 C \frac{du_C}{dt} = 0$$

分离变量后，方程为

$$\frac{du_C}{dt} = -\frac{dt}{R_2 C}$$

两边同时积分，得

$$\ln u_C = -\frac{1}{R_2 C} t + A'$$

取反对数，并令 $A = e^{A'}$，有

$$u_C = A e^{-t/(R_2 C)}$$

代入初始条件，得 $A = 6$ V，故

$$u_C = 6e^{-t/(R_2 C)} = 6e^{-t/10}\ \text{V} \quad t > 0$$

由电路知

$$i = \frac{u_C}{R_2} = \frac{6}{10} e^{-t/10} = 0.6 e^{-t/10}\ \text{A} \quad t > 0$$

例 8-3-2 图 8-3-5 所示电路为一实际电感线圈与电阻并联后和理想电压源 U_s 接通的电路，已知 $U_s = 220$ V，$R = 40\ \Omega$，电感线圈的电感为 $L = 1$ H，线圈损耗电阻 $R_L = 20\ \Omega$，设开关 S 打开前电路稳定，在 $t = 0$ 时 S 打开。求 $t > 0$ 时的电流 $i_L(t)$ 和电压 $u_R(t)$、$u_L(t)$。

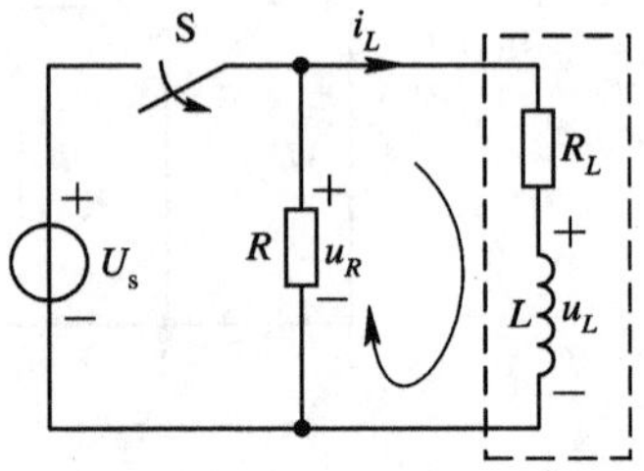

图 8-3-5

解 (1) 求初始值：S 打开前电路稳定，根据直流稳定电路的特征，$u_L(0_-) = 0$，故

$$i_L(0_-) = \frac{U_s}{R_L} = \frac{220}{20} = 11\ \text{A}$$

依据换路定律，有

$$i_L(0_+) = i_L(0_-) = 11\ \text{A}$$

(2) 求 $i_L(t)$：S 打开后，根据 KVL，有

$$u_L + i_L(R + R_L) = 0$$

因为

$$u_L = L \frac{di_L}{dt}$$

所以

$$L \frac{di_L}{dt} + i_L(R + R_L) = 0$$

分离变量后代入数据，得

$$\frac{di_L}{i_L} = -60\ dt$$

两边同时积分，得

$$\ln i_L = -60t + A'$$

取反对数，有

$$i_L = e^{A'} e^{-60t} = A e^{-60t}$$

代入初始值：$t=0_+$时，$i_L(0_+)=11$ A，得 $A=11$，则

$$i_L = 11e^{-60t}\ \text{A} \qquad t>0$$

(3) 求 $u_R(t)$、$u_L(t)$：由于在 R 上 u_R 与 i_L 参考方向非关联，故

$$u_R(t) = -i_L R = -11\times 40e^{-60t} = -440e^{-60t}\ \text{V} \qquad t>0$$

$$u_L(t) = L\frac{\mathrm{d}i_L}{\mathrm{d}t} = -i_L(R+R_L) = -660e^{-60t}\ \text{V} \qquad t>0$$

若 $t=0_+$，则 $u_L(0_+)=-660$ V。此例告诉我们：电感放电回路的电阻不能过大，否则，电感电压过高，可能会造成电感的绝缘击穿而损坏。

小结

1. 仅含一个动态元件的电路为一阶电路，换路后电路中不含独立激励源，仅由动态元件的储能而产生的响应称做零输入响应。

2. RC 电路的零输入响应一般选择电容电压 u_C 为分析对象，RL 电路选择电感电流 i_L 为分析对象较方便，所列方程为一阶齐次线性微分方程，其解是一个指数函数，随着时间的增长而呈现指数衰减。

3. RC 电路的时间常数 $\tau=RC$，RL 电路的时间常数 $\tau=L/R$。τ 的大小决定着过渡过程的长短。工程上一般认为经过$(3\sim5)\tau$ 时间后过渡过程结束。

4. 一阶电路零输入响应函数的一般表示形式为

$$y_{zi} = y_{zi}(0_+)e^{-t/\tau} \qquad t>0$$

思考与练习

8-3-1　已知题 8-3-1 图所示电路中，$U_s=100$ V，$R_0=10$ kΩ，$R=10$ kΩ，$C=100$ pF，开关 S 在 1 位时电路稳定，在 $t=0$ 时开关 S 由 1 打向 2，求 $t>0$ 时的 $u_C(t)$、$u_R(t)$函数，$t=20$ s 时 u_C、u_R 的值。

8-3-2　已知题 8-3-2 图所示电路中，$U_s=12$ V，$R_1=4$ Ω，$R_2=2$ Ω，$R_3=3$ Ω，$C=0.2$ F，开关 S 打开前电路稳定，在 $t=0$ 时 S 打开，求 $t>0$ 时的电压 u_C、u_R 和电流 i。

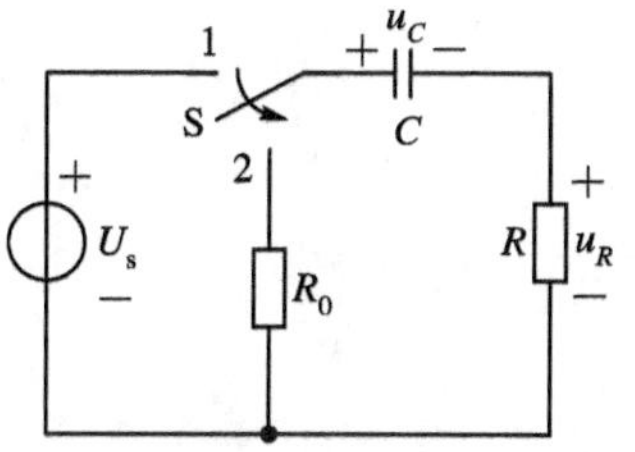

题 8-3-1 图

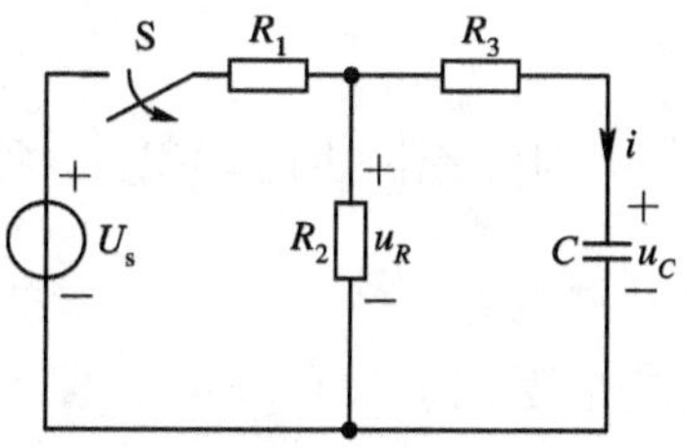

题 8-3-2 图

8-3-3　已知题 8-3-3 图所示电路中，$U_s=220$ V，$R_1=8$ Ω，$R=12$ Ω，$L=0.6$ H，开关 S 闭合前电路稳定，在 $t=0$ 时 S 闭合，求 $t>0$ 时的电压 u_L 和电流 i。

8-3-4　题 8-3-4 图所示电路，开关 S 打开前电路稳定，在 $t=0$ 时 S 打开，求 $t>0$ 时的电压 u 和电流 i_L。

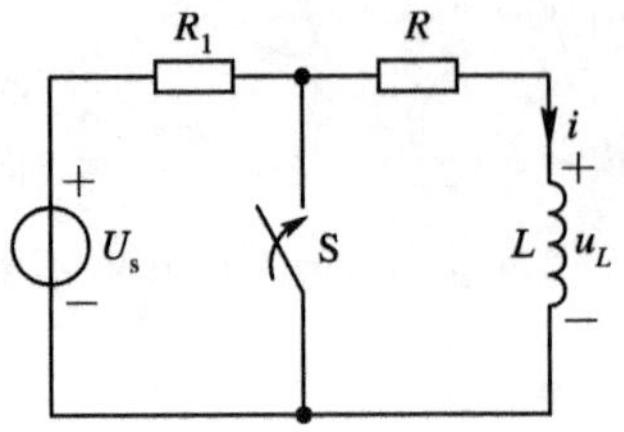

题 8-3-3 图

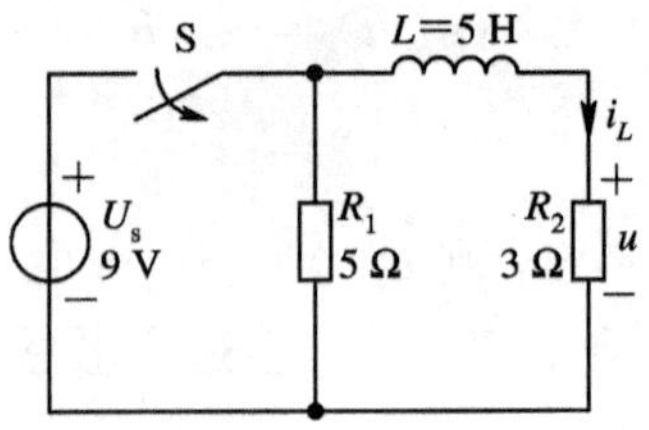

题 8-3-4 图

8.4　一阶电路的零状态响应

若动态电路换路前动态元件的储能为零，换路后仅由外加激励源所产生的响应，则称为电路的零状态响应(zero-state response)。

8.4.1　*RC* 电路的零状态响应

图 8-4-1(a)所示 RC 电路，$t<0$ 时，开关 S 在 2 位，电容电压 $u_C(0_-)=0$；$t=0$ 时刻，开关由 2 打向 1，根据换路定律，$u_C(0_+)=u_C(0_-)=0$。从 $t=0_+$ 开始，电源 U_s 通过电阻 R 给 C 充电，电路形成充电电流 i_C。根据 KVL，在 $t>0$ 时，有

$$i_C R+u_C=U_s$$

因为 $i_C=C\dfrac{\mathrm{d}u_C}{\mathrm{d}t}$，故

$$RC\frac{\mathrm{d}u_C}{\mathrm{d}t}+u_C=U_s \tag{8-4-1}$$

方程(8-4-1)是一个一阶非齐次线性微分方程，其初始条件为

$$u_C(0_+)=u_C(0_-)=0$$

该方程同样可以利用分离变量法求解，其分离变量后为

$$\frac{\mathrm{d}u_C}{u_C-U_s}=-\frac{\mathrm{d}t}{RC}$$

令 $\tau=RC$，并对方程两边同时积分，得

$$\ln(u_C-U_s)=-\frac{t}{\tau}+A'$$

对上式取反对数，得

$$u_C-U_s=\mathrm{e}^{A'}\mathrm{e}^{-t/\tau}=A\mathrm{e}^{-t/\tau} \tag{8-4-2}$$

代入初始条件：$t=0_+$ 时，$u_C(0_+)=0$，得 $A=-U_s$，故

$$u_C=U_s-U_s\mathrm{e}^{-t/\tau}=U_s(1-\mathrm{e}^{-t/\tau})\quad t>0 \tag{8-4-3}$$

电流 i_C 为

$$i_C = C\frac{\mathrm{d}u_C}{\mathrm{d}t} = \frac{U_s - u_C}{R} = \frac{U_s}{R}\mathrm{e}^{-t/\tau} \quad t > 0 \tag{8-4-4}$$

由式(8-4-3)和式(8-4-4)知：随着时间的增长，$u_C(t)$增大，i_C 减小。当 $t\to\infty$时，$u_C\to U_s$，$i_C\to 0$，电容充电结束。工程实际中认为，当 $t=(3\sim5)\tau$ 时，电容充电结束。u_C 和 i_C 的变化曲线分别如图 8-4-1(b)和(c)所示。

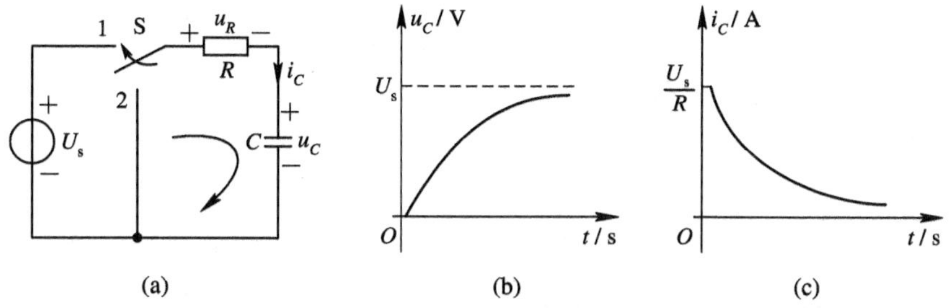

图 8-4-1

8.4.2 *RL* 电路的零状态响应

图 8-4-2(a)所示 RL 电路，$t<0$ 时，开关 S 在 2 位，电感电流 $i_L(0_-)=0$；在 $t=0$ 时刻，开关由 2 打向 1，根据换路定律，$i_L(0_+)=i_L(0_-)=0$。从 $t=0_+$开始，电源通过电阻 R 给电感L 充磁，电路形成充磁电流 i_L。根据 KVL，在 $t>0$ 时，有

$$i_LR + u_L = U_s$$

因为 $u_L = L\frac{\mathrm{d}i_L}{\mathrm{d}t}$，代入上式得

$$L\frac{\mathrm{d}i_L}{\mathrm{d}t} + i_LR = U_s$$

$$\frac{L}{R}\frac{\mathrm{d}i_L}{\mathrm{d}t} + i_L = \frac{U_s}{R}$$

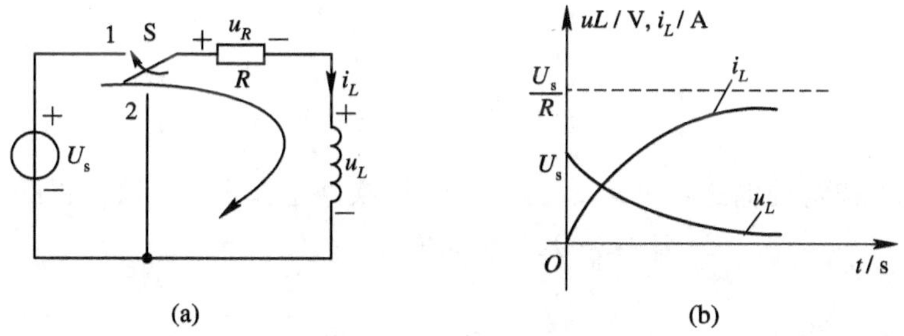

图 8-4-2

令 $\tau=\frac{L}{R}$，$I_s=\frac{U_s}{R}$，则

$$\tau\frac{\mathrm{d}i_L}{\mathrm{d}t} + i_L = I_s \tag{8-4-5}$$

对上式分离变量后为

$$\frac{\mathrm{d}i_L}{i_L - I_s} = -\frac{\mathrm{d}t}{\tau}$$

两边同时积分，得

$$\ln(i_L - I_s) = -\frac{t}{\tau} + A'$$

对上式取反对数，得

$$i_L - I_s = \mathrm{e}^{A'}\mathrm{e}^{-t/\tau} = A\mathrm{e}^{-t/\tau} \qquad (8-4-6)$$

代入初始条件：$t = 0_+$时，$i_L(0_+) = 0$，得$A = -I_s$，故

$$i_L = I_s - I_s\mathrm{e}^{-t/\tau} = I_s(1 - \mathrm{e}^{-t/\tau}) \qquad t > 0 \qquad (8-4-7)$$

电流 $u_L(t)$为

$$u_L = L\frac{\mathrm{d}i_L}{\mathrm{d}t} = U_s - i_L R = U_s\mathrm{e}^{-t/\tau} \qquad t > 0 \qquad (8-4-8)$$

由式(8-4-7)和式(8-4-8)可以看出：随着时间的增长，$i_L(t)$增大，$u_L(t)$减小。当$t\to\infty$时，$i_L\to I_s$，$u_L\to 0$，电感充磁结束。工程实际中认为，当$t=(3\sim5)\tau$时，过渡过程结束。$i_L(t)$和$u_L(t)$的变化曲线如图8-4-2(b)所示。

比较式(8-4-3)与式(8-4-7)，若把零状态响应用$y_{zs}(t)$表示，稳定值用$y_{zs}(\infty)$表示，则上述各式可表示为

$$y_{zs} = y_{zs}(\infty)(1 - \mathrm{e}^{-t/\tau}) \qquad t > 0 \qquad (8-4-9)$$

例 8-4-1 图8-4-3所示 RC 电路，开关S打开前电路稳定，$t = 0$时刻S打开，求$t > 0$时的$u_C(t)$和$i_C(t)$。

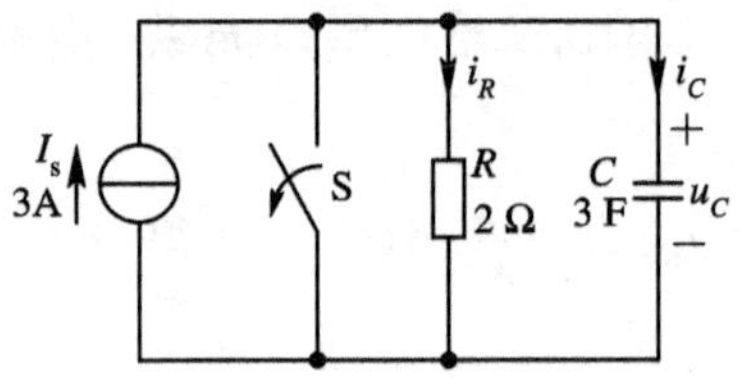

图 8-4-3

解 设 R 上的电流为i_R，参考方向如图中所示，根据KCL，有

$$i_R + i_C = I_s \qquad t > 0$$

因为$i_R = u_C/R$，$i_C = C\ \mathrm{d}u_C/(\mathrm{d}t)$，代入上式并整理，得

$$\frac{u_C}{R} + C\frac{\mathrm{d}u_C}{\mathrm{d}t} = I_s$$

$$RC\frac{\mathrm{d}u_C}{\mathrm{d}t} + u_C = I_s R$$

由$t = 0_-$时处于稳定的电路，知$u_C(0_-) = 0$。由换路定律可知，该方程的初始条件为

$$u_C(0_+) = u_C(0_-) = 0$$

解方程得

$$u_C - I_s R = \mathrm{e}^{-t/(RC)}$$

代入初始条件，求得

$$u_C = I_s R(1 - \mathrm{e}^{-t/(RC)}) = 6(1 - \mathrm{e}^{-t/6})\ \mathrm{V}$$

$$i_C(t) = I_s - i_R = I_s - \frac{u_C}{R} = 3\mathrm{e}^{-t/6}\ \mathrm{A}$$

例 8-4-2 已知图8-4-4(a)所示 RL 电路中，实际电感元件的损耗电阻为$r = 2\ \Omega$，$L = 2$ H，开关S打开前电路稳定。$t = 0$时刻，S打开，求$t > 0$时的$i_L(t)$。

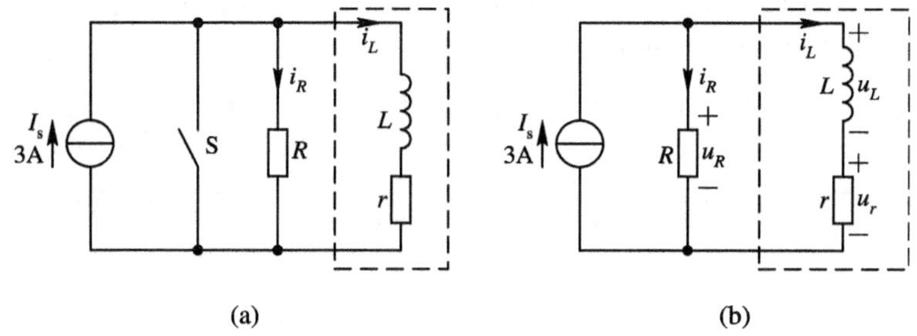

图 8-4-4

解　可以将电感线圈等效成理想电感 L 和电阻 r 串联的电路模型。对 $t>0$，图 8-4-4(a) 所示电路可等效成图 8-4-4(b)所示电路。设各支路电流和各元件电压参考方向如图 8-4-4(b)所示，根据 KCL，有

$$i_L+i_R=I_s$$

因为

$$u_L=L\frac{\mathrm{d}i_L}{\mathrm{d}t},\ u_r=i_Lr,\ i_R=\frac{u_R}{R}=\frac{u_L+u_r}{R}=\frac{L}{R}\frac{\mathrm{d}i_L}{\mathrm{d}t}+\frac{r}{R}i_L$$

将 i_R 代入上式，有

$$\frac{L}{R}\frac{\mathrm{d}i_L}{\mathrm{d}t}+\frac{r}{R}i_L+i_L=I_s$$

代入数据，得

$$\frac{\mathrm{d}i_L}{\mathrm{d}t}+2i_L=3$$

分离变量后，得

$$\frac{\mathrm{d}i_L}{i_L-1.5}=-2\ \mathrm{d}t$$

两边同时积分并取反对数，得

$$i_L-1.5=A\mathrm{e}^{-2t}$$

代入初始条件：$t=0_+$ 时，$i_L(0_+)=0$，得 $A=-1.5$，故

$$i_L=1.5(1-\mathrm{e}^{-2t})\ \mathrm{A}\quad t>0$$

小结

1. 若换路后动态元件上的储能为零，仅由激励在电路中所产生的响应称为零状态响应。

2. RC 电路的零状态响应选择 $u_C(t)$ 为分析对象较方便，RL 电路的零状态响应选择 $i_L(t)$ 为分析对象较方便，所列方程为一阶线性非齐次微分方程。

3. 一阶电路零状态响应的一般表示形式为 $y_{zs}=y_{zs}(\infty)(1-\mathrm{e}^{-t/\tau})$。

思考与练习

8-4-1　已知题 8-4-1 图所示电路中，$U_s=10$ V，$R=5\ \Omega$，$C=0.2\ \mu$F，开关 S

闭合前电容上无电荷存储，在 $t = 0$ 时刻 S 闭合，求 $t > 0$ 时的 $i_C(t)$，并画出波形图。

8-4-2　已知题 8-4-2 图所示电路中，$U_s = 6$ V，$R = 4$ Ω，$L=1$ H，开关 S 闭合前电感上无能量储存，在 $t = 0$ 时刻 S 闭合，求 $t > 0$ 时的 $u_L(t)$，并画出波形图。

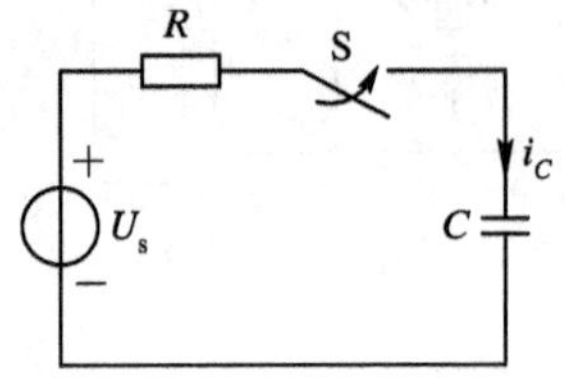

题 8-4-1 图

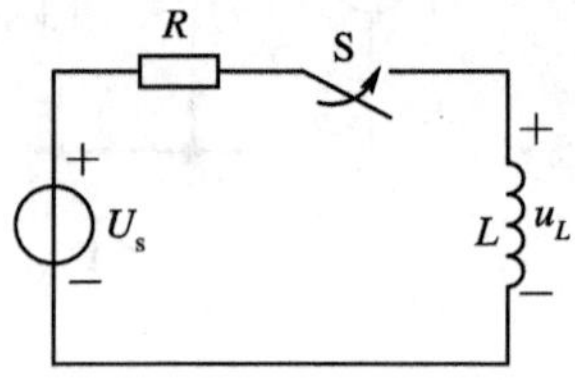

题 8-4-2 图

8-4-3　已知题 8-4-3 图所示电路中，$U_s = 10$ V，$R_1 = 5$ Ω，$R_2 = 2$ Ω，$C = 0.5$ μF，开关 S 闭合前电路稳定，在 $t = 0$ 时刻 S 闭合，求 $t > 0$ 时的 $u_C(t)$和 $i_C(t)$。

8-4-4　已知题 8-4-4 图所示电路中，$U_s = 12$ V，$R_1 = 4$ Ω，$R_2 = 2$ Ω，$L = 0.6$ H，开关 S 打开前电路稳定，在 $t = 0$ 时刻 S 打开，求 $t > 0$ 时的 $u_L(t)$和 $i_L(t)$。

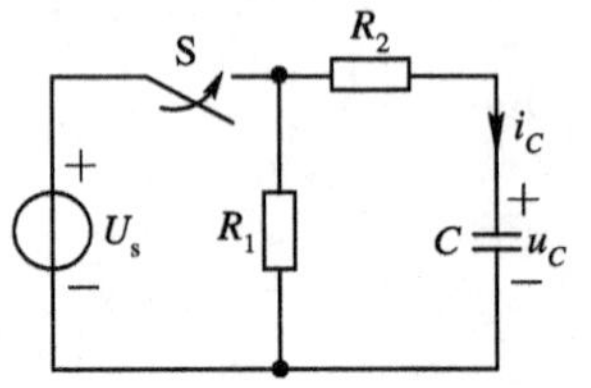

题 8-4-3 图

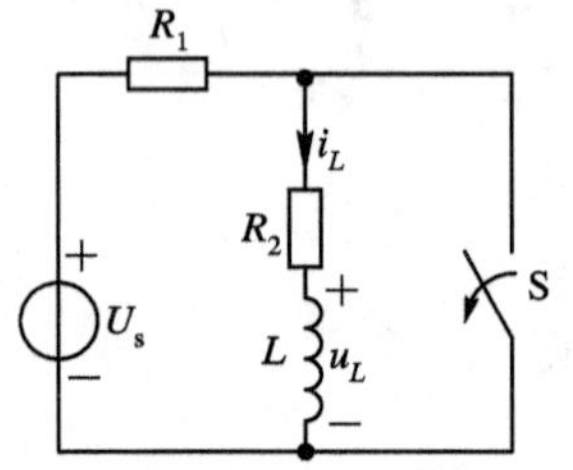

题 8-4-4 图

8.5　一阶电路的完全响应

若动态电路的换路时刻为 $t = t_0$，且在 $t = t_{0+}$ 时刻动态元件的储能不为零，电路中又含有独立激励源，则换路后($t > t_{0+}$)电路的响应称为完全响应(complete response)。

8.5.1　*RC* 电路的完全响应

图 8-5-1(a)所示 *RC* 一阶电路，$t < t_0$ 时，开关 S 在 1 位，电路稳定。$t = t_0$ 时刻，S 由 1 打向 2，根据换路定律，$u_C(t_{0+}) = U_{s1} = U_0$，对于 $t \geqslant t_{0+}$，电路的方程为

$$U_{s2} - i_C R - u_C = 0$$

代入 $i_C = C\,du_C/dt$，$\tau = RC$，则

$$\tau \frac{du_C}{dt} + u_C = U_{s2} \qquad (8-5-1)$$

式(8-5-1)同样是一个一阶线性非齐次微分方程，当 $t \geqslant t_{0+}$ 时，应用前面多次使用的变量分离法，解方程得

$$u_C - U_{s2} = A e^{-t/\tau}$$

代入初始条件：$t = t_{0+}$ 时，$u_C(t_{0+}) = U_0$，得

$$A = (U_0 - U_{s2})e^{t_{0+}/\tau}$$

则

$$u_C = U_0 e^{-(t-t_{0+})/\tau} + U_{s2}(1 - e^{-(t-t_{0+})/\tau}) \quad t \geqslant t_{0+} \tag{8-5-2}$$

u_C 的变化曲线如图 8-5-1(b)所示。若 $t_0=0$，则上式可改写为

$$u_C = U_0 e^{-t/\tau} + U_{s2}(1 - e^{-t/\tau}) \quad t \geqslant 0 \tag{8-5-3}$$

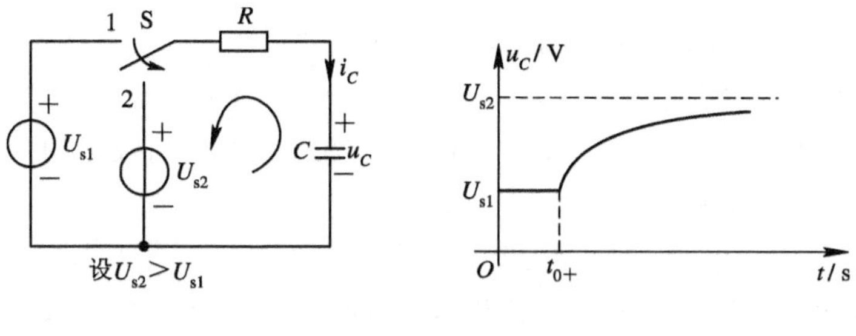

(a) (b)

图 8-5-1

8.5.2 *RL* 电路的完全响应

图 8-5-2(a)所示 RL 一阶电路，$t < t_0$ 时，开关 S 在 1 位，电路稳定。$t = t_0$ 时刻，S 由 1 打向 2，根据换路定律，$i_L(t_{0+}) = i_L(t_{0-}) = U_{s1}/R = I_0$，对 $t \geqslant t_{0+}$，电路的方程为

$$U_{s2} - i_L R - u_L = 0$$

代入 $u_L = L\,di_L/dt$，$\tau = L/R$，则

$$\tau \frac{di_L}{dt} + i_L = I_{s2} \tag{8-5-4}$$

令 $U_{s2}/R = I_s$，解微分方程，得

$$i_L - I_s = Ae^{-t/\tau} \quad t \geqslant t_{0+}$$

代入初始条件：$t = t_{0+}$ 时，$i_L(t_{0+}) = I_0$，得 $A = (I_0 - I_s)e^{t_{0+}/\tau}$，则

$$i_L = I_0 e^{-(t-t_{0+})/\tau} + I_s(1 - e^{-(t-t_{0+})/\tau}) \quad t \geqslant t_{0+} \tag{8-5-5}$$

i_L 的变化曲线如图 8-5-2(b)所示。若 $t_0=0$，则上式可改写为

$$i_L = I_0 e^{-t/\tau} + I_s(1 - e^{-t/\tau}) \quad t \geqslant t_0 \tag{8-5-6}$$

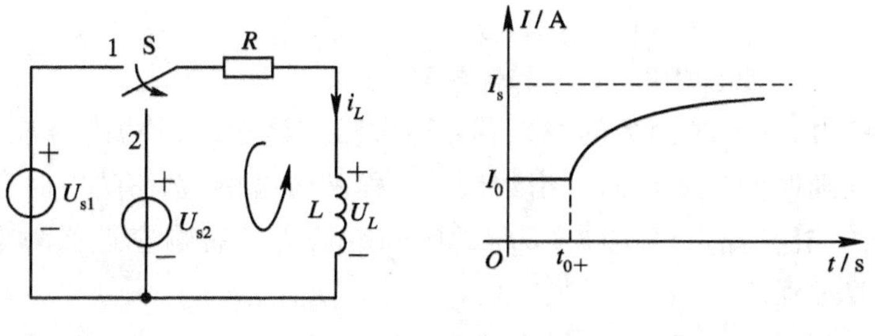

(a) (b)

图 8-5-2

8.5.3 一阶动态电路的三要素法

对于一阶动态电路，其微分方程的一般形式为

$$\tau\frac{\mathrm{d}y(t)}{\mathrm{d}t}+y(t)=c$$

式中，$y(t)$为电路任何处的响应，τ 为一阶电路的时间常数，c 代表换路后的恒定激励源常数。

设换路时刻为 t_0，求解该方程的初始条件应为 $y(t_{0+})$。

考虑分析方便，我们限定 $y(t)$只为 $u_C(t)$(对 RC 一阶电路)或 $i_L(t)$(对 RL 一阶电路)，观察比较式(8－5－2)与式(8－5－5)，不难归纳总结得到在我们限定的条件下，恒定激励一阶电路全响应的一般形式为

$$y(t)=y(t_{0+})\mathrm{e}^{-(t-t_{0+})/\tau}+c(1-\mathrm{e}^{-(t-t_{0+})/\tau})\quad t\geqslant t_{0+}\qquad(8-5-7)$$

由式(8－5－7)可看出，当 $t\to\infty$时，电路进入稳定状态，$y(\infty)=c$，故上式可表示为

$$y=\underbrace{y(t_{0+})\mathrm{e}^{-(t-t_{0+})/\tau}}_{\text{零输入响应}}+\underbrace{y(\infty)(1-\mathrm{e}^{-(t-t_{0+})/\tau})}_{\text{零状态响应}}\quad t\geqslant t_{0+}\qquad(8-5-8)$$

若换路时刻 $t_0=0$，则有

$$y(t)=\underbrace{y(0_+)\mathrm{e}^{-t/\tau}}_{\text{零输入响应}}+\underbrace{y(\infty)(1-\mathrm{e}^{-t/\tau})}_{\text{零状态响应}}\quad t\geqslant 0\qquad(8-5-9)$$

在式(8－5－8)和式(8－5－9)中，只要求出初始值 $y(t_{0+})$或 $y(0_+)$、稳态值 $y(\infty)$和时间常数 τ，则可写出上述所求响应 $u_C(t)$或 $i_L(t)$的函数表示式，所以，这三个值被称为三要素。一阶动态电路的分析即被转化为计算三个要素，这一分析方法称做一阶动态电路过渡过程的三要素法(three elements method)。

比较一阶动态电路的零输入响应(式(8－3－5)和式(8－3－10))、零状态响应(式(8－4－3)和式(8－4－7))，不难发现：完全响应等于零输入响应和零状态响应的叠加，即

$$y(t)=y_{zi}(t)+y_{zs}(t)\qquad(8-5-10)$$

在完全响应中，当 $y(\infty)=0$ 时，$y(t)=y_{zi}(t)$，为零输入响应；当 $y(t_{0+})=0$ 时，$y(t)=y_{zs}(t)$，为零状态响应。最终，我们将零输入响应和零状态响应都归结到了完全响应之中。

若将式(8－5－10)改写为

$$y(t)=\underbrace{y(\infty)}_{\text{稳态响应}}+\underbrace{[y(t_{0+})-y(\infty)]\mathrm{e}^{-(t-t_{0+})/\tau}}_{\text{暂态响应}}\quad t>t_{0+}\qquad(8-5-11)$$

则式中右端第一项为 $t\to\infty$时函数的稳定值，称做恒定激励时的稳态响应；第二项为换路后过渡过程的函数随时间 t 增长而呈指数衰减，称做暂态响应，有"暂时存在"之意。前已提及，工程实际中，在换路后经历(3～5)τ 的时间就认为暂态响应近似为零，可忽略不计。暂态过程就是过渡过程。

例 8－5－1 已知图 8－5－3 所示电路中，$R_1=R_2=R_3=3\ \text{k}\Omega$，$C=10^3\ \text{pF}$，$U_s=12\ \text{V}$，开关 S 打开前电路稳定，在 $t=0$ 时刻 S 打开，试用三要素法求 $u_C(t)$。

解　求三要素：

（1）初始值：根据换路定律，有

$$u_C(0_+) = u_C(0_-) = 0$$

（2）稳态值：根据稳定条件，$t \to \infty$，电路稳定，$i_C(\infty) = 0$，故

$$u_C(\infty) = \frac{U_s}{R_1 + R_2 + R_3} \times R_2$$

$$= \frac{12}{3+3+3} \times 3 = 4\ \text{V}$$

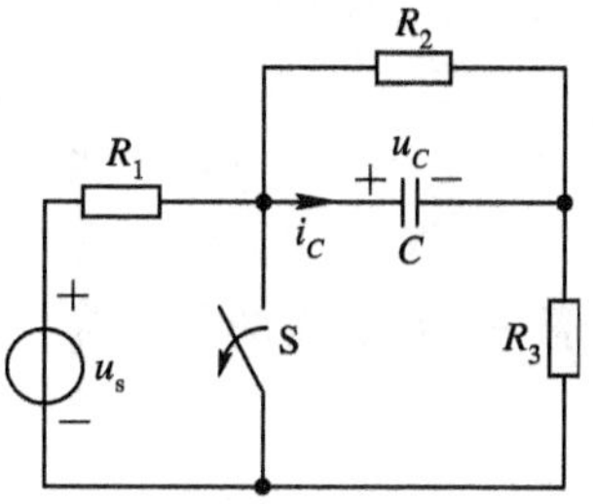

图 8-5-3

（3）时间常数 τ：相对于电容 C 来说，将 U_s 置零后，R_1 与 R_3 串联后再与 R_2 并联，求得等效电阻 R。所以，时间常数为

$$\tau = RC = \frac{(R_1 + R_3)R_2}{R_1 + R_3 + R_2}C$$

$$= \frac{(3+3)\times 3}{3+3+3} \times 10^3 \times 10^3 \times 10^{-12} = 2\ \mu\text{s}$$

将三要素代入式(8-5-11)，得

$$u_C(t) = 4 + (0-4)\mathrm{e}^{-t/(2\times10^{-6})} = 4(1-\mathrm{e}^{-t/(2\times10^{-6})})\ \text{V} \quad t \geqslant 0_+$$

例 8-5-2　图 8-5-4 所示 RL 电路已处于稳定，已知 $R_1 = R_3 = 10\ \Omega$，$R_2 = 40\ \Omega$，$L = 0.1\ \text{H}$，$U_s = 180\ \text{V}$，$t = 0$ 时刻开关 S 闭合，求 $t > 0$ 时的 i_L。

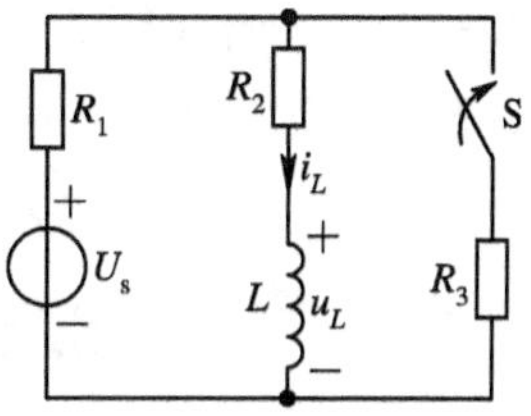

图 8-5-4

解　求三要素：

（1）初始值 $i_L(0_+)$：开关 S 闭合前 L 相当于短路，故有

$$i_L(0_-) = \frac{U_s}{R_1 + R_2} = \frac{180}{10+40} = 3.6\ \text{A}$$

根据换路定律，开关 S 闭合初始时刻有

$$i_L(0_+) = i_L(0_-) = 3.6\ \text{A}$$

（2）稳态值 $i_L(\infty)$：根据稳定条件，S 闭合后电路达到稳态时 $u_L(\infty)=0$，故有

$$i_L(\infty) = \frac{U_s}{R_1 + R_2 /\!/ R_3} \cdot \frac{R_3}{R_2 + R_3} = \frac{U_s R_3}{R_2 R_3 + R_1(R_2 + R_3)}$$

$$= \frac{180 \times 10}{40\times10 + 10(40+10)} = 2\ \text{A}$$

（3）时间常数 τ：相对于电感 L 来说，将 U_s 置零后，R_1 与 R_3 并联后再与 R_2 串联，求出等效电阻 R。所以时间常数为

$$\tau = \frac{L}{R_1 /\!/ R_3 + R_2} = \frac{0.1}{5+40} = \frac{1}{450}\ \text{s}$$

将三要素代入式(8-5-11)，得

$$i_L = 2 + (3.6-2)\mathrm{e}^{-450t} = 2 + 1.6\mathrm{e}^{-450t}\ \text{A} \quad t \geqslant 0_+$$

小结

1. 电路的完全响应指的是：既有动态元件初始储能的作用，又有独立激励源的作用，

二者共同产生的响应。

2. n 阶电路所列响应的微分方程即是 n 阶的，它的完全响应等于零输入响应与零状态响应之和。当然，一阶电路的完全响应也不例外，只是形式上更简单明了。

3. 分析一阶动态电路最终归结到计算三个要素，即初始值 $y(t_{0+})$，稳态值 $y(\infty)$ 和时间常数 τ。其响应的函数为

$$y(t) = y(t_{0+})\mathrm{e}^{-(t-t_{0+})/\tau} + y(\infty)(1 - \mathrm{e}^{-(t-t_{0+})/\tau})$$
$$= y(\infty) + [y(t_{0+}) - y(\infty)]\mathrm{e}^{-(t-t_{0+})/\tau}$$

4. 应当明确，三要素法适用于求恒定激励一阶电路任何处的响应，不是仅局限于求 $u_C(t)$ 或 $i_L(t)$。本书中作求 $u_C(t)$ 或 $i_L(t)$ 的限定只是为了求初始值($u_C(0_+)$ 或 $i_L(0_+)$)更简单，也便于说明零输入响应、零状态响应的概念。况且，在求得 $u_C(t)$ 或 $i_L(t)$ 后，也很容易求得其他响应量，比如 $i_C(t)$ 或 $u_L(t)$ 等。

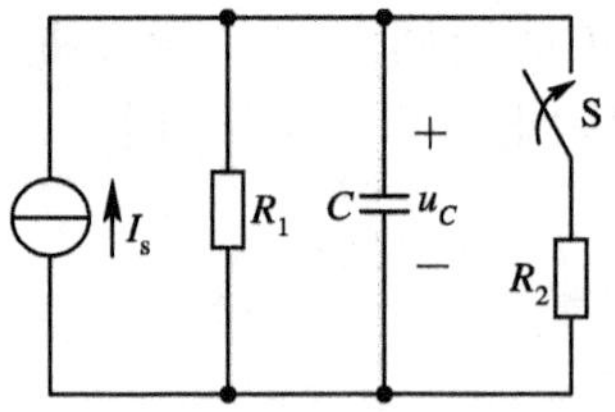

题 8-5-3 图

思考与练习

8-5-1　用三要素法重解题 8-3-2。

8-5-2　用三要素法重解题 8-4-4。

8-5-3　已知题 8-5-3 图所示电路中，$I_s = 3$ A，$R_1 = 6$ kΩ，$R_2 = 3$ kΩ，$C = 5000$ μF，$t < 0$ 时电路稳定，$t = 3$ s 时刻开关 S 闭合，求 $t > 0$ 时的电压 $u_C(t)$。

8.6　复杂一阶动态电路的分析

8.6.1　一阶线性微分方程解的结构形式

一阶线性动态电路的方程为一阶常系数线性微分方程，其一般形式为

$$\frac{\mathrm{d}y}{\mathrm{d}t} + Py = Q \tag{8-6-1}$$

对于恒定激励的一阶线性动态电路来说，式(8-6-1)中 P 与 Q 为常数。若 $Q \neq 0$，则为一阶非齐次线性微分方程。其解由两部分组成，即

$$y = y_\mathrm{h} + y_\mathrm{p} \tag{8-6-2}$$

式中：y_h 是对应的齐次方程的通解，称为齐次解；y_p 为满足该非齐次微分方程的特解。

式(8-6-1)对应的齐次方程为

$$\frac{\mathrm{d}y}{\mathrm{d}t} + Py = 0 \tag{8-6-3}$$

其特征方程为

$$\lambda + P = 0$$

由上式求得 $\lambda = -P$，所以，齐次解的一般形式为

$$y_\mathrm{h} = A\mathrm{e}^{\lambda t} = A\mathrm{e}^{-Pt} \tag{8-6-4}$$

式(8－6－4)中 A 为待定系数。特解 y_p 具有与激励相同的函数形式，在直流激励下，y_p 为常数，令 $y_p=K$，则(8－6－1)方程的解为

$$y = Ae^{-Pt} + K \tag{8-6-5}$$

代入初始条件 $t = t_{0+}$ 时 $y(t) = y(t_{0+})$，稳定条件 $t\to\infty$时 $y(t) = y(\infty)$，得

$$\left.\begin{aligned} K &= y(\infty) \\ A &= [y(t_{0+}) - y(\infty)]e^{Pt_{0+}} \end{aligned}\right\} \tag{8-6-6}$$

由此可得，恒定激励的常系数一阶线性非齐次微分方程解的一般形式为

$$y = y(\infty) + [y(t_{0+}) - y(\infty)]e^{-P(t-t_{0+})} \quad t \geqslant t_{0+} \tag{8-6-7}$$

对于一阶动态电路来说，P 为电路时间常数 τ 的倒数，故

$$y = y(\infty) + [y(t_{0+}) - y(\infty)]e^{-(t-t_{0+})/\tau} \quad t \geqslant t_{0+} \tag{8-6-8}$$

式(8－6－8)与式(8－5－11)具有完全相同的结构。

8.6.2 复杂一阶动态电路的分析

对于一阶线性动态电路，其响应具有线性关系，所以，线性电路的分析方法同样适用于线性动态电路，如叠加定理、戴维南定理、诺顿定理等。式(8－5－8)就是零输入响应与零状态响应的叠加。同样，对于零状态响应，当电路中有几个独立激励源同时作用时，其响应等于各个独立激励源单独作用时所产生的响应的叠加。这里具体介绍三要素法结合应用戴维南定理和诺顿定理分析复杂一阶动态电路的方法。

首先，根据 8.2 节所介绍的方法计算电路的初始值。

然后，对电路进行等效变换。对于任何一阶线性电路，当电路换路后，都是由一个动态元件(C 或 L)和含有独立激励源、受控源、线性电阻的网络 N 组成的，其示意图如图 8－6－1(a)所示。若从 A、B 间断开动态元件，电路 N 即成为有源二端线性电阻性网络，根据戴维南定理，可以将其等效成实际电压源。这样，图 8－6－1(a)即被等效为图 8－6－1(b)。若用诺顿定理等效网络 N，则图 8－6－1(a)被等效为图 8－6－1(c)。

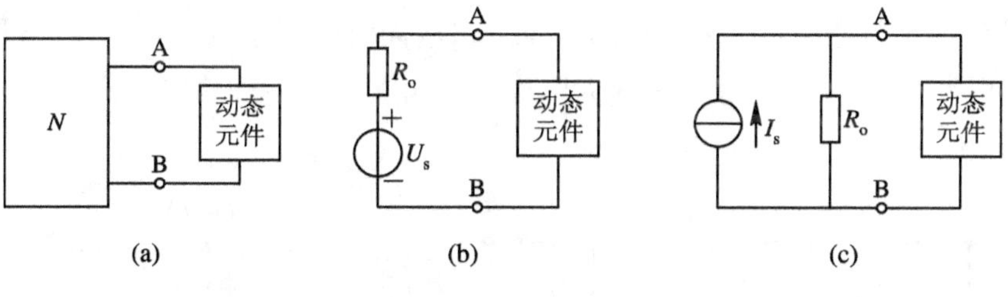

图 8－6－1

最后，再在图 8－6－1(b)或(c)中应用前面各节所介绍的方法去分析电路的过渡过程。下面通过例题介绍这一分析过程。

例 8－6－1 已知图 8－6－2(a)所示电路中，$I_{s1}=3$ A，$U_{s2}=10$ V，$R_1=2\ \Omega$，$R_2=1\ \Omega$，$R_3=4\ \Omega$，$C=3$ F，S_1、S_2 闭合前电路稳定，$t=0$ 时刻 S_2 闭合，经过 4.8 s 后 S_1 再闭合，求 $t>0$ 时的电压 $u_C(t)$，并画出 $u_C(t)$的波形图。

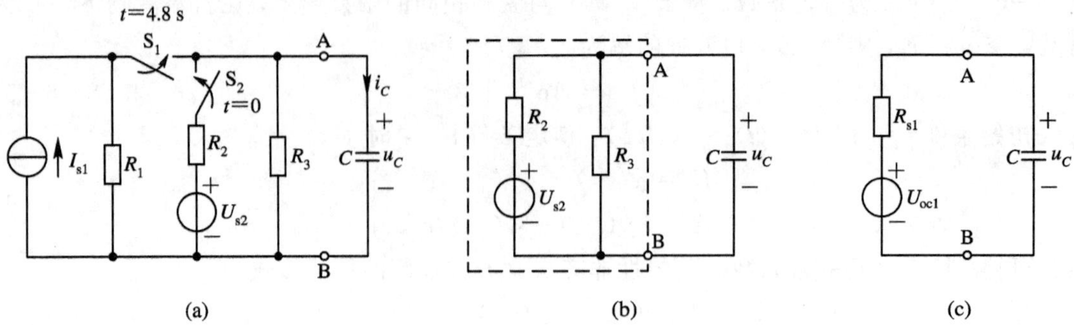

图 8-6-2

解　该电路在 $0< t <4.8$ s 时间范围内，由 U_{s2} 激励，属于一阶 RC 电路的零状态响应。$t >4.8$ s 后，I_{s1} 和 U_{s2} 共同作用，属于完全响应。可以用戴维南定理分为 $0 < t <4.8$ s 和 $t >4.8$ s 两个时间段分别计算。

(1) $0 < t <4.8$ s 时间段：

① 求初始值：由图 8-6-2(a)可知 $u_C(0_+) = u_C(0_-) = 0$。

② 求戴维南等效电路：S_2 闭合后等效电路如图 8-6-2(b)所示，应用戴维南定理将虚线框部分等效为电压源，则图 8-6-2(b)可等效为图 8-6-2(c)，$R_{s1} = 0.8\ \Omega$，$U_{oc1} = 8$ V。

③ 求稳态值 $u_C(\infty)$和时间常数 τ：由图 8-6-2(c)容易求得

$$u_C(\infty) = U_{oc1} = 8\ \text{V}$$

$$\tau = R_{s1}C = 0.8 \times 3 = 2.4\ \text{s}$$

④ 写出 $u_C(t)$的函数式：

$$u_C(t) = u_C(\infty) + [u_C(0_+) - u_C(\infty)]e^{-t/\tau} = 8 - 8e^{-t/2.4}\ \text{V} \quad 0 < t < 4.8\ \text{s}$$

(2) $t > 4.8$ s 时间段：

① 初始值：$t = t_{0+} = 4.8$ s 时的 u_C 值是由前一时间段的过渡过程来决定的，所以，应由上一时间段的 u_C 函数式求得，故

$$u_C(t_{0+}) = u_C(t_{0-}) = 8 - 8e^{-4.8/2.4} = 6.9\ \text{V}$$

② 求戴维南等效电路：$t > 4.8$ s 后，I_{s1} 和 U_{s2}同时作用于电路，从 A、B 间断开电容 C 后，电路如图 8-6-3(a)所示，其等效电压源如图 8-6-3(b)所示，电压 $U_{oc2} = 4$ V，等效内阻 $R_{s2} = 4/7\ \Omega$。

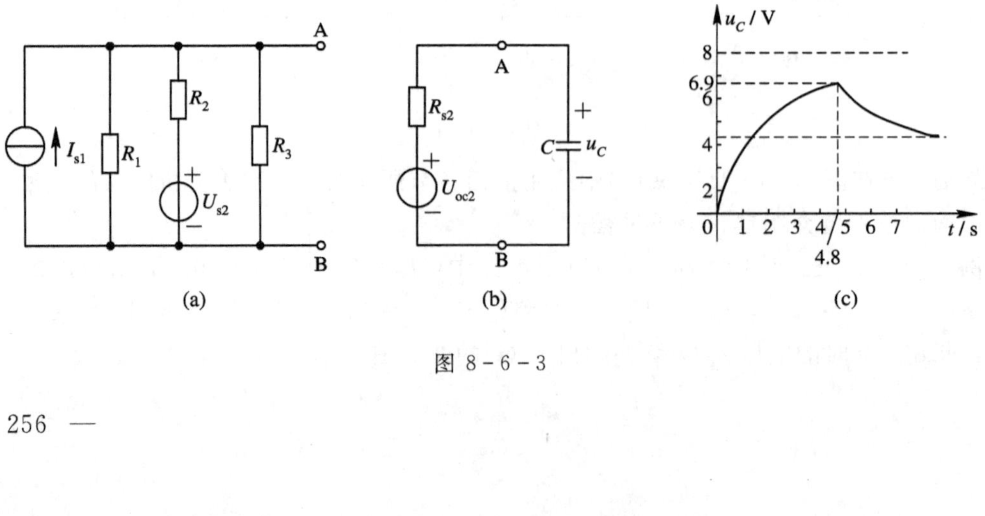

图 8-6-3

③ 求稳态值 $u_{C2}(\infty)$和时间常数 τ_2：

$$u_C(\infty) = U_{oc2} = 4\ \text{V}$$

$$\tau = R_{s2}C = \frac{4}{7} \times 3 = \frac{12}{7}\ \text{s}$$

④ 写出 $u_C(t)$的函数式：

$$\begin{aligned} u_C(t) &= u_C(\infty) + [u_C(t_{0+}) - u_C(\infty)]e^{-(t-t_0)/\tau} \\ &= 4 + (6.9 - 4)e^{-7(t-4.8)/12} \\ &= 4 + 2.9e^{-7(t-4.8)/12}\ \text{V} \quad t \geqslant 4.8\ \text{s} \end{aligned}$$

$u_C(t)$的变化曲线如图 8-6-3(c)所示。

例 8-6-2 已知图 8-6-4(a)所示电路中，$U_s = 250$ V，$R_1 = 40\ \Omega$，$R_2 = 60\ \Omega$，$R_3 = 16\ \Omega$，$R_4 = 10\ \Omega$，$R = 10\ \Omega$，$L = 18$ mH，S闭合前电路稳定，$t = 0$ 时刻S闭合，求$t > 0$ 时 R_2 中的电流 i_2。

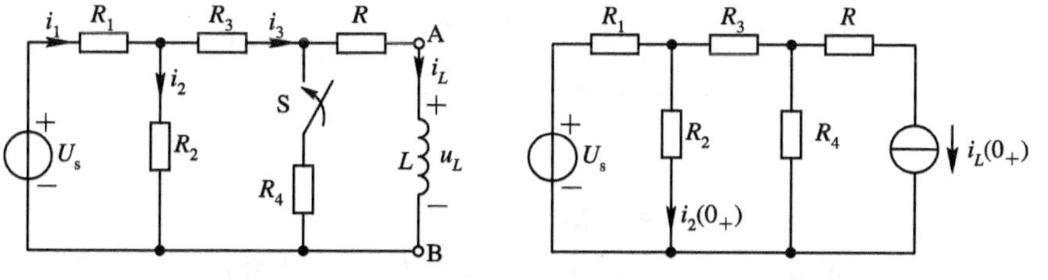

(a) (b)

图 8-6-4

解 根据题意，可先计算出 i_L 和 u_L，再计算 R_4 和 R_3 中的电流，R_2 上的电压，最后求得电流 i_2；也可直接计算出 $i_2(0_+)$、$i_2(\infty)$和时间常数 τ，代入三要素公式得到 i_2。

(1) 求初始值 $i_2(0_+)$：根据恒定激励动态电路的特征知，$t = 0_-$时，$u_L = 0$，故

$$\begin{aligned} i_L(0_+) = i_L(0_-) &= \frac{R_2}{R_2 + R_3 + R} \cdot \frac{U_s}{R_1 + R_2 \mathbin{/\!/} (R_3 + R)} \\ &= \frac{60}{60 + 16 + 10} \cdot \frac{250}{40 + 60 \mathbin{/\!/} (16 + 10)} \\ &= 3\ \text{A} \end{aligned}$$

画 $t = 0_+$时的等效电路，如图 8-6-4(b)所示。应用叠加定理可求得

$$\begin{aligned} i_2(0_+) &= \frac{U_s}{(R_3 + R_4) \mathbin{/\!/} R_2 + R_1} \cdot \frac{R_3 + R_4}{R_2 + R_3 + R_4} - \frac{R_4}{R_1 \mathbin{/\!/} R_2 + R_3 + R_4} \cdot \frac{R_1}{R_1 + R_2} I_s \\ &= 1.54\ \text{A} \end{aligned}$$

(2) 求戴维南等效内阻：S闭合，从 A、B 间断开 L，将 U_s 短路，如图 8-6-5(a)所示。等效内阻为

$$\begin{aligned} R_0 &= (R_1 \mathbin{/\!/} R_2 + R_3) \mathbin{/\!/} R_4 + R \\ &= (40 \mathbin{/\!/} 60 + 16) \mathbin{/\!/} 10 + 10 \\ &= 18\ \Omega \end{aligned}$$

(3) 求时间常数 τ：

$$\tau = \frac{L}{R_0} = \frac{18 \times 10^{-3}}{18} = 1\ \text{ms}$$

(4) 稳定值 $i_2(\infty)$：当 $t\to\infty$时，$u_L\to 0$，计算 $i_2(\infty)$的等效电路如图 8-6-5(b)所示。

$$i_2(\infty)=\frac{R_3+R_4 /\!/ R}{R_2+(R_3+R_4 /\!/ R)}\cdot\frac{U_s}{R_1+R_2 /\!/ (R_3+R_4 /\!/ R)}$$

$$=\frac{16+10 /\!/ 10}{60+(16+10 /\!/ 10)}\cdot\frac{250}{40+60 /\!/ (16+10 /\!/ 10)}=1.167\ \text{A}$$

(5) 写出 i_2 的函数表示式：

$$\begin{aligned}i_2&=i_2(\infty)+[i_2(0_+)-i_2(\infty)]e^{-t/\tau}\\&=1.167+(1.54-1.167)e^{-1000t}\\&=1.167+0.373e^{-1000t}\ \text{A}\end{aligned}$$

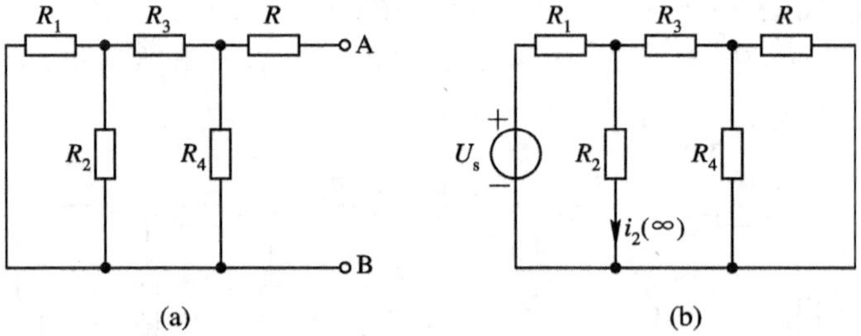

图 8-6-5

例 8-6-2 说明，恒定激励的一阶动态电路中任何支路的响应，都可以用三要素法计算。

小结

1. 一阶线性动态电路的方程是一阶常系数非齐次线性微分方程，其解等于特解与对应的齐次微分方程的通解之和。

2. 分析复杂一阶动态电路的步骤为：

(1) 计算初始值：对于动态元件，根据直流稳态电路特征和换路定律直接计算初始值 $u_C(0_+)$或 $i_L(0_+)$；对于其他的初始值，包括 $u_L(0_+)$或 $i_C(0_+)$必须在 $t=0_+$ 时刻将电容用电压等于 $u_C(0_+)$的理想电压源代替，将电感用电流等于 $i_L(0_+)$的理想电流源代替后再去计算。

(2) 换路后，应用戴维南定理或诺顿定理将动态元件以外的电路部分等效成电压源或电流源。

(3) 计算电路的时间常数，对于 RC 一阶电路：$\tau=R_sC$；对于 RL 一阶电路：$\tau=L/R_s$。

(4) 计算稳态值 $y(\infty)$：对恒定激励的电路，将 C 开路，将 L 短路，按电阻电路的方法计算 $y(\infty)$。

(5) 将 $y(0_+)$、$y(\infty)$、τ 三个要素代入三要素公式，写出所求响应的函数表示式。

思考与练习

8-6-1　题 8-6-1 图所示电路，开关 S 闭合前电路稳定，已知 $U_s=6$ V，$R_1=10$ kΩ，$R_2=20$ kΩ，$C=10^3$ pF，在 $t=0$ 时刻 S 闭合，试求 S 闭合后的输出电压 $u(t)$。

8-6-2 题 8-6-2 图所示电路，开关 S 闭合前电路稳定，已知 $U_{s1}=10$ V，$U_{s2}=20$ V，$R_1=50\ \Omega$，$R_2=50\ \Omega$，$L=0.5$ H，在 $t=0$ 时刻 S 闭合，试求 S 闭合后的电流 $i(t)$。

8-6-3 题 8-6-3 图所示电路，S 打向 2 前电路稳定，已知 $I_s=6$ A，$U_s=12$ V，$R_1=R_2=6\ \Omega$，$R_3=3\ \Omega$，$R_4=6\ \Omega$，$L=3$ H，在 $t=0$ 时刻 S 由 1 打向 2，试求 $t>0$ 时的电压 $u(t)$。

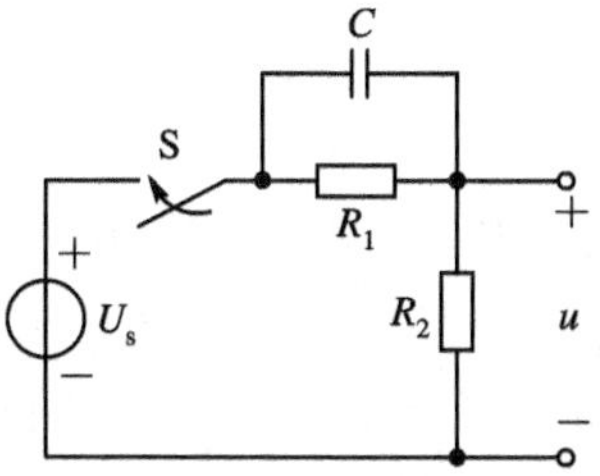

题 8-6-1 图

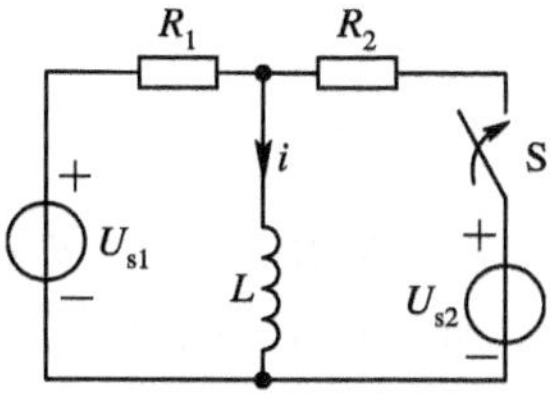

题 8-6-2 图

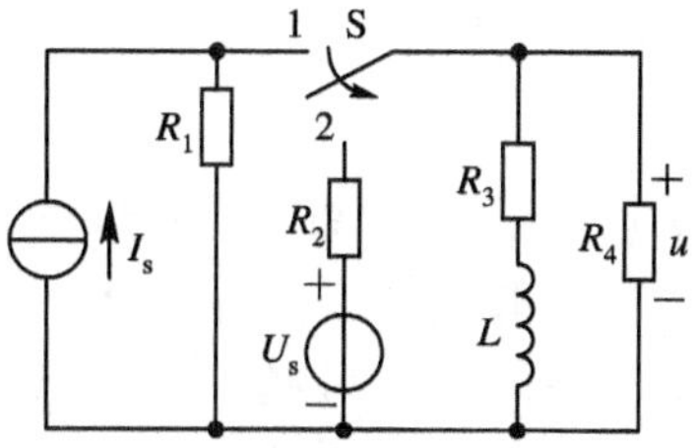

题 8-6-3 图

8.7 RLC 串联电路的零输入响应

在线性电路中，当电路中含有两个独立的动态元件时，描述电路的微分方程为二阶常系数线性微分方程，这类电路称做二阶动态电路。分析二阶动态电路的过渡过程是非常复杂的，本节仅对 RLC 串联电路微分方程的建立和零输入响应作以讨论。

8.7.1 RLC 串联电路微分方程的建立

图 8-7-1 所示 RLC 串联电路，$t<0$ 时开关置在 1 位，根据基尔霍夫电压定律，电路的电压方程为

$$u_L+u_R+u_C=u_s$$

由于

$$i=C\frac{\mathrm{d}u_C}{\mathrm{d}t}$$

所以

$$u_R=iR=RC\frac{\mathrm{d}u_C}{\mathrm{d}t},\ u_L=L\frac{\mathrm{d}i}{\mathrm{d}t}=LC\frac{\mathrm{d}^2u_C}{\mathrm{d}t^2}$$

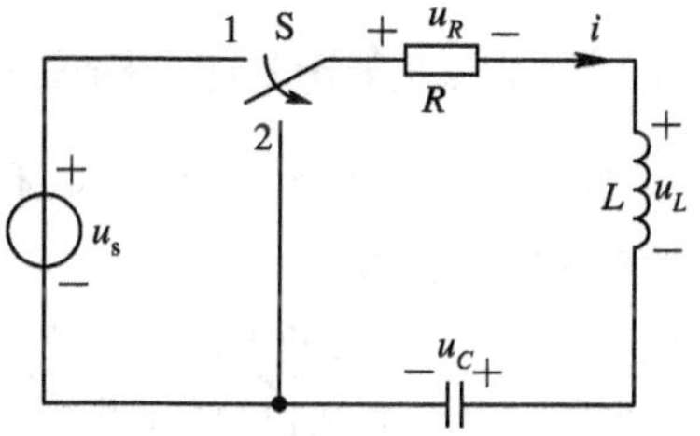

图 8-7-1

故

$$LC\frac{\mathrm{d}^2u_C}{\mathrm{d}t^2}+RC\frac{\mathrm{d}u_C}{\mathrm{d}t}+u_C=u_s \qquad (8-7-1)$$

$$\frac{\mathrm{d}^2u_C}{\mathrm{d}t^2}+\frac{R}{L}\frac{\mathrm{d}u_C}{\mathrm{d}t}+\frac{1}{LC}u_C=\frac{1}{LC}u_s$$

式(8-7-1)是一个二阶非齐次常系数线性微分方程，在方程中令 $\alpha=R/2L$，$\omega_0=1/\sqrt{LC}$。α 称做衰减系数(attenuation constant)，ω_0 称做谐振角频率(resonance angular frequency)。式(8-7-1)可改写为

$$\frac{d^2u_C}{dt^2}+2\alpha\frac{du_C}{dt}+\omega_0^2u_C=\omega_0^2u_s \tag{8-7-2}$$

求解该微分方程的条件为：电路的初始值 $u_C(0_+)$、$u_C'(0_+)$。二阶微分方程解的结构形式与一阶微方程解的结构形式相类似，同样由所对应的齐次微分方程的通解与非齐次微分方程的特解之和组成。式(8-7-2)所对应的齐次微分方程为

$$\frac{d^2u_C}{dt^2}+2\alpha\frac{du_C}{dt}+\omega_0^2u_C=0 \tag{8-7-3}$$

其特征方程为

$$p^2+2\alpha p+\omega_0^2=0 \tag{8-7-4}$$

由式(8-7-4)可求得：$p_1=-\alpha+\sqrt{\alpha^2-\omega_0^2}$，$p_2=-\alpha-\sqrt{\alpha^2-\omega_0^2}$。当 $\alpha>\omega_0$ 时，p_1 与 p_2 为不等实根；当 $\alpha=\omega_0$ 时，p_1 与 p_2 为相等实根；$\alpha<\omega_0$ 时，p_1 与 p_2 为共轭复根。表 8-2 给出了不同 p_1、p_2 值时方程(8-7-4)所对应的解的形式(表中：$\omega^2=\omega_0^2-\alpha^2$，$A_1$、$A_2$ 为待定常数，$\beta=\arctan(A_2/A_1)$)。

表 8-2　方程(8-7-3)对应的解

特征根 p_1，p_2	齐次解
$p_1\neq p_2$，不相等实根	$A_1e^{p_1t}+A_2e^{p_2t}$
$p_1=p_2=p$，相等实根	$A_1e^{p_1t}+A_2te^{p_2t}$
$p_1=-\alpha+j\beta$， $p_2=-\alpha-j\beta$，共轭复根	$e^{-\alpha t}(A_1\cos\omega t+A_2\sin\omega t)$ $=e^{-\alpha t}\sqrt{A_1^2+A_2^2}\cos(\omega t-\varphi)$

式(8-7-2)的特解与激励 u_s 具有相同的函数形式，若 u_s 为直流，则特解为常数 K，代入原方程，再比较两端对应项系数，即可确定 K 值。写全解为齐次解与特解之和，根据初始条件可求出齐次解中的待定常数。

8.7.2　二阶动态电路的零输入响应

由于二阶动态电路完全响应过渡过程的分析比较复杂，因此，这里仅对其零输入响应的过渡过程作以讨论。

图 8-7-1 所示的 RLC 串联电路，设开关 S 从 1 位打向 2 位前电容已充电到电压 U_0，其极性如图中所示，且电流 i 为零。现在讨论开关打向 2 位后电路中电压 u_C、u_L、u_R 和电流 i 随时间的变化规律。

根据对图 8-7-1 开关 S 在 1 位时的讨论，设在 $t=0$ 时刻 S 打向 2 位，则微分方程为

$$\frac{d^2u_C}{dt^2}+2\alpha\frac{du_C}{dt}+\omega_0^2u_C=0 \tag{8-7-5}$$

其初始值为

$$u_C(0_+)=U_0,\ i(0_+)=0$$

因 $i=C\,du_C/dt$，所以有

$$\frac{du_C}{dt}=\frac{1}{C}i,\ u_C'(0_+)=\frac{1}{C}i(0_+)=0$$

特征方程的根为

$$p_1=-\alpha+\sqrt{\alpha^2-\omega_0^2},\ p_2=-\alpha-\sqrt{\alpha^2-\omega_0^2}$$

下面分别讨论 p_1、p_2 取不同值时过渡过程的变化规律。

(1) $\alpha>\omega_0$ 时，$R>2\sqrt{L/C}$，p_1、p_2 为两个不相等的实根，式(8-7-5)的解为

$$\left.\begin{aligned}u_C&=A_1e^{p_1t}+A_2e^{p_2t}\\\frac{du_C}{dt}&=A_1p_1e^{p_1t}+A_2p_2e^{p_2t}\end{aligned}\right\}\tag{8-7-6}$$

代入初始条件：$t=0_+$时，$u_C(0_+)=U_0$，$u_C'(0_+)=0$，则

$$\left.\begin{aligned}U_0&=A_1+A_2\\0&=A_1p_1+A_2p_2\end{aligned}\right\}\tag{8-7-7}$$

解方程组(8-7-7)，得

$$A_1=\frac{p_2U_0}{p_2-p_1},\ A_2=\frac{p_1U_0}{p_1-p_2}$$

将 A_1、A_2 代入式(8-7-6)，得

$$u_C=\frac{p_2U_0}{p_2-p_1}e^{p_1t}+\frac{p_1U_0}{p_1-p_2}e^{p_2t}$$

考虑到 $i=C\,du_C/dt$，有

$$i=C\frac{p_1p_2U_0}{p_2-p_1}e^{p_1t}+C\frac{p_1p_2U_0}{p_1-p_2}e^{p_2t}$$

注意到 $p_1p_2=\omega_0^2=1/LC$，$p_2-p_1=-2\sqrt{\alpha^2-\omega_0^2}$，整理 u_C 和 i 的表达式，得

$$\left.\begin{aligned}u_C&=\frac{p_1U_0}{2\sqrt{\alpha^2-\omega_0^2}}e^{p_2t}-\frac{p_2U_0}{2\sqrt{\alpha^2-\omega_0^2}}e^{p_1t}\\i&=\frac{U_0}{2L\sqrt{\alpha^2-\omega_0^2}}e^{p_2t}-\frac{U_0}{2L\sqrt{\alpha^2-\omega_0^2}}e^{p_1t}\end{aligned}\right\}\quad t>0\tag{8-7-8}$$

电压 u_C 和电流 i 的变化曲线分别如图 8-7-2(a)、(b)所示(注意到 $\alpha>\omega_0$ 和 $p_1<0$、$p_2<0$，且 $|p_2|>|p_1|$)。

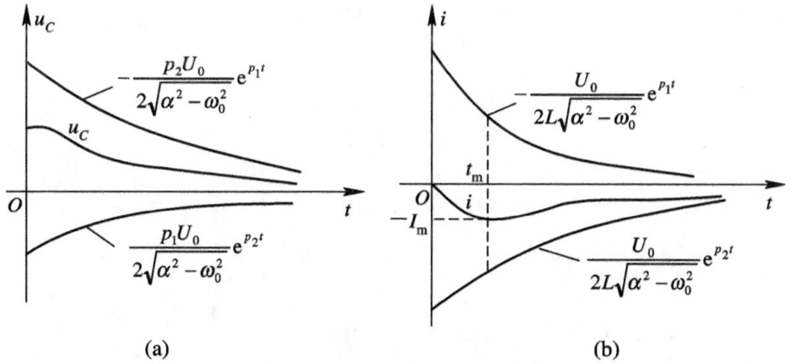

图 8-7-2

由此可见，u_C 不能跃变。$t=0$ 时，u_C从 U_0 开始单调下降，即电容始终处于放电状态，当 $t\to\infty$时，电容将所存储的电能放完。而电流 i 由于有电感的存在也不能跃变，从

$t=0$ 时开始，其绝对值逐渐增大到最大值$|-I_m|$，从 $t=t_m$ 开始衰减，当 $t\to\infty$时，i 衰减到零。电流的这种变化说明前一段时间电感在存储能量，即电容所存储的能量一部分消耗在电阻上，另一部分存储到电感中；后一段时间电流绝对值逐渐减小，说明电感也在放出所存储的磁能。

当 $\mathrm{d}i/\mathrm{d}t=0$ 时，电流 i 的绝对值最大，此时 $t=t_m$，则

$$p_1 e^{p_1 t_m} = p_2 e^{p_2 t_m}$$

$$t_m = \frac{\ln(p_2/p_1)}{p_1 - p_2} \tag{8-7-9}$$

$$I_m = \frac{U_0}{2L\sqrt{\alpha^2-\omega_0^2}}(e^{p_2 t_m} - e^{p_1 t_m}) \tag{8-7-10}$$

电阻上的电压 $u_R = iR$，与电流 i 的变化规律相同。

电感上的电压 u_L 为

$$u_L = L\frac{\mathrm{d}i}{\mathrm{d}t} = \frac{U_0 p_2}{2\sqrt{\alpha^2-\omega_0^2}}e^{p_2 t} - \frac{p_1 U_0}{2\sqrt{\alpha^2-\omega_0^2}}e^{p_1 t} \tag{8-7-11}$$

u_L 随时间变化的曲线如图 8-7-3 所示。由图可知：在 $t=0_+$ 时刻，u_L 从零跃变到$(-U_0)$，这是因为在换路瞬间，u_C 和 i 不能跃变，$u_R=0$，故 $u_L(0_+)=-u_C(0_+)=-U_0$。从 $t=0$ 开始，u_L 的绝对值逐渐减小，在 $t=t_m$ 时，$u_L(t_m)=0$。此后，u_L 为正，且增大，可以证明，当 $t=2t_m$ 时，u_L 为正的最大值，然后逐渐减小到零。

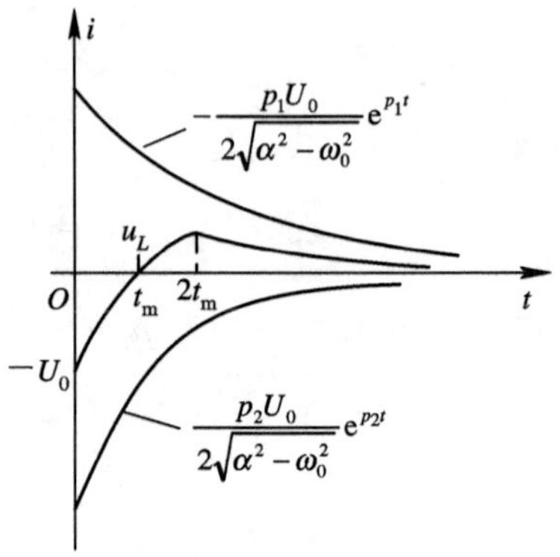

图 8-7-3

RLC 串联电路的这种变化规律称为非振荡衰减过程。

(2) $\alpha<\omega_0$ 时，即 $R<2\sqrt{L/C}$，p_1、p_2 为一对共轭复根。方程(8-7-5)的解为

$$u_C = e^{-\alpha t}(A_1\cos\omega t + A_2\sin\omega t) \tag{8-7-12}$$

代入初始条件：$t=0_+$ 时，$u_C(0_+)=U_0$、$u_C'(0_+)=0$，得

$$\left.\begin{aligned} U_0 &= A_1 \\ 0 &= A_2\omega - A_1\alpha \end{aligned}\right\} \tag{8-7-13}$$

解得

$$A_1 = U_0,\quad A_2 = \frac{\alpha}{\omega}U_0$$

将 A_1、A_2 代入式(8-7-12)，得

$$\begin{aligned} u_C &= U_0 e^{-\alpha t}\left(\cos\omega t + \frac{\alpha}{\omega}\sin\omega t\right) \\ &= U_0\sqrt{1+\left(\frac{\alpha}{\omega}\right)^2}e^{-\alpha t}\cos\left(\omega t - \arctan\frac{\alpha}{\omega}\right) \end{aligned}$$

令 $\arctan\frac{\alpha}{\omega}=\beta$，则

$$u_C = U_0 \frac{\omega_0}{\omega} e^{-\alpha t} \cos(\omega t - \beta) \quad t > 0 \tag{8-7-14}$$

电流 i 为

$$i = C\frac{du_C}{dt} = -U_0 C e^{-\alpha t}\frac{\omega_0^2}{\omega}\sin\omega t = -U_0\frac{1}{L\omega}e^{-\alpha t}\sin\omega t$$

令 $I_0 = U_0/(L\omega)$，则

$$i = -I_0 e^{-\alpha t}\sin\omega t \quad t > 0 \tag{8-7-15}$$

电感电压 u_L 为

$$u_L = L\frac{di}{dt} = U_0\frac{\omega_0}{\omega}e^{-\alpha t}\sin(\omega t - \beta) \quad t > 0 \tag{8-7-16}$$

由此可见，u_C、i、u_R 和 u_L 都是以 ω 为角频率的正弦曲线，但振幅都随时间按指数 $e^{-\alpha t}$ 曲线衰减，衰减常数 $\alpha = R/(2L)$。各物理量随时间变化的曲线如图 8-7-4 所示。

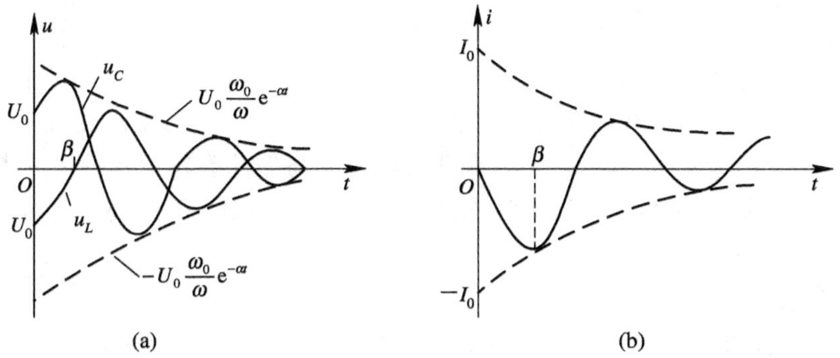

图 8-7-4

由图 8-7-4 可知，RLC 串联电路的这种过渡过程为振荡衰减过程。在这种情况下，若 $\alpha = 0$(即 $R = 0$)，则 $\omega = \omega_0 = 1/\sqrt{LC}$，$p_1 = p_2 = p = \pm j\omega_0$，于是有

$$u_C = U_0 \cos\omega_0 t$$

$$i = -I_0 \sin\omega_0 t = I_0 \cos(\omega_0 t + 90°)$$

$$u_L = U_0 \sin(\omega_0 t - 90°) = U_0 \cos(\omega_0 t - 180°)$$

u_C、i、u_L 都是自由振荡曲线，电流 i 比电容电压 u_C 超前 90°，电感电压 u_L 与电容电压反相。由于电容所存储的能量为 $Cu_C^2/2$，电感所存储的能量为 $Li^2/2$，当 u_C 的绝对值减小时，电容放电，此时，i 的绝对值增大，电感吸收能量；反之，当 i 的绝对值减小时，电感放电，u_C 的绝对值增大，电容吸收能量。如此反复，持久不衰，形成等幅正弦振荡。这种没有外加激励的振荡叫做自由振荡(free oscillation)。振荡频率为 $f = 1/(2\pi\sqrt{LC})$，仅与电路参数有关，故称为电路的固有频率(natural frequency)。在有外来正弦交流激励时，如果电源角频率 ω 等于电路固有角频率 ω_0，电路发生谐振。所以，固有角频率又称为谐振角频率。

(3) $\alpha = \omega_0$ 时，即 $R = 2\sqrt{L/C}$，p_1、p_2 为相等实根。式(8-7-5)方程的解为

$$u_C = (A_1 + A_2 t)e^{-\alpha t} \tag{8-7-17}$$

代入初始条件：$t = 0_+$ 时，$u_C(0_+) = U_0$、$u_C'(0_+) = 0$，得

$$\left.\begin{aligned} U_0 &= A_1 \\ 0 &= A_2 - A_1\alpha \end{aligned}\right\} \qquad (8-7-18)$$

解方程组(8-7-18)，得 $A_1=U_0$，$A_2=\alpha U_0$，故

$$u_C = U_0(1+\alpha t)e^{-\alpha t} \qquad (8-7-19)$$

电流 i 和电感电压 u_L 为

$$i = -\alpha^2 C U_0 e^{-\alpha t} = -\frac{U_0}{L} t e^{-\alpha t} \qquad (8-7-20)$$

$$u_L = -U_0(1-\alpha t)e^{-\alpha t} \qquad (8-7-21)$$

即电路仍为非振荡衰减过程。若继续减小电阻 R，使 $R<2\sqrt{L/C}$，便发生振荡。所以，此时的电阻称为临界电阻(critical resistance)，这一状态称为临界状态(critical state)。

小结

1. 二阶动态电路的零输入响应为二阶线性常系数齐次微分方程的解，其解的形式分为三种情况。在方程中令 $\alpha=R/2L$，$\omega_0=1/\sqrt{LC}$。α 称做衰减常数，ω_0 称做谐振角频率。

2. 当 $\alpha>\omega_0$ 时，电路为非振荡衰减过程；当 $\alpha<\omega_0$ 时，电路为振荡衰减过程；当 $\alpha=\omega_0$ 时，电路为非振荡衰减过程。$\alpha=\omega_0$ 是非振荡衰减过程与振荡衰减过程的分界点。

3. 在 RLC 串联电路中，若 $R=0$，则电路发生自由振荡，其振荡角频率 $\omega=\omega_0$。

思考与练习

8-7-1　已知题 8-7-1 图所示电路中，$u_C(0_-)=U_0=100$ V，$i(0_-)=0$，$R=1$ kΩ，$L=1$ H，$C=1$ μF，试求开关 S 闭合后的电压 u_C。

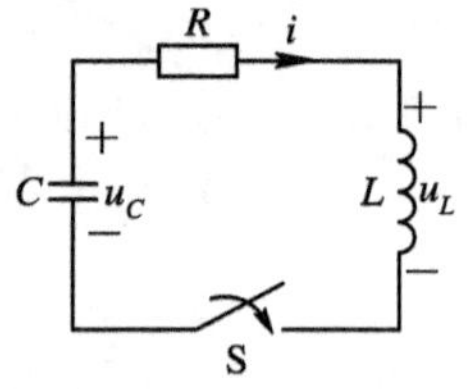

题 8-7-1 图

8-7-2　在上题电路中，已知 $u_C(0_-)=10$ V，$i(0_-)=0$，$R=4$ kΩ，$L=1$ H，$C=1$ μF，求：

(1) 开关 S 闭合后的电压 u_C 和电流 i；

(2) 电流出现最大值的时间 t_m 和电流的最大值 I_m。

习　题　八

8-1　已知题 8-1 图所示电路中，$C_1=2200$ μF，$C_2=C_3=680$ μF，求该电路的等效电容。

8-2　已知题 8-2 图所示电路中，$L_1=L_2=L_3=12$ mH，求该电路的等效电感。

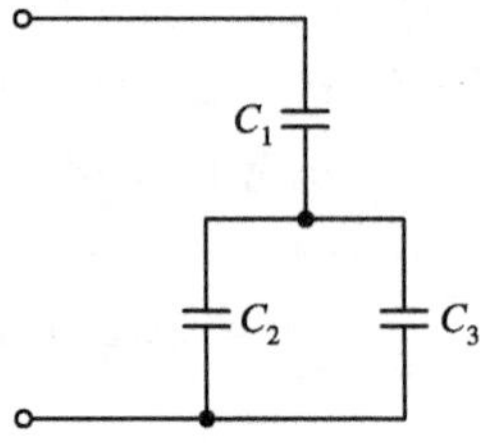

题 8-1 图

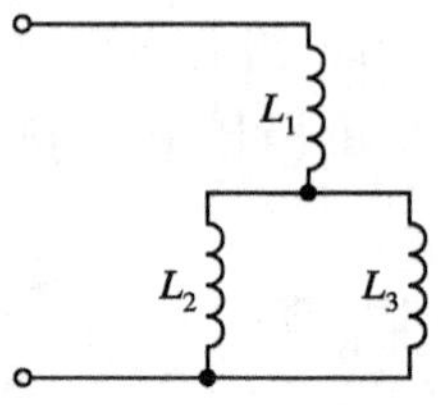

题 8-2 图

8-3　题 8-3 图所示波形是通过一电感量为 1 H 的电感线圈导线横截面的电荷量，试画出通过该电感线圈的电流的波形图。

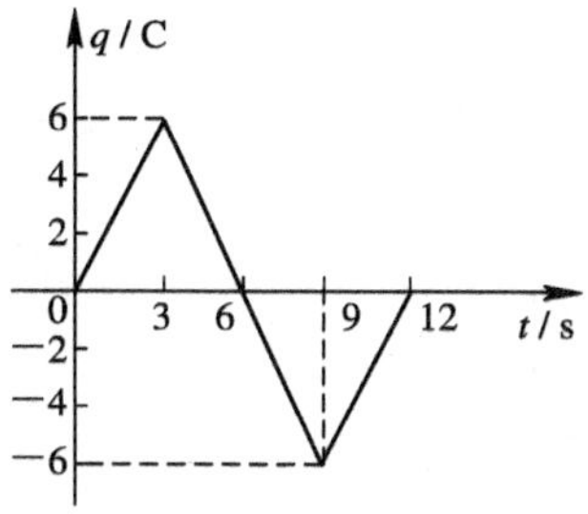

题 8-3 图

8-4　已知题 8-4 图(a)所示电路中的电流 $i_L(t)$ 的波形如图(b)所示，求电流 $i_R(t)$，并画出其波形图。

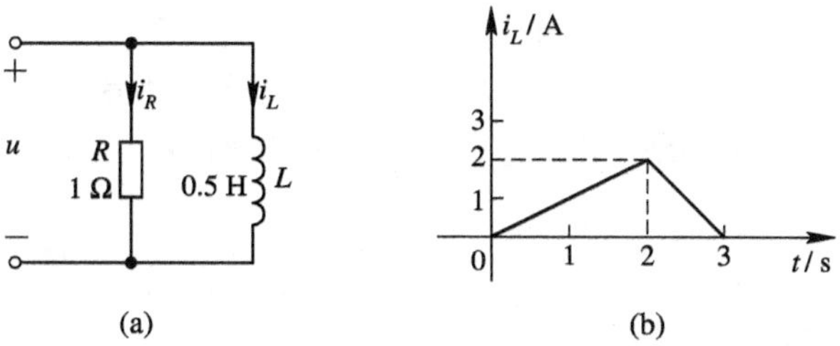

题 8-4 图

8-5　题 8-5 图所示电路，$t<0$ 时电路稳定，$t=0$ 时刻开关 S 闭合，试列写 $t>0$ 时以电压 u_R 为响应的微分方程。

8-6　已知题 8-6 图所示电路中，$U_s = 220$ V，$R = 100$ Ω，$R_1 = 1.1$ kΩ，$C = 0.1$ μF，$L = 0.1$ H，S 闭合前电路稳定，$t = 0$ 时刻开关 S 闭合，试列写 $t>0$ 时以电流 $i(t)$ 为响应的微分方程，并计算初始值 $i(0_+)$ 和稳定值 $i(\infty)$。

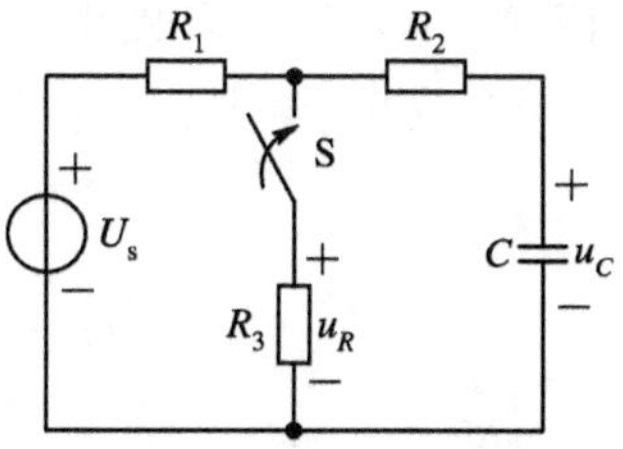

题 8-5 图

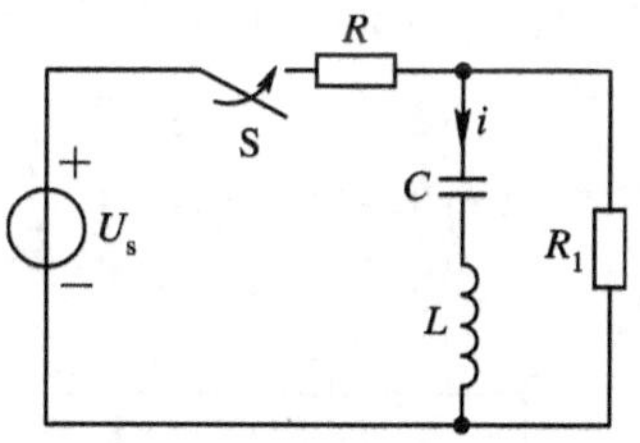

题 8-6 图

8-7　已知题 8-7 图所示电路中，$I_s = 10$ mA，$R_1 = R_2 = 3$ kΩ，$R_3 = 6$ kΩ，$C = 2$ μF，开关 S 闭合前电路稳定，$t = 0$ 时刻开关 S 闭合，试计算各支路电流和电容电压的初始值。

8-8　已知题 8-8 图所示电路中，$I_s = 3$ A，$R_1 = 3$ Ω，$R_2 = 6$ Ω，$R_3 = 6$ Ω，

$L=1$ H，$t<0$ 时开关 S 在 1 位，电路稳定，$t=0$ 时刻开关由 1 打向 2，求 $i_L(0_+)$、$u_L(0_+)$和 $u_R(0_+)$。

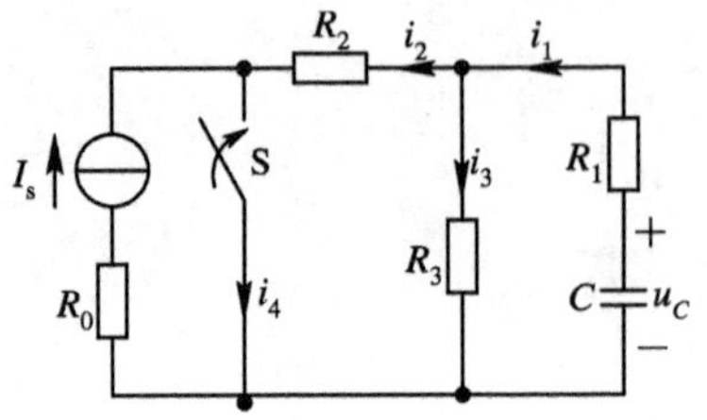

题 8-7 图

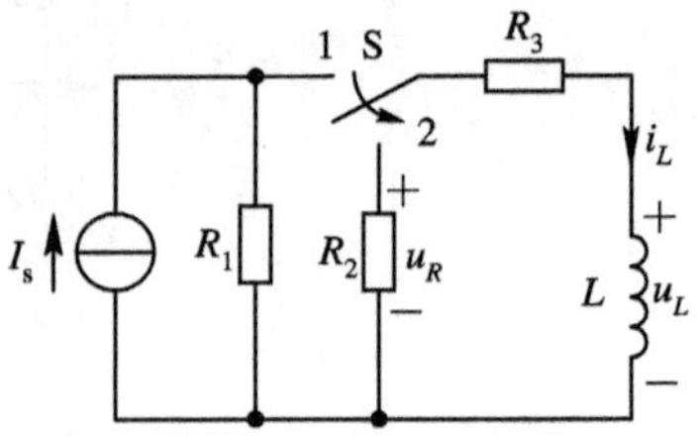

题 8-8 图

8-9　已知题 8-9 图所示电路中，$U_s=9$ V，$R_1=3\ \Omega$，$R_2=6\ \Omega$，$L=1$ H，$t<0$ 时电路稳定，$t=0$ 时刻开关 S 闭合，求初始值 $i_L(0_+)$、$i_R(0_+)$、$u_L(0_+)$和 $u_R(0_+)$，以及 $t\to\infty$ 时的稳态值 $i_L(\infty)$、$i_R(\infty)$、$u_L(\infty)$和 $u_R(\infty)$。

8-10　已知题 8-10 图所示电路中，$U_s=12$ V，$R_0=2\ \Omega$，$R_1=3\ \Omega$，$R_2=R_3=5\ \Omega$，$L_1=1$ H，$L_2=0.5$ H，$C_1=2$ F，$C_2=1$ F，开关 S 闭合前电路稳定，$t=0$ 时刻 S 闭合，试计算各支路电流的初始值和各电感上电压的初始值。

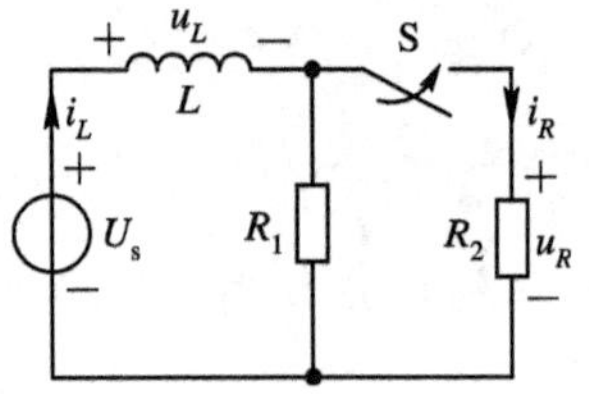

题 8-9 图

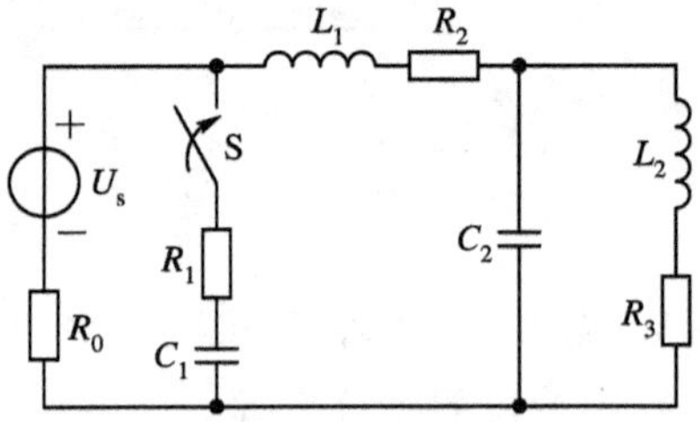

题 8-10 图

8-11　题 8-11 图所示电路，S 闭合前电路稳定，$t=0$ 时刻 S 闭合，试写出 S 闭合后 u_R 的表达式，并求出 $t=3\tau$ 时的 u_R 的瞬时值。

8-12　题 8-12 图所示电路，S 闭合前，电容上已存储了 1×10^{-4} C 的电荷，$t=0$ 时刻 S 闭合，已知 $R_1=R_2=R_4=5$ kΩ，$R_3=10$ kΩ，$C=10\ \mu$F。要求：

(1) 计算电路的时间常数 τ；

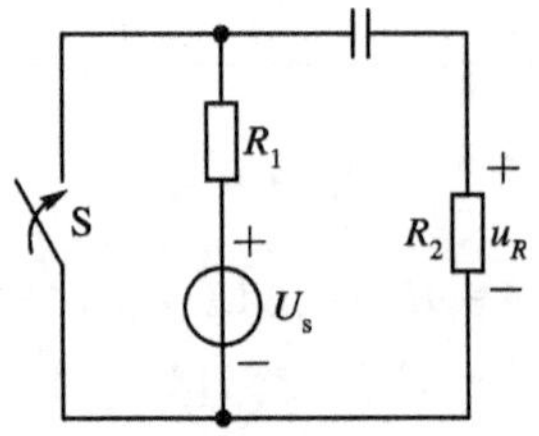

题 8-11 图

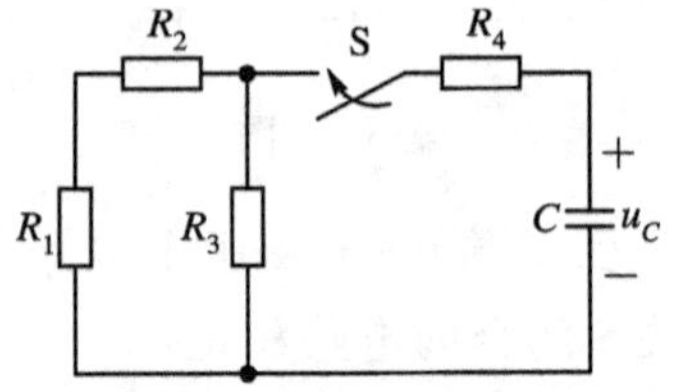

题 8-12 图

(2) 写出 u_C 的函数表达式；

(3) 求经过多长时间电容放电，电流下降到 0.1 mA。

8-13　题 8-13 图所示电路，$t<0$ 时电路稳定，$t=0$ 时刻开关 S 闭合，求 $t>0$ 时的 $u_C(t)$，并画出其波形。

8-14　题 8-14 图所示电路，$t<0$ 时电路稳定，$t=0$ 时刻开关 S 闭合，求 $t>0$ 时的 $i_L(t)$ 和电压 $u(t)$，并画出其波形。

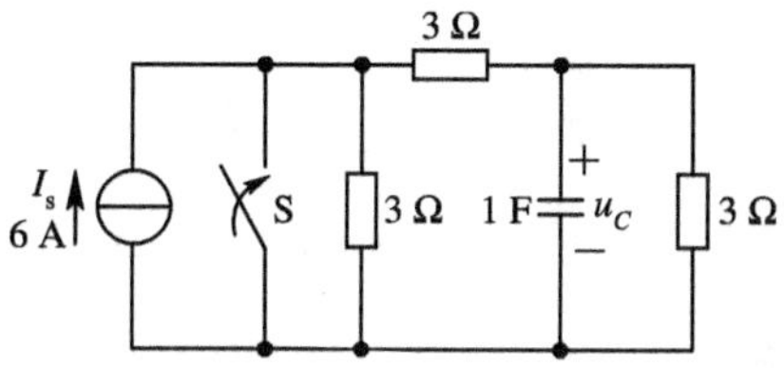

题 8-13 图

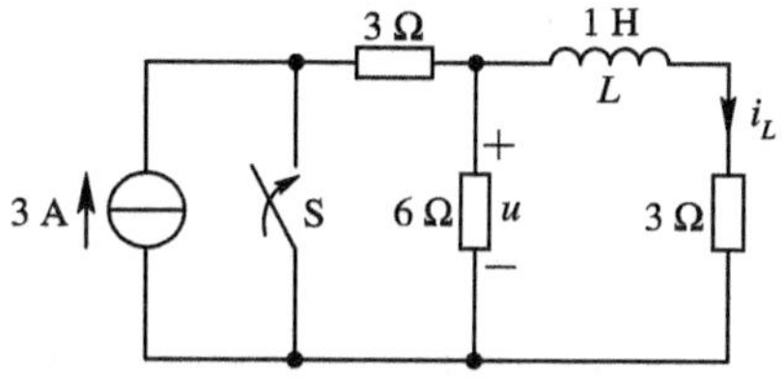

题 8-14 图

8-15　题 8-15 图所示电路，开关 S 闭合前电容无电荷存储，$t=0$ 时刻开关 S 闭合，求 $t>0$ 时的电压 $u_C(t)$，并计算电压 $u_C(t)$ 上升到 0.5 V 所需要的时间。

8-16　已知题 8-16 图所示电路中，$U_s=250$ V，$R=10\ \Omega$，$C=4\ \mu$F，电容原来未充电，$t=0$ 时刻开关 S 闭合，问：要经过多少时间 $u_C(t)$ 才能达到 180 V？

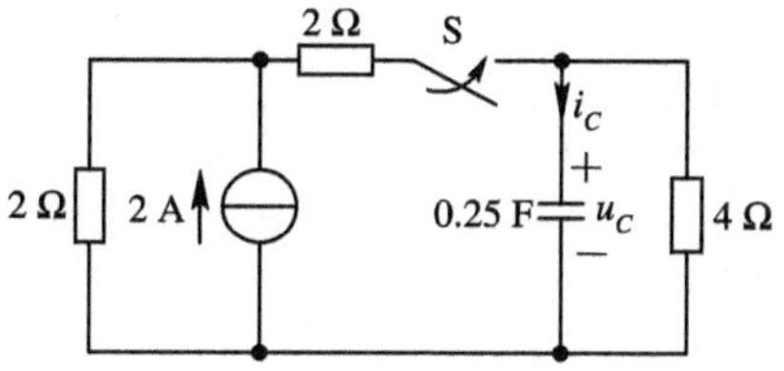

题 8-15 图

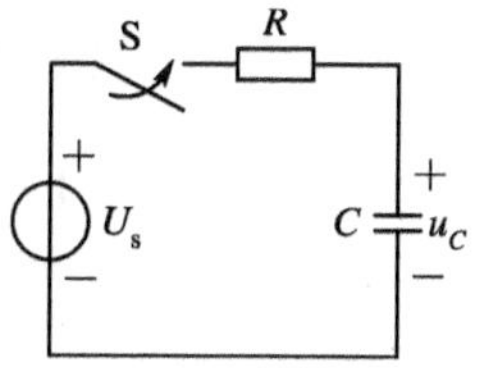

题 8-16 图

8-17　已知题 8-17 图所示电路中，$U_s=100$ V，$R=10\ \Omega$，$L=0.5$ H，试求：

(1) 时间常数 τ，电流的初始值和稳态值；

(2) 开关 S 闭合后经过 0.03 s 和 0.1 s 时的电流值；

(3) 电流增大到 10 A 时所需要的时间。

8-18　已知题 8-18 图所示电路中，$U_s=10$ V，$R_1=5\ \Omega$，$R_2=2\ \Omega$，$L=0.2$ H，开关 S 闭合前电路稳定，$t=0$ 时刻开关 S 闭合，试求 $i_L(t)$ 和 $u_L(t)$，并画出其波形图。

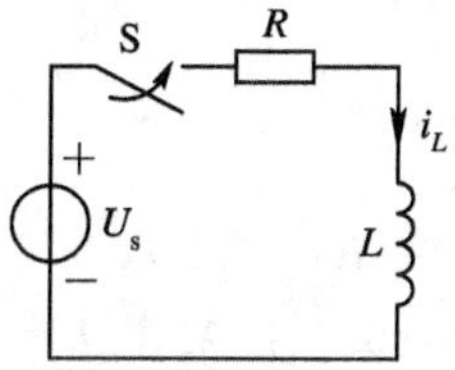

题 8-17 图

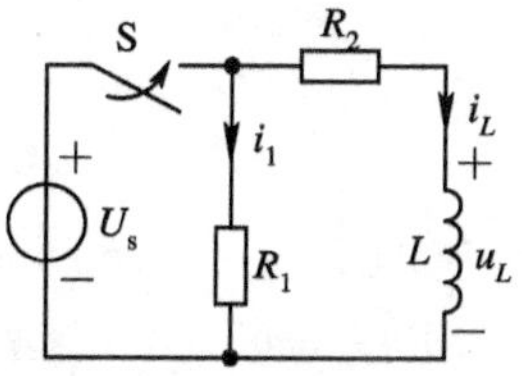

题 8-18 图

8-19　已知题 8-19 图所示电路中，$U_s=150$ V，$R=100$ kΩ，$C=10\ \mu$F，电容原已

存储电荷 $q_0 = 850\ \mu C$，$t = 0$ 时刻开关 S 闭合，求 S 闭合后电容电压 $u_C(t)$ 和电流 $i(t)$，并画出其波形图。

8－20　已知题 8－20 图所示电路中，$U_s = 220\ V$，$R_1 = 8\ \Omega$，$R_L = 12\ \Omega$，$L = 0.6\ H$，开关 S 闭合前电路稳定，$t = 0$ 时刻开关 S 闭合，试求：

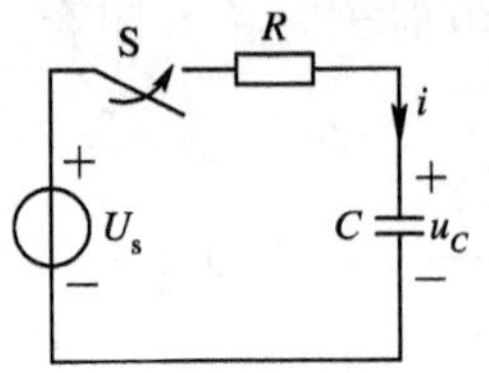

题 8－19 图

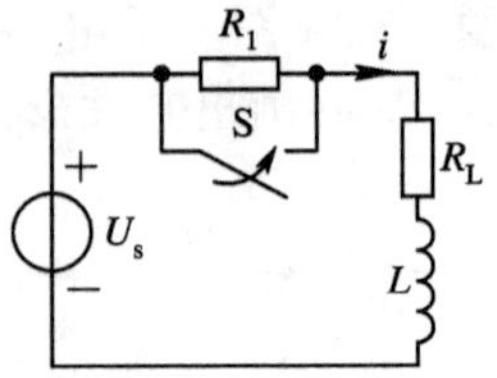

题 8－20 图

(1) 开关 S 闭合后的电流 $i(t)$，并画出其波形图。

(2) S 闭合后要经过多少时间电流才能上升到 15 A？

8－21　已知题 8－21 图所示电路中，$U_s = 10\ V$，$I_s = 3\ A$，$R_1 = 1\ \Omega$，$R_2 = 2\ \Omega$，$C = 3\ F$，$t < 0$ 时刻 S_1 闭合 S_2 打开，电路稳定，$t = 0$ 时刻 S_1 打开 S_2 闭合，求 $t > 0$ 时的 $u_C(t)$，并画出其波形图。

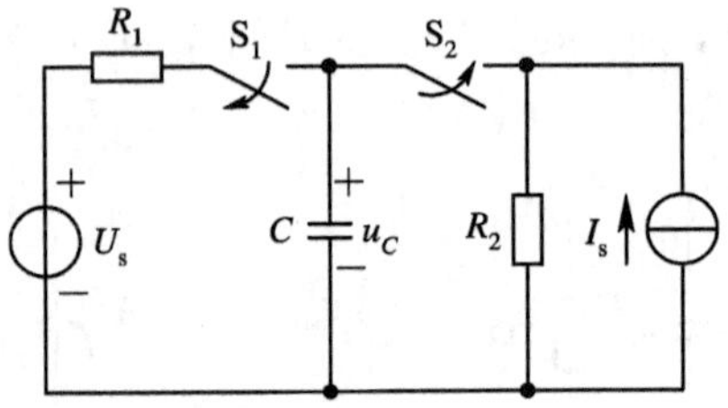

题 8－21 图

8－22　已知题 8－22 图所示电路中，$U_s = 10\ V$，$R_1 = 10\ \Omega$，$R_2 = R_3 = R_4 = 5\ \Omega$，$L = 10\ H$，开关 S 打开前电路稳定，$t = 0$ 时刻 S 打开，试用三要素法计算 S 打开后的电流 $i_L(t)$。

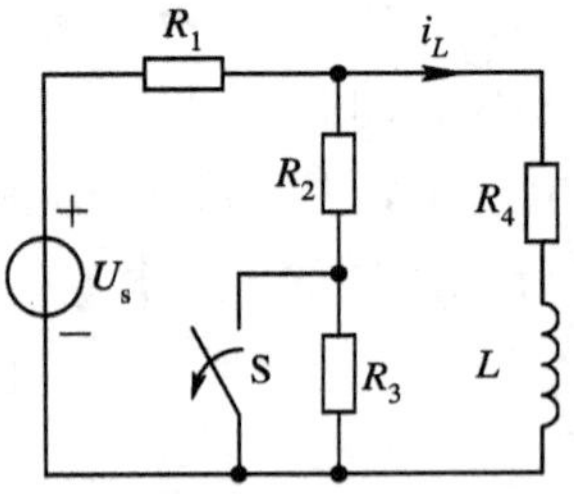

题 8－22 图

8－23　已知题 8－23 图所示电路中，$U_s = 10\ V$，$R_1 = R_2 = 10\ \Omega$，$L = 10\ H$，$C = 0.1\ F$，$t < 0$ 时开关 S 断开，电路稳定，$t = 0$ 时刻 S 闭合，试用三要素法计算 $t > 0$ 时 $u_C(t)$ 和 $u_L(t)$，并画出其波形图。

8－24　已知题 8－24 图所示电路中，$U_s = 6\ V$，$R_1 = 5\ \Omega$，$R_2 = 7\ \Omega$，$L = 0.5\ H$，$t < 0$ 时刻开关 S 闭合，电路稳定，$t = 0$ 时刻 S 打开，试用三要素法计算电流 $i(t)$ 的零输

入响应、零状态响应、稳态响应和暂态响应。

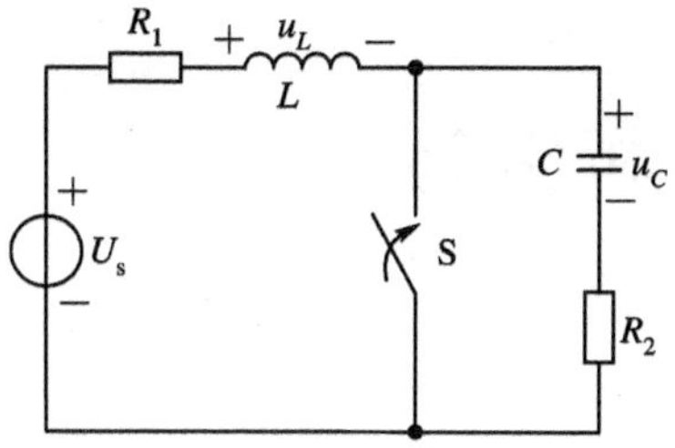

题 8-23 图

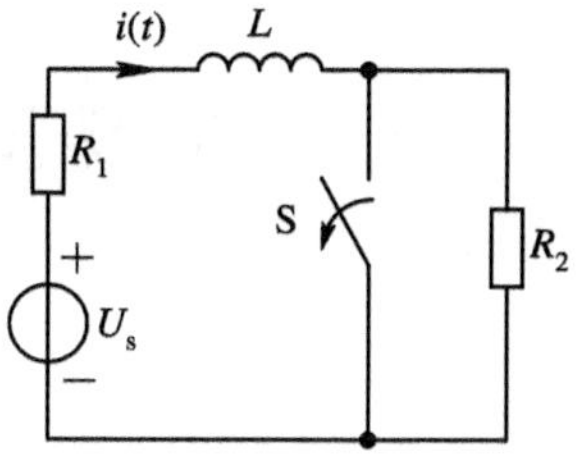

题 8-24 图

8-25 题 8-25 图所示电路，$t<0$ 时开关均未闭合，且电路处于稳定。$t=0$ 时刻 S_1 闭合，$t=6$ s 时刻 S_2 闭合，试计算 $t>0$ 时的 $u_C(t)$，并画出其波形图。

8-26 题 8-26 图所示电路，$t<0$ 时开关 S 在 1 位，电路稳定，$t=0$ 时刻 S 打向 2 位，求 $t>0$ 时的 $u_C(t)$，并画出其波形图。

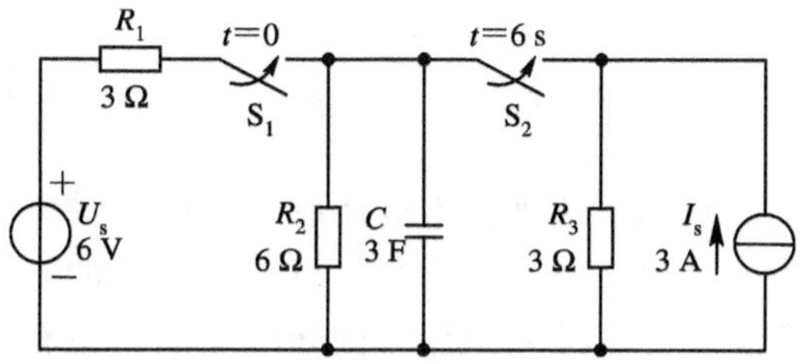

题 8-25 图

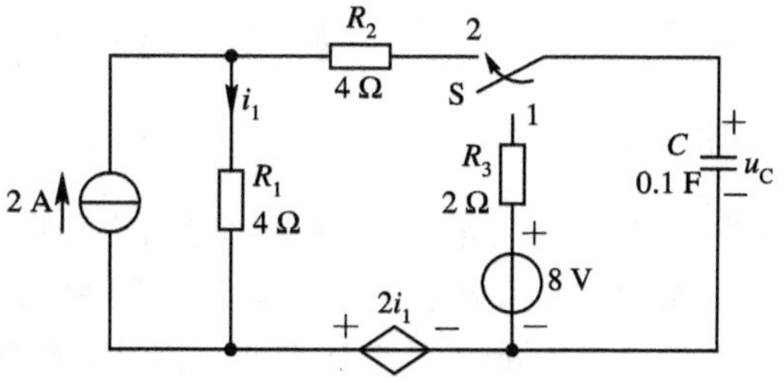

题 8-26 图

第9章　电路分析实验

实验一　基本电工仪表的使用及测量误差的计算

一、实验目的

1. 熟悉实验台上各类电源及各类测量仪表的布局和使用方法。
2. 掌握指针式电压表、电流表内阻的测量方法。
3. 熟悉电工仪表测量误差的计算方法。

二、原理说明

为了准确地测量电路中实际的电压和电流，必须保证仪表接入电路后不会改变被测电路的工作状态。这就要求电压表的内阻为无穷大，电流表的内阻为零。而实际使用的指针式电工仪表都不能满足上述要求。因此，当测量仪表一旦接入电路，就会改变电路原有的工作状态，这就导致仪表的读数值与电路原有的实际值之间出现误差。误差的大小与仪表本身内阻的大小密切相关。只要测出仪表的内阻，即可计算出由其产生的测量误差。以下介绍几种测量指针式仪表内阻的方法。

1. 用“分流法”测量电流表的内阻

如图 9-1-1 所示，A 为被测内阻(R_A)的直流电流表。测量时先断开开关 S，调节电流源的输出电流 I 使 A 表指针满偏转。然后合上开关 S，并保持 I 值不变，调节电阻箱 R_B 的阻值，使电流表的指针指在 1/2 满偏转位置，此时有

$$I_A = I_S = \frac{I}{2}$$

所以
$$R_A = \frac{R_B}{R_1}$$

式中，R_1 为固定电阻器之值，R_B 可由电阻箱的刻度盘上读得。

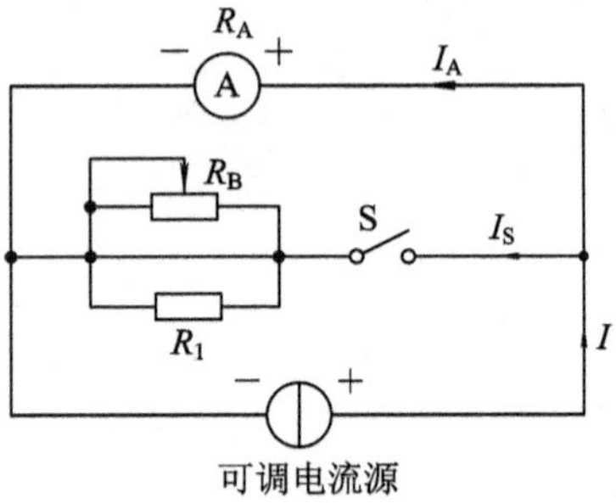

图 9-1-1

2. 用“分压法”测量电压表的内阻

如图 9-1-2 所示，V 为被测内阻为 R_V 的电压表。测量时先将开关 S 闭合，调节直流稳压电源的输出电压，使电压表 V 的指针为满偏转。然后断

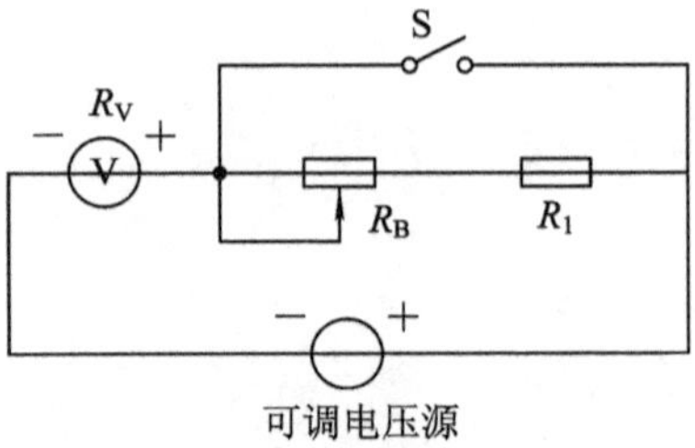

图 9-1-2

开开关 S，调节 R_B 使电压表 V 的指示值减半。此时有

$$R_V = R_B + R_1$$

电压表的灵敏度为

$$S = \frac{R_V}{U} \quad (\Omega/V)$$

式中 U 为电压表满偏时的电压值。

3. 仪表内阻引起的测量误差的计算

仪表内阻引起的测量误差通常称之为方法误差，而仪表本身结构引起的误差称为仪表基本误差。

(1) 以图 9-1-3 所示电路为例，R_1 上的电压为 $U_{R1}=R_1/(R_1+R_2)$，若 $R_1=R_2$，则 $U_{R1}=U/2$。先用一内阻为 R_V 的电压表来测量 U_{R1} 的值，当 R_V 与 R_1 并联后，$R_{AB}=(R_1R_V)/(R_1+R_V)$；以此来代替上式中的 R_1，则得

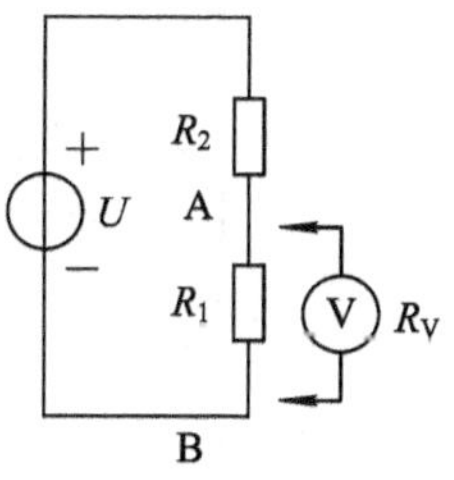

图 9-1-3

$$U'_{R1} = \frac{\dfrac{R_V R_1}{R_V + R_1}}{\dfrac{R_V R_1}{R_V + R_1} + R_2} U$$

绝对误差为

$$\Delta U = U'_{R1} - U_{R1} = U\left(\frac{\dfrac{R_V R_1}{R_V + R_1}}{\dfrac{R_V R_1}{R_V + R_1} + R_2} - \frac{R_1}{R_1 + R_2}\right)$$

化简后

$$\Delta U = \frac{-R_1^2 R_2 U}{R_V(R_1^2 + 2R_1R_2 + R_2^2) + R_1R_2(R_1 + R_2)}$$

若 $R_1=R_2=R_V$，则得

$$\Delta U = -\frac{U}{6}$$

相对误差

$$\Delta U\% = \frac{U'_{R1} - R_{R1}}{U_{R1}} \times 100\% = \frac{-U/6}{U/2} \times 100\% = -33.3\%$$

由此可见，当电压表的内阻与被测电路的电阻相近时，测量的误差是非常大的。

(2) 伏安法测量电阻的原理为：测出流过被测电阻 R_x 的电流 I_R 及其两端的电压降 U_R，则其阻值 $R_x=U_R/I_R$。实际测量时，相对于电源而言，有两种测量线路：① 电流表 A(内阻为 R_A)接在电压表 V(内阻为 R_V)的内侧；② 电流表 A 接在电压表 V 的外测。两种线路见图 9-1-43(a)、(b)。

由图 9-1-4(a)可知，只有当 $R_x \ll R_V$ 时，R_V 的分流作用才可忽略不计，电流表 A 的读数接近于实际流过 R_x 的电流值。图 9-1-4(a)的接法称为电流表的内接法。

由图 9-1-4(b)可知，只有当 $R_x \gg R_A$ 时，R_A 的分压作用才可忽略不计，电压表 V 的读数接近于 R_x 两端的电压值。图 9-1-4(b)的接法称为电流表的外接法。

实际应用时，应根据不同情况选用合适的测量线路，才能获得较准确的测量结果。以

下举一实例。

在图 9-1-4 中，设：$U=20$ V，$R_A=100\ \Omega$，$R_V=20$ kΩ。假定 R_x 的实际值为 10 kΩ。如果采用图 9-1-4(a)电路测量，经计算，A、V 的读数分别为 2.96 mA 和 19.73 V，故

$$R_x = 19.73 \div 2.96 = 6.666\ (\mathrm{k\Omega})$$

相对误差为

$$(6.666 - 10) \div 10 \times 100 = -33.3\%$$

如果采用图 9-1-4(b)电路测量，经计算，A、V 的读数分别为 1.98 mA 和 20 V，故

$$R_x = 20 \div 1.98 = 10.1\ (\mathrm{k\Omega})$$

相对误差为

$$(10.1 - 10) \div 10 \times 100 = 1\%$$

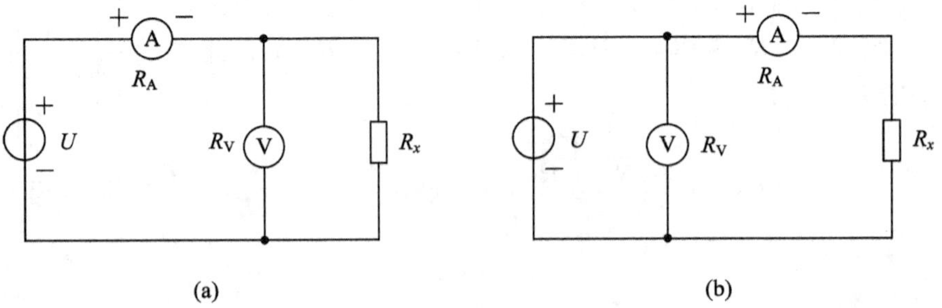

图 9-1-4

三、实验设备

序号	名　称	型号与规格	数　量	备　注
1	可调直流稳压电源	0～30 V	二路	
2	可调恒流源	0～200 mA	1	
3	指针式万用表	MF—47 或其他	1	自备
4	可调电阻箱	0～9999.9 Ω	1	DGJ—05
5	电阻器	按需选择		DGJ—05

四、实验内容

(1) 根据“分流法”原理测定指针式万用表(MF—47 型或其他型号)直流电流 0.5 mA 和 5 mA 挡量限的内阻。线路如图 9-1-1 所示。R_B可选用 DGJ—05 中的电阻箱(下同)。

被测电流表量限	S 断开时的表读数/mA	S 闭合时的表读数/mA	R_B/Ω	R_1/Ω	计算内阻 R_A /Ω
0.5 mA					
5 mA					

(2) 根据“分压法”原理按图 9－1－2 接线，测定指针式万用表直流电压 2.5 V 和 10 V 挡量限的内阻。

被测电压表量 限	S 闭合时表读数/V	S 断开时表读数/V	R_B /kΩ	R_1 /kΩ	计算内阻 R_V /kΩ	S /Ω/V
2.5 V						
10 V						

(3) 用指针万用表直流电压 10 V 挡量限测量图 9－1－3 电路中 R_1 上的电压 U_{R1} 的值，并计算测量的绝对误差与相对误差。

U	R_2	R_1	R_{10V} /kΩ	计算值 U_{R1}/V	实测值 U_{R1}/V	绝对误差 ΔU	相对误差 $(\Delta U/U)\times 100\%$
12 V	10 kΩ	50 kΩ					

五、实验注意事项

(1) 在开启 DG04 挂箱的电源开关前，应将两路电压源的输出调节旋钮调至最小(逆时针旋到底)，并将恒流源的输出粗调旋钮调到 2 mA 挡，输出细调旋钮应调至最小。接通电源后，再根据需要缓慢调节。

(2) 当恒流源输出端接有负载时，如果需要将其粗调旋钮由低挡位向高挡位切换时，必须先将其细调旋钮调至最小。否则输出电流会突增，可能会损坏外接器件。

(3) 电压表应与被测电路并接，电流表应与被测电路串接，并且都要注意正、负极性与量程的合理选择。

(4) 在实验内容(1)、(2)中，R_1 的取值应与 R_B 相近。

(5) 本实验仅测试指针式仪表的内阻。由于所选指针表的型号不同，本实验中所列的电流、电压量程及选用的 R_B、R_1 等均会不同，实验时应按选定的表型自行确定。

六、预习思考题

9－1－1　根据实验内容(1)和(2)，若已求出 0.5 mA 挡和 2.5 V 挡的内阻，可否直接计算得出 5 mA 挡和 10 V 挡的内阻？

9－1－2　用量程为 10 A 的电流表测实际值为 8 A 的电流时，实际读数为 8.1 A，求测量的绝对误差和相对误差。

七、实验报告

9－1－1　列表记录实验数据，并计算各被测仪表的内阻值。

9－1－2　分析实验结果，总结应用场合。

9－1－3　对预习思考题进行计算。

9－1－4　其他(包括实验的心得、体会及意见等)。

实验二　减小仪表测量误差的方法

一、实验目的

1. 进一步了解电压表、电流表的内阻在测量过程中产生的误差及其分析方法。

2. 掌握减小因仪表内阻所引起的测量误差的方法。

二、原理说明

减小因仪表内阻而产生的测量误差的方法有以下两种：

1. 不同量限两次测量计算法

当电压表的灵敏度不够高或电流表的内阻太大时，可利用多量限仪表对同一被测量用不同量限进行两次测量，将所得读数经计算后可得到较准确的结果。

如图 9-2-1 所示电路，欲测量具有较大内阻 R_0 的电动势 U_S 的开路电压 U_o 时，如果所用电压表的内阻 R_V 与 R_0 相差不大时，将会产生很大的测量误差。

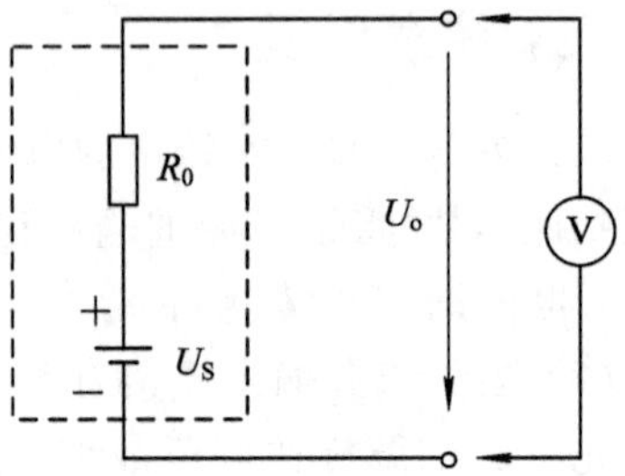

图 9-2-1

设电压表有两挡量限，U_1、U_2 分别为在这两个不同量限下测得的电压值，令 R_{V1} 和 R_{V2} 分别为这两个相应量限的内阻，则由图 9-2-1 可得出

$$U_1 = \frac{R_{V1}}{R_0 + R_{V1}} \times U_S \qquad U_2 = \frac{R_{V2}}{R_0 + R_{V2}} \times U_S$$

由以上两式可解得 U_S 和 R_0，其中 U_S(即 U_o)为

$$U_S = \frac{U_1 U_2 (R_{V2} - R_{V1})}{U_1 R_{V2} - U_2 R_{V1}}$$

由此式可知，当电源内阻 R_0 与电压表的内阻 R_V 相差不大时，通过上述的两次测量结果，即可计算出开路电压 U_o 的大小，且其准确度要比单次测量好得多。

对于电流表，当其内阻较大时，也可用类似的方法测得较准确的结果。如图 9-2-2 所示电路，不接入电流表时的电流为 $I=U_S/R$，接入内阻为 R_A 的电流表 A 时，电路中的电流变为 $I'=U_S/(R+R_A)$。

如果 $R_A=R$，则 $I'=I/2$，出现很大的误差。

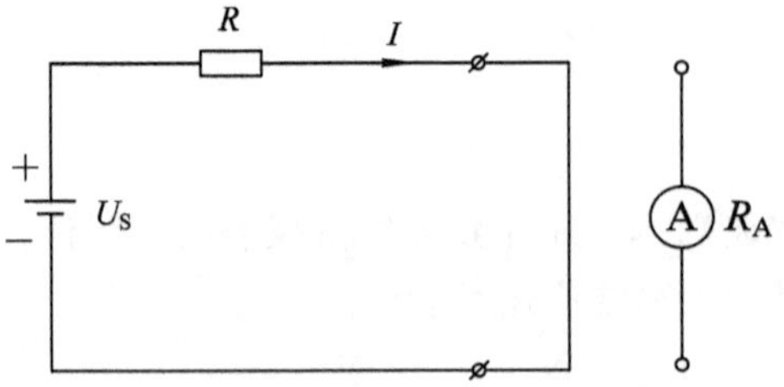

图 9-2-2

如果用有不同内阻 R_{A1}、R_{A2} 的两挡量限的电流表作两次测量并经简单的计算就可得到

较准确的电流值。

按图 9-2-2 电路，两次测量得

$$I_1=\frac{U_S}{R+R_{A1}},\quad I_2=\frac{U_S}{R+R_{A2}}$$

由以上两式可解得 U_S 和 R，进而可得

$$I=\frac{U_S}{R}=\frac{I_1I_2(R_{A1}-R_{A2})}{I_1R_{A1}-I_2R_{A2}}$$

2. 同一量限两次测量计算法

如果电压表(或电流表)只有一挡量限，且电压表的内阻较小(或电流表的内阻较大)时，可用同一量限两次测量法减小测量误差。其中，第一次测量与一般的测量并无两样，第二次测量时必须在电路中串入一个已知阻值的附加电阻。

(1) 电压测量——测量如图 9-2-3 所示电路的开路电压 U_o。

设电压表的内阻为 R_V。第一次测量，电压表的读数为 U_1。第二次测量时应与电压表串接一个已知阻值的电阻器 R，电压表读数为 U_2。由图可知：

$$U_1=\frac{R_VU_S}{R_0+R_V}$$

$$U_2=\frac{R_VU_S}{R_0+R+R_V}$$

由以上两式可解得 U_S 和 R_0，其中 U_S(即 U_o)为

$$U_S=U_o=\frac{RU_1U_2}{R_V(U_1-U_2)}$$

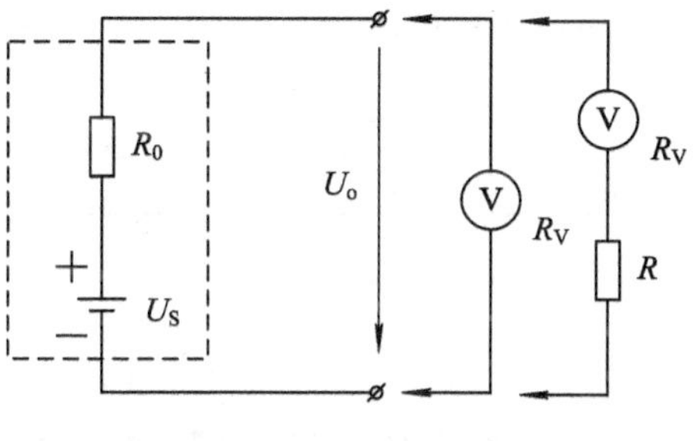

图 9-2-3

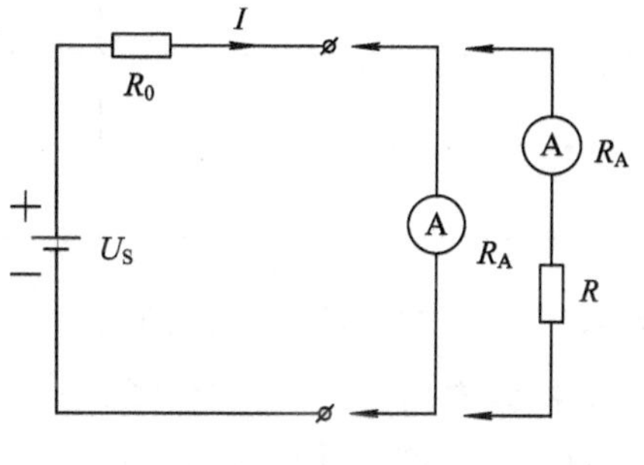

图 9-2-4

(2) 电流测量——测量如图 9-2-4 所示电路的电流 I。

设电流表的内阻为 R_A。第一次测量电流表的读数为 I_1。第二次测量时应与电流表串接一个已知阻值的电阻器 R，电流表读数为 I_2。由图可知：

$$I_1=\frac{U_S}{R_0+R_A},\quad I_2=\frac{U_S}{R_0+R_A+R}$$

由以上两式可解得 U_S 和 R_0，从而可得

$$I=\frac{U_S}{R_0}=\frac{I_1I_2R}{I_2(R_A+R)-I_1R_A}$$

由以上分析可知，当所用仪表的内阻与被测线路的电阻相差不大时，采用多量限仪表不同量限两次测量计算法或单量限仪表两次测量计算法，就可得到比单次测量准确得多的结果。

三、实验设备

序号	名　称	型号与规格	数　量	备　注
1	直流稳压电源	0～30 V	1	
2	指针式万用表	MF—47 或其他	1	自备
3	直流数字毫安表	0～200 mA	1	
4	可调电阻箱	0～9999.9 Ω	1	DGJ—05
5	电阻器	按需选择		DGJ—05

四、实验内容

1. 双量限电压表两次测量计算法

按图 9-2-3 电路，实验中利用实验台上或 DG04 挂箱的一路直流稳压电源，取 $U_S=2.5\ \text{V}$，R_0 选用 50 kΩ(取自电阻箱)。用指针式万用表的直流电压 2.5 V 和 10 V 两挡量限进行两次测量，最后算出开路电压 U_o' 之值。

<table>
<tr><th>万用表电压量限 /V</th><th>内阻值 /kΩ</th><th>两个量限的测量值 U /V</th><th>电路计算值 U_o /V</th><th>两次测量计算值 U_o' /V</th><th>U 的相对误差 /%</th><th>U_o' 的相对误差 /%</th></tr>
<tr><td>2.5</td><td></td><td></td><td rowspan="2"></td><td rowspan="2"></td><td></td><td rowspan="2"></td></tr>
<tr><td>10</td><td></td><td></td><td></td></tr>
</table>

$R_{2.5\ \text{V}}$ 和 $R_{10\ \text{V}}$ 参照实验一的结果。

2. 单量限电压表两次测量计算法

实验线路同上。先用上述万用表直流电压 2.5 V 量限挡直接测量，得 U_1。然后串接 $R=10\ \text{k}\Omega$ 的附加电阻器再一次测量，得 U_2。计算开路电压 U_o' 之值。

<table>
<tr><th>实际计算值</th><th colspan="2">两次测量值</th><th>测量计算值</th><th rowspan="2">U_1 的相对误差 /%</th><th rowspan="2">U_o' 的相对误差 /%</th></tr>
<tr><td>U_o/V</td><td>U_1/V</td><td>U_2/V</td><td>U_o'/V</td></tr>
<tr><td></td><td></td><td></td><td></td><td></td><td></td></tr>
</table>

3. 双量限电流表两次测量计算法

按图 9-2-2 线路进行实验，$U_S=0.3\ \text{V}$，$R=300\ \Omega$(取自电阻箱)，用万用表 0.5 mA 和 5 mA 两挡电流量限进行两次测量，计算出电路的电流值 I'。

万用表电流量限	内阻值/Ω	两个量限的测量值 I_1/mA	电路计算值 I/mA	两次测量计算值 I'/mA	I_1的相对误差/%	I'的相对误差/%
0.5 mA						
5 mA						

$R_{0.5\ \mathrm{mA}}$和$R_{5\ \mathrm{mA}}$参照实验一的结果。

4. 单量限电流表两次测量计算法

实验线路同3。先用万用表0.5 mA电流量限直接测量，得I_1。再串联附加电阻$R=30\Omega$进行第二次测量，得I_2。求出电路中的实际电流I'之值。

实际计算值	两次测量值		测量计算值	I_1的相对误差	I'的相对误差
I/mA	I_1/mA	I_2/mA	I'/mA	%	%

五、实验注意事项

(1) 同实验一。

(2) 采用不同量限两次测量法时，应选用相邻的两个量限，且被测值应接近于低量限的满偏值。否则，当用高量限测量较低的被测值时，测量误差会较大。

(3) 实验中所用的MF—47型万用表属于较精确的仪表。在大多数情况下，直接测量误差不会太大。只有当被测电压源的内阻>1/5电压表内阻或者被测电流源内阻<5倍电流表内阻时，采用本实验的测量、计算法才能得到较满意的结果。

六、预习思考题

9-2-1 完成各项实验内容的计算。

9-2-2 实验的收获与体会。

9-2-3 其他。

实验三 电路元件伏安特性的测绘

一、实验目的

1. 学会识别常用电路元件的方法。
2. 掌握线性电阻、非线性电阻元件伏安特性的测绘。
3. 掌握实验台上直流电工仪表和设备的使用方法。

二、原理说明

任何一个二端元件的特性可用该元件上的端电压U与通过该元件的电流I之间的函

数关系 $I=f(U)$来表示，即用 $I—U$ 平面上的一条曲线来表征，这条曲线称为该元件的伏安特性曲线。

(1) 线性电阻器的伏安特性曲线是一条通过坐标原点的直线，如图 9-3-1 中 a 所示，该直线的斜率等于该电阻器的电阻值。

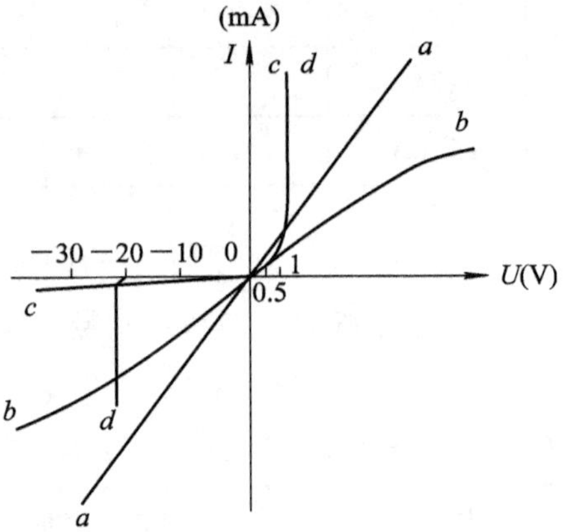

图 9-3-1

(2) 一般的白炽灯在工作时灯丝处于高温状态，其灯丝电阻随着温度的升高而增大。通过白炽灯的电流越大，其温度越高，阻值也越大。一般灯泡的"冷电阻"与"热电阻"的阻值可相差几倍至十几倍，所以它的伏安特性如图 9-3-1 中 b曲线所示。

(3) 一般的半导体二极管是一个非线性电阻元件，其伏安特性如图 9-3-1 中 c 所示。正向压降很小(一般的锗管约为 0.2～0.3 V，硅管约为 0.5～0.7 V)，正向电流随正向压降的升高而急骤上升，而反向电压从零一直增加到十几至几十伏时，其反向电流增加很小，粗略地可视为零。可见，二极管具有单向导电性。但反向电压加得过高，超过管子的极限值，则会导致管子击穿损坏。

(4) 稳压二极管是一种特殊的半导体二极管，其正向特性与普通二极管类似，但其反向特性较特别，如图 9-3-1 中 d 所示。在反向电压开始增加时，其反向电流几乎为零，但当电压增加到某一数值时(称为管子的稳压值，有各种不同稳压值的稳压管)电流将突然增加，以后它的端电压将基本维持恒定，当外加的反向电压继续升高时其端电压仅有少量增加。

注意：流过二极管或稳压二极管的电流不能超过管子的极限值，否则管子会被烧坏。

三、实验设备

序号	名　称	型号与规格	数　量	备　注
1	可调直流稳压电源	0～30 V	1	
2	万 用 表	FM—47 或其他	1	自备
3	直流数字毫安表	0～200 mA	1	
4	直流数字电压表	0～200 V	1	
5	二 极 管	IN4007	1	DGJ—05
6	稳 压 管	2CW51	1	DGJ—05
7	白 炽 灯	12 V，0.1 A	1	DGJ—05
8	线性电阻器	200 Ω，1 kΩ/8 W	1	DGJ—05

四、实验内容

1. 测定线性电阻器的伏安特性

按图 9-3-2 接线，调节稳压电源的输出电压 U，从 0 伏开始缓慢地增加，一直到

10 V，记下相应的电压表和电流表的读数 U_R、I。

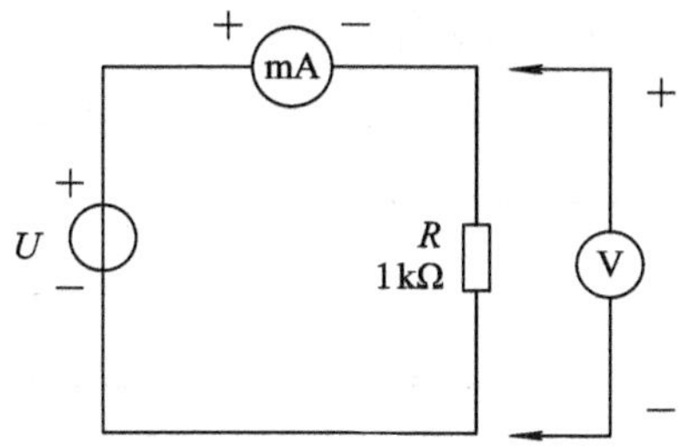

图 9 - 3 - 2

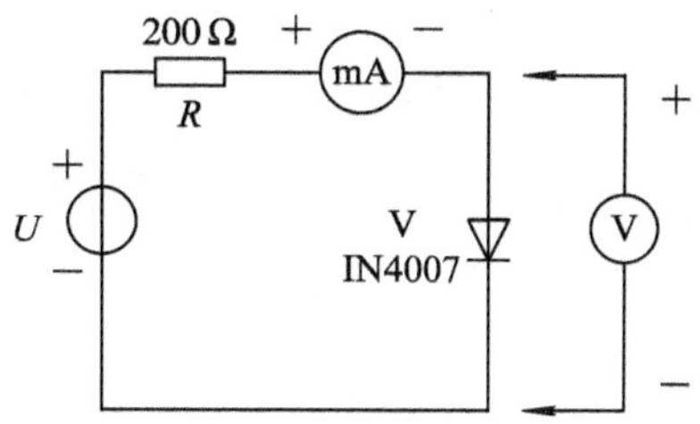

图 9 - 3 - 3

U_R/V	0	2	4	6	8	10
I/mA						

2. 测定非线性白炽灯泡的伏安特性

将图 9 - 3 - 2 中的 R 换成一只 12 V、0.1 A 的灯泡，重复步骤 1 操作过程。U_L 为灯泡的端电压。

U_L/V	0.1	0.5	1	2	3	4	5
I/mA							

3. 测定半导体二极管的伏安特性

按图 9 - 3 - 3 接线，R 为限流电阻器。测二极管的正向特性时，其正向电流不得超过 35 mA，二极管 V 的正向施压 U_{D+} 可在 0～0.75 V 之间取值。在 0.5～0.75 V 之间应多取几个测量点。测反向特性时，只需将图 9 - 3 - 3 中的二极管 V 反接，且其反向施压 U_{D-} 可达 30 V。

正向特性实验数据

U_{D+}/V	0.10	0.30	0.50	0.55	0.60	0.65	0.70	0.75
I/mA								

反向特性实验数据

U_{D-}/V	0	−5	−10	−15	−20	−25	−30
I/mA							

4. 测定稳压二极管的伏安特性

(1) 正向特性实验：将图 9 - 3 - 3 中的二极管换成稳压二极管 2CW51，重复实验内容 3 中的正向测量。U_{Z+} 为 2CW51 的正向施压。

U_{Z+}/V								
I/mA								

(2) 反向特性实验：将图 9-3-3 中的 R 换成 1 kΩ，2CW51 反接，测量 2CW51 的反向特性。稳压电源的输出电压 U_o从 0～20 V，测量 2CW51 两端的电压 U_{Z-} 及电流 I，由 U_{Z-} 可看出其稳压特性。

U_o/V								
U_{Z-}/V								
I/mA								

五、实验注意事项

(1) 测二极管正向特性时，稳压电源输出应由小至大逐渐增加，应时刻注意电流表读数不得超过 35 mA。

(2) 如果要测定 2AP9 的伏安特性，则正向特性的电压值应取 0，0.10，0.13，0.15，0.17，0.19，0.21，0.24，0.30(V)，反向特性的电压值取 0，2，4，…，10(V)。

(3) 进行不同实验时，应先估算电压和电流值，合理选择仪表的量程，勿使仪表超量程，仪表的极性亦不可接错。

六、预习思考题

9-3-1　线性电阻与非线性电阻的概念是什么？电阻器与二极管的伏安特性有何区别？

9-3-2　设某器件伏安特性曲线的函数式为 $I=f(U)$，试问在逐点绘制曲线时，其坐标变量应如何放置？

9-3-3　稳压二极管与普通二极管有何区别，其用途如何？

9-3-4　在图 9-3-3 中，设 $U=2$ V，$U_{D+}=0.7$ V，则 mA 表读数为多少？

七、实验报告

9-3-1　根据各实验数据，分别在方格纸上绘制出光滑的伏安特性曲线(其中二极管和稳压管的正、反向特性均要求画在同一张图中，正、反向电压可取为不同的比例尺)。

9-3-2　根据实验结果，总结、归纳被测各元件的特性。

9-3-3　必要的误差分析。

9-3-4　心得体会及其他。

实验四　电位、电压的测定及电路电位图的绘制

一、实验目的

1. 验证电路中电位的相对性、电压的绝对性。

2. 掌握电路电位图的绘制方法。

二、原理说明

在一个闭合电路中，各点电位的高低视所选的电位参考点的不同而变，但任意两点间的电位差(即电压)则是绝对的，它不因参考点的变动而改变。

电位图是一种平面坐标一、四两象限内的折线图。其纵坐标为电位值，横坐标为各被测点。要制作某一电路的电位图，先以一定的顺序对电路中各被测点编号。以图 9-4-1 的电路为例，并在坐标横轴上按顺序、均匀间隔标上 A、B、C、D、E、F，再根据测得的各点电位值，在各点所在的垂直线上描点。用直线依次连接相邻两个电位点，即得该电路的电位图。

在电位图中，任意两个被测点的纵坐标值之差即为该两点之间的电压值。

在电路中电位参考点可任意选定。对于不同的参考点，所绘出的电位图形是不同的，但其各点电位变化的规律却是一样的。

三、实验设备

序 号	名　称	型号与规格	数　量	备　注
1	直流可调稳压电源	0～30 V	二路	
2	万 用 表		1	自备
3	直流数字电压表	0～200 V	1	
4	电位、电压测定实验电路板		1	DGJ—03

四、实验内容

利用 DGJ—03 挂箱上的“基尔霍夫定律/叠加原理”线路，按图 9-4-1 接线。

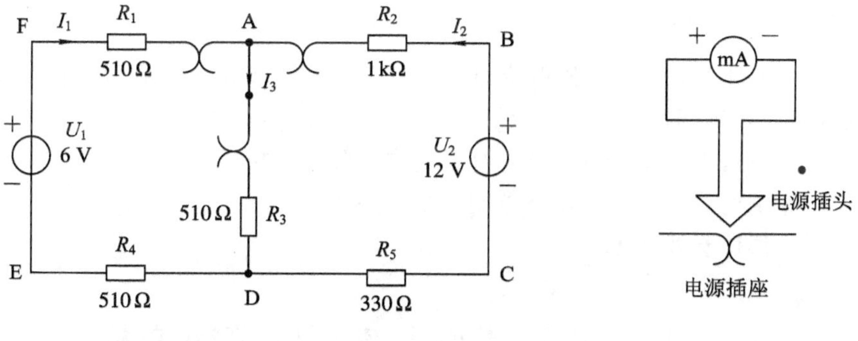

图 9-4-1

(1) 分别将两路直流稳压电源接入电路，令 $U_1=6$ V，$U_2=12$ V(先调准输出电压值，再接入实验线路中。)

(2) 以图 9-4-1 中的 A 点作为电位的参考点，分别测量 A、B、C、D、E、F 各点的电位值 ϕ_A、ϕ_B、ϕ_C、ϕ_D、ϕ_E、ϕ_F 及相邻两点之间的电压值 U_{AB}、U_{BC}、U_{CD}、U_{DE}、U_{EF} 及 U_{FA}，数据列于表中。

(3) 以 D 点作为参考点，重复实验内容(2)的测量，测得数据列于表中。

电位参考点	ϕ与U	ϕ_A	ϕ_B	ϕ_C	ϕ_D	ϕ_E	ϕ_F	U_{AB}	U_{BC}	U_{CD}	U_{DE}	U_{EF}	U_{FA}
A	计算值												
	测量值												
	相对误差												
D	计算值												
	测量值												
	相对误差												

五、实验注意事项

(1) 本实验线路板系多个实验通用，本次实验中不使用电流插头。DG05 上的 K_3 应拨向 330Ω 侧，三个故障按键均不得按下。

(2) 测量电位时，用指针式万用表的直流电压挡或用数字直流电压表测量时，用负表棒(黑色)接参考电位点，用正表棒(红色)接被测各点。若指针正向偏转或数显表显示正值，则表明该点电位为正(即高于参考点电位)；若指针反向偏转或数显表显示负值，此时应调换万用表的表棒，然后读出数值，此时在电位值之前应加一负号(表明该点电位低于参考点电位)。数显表也可不调换表棒，直接读出数值。

六、预习思考题

若以 F 点为参考电位点，实验测得各点的电位值，现令 E 点作为参考电位点，试问此时各点的电位值应有何变化?

七、实验报告

9-4-1 根据实验数据，绘制两个电位图形，并对照观察各对应两点间的电压情况。两个电位图的参考点不同，但各点的相对顺序应一致，以便对照。

9-4-2 完成数据表格中的计算，对误差作必要的分析。

9-4-3 总结电位相对性和电压绝对性的结论。

9-4-4 心得体会及其他。

实验五 电压源与电流源的等效变换

一、实验目的

1. 加深对电压源、电流源及其外特性的认识。
2. 掌握电流源和电压源进行等效变换的条件。

二、实验原理

一个直流稳压电源在一定的电流范围内，具有很小的内阻，故在使用中，常将它视为一个理想的电压源，即其输出电压不随负载电流而变，其外特性，即其伏安特性 $U=f(I)$ 是一条平行于 l 轴的直线。一个恒流源在使用中，在一定的电压范围内，可视为一个理想的电流源。

一个实际的电压源(或电流源)，其端电压(或输出电流)不可能不随负载而变，因它具有一定的内阻值。故在实验中，用一个小阻值的电阻(或大电阻)与稳压源(或恒流源)相串联(或并联)来模拟一个电压源(或电流源)的情况。

一个实际的电源，就其外部特性而言，既可以看成是一个电压源，又可以看成是一个电流源。若视为电压源，则可用一个理想的电压源 E_S 与一个电阻 R_0 相串联的组合来表示；若视为电流源，则可用一个理想电流源 I_S 与一电导 g_0 相并联的组合来表示。若它们向同样大小的负载提供同样大小的电流和端电压，则称这两个电源是等效的，即具有相同的外特性。

一个电压源与一个电流源等效变换的条件为

$$I=\frac{E_S}{R_0},\quad g_0=\frac{1}{R_0}\quad 或\quad E_S=I_S g_0,\quad R_0=\frac{1}{g_0}$$

如图 9-5-1 所示。

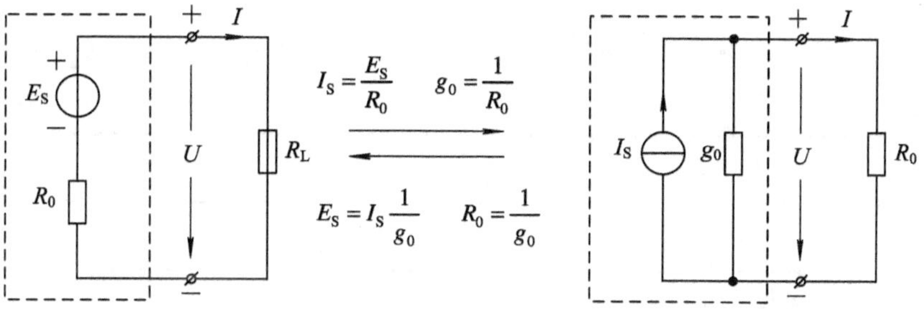

图 9-5-1

三、实验设备

序号	名　　称	型号与规格	数　量	备　注
1	可调直流稳压电源	0～30 V	1	
2	可调直流恒流源	0～200 mA	1	
3	直流数字电压表	0～200 V	1	
4	直流数字毫安表	0～200 mA	1	D31
5	万用表		1	自备
6	电阻器	51 Ω，200 Ω，300 Ω，1 kΩ		DGJ—05
7	可调电阻箱	0～99 999.9 Ω	1	DGJ—05

四、实验内容

1. 测定直流稳压电源与实际电压源的外特性

(1) 按图 9-5-2 接线。U_s 为 +6 V 直流稳压电源。调节 R_2，令其阻值由大至小变化，记录两表的读数。

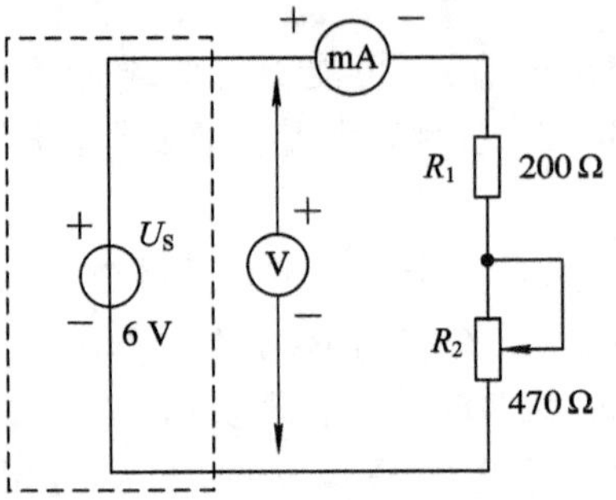

图 9-5-2

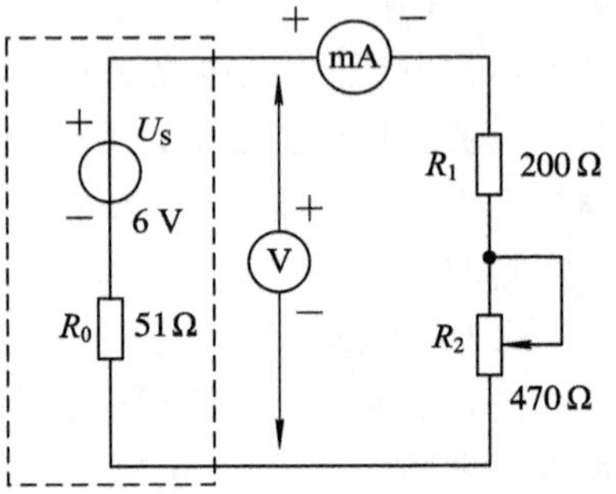

图 9-5-3

U/V							
I/mA							

(2) 按图 9-5-3 接线，虚线框可模拟为一个实际的电压源。调节 R_2，令其阻值由大至小变化，记录两表的读数。

U/V							
I/mA							

2. 测定电流源的外特性

按图 9-5-4 接线，I_S 为直流恒流源，调节其输出为 10 mA，令 R_o 分别为 1 kΩ 和 ∞（即接入和断开），调节电位器 R_L（从 0 至 470 Ω），测出这两种情况下的电压表和电流表的读数。自拟数据表格，记录实验数据。

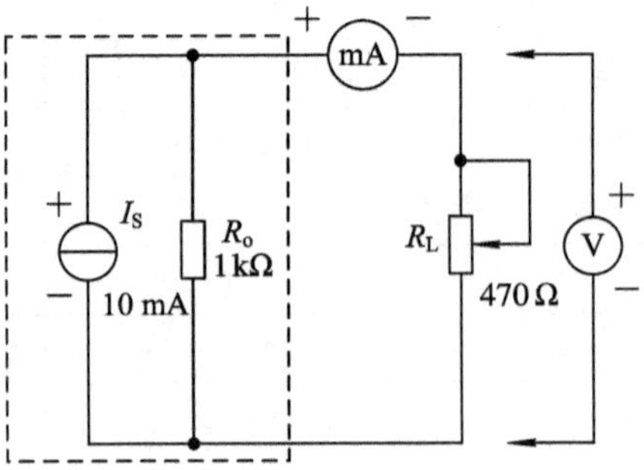

图 9-5-4

3. 测定电源等效变换的条件

先按图 9-5-5(a)线路接线，记录线路中两表的读数。然后利用图 9-5-5(a)中右侧的元件和仪表，按图 9-5-5(b)接线。调节恒流源的输出电流 I_S，使两表的读数与图 9-5-5(a)时的数值相等，记录 I_S 之值，验证等效变换条件的正确性。

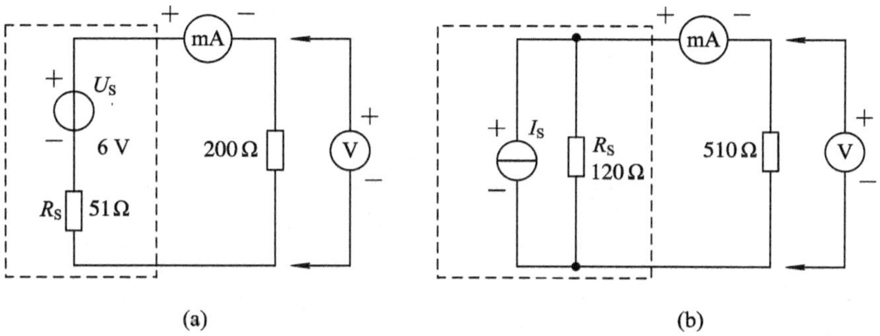

图 9-5-5

五、实验注意事项

(1) 在测电压源外特性时，不要忘记测空载时的电压值，测电流源外特性时，不要忘记测短路时的电流值。注意恒流源负载电压不要超过 20 V，负载不要开路。

(2) 换接线路时，必须关闭电源开关。

(3) 直流仪表的接入应注意极性与量程。

六、预习思考题

9-5-1　通常直流稳压电源的输出端不允许短路，直流恒流源的输出端不允许开路，为什么？

9-5-2　电压源与电流源的外特性为什么呈下降变化趋势，稳压源和恒流源的输出在任何负载下是否保持恒值？

七、实验报告

9-5-1　根据实验数据绘出电源的四条外特性曲线，并总结、归纳各类电源的特性。

9-5-2　从实验结果，验证电源等效变换的条件。

9-5-3　心得体会及其他。

实验六　基尔霍夫定律的验证

一、实验目的

1. 验证基尔霍夫定律的正确性，加深对基尔霍夫定律的理解。
2. 学会用电流插头、插座测量各支路电流。

二、原理说明

基尔霍夫定律是电路的基本定律。测量某电路的各支路电流及每个元件两端的电压，应能分别满足基尔霍夫电流定律(KCL)和电压定律(KVL)。即对电路中的任一个节点而言，应有 $\Sigma I=0$；对任何一个闭合回路而言，应有 $\Sigma U=0$。

运用上述定律时必须注意各支路或闭合回路中电流的正方向，此方向可预先任意设定。

三、实验设备

序号	名　称	型号与规格	数　量	备　注
1	直流稳压电源	0～30 V 可调	二路	
2	万用表		1	自备
3	直流数字电压表	0～200 V	1	
4	直流数字毫安表	0～200 mV	1	
5	基尔霍夫定律实验电路板		1	DGJ05—2

四、实验内容

实验线路如图 9－6－1 所示，用 DGJ05—2 挂箱的"基尔霍夫定律/叠加原理"线路。

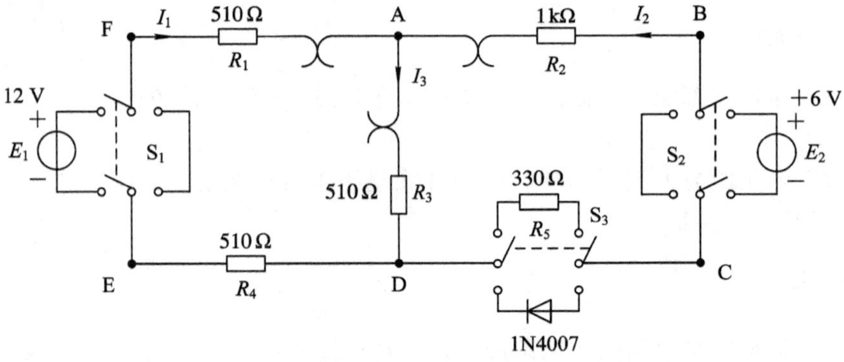

图 9－6－1

基尔霍夫定律的验证：

(1) 实验前先将 S_1、S_2 分别打向 E_1 侧和 E_2 侧，将 S_3 打向 R_5 侧，再任意设定三条支路和三个闭合回路的电流正方向。图 9－6－1 中的 I_1、I_2、I_3 的方向已设定。三个闭合回路的电流正方向可设为 ADEFA、BADCB 和 FBCEF。

(2) 分别将两路直流稳压电源接入电路，令 $U_1=12$ V，$U_2=6$ V。

(3) 熟悉电流插头的结构，将电流插头的两端接至数字毫安表的"＋、－"两端。

(4) 将电流插头分别插入三条支路的三个电流插座中，读出并记录电流值，填入表格中。

(5) 用直流数字电压表分别测量两路电源及电阻元件上的电压值，填入表格中。

被测量	I_1/mA	I_2/mA	I_3/mA	U_1/V	U_2/V	U_{FA}/V	U_{AB}/V	U_{AD}/V	U_{CD}/V	U_{DE}/V
计算值										
测量值										
相对误差										

五、实验注意事项

(1) 用电流插头测量各支路电流时，或者用电压表测量电压降时，应注意仪表的极性，正确判断测得值的＋、－号后，记入数据表格。

(2) 注意仪表量程的及时更换。

(3) 防止稳压电源两个输出端碰线短路。

(4) 用指针式电压表或电流表测量电压或电流时，如果仪表指针反偏，则必须调换仪表极性，重新测量。此时指针正偏，可读得电压或电流值。若用数显电压表或电流表测量，则可直接读出电压或电流值。但应注意，所读得的电压或电流值正确的正、负号应根据设定的电流参考方向来判断。

六、预习思考题

9-6-1 根据图9-6-1的电路参数，计算出待测的电流 I_1、I_2、I_3 和各电阻上的电压值，记入表中，以便实验测量时，可正确地选定毫安表和电压表的量程。

9-6-2 实验中，若用指针式万用表直流毫安挡测各支路电流，在什么情况下可能出现指针反偏，应如何处理？在记录数据时应注意什么？若用直流数字毫安表进行测量时，则会有什么显示呢？

七、实验报告

9-6-1 根据实验数据，选定节点A，验证KCL的正确性。

9-6-2 根据实验数据，选定实验电路中的任一个闭合回路，验证KVL的正确性。

9-6-3 将支路和闭合回路的电流方向重新设定，重复9-6-1、9-6-2两项验证。

9-6-4 误差原因分析。

9-6-5 心得体会及其他。

实验七 叠加定理的验证

一、实验目的

验证叠加定理的正确性，加深对线性电路的叠加性和齐次性的认识和理解。

二、原理说明

叠加定理指出：在有多个独立源共同作用下的线性电路中，通过每一个元件的电流或其两端的电压，可以看成是由每一个独立源单独作用时在该元件上所产生的电流或电压的代数和。

线性电路的齐次性是指当激励信号(某独立源的值)增加或减小 K 倍时，电路的响应(即在电路中各电阻元件上所建立的电流和电压值)也将增加或减小 K 倍。

三、实验设备

序号	名　称	型号与规格	数　量	备　注
1	直流稳压电源	0～30 V 可调	二路	
2	万用表		1	自备
3	直流数字电压表	0～200 V	1	
4	直流数字毫安表	0～200 mV	1	
5	叠加定理实验电路板		1	DGJ05—2

四、实验内容

实验线路如图 9-7-1 所示，用 DGJ05—2 挂箱的“基尔霍夫定律/叠加原理”线路。

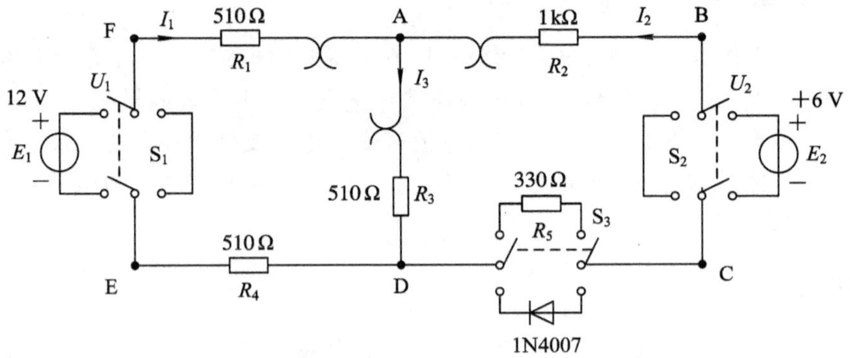

图 9-7-1

1. 验证叠加原理对线性电路的适用性

(1) 将两路稳压源的输出分别调节为 12 V 和 6 V，接入 U_1 和 U_2 处。令 E_1 电源单独作用(将开关 S_1 投向 E_1 侧，开关 S_2 投向短路侧)。用直流数字电压表和毫安表(接电流插头)测量各支路电流及各电阻元件两端的电压，数据记入表格。

(2) 令 E_2 电源单独作用(将开关 S_1 投向短路侧，开关 S_2 投向 E_2 侧)，重复实验步骤(1)的测量和记录，数据记入表格。

(3) 令 E_1 和 E_2 共同作用(将开关 S_1 和 S_2 分别投向 E_1 和 E_2 侧)，重复上述的测量和记录，数据记入表格。

(4) 将 E_2 的数值调至+12 V，(将开关 S_1 投向短路侧，S_2 投向 E_2 侧)重复上述的测量并记录，数据记入表格。

测量项目 实验内容	U_1 /V	U_2 /V	I_1 /mA	I_2 /mA	I_3 /mA	U_{AB} /V	U_{CD} /V	U_{AD} /V	U_{DE} /V	U_{FA} /V
E_1单独作用										
E_2单独作用										
E_1、E_2共同作用										
E_2单独作用										

2. 验证叠加原理对非线性电路的不适用性

将R_5(330 Ω)换成二极管 1N4007(即将开关 S_3 投向二极管 IN4007 侧)，重复测量过程，数据记入表格。任意按下某个故障设置按键，重复上述实验内容的测量和记录，再根据测量结果判断出故障的性质。

测量项目 实验内容	U_1 /V	U_2 /V	I_1 /mA	I_2 /mA	I_3 /mA	U_{AB} /V	U_{CD} /V	U_{AD} /V	U_{DE} /V	U_{FA} /V
E_1单独作用										
E_2单独作用										
E_1、E_2共同作用										
E_2单独作用										

五、实验注意事项

(1) 用电流插头测量各支路电流时，或者用电压表测量电压降时，应注意仪表的极性，正确判断测得值的＋、－号后，记入数据表格。

(2) 注意仪表量程的及时更换。

六、预习思考题

9-7-1 在叠加原理实验中，要令U_1、U_2分别单独作用，应如何操作？可否直接将不作用的电源(U_1或U_2)短接置零？

9-7-2 实验电路中，若有一个电阻器改为二极管，试问叠加原理的叠加性与齐次性还成立吗？为什么？

七、实验报告

9-7-1 根据实验数据表格，进行分析、比较，归纳、总结实验结论，即验证线性电路的叠加性与齐次性。

9-7-2 各电阻器所消耗的功率能否用叠加原理计算得出？试用上述实验数据，进行计算并作结论。

9-7-3 心得体会及其他。

实验八　戴维南定理和诺顿定理的验证
——有源二端网络等效参数的测定

一、实验目的

1. 验证戴维南定理和诺顿定理的正确性，加深对定理的理解。
2. 掌握测量有源二端网络等效参数的一般方法。

二、原理说明

1. 有源二端网络

任何一个线性有源网络，如果仅研究其中一条支路的电压和电流，则可将电路的其余部分看作是一个有源二端网络。

戴维南定理指出：任何一个线性有源二端网络，总可以用一个电压源和一个电阻的串联来等效代替，此电压源的电动势U_s等于这个有源二端网络的开路电压U_{oc}，其等效内阻R_o等于该网络中所有独立源均置零(理想电压源视为短接，理想电流源视为短路)时的等效电阻。

诺顿定理指出：任何一个线性有源网络，总可以用一个电流源与一个电阻的并联组合来等效代替，此电流源的电流I_s等于这个有源二端网络的短路电流I_{sc}，其等效内阻R_o定义同戴维南定理。

$U_{oc}(U_s)$和R_o或者$I_{sc}(I_s)$和R_o称为有源二端网络的等效参数。

2. 有源二端网络等效参数的测量方法

(1) 开路电压、短路电流法测R_o。

在有源二端网络输出端开路时，用电压表直接测其输出端的开路电压U_{oc}，然后再将其输出端短路，用电流表测其短路电流I_{sc}，则等效内阻为

$$R_o = \frac{U_o}{I_{sc}}$$

如果二端网络的内阻很小，若将其输出端口短路则易损坏其内部元件，因此不宜用此法。

(2) 伏安法测R_o。

用电压表、电流表测出有源二端网络的外特性曲线，如图 9-8-1 所示。根据外特性曲线求出斜率$\tan\varphi$，则内阻

$$R_o = \tan\varphi = \frac{\Delta U}{\Delta I} = \frac{U_{oc}}{I_{sc}}$$

也可以先测开路电压U_{oc}，再测量电流为额定值I_N时的输出端电压值U_N，则内阻为

$$R_o = \frac{U_{oc} - U_N}{I_N}$$

(3) 半电压法测R_o。

如图 9－8－2 所示，当负载电压为被测网络开路电压的一半时，负载电阻(由电阻箱的读数确定)即为被测有源二端网络的等效内阻值。

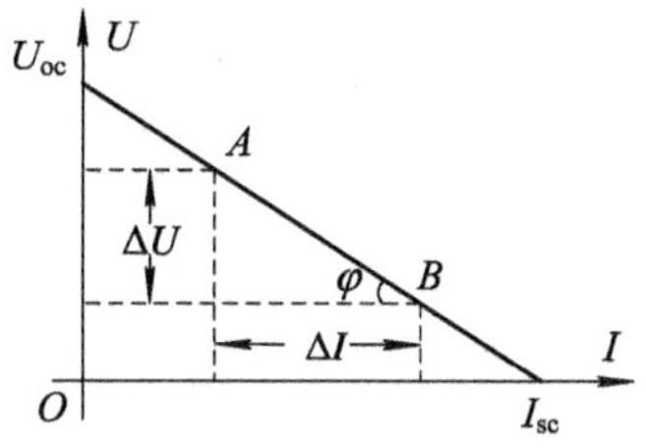

图 9－8－1

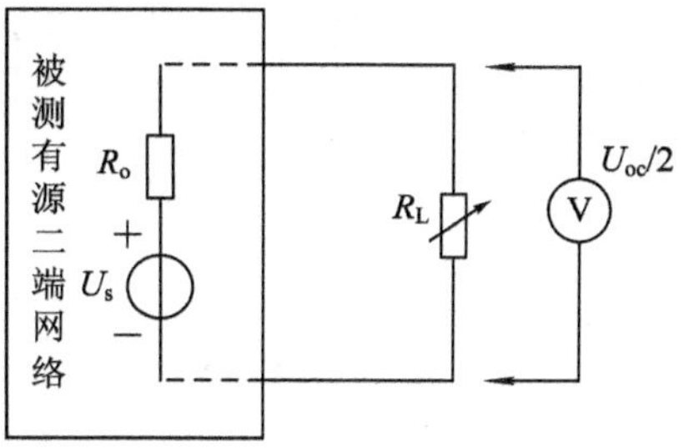

图 9－8－2

(4) 零示法测 U_{oc}。

在测量具有高内阻有源二端网络的开路电压时，用电压表直接测量会造成较大的误差。为了消除电压表内阻的影响，往往采用零示测量法，如图 9－8－3 所示。

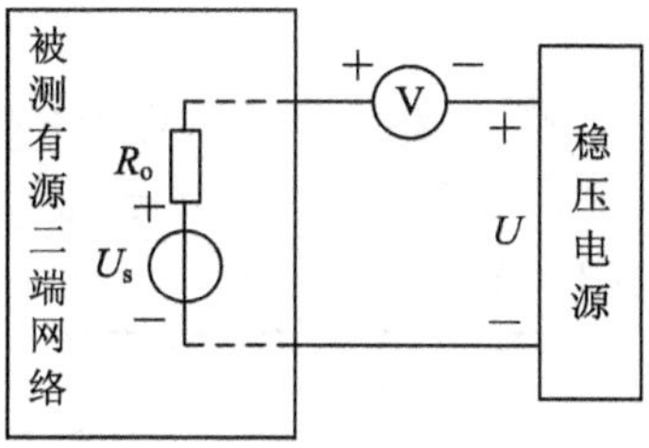

图 9－8－3

零示法测量原理是利用一低内阻的稳压电源与被测有源二端网络进行比较，当稳压电源的输出电压与有源二端网络的开路电压相等时，电压表的读数将为"0"。然后将电路断开，测量此时稳压电源的输出电压，即为被测有源二端网络的开路电压。

三、实验设备

序 号	名 称	型号与规格	数 量	备 注
1	可调直流稳压电源	0～30 V	1	
2	可调直流恒流源	0～500 mA	1	
3	直流数字电压表	0～200 V	1	
4	直流数字毫安表	0～200 mA	1	
5	万用表		1	自备
6	可调电阻箱	0～99 999.9 Ω	1	DGJ—05
7	电位器	1 k/2W	1	DGJ—05
8	戴维南定理实验电路板		1	DGJ—03

四、实验内容

被测有源二端网络如图 9-8-4(a)所示。

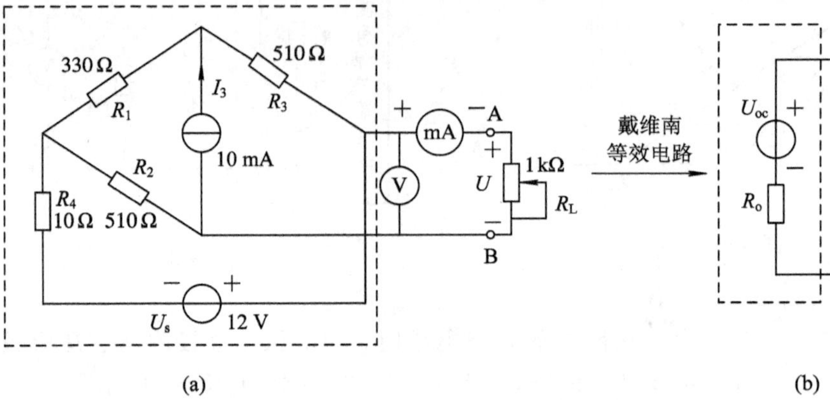

图 9-8-4

(1) 用开路电压、短路电流法测定戴维南等效电路的 U_{oc}、R_o 和诺顿等效电路的 I_s、R_o。按图 9-8-4(a)接入稳压电源 U_s=12 V 和恒流源 I_{sc}=10 mA，不接入 R_L。测出 U_{oc} 和 I_{sc}，并计算出 R_o，填入表格。(测 U_{oc} 时，不接入电流表。)

U_{oc}/V	I_s/mA	$R_o=U_{oc}/I_{sc}$/Ω

(2) 负载实验。按图 9-8-4(a)接入 R_L。改变 R_L 阻值，测量有源二端网络的外特性曲线，填入表格。

R_L/Ω								
U/V								
I/mA								

(3) 验证戴维南定理：从电阻箱上取得按步骤(1)所得的等效电阻 R_o 之值，然后令其与直流稳压电源(调到步骤(1)时所测得的开路电压 U_{oc} 之值)相串联，如图 9-8-4(b)所示，仿照步骤(2)测其外特性，对戴氏定理进行验证，数据填入表格。

R_L/Ω									
U/V									
I/mA									

(4) 验证诺顿定理：从电阻箱上取得按步骤(1)所得的等效电阻 R_o 之值，然后令其与直流恒流源(调到步骤(1)时所测得的短路电流 I_{sc} 之值)相并联，如图 9-8-5 所示，仿照步骤(2)测其外部特性，对诺顿定理进行验证，数据填入表格。

R_L/Ω								
U/V								
I/mA								

(5) 有源二端网络等效电阻(又称入端电阻)的直接测量法。见图 9-8-4(a)，将被测有源二端网络内的所有独立源置零(去掉电流源 I_{sc}和电压源 U_s，并在原电压源所接的两点用一根短路导线相连)，然后用伏安法或者直接用万用表的欧姆挡去测定负载 R_L开路时 A、B 两点间的电阻，此即为被测网络的等效内阻 R_o，或称网络的入端电阻 R_i。

(6) 用半电压法和零示法测量网络的等效内阻 R_o及其开路电压 U_{oc}。线路及数据表格自拟。

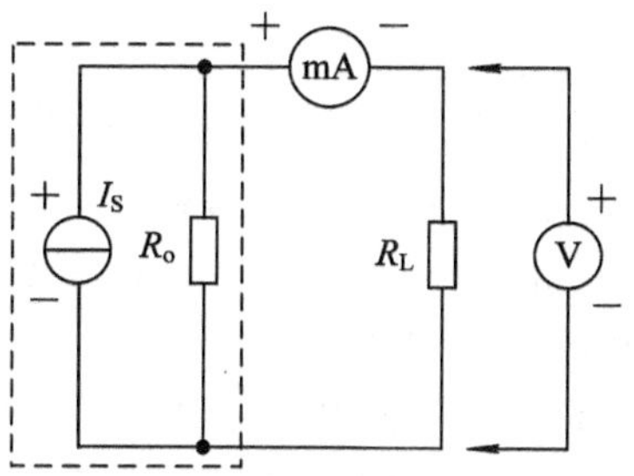

图 9-8-5

五、实验注意事项

(1) 测量时应注意电流表量程的更换。

(2) 步骤(5)中，电压源置零时不可将稳压源短接。

(3) 用万用表直接测 R_o时，网络内的独立源必须先置零，以免损坏万用表。其次，欧姆挡必须经调零后再进行测量。

(4) 用零示法测量 U_{oc}时，应先将稳压源的输出调至接近于 U_{oc}，再按图 9-8-3 测量。

(5) 改接线路时，要关掉电源。

六、预习思考题

9-8-1 在求戴维南或诺顿等效电路时，作短路试验，测 I_{sc}的条件是什么？在本实验中可否直接作负载短路实验？请实验前对图 9-8-4(a)线路预先作好计算，以便调整实验电路及测量时可准确地选取电表的量程。

9-8-2 说明测有源二端网络开路电压及等效内阻的几种方法，并比较其优缺点。

七、实验报告

9-8-1 根据步骤(2)、(3)、(4)，分别绘出曲线，验证戴维南定理和诺顿定理的正确性，并分析产生误差的原因。

9-8-2 根据步骤(1)、(5)、(6)的几种方法测得的 U_{oc} 和 R_o 与预习时电路计算的结果作比较，你能得出什么结论。

9-8-3 归纳、总结实验结果。

9-8-4 心得体会及其他。

实验九 受控源 VCVS、VCCS、CCVS、CCCS 的实验研究

一、实验目的

通过测试受控源的外特性及其转移参数，进一步理解受控源的物理概念，加深对受控源的认识和理解。

二、原理说明

(1) 电源有独立电源(如电池、发电机等)与非独立电源(或称为受控源)之分。

受控源与独立电源的不同点是：独立源的电动势 E_s 或电流 I_s 是某一固定的数值或是时间的某一函数，它不随电路其余部分的状态而变。而受控源的电动势或电流则是随电路中另一支路的电压或电流而变化的一种电源。

受控源又与无源元件不同，无源元件两端的电压和流过它自身的电流有一定的函数关系，而受控源的输出电压或电流则和另一支路(或元件)的电流或电压有某种函数关系。

(2) 独立源与无源元件是二端器件，受控源则是四端器件，或称为二端口元件。它有一对输入端(U_1、I_1)和一对输出端(U_2、I_2)。输入端可以控制输出端电压或电流的大小。施加于输入端的控制量可以是电压 U_1 或电流 I_1，因而有两种受控电压源(即电压控制电压源 VCVS 和电流控制电压源 CCVS)和两种受控电流源(即电压控制电流源 VCCS 和电流控制电流源 CCCS)。它们的示意图见图 9-9-1。

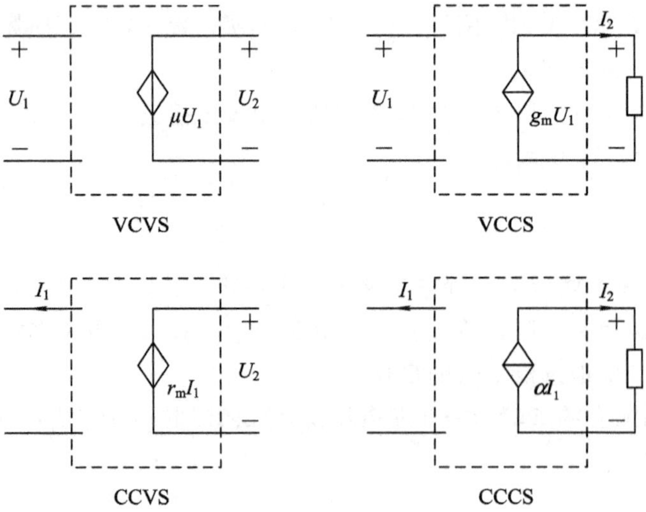

图 9-9-1

(3) 当受控源的输出电压(或电流)与控制支路的电压(电流)成正比变化时，则称该受控源是线性的。

理想受控源的控制支路中只有一个独立变量(电压或电流)，另一个独立变量等于零，即从输入口看，理想受控源是短路(即输入电阻 $R_1=0$，因而 $U_1=0$)或者是开路(即输入电导 $G_1=0$，因而输入电流 $I_1=0$)；从输出口看，理想受控源是一个理想电压源或者是一个理想电流源。

(4) 受控源的受制端与控制端的关系式称为转移函数。

四种受控源的转移函数参量的定义如下：

① 电压控制电压源(VCVS)：$U_2=f(U_1)$，$\mu=U_1/U_2$称为转移电压比(或电压增益)。

② 电压控制电流源(VCCS)：$I_2=f(U_1)$，$g_m=I_2/U_1$称为转移电导。

③ 电流控制电压源(CCVS)：$U_2=f(I_1)$，$r_m=U_2/I_1$称为转移电阻。

④ 电流控制电流源(CCCS)：$I_2=f(I_1)$，$\alpha=I_2/I_1$称为转移电流比(或电流增益)。

三、实验设备

序 号	名 称	型号与规格	数 量	备 注
1	可调直流稳压电源	0～30 V	1	
2	可调恒流源	0～500 mA	1	
3	直流数字电压表	0～200 V	1	
4	直流数字毫安表	0～200 mA	1	
5	可变电阻箱	0～99 999.9 Ω	1	DGJ—05
6	受控源实验电路板		1	DGJ—08

四、实验内容

1. 测量受控源 VCVS 的转移特性 $U_2=f(U_1)$及负载特性 $U_2=f(I_L)$

实验线路见图 9-9-2。

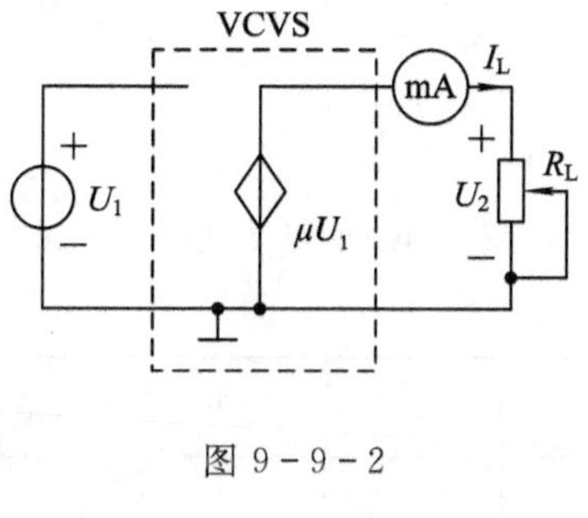

图 9-9-2

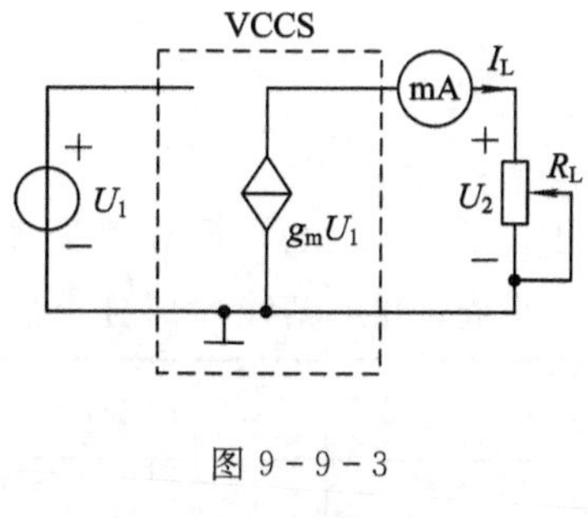

图 9-9-3

(1) 不接电流表，固定 $R_L=2\ k\Omega$，调节稳压电源输出电压 U_1，测量相应的 U_2值，记入表格。

U_1/V	1	2	3	4	5	6	7	8	9	μ
U_2/V										

在方格纸上绘出电压转移特性曲线 $U_2=f(U_1)$，并在其线性部分求出转移电压比 μ。

(2) 接入电流表，保持 $U_1=2$ V，调节 R_L 可变电阻箱的阻值，测 U_2 及 I_L，绘制负载特性曲线 $U_2=f(I_L)$。

R_L/Ω	50	70	100	200	300	400	500	∞
U_2/V								
I_L/mA								

2. 测量受控源 VCCS 的转移特性 $I_L=f(U_1)$ 及负载特性 $I_L=f(U_2)$

实验线路见图 9-9-3。

(1) 固定 $R_L=2\ \text{k}\Omega$，调节稳压电源的输出电压 U_1，测出相应的 I_L 值，绘制 $I_L=f(U_1)$ 曲线，并由其线性部分求出转移电导 g_m。

U_1/V	0.1	0.5	1.0	2.0	3.0	3.5	3.7	4.0	g_m
I_L/mA									

(2) 保持 $U_1=2$ V，令 R_L 从大到小变化，测出相应的 I_L 及 U_2，绘制 $I_L=f(U_2)$ 曲线。

$R_L/\text{k}\Omega$	5	4	2	1	0.5	0.4	0.3	0.2	0.1	0
I_L/mA										
U_2/V										

3. 测量受控源 CCVS 的转移特性 $U_2=f(I_1)$ 与负载特性 $U_2=f(I_L)$

实验线路见图 9-9-4。

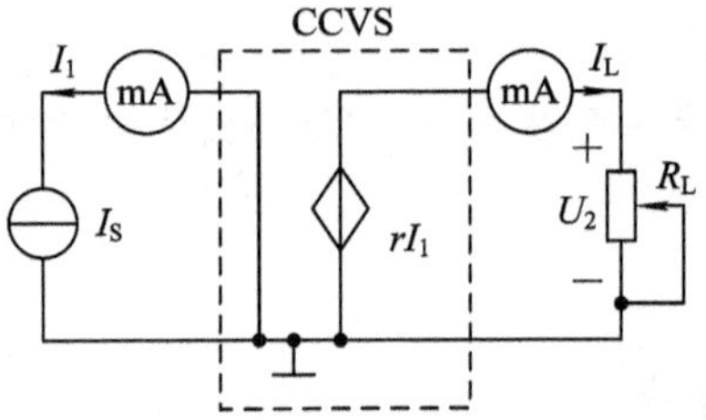

图 9-9-4

(1) 固定 $R_L=2\ \text{k}\Omega$，调节恒流源的输出电流 I_S，按下表所列 I_1 值，测出 U_2，绘制 $U_2=f(I_1)$ 曲线，并由其线性部分求出转移电阻 r_m。

I_1/mA	0.1	1.0	3.0	5.0	7.0	8.0	9.0	9.5	r_m
U_2/V									

(2) 保持 $I_S=2$ mA，按下表所列 R_L 值，测出 U_2 及 I_L，绘制负载特性曲线 $U_2=f(I_L)$。

R_L/kΩ	0.5	1	2	4	6	8	10
U_2/V							
I_L/mA							

4. 测量受控源 CCCS 的转移特性 $I_L=f(I_1)$ 及负载特性 $I_L=f(U_2)$

实验线路见图 9－9－5。

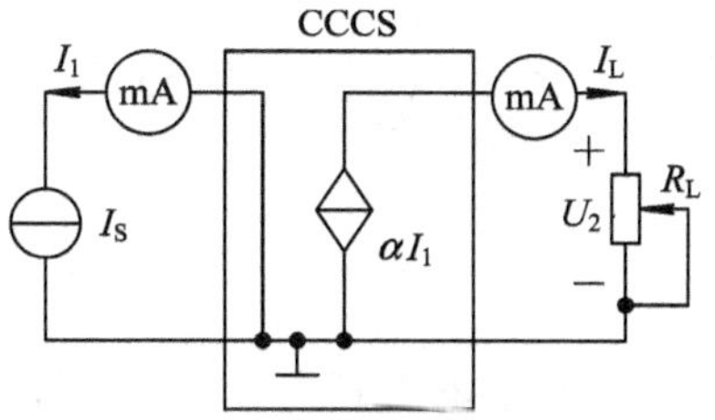

图 9－9－5

(1) 参见 3(1)测出 I_L，绘制 $I_L=f(I_1)$曲线，并由其线性部分求出转移电流比 α。

I_1/mA	0.1	0.2	0.5	1	1.5	2	2.2	α
I_L/mA								

(2) 保持 $I_S=1$ mA，令 R_L 为下列表所列值，绘出 $I_L=f(U_2)$曲线。

R_L/kΩ	0	0.2	0.4	0.6	0.8	1	2	5	10	20
I_L/mA										
U_2/V										

五、实验注意事项

(1) 每次组装线路，必须事先断开供电电源，但不必关闭电源总开关。

(2) 在用恒流源供电的实验中，不要使恒流源的负载开路。

(3) 如果只有 VCCS 和 CCVS 两种线路，要做 VCVS 或 CCCS 实验，须利用 VCCS 和 CCVS 两线路进行适当连接，或者利用 DGJ—08 挂箱上的电路。

六、预习思考题

9－9－1　受控源和独立源相比有何异同点？比较四种受控源的代号、电路模型、控制量与被控制量的关系如何？

9－9－2　四种受控源中的 r_m、g_m、α 和 μ 的意义是什么？如何测得？

9－9－3　若受控源控制量的极性反向，试问其输出极性是否发生变化？

9－9－4　受控源的控制特性是否适合于交流信号？

9－9－5　如何由两个基本的 CCVS 和 VCCS 获得其他两个 CCCS 和 VCVS，它们的输入输出如何连接？

七、实验报告

9-9-1 根据实验数据，在方格纸上分别绘出四种受控源的转移特性和负载特性曲线，并求出相应的转移参量。

9-9-2 对预习思考题作必要的回答。

9-9-3 对实验的结果做出合理的分析和结论，总结对四种受控源的认识和理解。

9-9-4 心得体会及其他。

实验十 日光灯功率因数的提高

一、实验目的

1. 研究正弦稳态交流电路中电压、电流相量之间的关系。
2. 掌握日光灯线路的接线。
3. 理解改善电路功率因数的意义并掌握其方法。

二、原理说明

(1) 在单相正弦交流电路中用交流电流表测得各支路的电流值，用交流电压表测得回路各元件两端的电压值，它们之间的关系满足相量形式的基尔霍夫定律，即 $\sum \dot{I}=0$ 和 $\sum \dot{U}=0$。

(2) 图 9-10-1 所示的 RC 串联电路，在正弦稳态信号 $\dot{U}$ 的激励下，$\dot{U}_R$ 与 $\dot{U}_C$ 保持有 90°的相位差，即当 R 阻值改变时，$\dot{U}_R$ 的相量轨迹是一个半圆。

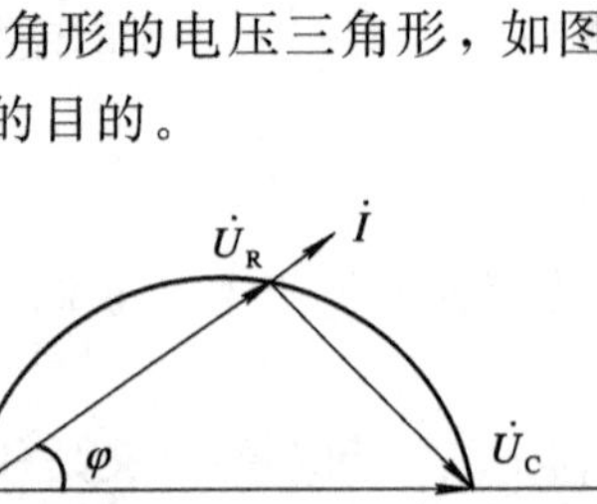

图 9-10-1

$\dot{U}$、$\dot{U}_C$ 与 $\dot{U}_R$ 三者形成一个直角形的电压三角形，如图 9-10-2 所示。R 值改变时，可改变 φ 角的大小，从而达到移相的目的。

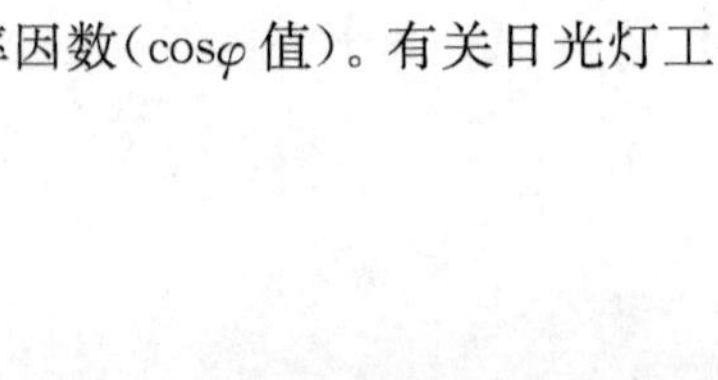

图 9-10-2

(3) 日光灯线路如图 9-10-3 所示，图中 A 是日光灯管，L 是镇流器，S 是启辉器，C 是补偿电容器，用以改善电路功率因数($\cos\varphi$ 值)。有关日光灯工作原理请自行翻阅有关资料。

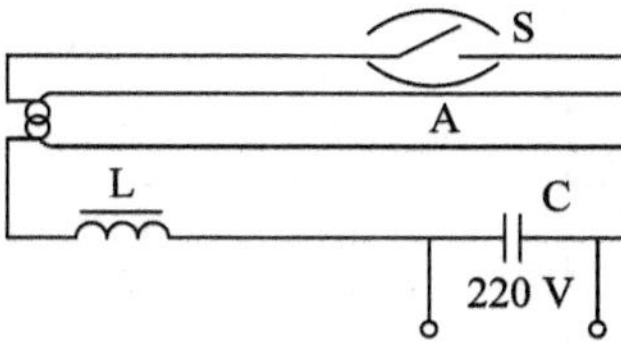

图 9-10-3

三、实验设备

序 号	名 称	型号与规格	数 量	备 注
1	交流电压表	0～500 V	1	
2	交流电流表	0～5 A	1	
3	功率表		1	(DGJ 07)
4	自耦调压器		1	
5	镇流器、启辉器	与 40 W 灯管配用	各 1	DGJ—04
6	日光灯灯管	40 W	1	
7	电容器	1 μF, 2.2 μF, 4.7 μF/500 V	各 1	DGJ—05
8	白炽灯及灯座	220 V, 15 W	1～3	DGJ—04
9	电流插座		3	DGJ—04

四、实验内容

1. 日光灯线路接线与测量

按图 9-10-4 接线。经指导教师检查后接通实验台电源，调节自耦调压器的输出，使其输出电压缓慢增大，直到日光灯刚启辉点亮为止，记下三表的指示值。然后将电压调至 220 V，测量功率 P，电流 I，电压 U，U_L，U_A等值，填入下表，验证电压、电流相量关系。

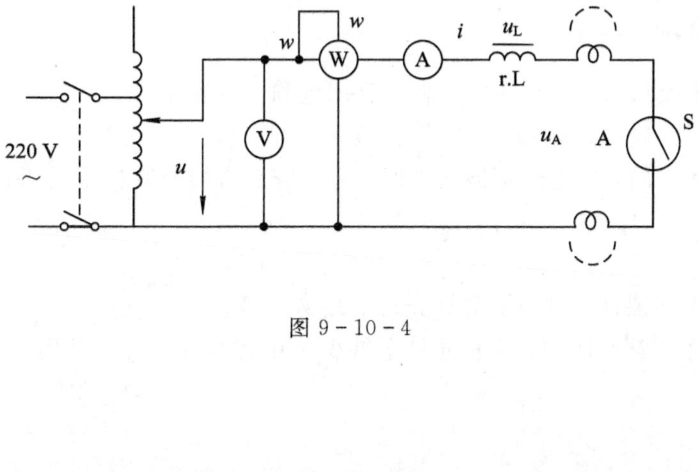

图 9-10-4

	测　量　数　值						计算值	
	P/W	$\cos\varphi$	I/A	U/V	U_L/V	U_A/V	r/Ω	$\cos\varphi$
启辉值								
正常工作值								

2. 并联电路——电路功率因数的改善

按图 9-10-5 组成实验线路。

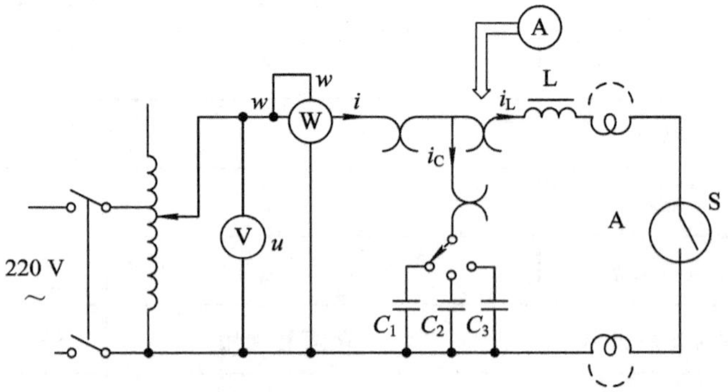

图 9-10-5

经指导老师检查后，接通实验台电源，将自耦调压器的输出调至 220 V，记录功率表、电压表读数。通过一只电流表和三个电流插座分别测得三条支路的电流，改变电容值，进行三次重复测量。数据记入下表中。

电容值 /μF	测　量　数　值						计　算　值	
	P/W	$\cos\varphi$	U/V	I/A	I_L/A	I_C/A	I'/A	$\cos\varphi$
0								
1								
2.2								
4.7								

五、实验注意事项

(1) 本实验用交流市电 220 V，务必注意用电和人身安全。

(2) 功率表要正确接入电路。

(3) 线路接线正确，日光灯不能启辉时，应检查启辉器及其接触是否良好。

六、预习思考题

9-10-1　参阅课外资料，了解日光灯的启辉原理。

9-10-2　在日常生活中，当日光灯上缺少了启辉器时，人们常用一根导线将启辉器的两端短接一下，然后迅速断开，使日光灯点亮(DGJ—04 挂箱上有短接按钮，可用它代替启辉器做试验)，或用一只启辉器去点亮多只同类型的日光灯，这是为什么？

9-10-3 为了改善电路的功率因数，常在感性负载上并联电容器，此时增加了一条电流支路，试问电路的总电流是增大还是减小，此时感性元件上的电流和功率是否改变？

9-10-4 提高线路功率因数为什么只采用并联电容器法，而不用串联法？所并的电容器是否越大越好？

七、实验报告

9-10-1 完成数据表格中的计算，进行必要的误差分析。

9-10-2 根据实验数据，分别绘出电压、电流相量图，验证相量形式的基尔霍夫定律。

9-10-3 讨论改善电路功率因数的意义和方法。

9-10-4 装接日光灯线路的心得体会及其他。

实验十一 三相交流电路实验

一、实验目的

1. 掌握三相负载作星形连接、三角形连接的方法，验证这两种接法下线、相电压及线、相电流之间的关系。

2. 充分理解三相四线供电系统中中线的作用。

二、原理说明

(1) 三相负载可接成星形(又称“Y”接)或三角形(又称“D”接)。当三相对称负载作 Y 形连接时，线电压 U_L是相电压 U_p的$\sqrt{3}$倍，线电流 I_L等于相电流 I_p，即

$$U_L = \sqrt{3}U_p$$
$$I_L = I_p$$

在这种情况下，流过中线的电流 $I_N=0$，所以可以省去中线。

当对称三相负载作 D 形连接时，有

$$I_L = \sqrt{3}I_p$$
$$U_L = U_p$$

(2) 不对称三相负载作 Y 连接时，必须采用三相四线制接法，即 Y_N接法。而且中线必须牢固连接，以保证三相不对称负载的每相电压维持对称不变。

倘若中线断开，会导致三相负载电压的不对称，致使负载轻的那一相的相电压过高，使负载遭受损坏；负载重的一相相电压又过低，使负载不能正常工作。尤其是对于三相照明负载，无条件地一律采用 Y_N接法。

(3) 当不对称负载作 D 形接法时，$I_L \neq \sqrt{3}I_p$，但只要电源的线电压 U_L对称，加在三相负载上的电压仍是对称的，对各相负载工作没有影响。

三、实验设备

序号	名　称	型号与规格	数量	备　注
1	交流电压表	0～500 V	1	
2	交流电流表	0～5 A	1	
3	万用表		1	自备
4	三相自耦调压器		1	
5	三相灯组负载	220 V，15 W 白炽灯	9	DGJ—04
6	电源插座		3	DGJ—04

四、实验内容

1. 三相负载星形连接(三相四线制供电)

按图 9-11-1 线路组接实验电路，即三相灯组负载经三相自耦调压器接通三相对称电源。

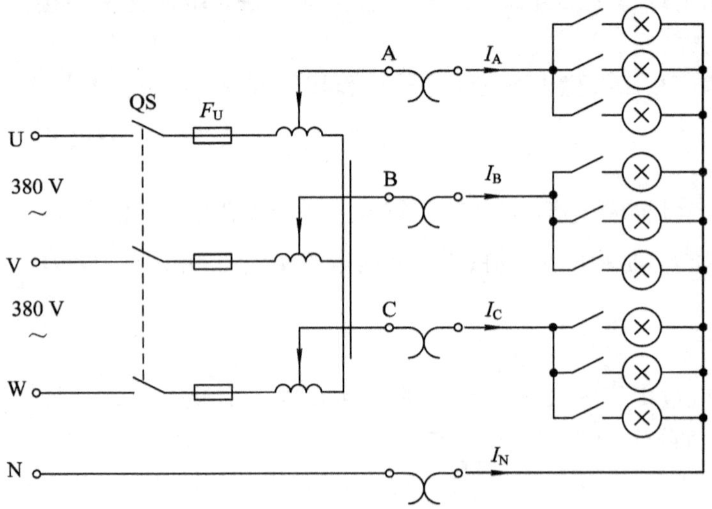

图 9-11-1

将三相调压器的旋柄置于输出为 0 V 的位置(即逆时针旋到底)。经指导教师检查合格后，方可开启实验台电源，然后调节调压器的输出，使输出的三相线电压为 220 V，并按下述内容完成各项实验，分别测量三相负载的线电压、相电压、线电流、相电流、中线电流、电源与负载中点间的电压。将所测得的数据记入表格中，并观察各相灯组亮暗的变化程度，特别要注意观察中线的作用。

实验内容（负载情况）\ 测量数据	开灯盏数			线电流/A			线电压/V			相电压/V			中线电流/A	中点电压/V
	A相	B相	C相	I_A	I_B	I_C	U_{AB}	U_{BC}	U_{CA}	U_{AN}	U_{BN}	U_{CN}	I_N	U_N
Y_N接平衡负载	3	3	3											
Y 接平衡负载	3	3	3											
Y_N接不平衡负载	1	2	3											
Y 接不平衡负载	1	2	3											

2. 负载三角形连接(三相三线制供电)

按图 9-11-2 改接线路，经指导教师检查合格后接通三相电源，并调节调压器，使其输出线电压为 220 V，并按下表的内容进行测试。

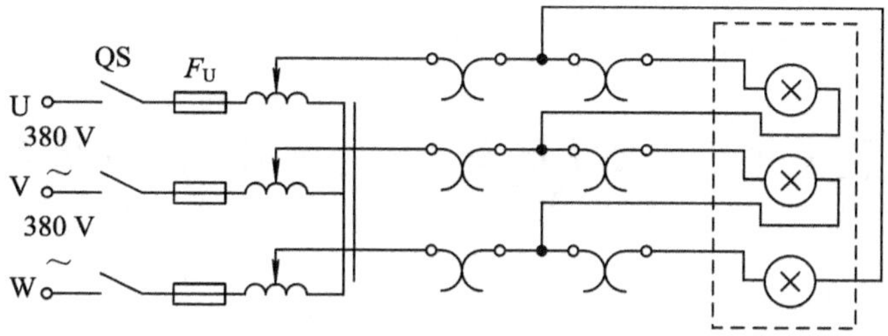

图 9-11-2

测量数据 负载情况	开 灯 盏 数			线电压=相电压/V			线电流/A			相电流/A		
	A-B 相	B-C 相	C-A 相	U_{AB}	U_{BC}	U_{CA}	I_A	I_B	I_C	I_{AB}	I_{BC}	I_{CA}
三相平衡	3	3	3									
三相不平衡	1	2	3									

五、实验注意事项

(1) 本实验采用三相交流市电，线电压为 380 V，学生应穿绝缘鞋进实验室。实验时要注意人身安全，不可触及导电部件，防止意外事故发生。

(2) 每次接线完毕，同组同学应自查一遍，然后由指导教师检查后，方可接通电源。必须严格遵守先断电、再接线、后通电；先断电、后拆线的实验操作原则。

(3) 星形负载作短路实验时，必须首先断开中线，以免发生短路事故。

(4) 为避免烧坏灯泡，DGJ—04 挂箱内设有过压保护装置。当任一相电压＞245～250 V 时，立即声光报警并跳闸。因此，在做 Y 接不平衡负载或缺相实验时，所加线电压应以最高相电压＜240 V 为宜。

六、预习思考题

9-11-1　三相负载根据什么条件作星形或三角形连接?

9-11-2　复习三相交流电路有关内容，试分析三相星形连接不对称负载在无中线情况下，当某相负载开路或短路时会出现什么情况？如果接上中线，情况又如何?

9-11-3　本次实验中为什么要通过三相调压器将380V的市电线电压降为220V的线电压使用?

七、实验报告

9-11-1　用实验测得的数据验证对称三相电路中的$\sqrt{3}$关系。

9-11-2　用实验数据和观察到的现象，总结三相四线供电系统中中线的作用。

9-11-3　不对称三角形连接的负载，能否正常工作?实验是否能证明这一点?

9-11-4　根据不对称负载三角形连接时的相电流值作相量图，并求出线电流值，然后与实验测得的线电流作比较，分析之。

9-11-5　心得体会及其他。

实验十二　*RLC*串联谐振电路的研究

一、实验目的

1. 学习用实验方法绘制*RLC*串联电路的幅频特性的曲线。

2. 加深理解电路发生谐振的条件、特点，掌握电路品质因数(电路Q值)的物理意义及其测定方法。

二、实验原理

(1) 在图9-12-1所示的R、L、C串联电路中，当正弦交流信号源的频率f改变时，电路中的感抗、容抗随之而变，电路中的电流也随f而变。取电阻R上的电压U_o作为响应，当输入电压U_i维持不变时，在不同信号频率的激励下，测出U_o之值，然后以f为横坐标，以U_o为纵坐标，绘出光滑的曲线，此即为幅频特性，亦称谐振曲线，如图9-12-2所示。

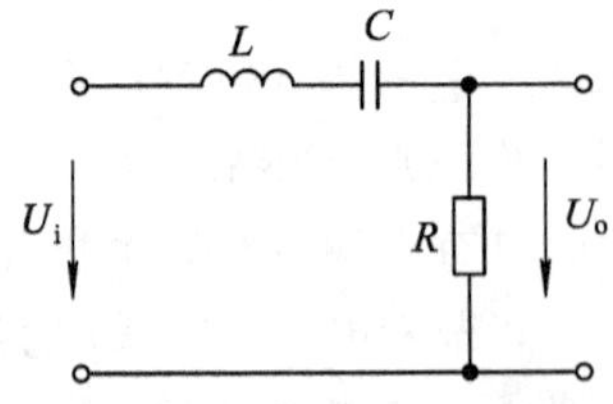

图9-12-1

(2) 在$f=f_o=1/2\pi\sqrt{LC}$处($X_L=X_C$)，即幅频特性曲线尖峰所在的频率点，该频率称为谐振频率，此时电路呈纯阻性，电路阻抗的模为最少，在输入电压U_i为定值时，电路中的电流达到最大值，且与输入电压U_i同相位，从理论上讲，此时$U_i=U_R=U_o$，$U_L=$

$U_C = QU_i$，式中的 Q 称为电路的品质因数。

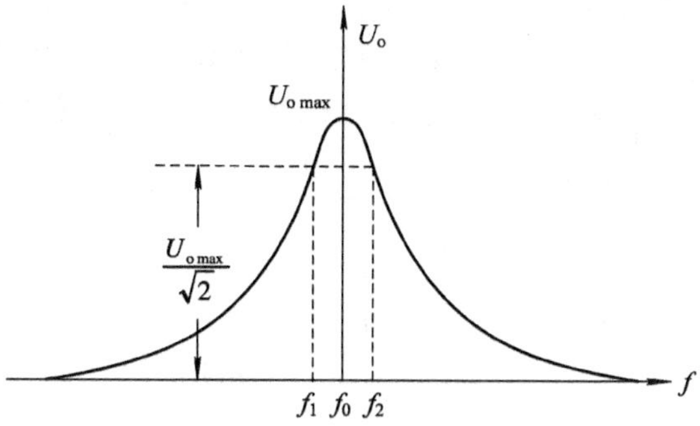

图 9-12-2

（3）电路品质因数 Q 值的两种测量方法。

一种方法是根据公式：$Q = U_L/U_o = U_C/U_o$ 测定，U_C 与 U_L 分别为谐振时电容器 C 和电感线圈 L 上的电压；另一方法是通过测量谐振曲线的通频带宽度：$\Delta f = f_2 - f_1$，再根据 $Q = f_0/(f_2 - f_1)$，求出 Q 值，式中 f_0 为谐振频率，f_1 和 f_2 是失谐时，幅度下降到最大值的 $(1/\sqrt{2} = 0.707)$ 倍时的上、下频率点。Q 值越大，曲线越尖锐，通频带越窄，电路的选择性越好，在恒压源供电时，电路的品质因数、选择性与通频带只决定于电路本身的参数，而与信号源无关。

三、实验设备

序号	名　　称	型号与规格	数 量	备　注
1	低频信号发生器		1	
2	交流毫伏表	0～600 V	1	
3	双踪示波器		1	
4	频率计		1	
5	谐振电路实验电路板	R=200 Ω、1 kΩ C=0.01 μF，0.1 μF L=约 30 mH		DGJ—03

四、实验内容

（1）按图 9-12-3 组成监视、测量电路，先选用 C_1、R_1，用交流毫伏表测电感，用示波器监视信号源输出，令其输出电压 $U_i \leqslant 3$ V，并保持不变。

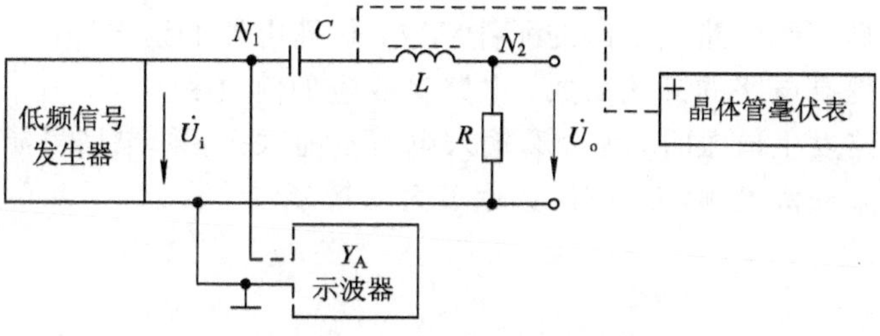

图 9-12-3

(2) 找出电路的谐振频率 f_0，其方法是将毫伏表接在 R(200 Ω)两端，令信号源的频率由小逐渐变大(注意要维持信号源的输出幅度不变)，当 U_o的读数为最大时，读得频率计上的频率值即为电路的谐振频率 f_0，并测量 U_C与 U_L之值(注意及时更换毫伏表的量限)。

(3) 在谐振点两侧，按频率递增或递减 500 Hz 或 1 kHz，依次各取 8 个测量点，逐点测出 U_o，U_C，U_L之值，记入数据表格。

f/kHz														
U_o/V														
U_L/V														
U_C/V														
$U_i=3$ V，$R=2$ kΩ，$f_0=$　　，$Q=$　　，$f_2-f_1=$														

(4) 将电阻改为 R_2值，重复步骤(2)、(3)的测量过程。

f/kHz														
U_0/V														
U_L/V														
U_C/V														
$U_i=3$ V，$R=1$ kΩ，$f_0=$　　，$Q=$　　，$f_2-f_1=$														

(5) 选用 C_2，重复步骤(2)～(4)(自制表格)。

五、实验注意事项

(1) 测试频率点的选择应在靠近谐振频率附近多取几点，在变换频率测试前，应调整信号输出幅度(用示波器监视输出幅度)，使其维持在 3 V 输出。

(2) 在测量 U_C和 U_L数值前，应将毫伏表的量限改大约十倍，而且在测量 U_C与 U_L时毫伏表的"+"端接 C 与 L 的公共点，其接地端分别触及 L 和 C 的近地端 N_2和 N_1。

(3) 实验过程中交流毫伏表电源线采用两线插头，信号源的外壳应与毫伏表的外壳绝缘(不共地)。

六、预习思考题

9-12-1　根据实验电路板给出的元件参数，估算电路的谐振频率。

9-12-2　要提高电路的品质因数，电路参数应如何改变?

9-12-3　电路发生谐振时，为什么输入电压不能太大，如果信号源给出 3 V 的电压，电路谐振时，用交流毫伏表测，U_L应该选用多大的量限?

七、实验报告

9-12-1　根据测量数据，绘出不同 Q 值时三条幅频特性曲线，即

$$U_o = f(f)$$
$$U_L = f(f)$$
$$U_C = f(f)$$

9-12-2　计算出通频带与 Q 值，说明不同 R 值时对电路通频带与 Q 值的影响。

9-12-3　谐振时，比较输出电压与输入电压是否相等？试分析原因。

9-12-4　通过本次实验，总结、归纳串联谐振电路的特性。

9-12-5　心得体会及其他。

实验十三　RC 一阶电路的响应测试

一、实验目的

1. 测定 RC 一阶电路的零输入响应、零状态响应及完全响应。
2. 学习测量电路时间常数的方法。
3. 掌握有关微分电路和积分电路的概念。
4. 进一步学会用示波器观测波形。

二、原理说明

(1) 动态网络的过渡过程是十分短暂的单次变化过程。要用普通示波器观察过渡过程和测量有关的参数，就必须使这种单次变化的过程重复出现。为此，我们利用信号发生器输出的方波来模拟阶跃激励信号，即利用方波输出的上升沿作为零状态响应的正阶跃激励信号；利用方波的下降沿作为零输入响应的负阶跃激励信号。只要选择方波的重复周期远大于电路的时间常数 τ，那么电路在这样的方波序列脉冲信号的激励下，它的响应就和直流电接通与断开的过渡过程是基本相同的。

(2) 图 9-13-1(a)所示的 RC 一阶电路的零输入响应和零状态响应分别按指数规律衰减和增长，其变化的快慢取决于电路的时间常数 τ。

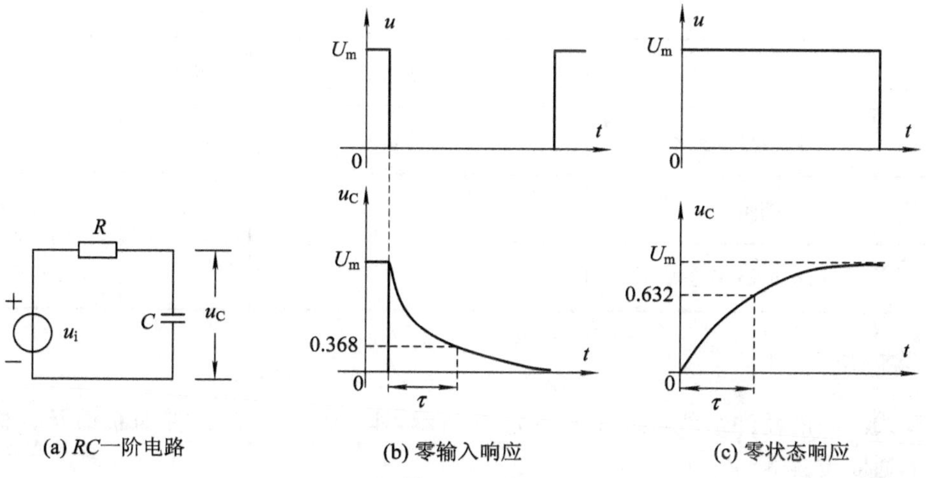

(a) RC 一阶电路　(b) 零输入响应　(c) 零状态响应

图 9-13-1

(3) 时间常数 τ 的测定方法：

用示波器测量零输入响应的波形如图 9-13-1(b)所示。

根据一阶微分方程的求解得知 $u_C=U_m e^{-t/RC}=U_m e^{-t/\tau}$。当 $t=\tau$ 时，$U_C(\tau)=0.368U_m$，此时所对应的时间就等于 τ。亦可用零状态响应波形增加到 $0.632U_m$ 所对应的时间测得，如图 9-13-1(c)所示。

(4) 微分电路和积分电路是 RC 一阶电路中较典型的电路，它对电路元件参数和输入信号的周期有着特定的要求。一个简单的 RC 串联电路，在方波序列脉冲的重复激励下，当满足 $\tau=RC\ll T/2$ 时(T 为方波脉冲的重复周期)，且由 R 两端的电压作为响应输出，则该电路就是一个微分电路。因为此时电路的输出信号电压与输入信号电压的微分成正比。如图 9-13-2(a)所示，利用微分电路可以将方波转变成尖脉冲。

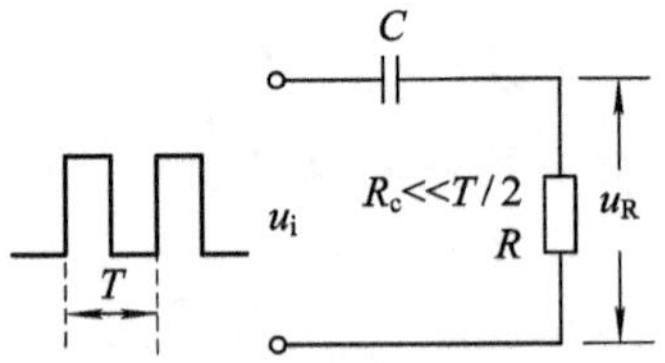

(a) 微分电路

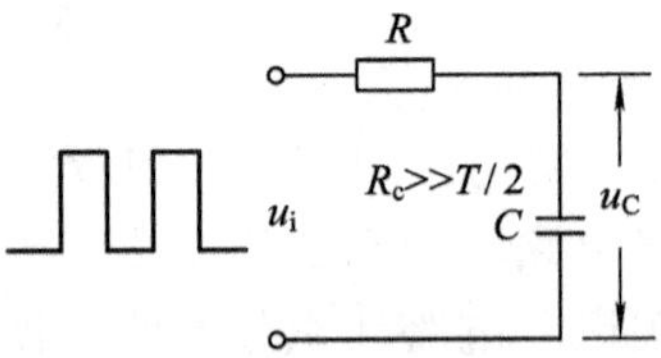

(b) 积分电路

图 9-13-2

若将图 9-13-2(a)中的 R 与 C 位置调换一下，如图 9-13-2(b)所示，由 C 两端的电压作为响应输出，且当电路的参数满足 $\tau=RC\gg T/2$，则该 RC 电路称为积分电路。因为此时电路的输出信号电压与输入信号电压的积分成正比。利用积分电路可以将方波转变成三角波。

从输入输出波形来看，上述两个电路均起着波形变换的作用，请在实验过程中仔细观察与记录。

三、实验设备

序 号	名 称	型号与规格	数 量	备 注
1	函数信号发生器		1	
2	双踪示波器		1	自备
3	动态电路实验板		1	DGJ—03

四、实验内容

实验线路板的器件组件，如图 9-13-3 所示，请认清 R、C 元件的布局及其标称值，各开关的通断位置等。

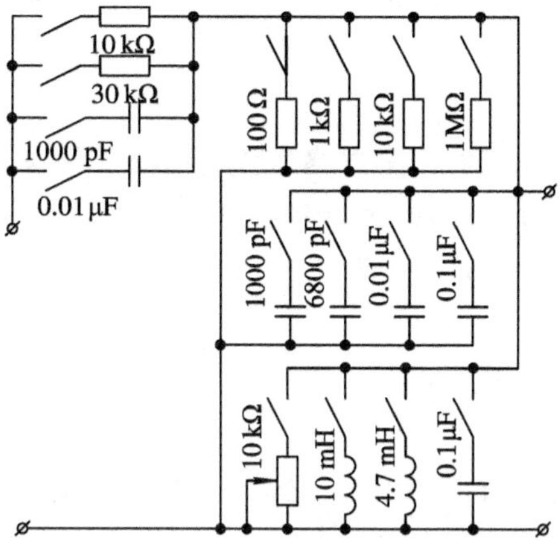

图 9-13-3　动态电路、选频电路实验板

(1) 从电路板上选 $R=10\ k\Omega$，$C=6800\ pF$ 组成如图 9-13-1(b)所示的 RC 充放电电路。u_i为脉冲信号发生器输出的 $U_m=3\ V$、$f=1\ kHz$ 的方波电压信号，并通过两根同轴电缆线，将激励源 u_i和响应 u_C的信号分别连至示波器的两个输入口 Y_A和 Y_B。这时可在示波器的屏幕上观察到激励与响应的变化规律，请测算出时间常数 τ，并用方格纸按 1∶1 的比例描绘波形。

少量地改变电容值或电阻值，定性地观察对响应的影响，记录观察到的现象。

(2) 令 $R=10\ k\Omega$，$C=0.1\ \mu F$，观察并描绘响应的波形，继续增大 C 之值，定性地观察对响应的影响。

(3) 令 $C=0.01\ \mu F$，$R=100\ \Omega$，组成如图 9-13-2(a)所示的微分电路。在同样的波激励信号($U_m=3\ V$，$f=1\ kHz$)作用下，观测并描绘激励与响应的波形。增减 R 之值，定性地观察对响应的影响，并作记录。当 R 增至 1 MΩ 时，输入输出波形有何本质上的区别？

五、实验注意事项

(1) 调节电子仪器各旋钮时，动作不要过快、过猛。实验前，需熟读双踪示波器的使用说明书。观察双踪时，要特别注意示波器相应开关、旋钮的操作与调节。

(2) 信号源的接地端与示波器的接地端要连在一起(称共地)，以防外界干扰而影响测量的准确性。

(3) 示波器的辉度不应过亮，尤其是光点长期停留在荧光屏上不动时，应将辉度调暗，以延长示波管的使用寿命。

六、预习思考题

9-13-1　什么样的电信号可作为 RC 一阶电路零输入响应、零状态响应和完全响应的激励源？

9-13-2　已知 RC 一阶电路 $R=10\ k\Omega$，$C=0.1\ \mu F$，试计算时间常数 τ，并根据 τ 值的物理意义，拟定测量 τ 的方案。

9-13-3　何谓积分电路和微分电路，它们必须具备什么条件？它们在方波序列脉冲的激励下，其输出信号波形的变化规律如何？这两种电路有何功用？

9-13-4　预习要求：熟读仪器使用说明，回答上述问题，准备方格纸。

七、实验报告

9-13-1　根据实验观测结果，在方格纸上绘出 RC 一阶电路充放电时 u_C 的变化曲线，由曲线测得 τ 值，并与参数值的计算结果作比较，分析误差原因。

9-13-2　根据实验观测结果，归纳、总结积分电路和微分电路的形成条件，阐明波形变换的特征。

9-13-3　心得体会及其他。

实验十四　互感电路观测

一、实验目的

1. 学会互感电路同名端、互感系数以及耦合系数的测定方法。
2. 理解两个线圈相对位置的改变，以及用不同材料作线圈芯时对互感的影响。

二、原理说明

1. 判断互感线圈同名端的方法

(1) 直流法。

如图 9-14-1 所示，当开关 S 闭合瞬间，若毫安表的指针正偏，则可断定"1"、"3"为同名端；指针反偏，则"1"、"4"为同名端。

(2) 交流法。

如图 9-14-2 所示，将两个绕组 N_1 和 N_2 的任意两端(如 2、4 端)联在一起，在其中的一个绕组(如 N_1)两端加一个低电压，另一绕组(如 N_2)开路，用交流电压表分别测出端电压 U_{13}、U_{12} 和 U_{34}。若 U_{13} 是两个绕组端电压之差，则 1、3 是同名端；若 U_{13} 是两绕组端电压之和，则 1、4 是同名端。

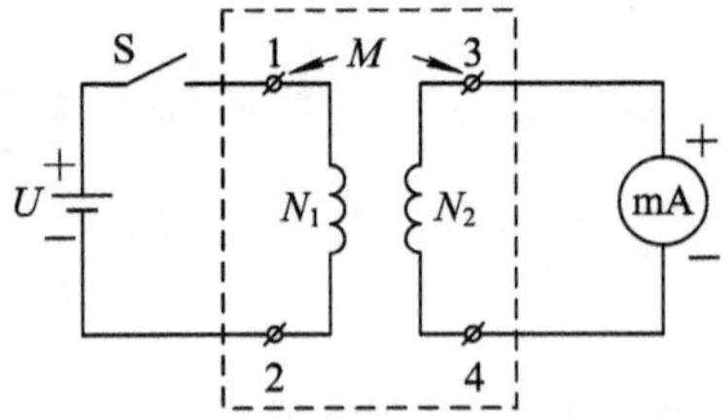

图 9-14-1

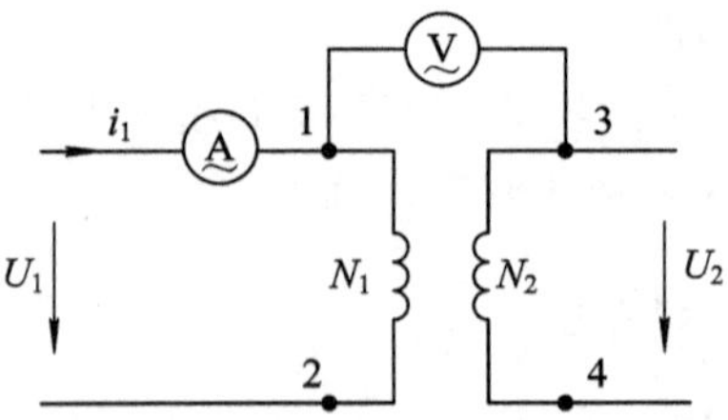

图 9-14-2

2. 两线圈互感系数 M 的测定

在图 9-14-2 的 N_1 侧施加低压交流电压 U_1，测出 I_1 及 U_2。根据互感电势 $E_{2M} \approx U_{20} = \omega M I_1$，可算得互感系数为 $M = U_2 / \omega I_1$。

3. 耦合系数 k 的测定

两个互感线圈耦合松紧的程度可用耦合系数 k 来表示

$$k=\frac{M}{\sqrt{L_1L_2}}$$

如图 9-14-2 所示，先在 N_1 侧加低压交流电压 U_1，测出 N_2 侧开路时的电流 I_1；然后再在 N_2 侧加电压 U_2，测出 N_1 侧开路时的电流 I_2，求出各自的自感 L_1 和 L_2，即可算得 k 值。

三、实验设备

序 号	名　　称	型号与规格	数 量	备 注
1	数字直流电压表	0～200 V	1	
2	数字直流电流表	0～200 mA	2	
3	交流电压表	0～500 V	1	
4	交流电流表	0～5 A	1	
5	空心互感线圈	N_1 为大线圈 N_2 为小线圈	1 对	DGJ—04
6	自耦调压器		1	
7	直流稳压电源	0～30 V	1	
8	电阻器	30 Ω/8 W 510 Ω/2 W	各 1	DGJ—05
9	发光二极管	红或绿	1	DGJ—05
10	粗、细铁棒、铝棒		各 1	DGJ—04
11	变压器	36 V/220 V	1	DGJ—04

四、实验内容

(1) 分别用直流法和交流法测定互感线圈的同名端。

① 直流法。实验线路如图 9-14-3 所示。先将 N_1 和 N_2 两线圈的四个接线端子编以 1、2 和 3、4 号。将 N_1，N_2 同心地套在一起，并放入细铁棒。U 为可调直流稳压电源，调至 10 V。流过 N_1 侧的电流不可超过 0.4 A(选用 5 A 量程的数字电流表)。N_2 侧直接接入 2 mA 量程的毫安表。将铁棒迅速地拔出和插入，观察毫安表读数正、负的变化，来判定 N_1 和 N_2 两个线圈的同名端。

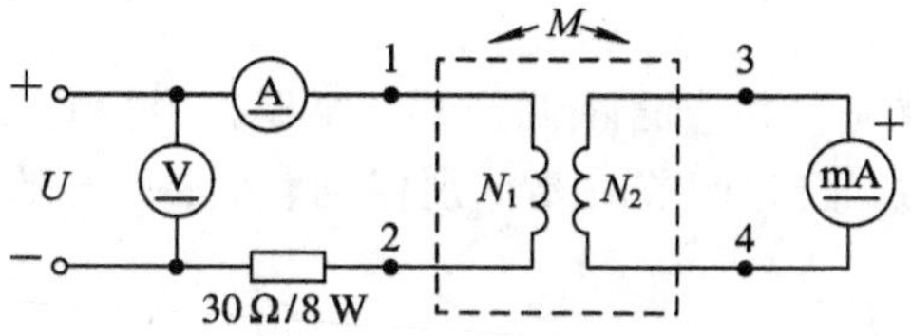

图 9-14-3

② 交流法。本方法中，由于加在 N_1 上的电压仅 2 V 左右，直接用屏内调压器很难调节，因此采用图 9－14－4 所示的线路来扩展调压器的调节范围。图中 W、N 为主屏上的自耦调压器的输出端，B 为 DGJ—04 挂箱中的升压铁芯变压器，此处作降压用。将 N_2 放入 N_1 中，并在两线圈中插入铁棒。A 为 2.5 A 以上量程的电流表，N_2 侧开路。

接通电源前，应首先检查自耦调压器是否调至零位，确认后方可接通交流电源，令自耦调压器输出一个很低的电压(约 12 V 左右)，使流过电流表的电流小于 1.4 A，然后用 0～30 V 量程的交流电压表测量 U_{13}、U_{12}、U_{34}，判定同名端。

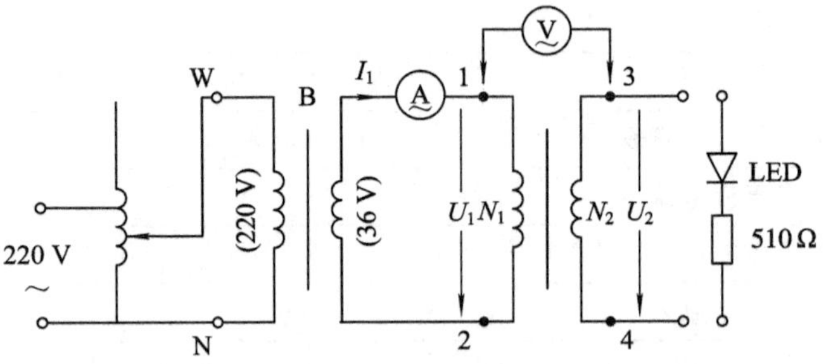

图 9－14－4

拆去 2、4 连线，并将 2、3 相接，重复上述步骤，判定同名端。

(2) 拆除 2、3 连线，测 U_1、I_1、U_2，计算出 M。

(3) 将低压交流加在 N_2 侧，使流过 N_2 侧电流小于 1 A，N_1 侧开路，按步骤 2 测出 U_2、I_2、U_1。

(4) 用万用表的 $R\times1$ 挡分别测出 N_1 和 N_2 线圈的电阻值 R_1 和 R_2，计算 k 值。

(5) 观察互感现象。

在图 9－14－4 所示的 N_2 侧接入 LED 发光二极管与 510 Ω(电阻箱)串联的支路。

① 将铁棒慢慢地从两线圈中抽出和插入，观察 LED 亮度的变化及各电表读数的变化，记录现象。

② 将两线圈改为并排放置，并改变其间距，以及分别或同时插入铁棒，观察 LED 亮度的变化及仪表读数。

③ 改用铝棒替代铁棒，重复(1)、(2)的步骤，观察 LED 的亮度变化，记录现象。

五、实验注意事项

(1) 整个实验过程中，注意流过线圈 N_1 的电流不得超过 1.4 A，流过线圈 N_2 的电流不得超过 1A。

(2) 测定同名端及其他测量数据的实验中，都应将小线圈 N_2 套在大线圈 N_1 中，并插入铁棒。

(3) 作交流试验前，首先要检查自耦调压器，要保证手柄置在零位。因实验时加在 N_1 上的电压只有 2～3 V 左右，因此调节时要特别仔细、小心，要随时观察电流表的读数，不得超过规定值。

六、预习思考题

9－14－1　用直流法判断同名端时，如何根据 S 断开瞬间毫安表指针的正、反偏来判断同名端？

9－14－2　本实验用直流法判断同名端是通过插、拔铁棒时观察电流表的正、负读数变化来确定的（应如何确定？），这与实验原理中所叙述的方法是否一致？

七、实验报告

9－14－1　总结对互感线圈同名端、互感系数的实验测试方法。

9－14－2　自拟测试数据表格，完成计算任务。

9－14－3　解释实验中观察到的互感现象。

9－14－4　心得体会及其他。

实验十五　单相铁芯变压器特性的测试

一、实验目的

1. 通过测量，计算变压器的各项参数。
2. 学会测绘变压器的空载特性与外特性。

二、原理说明

（1）图 9－15－1 为测试变压器参数的电路。由各仪表读得变压器原边（AX，低压侧）的 U_1、I_1、P_1 及副边（ax，高压侧）的 U_2、I_2，并用万用表 $R\times1$ 挡测出原、副绕组的电阻 R_1 和 R_2，即可算得变压器的以下各项参数值：

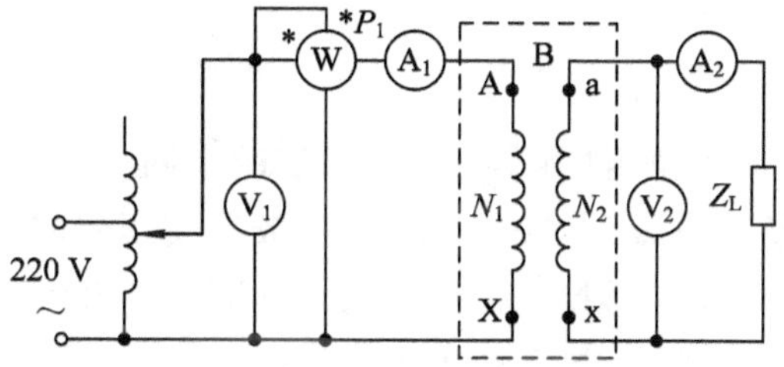

图 9－15－1

电压比 $K_U=\dfrac{U_1}{U_2}$，　电流比 $K=\dfrac{I_2}{I_1}$，

原边阻抗 $Z_1=\dfrac{U_1}{I_1}$，　副边阻抗 $Z_2=\dfrac{U_2}{I_2}$，

阻抗比$=\dfrac{Z_1}{Z_2}$，　负载功率 $P_2=U_2I_2\cos\varphi_2$，

损耗功率 $P_o=P_1-P_2$，

功率因数$=\dfrac{P_1}{U_1I_1}$，　原边线圈铜耗 $P_{Cu1}=I_1^2R_1$，

副边铜耗 $P_{Cu2}=I_2^2R_2$，　铁耗 $P_{Fe}=P_o-(P_{Cu1}+P_{Cu2})$

（2）铁芯变压器是一个非线性元件，铁芯中的磁感应强度 B 决定于外加电压的有效值

U。当副边开路(即空载)时，原边的励磁电流 I_{10} 与磁场强度 H 成正比。在变压器中，副边空载时，原边电压与电流的关系称为变压器的空载特性，这与铁芯的磁化曲线(B—H 曲线)是一致的。

空载实验通常是将高压侧开路，由低压侧通电进行测量，又因空载时功率因数很低，故测量功率时应采用低功率因数瓦特表。此外因变压器空载时阻抗很大，故电压表应接在电流表外侧。

(3) 变压器外特性测试。

为了满足三组灯泡负载额定电压为 220 V 的要求，故以变压器的低压(36 V)绕组作为原边，220 V 的高压绕组作为副边，即当做一台升压变压器使用。

在保持原边电压 U_1(=36 V)不变时，逐次增加灯泡负载(每只灯为 15 W)，测定 U_1、U_2、I_1 和 I_2，即可绘出变压器的外特性，即负载特性曲线 $U_2=f(I_2)$。

三、实验设备

序 号	名　　称	型号与规格	数 量	备　注
1	交流电压表	0～450 V	2	
2	交流电流表	0～5 A	2	
3	单相功率表		1	DGJ—07
4	试验变压器	220 V/36 V　50 VA	1	DGJ—04
5	自耦调压器		1	
6	白炽灯	220 V，15 W	5	DGJ—04

四、实验内容

(1) 用交流法判别变压器绕组的同名端(参照实验十四)。

(2) 按图 9-15-1 所示的线路接线。其中 A、X 为变压器的低压绕组，a、x 为变压器的高压绕组。即电源经屏内调压器接至低压绕组，高压绕组 220 V 接 Z_L 即 15 W 的灯组负载(3 只灯泡并联)，经指导教师检查后方可进行实验。

(3) 将调压器手柄置于输出电压为零的位置(逆时针旋到底)，合上电源开关，并调节调压器，使其输出电压为 36 V。令负载开路及逐次增加负载(最多亮 5 个灯泡)，分别记下 5 个仪表的读数，记入自拟的数据表格，绘制变压器外特性曲线。实验完毕将调压器调回零位，断开电源。

当负载为 4 个及 5 个灯泡时，变压器已处于超载运行状态，很容易烧坏。因此，测试和记录应尽量快，总共不应超过 3 分钟。实验时，可先将 5 只灯泡并联安装好，断开控制每个灯泡的相应开关，通电且电压调至规定值后，再逐一打开各个灯的开关，并记录仪表读数。待开 5 灯的数据记录完毕后，立即断开各灯开关。

(4) 将高压侧(副边)开路，确认调压器处在零位后，合上电源，调节调压器输出电压，使 U_1 从零逐次上升到 1.2 倍的额定电压(1.2×36 V)，分别记下各次测得的 U_1，U_{20} 和 I_{10} 数据，记入自拟的数据表格，用 U_1 和 I_{10} 绘制变压器的空载特性曲线。

五、实验注意事项

（1）本实验是将变压器作为升压变压器使用，并用调节调压器提供原边电压 U_1，故使用调压器时应首先调至零位，然后才可合上电源。此外，必须用电压表监视调压器的输出电压，防止被测变压器输出过高电压而损坏实验设备，且要注意安全，以防高压触电。

（2）由负载实验转到空载实验时，要注意及时变更仪表量程。

（3）遇异常情况，应立即断开电源，待处理好故障后，再继续实验。

六、预习思考题

9-15-1　为什么本实验将低压绕组作为原边进行通电实验？此时，在实验过程中应注意什么问题？

9-15-2　为什么变压器的励磁参数一定是在空载实验加额定电压的情况下求出？

七、实验报告

9-15-1　根据实验内容，自拟数据表格，绘出变压器的外特性和空载特性曲线。

9-15-2　根据额定负载时测得的数据，计算变压器的各项参数。

9-15-3　计算变压器的电压调整率 $\Delta U\%=(U_{20}-U_{2N})/U_{20}\times 100\%$。

9-15-4　心得体会及其他。

部分思考与练习及习题参考答案

第 1 章

1-2-1 $i=100$ A

1-2-4 (1) $v_A=100$ V, $v_B=99$ V, $v_C=97$ V, $v_D=7$ V, $v_E=5$ V, $v_F=1$ V,
$U_{AF}=99$ V, $U_{CE}=92$ V, $U_{BF}=98$ V, $U_{CA}=-3$ V

(2) $v_A=93$ V, $v_B=92$ V, $v_C=90$ V, $v_E=-2$ V, $v_F=-6$ V, $U_{AF}=99$ V,
$U_{CE}=92$ V, $U_{BF}=98$ V, $U_{CA}=-3$ V

1-3-1 $R=1075$ Ω, $I=0.205$ A

1-3-2 20℃时 $R=0.1698$ Ω, 40℃时 $R=0.1837$ Ω

1-3-3 $u=10$ V, $u=-10$ V, $R=10$ Ω, $R=10$ Ω, $i=1$ A, $R=10$ Ω

1-4-1 $I_N=90.91$ A

1-5-1 (a) $I=4$ A

(b) $I_1=11$ A, $I_2=19$ A

1-5-3 (1) $I_6=-1$ A

(2) $u_4=10$ V, $u_6=3$ V

(3) $P_1=-2$ W, $P_2=6$ W, $P_3=16$ W, $P_4=-10$ W,
$P_5=-7$ W, $P_6=-3$ W

1-5-5 (a) $u=4$ V (b) $u=21$ V

(c) $R=5$ Ω (d) $i=23.5$ A

1-6-1 $I_1=20/3$ A, $I_2=10/3$ A, $I_3=8/3$ A, $I_4=4$ A, $R_{AB}=3.2$ Ω

1-6-2 (a) $R=10$ Ω, $R=3.6$ Ω

(b) $R=30$ Ω, $R=30$ Ω

1-6-3 $R_1=532$ Ω, $R_2=2.35$ kΩ, $R_3=1.94$ kΩ, $R_4=1.25$ kΩ, $R_5=5$ kΩ

1-6-4 (a) 4.5 Ω

(b) 1.86 Ω

1-7-4 $I=1$ A, $P_u=2$ W, $P_i=5$ W

1-7-5 $I=1$ A

1-8-2 $I_1=2$ A

1-8-3 $U_{oc}=8$ V

1-2 $P_2=50$ W, $R_3=100$ Ω, $R_4=37.5$ Ω

1-3 $R=6.055$ Ω, $S=7.14$ mm

1-4 (a) $P=18$ W, $U=6$ V

(b) $P=18$ W, $U=6$ V

(c) $P=-18$ W, $U=-6$ V

1-5 (1) $P_N=0.9$ W, $I_N=0.011$ A, $I_N=454.5$ A

1-6 $v_A=8.5$ V, $v_m=6.5$ V, $v_B=0.5$ V, $v_C=-12$ V, $v_D=-19$ V, $v_l=21.5$ V, $U_{AB}=8$ V, $U_{BC}=12.5$ V, $U_{DA}=-27.5$ V

1-7 $U=204$ V, $E=205$ V

1-8 (a) $I=0$ A, $U_1=0$ V, $U_2=12$ V

(b) $I=1.2$ A, $U_1=4.8$ V, $U_2=6$ V

(c) $I=2.4$ A, $U_1=9.6$ V, $U_2=0$ V

1-9 $I=1$ A, $U_s=90$ V, $R=1.5$ Ω

1-10 $R=7$ Ω

1-11 $U_{AB}=0$ V, $U_{AC}=10$ V

1-12 S断开 $U_{AB}=-4.8$ V, $U_{AO}=-12$ V, $U_{BO}=-7.2$ V

S闭合 $U_{AB}=12$ V, $U_{AO}=12$ V, $U_{BO}=0$

1-13 $I_C=2.6$ mA, $U_{CE}=4.5$ V

1-15 $U_{AB}=11$ V, $I_2=0.5$ A, $I_3=4.5$ A, $R_3=2.4$ Ω

1-16 S断开 $i_{R1}=\frac{7}{16}$ A, $i_{R2}=\frac{16}{3}$ A

S闭合 $i_{R1}=\frac{7}{16}$ A, $i_{R2}=\frac{16}{3}$ A

1-19 $R_1=19.88$ kΩ, $R_2=20$ kΩ

1-20 $R_{P1}=\frac{100}{9}$ Ω, $R_{P2}=100$ Ω

1-21 (a) $R_{AB}=5$ Ω (b) $R_{AB}=22$ Ω (c) $R_{AB}=5$ Ω

1-22 S闭合 $R_{AB}=120$ Ω

S断开 $R_{AB}=164.2$ Ω

1-23 (1) 0 Ω (2) 1.33 Ω (3) 0.5 Ω (4) 0.25 Ω (5) 2.5 Ω

1-24 3.43～4.8 V

1-25 10.8 A

1-27 $i_1=2$ A

1-28 $U_{oc}=9$ V

1-29 $i=3$ A

1-30 $R_{AB}=3.563$ Ω

第2章

2-1-1 $i_1=11.2$ A $i_3=8.8$ A $u=1264$ V

2-1-2 $i_1=0.067$ mA $i_2=0.133$ mA $i_3=-0.2$ mA

2-1-3 $i=-1$ A, $u=13$ V

2-2-1 U_{s1}支路：6.89 A U_{s2}支路：6.89 A R_3 支路：4.59 A

2-2-2 R_1 支路：10 A R_2 支路：8.3 A R_3 支路：6.7 A

2-2-3 $i=2$ A

2-1 R_{o1}支路：22 A R_{o2}支路：11 A R_{o3}支路：11 A

2-2 $R=3\ \Omega$

2-4 $I=0.636$ A

2-5 $I_4=1.456$ A

2-6 $I_3=0.385$ mA

2-7 $U=5$ V

2-11 电压源：108 W 电流源：540 W

2-14 $u=20$ V

2-15 R_2 支路：0.89 A，R_4 支路：0.61 A

2-16 R_1 支路：5 A，R_2 支路：4.57 A，R_3 支路：5 A

2-17 2 Ω 电阻：1/3 A

2-18 $U_1=3.75$ V

第 3 章

3-1-2 $U_2=5$ V

3-1-3 $I_x=5$ A

3-1-4 10 V

3-1-5 $I=0.2$ A

3-2-4 $I=-0.5$ A

3-2-5 $v_A=12$ V

3-2-6 $i=-0.5$ A

3-3-1 $I_g=-6.5\ \mu$A

3-3-2 $I=1.5$ mA

3-3-3 0 mA

3-3-4 $I_1=0.44$ A

3-3-5 $R=2.4\ \Omega$

3-3-6 $U_{oc}=0$ V，$R_0=6.8\ \Omega$

3-4-3 $R_L=2\ \Omega$，$P_{Lmax}=2$ W

3-4-4 $R_L=20\ \Omega$，$P_{Lmax}=5$ W

3-1 $I_1=0.5$ A，$I_2=1$ A，$I_3=1.5$ A

3-2 $I=0.25$ A

3-3 在 1 位时，$I=3.75$ mA；
在 2 位时，$I=2.5$ mA

3-4 $U'_{AB}=-4$ V

3-5 $I=-1.2$ A

3-6 25 W

3-7 $U=-4$ V

3-8 $R=15\ \Omega$

3-9 $P_{s1}=3$ W

3-10 $u=36$ V

3-11 1 A

3-13 $I=-1$ A

3-14 $I=\frac{13}{6}$ A

3-15 $\frac{2}{9}$ A

3-16 $i=3.85$ A

3-17 $R_L=1\ \Omega$，$P_{Lmax}=9$ W

3-18 $R_L=8.75\ \Omega$，$P_{Lmax}=40.18$ W

3-19 (1) $R_L=2\ \Omega$，$P_{Lmax}=4.5$ W

(2) $P_{Lmax}=18$ W

3-20 $R_L=2\ \Omega$

第4章

4-1-1 $f=50$ Hz，$\omega=314$ rad/s，$T=0.02$ s，$U_m=141$ V，$U=100$ V，$\psi_u=-120°$

4-1-3 $i=10\sqrt{2}\sin(314t+30°)$ A

4-1-4 $U_m=200$ V，$U=141$ V

4-2-1 $\dot{I}_m=6\angle 80°$ A，$\dot{U}_m=8\angle -15°$ V

4-2-2 (1) $i=10\sin(\omega t+50°)$ A

(2) $u=14.1\sqrt{2}\sin(\omega t-30°)$ V

4-2-3 (1) 100°

(2) −80°

4-3-3 (1) 电阻

(2) 电感

(3) 电容

(4) 电阻

4-3-4 $i=0.3\sin(\omega t-30°)$ A，$Q=0.45$ var

4-3-5 $u=55.7\sin(314t-135°)$ V，$Q=3.9$ var

4-4-2 (1) $\dot{I}=1.414\angle -15°$ A

(2) $R=X=7.07\ \Omega$

(3) $R=0\ \Omega$，$X=-20\ \Omega$

4-4-3 $Z=80.3\angle 51.5°\ \Omega$，$i=2.74\sqrt{2}\sin(314t-51.5°)$ A

4-4-4 $Z=58.8\angle 31.8°\ \Omega$，$i=7\sin(314t-61.8°)$ A

4-5-3 $Y=25.6\angle -51.48°$ S，$\dot{I}_G=4.4\angle 0°$ A，

$\dot{I}_L=3.50\angle -90°$ A，$\dot{I}=5.62\angle -51.48°$ A

4-5-5 (a) $5\sqrt{2}$ A　(b) 0 A　(c) $5\sqrt{2}$ A　(d) 10 A

4-6-1 $S=20$ VA，$P=10$ W，$Q=-17.32$ var，$Z=5\angle -60°$，容性

4-6-2 8 kW，9 kW

4-7-4　250 盏

4-7-5　0.242 μF

4-8-2　568.3 μH

4-8-3　17 Ω

4-8-4　$I_0=6.63$ A

4-9-3　$Z_0=1$ kΩ，$\dot{U}_0=2\angle 135°$ V，$\dot{U}_C=\sqrt{2}\angle 90°$ V

4-9-4　$\dot{U}_C=\sqrt{2}\angle 90°$ V（电压源作用：$\dot{U}_C'=1\angle 135°$ V，
电流源作用：$\dot{U}_C''=1\angle 45°$ V。）

4-1　$u=15\sin(314t-60°)$ V

4-2　（1）$I_m=14.1$ A，$I=10$ A，$\omega=6280$ rad/s，$f=1000$ Hz，
$\varphi=45°$，$t_1=0.125$ ms

4-3　（1）$u=5\sqrt{2}\sin(628t-30°)$ V
（2）$i=5\sin(5t+45°)$ A

4-4　（1）$\varphi=120°$，u_1 超前 u_2 120°
（2）初相位增加 90°，相位差不变

4-5　（1）$\varphi_u=-60°$，$\varphi_i=60°$
（2）$\varphi=120°$，i 超前 u
（3）初相位减少 60°，相位差不变

4-6　（1）$\dot{U}_{1m}=100\angle 110°$，$\dot{U}_{2m}=100\angle -10°$
（2）$u_3=100\sin(\omega t+50°)$ V

4-7　（1）$i=10\sqrt{2}\sin(\omega t+72°)$ A
（2）$u=300\sin(\omega t-60°)$ V

4-8　（1）$I=20$ A　（2）$P=4.4$ kW

4-9　（1）$I=1.4$ A，$\dot{I}=1.4\angle -30°$，$i_1=1.4\sqrt{2}\sin(314t-30°)$ A
（3）$Q=308$ var，$P=0$

4-10　（1）$I=9.67$ A，$i_1=9.67\sqrt{2}\sin(\omega t+150°)$ A
（3）$Q=2127.4$ var，$P=0$
（4）0

4-11　（1）$Z=601\angle -60°$ Ω
（2）$\dot{I}=0.166\angle 80°$ A

4-12　$Z=4+j3=5\angle 36.9°$ Ω，$\dot{I}=2\angle -36.9°$ A，
$\dot{U}_1=4\angle -36.9°$ V，$\dot{U}=7.2\angle 19.41°$ V

4-13　(a) $U=10\sqrt{2}$ V
(b) $U=10\sqrt{2}$ V
(c) $U=10$ V

4-14　271 mH

4-15　48.1 mH

4 - 16 (1) $\dot{I}_R=0.33\angle 20°$ A，$\dot{I}_L=0.25\angle -70°$ A，$\dot{I}_C=0.2\angle 110°$

(2) $Y=0.003\,337\angle -8.6°$ S，$\dot{I}=0.3337\angle 11.4°$ A

4 - 17 $\dot{I}_1=44\angle -53.1°$ A，$\dot{I}_2=22\angle -36.9°$ A，$\dot{I}=66.7\angle -46.5°$ A

4 - 18 $R=3\ \Omega$，$\dot{I}_R=3.72\angle -63.47°$ A，$\dot{I}_C=2.79\angle -26.53°$ A

4 - 19 $Z=1.5+\mathrm{j}0.5=1.58\angle 20.35°\ \Omega$，$Y=0.63\angle -20.35°$ S

4 - 20 $Z=30+\mathrm{j}40\ \Omega$，$\cos\varphi=0.6$，$P=528$ W，$Q=640$ var，$S=880$ VA

4 - 21 $P=40$ W，$S=44.8$ VA，$Q=20$ var，$\cos\varphi=0.89$

4 - 22 $P=8.3$ W，$S=16.6$ VA，$Q=-14.45$ var

4 - 23 (1) $I_N=91$ A

(2) 250 盏，91 A

(3) 50.5 A，820 μF

4 - 24 $I_1=90.9$ A，$\dot{I}=51.2\angle -27.2°$ A，$\cos\varphi_2=0.889$

4 - 25 $R=10\ \Omega$，$Q=8$

4 - 26 (1) $f_0=560$ kHz，$Q=98$

(2) $U_{C0}=17.3$ mV

4 - 27 (1) $f_0=465$ kHz

(2) $I_{C0}=82\ \mu$A

4 - 28 $\dot{I}=1.14\angle 90°$ A，$\dot{U}=3.43\angle 180°$ V

4 - 30 $\dot{I}=29.9\angle 11.8°$ A

第 5 章

5 - 1 - 1 $\dot{U}_U=220\angle -60°$ V

5 - 1 - 3 (1) 253.02 A (2) 253.02 A

5 - 4 - 1 $P=5776$ W，$Q=7701$ var，$S=9626$ VA

5 - 1 $e_U=E_m\sin\omega t$，$e_V=E_m\sin(\omega t-120°)$，$e_W=E_m\sin(\omega t+120°)$

5 - 2 不对称，$u_U=U_m\sin\omega t$，$u_V=U_m\sin(\omega t-120°)$，$u_W=U_m\sin(\omega t-60°)$，

$u_{UV}=\sqrt{3}U_m\sin(\omega t+30°)$，$u_{VW}=U_m\sin(\omega t-180°)$，$u_{WU}=U_m\sin(\omega t-120°)$

5 - 3 $u_{UV}=220\sqrt{2}U_m\sin(\omega t+30°)$ V，$u_{WU}=220\sqrt{2}U_m\sin(\omega t+150°)$ V，

$u_U=127\sqrt{2}U_m\sin\omega t$ V，$u_V=127\sqrt{2}U_m\sin(\omega t-120°)$ V

$u_W=220\sqrt{2}U_m\sin(\omega t+120°)$ V

5 - 4 $\dot{I}_u=\dot{I}_U=22\angle -53.13°$ A

$\dot{I}_v=\dot{I}_V=22\angle 127.1°$ A

$\dot{I}_w=\dot{I}_W=22\angle 66.87°$ A

5 - 5 (1) 星形连接，每相 30 盏

(2) $\dot{I}_U=13.64\angle 0°$ A，$\dot{I}_V=13.64\angle -120°$ A，$\dot{I}_W=13.64\angle 120°$ A，$I_N=0$

5 - 6 $\dot{I}_U=4.55\angle 0°$ A，$\dot{I}_V=4.55\angle -120°$ A，

$\dot{I}_W=0.91\angle 120°$ A，$\dot{I}_N=3.64\angle -60°$ A

5 - 7 $\dot{U}_U=192\angle 21.2°$ V，$\dot{U}_V=192\angle -14.1°$ V，$\dot{U}_W=300\angle 120°$ V

5-8 (1) $U_v=U_w=220$ V, $I_v=I_w=29.1$ A

(2) $U_v=127$ V, $U_w=253$ V, $I_v=I_w=12.67$ A

(3) $U_v=U_w=380$ V, $I_v=38$ A, $I_w=19$ A

5-9 (1) 三角形

(2) $I_p=5.37$ A, $I_l=9.31$ A

5-10 $\dot{I}_{uv}=26.67\angle-8.66°$ A, $\dot{I}_{vw}=33.99\angle-116.6°$ A,

$\dot{I}_{wu}=38\angle-156.9°$ A, $\dot{I}_U=62.3\angle10.12°$ A,

$\dot{I}_V=49.25\angle-147.1°$ A, $\dot{I}_W=25.1\angle141.9°$ A

5-11 $P=3$ kW, $Q=2254.9$ var, $S=3758.9$ VA, $\cos\varphi=0.8$

5-12 (1) $U_l=220$ V

(2) $S=9700$ VA

(3) $Z=15\angle36.9°$ Ω

5-13 (1) $X_L=16.1$ Ω, $R=15$ Ω

(2) $I_U=I_V=I_p=10$ A, $I_W=17.3$ A, $P=3$ kW

(3) $I_U=0$, $I_V=15$ A, $I_W=15$ A, $P=2250$ W

第6章

6-1-1 $U_0=\frac{1}{2}U_m$

6-1-2 $u=\frac{4U_m}{\alpha\pi}\left(\sin\alpha\ \sin\omega t+\frac{1}{9}\ \sin3\alpha\ \sin3\omega t+\frac{1}{25}\ \sin5\alpha\ \sin5\omega t+\cdots\right)$

6-2-1 (1) 101.3 V (2) 684.1 W (3) 1

6-2-2 (a) 1 A, 0.707 A, 0.707 A

(b) ∞, 0.707 A, 0.236 A

(c) 0, 0.707 A, 2.12 A

6-2-3 方波：$U=1$ V, $P=1$ W 正弦波：$U=1.15$ V, $P=0.5$ W

等腰三角波：$U=0.577$ V, $P=0.33$ W

6-2-4 (a) $U=57.7$ V, $U_0=U_{av}=50$ V, $K_f=50$, $K_p=1.733$

(b) $U=57.7$ V, $U_{av}=0$, $K_p=1.733$

6-3-3 $Z_1=j0.2$ Ω, $Z_2=j0.4$ Ω, $Z_3=j0.6$ Ω, $P=0$

6-1 $i=16.1\sin(\omega t+74.5°)+5.67\sin(3\omega t-79.1°)+0.9\sin(5\omega t-24.7°)$ A

$I=12.1$ A, $P=743$ W

6-3 电压表读数为 51 V，功率表读数为 63.3 W，电流表读数为 7.76 A

6-4 $i=20\sin\omega t+25.6\sin(3\omega t+69.45°)+24.5\sin(5\omega t+78.2°)$ A

$I=28.8$ A, $P=2529$ W

6-5 电流表读数为 4 A，电压表读数为 70.7 A

6-6 $R_1=R_2=\sqrt{L/C}$

第7章

7-1-6 (1) $M=0.04$ H

(2) $M=0.1$ H (3) $k=1$

7-2-1 (a) $L_{AB}=9$ H (b) $L_{AB}=7$ H

(c) $L_{AB}=0.4$ H (d) $L_{AB}=3.4$ H

7-2-2 (1) $M=0.024$ H (2) $k=0.42$

7-2-3 (a) $6.8+j37.7\ \Omega$

7-2-4 $i_3=2\sin(2t+45°)$ A

7-2-5 $i=\sin(t-36.9°)$ A

7-3-2 $R_L=2000\ \Omega$, $P_{Lmax}=12.5$ mW

7-3-3 44.8 V

7-3-4 $Z_{AB}=130\angle 59.5°\ \Omega$

7-4-2 (1) $P_L=0.64$ W

(2) $n=4$, $P_{Lmax}=1$ W

7-4-3 $u_1(t)=50\sin t$ V

7-4-4 $Z_{AB}=200\ \Omega$

7-1 (1) $M=2.236$ mH

(2) $k=0.78$

(3) $M_{max}=4.47$ mH

7-4 0～130 mH

7-6 $u_{AB}=628\sin(314t-90°)$ V

7-7 顺向 1000 rad/s，反向 2240 rad/s

7-8 $M=0.0354$ H

7-9 (1) $Z_{AB}=130\angle 59.5°\ \Omega$ (2) $I_1=0.769$ A，$I_2=0.687$ A

7-10 (a) $L_{AB}=2$ H (b) $L_{AB}=6$ H (c) $L_{AB}=4$ H

7-11 $\dot{I}=4\angle -25.71°$ A

7-12 $i_1=0.39\sqrt{2}\sin(1000t-28.2°)$ A，$i_2=0.56\sqrt{2}\sin(1000t-12.43°)$ A

7-13 $M=20$ mH，$\dot{I}_1=4\angle 0°$ A，$\dot{I}_2=2\angle -180°$ A，$\dot{I}_3=6\angle 0°$ A

$\dot{U}_1=447.2\angle -63.4°$ V

7-15 (a) $Z_{AB}=j100\ \Omega$

(b) $Z_{AB}=j114\ \Omega$

(c) $Z_{AB}=-j0.001\ \Omega$

7-16 $n=1.1$，$I_1=90.9$ A，$I_2=100$ A

7-17 $R_L=1\ \Omega$，$P_{Lmax}=25$ W

7-18 $Z_L=(10-j10)\ \Omega$，$P_{Lmax}=20$ W

7-19 $70.7\angle 45°$ V，$(500+j500)\ \Omega$

7-20 (1) $n=7$

(2) $n=6.25$

7-21 $N_1=793$，$N_2=18$，$N_3=23$

7-22 (1) $N_2=90$，$N_3=30$

(2) $I_{1N}=1$ A，$I_{2N}=2$ A

第8章

8-2-3 $i_L(0_+)=1.5$ mA，$u_L(0_+)=-15$ V

8-2-4 $i_1(0_+)=4$ A，$i_2(0_+)=1$ A，$u_L(0_+)=2$ V

$i_1(\infty)=3$ A，$i_2(\infty)=0$，$u_L(\infty)=0$

8-2-5 $i_1(0_+)=3/40$ A，$i_2(0_+)=3/40$ A，$i_3(0_+)=0$

$u_{L1}(0_+)=0$，$u_{L2}(0_+)=9/4$ V

8-3-1 $u_C(t)=100e^{-5\times10^5t}$ V，$u_R(t)=-50e^{-5\times10^5t}$ V

$u_C(20)=0$，$u_R(20)=0$

8-3-2 $u_C=4e^{-t}$ V，$u_R=1.6e^{-t}$ V，$i=-0.8e^{-t}$ A

8-3-3 $u_L=-132e^{-20t}$ V，$i=11e^{-20t}$ A

8-3-4 $u=9e^{-1.6t}$ V，$i_L=3e^{-1.6t}$ A

8-4-1 $i_C(t)=2e^{-1\times10^6t}$ A

8-4-2 $u_L(t)=6e^{-4t}$ V

8-4-3 $u_C(t)=10(1-e^{-1\times10^6t})$ V，$i_C(t)=5e^{-1\times10^6t}$ A

8-4-4 $u_L(t)=12e^{-10t}$ V，$i_L(t)=2(1-e^{-10t})$ A

8-5-3 $u_C(t)=18$ kV $\quad 0<t<3$ s，

$u_C(t)=6+12e^{-(t-3)/10}$ kV $\quad t>3$ s

8-6-1 $u(t)=4+2e^{-1.5\times10^5t}$ V

8-6-2 $i(t)=0.6-0.4e^{-50t}$ A

8-6-3 $u(t)=3-6e^{-2t}$ V

8-7-1 $u_C(t)=115e^{-500t}\sin(866t+60°)$ V

8-7-2 (1) $u_C(t)=10.77e^{-268t}-0.77e^{-3732t}$ V，$i(t)=2.89(e^{-268t}-e^{-3732t})$ A

(2) $t_m=760$ μs，$I_m=2.19$ mA

8-1 840.5 μF

8-2 18 mH

8-4 $0<t<2$ s时，$i_R(t)=0.5$ A，2 s$<t<3$ s时，$i_R(t)=-1$ A

8-6 $i(0_+)=i(\infty)=0$

8-7 $i_{R2}(0_+)=8$ mA，$i_{R3}(0_+)=4$ mA ，$u_C(0_+)=60$ V

8-8 $i_L(0_+)=1$ A，$u_L(0_+)=-12$ V，$u_R(0_+)=-6$ V

8-9 $i_L(0_+)=3$ A，$i_R(0_+)=1$ A，$u_L(0_+)=3$ V，$u_R(0_+)=6$ V

8-10 $i_{L1}(0_+)=1$ A，$i_{L2}(0_+)=1$ A

$i_{R0}(0_+)=1$ A，$i_{R1}(0_+)=0$ A，$i_{C1}(0_+)=0$ A，

$u_{L1}(0_+)=u_{L2}(0_+)=0$

8-11 $u_R(t)=-U_se^{-t/R_2C}$ V，$u_R(3\tau)=-U_se^{-3}$ V

8 - 12　(1) $\tau=0.1$ s　(2) $u_C(t)=10e^{-10t}$ V　(3) $t=0.1$ s

8 - 13　$u_C(t)=6e^{-2t/3}$ V

8 - 14　$i_L(t)=2e^{-5t}$ A，$u(t)=-4e^{-5t}$ V

8 - 15　$u_C(t)=2(1-e^{-2t})$ V，0.14 s

8 - 16　0.051 ms

8 - 17　(1) $\tau=0.05$ s

(2) $i_L(0.03)=4.5$ A，$i_L(0.1)=8.65$ A

(3) ∞

8 - 18　$i_L(t)=5(1-e^{-10t})$ A，$u_L(t)=10e^{-10t}$ V

8 - 19　$u_C(t)=150-65e^{-t}$ V，$i(t)=0.65e^{-t}$ mA

8 - 20　(1) $i(t)=\frac{55}{3}-\frac{22}{3}e^{-20t}$ A　(2) 39.4 ms

8 - 21　$u_C(t)=6+4e^{-t/6}$ V

8 - 22　$i_L(t)=0.5-0.1e^{-t}$ A

8 - 23　$u_C(t)=10e^{-t}$ V，$u_L(t)=10e^{-t}$ V

8 - 24　$i_{zi}(t)=1.2e^{-24t}$ A，$i_{zs}(t)=0.5(1-e^{-24t})$ A

稳态响应为 0.5 A，暂态响应为 $i_L(t)=0.7e^{-24t}$ A

8 - 25　$0<t<6$ s 时 $u_C(t)=4(1-e^{-t/6})$ V

$t>6$ s 时 $u_C(t)=6-3.47e^{-5t/18}$ V

8 - 26　$u_C(t)=12-4e^{-1.25t}$ V

参考文献

[1] 邱关源. 电路. 4版. 北京：高等教育出版社，1999.
[2] 张永瑞. 电路、信号与系统辅导. 西安：西安电子科技大学出版社，2001.
[3] 张永瑞等. 电路分析基础. 2版. 西安：西安电子科技大学出版社，1998.
[4] 谭恩鼎. 电工基础. 2版. 北京：高等教育出版社，1987.
[5] 王振. 电力内外线安装工艺. 北京：电子工业出版社，1998.
[6] 刘志民. 电路分析. 西安：西安电子科技大学出版社，2002.
[7] 杨林耀等. 电路基础. 北京：高等教育出版社，2000.
[8] 陈燕. 电路·考研精要与典型题分析. 西安：西安交通大学出版社，2002.